한국베이지안통계경제연구원 총서 – 2

베이지안 통계학의 이론·계산 및 응용

제2판

정윤식 지음

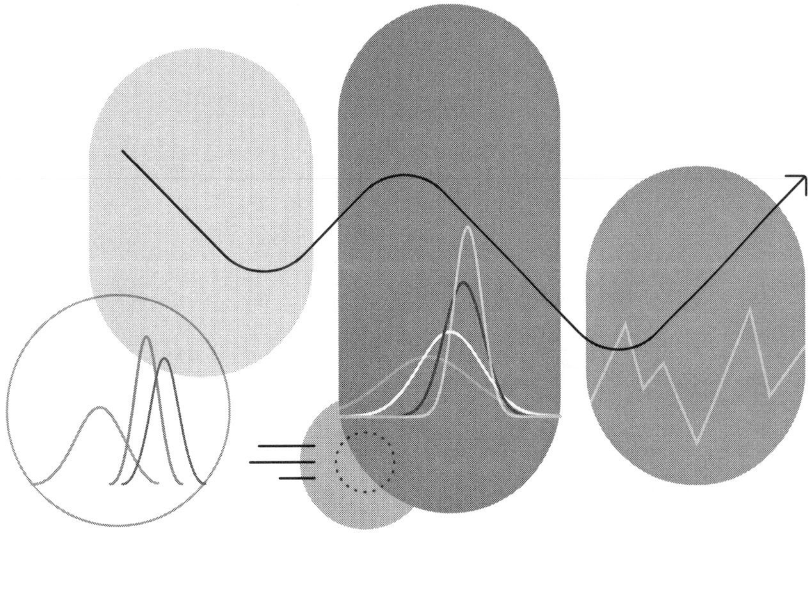

자유아카데미

이 책은 베이지안 통계학의 방법론을 처음 접하는 대학생, 이를 전공하는 대학원생, 또한 베이지안 방법론을 실제 자료에 사용하고자 하는 자연 및 사회과학 연구자 모두를 대상으로 하였으며, 베이지안 방법론의 기본 교재로 사용할 수 있는 것을 목표로 집필하였다. 베이지안 추정의 개념과 이를 수행하는 계산 방법들을 주로 다루고 있으며, 최근 다양한 여러 분야에서 유용하게 사용되는 베이지안 방법론을 실제 예시를 통하여 소개하고자 하였다. 여기서 사용하는 가장 기본적인 베이즈 정리(Bayes' rule)는 1770년대 영국의 철학자이자 목사인 토마스 베이즈(Thomas Bayes)가 처음 제안했으며, 프랑스의 유명한 수학자 피에르 시몽 라플라스(Pierre Simon Laplace)가 이를 연구하여 "기존의 믿음을 새로운 정보로 업데이트함으로써 더 나은 결론을 도출할 수 있다"고 간명하게 설명하였다.

베이즈와 라플라스가 서로 독립적으로 베이즈 정리를 제안한 후 250여 년 동안은 수많은 빈도론자들의 강력한 비판과 계산상의 어려움 등으로 베이지안 방법론이 크게 발전하지 못하였다. 그러나 이러한 어려움 속에서도 여러 분야에 다양하게 적용되면서 미미하게나마 조금씩 진전을 보였다. 특히 제2차 세계 대전 때 알렌 튜닝(Alan Turing)이 독일의 암호체계인 에니그마를 해독하여 2차 대전의 종식에 엄청난 기여를 하였으며, 냉전시기에는 유실된 수소 폭탄 및 미국과 러시아의 잠수함을 찾아내는 작업 등에 참여하여 성공을 거두면서 베이지안 방법론의 중요성이 널리 알려지기 시작하였다(McGrayne, 2012). 또한 최근 40여 년 동안 매우 다양한 분야에서 베이지안 자료분석 방법론의 커다란 진전이 있었다. 이러한 베이지안 방법론의 가장 의미 있는 진전은 Gelfand and Smith(1990)가 깁스샘플러(Gibbs sampler)인 샘플링 계산 방법을 베이지안 계산에 접목하는 연구 결과를 발표한 것으로, 베이지안 방법론의 큰 발전의 전환점을 이루었다. Robert and Casella는 세계 베이지안 통계학회에서 Gelfand and Smith(1990)의 논문을 '과학계의 예수공헌'이라고까지 극찬하였다. 그 후 여러 베이지안 통계학자와 확률과정론자들에 의하여 깁스샘플러를 포함한 마르코프 연쇄 몬테카를로(Markov chain Monte Carlo) 방법으로 더욱 발전하였다.

최근 40년간 베이지안 방법론 연구가 폭발적으로 증가하면서, 일반적으로 사용되는 모든 기법을 포괄하는 단일 교재를 집필하는 것이 점점 더 어려워지고 있다. 2000년대 이후 한글로 번역된 여러 베이지안 통계학 교재들이 출간되었으나, 대부분이 통계 패키지를 이용한 학부 수준의 내용에 집중되어 있어 고급 수준의 설명이 따로 필요한 경우가 많았다. 본서는 이러한 요구를 충족하기 위해 대학원 수준의 내용을 포함하였으며, 학부와 대학원 수준을 구분하기 위해 고급 내용을 별표(*)로 표시하였다. 또한, 연습문제를 학부용(A)과 대학원용(B)으로 구분하여 구성하였다.

제1판은 이미 500페이지를 넘었으며, 페이지 수를 유지하면서도 보다 풍부한 내용을 포함시키기 위해 간결한 예제를 사용하였다. 개요 및 이론 설명에 주력하는 한편, 독자가 추가적으로 탐구할 수 있도록 다양한 참고 문헌을 제시하였다. 그러나 설명이 다소 부족하다 느껴졌으며, 실용적인 활용 측면에서도 보완이 필요하다고 생각하였다. 이에 따라 제2판에서는 다음과 같은 사항을 추가하였다.

첫 번째로, 베이지안 해석에서 가장 중요한 부분인 베이지안 계산을 해결하는 MCMC 알고리즘의 이해를 돕기 위하여 기존의 'MCMC 수렴성'에 대한 절을 '깁스 샘플러의 수렴성' 및 '메트로폴리스-하스팅스 알고리즘의 수렴성' 두 절로 나누어 보다 자세히 설명하였다.

두 번째로, MCMC 알고리즘을 수행 후 생성되는 MCMC 출력들의 사용 방법과 그것의 수렴진단에 대한 내용들을 5.4절에 새로 추가하였다.

세 번째로, 시시각각 변화하는 모수 공간의 차원 문제를 해결하는 보다 일반적인 MCMC 기법인 가역점프 MCMC 알고리즘을 상세히 설명하고, 몇 가지 예제를 추가하여 5.5절을 새롭게 구성하였다.

마지막으로, 베이지안 방법론의 흐름을 보다 효과적으로 설명하기 위해, 실제 포아송 자료(벵골만 사이클론 자료)를 이용한 분석을 추가하였다. 단순한 모형에서 복잡한 모형까지 단계적으로 발전시키면서, 앞서 설명한 방법들을 적용하는 절차를 새로운 절에 포함하였다.

이 책을 이해하는 데 필요한 배경 지식은 확률과 통계학의 기초 수준이며, 기본적인 개념만 숙지하고 있으면 충분하다. 행렬대수와 미적분학을 알고 있다면 내용을 이해하는 데 도움이 될 것이다. 다만, 별표(*)가 붙은 내용은 대학원 수준으로, 고등미적분학(통계수학), 수리통계학, 확률과정론 등의 기초를 숙지해야 이해할 수 있는 내용이다. 또한, 통계 패키지(특히 WinBUGS)를 활용하면 보다 효과적인 학습이 가능하다.

이 책의 모든 내용은 지난 30여 년간 부산대학교 통계학과의 학부 및 대학원에서 강의하였던 본 저자의 베이지안 관련 수업 내용들을 정리하여 기록한 것들이다. 최대한 체계적으로 구성하려고 노력하였지만, 주제의 논리적 비약이나 어긋남, 부주의로 인한 오타, 설명이 복잡하거나 내용이 부족한 부분 등이 있을 수 있다. 이 점은 양해를 바라며 출간 후 나올 수 있는 수정사항 등은 자유아카데미 홈페이지 자료실(www.freeaca.com)을 통해 게시될 예정이니 참고 부탁드린다.

책이 출간되기까지 많은 도움을 준 자유아카데미 편집부를 비롯하여 원고 정리를 도와준 설상훈, 정정문, 심보현, 신영민에게 진심으로 고마움을 표한다. 또한 항상 든든하게 큰 힘이 되어 준 하늘나라에 계신 부모님, 특히 지금도 하늘나라에서 매일 기도해주실 어머님께 감사드린다. 마지막으로 지난 40여 년 동안 옆에서 힘들 때마다 용기를 잃지 않도록 위로해주고 지지해준 나의 사랑하는 아내와 자기 분야의 연구에 최선을 다하고 있는 두 아들(지훈, 우원)에게 이 책을 바치고 싶다.

이 책을 읽는 모든 이들에게 행운이 있기를 바란다.

장전동 산 기슭에서

정윤식

차례

1장 통계학의 기본이해

2장 베이즈 추정론의 기본 개념

3장 사전분포함수

4장 베이지안 추정

5장 베이지안 계산

6장 베이지안 모형선택

1장

통계학의 기본이해

1.1 통계적 모형

일반적으로 자료 분석을 위해 자료를 제공받은 통계학자는 자료가 생성된 방식에 대한 확률모형(probabilistic model)을 제공함으로써 통계분석을 시작한다. 보통 자료는 무작위 표본추출이나 다른 임의의 표본기법으로 생성된 것을 처리한다. 하나의 모형이 선택되면 이 자료들은 하나의 확률변수(random variable) X로 취급한다. X의 확률분포를 $f(x|\theta)$라 한다. 이는 결합밀도함수(또는 결합질량함수)로 사용한다. 그리고 이때 θ은 미지의 상수 또는 미지의 상수들의 벡터라고 하고 이를 모수(parameter)라고 한다. 일반적으로 모수 θ은 X가 확률표본인 모집단에서 미지의 평균과 분산이라 할 수 있다. 즉, 전구의 평균수명 또는 어떤 사물에 대한 확률 등이 하나의 예이다. 따라서 자료 X은 모수 θ에 대한 정보를 얻기 위하여 수집된다. θ의 모든 가능한 값들의 집합을 모수공간이라고 하며 Θ로 표현하고, 이는 p차원의 유클리디안 공간 R^p 또는 이것의 부분집합이다. 여기서 p은 양의 정수이다. 따라서 자료 벡터와 모수 벡터들의 표현들은 각각 $\boldsymbol{X}$와 $\boldsymbol{\theta}$로 사용하는 것이 일반적이나 특별히 혼동이 없다면 X와 θ로 표시한다.

1.1.1 확률변수와 분포함수

확률변수는 이산형(discrete)과 연속형(continuous)인 두 가지 형태로 이루어져 있다. 이들에 대한 각각의 분포함수들을 다음과 같이 정의하고자 한다.

정의 1.1

이산형 확률변수 X의 **확률질량함수**(probability mass function, pmf)는 모든 x에 대하여

$$f_X(x) = P(X = x)$$

로 주어지고 다음을 만족한다.

① 모든 x에 대하여, $0 \le f_X(x) \le 1$ 이다.

② $\sum_x f_X(x) = 1$ 이다.

이때 이산형 확률변수 X의 평균과 분산은 각각

$$E(X) = \sum x f_X(x) \text{와} \quad Var(X) = \sum (x - E(X))^2 f_X(x)$$

이다.

정의 1.2

연속형 확률변수 X은 다음을 만족하는 $f_X(x)$을 **확률밀도함수**(probability density function, pdf)라고 한다.

$$P(a < X < b) = \int_a^b f_X(x)dx$$

이며, 이때 $X \sim f_X(x)$라고 표현한다.

또한, 연속형 확률변수 X의 평균과 분산은 다음과 같이 각각 정의한다.

$$E(X) = \int x f_X(x)dx \quad \text{및} \quad Var(X) = \int (x - E(X))^2 f_X(x)dx$$

이다.

일반적으로 $f_X(x)$은 확률변수 X의 구분이 명확할 때에는 아래 첨자를 생략하고 편리하게 $f(x)$로 표현하기도 한다.

예제 1.3 베르누이(Bernoulli), 이항(Binomial)분포

하나의 학급에 아래와 같은 형태로 분류된 n명의 학생이 있다고 가정하자. 즉, $i = 1, \cdots, n$에 대하여

$$X_i = \begin{cases} 1, & i\text{번째 학생이 시험에 통과한 경우} \\ 0, & \text{그 외} \end{cases} \tag{1.1}$$

라 정의하면, 각각의 X_i들은 동일한 두 개의 결과(시험통과, 실패)들로 나타내며, θ는 시험을 통과할 확률이라 하고, 이때 각각의 X_i들은 서로 독립적이고 동일한 분포를 갖는다($i.i.d.$) 가정하면 다음과 같은 **베르누이 분포** $Ber(\theta)$로 모형화하며,

$$f(x_i|\theta) = \begin{cases} \theta, & x_i = 1 \\ 1 - \theta, & x_i = 0 \end{cases} \tag{1.2}$$

는 확률질량함수로 표현하고 이를 간단히 표기하면, $i = 1, \cdots, n$에 대하여

$$f(x_i|\theta) = \theta^{x_i}(1-\theta)^{1-x_i}, \quad x_i = 0, 1,$$

이다. 여기서 베르누이 확률변수의 평균과 분산은 각각

$$E(X_i) = \theta \quad \text{및} \quad Var(X_i) = \theta(1-\theta)$$

이다. 또한 $X_1, \cdots, X_n$의 결합확률질량함수는

$$f(\boldsymbol{x}|\theta) = \prod_{i=1}^{n} f(x_i|\theta) = \prod_{i=1}^{n} \left\{ \theta_i^{x_i} (1-\theta_i)^{1-x_i} \right\}, \theta \in (0,1) \tag{1.3}$$

이며, 여기서 $\boldsymbol{x} = (x_1, \cdots, x_n)$이다.

만약 $Y = \sum_{i=1}^{n} X_i$이라면, 즉 n명 중 시험에 통과한 사람들의 수, 이때 Y의 확률질량함수는

$$f(y|\theta) = P(Y=y) = \binom{n}{y} \theta^y (1-\theta)^{n-y}, \ y = 0, \cdots, n, \theta > 0 \tag{1.4}$$

이며, 이는 이항분포함수, $Bin(n, \theta)$라 정의한다. 이때 Y의 평균과 분산은 각각

$$E(Y) = n\theta \ \text{와} \ Var(Y) = n\theta(1-\theta)$$

이다.

예제 1.4 포아송 분포(Poisson distribution)

X가 특정 단위시간 동안 발생한 사건들의 수라고 하면, X의 확률함수는

$$P(X=x) = f(x|\lambda) = e^{-\lambda} \frac{\lambda^x}{x!}, \ x = 0, 1, 2, \cdots, \lambda > 0 \tag{1.5}$$

이라 정의하고, 이때 이를 포아송 분포 $P_0(\lambda)$라 표현한다. 이때 포아송 분포의 평균과 분산은 각각

$$E(X) = \lambda \ \text{와} \ Var(X) = \lambda$$

이다.

예제 1.5 이항분포와 포아송 분포의 관계

이항분포 $Bin(n, \theta)$은 n이 크고 p가 작으면(이때 $np = \lambda$로 일정하고), 더 정확하게 표현하면 $n \to \infty$, $p \to 0$ $(np \to \lambda)$이면서 근사적으로 $n \to \infty$일 때, 포아송 분포 $P_0(\lambda)$로 수렴한다. 이는 다음과 같이 유도할 수 있다.

$$\begin{aligned}\Pr(X=k) &= \frac{n!}{k!(n-k)!}p^k(1-p)^{n-k} \\ &= n(n-1)\cdots(n-k+1)p^k(1-p)^n/k!(1-p)^k \\ &= n(n-1)\cdots(n-k+1)\frac{(\frac{\lambda}{n})^k(1-\frac{\lambda}{n})^n}{k!(1-\frac{\lambda}{n})^k} \\ &= \frac{n(n-1)\cdots(n-k+1)}{n^k}\frac{(\lambda)^k(1-\frac{\lambda}{n})^n}{k!(1-\frac{\lambda}{n})^k} \\ &\rightarrow \frac{\lambda^k e^{-\lambda}}{k!}. \end{aligned} \tag{1.6}$$

예제 1.6 기하분포(Geometric distribution)

두 개의 사건(이를 성공, 실패로 나타낸다)이 일어날 수 있는 실험을 독립적으로 여러 번 반복한다고 생각하자. 이때 성공이 일어날 확률은 p, 실패가 일어날 확률은 $1-p$라고 하고, 모든 반복에서 동일하다고 가정한다. 여기서 X는 첫 번째 성공이 일어날 때까지 독립적으로 시행되는 실패의 개수라고 하자. 이때 X는 **기하분포함수** $Ge(p)$를 갖고 다음과 같다. 즉,

$$P(X=x)=(1-p)^x p \ , \ x=0,1,2,\cdots \tag{1.7}$$

이다.

이는 앞으로 소개될 연속확률변수인 지수분포함수(예제 1.10)의 이산형 형태이다. 기하분포의 평균과 분산은 각각 다음과 같다.

$$E(X)=\frac{1-p}{p} \text{ 와 } Var(X)=\frac{1-p}{p^2}.$$

예제 1.7 음이항분포(Negative-Binomial distribution)

기본적으로 예제 1.6의 기하분포일 때와 같은 상황에서 양의 정수 k가 주어지고, X은 k번째 성공이 관측될 때까지 시행되는 실패의 수라고 하고 성공할 확률을 p라 하면, 이때

$$P(X=x)=\binom{x+k-1}{k-1}p^k(1-p)^x\ ,\ x=0,1,2,\cdots \tag{1.8}$$

이다. 이를 음이항분포 $NB(k,p)$라 정의한다. 음이항분포의 평균과 분산은 각각

$$E(X)=\frac{k(1-p)}{p} \text{ 와 } Var(X)=\frac{k(1-p)}{p^2}$$

이고, 특히 기하분포는 음이항분포의 특별한($k=1$) 경우이다. 또한 음이항확률변수는 k개의 독립된 기하확률변수들의 합으로 표현할 수 있다.

예제 1.8 다항분포(Multinomial distribution)

k 종류의 색들로 구성된 N개의 구슬을 갖고 있는 항아리가 있다고 가정하자. 또한 $j=1,\cdots,k$에 대하여 j번째 색을 갖은 구슬의 개수는 $N_j=Np_j$이고, 여기서 $0<p_j<1,\ \sum_{j=1}^{k}p_j=1$이다. 이때 N개의 구슬을 갖고 있는 항아리에서 n개의 구슬을 복원추출법(with replacement)으로 확률표집 한다고 하자. 이때 $X_i=j$라 함은 i번째 선택된 구슬이 j번째 색을 의미하고, n_j은 n개의 구슬 중 j번째 색의 구슬들의 빈도라고 하자. 따라서 $n_1,\cdots,n_k$의 결합확률질량함수는

$$P(X_1=n_1,\cdots,X_k=n_k)\ =\ \frac{n!}{n_1!n_2!\cdots n_k!}\prod_{j=1}^{k}p_j^{n_j},\quad \sum_{j=1}^{k}n_j=n \tag{1.9}$$

이며, 식 (1.9)을 **다항분포함수** $Mul(p_1,\ \cdots,\ p_k)$라고 한다. 따라서 다항분포는 예제 1.3에 정의된 이항분포($k=2$)의 확장이다.

예제 1.9 균등분포(Uniform distribution)

일반적으로 구간(θ_1,θ_2)에서 **균등분포함수**를 다음과 같이 정의한다. 즉,

$$f(x|\theta_1,\theta_2)=\begin{cases}\dfrac{1}{\theta_2-\theta_1}, & \theta_1<x<\theta_2\\ 0 & o.w.\end{cases} \tag{1.10}$$

이를 $U_{[\theta_1,\theta_2]}$로 표기한다. 이때 평균과 분산은 각각

$$E(X)=\frac{\theta_1+\theta_2}{2} \text{ 와 } Var(X)=\frac{(\theta_2-\theta_1)^2}{12}$$

이다. 특히 구간 $[0,1]$에서 균등분포가 많이 사용된다.

예제 1.10 지수분포(Exponential distribution)

하나의 공장에서 전구 또는 스위치와 같은 전기기구를 생산한다고 가정하자. 만약 자료들이 이런 종류 기구들의 수명에 대한 확률표본이라고 하면, 아마 그들을 서로 독립이고 동일하게 분포된 전제 아래에서 정의된 일반적인 지수분포를 갖는 것으로 모형화할 수 있다. 즉, **지수확률변수** X은 확률밀도함수를

$$f(x|\theta) = \theta e^{-\theta x}\ , x > 0\ , \theta > 0 \tag{1.11}$$

로 정의하고, 이를 $\mathrm{Exp}(\theta)$라 표현한다. 이때 평균과 분산은 각각 다음과 같다.

$$E(X) = \frac{1}{\theta} \text{와 } Var(X) = \frac{1}{\theta^2}.$$

예제 1.11 감마 분포(Gamma distribution)

예제 1.10에서 정의된 지수분포함수를 확장한 **감마 분포함수**는 다음과 같이 정의된다. 즉

$$f(x|\alpha,\beta) = \frac{\beta^\alpha}{\Gamma(\alpha)} x^{\alpha-1} e^{-\beta x}\ , x > 0,\ \ \alpha, \beta > 0 \tag{1.12}$$

이를 $Gam(\alpha,\beta)$로 표현한다. 감마 분포의 평균과 분산은 각각

$$E(X) = \frac{\alpha}{\beta} \text{ 와 } Var(X) = \frac{\alpha}{\beta^2}$$

이다. 만약 $i = 1,\cdots,n$에 대하여, 각각의 X_i들은 독립이고 동일한 지수분포 $\mathrm{Exp}(\beta)$을 따른다고 하고 $Y = \sum_{i=1}^{n} X_i$라 하자. 이때 Y는 감마 분포함수 $Gam(n,\beta)$을 갖는다. 또한 만약 $\alpha = \frac{\nu}{2},\ \beta = \frac{1}{2}$이면, 이 감마 분포는 특별히 자유도 ν을 갖는 **카이제곱**(Chi-square, χ^2_ν)**분포함수**라고 하고, 간단히 카이분포라고도 한다. 즉, 이 카이제곱분포함수는

$$f(x) = \frac{2^{-\frac{\nu}{2}}}{\Gamma(\frac{\nu}{2})} x^{\frac{\nu}{2}-1} e^{-\frac{x}{2}},\quad 0 < x < \infty \tag{1.13}$$

이다. 또한 카이제곱분포의 평균과 분산은 각각 다음과 같다.

$$E(X) = \nu \text{ 와 } Var(X) = 2\nu.$$

더욱이, Y가 감마 분포 $Gam(\alpha, \beta)$일 때, $Z = \frac{1}{Y}$은 역 감마 분포를 갖는다고 하고 $IGam(\alpha, \beta)$로 표현하며, 단 변수변환기법(1.2.2 참고)을 이용하면 역 감마 확률 밀도함수는

$$f(z) = \frac{\beta^{\alpha}}{\Gamma(\alpha)} z^{-(\alpha+1)} e^{-\frac{\beta}{z}}, \quad 0 < z < \infty \tag{1.14}$$

이며 역 감마 분포의 평균과 분산은 각각 다음과 같다.

$$E(Z) = \frac{\beta}{(\alpha-1)}, \quad \alpha > 1 \text{와 } Var(Z) = \frac{\beta^2}{(\alpha-1)^2(\alpha-2)}, \quad \alpha > 2.$$

예제 1.12 정규분포(Normal distribution)

어떤 집단에서 무작위로 선택된 n명 사람들의 키를 $X_1, \cdots, X_n$으로 나타낸다고 하자. 일반적으로 사용되는 모형은 그들의 평균 μ와 분산 σ^2을 갖는 **정규분포**에서 이들은 독립적이라 가정한다. 따라서

$$f(x|\theta) = \prod_{i=1}^{n} f(x_i|\theta) = \prod_{i=1}^{n} \left\{ \frac{1}{\sqrt{2\pi}\,\sigma} e^{-\frac{(x_i-\mu)^2}{2\sigma^2}} \right\}, -\infty < x < \infty \tag{1.15}$$

이다. 여기서 $x = (x_1, \cdots, x_n)$이며, $\theta = (\mu, \sigma^2)$이다. 우리는 일반적으로 이를 X_i들은 서로 독립이며 동일한 정규분포 $N(\mu, \sigma^2)$을 따른다고 한다. 특히 $\mu = 0$, $\sigma^2 = 1$이면 이를 표준정규분포라고 한다.

예제 1.13 스튜던트의 t-분포

확률변수 X가 다음과 같은 확률밀도함수 $f(x|\nu, \mu, \sigma^2)$를 갖는다면, 확률변수 X은 스튜던트의 t-분포를 따른다고 정의한다.

$$f(x|\nu, \mu, \sigma^2) = \frac{\Gamma(\frac{\nu+1}{2})}{\Gamma(\frac{\nu}{2})\sqrt{\nu\pi}\,\sigma} \left(1 + \frac{1}{\nu}\left(\frac{x-\mu}{\sigma}\right)^2\right)^{-\frac{\nu+1}{2}}, \quad -\infty < x < \infty, \tag{1.16}$$

이고, $X \sim t_\nu(\mu, \sigma^2)$로 표현하며, ν은 자유도(degree of freedom)를 의미한다. 여기서 $\Gamma(\alpha) = \int_0^\infty x^{\alpha-1} e^{-x} dx$을 나타낸다. 이때 t-분포의 평균과 분산은 각각

$$E(X) = \mu \text{와} \quad Var(X) = \frac{\nu}{\nu - 2}\sigma^2, \quad \nu > 2$$

이다. 특히 $\nu = 1$이면, 이 분포는 코쉬(Cauchy) 분포함수라고 한다. 즉,

$$f(x|\mu, \sigma) = \frac{1}{\pi} \frac{\sigma}{\sigma^2 + (x-\mu)^2}, \quad -\infty < x < \infty. \tag{1.17}$$

이를 $C(\mu, \sigma^2)$로 표현한다. 코쉬 확률변수는 임의의 μ, σ에 대하여

$$E(|X|^r) = \infty, \; r = 1, 2, \cdots$$

이다. 따라서 코쉬 확률변수는 유한적률을 갖고 있지 않다.

예제 1.14 베타 분포(Beta distribution)

베타 확률변수 X의 확률밀도함수는 다음과 같다.

$$f(x|\alpha, \beta) = \frac{1}{B(\alpha, \beta)} x^{\alpha-1}(1-x)^{\beta-1}, \quad 0 < x < 1 \tag{1.18}$$

여기서

$$B(\alpha, \beta) \equiv \int_0^1 x^{\alpha-1}(1-x)^{\beta-1} dx = \frac{\Gamma(\alpha)\Gamma(\beta)}{\Gamma(\alpha+\beta)} \tag{1.19}$$

은 완전(complete) 베타 함수를 의미하며, X의 베타 분포함수는 $Be(\alpha, \beta)$라 표현하고, 베타 분포함수의 평균과 분산은 각각

$$E(X) = \frac{\alpha}{\alpha + \beta} \quad \text{와} \quad Var(X) = \frac{\alpha\beta}{(\alpha+\beta)^2(\alpha+\beta+1)}$$

이다. 특히 $\alpha = \beta = 1$인 경우는 균등분포함수이다.

예제 1.15 **디리슈레 분포(Dirichlet distribution)**

디리슈레 확률변수 $X=(X_1, \cdots, X_k)$의 확률밀도함수는 다음과 같다.

$$f(x_1,\cdots,x_k|\theta_1,\cdots,\theta_k)=\frac{\Gamma\left(\sum_{i=1}^{k}\theta_i\right)}{\prod_{i=1}^{k}\Gamma(\theta_i)}\prod_{i=1}^{k}x_i^{\theta_i-1}, \quad 0<x_i<1, \tag{1.20}$$

$$x_k=1-x_1-\cdots-x_{k-1}.$$

이를 $Dir(\theta_1,\cdots,\theta_k)$로 표현한다. 만약 $\theta=\sum_{i=1}^{k}\theta_i$라 두면, 이때 평균, 분산과 공분산들이 각각

$$E(X_i)=\frac{\theta_i}{\theta},\ \ Var(X_i)=\frac{(\theta-\theta_i)\theta_i}{\theta^2(\theta+1)} \text{ 와 } Cov(X_i,X_j)=-\frac{\theta_i\theta_j}{\theta^2(\theta+1)}$$

이다. 모든 $i=1,\cdots,k$에 대하여 서로 독립인 $Y_i \sim Gam(1,\theta_i)$을 따를 때, $X_i=\dfrac{Y_i}{\sum_{j=1}^{k}Y_j}$이라 두면, $(X_1,\cdots,X_k)\sim Dir(\theta_1,\cdots,\theta_k)$임을 알 수 있다(연습문제).

다음으로 결합확률분포와 조건부확률분포를 간략하게 설명한다.

정의 1.16 결합확률질량함수(joint probability mass function)

X와 Y를 두 이산형 확률변수들이라고 하자. 이때 X와 Y의 결합확률질량함수는

$$f_{XY}(x,y)=P(X=x,\ Y=y) \tag{1.21}$$

라 정의하고, 다음과 같은 성질을 갖는다.

(a) $0\le f_{XY}(x,y)\le 1$.

(b) $\sum_x\sum_y f_{XY}(x,y)=1$.

(c) $P((X,Y)\in A)=\sum_{(x,y)\in A}\sum f_{XY}(x,y)$,

이며, 여기서 A는 표본공간 S의 부분집합이다.

여기서도 확률변수 X, Y가 명확하게 구별되면 $f_{XY}(x,y)$ 대신에 $f(x,y)$로 간단히 표현하기도 한다.

정의 1.17 주변확률질량함수(marginal pmf)

X와 Y의 결합확률질량함수 $f_{XY}(x,y)$을 갖는다고 하자. 이때 X 또는 Y의 **주변확률질량함수**는 각각

$$f_X(x) = \sum_y f_{XY}(x,y), \quad f_Y(y) = \sum_x f_{XY}(x,y) \tag{1.22}$$

로 정의한다. 만약 확률변수 X, Y가

$$f_{XY}(x,y) = f_X(x) f_Y(y)$$

을 만족할 때, X와 Y은 **독립(independent)**이라 하고, 그렇지 않으면 X와 Y은 종속(dependent)이라고 한다.

정의 1.18 조건부확률질량함수(conditional pmf)

주어진 $Y=y$ 아래에서 X의 **조건부확률질량함수**는

$$f_{X|Y}(x|y) = \frac{f_{XY}(x,y)}{f_Y(y)}, \quad f_Y(y) > 0 \tag{1.23}$$

으로 정의한다. 비슷하게 주어진 $X=x$ 아래에서 Y의 조건부확률질량함수는

$$f_{Y|X}(y|x) = \frac{f_{XY}(x,y)}{f_X(x)}, \quad f_X(x) > 0 \tag{1.24}$$

로 정의한다. 이때 조건부평균과 조건부분산은 각각

$$E(X|Y=y) = \sum_x x f_{X|Y}(x|y) \text{ 와 } Var(X|Y) = E(X^2|Y) - [E(X|Y)]^2$$

로 정의한다.

정의 1.19 결합확률밀도함수(joint pdf)

두 개의 연속형 확률변수 X와 Y가 다음과 같은 세 가지 성질을 만족한다면,

(1) $f_{XY}(x,y) \geq 0$.

(2) $\int_{-\infty}^{\infty}\int_{-\infty}^{\infty} f_{XY}(x,y)dxdy = 1$.

(3) $P(a < X < b, c < Y < d) = \int_c^d \int_a^c f_{XY}(x,y)dxdy$,

이때, $f_{XY}(x,y)$을 **결합확률밀도함수**라고 정의한다.

정의 1.20 주변 및 조건부밀도함수

연속형 확률변수 X와 Y의 **주변확률밀도함수**들은 각각 다음과 같다.

$$f_X(x)=\int_{-\infty}^{\infty} f_{XY}(x,y)\,dy \text{ 와 } f_Y(y)=\int_{-\infty}^{\infty} f_{XY}(x,y)\,dx. \tag{1.25}$$

연속형 확률변수 X와 Y의 **조건부확률밀도함수**는 이산형의 조건부확률질량함수와 동일하게 성립된다(정의 1.18 참고).

정리 1.21

모든 확률변수 X, Y에 대하여

$$E(X)=E[E(X|Y)] \text{와 } Var(X)=E[Var(X|Y)]+Var[E(X|Y)] \tag{1.26}$$

은 항상 성립한다(연습문제).

정의 1.22 지수족(Exponential family)

$f(x|\theta), \theta \in \Theta$로 표현되는 확률모형을 생각하자. 아래와 같이 표현되는 집단을 **지수족**이라고 한다. 즉,

$$f(x|\theta)=\exp\left\{c(\theta)+\sum_{j=1}^{p} t_j(x)A_j(\theta)\right\}h(x) \tag{1.27}$$

여기서 $c(\cdot), A_j(\cdot)$는 오직 θ에 의존적이며 $t_j(\cdot)$는 오직 x에 의존적이다. 여기서 식 (1.27)에 있는 $f(x|\theta)$의 **지지구간**, 즉 $f(x|\theta)>0$을 만족하는 x들의 집합, 은 $h(x)>0$인 집합들과 동일하다. 그러므로 이는 θ에 의존적이지 않다. 당연성을 피하기 위해서 지지구간은 하나의 원소만을 갖지 않는다고 가정한다.

모든 $i=1,\cdots,n$에 대하여 X_i가 서로 독립이고 동일한 분포인 식 (1.27) 지수족 $f(x|\theta)$을 따른다고 가정하면, 그들의 결합밀도함수도 역시 지수족이다. 즉,

$$\prod_{i=1}^{n} f(x_i|\theta)=\exp\left\{nc(\theta)+\sum_{j=1}^{p} T_jA_j(\theta)\right\}\prod_{i=1}^{n} h(x_i) \tag{1.28}$$

이고 여기서 $T_j=\sum_{i=1}^{n} t_j(x_i)$이다. 두 가지의 편리한 재매개변수화 방법들이 있다. 첫 번째로, $A_j(\theta)=\theta_j$라 가정하면 다음과 같다.

$$f(x|\theta)=\exp\left\{c(\theta)+\sum_{j=1}^{p} T_j\theta_j\right\}h(x). \tag{1.29}$$

Brown(1986) 등에 의하면 지수족의 일반적 이론은 미분과 적분의 순서를 바꿀 수 있다는 것을 보장한다. 따라서

$$0 = E_\theta\left(\frac{\partial}{\partial \theta_j}\log f(x|\theta)\right) = \frac{\partial c}{\partial \theta_j} + E_\theta T_j, \quad j = 1, \cdots, p \tag{1.30}$$

이며, 비슷하게,

$$E_\theta\left(\frac{\partial^2 \log f}{\partial \theta_j \partial \theta_{j'}}\right) = -E_\theta\left(\frac{\partial \log f}{\partial \theta_j}\frac{\partial \log f}{\partial \theta_j}\right). \tag{1.31}$$

두 번째 재매개변수화 방법으로, $\eta_j = E_\theta(t_j(X))$, 즉

$$\eta_j = -\frac{\partial c}{\partial \theta_j}, \ j = 1, \cdots, p \ . \tag{1.32}$$

여기서 $\eta = (\eta_1, \cdots, \eta_p)$는 θ와 일대일함수임을 알 수 있다. 모수들 θ은 수학적으로 편리하지만, 반면에 보통 통계적 모수들은 η에 더 가깝다.

정의 1.23 위치-척도 족(Location-scale family)

X은 다음과 같은 확률밀도함수를 갖는 실수 값을 갖는 확률변수라고 하자. 즉,

$$f(x|\mu, \sigma) = \frac{1}{\sigma} g\left(\frac{x-\mu}{\sigma}\right) \tag{1.33}$$

여기서 g도 역시 밀도함수이고, $-\infty < \mu < \infty$, $\sigma > 0$ 이다. 이때 모수들 μ와 σ를 각각 위치와 척도 모수라고 한다. 또한 식 (1.33)의 형태를 갖는 함수들의 집합을 위치-척도 족이라고 한다.

예제 1.24

X가 식(1.33)과 같이 정의되면 이때 $Z = (X-\mu)/\sigma$은 밀도함수 g을 갖는다. 예를 들어 정규분포 $N(\mu, \sigma^2)$은 Z가 표준화 정규분포 $N(0,1)$을 갖는 위치-척도 족이며, 예제 1.10에 있는 지수분포는 $\mu = 0, \sigma = \frac{1}{\theta}$을 갖는 척도 족이다. 이를 다음과 같이 표현하면서 위치-척도 족으로 만들 수 있다.

$$f(x|\mu, \sigma) = \begin{cases} \frac{1}{\sigma}\exp\left(-\frac{x-\mu}{\sigma}\right), & x > \mu \\ 0 & \text{그 외} \end{cases} \tag{1.34}$$

그러나 이것의 지지구간이 μ에 의존하므로 더 이상 지수족은 아니다. 또 다른 예로써 베르누이 분포, 이항분포, 포아송 분포 등도 위치-척도 족이 아니다(연습문제).

예제 1.25

예제 1.9와 같이 X가 구간(θ_1, θ_2)에서 균등분포를 갖는다고 하자. 즉,

$$f(x|\theta)=\begin{cases} \dfrac{1}{\theta_2-\theta_1}, & \theta_1 < x < \theta_2 \\ 0 & o.w \end{cases} \tag{1.35}$$

여기서 $\theta=(\theta_1,\theta_2)$이다. 이때 일반적인 균등분포는 위치-척도 족이지만 지수족은 아니다.

예제 1.26

코쉬 분포는 다음과 같이 예제 1.13에서 정의되었다. 즉,

$$f(x|\mu,\sigma)=\frac{1}{\pi}\frac{\sigma}{\sigma^2+(x-\mu)^2}, \quad -\infty < x < \infty \tag{1.36}$$

이는 위치-척도 족이나 지수족은 아니다. $|x|\to\infty$일 때 0에 수렴하지만 그 수렴속도는 정규분포보다 상당히 느리다.

정의 1.27

분포 $f(x|\theta)$들의 족들이 다음 세 가지 조건들을 만족시키면 크라머-라오(Cramer-Rao) 형태의 정칙조건들을 만족한다고 말한다.

(a) $f(x|\theta)$의 지지구간이 θ에 의존적이지 않으며,

(b) f가 θ에 대하여 k번 연속적으로 미분가능하며,

(c) 아래와 같이 적분과 미분의 순서를 바꿀 수 있다. 따라서

$$E\left(\frac{d}{d\theta}\log f(x|\theta)\right)=\int_{-\infty}^{\infty}\left\{\frac{d}{d\theta}\log f(x|\theta)\right\}f(x|\theta)dx \tag{1.37}$$

$$=\int_{-\infty}^{\infty}\frac{d}{d\theta}f(x|\theta)dx=\frac{d}{d\theta}\int_{-\infty}^{\infty}f(x|\theta)dx=0$$

유사하게,

$$E\left(\frac{d^2}{d\theta^2}\log f(x|\theta)\right) = -\int_{-\infty}^{\infty}\left(\frac{d}{d\theta}\log f(x|\theta)\right)^2 f(x|\theta)dx \tag{1.38}$$

이다.

$f(x|\theta)$의 지지구간이 θ에 의존적이지 않은 조건은 정의 1.27의 마지막 두 개의 조건들을 만족하기 위해서 요구된다. 5.1절의 결과들은 이러한 종류들의 정칙조건을 요구한다. 지수족들은 정칙조건들은 만족한다. 위치-척도 족들은 f의 지지구간에 따라서 만족하기도 하고 아닌 경우도 있다. 코쉬 위치-척도 족은 이 조건들을 만족시키나 균등분포나 아래와 같은 형태의 지수분포 등을 만족하지 못한다. 여기서 지수분포는

$$f(x|\mu,\sigma) = \frac{1}{\sigma}\exp\left(-\frac{x-\mu}{\sigma}\right), \quad x > \mu \tag{1.39}$$

를 나타낸다.

정의 1.28

확률변수들의 수열 $\{X_i\}$이

『모든 n에 대하여, 모든 다른 아래 첨자들 $\{i_1,\cdots,i_n\}$과 모든 $B_1,\cdots,B_n \subset R$에서,

$P(X_{i_1}\in B_1,\cdots,X_{i_n}\in B_n) = P(X_1\in B_1,\cdots,X_n\in B_n)$』

을 만족할 때 확률변수들은 **교환가능(exchangeable)**이라고 한다.

정리 1.29 |

확률변수 X_i들은 교환가능하고, 여기서 X_i은 0과 1만을 갖는 확률변수라고 하자. 이때 $X_1,\cdots,X_n$의 결합분포함수는

$$P(X_1 = x_1,\cdots,X_n = x_n) = \int_0^1 \prod_{i=1}^n \theta^{x_i}(1-\theta)^{1-x_i}\pi(\theta)d\theta \tag{1.40}$$

로 나타낼 수 있다.

정리 1.29는 주어진 θ 아래에서 X_i들은 베르누이 분포 $Ber(\theta)$ 또는 이항분포 $Bin(1,\theta)$을 갖는 확률변수로 인지하고, 여기서 θ은 분포 $\pi(\theta)$을 갖는다.

de Finetti(1931, 1937)가 정리 1.29를 증명하였으나, Hewitt and Savage(1955)가 이항분포로 확장하고 실수 공간에서 정의되는 모든 연속확률변수들로 확장하여 증명하였다.

1.1.2 확률변수함수의 분포

연속형 확률변수 X의 함수 $Y=w(X)$은 확률변수이므로 그것의 확률분포를 갖고 있다. 이때 Y의 누적분포함수는

$$G(y)=P(Y\le y)=P[w(X)\le y] \tag{1.41}$$

으로 주어지며 그것의 확률밀도함수는

$$g(y)=G'(y)=\frac{\partial}{\partial y}G(y) \tag{1.42}$$

이다. 이러한 방법을 **누적분포함수기법**이라고 한다.

예제 1.30

확률변수 X가 다음과 같은 감마 확률밀도함수를 갖는다고 하자. 즉,

$$f(x)=\frac{1}{\Gamma(\alpha)\theta^{\alpha}}x^{\alpha-1}e^{-x/\theta}, \qquad 0<x<\infty$$

여기서 $\alpha>0, \theta>0$이다. $Y=e^{X}$라 두면, 이때 Y의 공간 $\{1<y<\infty\}$의 각 y에 대하여 Y의 누적분포함수(cumulative distribution function, cdf)는

$$G(y)=P(Y\le y)=P(e^{X}\le y)=P(X\le \ln y),$$

이며, 따라서

$$G(y)=\int_{0}^{\ln y}\frac{1}{\Gamma(\alpha)\theta^{\alpha}}x^{\alpha-1}e^{-x/\theta}dx$$

이고 Y의 pdf $g(y)=G'(y)$는

$$g(y)=\frac{1}{\Gamma(\alpha)\theta^{\alpha}}(\ln y)^{\alpha-1}e^{-(\ln y)/\theta}\left(\frac{1}{y}\right), \qquad 1<y<\infty.$$

또는

$$g(y)=\frac{1}{\Gamma(\alpha)\theta^{\alpha}}\frac{(\ln y)^{\alpha-1}}{y^{1+1/\theta}}, \qquad 1<y<\infty, \tag{1.43}$$

으로 주어진다. 식 (1.43)은 **로그 감마**(log-Gamma) pdf라고 한다. 이때 로그 감마 분포의 평균과 분산은 다음과 같다.

$$\mu = \frac{1}{(1-\theta)^{\alpha}}, \qquad \theta < 1,$$

그리고

$$\sigma^2 = \frac{1}{(1-2\theta)^{\alpha}} - \frac{1}{(1-\theta)^{2\alpha}}, \qquad \theta < \frac{1}{2}.$$

앞에서 누적분포함수기법의 사용을 설명하였다. 이제 변수변환방법을 소개하고자 한다.

확률변수 X을 공간 $a_1 < x < a_2$에서 pdf $f(x)$를 갖는 연속형이라고 하자. X의 연속이고 증가함수인 확률변수 $Y = w(X)$는 X의 공간 $a_1 < x < a_2$은 Y의 공간 $b_1 = w(a_1) < y < b_2 = w(a_2)$으로 **사상**된다. 이때 이것의 역함수를 $X = v(Y)$이라 하자. 따라서 Y의 cdf는 w와 v가 연속인 증가함수들이므로

$$G(y) = P(Y \le y) = P[w(X) \le y] = P[X \le v(y)], \qquad b_1 < y < b_2, \tag{1.44}$$

이다. 물론 $G(y) = 0,\ y \le b_1$이고 $G(y) = 1,\ y \ge b_2$이다. 따라서

$$G(y) = \int_{a_1}^{v(y)} f(x)dx, \qquad b_1 < y < b_2.$$

이제 도함수 $G'(y) = g(y)$의 관계를 이용하면

$$G'(y) = g(y) = f[v(y)][v'(y)], \qquad b_1 < y < b_2, \tag{1.45}$$

여기서, $v'(y) = \partial v(y)/\partial y$을 의미한다. 물론 $y < b_1$ 혹은 $y > b_2$이면 $G'(y) = g(y) = 0$이다. 그리고 $g(b_1) = g(b_2) = 0$으로 놓을 수 있다. 이러한 방법은 **단변수변환**이라고 한다.

예제 1.31

예제 1.30에서와 동일한 조건을 가정한다. 이때 $X = \ln Y = v(Y)$이다. $v'(y) = 1/y$이므로 Y의 pdf는

$$g(y) = \frac{1}{\Gamma(\alpha)\theta^{\alpha}}(\ln y)^{\alpha-1} e^{-(\ln y)/\theta}\left(\frac{1}{y}\right), \qquad 1 < y < \infty, \tag{1.46}$$

가 되므로 예제 1.30의 결과인 식 (1.43)과 동일한 결과이다.

예제 1.32 **로그 정규(lognormal)분포**

확률변수 X의 분포가 정규분포 $N(\mu, \sigma^2)$을 따른다고 하고, $Y = e^X$라고 하자. 이때 $X = \log Y = v(Y)$이므로 $v'(y) = 1/y$이다. 따라서 Y의 pdf는

$$f(y) = \frac{1}{\sqrt{2\pi}\sigma} \exp\left[-\frac{(\log y - \mu)^2}{2\sigma^2}\right]\frac{1}{y}, \quad 0 < y < \infty \tag{1.47}$$

이다. 여기서 $Y = e^X$은 식 (1.47)인 **로그 정규분포**를 갖는다고 한다.

앞에서 pdf $f(x)$을 갖는 연속확률변수 X의 변환에 대한 pdf 구하는 방법을 설명하였다. $Y = w(X)$가 증가하는 X의 함수이며, 역함수가 $X = v(Y)$일 때 Y의 pdf는 다음과 같았다.

$$g(y) = |v'(y)| f[v(y)], \qquad c < y < d,$$

여기서 공간 $c < y < d$는 변환 $x = v(y)$로부터 X의 공간 $a < x < b$에 사상된다.

이제 두 개의 확률변수를 갖고 새로운 두 개의 확률변수로 변환하는 경우로 확장해 보자. 여기서 하나의 역함수만 존재하는 경우, 도함수를 야코비안(Jacobian)으로 대체하는 외에는 한 개 변수의 경우와 똑같은 규칙을 적용할 수 있다. 즉, X_1과 X_2이 결합 pdf $f(x_1, x_2)$를 갖는 두 개의 연속형 확률변수이고, 새로운 확률변수들은

$$Y_1 = w_1(X_1, X_2), \qquad Y_2 = w_2(X_1, X_2)$$

로 변환하며, 이때 하나의 역함수 $X_1 = v_1(Y_1, Y_2)$, $X_2 = v_2(Y_1, Y_2)$를 가지면, Y_1과 Y_2의 결합 pdf는

$$g(y_1, y_2) = |J| f[v_1(y_1, y_2), v_2(y_1, y_2)], \tag{1.48}$$

가 되고, 야코비안은 다음과 같은 행렬식으로 정의되며 $|J|$은 절댓값을 의미한다.

$$J = \begin{vmatrix} \dfrac{\partial x_1}{\partial y_1} & \dfrac{\partial x_1}{\partial y_2} \\ \dfrac{\partial x_2}{\partial y_1} & \dfrac{\partial x_2}{\partial y_2} \end{vmatrix}.$$

물론 변환 $y_1 = w_1(x_1, x_2)$, $y_2 = w_2(x_1, x_2)$ 하에서 X_1, X_2의 공간 S_X의 사상을 고려함으로써 Y_1, Y_2의 공간 S_Y을 구할 수 있다. 이러한 방법을 **다변수변환기법**이라고 한다.

예제 1.33

확률변수 X_1과 X_2는 각각 독립이고 동일한 지수분포 Exp(1)을 따른다고 하자. 이때 지수확률변수의 pdf는

$$f(x)=e^{-x}, \qquad 0<x<\infty,$$

이다. 따라서 그들의 결합 pdf는 다음과 같다. 즉,

$$f(x_1,x_2)=e^{-x_1-x_2}, \qquad 0<x_1<\infty, 0<x_2<\infty.$$

Y_1과 Y_2은 다음과 같이 변환된다고 하자.

$$Y_1=X_1-X_2 \text{ 와 } Y_2=X_1+X_2.$$

위 변환으로부터 역함수는

$$x_1=\frac{y_1+y_2}{2}, \qquad x_2=\frac{y_2-y_1}{2}$$

이며 야코비안은 다음과 같이 계산된다.

$$J=\begin{vmatrix} \frac{1}{2} & \frac{1}{2} \\ -\frac{1}{2} & \frac{1}{2} \end{vmatrix}=\frac{1}{2}.$$

따라서 Y_1과 Y_2의 결합 pdf는 다음과 같이 주어진다.

$$g(y_1,y_2)=\frac{1}{2}e^{-y_2}, \qquad -y_2<y_1<y_2,\ 0<y_2<\infty.$$

또한, Y_1과 Y_2의 주변 pdf는 각각 다음과 같이 주어진다.

$$g_1(y_1)=\begin{cases} \int_{-y_1}^{\infty}\frac{1}{2}e^{-y_2}d_2=\frac{1}{2}e^{y_1}, & -\infty<y_1\le 0, \\ \int_{y_1}^{\infty}\frac{1}{2}e^{-y_2}dy_2=\frac{1}{2}e^{-y_1}, & 0<y_1<\infty, \end{cases}$$

이고,

$$g_2(y_2)=\int_{-y_2}^{y_2}\frac{1}{2}e^{-y_2}dy_1=y_2e^{-y_2}, \qquad 0<y_2<\infty.$$

특히, Y_1의 주변 pdf $g_1(y_1)$은

$$g_1(y_1) = \frac{1}{2}e^{-|y_1|}, \qquad -\infty < y_1 < \infty, \tag{1.49}$$

이라 표현되며, 이를 이중지수분포 또는 라플라스 분포라고도 한다.

예제 1.34 **스튜던트의 t-분포의 다른 접근**

Z는 정규분포 $N(0,1)$인 확률변수, U는 카이제곱분포 χ_r^2인 확률변수이며, Z와 U가 독립일 때,

$$T = \frac{Z}{\sqrt{U/r}} \tag{1.50}$$

라 정의하면, T는 다음의 pdf를 갖는 표준화 스튜던트의 t-분포를 따르는 것을 알 수 있다.

$$f(t) = \frac{\Gamma((r+1)/2)}{\sqrt{\pi r}\,\Gamma(r/2)} \frac{1}{(1+t^2/r)^{(r+1)/2}}, \quad -\infty < t < \infty$$

이는 예제 1.13에서 설명된 스튜던트의 t 분포의 $\mu = 1$과 $\sigma^2 = 1$인 특별한 형태이다(연습문제).

예제 1.35

확률변수 U, V가 각각 자유도가 r_1, r_2인 서로 독립인 카이제곱분포를 따른다고 할 때, 다음과 같은 변환을 생각해 보자.

$$F = \frac{U/r_1}{V/r_2}. \tag{1.51}$$

U, V는 독립이므로 U, V의 결합 pdf는 다음과 같이 주어진다.

$$g(u,v) = \frac{u^{r_1/2-1}e^{-u/2}}{\Gamma(r_1/2)2^{r_1/2}} \frac{v^{r_2/2-1}e^{-v/2}}{\Gamma(r_2/2)2^{r_2/2}}, \ 0 < u < \infty, \ 0 < v < \infty$$

따라서 F의 cdf는

$$\begin{aligned} G(w) &= P(F \le w) \\ &= P\left(\frac{U/r_1}{V/r_2} \le w\right) = P\left(U \le \frac{r_1}{r_2} wV\right) \\ &= \int_0^\infty \int_0^{(r_1/r_2)wv} g(u,v)\,du\,dv \end{aligned}$$

이다. 즉,

$$G(w) = \frac{1}{\Gamma(r_1/2)\Gamma(r_2/2)} \int_0^\infty \left[\int_0^{(r_1/r_2)wv} \frac{u^{r_1/2-1} e^{-u/2}}{2^{(r_1+r_2)/2}} du \right] v^{r_2/2-1} e^{-v/2} dv$$

가 되어, 괄호 안의 적분에 미분적분학의 기본정리를 활용하면, F의 pdf는

$$\begin{aligned} g(w) &= G'(w) \\ &= \frac{1}{\Gamma(r_1/2)\Gamma(r_2/2)} \int_0^\infty \frac{[(r_1/r_2)vw]^{\frac{r_1}{2}-1}}{2^{(r_1+r_2)/2}} e^{-\left(\frac{r_2}{2r_2}\right)(vw)} \left(\frac{r_1}{r_2} v\right) v^{\frac{r_2}{2}-1} e^{-\frac{v}{2}} dv \\ &= \frac{(r_1/r_2)^{r_1/2} w^{r_1/2-1}}{\Gamma(r_1/2)\Gamma(r_2/2)} \int_0^\infty \frac{v^{(r_1+r_2)/2-1}}{2^{(r_1+r_2)/2}} e^{(v/2)[1+(r_1/r_2)w]} dv \end{aligned}$$

이 된다. 위 적분에서 다음과 같은 변수변환

$$y = \left(1 + \frac{r_1}{r_2} w\right) v, \quad \frac{dv}{dy} = \frac{1}{1+(r_1/r_2)w}$$

을 시행하면 F의 pdf는 다음과 같이 된다. 이때 아래 적분 계산에서 피적분함수는 $\chi^2_{r_1+r_2}$ pdf이므로 적분값이 1이 됨을 이용한다.

$$\begin{aligned} f(w) &= \frac{(r_1/r_2)^{r_1/2} \Gamma[(r_1+r_2)/2] w^{r_1/2-1}}{\Gamma(r_1/2)\Gamma(r_2/2)[1+(r_1 w/r_2)]^{\left(\frac{r_1+r_2}{2}\right)}} \int_0^\infty \frac{y^{(r_1+r_2)/2-1} e^{-y/2}}{\Gamma\left[\left(\frac{r_1+r_2}{2}\right)\right] 2^{\left(\frac{r_1+r_2}{2}\right)}} dy \\ &= \frac{(r_1/r_2)^{r_1/2} \Gamma[(r_1+r_2)/2] w^{r_1/2-1}}{\Gamma(r_1/2)\Gamma(r_2/2)[1+(r_1 w/r_2)]^{(r_1+r_2)/2}}. \end{aligned}$$

이 pdf는 자유도 r_1과 r_2을 갖는 F분포의 확률밀도함수라고 하고, 확률변수 F은 $F(r_1, r_2)$분포를 갖는다고 표기한다.

정리 1.36

$X_1, X_2, \cdots, X_n$는 정규분포 $N(\mu, \sigma^2)$에서 생성된 크기가 n인 확률표본이다. $\overline{X}= \frac{1}{n}\sum_{i=1}^{n} X_i$은 표본평균이고, $S^2 = \frac{1}{n-1}\sum_{i=1}^{n}(X_i - \overline{X})^2$은 표본분산이라고 하면 다음과 같은 성질들이 성립한다.

(a) $\overline{X}$와 S^2은 독립이다.

(b) $\frac{(n-1)S^2}{\sigma^2}$은 자유도 $n-1$인 카이제곱분포 χ^2_{n-1}을 따른다.

증명 (연습문제)

정리 1.37 | 중심극한정리(Central limit theorem)

$\overline{X}$은 유한평균 μ와 양의 유한분산 σ^2을 갖는 분포에서 표집한 크기 n인 확률표본 $X_1, X_2, \cdots X_n$의 평균이라 하면,

$$W= \frac{\overline{X}-\mu}{\sigma/\sqrt{n}} = \frac{\Sigma_{i=1}^{n} X_i - n\mu}{\sqrt{n}\,\sigma}$$

의 분포는 $n\rightarrow\infty$일 때 근사적으로 $N(0,1)$이 된다.

1.2 우도함수

통계학에서 기본적으로 가장 중요한 개념은 우도함수(likelihood function, 가능도함수)이다. 편의상 표현하면 고정된 y에 대하여 θ의 함수로 간주하는 함수인 확률밀도함수 또는 확률질량함수 $f(y|\theta)$을 우도함수라고 한다. f을 우도함수라 생각할 때는, 가끔 y을 무시하고 f을 $L(\theta|y)$이라고 기술한다. θ가 아닌 y에 의존하는 $c(y)>0$에 대하여, $c(y)f(y|\theta)$도 역시 우도함수이므로 이러한 관점에서 우도함수는 유일하지 않다.

정의 1.38 최대우도추정량(MLE)

최대우도추정량 $\hat{\theta}$은 우도함수 $L(\theta|y)\propto f(y|\theta)$가 그것의 최댓값을 갖는 θ의 값이다, 즉,

$$sup_{\theta}\, f(y|\theta) = f(y|\hat{\theta}). \qquad (1.52)$$

일반적으로 MLE $\hat{\theta}$은 평균 θ, 분산

$$-\frac{1}{nE\left\{\frac{\partial^2 \log f(Y|\theta)}{\partial\theta^2}\right\}} \tag{1.53}$$

을 갖는 근사적 정규분포를 따른다.

1.2.1 우도방정식

일반적으로 우도함수가 미분 가능하고, 단봉이며 위로 유계라 가정하면, 이때 최빈값(mode) 또는 MLE은 다음과 같이 구할 수 있다.

첫째, 로그 우도함수 $l(\theta|y)$을 θ에 대하여 미분하고, 즉

$$\partial l(\theta|y)/\partial\theta \tag{1.54}$$

을 계산하고, 여기서 $l(\theta|y) = \log L(\theta|y)$이다.

둘째, 우도방정식 $\partial l(\theta|y)/\partial\theta = 0$을 θ에 대하여 푼다. 이때 우도방정식은 p개의 연립방정식이다. 여기서 p은 θ의 차원이다. 즉,

$$\frac{\partial}{\partial\theta_j} l(\theta|y) = 0, \quad j = 1, \cdots, p, \tag{1.55}$$

이다.

만약 우도함수가 로그-오목하고 우도방정식이 하나의 근을 갖는다면 이는 유일해이며 따라서 대역최댓값이다(연습문제). 특히 지수족은 이를 만족한다. 만약 우도방정식이 다수의 근을 갖는다면, 조심하여 MLE를 찾아야 한다. 특히 로그 우도함수가 이차식이면, 우도방정식은 θ에 선형이므로 쉽게 해를 구할 수 있다. 또한 식 (1.55)을 해석적으로 정확하게 계산할 수 없다면, 뉴턴-랩슨(Newton-Raphson, NR) 알고리즘 또는 EM 알고리즘(Dempster, Laird and Rubin, 1977) 등을 사용할 수 있다.

예제 1.39

모든 $i = 1, \cdots, n$에 대하여 확률변수 X_i은 각각 독립적이고 동일한 정규분포 $N(\mu, \sigma^2)$을 따른다고 가정하자. 여기서 μ와 σ^2은 미지의 상수들이다. 이때 $X = (X_1, X_2, \cdots, X_n)$의 확률밀도함수는

$$f(x|\mu, \sigma^2) = (2\pi\sigma^2)^{-\frac{n}{2}} \exp\left[-\frac{1}{2}\sum_{i=1}^{n}\left(\frac{x_i - \mu}{\sigma}\right)^2\right],$$

이므로 이것의 우도함수는

$$L(\mu,\sigma^2)=\left(\frac{1}{\sigma^2}\right)^{\frac{n}{2}}\exp\left[-\frac{1}{2}\sum_{i=1}^{n}\left(\frac{x_i-\mu}{\sigma}\right)^2\right] \tag{1.56}$$

이고, 또한 이것의 로그 우도함수는

$$l(\mu,\sigma^2)=-\frac{n}{2}\log\sigma^2-\frac{1}{2}\sum_{i=1}^{n}\left(\frac{x_i-\mu}{\sigma}\right)^2.$$

이다. 이때 μ와 σ^2의 최대우도추정량은

$$\hat{\mu}=\overline{X} \text{ 와 } \widehat{\sigma^2}=\frac{(n-1)S^2}{n}$$

이며, 여기서

$$\overline{X}=\frac{1}{n}\sum_{i=1}^{n}X_i \text{ 와 } S^2=\frac{1}{n-1}\sum_{i=1}^{n}(X_i-\overline{X})^2 \tag{1.57}$$

이다. 정리 1.36에 따르면, $\dfrac{(n-1)S^2}{\sigma^2}$의 분포가 χ^2_{n-1}을 따름을 알 수 있다. 따라서

$$E(S^2)=E\left[\frac{\sigma^2}{n-1}\frac{(n-1)S^2}{\sigma^2}\right]=\frac{\sigma^2}{n-1}(n-1)=\sigma^2$$

이므로 S^2은 σ^2의 비편향추정량(unbiased estimator)이다. 그러나 σ^2의 최대우도추정량 $\widehat{\sigma^2}$은 σ^2에 대하여 편향추정량이다.

예제 1.40 중도절단 와이블(Weibull) 자료

와이블 분포함수는 다음과 같이 정의된다. 즉,

$$f(x|\alpha,\beta)=\beta\alpha^{\beta}x^{\beta-1}\exp\{-\alpha^{\beta}x^{\beta}\},\quad x>0,\ \alpha>0,\ \beta>0 \tag{1.58}$$

이며, 이를 $We(\alpha,\beta)$로 표현한다. 또한 와이블 누적분포함수는

$$F(x|\alpha,\beta)=1-\exp\{-\alpha^{\beta}x^{\beta}\}$$

이고, 위험함수(hazard function) $h(t)$은

$$h(t)=\beta\alpha^{\beta}t^{\beta-1},\quad t>0.$$

실제 자료는 와이블 분포 $We(\alpha,\beta)$에서 온 확률표본들이며, 중도절단자료들도 일부 포함된다. 간편하게, 처음 m번째까지만 중도절단되지 않은 완전자료이고 나머지 $n-m$개는 중도절단자료로 구성되었다고 하면, 이에 대한 우도함수는

$$L(\alpha,\beta|x)=\beta^m\alpha^{m\beta}\prod_u x_i^{\beta-1}\exp\left\{-\alpha^\beta\sum_{i=1}^n x_i^\beta\right\} \tag{1.59}$$

이고, 여기서 m과 u은 각각이 중도절단되지 않은 완전자료의 개수와 그들의 곱을 나타낸다. (α,β)로 미분된 식을 포함하여 근을 구한다. 따라서 각각

$$\hat{\alpha}_{mle}=\left(m/\sum_{i=1}^m x_i^\beta\right)^{\frac{1}{\beta}} \text{와} \quad \hat{\beta}_{mle}: \frac{1}{\beta}+\frac{1}{m}\sum_{i=1}^m \log x_i-\frac{\sum_{i=1}^n (x_i^\beta \log x_i)}{\sum_{i=1}^n x_i^\beta}=0 \tag{1.60}$$

이다. 식 (1.60)에서 β은 닫힌 형식으로 계산되지 않기 때문에 NR 알고리즘, EM 알고리즘 등과 같은 여러 가지 수치적 계산법들로 구할 수 있다. $\hat{\beta}_{mle}$가 구해지면 $\hat{\alpha}_{mle}$값의 β을 $\hat{\beta}_{mle}$로 대체하면 된다.

1.2.2 뉴톤-랩슨(NR) 알고리즘

우도방정식을 이용한 해가 정확한 형태로 구해질 수 없는 복잡한 경우에서, 그들의 MLE들을 찾기 위해서 반복적인 수치적 방법을 이용하기도 한다. 그러한 알고리즘 중 하나인 뉴톤-랩슨 알고리즘은 다음과 같다.

알고리즘 1.41 뉴톤-랩슨(NR) 알고리즘

θ은 단 모수라 하자. 이때 주어진 $\theta_{(j)}$ 아래에서, θ의 $j+1$번째 근삿값은

$$\theta_{(j+1)}=\theta_{(j)}+\left(-\left.\frac{\partial^2 l(\theta|y)}{\partial\theta^2}\right|_{\theta_{(j)}}\right)^{-1}\left[\left.\frac{\partial l(\theta|y)}{\partial\theta}\right|_{\theta_{(j)}}\right] \tag{1.61}$$

으로 계산된다. 이러한 알고리즘은 $\theta_{(j)}$에서 $l(\theta|y)$을 테일러급수로 전개하여 구할 수 있다(연습문제).

식 (1.61)의 NR 알고리즘을 다음과 같이 벡터 형태로 확장할 수 있다. 이때 $\boldsymbol{\theta}=(\theta_1,\cdots,\theta_p)^t$ 라 두면,

$$\boldsymbol{\theta}_{(j+1)}=\boldsymbol{\theta}_{(j)}+I^{-1}(\boldsymbol{\theta}_{(j)}|y)\nabla l(\boldsymbol{\theta}_{(j)}|y) \tag{1.62}$$

이며, 여기서

$$I(\boldsymbol{\theta}|y)=-\nabla^2 l(\boldsymbol{\theta}|y) \tag{1.63}$$

은 관측정보행렬(observed information matrix), ∇은 미분작용소로 사용되어, ∇l은 기울기벡터(gradient vector), 그리고 $\nabla^2 l$은 헤시안 행렬(Hessian matrix)이다.

예제 1.42 Tanner, 1996

표 1.1에 있는 자료는 Mendenhall et al.(1989)로부터 인용하였다. 첫 번째 열(Days)은 24명의 환자들이 방사선 치료를 받은 날수들이다. 두 번째 열(Response)은 치료 후 3년 동일한 자리에 병이 치료됨(1) 또는 치료 안 됨(0)을 나타낸다. 관심 있는 문제는 3년 후 결과를 예측하기 위해서 공변량(covariate, 날수)을 이용하는 것이다. 이 자료를 McCullagh and Nelder(1989)가 제안한 로지스틱 회귀(logistic regression)모형(즉, 로짓 모형)에 적합시키고자 한다. 즉,

$$\log\left(\frac{p_i}{1-p_i}\right)=\alpha+\beta x_i \tag{1.64}$$

여기서 x_i은 환자 i의 공변량, p_i은 대응되는 성공(병이 없음) 확률을 나타낸다. 즉, 로짓 모형은

표 1.1(Mendenhall et al., 1989)

Days	Response	Days	Response
21	1	51	1
24	1	55	1
25	1	25	0
26	1	29	0
28	1	43	0
31	1	44	0
33	1	46	0
34	1	46	0
35	1	51	0
37	1	55	0
43	1	56	0
49	1	58	0

$$p_i = \frac{e^{\alpha + \beta x_i}}{1 + e^{\alpha + \beta x_i}} \; . \tag{1.65}$$

로 나타낼 수 있다. 이러한 모형은 성공의 로그 비는 방사선 치료를 받은 날수와 선형적으로 관계되도록 지정하였다. 이때 절편 α은 치료받지 않은 상태의 성공의 로그 비이며, 반면에 기울기 β은 공변량의 매 단위 증가에 대한 성공의 로그 비의 변화를 나타낸다. 전통적 통계학에서 사용되는 MLE를 구해본다. 이때 로그 우도함수는

$$\sum_{i=1}^{24}\left[y_i \log(p_i) + (1-y_i)\log(1-p_i)\right] = \sum_{i=1}^{24}\left[y_i(\alpha+\beta x_i) - \log(1+e^{\alpha+\beta x_i})\right] \tag{1.66}$$

이며, MLE를 NR 알고리즘을 이용하여 구할 수 있다. 이때 아래 식들을 이용한다(연습문제).

$$\frac{\partial l(\theta|y)}{\partial \alpha} = \sum_{i=1}^{24}\left(y_i - \frac{e^{\alpha+\beta x_i}}{1+e^{\alpha+\beta x_i}}\right) = \sum_{i=1}^{24}(y_i - p_i),$$

$$\frac{\partial l(\theta|y)}{\partial \beta} = \sum_{i=1}^{24}\left(y_i x_i - \frac{x_i e^{\alpha+\beta x_i}}{1+e^{\alpha+\beta x_i}}\right) = \sum_{i=1}^{24} x_i (y_i - p_i)$$

$$\frac{\partial^2 l(\theta|y)}{\partial \alpha^2} = -\sum_{i=1}^{24}\frac{e^{\alpha+\beta x_i}}{(1+e^{\alpha+\beta x_i})^2} = -\sum_{i=1}^{24} p_i(1-p_i)$$

$$\frac{\partial^2 l(\theta|y)}{\partial \alpha \partial \beta} = -\sum_{i=1}^{24}\frac{x_i e^{\alpha+\beta x_i}}{(1+e^{\alpha+\beta x_i})^2} = -\sum_{i=1}^{24} x_i p_i(1-p_i)$$

$$\frac{\partial^2 l(\theta|y)}{\partial \beta^2} = -\sum_{i=1}^{24}\frac{x_i^2 e^{\alpha+\beta x_i}}{(1+e^{\alpha+\beta x_i})^2} = -\sum_{i=1}^{24} x_i^2 p_i(1-p_i) \, .$$

NR 알고리즘을 식 (1.62)인 벡터 형태로 표현하기 위하여, 다음과 같은 기호를 먼저 정의하여 사용한다. $\theta = (\alpha, \beta)^t$, $y = (y_1, \cdots, y_m)^t$, $p = (p_1, \cdots, p_m)$, $P = diag(p_1(1-p_1), \cdots, p_m(1-p_m))$, $X = (x_{(1)}, \cdots, x_{(m)})$. 여기서 $x_{(i)} = (1, x_i), i = 1, \cdots, m$이고 $m = 24$이다.

$$\nabla l(\theta|y) = X^t(y-p), \; -\nabla^2 l(\theta|y) = X^t P X \tag{1.67}$$

로 표현할 수 있고, 따라서

$$\theta_{(j+1)} = \theta_{(j)} + [X^t P^{(t)} X]^{-1} X^t (y - p^{(t)}) \tag{1.68}$$

이다(연습문제).

앞에서 설명되었던 NR 알고리즘에 대한 세 가지 문제점들이 있다. 첫째로, 복잡한 불완전자료이거나 또는 $\boldsymbol{\theta}$의 차수가 매우 크면, 각 반복 단계에서 헤시안행렬의 계산들은 매우 지루하게 계산된다. 둘째로, 설명변수들 간의 다중공선성으로 야기된 $\boldsymbol{\theta}_{(j)}$에서 계산된 관측정보행렬가 거의 비정칙(또는 특이)이면, NR 알고리즘은 작동하지 못한다.

예제 1.43 Tan et al. 2010

표 1.2에 있는 Lee(1974)에 의한 암에 대한 회복 자료를 고려한다. 이때 여기서의 모든 결과들은 다음과 같은 이항 결과들로 나타난다. 즉, $y_i = 1$은 i번째 환자의 암이 완치되었다는 것을 의미하고, 그 이외의 경우는 $y_i = 0$로 나타낸다. 또한, 여기 있는 자료는 다음과 같은 여섯 개의 설명변수들로 구성되어 있다.

$$X1 = \text{Cell}/100,\quad X2 = \text{SMEAR}/100,\quad X3 = \text{ABS.} \in \text{FIL}/100,$$
$$X4 = \text{LI}/20,\ X5 = \log(\text{ABS.BLAST} + 1) \text{과 } X6 = \text{Temperature}/100$$

들이다. 이때 로지스틱 회귀모형은

$$\text{logit}(p_i) = \theta_0 + x_{i1}\theta_1 + \cdots + x_{i6}\theta_6$$

표 1.2 Cancer remission data

i	x1	x2	x3	x4	x5	x6	y_i	i	x1	x2	x3	x4	x5	x6	y_i
1	0.80	0.88	0.70	0.8	0.176	0.982	0	15	1.00	0.33	0.33	0.4	0.176	1.010	0
2	1.00	0.87	0.87	0.7	1.053	0.986	0	16	0.90	0.93	0.84	0.6	1.591	1.020	0
3	1.00	0.65	0.65	0.6	0.519	0.982	0	17	0.95	0.32	0.30	1.6	0.886	0.988	0
4	0.95	0.87	0.83	1.9	1.354	1.020	0	18	1.00	0.73	0.73	0.7	0.398	0.986	0
5	1.00	0.45	0.45	0.8	0.322	0.999	0	19	0.80	0.83	0.66	1.9	1.100	0.996	1
6	0.95	0.36	0.34	0.5	0.000	1.038	0	20	0.90	0.36	0.32	1.4	0.740	0.992	1
7	0.85	0.39	0.33	0.7	0.279	0.988	0	21	0.90	0.75	0.68	1.3	0.519	0.980	1
8	0.70	0.76	0.53	1.2	0.146	0.982	0	22	0.95	0.97	0.92	1.0	1.230	0.992	1
9	0.80	0.46	0.37	0.4	0.380	1.006	0	23	1.00	0.84	0.84	1.9	2.064	1.020	1
10	0.20	0.39	0.08	0.8	0.114	0.990	0	24	1.00	0.63	0.63	1.1	1.072	0.986	1
11	1.00	0.90	0.90	1.1	1.037	0.990	0	25	1.00	0.58	0.58	1.0	1.531	1.002	1
12	0.65	0.42	0.27	0.5	0.114	1.014	0	26	1.00	0.60	0.60	1.7	0.964	0.990	1
13	1.00	0.75	0.75	1.0	1.322	1.004	0	27	1.00	0.69	0.69	0.9	0.398	0.986	1
14	0.50	0.44	0.22	0.6	0.114	0.990	0								

이다. 초깃값으로 $\theta_{(0)} = (1,1,1,1,1,1,1)^t$을 이용할 때, $\theta_{(0)}$에서 계산된 관측정보행렬은 분명히 특이이므로 NR 알고리즘은 작동하지 않는다. 이 문제는 다른 초깃값을 이용하면 유지할 수 있다. 사실, 이러한 현상들은 $(X1, X2)$, $(X1, X3)$, $(X2, X3)$ 등의 상관계수들이 각각 0.98, -0.97, -0.998이므로 놀라울 일은 아니다(연습문제).

마지막으로, 로그 우도함수 l은 NR 알고리즘에 대하여 각각의 반복에서 점진적으로 증가할 필요는 없다. 이는 때때로 발산할 수 있다(Cox and Oakes, 1984, p172). Bohning and Lindsay(1988, p645-646)은 만약 나쁜 초깃값이 선택된다면 NR 알고리즘이 수렴하지 않는 오목함수의 예를 제시하였다.

*1.2.3 EM(Expectation-Maximization) 알고리즘

불완전자료 문제에서, NR 알고리즘에 대한 대안은 EM 알고리즘이다. 특히 EM 알고리즘은 두 번 미분을 요구하지 않는 장점이 있다. 따라서 다음으로 주어진 자료를 확장하여 MLE을 구하는 EM 알고리즘을 간략하게 소개한다. 우선 자료를 확장한 것에 대한 이해를 돕기 위해서 아래 예제로 설명한다.

예제 1.44 중도절단자료의 우도함수

$i = 1, \cdots, n$에 대하여 $Y_i \sim f(y-\theta)$이라 하고, 이때 자료 y은 중도절단되지 않은 자료 $(y_1, \cdots, y_m)$와 값 a에서 중도절단자료 $(y_{m+1}, \cdots, y_n)$로 구성되어 있다고 가정한다. 즉, 나머지 $n-m$개의 자료는 중도절단자료임으로 실제로는 모두 a가 관측된 것들이다. 이때 우도함수는

$$L(\theta|y) = [1-F(a-\theta)]^{n-m}\prod_{i=1}^{m} f(y_i - \theta) \tag{1.69}$$

이다. 여기서 F은 Y의 cdf이다.

만약 나머지 $n-m$개의 자료도 중도절단되지 않는 실제 값을 관측할 수 있다면, 즉,

$$z = (z_{m+1}, \cdots, z_n), \qquad z_i > a, \quad i = m+1, \cdots, n$$

로 표현할 수 있을 것이다. 따라서

$$x = (y, z) \tag{1.70}$$

라 두면, 이때 x을 완전(complete)자료라고 한다. 용어적인 측면에서 이에 대비하여 실제로 관측된 자료 y은 때때로 불완전(incomplete)자료라고 한다. 따라서 완전자료 모형(우도함수)은

$$f(x|\theta) = L^c(\theta|y,z) = \prod_{i=1}^{m} f(y_i - \theta) \prod_{i=m+1}^{n} f(z_i - \theta)$$

으로 표현하고, 여기서 완전자료임을 강조하기 위하여 완전자료에 대한 우도함수에 위 첨자 c을 사용하였다.

이제, EM 알고리즘을 이론적으로 설명하고자 한다. $Y_1, \cdots, Y_n$은 독립적이고 동일한 분포 $g(y|\theta)$을 갖는다고 가정한다. 여기서,

$$\hat{\theta} = \arg\theta\, L(\theta|y) \tag{1.71}$$

을 계산하고자 한다. 이때 z을 자료 y에 첨부하면서 확장하고, 여기서 $(Y, Z) \sim f(y,z|\theta)$이다. 따라서 당연히

$$k(z|\theta, y) = \frac{f(y,z|\theta)}{g(y|\theta)} \tag{1.72}$$

이다. 이때 임의의 값 $\theta_{(0)}$에 대하여,

$$\log L(\theta|y) = E_{\theta_{(0)}}[\log L^c(\theta|y,z)] - E_{\theta_{(0)}}[\log k(z|\theta,y)] \tag{1.73}$$

이며, 여기서 $L(\theta|y) = g(y|\theta)$, $L^c(\theta|y,z) = f(y,z|\theta)$이며, 그들의 기댓값들은 분포함수 $k(z|\theta_{(0)},y)$에 대한 것이다.

식 (1.73)에서 $\log L(\theta|y)$의 최댓값 $Max_\theta \log L(\theta|y)$은 $E_{\theta_{(0)}}[\log k(z|\theta,y)]$의 값은 무시하고 오직 $E_{\theta_{(0)}}[\log L^c(\theta|y,z)]$의 항에만 의존적임을 정리 1.46에서 알 수 있다. 이때

$$Q(\theta|\theta_{(0)},y) = E_{\theta_{(0)}}[\log L^c(\theta|y,z)] \tag{1.74}$$

이라 두자. 초깃값 $\theta_{(0)}$에서, $Q(\theta|\theta_{(0)},y)$이 최댓값을 갖는 θ을 다음과 같이 둔다. 즉,

$$\hat{\theta}_{(1)} = \arg\max Q(\theta|\theta_{(0)},y)$$

이다. 이러한 방법을 반복적으로 계산하면, $j=1,2,\cdots$에 대하여

$$\hat{\theta}_{(j)} = \arg\max Q(\theta|\hat{\theta}_{(j-1)},y) \tag{1.75}$$

이라 할 수 있다. 따라서 당연히

$$Q(\hat{\theta}_{(j)}|\hat{\theta}_{(j-1)},y) = \max_{\theta} Q(\theta|\hat{\theta}_{(j-1)},y) \tag{1.76}$$

이다.

알고리즘 1.45 EM 알고리즘

단계 1. (*E-step*) 주어진 $\hat{\theta}_{(m)}$ 아래에서,

$$Q(\theta|\hat{\theta}_{(m)},y) = E_{\hat{\theta}_{(m)}}[\log L^c(\theta|z,y)] \tag{1.77}$$

을 계산하고, 여기서 기댓값은 $k(z|\hat{\theta}_{(m)},y)$에 관한 것이다.

단계 2. (*M-step*) θ에서 $Q(\theta|\hat{\theta}_{(m)},y)$을 최대화하고, 이를

$$\hat{\theta}_{(m+1)} = arg\ max\ Q(\theta|\hat{\theta}_{(m)},y) \tag{1.78}$$

이라 둔다. Q 함수가 하나의 고정점에 도달할 때까지 단계 1, 2를 반복적으로 수행한다.

정리 1.46 | Dempster, Rubin and Laird(DRL), 1977

식 (1.78)에 정의된 수열 $(\hat{\theta}_{(j)})$은 다음 식을 만족한다. 즉,

$$L(\hat{\theta}_{(j+1)}|y) \geq L(\hat{\theta}_{(j)}|y) \tag{1.79}$$

이며, 여기서 등식은 다음 조건일 때 만족한다.

$$Q(\hat{\theta}_{(j+1)}|\hat{\theta}_{(j)},y) = Q(\hat{\theta}_{(j)}|\hat{\theta}_{(j)},y). \tag{1.80}$$

증명 (연습문제)

정리 1.47

만약 함수 $Q(\theta|\theta_{(0)},x)$이 θ와 $\theta_{(0)}$ 모두에서 연속이면, EM 수열$(\hat{\theta}_{(j)})$의 극한 값은 $L(\theta|x)$의 정상(stationary)이며, 또한 $L(\hat{\theta}_{(j)}|x)$은 적당한 정상값 $\hat{\theta}$에서 $L(\hat{\theta}|x)$에 단조롭게 수렴한다.

증명 (연습문제)

예제 1.48

예제 1.44와 동일한 구조에서 Y_i들이 독립이고 동일한 정규분포 $N(\theta,1)$을 따른다고 하고, 자료 중 마지막 $n-m$개의 자료들은 값 a에서 중도절단되었다고 하자. 이때 완전자료 우도함수는

$$L^c(\theta|y,z) \propto \prod_{i=1}^{m} \exp\left\{-\frac{(y_i-\theta)^2}{2}\right\} \prod_{i=m+1}^{n} \exp\left\{-\frac{(z_i-\theta)^2}{2}\right\} \tag{1.81}$$

이다. 이때 결측자료 $z=(z_{m+1},\cdots,z_n)$의 밀도함수는 절단정규분포라고 인식된다. 즉,

$$Z \sim k(z|\theta,y) = \frac{\exp\left\{-\sum_{i=m+1}^{n} \frac{(z_i-\theta)^2}{2}\right\}}{(2\pi)^{\frac{n-m}{2}}[1-\Phi(a-\theta)]^{n-m}} \tag{1.82}$$

이다. 따라서

E-step :

$$Q(\theta|\hat{\theta}_{(j)},x) = E_{\hat{\theta}_{(j)}}[\log L^c(\theta|z,y)] = -\frac{1}{2}\sum_{i=1}^{m}(y_i-\theta)^2 - \frac{1}{2}\sum_{i=m+1}^{n} E_{\hat{\theta}_{(j)}}[(z_i-\theta)^2]$$

M-step :

$$\frac{\partial Q}{\partial \theta} = \sum_{i=1}^{m}(y_i - \theta) + \sum_{i=m+1}^{n} E_{\hat{\theta}_{(j)}}(z_i - \theta)$$

$$= m\bar{y} - m\theta - (n-m)\theta + (n-m)E_{\hat{\theta}_{(j)}}(z_1) \equiv 0$$

이므로, 따라서

$$\hat{\theta}_{(j+1)} = \frac{m\bar{y} + (n-m)E_{\hat{\theta}_{(j)}}(z_1)}{n} \tag{1.83}$$

임을 구한다. 그러므로 $E_{\hat{\theta}_{(j)}}(z_1)$만 계산되면(연습문제), EM 수열의 정확한 형태를 구할 수 있으므로, 이에 대한 극한값이 바로 θ의 MLE가 된다.

예제 1.49 Genetic Linkage(Rao, 1973)

다음과 같은 다항분포를 따르는 자료를 생각한다. 즉,

$$Y = (Y_1, Y_2, Y_3, Y_4) \sim Mul\left(n : \frac{1}{2} + \frac{\theta}{4}, \frac{1}{4}(1-\theta), \frac{1}{4}(1-\theta), \frac{\theta}{4}\right). \tag{1.84}$$

관측자료의 우도함수는

$$L(\theta|y) \propto \left(\frac{1}{2} + \frac{\theta}{4}\right)^{y_1}\left(\frac{1-\theta}{4}\right)^{y_2}\left(\frac{1-\theta}{4}\right)^{y_3}\left(\frac{\theta}{4}\right)^{y_4}$$

$$\propto \left(\frac{1}{2} + \frac{\theta}{4}\right)^{y_1}(1-\theta)^{y_2+y_3}\theta^{y_4}$$

이다. 이때

$$\log L(\theta|y) = y_1 \log(2+\theta) + (y_2 + y_3)\log(1-\theta) + y_4 \log\theta$$

이며, 따라서

$$\frac{\partial \log L(\theta|y)}{\partial \theta} = \frac{y_1}{2+\theta} - \frac{y_2 + y_3}{1-\theta} + \frac{y_4}{\theta} \equiv 0 \tag{1.85}$$

이므로, 식 (1.85)에서 간단하게 해(θ의 MLE)를 구할 수 있다.

다음으로 EM 알고리즘을 이용하여 θ의 MLE을 구하는 방법을 소개한다. 만약 식 (1.84)에서 y_1이 있는 하나의 항을 두 개의 항들로 나눈다면,

$$(z_1, z_2, y_2, y_3, y_4) \sim Mul\left(n : \frac{1}{2}, \frac{\theta}{4}, \frac{1-\theta}{4}, \frac{1-\theta}{4}, \frac{\theta}{4}\right) \tag{1.86}$$

으로 인식할 수 있다. 이때 $z_1 + z_2 = y_1$이다. 이때 완전자료 우도함수는

$$L^c(\theta | Y, Z) \propto \left(\frac{1}{2}\right)^{z_1}\left(\frac{\theta}{4}\right)^{z_2}(1-\theta)^{y_2+y_3}\theta^{y_4} \ \propto \ \theta^{z_2+y_4}(1-\theta)^{y_2+y_3} \tag{1.87}$$

이다. 따라서 주어진 초깃값 $\theta_{(0)}$ 아래에서,

$$Q(\theta | \theta_{(0)}, y) = \left[E_{\theta_{(0)}}(Z_2) + y_4\right]\log\theta + (y_2 + y_3)\log(1-\theta) \tag{1.88}$$

이고, 이때 $Q(\theta | \theta_{(0)}, y)$을 최대화하기 위해서,

$$\frac{\partial Q}{\partial \theta} = \frac{1}{\theta}\left[E_{\theta_{(0)}}(Z_2) + y_4\right] - \frac{y_2 + y_3}{1-\theta} \equiv 0$$

이며,

$$\hat{\theta}_{(1)} = \frac{E_{\theta_{(0)}}(Z_2) + y_4}{E_{\theta_{(0)}}(Z_2) + y_2 + y_3 + y_4} \tag{1.89}$$

이다. 주어진 y_1 아래에서, Z_2은 이항분포를 따른다고 볼 수 있다. 즉,

$$Z_2 \sim Bin\left(y_1, \frac{\theta_{(0)}}{2 + \theta_{(0)}}\right)$$

이다. 그러므로

$$E_{\theta_{(0)}}(Z_2) = \frac{\theta_{(0)}}{2 + \theta_{(0)}} y_1$$

이다. 따라서

$$\theta_{(k+1)} = \frac{E_{\theta_{(k)}}(Z_2) + x_4}{E_{\theta_{(k)}}(Z_2) + x_2 + x_3 + x_4} \tag{1.90}$$

이며, 여기서 $E_{\theta_{(k)}}(Z_2) = \dfrac{\theta_{(k)}}{2 + \theta_{(k)}} y_1$이다.

일반적으로 $Q(\theta|\theta_{(0)},y)$을 계산하는 것은 쉬운 일들이 아니다. 이러한 문제들을 해결하고자 Wei and Tanner(1990a, b)는 다음과 같은 몬테카를로 EM(MCEM)이라 불리는 근사식을 제안하였다. 즉,

$$\hat{Q}(\theta|\theta_{(0)}) = \frac{1}{m}\sum_{i=1}^{m}\log L^c(\theta|Y, Z^{(i)}) \tag{1.91}$$

이며, 여기서 $Z^{(i)} \sim k(z|x,\theta_{(0)}), i=1,\cdots,m$이다.

예제 1.50 중도절단자료에 대한 MCEM

예제 1.48에서 EM 수열에 대하여,

$$\hat{\theta}_{(j+1)} = \frac{m\bar{y} + (n-m)E_{\hat{\theta}_{(j)}}(Z_1)}{n} \tag{1.92}$$

이며, 여기서 $\hat{E}_{\hat{\theta}_{(j)}}(Z_1) = \frac{1}{M}\sum_{i=1}^{M} Z_i$, $Z_i \sim k(z|\hat{\theta}_{(j)},y)$, $i=1,\cdots,M$이다.

예제 1.51

예제 1.49에서 $E_{\theta_{(0)}}(Z_2)$은 다음으로 대신한다. 즉,

$$Z_m = \frac{1}{m}\sum_{i=1}^{m} Z_{(i)} \tag{1.93}$$

이며, 여기서 $Z_{(i)} \sim Bin\left(y_1, \frac{\theta_{(0)}}{2+\theta_{(0)}}\right)$, $i=1,\cdots,m$이다.

1.3 충분통계량과 보조통계량

충분통계량의 개념은 통계적 문제들을 간소화하는 데(자료의 차원축소) 있어서 매우 중요하다. 직관적으로 충분통계량은 θ에 대한 가능한 표본 정보를 요약한 자료들의 함수이다. 예를 들면 수리통계학에서 $N(\mu,\sigma^2)$에서 독립표본 $X_1,\cdots,X_n$가 얻어진다면, $T=(\overline{X}, S^2)$은 $\theta=(\mu,\sigma^2)$의 결합충분통계량임을 알고 있다. 여기서 $S^2 = \sum_{i=1}^{n}(X_i-\overline{X})^2/(n-1)$이다.

정의 1.52 충분통계량(Sufficient statistics)

확률변수 X은 미지의 모수 θ을 포함하는 분포함수를 갖는다고 하자. 만약 주어진 $T(x)=t$ 아래에서 X의 조건부확률함수 $f(X|T(X)=t)$가 θ에 의존적이지 않는다면($w.p.1$), X의 함수인 T은 θ에 대한 **충분통계량**이라고 한다.

이는 확률적으로 자료 X에서 θ의 모든 정보를 거의 어디서나($a.e.$, almost everywhere) 갖고 있다고 할 수 있다.

정리 1.53 | 인수분해정리(Factorization Theorem)

확률변수 X가 확률함수 $f(x|\theta)$을 따른다고(즉, $X \sim f(x|\theta)$) 하자. 이때 T가 θ에 대한 충분통계량일 필요충분조건은

$$L(\theta) = f(x|\theta) = h(x)g(T(x)|\theta) \tag{1.94}$$

이며, 여기서 $h(x)$는 θ에 무관한 함수이다.

증명 (연습문제)

예제 1.54

확률변수 $X_1, \cdots, X_n$가 독립적이고 동일한 균등확률함수 $U_{(0,\theta)}$을 갖는다고 하자. 즉, $X_1, \cdots, X_n$의 결합밀도함수는

$$f(x|\theta) = \begin{cases} \dfrac{1}{\theta^n}, & 0 < x_i < \theta,\ i = 1,2,\cdots,n \\ 0, & o.w \end{cases}.$$

그러므로 로그 우도함수는

$$l(\theta) = f(x|\theta) = \begin{cases} \dfrac{1}{\theta^n}, & \theta \geq x_{(n)} \\ 0, & \theta < x_{(n)} \end{cases}$$

이다. 여기서 $x_{(n)} = \max\{x_1, \cdots, x_n\}$이다. 이때 $T = X_{(n)}$은 정리 1.53의 인수분해 정리에 의하여 θ에 대한 충분통계량이다.

예제 1.55

확률벡터 $X=(X_1,\cdots,X_n)'$는 정규분포 $N(\mu,\sigma^2)$의 확률표본이라고 하자. 역시 $\theta=(\mu,\sigma^2)'$라 하자. 이때 우도함수는

$$\begin{aligned} L(\theta) &= \prod_{i=1}^{n} \frac{1}{\sqrt{2\pi}\,\sigma} \exp\left\{-\frac{(x_i-\mu)^2}{2\sigma^2}\right\} \\ &= (2\pi)^{-\frac{n}{2}} \sigma^{-n} \exp\left\{-\frac{\sum x_i^2 - 2\mu\sum x_i + n\mu^2}{2\sigma^2}\right\} \\ &= (2\pi)^{-\frac{n}{2}} \sigma^{-n} \exp\left\{-\frac{1}{2\sigma^2}\sum_{i=1}^{n} x_i^2 + \frac{\mu}{\sigma^2}\sum_{i=1}^{n} x_i - n\frac{\mu^2}{2\sigma^2}\right\} \end{aligned}$$

이다. 이때

$$T=(T_1, T_2)' = (\sum_{i=1}^{n} X_i^2, \sum_{i=1}^{n} X_i)',$$

$$h(x) = (2\pi)^{-\frac{n}{2}}$$

와

$$g(t|\theta) = \exp\left\{\frac{1}{2\sigma^2}t_1 + \frac{\mu}{\sigma^2}t_2 - n\frac{\mu^2}{2\sigma^2}\right\}$$

이라고 하면, 정리 1.53의 인수분해정리에 의하여 $T=(T_1, T_2)'$는 $\theta=(\mu,\sigma^2)$에 대한 결합충분통계량이다.

정리 1.56

① 확률변수 X는 항상 θ에 대한 충분통계량이다.

② $T(X)$가 $\theta\in\Theta$에 대한 충분통계량이면, $T(X)$도 역시 그의 부분집합인 $\theta\in\Theta_0\subset\Theta$에서도 충분통계량이다.

③ 충분통계량의 일대일대응변환에 의한 새 통계량도 역시 충분통계량이다.

증명 (연습문제)

예제 1.57

① 확률변수 $X_1, X_2 \sim B(1,\theta)$는 서로를 독립적이라 하자. $T(X) = X_1 + X_2$라 정의하면, 이때 $r(T(X)) = 3$는 θ에 대한 충분통계량이 아니다. (연습문제)

② 확률변수들 $X_1, X_2, X_3 \sim Bin(1,\theta),\ 0 < \theta < 1$은 독립이라고 하자. 이때 $T(X) = X_1X_2 + X_3$은 θ에 대한 충분통계량이 아니다. (연습문제)

정의 1.58 최소충분통계량(Minimal sufficient statistics)

충분통계량 T가 모든 충분통계량의 함수이면, 이러한 충분통계량 T은 **최소충분통계량**(또는 충분통계량 중 가장 작은)이라고 한다.

최소충분통계량의 일대일함수들도 역시 최소충분통계량이다. $i = 1,\cdots,n$에 대하여 X_i가 독립적으로 식 (1.14)인 지수족을 따른다고 하자. $T_j = \sum_{i=1}^{n} t_j(X_i)$이라고 하면, 이때 $(T_1, \cdots, T_p)$는 최소충분통계량임은 잘 알려진 사실이다.

예제 1.59

$X_1,\cdots,X_n$는 독립적이고 동일한 정규분포 $N(\mu,\sigma^2)$을 따른다고 하자. 이때 $(\sum_{i=1}^{n} X_i, \sum_{i=1}^{n} X_i^2)$은 μ와 σ^2의 최소충분통계량이다.

역시 $\left(\overline{X}, S^2 = \frac{1}{n-1}\sum_{i=1}^{n}(X_i - \overline{X})^2\right)$도 최소충분통계량이다.

예제 1.60

$X_1,\cdots,X_n$는 독립적이고 동일한 균등분포 $U_{(\theta,2\theta)}$를 따른다고 하자. 이때 $(X_{(1)}, X_{(n)})$는 θ의 최소충분통계량이다.

예제 1.61 Lehmann and Casella, 1998

확률변수들 $X_1,\cdots,X_n$은 독립이고 동일한 코쉬 분포 $C(\mu,\sigma^2)$을 따른다고 하자. 이때 $(X_{(1)}, X_{(n)})$은 (μ,σ^2)의 최소충분통계량이다(연습문제).

충분통계량의 정의와 앞의 예들에서, 충분통계량은 자료 X에서 θ의 모든 정보를 품고 있다고 볼 수 있다. 그와 반대로, θ의 모든 정보를 전혀 품고 있지 않는 통계량을 보조통계량(ancillary statistics)이라 한다.

예제 1.62

$X_1, \cdots, X_n$가 독립적이고 동일하게 정의 1.23인 위치-척도 분포족을 따른다고 하면, $i = 1, \cdots, n$에 대하여,

$$Z_i = \frac{X_i - \mu}{\sigma}$$

는 μ와 σ에 무관한 분포를 갖는다. 따라서 임의의 4개의 양의 정수 a, b, c와 d에서,

$$\frac{X_{(a)} - X_{(b)}}{X_{(c)} - X_{(d)}} = \frac{Z_{(a)} - Z_{(b)}}{Z_{(c)} - Z_{(d)}} \tag{1.95}$$

은 보조통계량이다.

정의 1.63

통계량 T 또는 그것의 분포가

『임의의 모든 실함수 $\psi(T)$에 대하여,

$$E_\theta \psi(T(X)) = 0, \forall \theta \text{이면 } \psi(T(X)) = 0 \text{이다}$$ 』

을 만족하면 이를 **완전(complete)**이라고 한다.

정리 1.64 | 바수(Basu) 정리

만약 T가 완전충분통계량이고, U은 보조통계량이라고 하자. 이때 T와 U은 모든 θ에서 독립이다.

증명

T가 충분통계량이므로 $P_\theta(U \in B | T)$은 θ와 무관하므로,

$$P_\theta(U \in B | T) = \phi(T) \tag{1.96}$$

라 두자. 또한 U는 보조통계량이므로, $E_\theta(\phi(T)) = P_\theta(U \in B) = c(\text{상수})$이다. $\psi(T) = \phi(T) - c$라 두면, 이때 $E_\theta \psi(T) = E_\theta(\phi(T) - c) = 0$이며, T는 완전이므로, $\psi(T) = 0$이다. 따라서 $P_\theta(U \in B | T) = P_\theta(U \in B)$이다. 그러므로 T와 U는 모든 θ에서 독립이다.

완전충분통계량은 최소충분통계량임을 보일 수 있다. 일반적으로 그 역은 사실이 아니다. 균등분포 $U(\theta_1, \theta_2)$에 독립이고 동일분포를 갖는 $X_1, \cdots, X_n$에 대하여,

$(X_{(1)}, X_{(n)})$은 완전충분통계량이다. 지수족에 있어서, 최소충분통계량 $(T_1, \cdots, T_p) = (\sum_{i=1}^{n} t_1(\boldsymbol{X}_i), \cdots, \sum_{i=1}^{n} t_p(\boldsymbol{X}_i))$은 완전이다.

예제 1.65

$X_1, \cdots, X_n$은 정규분포 $N(\mu, \sigma^2)$에 독립이고 동일분포를 갖는다. 이때

$$\overline{X}\text{와 } S^2 = \frac{1}{n-1}\sum_{i=1}^{n}(X_i - \overline{X})^2$$

은 독립이다. σ^2은 고정되었다고 하고 μ를 모수로 취급한다면, $\overline{X}$는 완전충분통계량이고 S^2은 보조통계량이다. 따라서 바수 정리에 의하여 $\overline{X}$와 S^2은 독립이다.

예제 1.66

$X_1, \cdots, X_n$은 독립적이고 동일한 균등분포 $U_{(\theta_1, \theta_2)}$를 따른다고 하자. $1 \le r < n$에 대하여, $Y = (X_{(r)} - X_{(1)})/(X_{(n)} - X_{(1)})$는 보조통계량이다. 따라서 정리 1.64인 바수 정리에 의하여 Y와 $(X_{(1)}, X_{(n)})$은 독립이다.

1.4 고전적 추론

원론적으로 주어진 자료 X가 갖고 있는 모수 θ에 대한 통계량 $T(X)$는, 예를 들어 정규분포 $N(\mu, \sigma^2)$에서 μ와 같은 모집단평균에 대하여, 표본평균 $\overline{X}$ 또는 표본중앙값과 같은 특별하고 합리적인 추정량인 후보자들 중 제안하고자 하는 하나의 추정량이다. 만족스러운 또는 최적의 추정값을 선택하기 위하여, 그것들의 분포의 성질들을 고려하게 된다. 하나의 분포와 연관되는 두 개의 중요한 값들은 그것의 평균과 분산 또는 평균과 표준편차, 특히 보통 추정량의 표준오차라고 한다. 보통, 좋은 추정량와 표준오차의 추정량들이 알려진다. 따라서 제안된 추정량 $T(X)$은 그것의 평균 $E(T|\theta)$과 분산 $Var(T|\theta)$ 등으로 평가하고자 한다. 만약 θ을 추정한다면, 보통 편향 $E(T|\theta) - \theta$을 계산하고, 편향의 가장 작은 절댓값을 가진 추정량을 선호한다. 이러한 기준에 알맞은 것은 θ의 비편향추정량을 구하는 것이다. 즉, $E(T|\theta) = \theta$이다. 예를 들면, 정규분포 $N(\mu, \sigma^2)$에서 μ의 추정량으로 $\overline{X}$와 표본중앙값은 비편향추정량들이다. 만약 관심이 θ의 실함수

$\tau(\theta)$에 있다면, $E(T|\theta)=\tau(\theta)$인 추정값 $T(X)$을 찾고자 한다. $\tau(\theta)$의 비편향추정량들에 대하여, $Var(T|\theta) = E\{(T-\tau(\theta))^2\}$은 $T(X)$가 중심 $\tau(\theta)$에서 얼마나 퍼져있는가를 측정한다. 분산이 작을수록 좋은 추정량이다. 따라서 분산이 작은 비편향추정량을 찾으려고 한다. 이것은 매우 강한 조건이나 여러 고전적 통계학에 적용할 수 있는 좋은 이론이 있다.

정리 1.67 | 크라머-라오 부등식(Cramer-Rao Inequality, 정보부등식)

$T(X)$은 $\tau(\theta)$의 비편향추정량이라고 하자. 다음 식 (1.97)과 (1.98)를 얻기 위하여 미분과 적분의 순서를 바꿀 수 있다고 가정한다. 즉,

$$\frac{\partial}{\partial\theta}E(T|\theta)=\int_{-\infty}^{\infty}\cdots\int_{-\infty}^{\infty}T(\boldsymbol{x})\left(\frac{\partial}{\partial\theta}f(\boldsymbol{x}|\theta)\right)d\boldsymbol{x}, \tag{1.97}$$

와

$$0=\frac{\partial}{\partial\theta}\left[\int_{-\infty}^{\infty}\cdots\int_{-\infty}^{\infty}f(\boldsymbol{x}|\theta)d\boldsymbol{x}\right]=\int_{-\infty}^{\infty}\cdots\int_{-\infty}^{\infty}\frac{\partial}{\partial\theta}f(\boldsymbol{x}|\theta)d\boldsymbol{x} \tag{1.98}$$

이다. 이때

$$Var(T|\theta)\geq\left[\frac{\partial\tau(\theta)}{\partial\theta}\right]^2/I_n(\theta) \tag{1.99}$$

이고, $I_n(\theta)$은 $\boldsymbol{x}$에 있는 피셔정보행렬을 나타내고, 즉

$$I_n(\theta)=E\left\{\left(\frac{d}{d\theta}\log f(\boldsymbol{X}|\theta)\right)^2|\theta\right\}$$

이다.

증명

$\psi(\boldsymbol{X},\theta)=\frac{\partial}{\partial\theta}\log f(\boldsymbol{X}|\theta)$이라 하자. 이때 주어진 조건 중 식 (1.98)에 의하여 $E(\psi(\boldsymbol{X}|\theta))=0$이고, 따라서 $Var(\psi(\boldsymbol{X},\theta)|\theta) = I_n(\theta)$이다. 식 (1.97)을 이용하면

$$Cov(T,\psi(\boldsymbol{X},\theta)|\theta)=\tau'(\theta)$$

이다. 따라서 다음과 같다.

$$Var(T|\theta)\geq\frac{[Cov(T,\psi(\boldsymbol{X},\theta)|\theta)]^2}{Var(\psi(\boldsymbol{X},\theta)|\theta)}\geq\frac{\tau'(\theta)^2}{I_n(\theta)}.$$

만약 $X_1,\cdots,X_n$들이 독립이고 동일분포 $f(x|\theta)$을 따른다고 하면,

$$I_n(\theta)=nI(\theta)$$

이고, 여기서

$$I(\theta)=E\left\{\left(\frac{d}{d\theta}\log f(X_1|\theta)\right)^2|\theta\right\}$$

는 하나의 관측치에 대한 피셔정보이다.

마지막으로 식 (1.99)으로 표현된 크라머-라오 하한(Cramer-Rao lower bound)이 $T(X)$에 의하여 얻어진다면, $T(X)$은 균일최소분산비편향추정값(Uniformly Minimum Variance Unbiased Estimate, UMVUE)이며, 이를 최상비편향추정값이라고 한다.

정리 1.68 | 라오-블락웰(Rao-Blackwell)

$T(X)$는 $\tau(\theta)$의 비편향추정량이고, $S(X)$은 충분통계량이라고 하자. 이때

$$T^*=E(T|S)$$

는 $\tau(\theta)$의 비편향추정량이고

$$Var(T^*|\theta)\le Var(T|\theta),\ \forall\theta \tag{1.100}$$

이다.

증명 (연습문제)

따름 정리 1.69

$T(X)$은 완전충분통계량이면, $T'=E(T|S)$는 $\tau(\theta)$의 최상비편향추정값이다.

증명

조건부기댓값의 성질에 의하여,

$$E(T'|\theta)=E\{E(T|S)|\theta\}=E(T|\theta)$$

이다.

$$\begin{aligned}Cov\{T-T',T'-\tau(\theta)|\theta\}&=E\{(T-T')(T'-\tau(\theta))|\theta\}\\&=E[E\{(T'-\tau(\theta))(T-T')|S\}|\theta]\end{aligned}$$

$$= E[(T' - \tau(\theta))E(T - T'|S)|\theta]$$

$$= 0$$

이므로,

$$Var(T|\theta) = E[\{(T - T') + (T' - \tau(\theta))\}^2|\theta]$$

$$= E\{(T - T')^2|\theta\} + E\{(T' - \tau(\theta))^2|\theta\}\}$$

이다.

예제 1.70

정규분포 $N(\mu, \sigma^2)$에서 확률표본을 생각해 보자. 여기서 σ^2는 알고 있는 상수라 가정한다. 정리 1.68 또는 따름 정리 1.69에 의하면, $\overline{X}$는 μ의 최상비편향추정값이다. 또한 정리 1.68에 의하면, μ^2의 최상비편향추정값은 $\overline{X}^2 - \sigma^2/n$이다. 그러나 식 (1.99)에 있는 크라머-라오 하한을 얻어지지 않는 것을 쉽게 보일 수 있다. 만약 T가 크라머-라오 하한을 얻는다고 하면, 그것은 선형함수여야 하며($\theta \equiv \mu$),

$$T(\boldsymbol{x}) = a(\theta) + b(\theta)\frac{d}{d\theta}\log f(\boldsymbol{x}|\theta) \tag{1.101}$$

즉, 다음 형태여야 한다.

$$T(\boldsymbol{x}) = c(\theta) + d(\theta)\overline{x}.$$

그러나 통계량 T는

$$T(\boldsymbol{x}) = c + d\overline{x}$$

이며, c와 d는 상수들이다.

비슷한 논의는 지수족에도 유효하다. 역으로, 모수모형 $f(\boldsymbol{x}|\theta)$은 통계량 T가 크라머-라오 하한을 갖게 된다고 가정하자. 이때

$$T(x) = a(\theta) + b(\theta)\frac{d}{d\theta}\log f(\boldsymbol{x}|\theta)$$

이므로,

$$\frac{T(x) - a(\theta)}{b(\theta)} = \frac{d}{d\theta}\log f(\boldsymbol{x}|\theta) \tag{1.102}$$

이를 얻을 수 있다. 식 (1.102)의 양변을 θ에 대하여 적분하면,

$$T(\boldsymbol{x})\int (b(\theta))^{-1}d\theta - \int a(\theta)(b(\theta))^{-1}d\theta + d(\boldsymbol{x}) = \log f(\boldsymbol{x}|\theta)$$

이고, 여기서 $d(\boldsymbol{x})$은 적분상수이다. 만약 $A(\theta) = \int (b(\theta))^{-1}d\theta$, $c(\theta) = \int a(\theta)(b(\theta))^{-1}d\theta$과 $d(\boldsymbol{x}) = \log h(\boldsymbol{x})$라고 표시하면, 이때 지수족을 얻을 수 있다.

다음으로, 귀무가설 $H_0 : \theta = \theta_0$과 대립가설 $H_1 : \theta \neq \theta_0$ 또는 귀무가설 $H_0 : \theta \leq \theta_0$과 대립가설 $H_1 : \theta > \theta_0$를 고려해 보자. W는 H_0를 기각하는 $\boldsymbol{x}$들의 집합이고, W^c는 H_0를 채택하는 $\boldsymbol{x}$들의 집합이라고 하자. 이때 W을 기각역이라고 한다. 때때로, W보다는 지시함수를 사용한다. H_0가 사실일 때 H_0를 기각하는 오류를 제1종 오류이라고 하고, 또한 H_1이 사실일 때 H_1을 기각할 오류를 제2종 오류라고 한다. 제1종 오류확률을 유의수준이라고 하며 α로 표시한다. 즉,

$$\alpha = P_{\theta_0}(\boldsymbol{X} \in W) = E_{\theta_0}(I(\boldsymbol{X}))$$

이며, $I(\boldsymbol{X})$은 W의 지시함수이다,

$$I(\boldsymbol{x}) = \begin{cases} 1 & \text{if} \quad \boldsymbol{x} \in W \ ; \\ 0 & \text{if} \quad \boldsymbol{x} \in W^c \ . \end{cases}$$

제2종 오류확률은 $\theta \in H_1$에 대하여, $P_\theta(\boldsymbol{X} \in W^c) = 1 - E_\theta(I(\boldsymbol{X}))$이다.

일반적으로 하나의 오류확률을 감소시키면, 다른 하나의 오류확률은 증가하게 된다. 따라서 동시에 함께 감소시킬 수는 없다. 제1종 오류확률이 더욱 중요하기 때문에 우선 이것을 작게 만들고자 한다.

$$E_{\theta_0}(I(X)) \leq \alpha,$$

여기서 편의상 α는 0.05, 0.01 등으로 둔다. 이를 만족시키는 모든 검정들 중에서, 제2종 오류확률을 최소화하려고 하고 있다.

보조정리 1.71 | 네이만-피어슨 보조정리(Neyman-Pearson Lemma)

귀무가설 $H_0 : \theta = \theta_0$과 대립가설 $H_1 : \theta = \theta_1$에 대하여 생각해 보자. 고정된 α_0, $0 \leq \alpha_0 \leq 1$이다.

(1) 아래와 같은 지시함수 I_0에 의하여 주어진 검정과 비음수 k가 존재함을 가정한다.

$$I_0(\boldsymbol{x}) = \begin{cases} 1 & \text{if } f(\boldsymbol{x}|\theta_1) > kf(\boldsymbol{x}|\theta_0); \\ 0 & \text{if } f(\boldsymbol{x}|\theta_1) < kf(\boldsymbol{x}|\theta_0), \end{cases}$$

여기서, 만약 $f(\boldsymbol{x}|\theta_1) = kf(\boldsymbol{x}|\theta_0)$이면 $E_{\theta_0}(I_0(\boldsymbol{X})) = \alpha$이다.

이때 $E_{\theta_0}(I_1(\boldsymbol{X})) \le \alpha$을 만족하는 모든 지시함수 I_1에 대하여,

$$E_{\theta_1}(I_0(\boldsymbol{X})) \ge E_{\theta_1}(I_1(\boldsymbol{X}))$$

이다.

(2) g는 주어진 적분 가능한 함수라 가정하고, 다음을 만족하는 모든 검정을 하고자 한다.

$$『E_{\theta_0}(I(\boldsymbol{X})) = \alpha \text{ 와 } \int \cdots \int I(\boldsymbol{x})g(\boldsymbol{x})\,d\boldsymbol{x} = c』$$

이다. 이때 모든 이런 I들 중에서 $E_{\theta_1}(I(\boldsymbol{X}))$는

$$I_0(\boldsymbol{x}) = \begin{cases} 1 & \text{if } f(\boldsymbol{x}|\theta_1) > k_1 f(\boldsymbol{x}|\theta_0) + k_2 g(\boldsymbol{x}); \\ 0 & \text{if } f(\boldsymbol{x}|\theta_1) < k_1 f(\boldsymbol{x}|\theta_0) + k_2 g(\boldsymbol{x}), \end{cases}$$

에서 최댓값이며, 여기서, k_0와 k_1은 I_0가 식 (1.70)에 주어진 두 개의 제약 조건들을 만족케 하는 두 개의 상수들이다.

(3) 만약 I_0가 (1) 또는 (2)에서 존재하고, I_1이 동일한 제약조건 아래에서 I_0와 같이 동일한 최대화 성질을 갖는 지시함수이면, 이때 $I_0(\boldsymbol{x})$와 $I_1(\boldsymbol{x})$가 아래 두 조건들을 만족하면 동치이다.

『(1)의 경우에서, $f(\boldsymbol{x}|\theta_1) - k_1 f(\boldsymbol{x}|\theta_0) \neq 0$, 이고
(2)의 경우에서, $f(\boldsymbol{x}|\theta_1) - k_1 f(\boldsymbol{x}|\theta_0) - k_2 g(\boldsymbol{x}) \neq 0$ 이다.』

증명 (Ghosh et al., 2006)

마지막으로, 구간추정에 대하여 간략하게 설명한다. 정규분포 $N(\mu, \sigma^2)$에서 μ에 대한(여기서 σ은 알려진 상수로 가정한다) 소위 일반적으로 사용하는 신뢰구간은 $\overline{X} \pm z_{\alpha/2} \cdot \sigma/\sqrt{n}$이다. 이는

$$P_{\mu,\sigma}(\overline{X} - z_{\alpha/2} \cdot \sigma/\sqrt{n} \le \mu \le \overline{X} + z_{\alpha/2} \cdot \sigma) = 1 - \alpha$$

를 의미한다. 이 표현에서 고전통계학의 모든 분야에서 μ는 상수이다. 따라서 확률의 표현은 모두 $\overline{X}$에 대한 것들이다. 그러므로 $(1-\alpha)$는 수많은 반복된 실험들에서 μ를 포함하는 구간들의 비인 것이다. 만약 $\overline{X}=3$을 갖는 자료를 갖고 있다면, μ가 $3 \pm z_{\alpha/2} \cdot \sigma/\sqrt{n}$에 놓일 확률에 대한 질문인 것이고, 그 답은 $(1-\alpha)$이 아니고 μ의 값에 따라서 영 또는 일로 나타난다. 이러한 구간들의 생각이 매우 오래된 것이라 하더라도 Neyman은 다음과 같이 신뢰구간을 공식화하였다.

『$X \sim f(\boldsymbol{x}|\theta)$에 대하여, $\theta \in R$이고, 만약

$$P_\theta(\underline{\theta}(\boldsymbol{X}) \le \theta \le \overline{\theta}(\boldsymbol{X})) = 1-\alpha$$

이면, $(\underline{\theta}(\boldsymbol{X}), \overline{\theta}(\boldsymbol{X}))$를 신뢰계수 $1-\alpha$을 갖는 신뢰구간』이라고 한다.

*1.5 통계적 결정론의 기본 개념

1.5.1 기본 정의

통계적 결정론의 기본 개념에 대한 설명을 다음과 같이 주어지는 하나의 예로 설명을 시작하고자 한다.

예제 1.72

제약회사가 새로운 진통제를 개발하여 시장의 적정여부를 판단해야 할 상황에 놓여 있다고 가정하자. 이때 다음과 같은 두 가지 사항을 고려할 수 있다.

첫째, 신약이 효과적이라 판단하는 사람들의 비율(θ_1)
둘째, 신약이 시장을 장악할 비율(θ_2)이고, 여기서 θ_1와 θ_2는 미지의 상수이다.
이때 그들에 대한 통계적 정보를 얻기 위해서 전형적인 실험이 행하여진다. 이 문제는 신약의 시장성 여부, 얼마나 많이 시장을 점유할 것인지 또는 가격은 어떻게 형성할 것인지를 결정하는 것이 궁극적 목적인 결정이론의 하나인 것이다.

일반적으로 고전적 통계학에서 θ를 추론하기 위해서는 표본정보를 이용한다. 결정이론에서는 최상의 결정을 내리기 위해 그 문제에 대한 다른 연관된 여러 면들을 표본정보와 함께 고려한다. 즉, Wald(1950)는 이러한 면에서 통계학자들은 손실함수(loss function)를, 경제학자들은 효용함수(utility function)를 사용한다고 하였다. 먼저 용어

에 있어서 θ은 미지의 상태(state of nature)인 모수이며, Θ은 모수공간, a은 우리가 선택하고자 하는 결정규칙(추정량)을 대신하여 액션(action)이라 하고 A은 액션공간이다. 이때 결정이론의 가장 중요한 부분은 $(\theta,a)\in\Theta\times A$에서 정의된 손실함수 $L(\theta,a)$라 생각한다. 또한 기술적인 면에서 $L(\theta,a)\geq -K > -\infty$만 고려한다. 이 조건들은 관심 있는 모든 손실함수들에 만족된다. 손실함수에 대한 보다 자세한 설명은 1.5.3절에 있다.

$X=(X_1,\cdots,X_n)$일 때 X_i들은 독립이고 동일분포를 갖는 관측 값이라 생각한다. 또한, x은 X의 실제 값으로 표현이고, χ는 모든 결과들의 집합인 표본공간을 나타낸다.

예제 1.73

예제 1.72에서와 같이 θ_2가 비율을 나타내므로, $\theta_2\in\Theta=\{0\leq\theta_2\leq 1\}$로 정의된다. 여기서 θ_2의 추정값으로써 취해진 액션은 간단히 구간 $(0,1)$ 사이에 있는 하나의 숫자이다. 이때 사용되는 손실함수는 다음과 같다고 가정하자.

$$L(\theta_2,a)=\begin{cases}\theta_2-a & \text{if}\,\theta_2-a\geq 0\\ 2(a-\theta_2) & \text{if}\,\theta_2-a<0\end{cases}.$$

그러므로 $a\in A=[0,1]$. 예를 들어 정보를 얻기 위하여 n명의 사람들을 인터뷰하고 여기서 X명 사람들이 신약을 사겠다고 관측되었다. 따라서 X가 이항분포 $Bin(n,\theta_2)$을 따른다는 것이 합리적이다. 즉,

$$f(x|\theta_2)=\binom{n}{x}\theta_2^x(1-\theta_2)^{n-x}\ .$$

과거에 신약이 출시되면 일반적으로 1/10에서 1/5 정도의 시장 점유율을 나타난다는 보고가 있다. 또한 이 구간 사이에 특별한 정보가 없으므로 모든 점에서 동등하게 일어난다고 가정한 사전 균등분포를 이용하고자 한다. 즉,

$$\pi(\theta_2)=U_{(0.1,\,0.2)}$$

로 모형화하면, 다시 말해서

$$\pi(\theta_2)=10I_{(0.1,0.2)}(\theta_2)$$

이다.

정의 1.74

결정규칙 $\delta(x)$은 정의역 χ에서 치역 A로 가는 함수이다. 이때 두 개의 결정규칙 δ_1과 δ_2가 **동치**(equivalent)라 함은

『모든 θ 에 대하여

$$P_\theta(\,\delta_1(X) = \delta_2(X)\,) = 1 \tag{1.103}$$

을 만족한다』

로 정의한다.

정의 1.75

결정규칙 $\delta(x)$의 **위험함수**(risk function)라 함은

$$R(\theta,\delta(X)) = E_\theta^X L(\theta,\delta(X)) = \int L(\theta,\delta(x))f_X(x|\theta)dx \tag{1.104}$$

로 정의한다.

특히 자료 없는 문제에서는

$$R(\theta,\delta) = L(\theta,\delta)$$

이다. 일반적으로 문맥이 명확할 시는 편의상 E_θ^X을 E로 표현하기도 한다.

정의 1.76

결정규칙 $\delta_1(x)$이 결정규칙 $\delta_2(x)$보다 위험함수 관점에서 좋다(R-better)라 함은
『모든 θ에 대하여

$$R(\theta,\delta_1(X)) \le R(\theta,\delta_2(X)) \tag{1.105}$$

을 만족하고 또한 최소한 한 점 θ에서 순부등식을 만족해야 한다』
로 정의한다.

또한 결정규칙 $\delta_1(x)$이 $\delta_2(x)$보다 위험함수 관점에서 동등하다(R-equivalent) 함은
『모든 θ에 대하여

$$R(\theta,\delta_1(X)) = R(\theta,\delta_2(X)) \tag{1.106}$$

이다』로 정의한다.

정의 1.77

결정규칙 $\delta(x)$이 허용(admissible)이라 함은

『$\delta(x)$보다 더 이상 *R-better* 한 결정규칙이 존재하지 않는다』

고 정의한다. 또한 결정규칙 $\delta(x)$이 비허용(inadmissible)은

『$\delta(x)$보다 *R-better* 한 결정규칙이 최소한 하나 있다』

고 정의한다.

예제 1.78 Berger, 1985

확률변수 X가 정규분포를 따른다고 하자. 즉 $X \sim N(\theta, 1)$이다. 여기서 제곱오차손실(squared error loss, SEL)함수 $L(\theta, a) = (\theta - a)^2$아래에서 θ을 추정하고자 한다. 이때 제한적으로 결정규칙을 $\delta_c(x) = cx$인 형태만 고려한다.

$\delta_c(x)$의 위험함수는

$$\begin{aligned} R(\theta, \delta_c(x)) &= E_\theta^X L(\theta, \delta_c(x)) = E_\theta^X(\theta - cX)^2 \\ &= E_\theta^X[c(\theta - X) + (1-c)\theta]^2 \\ &= c^2 E_\theta^X(\theta - X)^2 + (1-c)^2\theta^2 + 2c(1-c)\theta\, E_\theta^X(\theta - X) \\ &= c^2 + (1-c)^2\theta^2 \end{aligned}$$

으로 계산되며, 이는 $c > 1$인 경우에

$$R(\theta, \delta_1(x)) = 1 < R(\theta, \delta_c(x))$$

인 관계가 있으므로, $c > 1$일 때, $\delta_1(x)$은 $\delta_c(x)$보다 R-better하다.

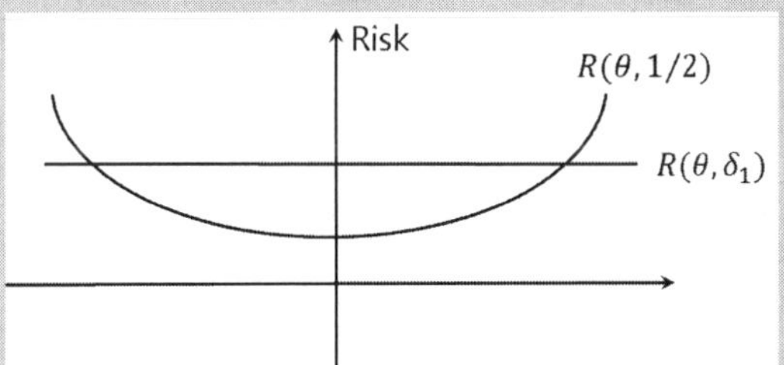

그림 1.1

또한 $c > 1$일 때, $\delta_c(x)$은 미허용이다. 예를 들어 $c = \frac{1}{2}$이면, $\delta_1(x)$과 $\delta_{1/2}(x)$은 그림 1.1에서와 같이 비교할 수 없다. 더욱이, $0 \le c \le 1$, 이러한 규칙들은 비교할 수 없다. 4장에서 $0 \le c \le 1$인 경우에도 $\delta_1(x)$이 허용임을 보인다.

정의 1.79

Θ에서 정의된 사전분포함수 π아래서 결정규칙 $\delta(x)$의 베이즈 위험(Bayes risk)은

$$r(\pi,\delta) = E^{\pi}[R(\theta,\delta)] = \int R(\theta,\delta(x))\pi(\theta)d\theta \tag{1.107}$$

로 정의한다.

예제 1.80

예제 1.78에서와 동일한 구조에서 사전분포함수 $\pi(\theta) = N(0,\tau^2)$라고 하자. 이때 베이즈 위험은

$$\begin{aligned} r(\pi,\delta_c) &= E^{\pi}R(\theta,\delta_c) = E^{\pi}[c^2 + (1-c)^2\theta^2] \\ &= c^2 + (1-c)^2 E\theta^2 = c^2 + (1-c)^2\tau^2 \end{aligned} \tag{1.108}$$

이다.

정의 1.81

확률화(randomized) 결정규칙 $\delta^*(x,\cdot)$은

『$\delta^*(x,A)$은 A에 있는 액션이 선택되는 확률이란 설명으로 각각의 x에 대한 A에서의 확률분포』로 정의한다.

만약 $\delta(x)$가 비확률화 결정규칙이라고 하면, $<\delta>$은 다음과 같이 표현되는 동치인 확률화 결정규칙이다.

$$<\delta>(x, A) = I_A(\delta(x)) = \begin{cases} 1 & \text{if } \delta(x) \in A \\ 0 & \text{if } \delta(x) \notin A \end{cases}.$$

정의 1.82

확률화 결정규칙 $\delta^*(x,\cdot)$의 **손실함수는**

$$L(\theta,\delta^*(x,\ \cdot\ )) = E^{\delta^*(x,\ \cdot\ )}[L(\theta,a)] \tag{1.109}$$

이라 정의하며, 여기서 기댓값은 a 위에서 행해진다. 따라서 $\delta^*(x,\cdot)$의 **위험함수는**

$$R(\theta,\delta^*) = E_\theta^X L(\theta,\delta^*(x,\ \cdot\ )) \tag{1.110}$$

로 정의된다.

정의 1.83

결정규칙 $\delta_1(x)$이 결정규칙 $\delta_2(x)$보다 **베이즈 관점에서 선호(preferred)**하다는 것은

$$r(\pi,\delta_1(x)) < r(\pi,\delta_2(x))$$

을 만족할 때이다. 따라서 베이즈 위험원리란 $r(\pi,\delta(x))$을 최소화하는 결정규칙이 최적인 것을 의미한다. 최소화 결정규칙을 **베이즈 규칙** 또는 **베이즈 추정값**이라 하고 $\delta^\pi(x)$로 표현한다. $r(\pi)=r(\pi,\delta^\pi(x))$인 것을 π에 대한 **베이즈 위험**이라고 한다.

예제 1.84

예제 1.80에서와 같이 $\delta_c(x)$의 베이즈 위험은 $\pi(\theta)=N(0,\tau^2)$일 때,

$$r(\pi,\delta_c(x)) = c^2+(1-c)^2\tau^2$$

이며, 이 베이즈 위험을 최소화하는 c의 값은

$$c_0 = \frac{\tau^2}{1+\tau^2}$$

이다. 그러므로 $\delta_{c_0}(x)$는 $\delta_c(x)=cx$ 형태의 추정값 중에서 가장 작은 베이즈 위험을 갖고 있다. 뒤에서 다시 $\delta_{c_0}(x)$가 모든 추정값 중에서 가장 작은 베이즈 위험을 갖는다는 것을 보인다. 그러므로 $\delta_{c_0}(x)$은 베이즈 규칙이고 π에 대한 베이즈 위험은

$$\begin{aligned} r(\pi) = r(\pi,\delta_{c_0}(x)) &= {c_0}^2+(1-c_0)^2\tau^2 \\ &= \left(\frac{\tau^2}{1+\tau^2}\right)^2+\left(\frac{1}{1+\tau^2}\right)^2\tau^2 = \frac{\tau^2}{1+\tau^2} \end{aligned} \tag{1.111}$$

로 계산된다.

정의 1.85

결정규칙 $\delta_1(x)$이 $\delta_2(x)$보다 위험함수 관점에서 선호하다(preferred)는 것은

$$\sup_{\theta \in \Theta} R(\theta, \delta_1(X)) < \sup_{\theta \in \Theta} R(\theta, \delta_2(X)) \tag{1.112}$$

을 만족할 때이다.

정의 1.86

모든 결정규칙 $\delta(x)$에 대한 각각의 $\sup_{\theta \in \Theta} R(\theta, \delta(X))$ 값들 중에서 가장 작은 값을 갖는 결정규칙을 미니맥스(minimax) 규칙 $\delta^M(x)$이라 정의한다. 즉

$$\sup_{\theta \in \Theta} R(\theta, \delta^M(X)) = \inf_{\delta(X) \in D} \sup_{\theta \in \Theta} R(\theta, \delta(X)) \tag{1.113}$$

이다.

예제 1.87

예제 1.78에서와 같이 $\delta_c(x)$ 형태의 결정규칙에 대하여,

$$\sup_\theta \mathrm{R}(\theta, \delta_c) = \sup_\theta [c^2 + (1-c)^2\theta^2] = \begin{cases} 1 & \text{if } c = 1 \\ \infty & \text{if } c \neq 1 \end{cases}$$

이며, 따라서 미니맥스 원리에서 $\delta_1(x)$은 $\delta_c(x)$ 중에서 최상이다.

정의 1.88

통계량 $T(X)$이 범위 $\mathfrak{T}$을 갖는다고 하자(즉, $\mathfrak{T} = \{T(x) : x \in \chi\}$). 이때 T에 의하여 만들어진 X의 분할은 다음 형태들로 만들어진 집합들의 모임이다. 각각의 $t \in \mathfrak{T}$에 대하여

$$\chi_t = \{x \in \chi : T(x) = t\}.$$

여기서 만약 $t_1 \neq t_2$이면, $\chi_{t_1} \cap \chi_{t_2} = \varnothing$와 $\bigcup_{t \in \mathfrak{T}} \chi_t = \chi$ 이다.

정의 1.89

확률변수 X의 충분분할은 충분통계량 T에 의하여 생성된 분할이다.

정의 1.90

임의의 통계량 $T(X)$에 대하여, T에 근거한 확률화 결정규칙 $\delta^*(t, \bullet)$은 표본공간으로 인식되어진 $\mathfrak{T}$를 갖는 일반적인 확률화 결정규칙으로 정의된다. 이때 그러한 규칙에 대한 위험함수는

$$R(\theta, \delta^*) = E^T[L(\theta, \delta^*(T, \bullet))] \tag{1.114}$$

라 표현된다.

정리 1.91

$T(X)$는 θ에 대한 충분통계량이고, $\delta_0^*(x, \bullet)$는 D^*에 있는 확률화 규칙들의 집합이라고 하자. 이때 오직 $T(X)$에 근거하고 δ_0^*에 R-equivalent한 확률화 규칙이 항상 존재한다.

증명 우선 $\delta_1^*(t, A) = E^{X|t}[\delta_0^*(X, A)]$라 두자. 정의된 δ_1^*은 당연히 확률화 규칙이며, 이것이 본 주장을 만족함을 보이고자 한다. 그러므로 $T(X)$가 θ에 대한 충분통계량이므로 δ_1^*는 θ에 의존적이지 않다. 우선 δ_1^*에 대한 위험함수는

$$R(\theta, \delta_1^*) = E^T[L(\theta, \delta_1^*(T, \bullet))]$$

이고, 여기서 확률화 규칙의 손실함수는

$$L(\theta, \delta_1^*(t, \bullet)) = E^{\delta_1^*(t, \bullet)}[L(\theta, a)] = E^{X|t}E^{\delta_0^*(X, \bullet)}[L(\theta, a)] \tag{1.115}$$

로 표현된다. 따라서

$$\begin{aligned} R(\theta, \delta_1^*) &= E^T[L(\theta, \delta_1^*(T, \bullet))] \\ &= E^T E^{X|T} E^{\delta_0^*(x, \bullet)}[L(\theta, a)] \\ &= E^X E^{\delta_0^*(x, \bullet)}[L(\theta, a)] = R(\theta, \delta_0^*) \end{aligned} \tag{1.116}$$

이다.

정리 1.91도 당연히 비확률화 규칙에도 적용할 수 있다. 만약 δ_0^*가 비확률화 규칙이라 하면, δ_1^*은 R-equivalent 결정규칙은 확률화할 수 있다. 그러므로

$$\delta_1^*(t, A) = E^{X|t}[\langle \delta_0 \rangle (X, A)] \ = E^{X|t}[1_A(\delta_0(X))] = P^{X|t}(\delta_0(X) \in A)$$

이다.

1.5.2 결정이론의 라오-블락웰 정리

정의 1.92

Ω에 있는 임의의 두 점 x, y 와 $0 \le \alpha \le 1$에 대하여, $\alpha x + (1-\alpha)y$ 가 Ω에 있으면, 그 집합 $\Omega \subset R^n$을 **볼록**(convex)이라고 한다. 이때

$$\{\alpha x + (1-\alpha)y : 0 \le \alpha \le 1\} \tag{1.117}$$

은 두 점 x와 y을 잇는 선분이다.

정의 1.93

집합 $\{x^1, x^2, \cdots\}$은 R^n에 있는 점들의 모임이고 $0 \le \alpha_i \le 1$는 $\sum_{i=1}^{\infty} \alpha_i = 1$을 만족하는 실수라 한다면, 이때 $\sum_{i=1}^{\infty} \alpha_i x^i$(물론, 유한일 때)를 $\{x^i\}$의 **볼록결합**(convex combination)이라고 한다.

또한, 집합 Ω의 **최소볼록집합**(convex hull)은 Ω에 있는 모든 점들의 볼록결합들의 집합이다. 따라서 집합 Ω의 최소볼록집합은 그 자신이 스스로 볼록이고, Ω을 포함하는 가장 작은 볼록집합이다.

정의 1.94

볼록집합 Ω에서 정의되는 실함수 $g(x)$가 **볼록**(convex)이라 함은

『모든 $x, y \in \Omega$ 대하여

$$g(\alpha x + (1-\alpha)y) \le \alpha g(x) + (1-\alpha)g(y) \text{』} \tag{1.118}$$

으로 정의한다.

만약 $x \ne y$에 대하여 강한 부등식을 만족한다면 이때 g는 강한 볼록함수라고 한다. 또한 만약에 g함수가

$$g(\alpha x + (1-\alpha)y) \ge \alpha g(x) + (1-\alpha)g(y) \tag{1.119}$$

를 만족한다면 이때 그 함수 g을 **오목**(concave)이라고 한다.

보조정리 1.95

함수 $g(x)$가 개(open) 볼록집합 $\Omega \subset R^n$에서 정의되며, 모든 i, j에 대하여, 그것의 이차 편미분

$$g^{ij}(x) = \frac{\partial^2}{\partial x_i \partial x_j} g(x)$$

이 존재하고, 유한하다고 가정한다. 또한,

$$G = \begin{pmatrix} g^{11}(x)\, g^{12}(x) \cdots g^{1n}(x) \\ \vdots \\ g^{n1}(x)\, g^{n2}(x) \cdots g^{1n}(x) \end{pmatrix}$$

정의하자(따라서 G는 대칭이다).

이때 $g(x)$가 볼록일 필요충분조건은 G은 비음정치(nonnegative definite)행렬이다(즉, $z^t Gz \ge 0$, $z \in \Omega$). 비슷하게, $-G$ 가 비음정치행렬이면, $g(x)$가 오목이다.

증명 (연습문제)

따라서 $n=1$인 경우에 보조정리 1.95는 $g''(x) \ge 0$ $(g''(x) \le 0)$이면 g은 볼록(오목)이라 함은 잘 알려진 사실이다.

더구나 $g''(x) > 0(< 0)$이면 $g(x)$은 순볼록(순오목)이다. 예를 들면, $g(x) = x^2$, $g(x) = e^x$, $g(x_1, x_2) = x_1^2 + x_1 x_2 + x_2^2$들은 순볼록이다.

보조정리 1.96

$E[\|X\|] < \infty$의 성질을 갖는 n차 랜덤 벡터 X와 $P(X \in \Omega) = 1$이라고 하자. 여기서 $\|X\|$은 n차 유클리디언 노름이고 Ω은 R^n의 볼록 부분집합이다. 그러면, $EX \in \Omega$.

증명 (Berger, 1985).

정리 1.97 | 젠센의 부등식(Jensen's Inequality)

볼록집합 $\Omega \subseteq R^n$에서 정의된 볼록 실함수 $g(x)$이며, $E[\|X\|] < \infty$인 성질을 갖는 m차 확률벡터 X와 $P(X \in \Omega) = 1$이라 하자. 그러면,

$$g(EX) \le E[g(X)] \tag{1.120}$$

이다.

증명 Berger(1985).

특별히, 여기서 $n=1$인 경우의 간편한 증명은 다음과 같다. g가 볼록함수이므로, $g''(x) \ge 0$이다. $\mu = EX$라 두자. 이때 보조정리 1.96에 의하면 $\mu \in \Omega$이다. 따라서 μ을 중심으로 테일러 확장을 하면

$$g(x) = g(\mu) + g'(\mu)(x-\mu) + \frac{g''(\xi)}{2}(x-\mu)^2$$

여기서 ξ는 μ와 x 사이에 있는 한 점이다. g가 볼록함수이므로, 즉 $g''(\xi) \ge 0$이므로,

$$g(x) \ge g(\mu) + g'(\mu)(x-\mu)$$

이며, 양변에 기댓값을 취하면,

$$\begin{aligned} E[g(X)] &\ge E[g(\mu)] + E[g'(\mu)(X-\mu)] \\ &= g(\mu) + g'(\mu)E(X-\mu) \\ &= g[EX] \end{aligned} \tag{1.121}$$

이다.

정리 1.98

$A \subseteq R^n$ 볼록집합이고 각 $\theta \in \Theta$에 대하여 $L(\theta, a)$가 a의 볼록함수라 가정하자. $E^{\delta^*(x,\cdot)}[|a|] < \infty$을 만족하는 확률결정규칙 δ^*이라 하자. 이때 비확률 결정규칙 $\delta(x) = E^{\delta^*(x,\cdot)}[a]$는 모든 θ와 x에 대하여

$$L(\theta, \delta(x)) \le L(\theta, \delta^*(x,\cdot))$$

을 만족한다.

증명

보조정리 1.96에 의하면, 당연히 $\delta(x) \in A$이다. 또한 정리 1.97에 따르면

$$\begin{aligned} L(\theta, \delta(x)) &= L\left(\theta, E^{\delta^*(x,\cdot)}[a]\right) \\ &\le E^{\delta^*(x,\cdot)}[L(\theta, a)] = L(\theta, \delta^*(x,\cdot)) \end{aligned}$$

이다.

정리 1.99

$A \subseteq R^n$ 볼록집합이고 각 $\theta \in \Theta$에 대하여 $L(\theta, a)$가 a의 볼록함수라 가정하자. $T(X)$는 θ에 대한 충분통계량이고 $\delta^0(X)$는 비확률 결정규칙이라고 하자. 이때 $T(x) = t$에 근거한 결정규칙

$$\delta^1(t) = E^{X|t}[\delta^0(X)]$$

은(기댓값이 존재한다는 가정아래) $\delta^0(X)$보다 *R-equivalent* 또는 *R-better* 하다(이는 결정론 이론 관점에서 사용되는 정리 1.68의 또 다른 표현이다).

증명 당연히 $\delta^1(t)$은 θ에 의존적이지 않다. 손실함수 L이 볼록함수이므로,

$$L(\theta, \delta^1(X)) = L(\theta, E^{X|t}[\delta^0(X)]) \le E^{X|t} L(\theta, \delta^0(X))$$

이다. 그러므로

$$\begin{aligned} R(\theta, \delta^1(t)) &= E^T[L(\theta, \delta^1(t)] \\ &\le E^T E^{X|t}[L(\theta, \delta^0(X))] \\ &= E^X[L(\theta, \delta^0(X))] \\ &= R(\theta, \delta^0(X)) \end{aligned}$$

이다.

1.5.3 손실함수

통계적 결정이론의 가장 중요한 부분은 손실함수 $L(\theta, a)$이다. 이때 손실함수는 θ가 모수의 값일 때 액션 a가 얼마나 좋은가를 나타내는 척도이다. 즉, θ와 관하여 손실이 더 적은 것이 더 좋은 액션이다. 예를 들면, 베이즈 위험원리는

$$E^\pi[R(\theta, \delta)] = E^\pi E_\theta^X L(\theta, \delta(X))$$

을 최소화하는 추정값을 구하는 것이다. 따라서 이 절에서는 다양한 손실함수들을 소개한다.

첫 번째, 제곱오차손실함수에 대하여 설명한다.

정의 1.100

제곱오차손실함수(Squared-Error Loss, SEL)는 다음과 같이 정의된다.

$$L(\theta, a) = (\theta - a)^2. \tag{1.122}$$

제곱오차손실함수를 확장한 **가중제곱오차손실(WSEL)함수**를 다음과 같이 정의한다.

$$L(\theta, a) = w(\theta)(\theta - a)^2 \tag{1.123}$$

여기서 $w(\theta)$dms θ의 함수이며 가중치이다.

또한 $\boldsymbol{\theta} = (\theta_1, \cdots, \theta_p)'$가 벡터인 경우 제곱오차손실함수의 개념을 갖는 다른 형태가 필요하며, 이를 **이차손실(quadratic loss)함수**라고 하며 다음과 같이 정의한다.

$\boldsymbol{a} = (a_1, \cdots, a_p)'$로 $\boldsymbol{\theta}$을 추정한다고 하자. 이때 Q을 $p \times p$ 양정치행렬이라고 하면, 이때 이를 이차손실함수는

$$L(\boldsymbol{\theta}, \boldsymbol{a}) = (\boldsymbol{\theta} - \boldsymbol{a})' Q (\boldsymbol{\theta} - \boldsymbol{a}) \tag{1.124}$$

로 정의한다. 여기서 Q가 대각행렬이면

$$L(\boldsymbol{\theta}, \boldsymbol{a}) = \sum_{i=1}^{p} q_i (\theta_i - a_i)^2 \tag{1.125}$$

로 표현되며, 이는 다변수 모수에 대한 제곱오차손실함수의 자연스런 확장이다.

결정규칙을 평가하는 문제에서 SEL이 고려되는 합리적 이유들은 상당히 많다. 첫째, $\delta(X)$가 비편향추정값이면, $\delta(X)$의 위험함수는 $\delta(X)$의 분산이다. 둘째, 이것은 고전적 최소제곱 이론 관계와 매우 유사하다. 셋째, 대부분의 결정론에서 이것의 사용은 계산들을 직접 가능하도록 하고 간단하다. 마지막으로 이 함수는 무계이다.

두 번째, 선형손실함수를 다음과 같이 설명한다.

정의 1.101

선형손실함수는 다음과 같이 정의한다.

$$L(\theta, a) = \begin{cases} K_0(\theta - a), & \theta - a \geq 0 \\ K_1(a - \theta), & \theta - a < 0 \end{cases} \tag{1.126}$$

이며, 여기서 K_0와 K_1은 과소추정과 과대추정의 상대적인 중요도를 반영하여 선택된다. 과대추정이 과소추정보다 더 심각한 문제에서 우리는 $K_1 > K_0$인 관계인 값들을 선택한다.

만약 $K_0 = K_1 = K$, 이때

$$L(\theta, a) = K\,|\theta - a| \tag{1.127}$$

이며, 이를 **절대오차손실함수**라고 한다. K_0 또는 K_1이 θ 함수이면, 이 손실함수를 **가중선형손실함수**라고 한다.

세 번째, 가설검정과 비슷한 경우인 두 개 액션 결정에 대한 문제를 고려해 본다. 전형적으로 다음과 같은 두 경우를 생각할 수 있다.

$\theta \in \Theta_0$이면, a_0은 '올바른 액션' 그리고 $\theta \in \Theta_1$이면, a_1도 '올바른 액션'이라고 하자. 그러면 이때 손실함수는 다음과 같이 정의할 수 있다.

정의 1.102 "0-1" 손실함수

손실함수가

$$L(\theta, a_i) = \begin{cases} 0 & \text{if}\,\theta \in \Theta_i \\ 1 & \text{if}\,\theta \in \Theta_j,\ j \neq i \end{cases} \tag{1.128}$$

이면, 이를 "0-1" 손실함수라고 한다. 이는 표 1.2와 같이 행렬로 나타낼 수 있다.

표 1.2

	Θ_0	Θ_1
a_0	0	1
a_1	1	0

가설검정 문제로 접근하여 보면, $\delta(X)$의 위험함수는

$$R(\theta, \delta(X)) = E_\theta L(\theta, \delta(X)) = P_\theta(\delta(X)\text{은 잘못된 결정이다}) \tag{1.129}$$

을 의미한다. 첫째, $\theta \in \Theta_0$인 경우에

$$R(\theta, \delta(X)) = P_\theta(\text{잘못된 결정}|\,\theta \in \Theta_0) = P(H_0\ \text{기각}\,|\theta \in \Theta_0)$$

$$= P(\text{제1종 오류}) \tag{1.130}$$

이는 잘못된 기각의 확률이다. 둘째, $\theta \in \Theta_1$인 경우에

$$R(\theta,\delta(X)) = P_\theta(\text{잘못된 결정} \mid \theta \in \Theta_1) = P(H_0 \text{ 채택} \mid \theta \in \Theta_1)$$
$$= P(\text{제2종 오류}) \tag{1.131}$$

이며, 이 또한 잘못된 채택의 확률이다.

특히 실제적으로, "0−1" 손실은 실제적 손실의 좋은 근사식인 경우는 드물다. 따라서 더 현실적인 손실함수로 표 1.3과 같이 정의한다.

표 1.3

	$\theta \in \Theta_0$	$\theta \in \Theta_1$
a_0	0	$k_0(\theta)$
a_1	$k_1(\theta)$	0

네 번째, 불변손실함수에 대하여 설명하며, 여기에는 위치와 척도에 따른 다른 모양의 손실함수가 있다.

우선, 위치불변손실함수인 경우를 살펴보자. θ를 위치모수라 하자. 이때

$$L(\theta,a) = (\theta - a)^2$$

는 위치 변환에 불변이다. 더 자세히 설명하면,

$$\theta' = \theta + b \text{ 과 } \delta'(X) = \delta(X) + b$$

같이 위치를 변환하여도 이 변환에 따른 손실함수는 처음 주어진 변환과 같다. 즉,

$$L(\theta', \delta'(X)) = L(\theta, \delta(X))$$

이다.

정의 1.103

위치불변손실함수는

$$L(\theta,a) = h(\theta - a) \tag{1.132}$$

로 정의되고, 여기서 h은 $\theta - a$의 비 음함수이다.

만약

$$h(\theta - a) = e^{c(\theta - a)} - c(\theta - a) - 1 \tag{1.133}$$

라고 하고 여기서 c를 적당한 상수라고 하면 이를 라이넥스 **손실함수**(Linex loss)라고 하고, 위치불변손실함수이다.

다음으로 척도불변손실함수에 대하여 살펴보자. $\theta > 0$를 척도모수라고 하자. 이때 다음과 같은 손실함수를 생각하자.

$$L(\theta, a) = \left(\frac{\theta}{a} - 1\right)^2$$

또는

$$L(\theta, a) = \frac{\theta}{a} - \ln\left(\frac{\theta}{a}\right) - 1 \ .$$

여기서 $a > 0$이다. 이때

$$\delta'(X) = \frac{\delta(X)}{c} \text{와} \qquad a' = \frac{a}{c}$$

로 변환하였을 때

$$L(\theta', \delta'(X)) = L(\theta, \delta(X))$$

인 관계를 만족하므로 이와 같은 손실함수 $L(\theta, a)$은 척도불변이라 한다.

정의 1.104

척도불변손실함수는

$$L(\theta, a) = g\left(\frac{\theta}{a}\right) \tag{1.134}$$

로 정의되며 여기서 g은 $\frac{\theta}{a}$의 비 음함수이다.

다섯 번째, 엔트로피 손실(entropy loss)함수에 대하여 소개한다.

정의 1.105

엔트로피 손실함수는 다음과 같이 정의된다.

$$L(\theta, a) = E_\theta\left[\ln\left(\frac{f(X|a)}{f(X|\theta)}\right)\right]. \tag{1.135}$$

예제 1.106

X가 정규분포 $N(\theta,1)$을 따른다고 가정하자. 즉,

$$f(x|\theta) = \frac{1}{\sqrt{2\pi}} e^{-\frac{(x-\theta)^2}{2}}$$

이다. 이때 엔트로피 손실함수는

$$\begin{aligned} L(\theta,a) &= E_\theta\left[-\frac{1}{2}(X-\theta)^2 + \frac{1}{2}(X-a)^2\right] \\ &= \frac{1}{2}(\theta-a)^2 \end{aligned}$$

이는 SEL에 상수를 곱한 형태이다.

예제 1.107

X가 모수 θ를 갖고 있는 지수분포 $\text{Exp}(\theta)$를 따른다고 하자. 즉,

$$f(x|\theta) = \frac{1}{\theta} e^{-\frac{x}{\theta}}.$$

이때 엔트로피 손실함수는

$$\begin{aligned} L(\theta,a) &= E_\theta\left[-\ln\theta - \frac{X}{\theta} + \ln a + \frac{X}{a}\right] \\ &= \frac{\theta}{a} - \ln\left(\frac{\theta}{a}\right) - 1 \end{aligned}$$

이다. 여기서 $L(\theta,a) \geq 0$이고 또한 $L(\theta,a)$는 a의 볼록함수임을 보일 수 있다. 또한 $L(\theta,a)$은 $a=\theta$에서 최소화되고 그것의 최솟값은 0이다.

예제 1.108

X가 모수 θ을 갖는 포아송 분포 $P_0(\theta)$이라고 하자. 이때 그것의 확률질량함수는

$$f(x|\theta) = \frac{\theta^x}{x!} e^{-\theta}$$

이다. 이때 엔트로피 손실함수는

$$L(\theta,a)=\theta\left[\frac{a}{\theta}-\ln\frac{a}{\theta}-1\right]$$

이며(연습문제), 이는 지수분포함수의 엔트로피 손실함수와 매우 유사하다.

예제 1.109

X가 정규분포 $N(\theta,\sigma^2)$을 갖는다고 하자. 이때 정규분포의 확률밀도함수는

$$f(x|\theta,\sigma)=\frac{1}{\sqrt{2\pi}\,\sigma}e^{-\frac{(x-\theta)^2}{2\sigma^2}}$$

이며, 그것의 엔트로피 손실함수는

$$\begin{aligned}L(\underline{\theta},\underline{a})&=E_{\underline{\theta}}\left[-\ln\sigma-\frac{(X-\theta)^2}{2\sigma^2}+\ln b+\frac{(X-a)^2}{2b^2}\right]\\&=-\ln\sigma-\frac{1}{2}+\ln b+\frac{\sigma^2+(\theta-a)^2}{2b^2}\\&=\frac{(\theta-a)^2}{2b^2}+\frac{1}{2}\left[\frac{\sigma^2}{b^2}-\ln\frac{\sigma^2}{b^2}-1\right]\end{aligned}$$

여기서 $\underline{a}=(a,b)'$, $\underline{\theta}=(\theta,\sigma^2)$이다. 쉽게 $L(\underline{\theta},\underline{a})\geq 0$을 보일 수 있다.

여섯 번째, 다변량 손실함수들을 소개한다.

모수 벡터 $\underline{\theta}$가 p차원이고 Σ는 $p\times p$ 양정치 행렬이라고 하자. 예를 들면, X가 평균 벡터 $\underline{\theta}$ 와 공분산-분산 행렬 Σ을 갖는 정규분포 $N_p(\underline{\theta},\Sigma)$을 갖는다고 하자. 이때 관심에 따라서 일반적인 다변량 손실함수들은 다음과 같다.

(a) $L(\underline{\theta},\underline{a})=(\underline{\theta}-\underline{a})'\Sigma^{-1}(\underline{\theta}-\underline{a})$ (Σ 은 주어진 값).

(b) $L(\underline{\theta},\underline{a})=\sum_{i=1}^{p}\left(\frac{a_i}{\theta_i}-\ln\frac{a_i}{\theta_i}-1\right)$

(c) $L(\Sigma,\hat{\Sigma})=tr(\Sigma-\hat{\Sigma}^{-1})^2$

(d) $L(\Sigma,\hat{\Sigma})=tr(\Sigma\hat{\Sigma}^{-1}-I)^2$

(e) $L(\Sigma,\hat{\Sigma})=tr(\Sigma\hat{\Sigma}^{-1})-\ln(tr\Sigma\hat{\Sigma}^{-1})-p$ (스테인의 손실, Stein's loss)

(f) $L(\Sigma,\hat{\Sigma})=\frac{\max\lambda_j}{\max\hat{\lambda}_i}$

여기서 λ_j 와 $\hat{\lambda}_i$ 은 Σ와 $\hat{\Sigma}$의 각각의 고윳값들이다.

일곱 번째, 균형손실(balanced Loss)함수를 소개한다.
$\underline{x}=(x_1,\cdots,x_n)'$ 가 다음을 만족하는 관측벡터라고 하자.

$$\underline{x}=\underline{\theta}+\underline{u}$$

여기서 $\underline{\theta}\in\Theta\subset R^n$, $\underline{u}$은 $E(\underline{u})=0$ 와 $Var(\underline{u})=\sigma^2 I$ 을 갖는 오차 벡터라고 하자. Zellner(1994)는 추정값을 판단하는 데 있어서 적합도와 추정의 정확도를 함께 조화하는 균형손실함수 $L_w(\underline{\theta}-\underline{a})$을 다음과 같이 제안하였다.

$$L_w(\underline{\theta}-\underline{a})=w(\underline{x}-\underline{a})^T(\underline{x}-\underline{a})+(1-w)(\underline{\theta}-\underline{a})^T(\underline{\theta}-\underline{a}), \tag{1.136}$$

여기서 $\underline{a}=(a_1,\ldots,a_n)^T$와 $0\le w\le 1$이다.

정의 1.110

만약 결정하는 시점에서 θ에 대한 믿음의 확률분포를 $\pi^*(\theta)$라 한다면, 액션 a의 **베이지안 기대손실(Bayesian expected loss)**은

$$\rho(\pi^*,a)=E^{\pi^*}L(\theta,a)=\int L(\theta,a)dF^{\pi^*}(\theta) \tag{1.137}$$

로 정의한다.

만약 $\pi^*(\theta)$가 결정을 하는 시점의 가장 믿을만한 확률분포라면, 일반화 균형손실함수 (1.136) 아래에서 정의 1.110에 근거한 액션 a의 **베이지안 기대균형손실**은

$$\rho_w(\pi^*,a)=E^{\pi^*}[L_w(\theta,a)]=\int_\Theta L_w(\theta,a)dF^{\pi^*}(\theta), \tag{1.138}$$

이며, 여기서 $L_w(\underline{\theta}-\underline{a})$은 앞에서 소개된 균형손실함수이며, 이에 식 (1.137)을 계산을 하면(연습문제),

$$\rho_w(\pi^*,a)=\sum_{i=1}^{n}\left\{w(x_i-a_i)^2+(1-w)[Var^{\pi^*}(\theta_i)+(E^{\pi^*}[\theta_i]-a_i)^2\right\} \tag{1.139}$$

가 얻어지며, 이때 베이즈 액션은

$$a_w^{\pi^*}=wx+(1-w)E^{\pi^*}[\theta] \tag{1.140}$$

이며(연습문제), $\rho_w(\pi^*, a)$의 최소화 값은

$$\rho_w(\pi^*, a_w^{\pi^*}) = \sum_{i=1}^{n} \left\{ w(1-w)(x_i - E^{\pi^*}[\theta_i])^2 + (1-w)\, Var^{\pi^*}(\theta_i) \right\}$$

이다.

앞에서 소개된 **균형손실함수** $L_w(\underline{\theta} - \underline{a})$을 보다 폭넓게 사용하도록 확장한 **일반균형손실함수** $L_{w,\delta_0(x)}(\theta, \hat{\delta}(x))$은

$$L_{w,\delta_0(x)}(\theta, \hat{\delta}(x)) = w(\theta) L(\hat{\delta}(x), \hat{\delta_0}(x)) + (1 - w(\theta)) L(\theta, \hat{\delta}(x)) \tag{1.141}$$

이라 정의되며, 여기서 $\hat{\delta}(x)$은 $\delta(\theta)$의 적절한 추정량이고 $\delta_0(x)$은 $\delta(\theta)$의 사전 '목표' 추정량으로 보통 최대우도추정량, 최소제곱추정량(least squared estimator) 또는 비편향 추정량 등이 사용된다. 또한 식 (1.141)에 있는 $L(\theta, \delta(X))$은 앞에 소개된 손실함수들 중 하나이다. $0 \le w \le 1$은 손실의 적합도에 주어진 가중치이며, $1-w$은 액션의 정확도에 대한 상대적인 가중치이다. 이때 $w=0$은 택하면 SEL은 일반균형손실함수의 특별한 형태이다. Zellner(1994), Chung and Kim(1997), Chung et al.(1998), Dey et al.(1999), Chung et al.(1999) 등은 이러한 분야에 연구하였다.

여덟 번째, L-Measure에 대하여 설명한다.

자료 $x = (x_1, \cdots, x_n)'$을 갖는 실험을 생각하자. 이때 x_i들의 결합분포는 $f(x|\theta)$로 나타내며, 여기서 θ은 모수벡터이다. $z = (z_1, \cdots, z_n)'$은 반복된 실험의 미래(future) 값을 나타낸다. 즉 z은 $x|\theta$와 동일한 표집분포를 갖는 미래 반응벡터이다. 또한 $a = (a_1, \cdots, a_n)'$이다. 이때 다음과 같은 손실함수 (1.142)를 정의할 수 있다.

$$L(\theta, a) = E_\theta^Z[(Z-a)'(Z-a)] + k(x-a)'(x-a) \tag{1.142}$$

이고, 여기서 $k > 0$이다. 그러므로

$$L(\theta, a) = \sum_{i=1}^{n} \left\{ Var(Z_i|\theta) + (E[Z_i|\theta] - a_i)^2 + k(x_i - a_i)^2 \right\} \tag{1.143}$$

이다.

$\pi^*(\theta)$가 결정을 하는 시점의 가장 믿을만한 확률분포라면, 정의 1.110을 따르면 액션 a의 베이지안 기대손실은

$$\rho(\pi^*, a) = E^{\pi^*}[L(\theta, a)] = \int_\Theta L(\theta, a) dF^{\pi^*}(\theta)$$

이고, 적당한 적분 계산 후

$$\rho(\pi^*, a) = \sum_{i=1}^{n} \left\{ E^{\pi^*}[Var(Z_i|\theta)] + Var^{\pi^*}(E[Z_i|\theta]) + (\mu_i - a_i)^2 + k(x_i - a_i)^2 \right\} \quad (1.144)$$

이며, 여기서 $\mu_i = E^{\pi^*}(E[Z_i|\theta])$이다. 따라서 $\rho(\pi^*, a)$을 최소화함으로써 베이즈 액션이 얻어지며, 그 형태는 다음과 같다.

$$a^{\pi^*} = (1-\nu)\mu + \nu x \quad (1.145)$$

여기서 $\mu = (\mu_1, \cdots, \mu_n)'$ 과 $\nu = \dfrac{k}{k+1}$이다.

위의 결과들을 $\rho(\pi^*, a)$에 대입하면, 다음과 같은 L–measure 손실함수를 정의할 수 있다.

$$L(\pi^*) = \sum_{i=1}^{n} \left\{ E^{\pi^*}[Var(Z_i|\theta)] + Var^{\pi^*}(E[Z_i|\theta]) \right\} + \nu \sum_{i=1}^{n} (\mu_i - x_i)^2. \quad (1.146)$$

이때 π^*가 자료 x가 주어진 θ의 사후분포함수 $\pi(\theta|x)$로 주어지는 것은 일반적인 상황이다. 또한

$$L(\pi^*) = \sum_{i=1}^{n} Var(Z_i|x) + \nu \sum_{i=1}^{n} (\mu_i - x_i)^2 \quad (1.147)$$

이며, 이는 사후예측분포함수에 대한 Z_i의 분산을 의미한다. 그러므로 L-measure는 다음과 같이 간단히 표현할 수 있다.

$$L(\pi^*) = \sum_{i=1}^{n} Var(Z_i|x) + \nu \sum_{i=1}^{n} (\mu_i - y_i)^2 \quad (1.148)$$

이다. 따라서 $L(\pi^*)$은 예측분산과 제곱편향 항 $(\mu_i - a_i^{\pi^*})^2$의 합으로 분해를 갖고 있다. 여기서 ν은 두 번째 편향 항에 대한 가중치이다.

Gelfand and Ghosh(1998)가 L-measure를 처음 제시하였으며, Ibrahim et al.(2001)가 모형선택에 적용하였다. 또한 Chung et al.(2005)는 지수생존모형에서 L-measure를 이용하여 베이지안 모형선택을 하였다.

마지막으로, 편차손실(deviance loss)을 소개한다.

여기서 x_i에 대한 다음과 같은 지수족 모형을 생각하자.

$$f(x_i|\theta_i, \phi) = h(x_i, \phi)\exp\{\tau_i[x_i\theta_i - b(\theta_i)]/\phi\}. \quad (1.149)$$

여기서,

$$E[X_i|\theta_i,\phi] = b'(\theta_i)\text{과} \quad Var(X_i|\theta_i,\phi) = (\phi/\tau_i)b''(\theta_i) \tag{1.150}$$

이다. 또한 b'은 순증가함수이므로, 그것의 역함수 $b'^{-1}(\cdot)$가 존재한다. 그것을 $\theta(\cdot)$이라고 하면,

$$\begin{aligned} L(x_i,a_i) &= 2\phi\ln\left(\frac{f(x_i|\theta(x_i),\phi)}{f(x_i|\theta(a_i),\phi)}\right) \\ &= 2\tau_i\{x_i[\theta(x_i)-\theta(a_i)]-b(\theta(x_i))-b(\theta(a_i))]\} \end{aligned} \tag{1.151}$$

이다. $z=(z_1,\cdots,z_n)'$은 반복실험의 미래 값을 나타낸다. 즉 z은 $x|\theta$와 동일한 표집분포를 갖는 미래 반응벡터이다. 따라서 **편차손실함수는**

$$L(\theta,a) = \sum_{i=1}^{n}\{E_\theta[L(Z_i,a_i)]+kL(x_i,a_i)\} \tag{1.152}$$

로 정의된다.

예제 1.111

포아송 분포에 대하여,

$$f(x_i|\theta_i,\phi) = h(x_i,\phi)\exp\{x_i\theta_i - b(\theta_i)\}$$

에서 $\phi=1$, $b(\theta_i)=e^{\theta_i}$ 과 $h(x_i,\phi)=\dfrac{1}{x_i!}$이다. 그러므로

$$b'(\theta_i)=e^{\theta_i} \text{ 와 } \theta(\cdot)=\log(\cdot)$$

이다. 따라서,

$$\begin{aligned} L(x_i,a_i) &= 2\{x_i[\theta(x_i)-\theta(a_i)-[b(\theta(x_i))-b(\theta(a_i))]\} \\ &= 2\{x_i\ln(x_i/a_i)-(x_i-a_i)\} \end{aligned} \tag{1.153}$$

이다. 만약 $x_i=0$이면, Gelfand and Ghosh(1998)는 연속성수정을 제안하였다. 즉, $L(x_i,a_i)$ 대신에 $L\left(x_i+\frac{1}{2},\ a_i+\frac{1}{2}\right)$을 사용하길 제안하고 있다.

연습문제-A

01 두 개의 확률변수 X, Y에 대해 결합확률분포는 다음과 같다.

$f_{XY}(x,y)$		X			
		1	2	3	4
Y	1	2/32	4/32	5/32	3/32
	2	6/32	3/32	4/32	5/32

(a) X, Y은 서로 독립인가?

(b) X, Y에 대한 주변확률분포를 구하여라.

(c) X, Y에 대한 평균과 분산을 계산하여라.

(d) $E(XY)$를 계산하여라.

02 어느 공장에서 생산되는 제품 중 약 1%는 불량품이다. 한 상자에 1,000개의 제품이 포함되어 있다고 하면 그중 많아야 10개의 불량품이 포함되어 있을 확률을 포아송 분포를 이용한 확률 근삿값으로 구하여라.

03 (X, Y)의 결합확률밀도함수가 아래와 같이 주어져 있다.

$$f_{XY}(x,y) = \begin{cases} 1/2, & 0 \le x \le y,\ 0 \le y \le 2 \\ 0, & \text{그 외} \end{cases}$$

(a) $f_X(x)$를 구하여라.

(b) $E(Y|X=x)$를 구하여라.

(c) $P(X+Y<1)$를 구하여라.

(d) $E(XY)$를 구하여라.

04 확률변수 X가 베타분포 $Be(\alpha, \beta)$를 따른다고 한다. X의 기댓값과 분산은

$$E(X) = \frac{\alpha}{\alpha+\beta},\quad Var(X) = \frac{\alpha\beta}{(\alpha+\beta)^2(\alpha+\beta+1)}$$

임을 보여라.

05 확률변수 X와 Y의 결합확률밀도함수가 다음과 같다고 가정하자.

$$f_{XY}(x,y) = 2,\ 0 \le x \le 1,\ 0 \le y \le x.$$

(a) 주어진 $Y = y$ 아래에서 X의 조건부확률밀도함수 $f_{X|Y}(x|y)$를 구하여라.

(b) 확률변수 X와 Y는 서로 독립인가?

06 확률변수 X와 Y의 결합확률밀도함수가 다음과 같다고 가정하자.

$$f_{XY}(x,y) = x + y,\quad 0 \le x \le 1,\ 0 \le y \le 1.$$

(a) 확률변수 X와 Y의 주변확률밀도함수들을 구하여라.

(b) 확률변수 X와 Y는 서로 독립인가?

07 모든 $i = 1, \cdots, k$에 대하여 서로 독립인 $Y_i \sim Gam(1, \theta_i)$일 때, $X_i = Y_i / \sum_{j=1}^{k} Y_j$이라 두면, $(X_1, \cdots, X_k) \sim Dir(\theta_1, \cdots, \theta_k)$임을 보여라.

08 (예제 1.34) Z는 정규분포 $N(0,1)$인 확률변수, U은 카이제곱분포 χ_r^2의 확률변수이며, Z와 U가 독립일 때,

$$T = \frac{Z}{\sqrt{U/r}}$$

는 표준화 스튜던트의 t 분포를 따름을 보여라.

09 정규분포 $N(\mu, \sigma^2)$, 지수분포 $\mathrm{Exp}(\theta)$, 베르누이 분포 $Ber(p)$, 이항분포 $Bin(n,p)$과 포아송 분포 $P(\lambda)$들이 각각 지수족임을 보여라.

10 정리 (1.21)을 증명하여라.

$E(X) = E[E(X|Y)]$와 $Var(X) = E[Var(X|Y)] + E[Var(X|Y)]$이다.

11 식 (1.31)인

$$E_\theta\left(\frac{\partial^2 \log f}{\partial \theta_j \partial \theta_{j'}}\right) = -E_\theta\left(\frac{\partial \log f}{\partial \theta_j}\ \frac{\partial \log f}{\partial \theta_j}\right).$$

임을 보여라.

12 만약 우도함수가 로그 오목이고 우도방정식이 하나의 해를 갖는다면 이는 유일한 해임을 보여라.

13 예제 1.24에서와 같이 베르누이, 이항, 포아송 등도 위치−척도 족이 아님을 설명하여라.

(a) $\mu=2$인 정규분포 $N(\mu,1)$에서 크기 $n=30$인 난수를 생성하여 자료를 만든다. 이 자료를 갖고 우도함수를 그리고, 그 형태와 이것이 μ에 대하여 얼마나 정보를 갖고 있는지를 서술하여라.

(b) 정의 1.22의 지수족에서, 그것의 우도함수가 로그 오목임을 보여라.

14 예제 1.42에 있는 자료(표 1.1)를 갖고 다음과 같은 순서로 NR 알고리즘으로 MLE을 구하여라.

(a) 식 (1.67)과 (1.68)을 유도하여라.

(b) R을 이용하여 NR 알고리즘을 수행하여 MLE을 구하여라.

15 예제 1.43에서의 상관계수들을 구하여라.

16 예제 1.48에서 식 (1.82)를 이용하여 식 (1.83)에 있는 $E_{\hat{\theta}_{(j)}}(z_1)$을 계산하여라.

17 예제 1.49에 있는 Genetic Linkage 모형을 고려한다. 즉,

$$Y=(Y_1,Y_2,Y_3,Y_4)\sim Mul\left(n:\frac{1}{2}+\frac{\theta}{4},\frac{1}{4}(1-\theta),\frac{1}{4}(1-\theta),\frac{\theta}{4}\right)$$

이다.

(a) 자료 $Y=(125,18,20,34)$에 대한 우도함수는 무엇인가?

(b) 자료 $Y=(14,0,1,5)$에 대한 우도함수는 무엇인가?

(c) 자료 $Y=(125,18,20,34)$에 대한 θ의 MLE를 구하기 위해서 NR 알고리즘을 이용하여 구하여라. 이때 초깃값은 $\theta=0.1,0.2,0.3,0.4,0.6$과 0.8을 갖고 수행하여라. 이때 알고리즘의 수렴을 어떻게 확인하는지 설명하여라.

(d) 자료 $Y=(14,0,1,5)$에 대하여도 (c)와 동일한 작업을 수행하여라. 이때도 NR 알고리즘이 동일한 초깃값들에서 수렴하는가?

18 정리 1.53의 인수분해정리를 증명하여라.

19 (a) 확률변수들 $X_1, X_2, \cdots, X_n$은 정규분포 $N(0, \sigma^2)$의 확률표본이라 하자. 이때 $\sum_1^n X_i^2$이 σ^2에 대한 충분통계량임을 보여라.

(b) 확률변수들 $X_1, \cdots, X_n$는 포아송 분포 $Po(\lambda)$의 확률표본이라고 하자. 이때 $\sum_1^n X_i$이 λ에 대한 충분통계량임을 보여라.

20 (예제 1.57)

(a) 확률변수 $X_1, X_2 \sim B(1, \theta)$은 서로를 독립적이라 하자. $T(X) = X_1 + X_2$라 정의하면, 이때 $r(T(X)) = 3$은 θ에 대한 충분통계량이 아님을 보여라.

(b) 확률변수 $X_1, X_2, X_3 \sim B(1, \theta)$, $0 < \theta < 1$인 베르누이를 독립적으로 따른다고 하자. 이때 $T(X) = X_1 X_2 + X_3$는 θ에 대한 충분통계량이 아님을 보여라.

21 (예제 1.108)

X가 모수 θ를 갖는 포아송 분포 $P_0(\theta)$이라 하자. 이때 엔트로피 손실함수는

$$L(\theta, a) = \theta\left[\frac{a}{\theta} - \ln\frac{a}{\theta} - 1\right]$$

임을 보여라.

22 다음 함수들이 볼록 또는 오목임을 판별하여라.

(a) e^{cx} , $-\infty < x < \infty$.

(b) $\sum_{i=1}^n c_i x_i$, $(x_1, \cdots, x_n)^t \in R^n$

(c) $\log x$, $0 < x < \infty$.

(d) $(1 - e^{-cx})$, $-\infty < x < \infty$

(e) $-e^{\sum_{i=1}^n c_i x_i}$, $(x_1, \cdots, x_n)^t \in R^n$.

연습문제-B

23 정리 1.36의 성질들을 증명하여라.

24 알고리즘 1.41의 뉴톤-랩슨 방법을 유도하여라.

25 정리 1.46에 있는 식 (1.79)를 증명하여라.

26 정리 1.47을 증명하여라.

27 정리 1.56의 세 가지 성질을 증명하여라.

28 $X_1, X_2, \cdots, X_n$는 서로 독립이고 동일한 정규분포 $N(\mu, \sigma^2)$를 따른다고 하자. 여기서 μ, σ^2은 미지의 상수이다. $\tau(\mu, \sigma^2) = P\{X_1 \le 0 \mid \mu, \sigma^2\}$라 하자.

(a) $\tau(\hat{\mu}, \hat{\sigma}^2)$을 계산하여라. 여기서 $\hat{\mu}$와 $\hat{\sigma}^2$는 μ와 σ^2의 MLE이다.

(b) $\tau(\mu, \sigma^2)$의 최상비편향추정값은

$$W(\boldsymbol{X}) = E(I\{X_1 \le 0\} \mid \overline{X}, S^2) = F(-\overline{X}/S)$$

임을 보여라. 여기서 S^2은 표본분산, F는 $(X_1 - \overline{X})/S$의 분포함수이다.

(c) $\mu = 0, \sigma^2 = 1, n = 36$에서, 평균제곱오차들인 $E\{\tau(\hat{\mu}, \hat{\sigma}^2) - \tau(\mu, \sigma^2) | 0, 1\}$와 $E\{W(\boldsymbol{X}) - \tau(\mu, \sigma^2) | 0, 1\}$을 시뮬레이션을 통하여 근사적으로 구하여라.

29 $X_1, X_2, \cdots, X_n$가 $T(\boldsymbol{x})$에 있는 단조우도비(monotone likelihood ratio, MLR)를 갖는 밀도함수 $f(\boldsymbol{x}|\theta)$들의 모임을 갖는다 함은 만약 $\theta_2 > \theta_1$에서 $f(\boldsymbol{x}|\theta_2)/f(\boldsymbol{x}|\theta_1)$이 $T(\boldsymbol{x})$의 비감소함수인 충분통계량 $T(\boldsymbol{x})$가 존재할 때이다.

(a) 정의 1.22의 지수족은 MLR 성질을 갖고 있음을 보여라.

(b) 만약 $f(\boldsymbol{x}|\theta)$가 $T(x)$에서 MLR 성질을 갖는다면, $P_\theta\{T(\boldsymbol{X}) > c\}$은 θ의 비감소임을 보여라.

30 (Basu (1988, p.1)) $X_1, X_2, \cdots, X_n$가 서로 독립이고 동일한 균등분포 $U(\theta, 2\theta)$를 따른다고 하자. 여기서 $\theta > 0$이다.

(a) θ의 우도함수를 구하여라.

(b) 최소충분통계량은 무엇인가?

(c) θ의 MLE, $\hat{\theta}$을 구하여라.

(d) $X_{(1)} = \min(X_1, \cdots, X_n)$과 $T = (4\hat{\theta} + X_{(1)})/5$이라 정의하자. 이때 $E((T-\theta)^2)/E((\hat{\theta}-\theta)^2)$은 항상 1보다 작음을 보여라. 또한 다음을 보여라.

$$\frac{E((T-\theta)^2)}{E((\hat{\theta}-\theta)^2)} \rightarrow \frac{12}{25} \text{ as } n \rightarrow \infty.$$

31 정리 1.68을 증명하여라.

32 $X_1, \cdots, X_n$가 서로 독립이고 동일한 정규분포 $N(\mu, 1)$을 따른다고 하자. 이때 μ가 정규분포를 따름을 이용하여, $\overline{X}$는 제곱오차손실함수 아래에서 μ의 미니맥스 추정값임을 보여라.

33 X은 포아송 분포 $P_0(\lambda)$를 따른다고 하자. 여기서 $\Lambda = (0, \infty)$이며, 제곱오차손실함수를 가정한다. 즉, $L(\lambda, a) = (\lambda - a)^2$이다. 이때 오직 $\delta_c(x) = cx$ 형태의 결정규칙을 고려한다. 지수분포 $\mathrm{Exp}(1)$를 사전분포로 한다. 즉, $\pi(\lambda) = e^{-\lambda}$이다.

(a) 위험함수 $R(\lambda, \delta_c)$를 계산하여라.

(b) 만약 $c > 1$이면, $\delta_c(x)$는 비허용임을 보여라.

(c) 베이즈 함수 $r(\pi, \delta_c)$을 구하여라.

(d) $r(\pi, \delta_c)$을 최소화하는 c의 값을 구하여라.

(e) 미니맥스 관점에서 $\delta_c(x)$의 형태 중 최상의 규칙을 구하여라.

34 확률변수 X는 이항분포 $Bin(n, \theta)$을 따른다. 제곱오차손실함수 아래에서 θ를 추정하고자 한다. 다음과 같은 두 개의 비확률화 결정규칙과 하나의 확률화 결정규칙을 생각한다.

$$\delta_1(x) = \frac{x}{n},\ \delta_2(x) = \frac{1}{2} \text{ 와 } \delta^* = \frac{1}{2} < \delta_1 > + \frac{1}{2} < \delta_2 >.$$

(a) 위험함수 $R(\theta, \delta_1)$, $R(\theta, \delta_2)$, $R(\theta, \delta^*)$을 계산하여라.

(b) 확률화 규칙 δ^*보다 R-better한 비확률화 결정규칙을 찾아라.

35 $X=(X_1,\cdots,X_n)$는 균등분포 $U_{(\alpha,\beta)}$에서 온 확률표본이라고 하자. 제곱오차손실함수 아래에서 평균인

$$\theta = \frac{\alpha+\beta}{2}$$

을 추정하고자 한다.

(1) $T=(\min\{X_i\}, \max\{X_i\})$는 θ의 충분통계량임을 보여라. (힌트: 인수분해정리를 이용).

(2) 추정값 $E[\overline{X}|T]=\frac{1}{2}(\min\{X_i\}+\max\{X_i\})$는 표본평균 $\overline{X}$보다 R-better 또는 R-equivalent함을 보여라.

36 만약 모든 $i=1,\cdots,n$에 대하여 $x_i \geq 0$이며, $\alpha_i \geq 0$들은 $\sum_{i=1}^{n}\alpha_i = 1$을 만족한다. 이때

$$\prod_{i=1}^{n} x_i^{\alpha_i} \leq \sum_{i=1}^{n}\alpha_i x_i$$

임을 보여라(힌트: $y_i = \log x_i$라 두고, 젠센 부등식을 이용).

37

$$\rho_\lambda(x) = \begin{cases} \dfrac{x^\lambda - 1}{\lambda} & \text{if} \lambda > 0; \\ \lim\limits_{\lambda\to 0}\dfrac{x^\lambda - 1}{\lambda} = \log(x) & \text{if} \lambda = 0, \end{cases}$$

로 정의한다. Albert et al.(1991)에 의하여 소개된 다음 확률분포족을 고려한다. 즉,

$$\pi(\theta|\mu,\phi,c,\lambda) = k(c,\lambda)\sqrt{\phi}\exp\left\{-\frac{c}{2}\rho_\lambda\left(1+\frac{\phi(\theta-\mu)^2}{c-1}\right)\right\} \tag{1.151}$$

여기서, $k(c,\lambda)$는 정량화 상수이고, $-\infty < \mu < \infty, \phi > 0, c > 1, \lambda \geq 0$.

(a) π은 μ에 대하여 단봉이고 대칭임을 보여라.

(b) 식 (1.151)에 의해 정의된 분포족은 많은 위치-척도족을 포함함을 보여라.

(c) 정규분포도 이 족에 포함됨을 보여라.

(d) 스튜던트의 t 분포는 $\lambda=0$인 특별한 분포이다.

(e) 식 (1.151)는 $\lambda=1/2$일 때 이중 지수분포 같이 행동한다.

(f) $0 \leq \lambda \leq 1$에서, (1.151) 분포는 정규분포들의 척도혼합이다.

38 (Chung and Kang, 2014)
지수 와이블 분포(exponentiated Weibull) $EW(\alpha,\beta)$은 다음과 같이 정의한다.

$$g(y|\alpha,\beta) = \alpha\beta y^{\alpha-1}e^{-y^{\alpha}}\left(1-e^{-y^{\alpha}}\right)^{\beta-1},\ y>0.$$

$X=\min\{Y_i\}_{i=1}^{Z}$이라고 하자. 여기서, 모든 $i=1,\cdots,Z$에 대하여 $Y_i \sim EW(\alpha,\beta)$이고, $Z \sim P(z|p)=(1-p)p^{z-1},\ z=1,2,\cdots,\ 0\le p<1$이라고 가정하자.
이때 X의 주변분포함수가

$$f(x|p,\alpha,\beta) = \frac{\alpha\beta(1-p)x^{\alpha-1}e^{-x^{\alpha}}\left(1-e^{-x^{\alpha}}\right)^{\beta-1}}{\left(1-p\left(1-\left(1-e^{-x^{\alpha}}\right)^{\beta}\right)\right)^{2}}$$

임을 보여라.

39 (Chung et al., 2017)
다음과 같이 정의된 분포를 모수 α,λ을 갖는 지수 역와이블 $EIW(\alpha,\gamma)$이라 한다.

$$g(y|\alpha,\gamma) = \alpha\gamma y^{-(\alpha+1)}\exp\left(-\gamma y^{-\alpha}\right),\ \alpha>0,\gamma>0,\ y>0.$$

모든 $i=1,\cdots,Z$에 대하여, $Y_i \sim EIW(\alpha,\gamma)$이며, 이때 $X=\min\{Y_i\}_{i=1}^{Z}$이라 하자. 여기서, Z은 모수 p를 갖는 기하분포를 따른다고 가정하자. 즉,

$$Z \sim P(z|p)=(1-p)p^{z-1},\ z=1,2,\cdots,\ 0\le p<1$$

이다.

(a) X의 주변분포함수가

$$f_X(x|p,\alpha,\gamma) = \frac{\alpha\gamma(1-p)x^{-(\alpha+1)}\exp\left(-\gamma x^{-\alpha}\right)}{\left[1-p\left(1-\exp\left(-\gamma x^{-\alpha}\right)\right)\right]^{2}},\ x>0$$

임을 보여라. 이러한 분포를 지수 역와이블 기하 $EIWG(p,\alpha,\gamma)$이라고 한다.

(b) $EIWG(p,\alpha,\gamma)$분포가 단봉임을 보여라.

40 (Chung and Kim, 2004)
확률변수 X가 $f(x|\theta)$을 따른다고 하자. 이때 관측표본은 가중분포함수

$$f^{w}(x|\theta) = \frac{w(x)f(x|\theta)}{E_\theta\{w(X)\}}$$

에서 온 표본이라고 가정하자. 여기서 $E_\theta\{w(X)\}=\int w(x)f(x|\theta)dx$이고 $w(x)$은 비

음수 가중함수이다. 여기서, 다음과 같은 형태의 가중분포족을 고려한다.

$$\Gamma_\alpha = \{w(x): w(x) = (1-\epsilon)w_0(x) + \epsilon q(x),\ q \in Q\}.$$

(a) (Siiliman, 1997)

만약 가중분포족 Γ_α 아래에서, 두 개의 가중분포함수

$$f^{w_0}(x|\theta) = \frac{w_0(x)f(x|\theta)}{\int w_0(x)f(u|\theta)du} \text{와 } f^q(x|\theta) = \frac{q(x)f(x|\theta)}{\int q(x)f(u|\theta)du}$$

이 존재하고, $0 < c_w = \int w(x)f(x|\theta)dx < \infty$ 이면,

$$f^w(x|\theta) = \lambda(\theta,\epsilon)f^{w_0}(x|\theta) + \{1-\lambda(\theta,\epsilon)\}f^q(x|\theta)$$

임을 보여라. 여기서, $\lambda(\theta,\epsilon) = (1-\epsilon)c_{w_0}c_w^{-1}$와 $c_{w_0} = \int w_0(u)f(u|\theta)du$이다.

(b) 두 개의 가중분포함수들의 일반적인 ψ-divergence D은 다음과 같이 정의된다.

$$D = D\left(f^w(x|\theta), f^{w_0}(x|\theta)\right) = \int f^{w_0}(x|\theta)\psi\left(\frac{f^w(x|\theta)}{f^{w_0}(x|\theta)}\right)dx.$$

이때 가중분포족 Γ_α 아래에서 Dey and Birmiwal(1994)은 ψ-divergence의 베이즈 국소곡률(local curvature)이

$$C_a = \frac{d^2 D}{d\epsilon^2}\Big|_{\epsilon=0} = \psi''(1)\, Var^{f^{w_0}}\left[\frac{q(X)}{w_0(X)}\right]$$

임을 보여라.

41 (a) 만약 $X \sim N(0,1)$이면, $X^2 \sim \chi_1^2 = Gam(1/2,1/2)$임을 보여라.

(b) 만약 $X_1,\cdots,X_n\ \ iid\ N(0,1)$이면,

$$Y = \sum_{i=1}^n X_i^2 \sim \chi_n^2 = Gam(n/2,1/2)$$

임을 보여라. 따라서 $E(Y)=n$, $Var(Y)=2n$이다. 즉, 만약 $X \sim N_n(0,I)$이면, $X^tX \sim \chi_n^2$이다. 여기서 $X=(X_1,\cdots,X_n)^t$, $X_i \sim N(0,1)$이다.

(c) Y의 적률생성함수가

$$M_Y(t) = \frac{1}{(1-2t)^{n/2}}$$

임을 보여라.

42 만약 $Y \sim f(y) = \sum_{i=1}^{\infty} p_i f_i(y)$을 따르고, 여기서 $\sum_{i=1}^{\infty} p_i = 1$이며, $f_i(y)$는 적정한 밀도함수라 하자. 이때 Y의 적률생성함수는

$$M_Y(t) = \sum p_i m_i(t)$$

임을 보여라. 여기서 $m_i(t)$는 분포함수 $f_i(y)$에 대한 적률생성함수이다.
(힌트: $M_Y(t) = Ee^{tY} = \int e^{ty} f(y) = \sum p_i m_i(t)$).

43 만약 $X_i \sim N(\mu_i, 1)$, $i = 1, \cdots, n$일 때, $Y = \sum_{i=1}^{n} X_i^2$ 의 분포함수를 다음과 같은 순서로 구하고자 한다. 즉, 만약 $X \sim N_n(\mu, I)$일 때, $Y = X^t X$의 분포는?

(a) $Y_i = X_i^2$의 적률생성함수가

$$M_{Y_i}(t) \equiv \frac{1}{(1-2t)^{1/2}} e^{-\frac{\mu_i^2}{2} + \frac{\mu_i^2}{2(1-2t)}}$$

임을 보여라. 따라서 Y의 적률생성함수는

$$M_Y(t) = \frac{1}{(1-2t)^{n/2}} e^{-\delta + \frac{\delta}{(1-2t)}}$$

이고, 여기서 $\delta = \sum_{i=1}^{n} \mu_i^2 / 2 = \frac{\mu^t \mu}{2}$이며 이를 비중심모수라고 한다.

(b) (a)의 결과로써, Y의 확률밀도함수가

$$f_Y(y) = \sum_{i=0}^{\infty} \frac{e^{-\delta} \delta^i}{i!} \frac{y^{\frac{n+2i}{2}-1} e^{-\frac{y}{2}}}{\Gamma(\frac{n+2i}{2}) 2^{\frac{n+2i}{2}}} \equiv \chi_{n,\delta}^2$$

임을 보여라(힌트: 42번 문제를 이용한다).

(c) 이때

$$E(Y) = n + 2\delta \text{ and } Var(Y) = 2n + 8\delta$$

임을 보여라.

2장

베이즈 추정론의 기본 개념

18세기 영국의 목사이며 철학자인 토마스 베이즈(Thomas Bayes) 이름으로 명명된 베이즈 정리는 증거의 관점에서 확률값들이 얼마나 변화하는가를 나타낸다. 따라서 현대 통계학에서 베이즈 정리는 매우 중요한 도구가 되는 것이며 증거라 함은 일반적으로 자료를 의미한다. 즉, 베이즈 정리에 근거한 통계적 방법론을 베이지안 통계학이라고 한다.

따라서 베이지안 통계학이란 어떤 행위(action)에 확률을 부여하는 것이다. 예를 들면, '새로운 신약이 효과적일 확률은 얼마인가?', '양성 유방엑스선 사진이 실제로 유방암을 나타낼 확률은 얼마인가?', '어느 은행이 파산할 확률은 얼마인가' 등이다. 베이지안 방법론들은 이러한 확률들을 계산하기 위하여 전문가적 과학적인 정보들과 자료를 혼합한 베이즈 정리라 알려진 하나의 결과를 이용한다. 영국의 저명한 베이지안 통계학자인 Dennis Lindley(1961)은 베이지안 통계학에는 다음과 같은 절대적인 두 가지 규칙이 있다고 주장한다.

첫째, 항상 확률법칙을 따라야 한다.
둘째, 모든 불확실성은 확률을 이용하여 모형화하여야 한다.

토마스 베이즈(1761 사망)는 사후(死後)에 친구 Price에 의하여 *Philosophical Transactions of the Royal Society of London*에 발표된 논문 "*Essay Towards Solving a Problem in the Doctrine of Chances*" (1764)에서 이항분포의 모수에 대해 추론하는 문제를 다루었다. 이 논문에는 균등분포를 사전분포로 사용하는 것에 대한 논리적 정당성을 관측치의 주변분포를 구해서 보이는 과정이 나와 있었고, 유명한 베이즈 정리는 그로부터 세상에 알려지게 되었다. 주관적이던 그의 주장을 베이즈와는 무관하게 독자적으로 이론의 형태로 만든 이는 수학자 라플라스(Pierre S. Laplace)이다. 그는 베이즈 정리를 수학 공식으로 만들었으며, 구체적인 방법론을 제시했고 체계화했으며, 실제로 많은 분야에 활용했다(이재용 외, 2015).

2.1 베이즈 정리의 기본 예제

2.1.1 조건부확률

$A, B, C \cdots$ 가 독립적 사건이라 함은 $P(A \cap B \cap C) = P(A)P(B)P(C) \cdots$ 을 만족시킬 때이다. 실험들이 독립이라 함은 하나의 실험에서 나타나는 결과들이 다른 실험에서 나타나는 결과들과 독립일 때 성립된다.

주어진 A 아래에서 B의 조건부확률은 다음을 만족한다.

$$P(B|A) = \frac{P(B\cap A)}{P(A)} \tag{2.1}$$

따라서 $P(A\cap B) = P(A)P(B|A)$이다.

임의의 두 사건 U와 V에 대하여,

$$U = (U\cap V)\cup(U\cap V^C)$$

이다. 이때 $U\cap V$ 와 $U\cap V^C$ 서로 소이므로

$$P(U) = P(U\cap V) + P(U\cap V^C)$$

로 표현되고 이를 **전 확률의 법칙**이라 한다. 따라서 이를 다시 표현하면

$$P(U) = P(U|V)P(V) + P(U|V^c)P(V^c) \tag{2.2}$$

이다.

예제 2.1 주사위 게임

하나의 주사위를 던지는 실험을 생각한다. 이때 $A=\{4,5,6\}$, $B=\{1,3,5\}$이다. 그러므로 $A\cap B=\{5\}$. 각각의 숫자가 나타날 확률을 $\frac{1}{6}$이라 하자. 따라서

$$P(A\cap B)=\frac{1}{6},\quad P(B|A)=\frac{P(A\cap B)}{P(A)}=\frac{1/6}{3/6}=\frac{1}{3},\quad P(B)=\frac{1}{2}.$$

예제 2.2

한 가정에 두 아이가 있다고 하자. 최소한 한 아이가 남자일 사건을 A, 두 아이 모두가 남자일 사건을 B라고 하자.

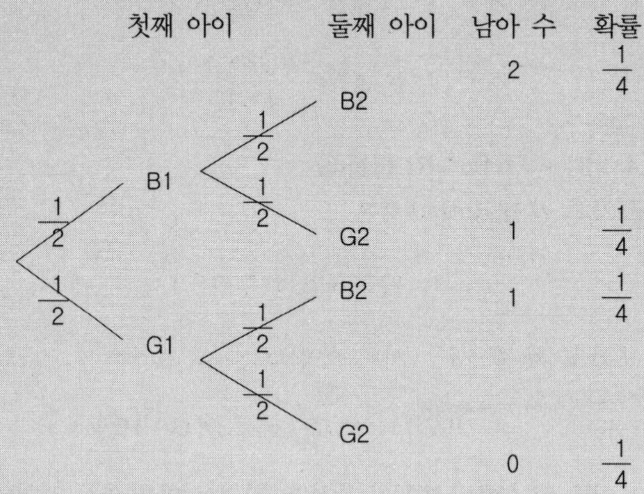

그림 2.1

확률값들은 그림 2.1에 나무도형으로 나타나 있다. 따라서

$$P(A) = \frac{1}{4} + \frac{1}{4} + \frac{1}{4} = \frac{3}{4}$$

이고, 조건부확률의 정의에 의하여

$$P(B \mid A) = \frac{P(A \cap B)}{P(A)} = \frac{P(\text{모두 남아})}{P(A)} = \frac{1/4}{3/4} = \frac{3}{4}.$$

때때로 사건 A와 특별한 아이가 남아일 사건과 혼동하기도 한다. 예를 들어

$$P(B \mid B1) = \frac{P(B1 \cap B)}{P(B1)} = \frac{P(\text{모두 남아})}{P(B1)} = \frac{1/4}{1/2} = \frac{1}{2}.$$

"최소한 한 아이가 남자(또는 모두가 여아가 아니다)"일 사건은 "첫 아이가 남자"란 사건과 쉽게 혼동된다.

예제 2.3 Berry, 2004

다음과 같은 바구니에서 랜덤하게 하나씩 두 개의 칩을 선택한다고 하자.

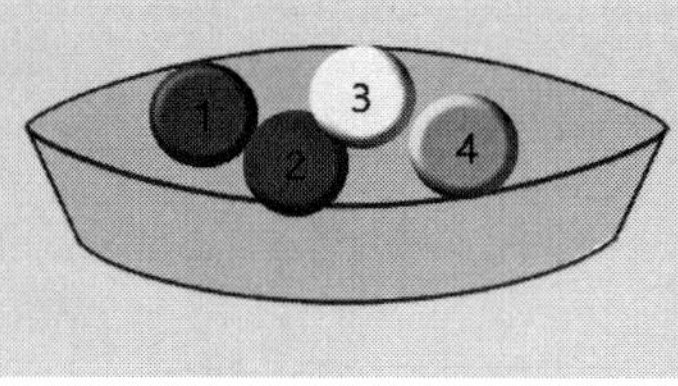

여기서 각각의 선택이 하나의 실험이다.

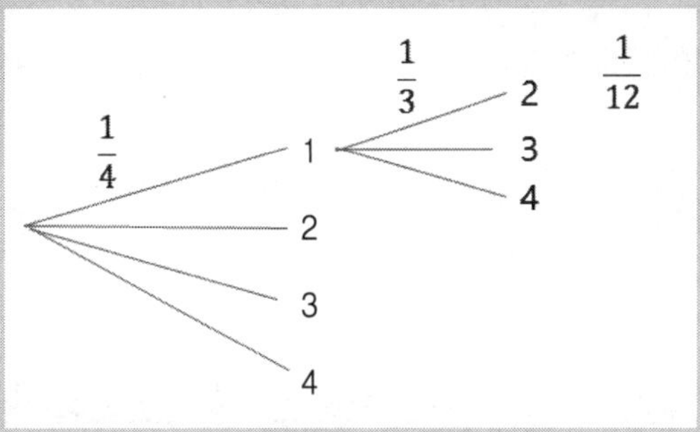

그림 2.2

그림 2.2에 있는 나무 도형들은 확률값들을 나타낸다. 첫 번째 선택의 결과들은 두 번째 선택에 대한 확률값들을 변화시키므로(즉, 각각의 확률 1/4을 나머지 칩들에 대한 확률 1/3로), 따라서 두 개의 선택들은 독립이 아니다. 독립이란 정의는 매우 제한적이다. 따라서 보다 덜 제한적인 교환가능성이란 용어를 가정하고자 한다.

정의 2.4

두 개의 실험들이 **교환가능**(exchangeable)하다 함은 다음 세 가지의 조건들을 만족시켜야 한다.

① 모든 가능한 결과들은 어느 실험에도 같다.

② 한 실험에서 각각의 결과의 확률은 다른 실험에서의 그것의 확률과 같다.

③ 첫 번째 실험의 결과들이 주어진 상황에서 두 번째 실험의 조건부확률은 두 번째 실험의 결과들이 주어진 상황에서 첫 번째 실험의 조건부확률과 같다.

예제 2.5

예제 2.3에서 주어진 상황에서 두 개의 선택이 교환가능하다는 것을 보이고자 한다.

① 첫 번째 선택에서의 모든 결과들은 {1,2,3,4}이며, 더욱이 두 번째 선택에서도 {1,2,3,4}로 동일하다.

② 손쉽게 첫 번째 선택에서 각각 결과의 확률은 1/4이다. 두 번째 선택에서 각각 결과의 확률도 1/4이다. 왜냐하면, 먼저 F, S를 각각 첫 번째, 두 번째 선택에서의 결과를 나타낸다고 하자. 그러면

$$P(S=1)=\sum_i P(S=1,F=i)=\sum_i P(S=1|F=i)P(F=i)$$
$$=0+\frac{1}{12}+\frac{1}{12}+\frac{1}{12}=\frac{1}{4}$$

이다. 그러므로 $P(F=1)=P(S=1)$이다. 나머지 경우들도 같은 방법으로 동일함을 보일 수 있다.

③ $i=1,2,3,4$에 대하여,

$$P(S=i\mid F=1)=\frac{1}{3}\ ,\ \ P(F=1|S=i)=\frac{1}{3}\text{이다.}$$

예를 들어, $i=2$인 경우

$$P(F=1\mid S=2)=\frac{P(S=2\mid F=1)P(F=1)}{P(S=2)}=\frac{1/12}{1/4}=\frac{1}{3}.$$

나머지 경우들도 같은 방법으로 동일함을 보일 수 있다.

먼저, 전 확률 법칙의 일반화 식을 소개하고자 한다.

정의 2.6

다음 두 가지 조건들을 만족하는 사건들의 집합 $\{B_i \subset S\}_{i=1}^{n}$은 표본공간 Ω의 **분할**(partition)이라고 한다.

$$\text{① } \cup B_i=\Omega\text{과 ② } B_i \cap B_j=\varnothing \text{ if } i\neq j\ . \tag{2.3}$$

따라서 임의의 사건 $W\subset\Omega$에 대하여

$$P(W)=\sum_{i=1}^{n}P(W|B_i)P(B_i) \tag{2.4}$$

로 표현되며, 여기서 $\{B_i \subset \Omega\}_{i=1}^{n}$은 표본공간 Ω의 분할이다. 이를 **전 확률의 법칙**이라 한다.

정리 2.7 | 베이즈 규칙(정리)

$\{B_i\subset\Omega\}$은 표본공간 Ω의 분할이라 하자. 이때 임의의 사건 $W\subset\Omega$에 대하여,

$$P(B_i\mid W)=\frac{P(W\cap B_i)}{P(W)}=\frac{P(W\mid B_i)P(B_i)}{\sum_j P(W\mid B_j)P(B_j)} \tag{2.5}$$

예제 2.8

아버지(Jeff)가 두 아들(David, Ken)과 테니스 토너먼트 경기에 출전하였다. 아버지의 다음 시합은 다른 시합의 결과에 따라서 David(D) 또는 Ken(K) 중 한 명과 시합할 예정이다. 아버지가 David를 이길 확률이 7/10, 그러나 Ken을 이길 확률은 오직 1/10이라 가정하자. 또한 David를 만날 확률은 1/3로 평가되고 있다.

① 아버지가 다음 게임을 이길 확률은 얼마일까?

우선 아버지가 이길 사건을 W라 하자. 주어진 자료에 의하면

$$P(W|D) = 7/10, \quad P(W|D^C) = P(W|K) = 1/10,$$

$$P(D) = 1/3, \quad P(D^C) = P(K) = 2/3$$

라 표현할 수 있다. 따라서 아버지가 게임을 이길 사건(W)의 확률은 식 (2.4)의 전 확률법칙에 의하여

$$P(W) = P(W|D)P(D) + P(W|D^C)P(D^C)$$

$$= \frac{7}{10} \cdot \frac{1}{3} + \frac{1}{10} \cdot \frac{2}{3} = \frac{9}{30} = 0.3.$$

② 다음은 누가 아버지의 상대가 될까?

①번 질문에서 우리는 상대후보들에 대한 평균을 구하면서 다음 게임을 이길 확률을 계산하였다. 증거에 대한 조건이 없다고 본다면, 아버지는 David보다 Ken과 시합할 가능성이 세 배 많다. 지금, 아버지가 시합을 이겼다는 것을 알고, 따라서 $P(D|W)$을 계산하고자 한다. Ken과 시합하는 것보다 David와 시합하여 이길 기회가 더 많기 때문에 $P(D)$보다 $P(D|W)$이 더 클 거라 기대하는 것이 합리적이다. 조건부확률 공식을 이용하면,

$$P(D|W) = \frac{P(D \cap W)}{P(W)} = \frac{P(W|D)P(D)}{P(W)} = \frac{7/10 \cdot 1/3}{9/30} = \frac{7}{9}$$

이다. 그러므로 정리 2.7인 베이즈 규칙에 따르면,

$$P(D|W) = \frac{P(W|D)P(D)}{P(W|D)P(D) + P(W|D^C)P(D^C)} \tag{2.6}$$

이고, 여기서, $P(D|W)$은 W 아래에서 D의 사후확률, $P(D)$은 D의 사전확률을 의미하고, 이들은 다음과 같이 표현된다.

$$P(D \mid W) = \frac{1}{1 + \frac{P(W|D^C)}{P(W|D)} \frac{P(D^C)}{P(D)}}$$

유사하게,

$$P(D^C \mid W) = 1 - P(D \mid W) = \frac{\frac{P(W|D^C)}{P(W|D)} \frac{P(D^C)}{P(D)}}{1 + \frac{P(W|D^C)}{P(W|D)} \frac{P(D^C)}{P(D)}}$$

이다. 또한

$$\frac{P(W|D)}{P(W|D^C)} \tag{2.7}$$

의 형태를 D^c에 대한 D을 지지하는 베이즈 인자(Bayes factor)라고 정의한다. 베이즈 인자는 특별한 모형들(즉, D은 David와 시합, $D^C = K$은 Ken과의 시합) 아래에서 갖고 있는 정보(즉, W은 이긴다는 것)의 확률들이다. 이러한 확률들을 우도라고 한다. 따라서 비의 행태로 베이즈 규칙을 표현하면,

$$\frac{P(D \mid W)}{P(D^C \mid W)} = \frac{P(W|D)}{P(W|D^C)} \times \frac{P(D)}{P(D^C)} \tag{2.8}$$

이며, 식 (2.8)은『D을 지지하는 사후비 = (D을 지지하는 베이즈 인자) × (D을 지지하는 사전비)』으로 나타난다(4장에서 보다 자세히 설명한다).

예제 2.9

하나의 주사위는 4면을 갖고 있고 다른 하나는 10면을 갖고 있는 2개의 주사위가 있다고 가정한다. 첫 번째 주사위의 면들은 1, 2, 3, 4로 두 번째 주사위는 1, 2, ⋯ , 10까지로 표시되어 있다. 두 주사위들은 서로 독립이라 생각하고 또한 그 면들이 나타날 기회는 동등하다고 하자. 우선 두 주사위 중 하나를 선택하면, 이때 4면(F) 또는 10면($T = F^C$) 중 하나가 선택된다. 여기서 두 주사위에 대한 특별한 정보가 없기 때문에 $P(F) = P(F^C) = 1/2$이라 가정하는 것이 합리적이다. 이때 두 주사위 중에 선택된 하나의 주사위를 던진다. 그리고 그 결과를 본다. 이때 당연히

$$P(9 \mid F) = 0$$

이다. 던진 결과가 3이란 것을 알고 무슨 주사위를 선택하였는지를 알고자 한다. 4

면을 갖는 주사로 던져 3이 나왔다면, 즉, F 의 우도는 $P(3|F) = \frac{1}{4}$ 이고 F^C 의 우도는 $P(3|F^C) = \frac{1}{10}$ 이다. 이때 정리 2.7인 베이즈 정리를 이용하면,

$$P(F|3) = \frac{P(3|F)P(F)}{P(3|F)P(F) + P(3|F^C)P(F^C)} = \frac{1/4 \cdot 1/2}{1/4 \cdot 1/2 + 1/10 \cdot 1/2} = \frac{5}{7}.$$

따라서 F^c에 대한 F를 지지하는 베이즈 인자는

$$\frac{P(3|F)}{P(3|F^C)} = 2.5$$

이다.

예제 2.10 Berry, 2004

여러 나라에서 논란이 되는 친부확인에 대한 법적인 문제들은 혈액검사를 이용해서 해결되고 있다. 제니퍼라는 아이의 엄마가 아빠라 의심된 아브라함에게 제기된 소송에서 다음과 같은 정보들이 주어졌다. 제니퍼 엄마의 혈액형은 0형, 아브라함의 혈액형은 AB형이라고 한다. 아브라함이 제니퍼의 아빠일 사건을 F라 두자. 이때 우리의 관심이 F 또는 F^c에 있다. 그러므로 $P(F)$는 사전확률로 인식할 수 있다. 만약 수지의 혈액형이 0형이면, 아브라함은 당연히 아빠가 아니다. 수지의 혈액형이 B형이라 검사되었고, 이를 사건 B라 하자. 따라서 여기서 주어진 B 아래 F의 확률 $P(F|B)$에 관심이 있다. 정리 2.7(베이즈 정리)에 의하면,

$$P(F|B) = \frac{P(B|F)P(F)}{P(B|F)P(F) + P(B|F^C)P(F^C)} \tag{2.9}$$

이다. 멘델의 법칙에 의하면, $P(B|F) = 1/2$이다. 우선 $P(B|F^c)$을 구해보자. 혈액은행은 과거의 많은 경우에서 전제 ABO 유전자들 중에서 B 유전자의 비율로써 이를 계산한다. 전체 코카시안 중에 B형의 확률은 9%라 알려져 있다. 따라서 정리 2.7(베이즈 정리)을 이용하면,

$$\begin{aligned} P(F|B) &= \frac{P(B|F)P(F)}{P(B|F)P(F) + P(B|F^C)P(F^C)} \\ &= \frac{\frac{1}{2}P(F)}{\frac{1}{2}P(F) + 0.09(1 - P(F))} = \frac{50P(F)}{41P(F) + 9} \end{aligned} \tag{2.10}$$

표 2.1

$P(F)$	0	0.1	0.25	0.5	0.75	0.9	1
$P(F\|B)$	0	0.382	0.649	0.847	0.943	0.980	1

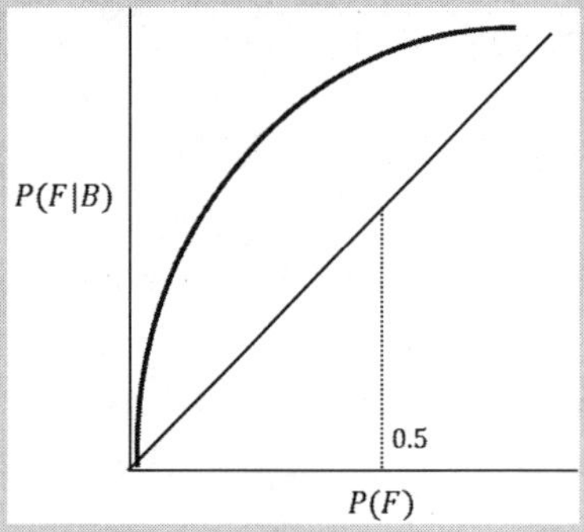

그림 2.3 사후 대 사전 확률의 비교

이다. 무조건(사전) 확률 $P(F)$와 조건부(사후) 확률 $P(F|B)$의 관계를 표 2.1에서 나타내었다.

식 (2.10)에서 $P(F)=x$와 $P(F|B)=f(x)$이라 두자. 이때 $f(x)=\dfrac{50x}{41x+9}$이고 $f'(x)>0$ 그리고 $f''(x)>0$이다. 따라서 $0<x<1$에서 $f(x)$는 증가함수이고 오목이다. 즉, 사전확률 $P(F)$이 0 또는 1에서 멀리 있을수록, $P(F)$에 비하여 상대적으로 $P(F|B)$가 큰 값을 갖는다는 것을 알 수 있다.

표 2.1의 결과들을 설명할 수 또 다른 방법은 그림 2.3에 있는 그래프를 이용할 수 있다. 이 그래프의 대각선은 F에 대한 정보가 없는 증거에 대한 것이다. 이 대각선과 진한 곡선을 비교하면 부권의 사전확률에 대한 변화를 상당히 많이 증거가 있다는 것을 보인다.

예제 2.11 초록색 공의 수

하나의 항아리에 6개의 공이 있다. 항아리 안에 있는 공들 중에 몇 개의 초록색 공이 있는가에 관심이 있다. 여기서 초록색 공이 아닌 공은 편의상 적색이라 하자. 이때 0, 1, ⋯, 6을 초록색 공들의 개수에 대한 사건이라 하자. 예를 들면 2라 함은 항아리 안에 초록색 공이 2개 있음을 의미한다. 또한, 이들에 대한 확률은 모두 동등하게 생각한다면 $P(0)=P(1)=P(2)=\cdots=P(6)=1/7$이라 할 수 있다. 이때 0, 1, ⋯, 6은 우리가 생각하는 모수모형들이라 생각할 수 있다. 또한, 이를 사전함수라고 한다. 정확한 모형에 대한 정보를 더 얻기 위하여, 무작위로 항아리에서 하나의

표 2.2

$P(G\|0)$	$P(G\|1)$	$P(G\|2)$	$P(G\|3)$	$P(G\|4)$	$P(G\|5)$	$P(G\|6)$
0	$\frac{1}{6}$	$\frac{2}{6}$	$\frac{3}{6}$	$\frac{4}{6}$	$\frac{5}{6}$	1

공을 선택한다. 이때 선택된 공이 초록색이라고 하고, 이 사건을 G라고 하자. 여러 종류의 모형에 대한 우도함수는 표 2.2와 같다. 예를 들면, $P(G|2)$은 항아리에 2개의 초록색 공이 있는 상황에서 초록색 공이 선택된 사건 G의 확률을 의미한다.

정리 2.7(베이즈 정리)에 의하면, 모수모형(model)의 최신화 확률은

$$P(\text{model}|G)=\frac{P(G|\text{model})\text{P}(\text{model})}{P(G)} \tag{2.11}$$

이고, 여기서, 전 확률 법칙에 의하여,

$$\begin{aligned}P(G)&=P(G|0)P(0)+P(G|1)P(1)+\cdots+P(G|6)P(6)\\&=0\frac{1}{7}+\frac{1}{6}\frac{1}{7}+\cdots+1\frac{1}{7}=\frac{1}{2}\end{aligned}$$

이다. 예를 들면,

$$P(4|G)=\frac{P(G\cap 4)}{P(G)}=\frac{P(G|4)P(4)}{P(G)}=\frac{\frac{4}{6}\cdot\frac{1}{7}}{\frac{1}{2}}=\frac{4}{21} \tag{2.12}$$

이다. 이는 주어진 하나의 초록색 공을 보고 항아리에 4개의 초록색 공이 있을 확률이므로, 바로 사후확률임을 알 수 있다. 또한 동일한 계산들을 통하여, 주어진 G 아래 초록색 공 개수에 대한 사후확률은 표 2.3에 있다.

다음으로 항아리에서 두 번째 공을 선택하는데, 또 초록색 공이라 하자. 따라서 첫 번째와 두 번째 공을 구분하기 위하여, $G1$과 $G2$은 첫 번째와 두 번째 공들이 각각 초록색일 사건들이다. 우선, $P(G2|G1)$을 계산해 보자. 이때 일반적인 추출 기법으로 비복원추출법(without replacemen)과 복원추출법(with replacement)인 두 가지가 있으나, 두 경우들은 서로 상호호환이므로 여기서는 복원추출법만 다룬다.

표 2.3

model(초록색 공의 개수)	0	1	2	3	4	5	6
$P(\text{model}\|G)$	0	$\frac{1}{21}$	$\frac{2}{21}$	$\frac{3}{21}$	$\frac{4}{21}$	$\frac{5}{21}$	$\frac{6}{21}$

표 2.3에서의 G을 $G1$으로 생각하고 전 확률 법칙에 따르면,

$$P(G2|G1) = \sum_{n=0}^{6} P(G2, n|G1) = \sum_{n=0}^{6} P(G2|n, G1)P(n|G1) \tag{2.13}$$

이다. 이 계산에서 $P(G2|n, G1)$을 생각해 보자. 예를 들어 $P(G2|4, G1)$에서 $G1$과 4는 확률계산에서 주어졌다 가정한다. 그러나 이미 4개의 초록색 볼이 있는 상황에서 첫 번째 볼이 초록색이란 것이 두 번째 볼이 초록이란 것에는 어떠한 정보도 주지 않는다. 그러므로

$$P(G2|4, G1) = P(G2|4) = \frac{4}{6} \tag{2.14}$$

이다. 따라서 모든 n에 대하여, $P(G2|n, G1) = P(G2|n)$이다. 그러므로

$$P(G2|G1) = 0 \cdot 0 + \frac{1}{6}\frac{1}{21} + \frac{2}{6}\frac{2}{21} + \frac{3}{6}\frac{3}{21} + \frac{4}{6}\frac{4}{21} + \frac{5}{6}\frac{5}{21} + 1\frac{6}{21} = \frac{13}{18}$$

이다. 당연히,

$$P(G2|G1) \neq P(G2) = \frac{1}{2} \tag{2.15}$$

이므로, $G1$와 $G2$는 독립이 아니다.

2.1.2 베이즈 정리의 기본 개념

18세기 영국의 목사이며 철학자인 토마스 베이즈 이름으로 명명되어진 베이즈 정리는 증거의 관점에서 확률값들이 얼마나 변화하는가를 나타낸다. 따라서 현대 통계학에서 베이즈 정리는 매우 중요한 도구가 되는 것이며 증거라 함은 일반적으로 자료를 의미한다.

토마스 베이즈(1761 사망)는 사후(死後)에 친구 Price에 의하여 *Philosophical Transactions of the Royal Society of London*에 발표된 논문 "*Essay Towards Solving a Problem in the Doctrine of Chances*" (1764)에서 이항분포의 모수에 대해 추론하는 문제를 다루었다. 이 논문에는 균등분포를 사전분포로 사용하는 것에 대한 논리적 정당성을 관측치의 주변분포를 구해서 보이는 과정이 나와 있었고, 유명한 베이즈 정리는 그로부터 세상에 알려지게 되었다.

예제 2.12 거짓 양성(False positive)

희귀병에 대한 어떤 검사가 매우 높은 성공률을 갖고 있다고 가정하자. 만약 검사한 환자가 희귀병을 갖고 있다면 이 검사는 정확하게(약 99% 확률로) 양성으로 판정할 것이며, 만약 검사한 환자가 희귀병을 갖고 있지 않다면, 이 검사 또한 정확하게(약 95% 확률로) 음성으로 판정할 것이라 하자.

집단의 0.1%만이 이 희귀병을 갖고 있다 가정하자. 이때 희귀병이 아닌 사람이 양성으로 잘못 판정되는 거짓 양성의 확률에 관심이 있다. 즉, 양성인 검사 후 피검사자가 희귀병에 걸리지 않을 확률을 의미한다.

D은 환자가 희귀병을 갖고 있다는 사건, T은 검사가 양성인 사건을 뜻한다고 하자. 이때 주어진 조건에 의하여 $P(D)=0.001$, $P(T|D)=0.99$와 $P(T^c|D^c)=0.95$이다. 따라서 한 사람이 양성으로 나타날 확률은

$$P(T)=P(T|D)P(D)+P(T|D^c)P(D^c) \tag{2.16}$$

이다. 따라서 정리 2.7(베이즈 정리)에 의하면, 양성으로 판정받은 사람이 희귀병일 확률은

$$P(D|T)=\frac{P(T|D)P(D)}{P(T)}=\frac{0.99\times 0.001}{0.99\times 0.001+0.05\times 0.999}\approx 0.019. \tag{2.17}$$

그러므로 양성인 결과가 거짓양성일 확률은 약 $(1-0.019)=0.981$이다. 이 검사의 높은 정확도에도 불구하고, 이 희귀병의 발생이 매우 낮지만(천분의 일), 양성반응을 나타낸 많은 환자(백분의 98)들도 희귀병을 갖고 있지 않다고 판명한다.

앞 예에서 설명된 베이즈 정리는 두 사건들인 A와 B의 조건과 주변 확률들로 다음과 같이 관계가 있다.

$$P(A|B)=\frac{P(B|A)P(A)}{P(B)}\propto L(A|B)P(A) \tag{2.18}$$

여기서 $L(A|B)$는 B의 고정된 값에 대하여 B가 주어진 상황에서 A의 우도이다. 이러한 용어로 베이즈 정리를 재구성하면, 베이즈 정리의 각 항들은 다음과 같이 형식적인 이름을 갖고 있다.

첫째, $P(A)$은 A의 사전확률 또는 주변확률이라고 한다. B에 대한 정보를 참작하지 않았다는 의미에서 사전이다.

둘째, $P(A|B)$은 B가 주어진 상황에서 A의 조건부확률이다. 이것 역시 사후확률이라고도 한다.

셋째, $P(B|A)$은 A가 주어진 상황에서 B의 조건부확률이다.

마지막으로, $P(B)$은 B의 사전확률 또는 주변확률이다. 그리고 이는 사후확률 $P(A|B)$의 정규화상수로 역할을 한다.

따라서 이를 다시 표현하면

$$\text{사후} = \frac{\text{우도} \times \text{사전}}{\text{정규화상수}} \tag{2.19}$$

이며, 다른 말로 표현하면 사후확률은 사전분포에 우도함수를 곱한 것에 비례한다. 그러므로 B은 자료로, A는 관심 있는 모수로 볼 수 있다. 따라서 사후분포는 자료가 주어진 상황에서 모수의 조건부분포이고 정규화상수는 자료의 주변분포이다.

2.1.3 베이지안과 빈도론자의 조화

예제 2.13

확률변수 X가 정규분포 $N(\mu,1)$을 따른다고 하자. 이때 x의 pdf는

$$f(x|\mu) = \frac{1}{\sqrt{2\pi}} \exp\left\{-\frac{1}{2}(x-\mu)^2\right\}$$

로 주어진다. 여기서 μ은 미지의 상수이다. 이때 $\{x_1, x_2, \cdots, x_n\}$은 $N(\mu,1)$에서 온 자료라 하자.

일반적으로 고전적 또는 빈도론자 추론에서 μ은 미지의 상수로 고정이라 가정한다. 따라서 μ의 점추정은 일반적으로 최대우도추정값($\hat{\mu}$)을 사용한다. 즉,

$$\hat{\mu} = \frac{1}{n}\sum_{i=1}^{n} x_i = \bar{x} \tag{2.20}$$

이다. 이때 이것의 표준오차(se)는

$$se(\hat{\mu}) = \frac{1}{\sqrt{n}} \tag{2.21}$$

이고, 또한 95% 신뢰구간은

$$\hat{\mu} \pm 1.96 \times se(\hat{\mu}) \tag{2.22}$$

이다.

이와는 다르게, 베이즈 추론에서 자료 $\{x_1, x_2, \cdots, x_n\}$은 확률변수이고, μ도 확률변수로 가정한다. 그러므로 주어진 자료 아래에서 μ의 조건부추론을 만든다. 이때 μ에 대한 주변분포(사전분포) $\pi(\mu)$을 가정한다. 이때 μ에 대한 사전분포 $\pi(\mu)$을 정규분포인 $N(\mu_0, \tau_0^2)$로 가정하자. 따라서 μ의 사후분포함수는 직접적인 적분 계산을 통하여 다음과 같은 정규분포를 구한다(예제 2.19 참고). 즉

$$\mu|\overline{x} \sim N(\mu_n, \tau_n^2)$$

여기서, $\overline{x} = \sum_{i=1}^{n} x_i / n$이며,

$$\mu_n = \frac{\frac{1}{\tau_0^2}\mu_0 + n\overline{x}}{\frac{1}{\tau_0^2} + n} \quad \text{과} \quad \tau_n^2 = \frac{1}{\frac{1}{\tau_0^2} + n} \tag{2.23}$$

이다. 이때 사후평균은 가끔 μ의 베이즈 점추정($\tilde{\mu}$)으로 사용된다. 또한 사후평균 $\tilde{\mu}$은 다음과 같이 표현할 수 있다.

$$\tilde{\mu} \equiv \mu_n = \frac{\frac{1}{\tau_0^2}\mu_0 + n\overline{x}}{\frac{1}{\tau_0^2} + n} = \frac{n}{\frac{1}{\tau_0^2} + n}\overline{x} + \frac{\frac{1}{\tau_0^2}}{\frac{1}{\tau_0^2} + n}\mu_0. \tag{2.24}$$

식 (2.24)은 관측자료 $\overline{x}$의 정보와 사전평균 μ_0인 사전정보들을 갖고 있다. 사실, 베이즈 점추정값은 표본평균과 사전평균의 가중평균인 것이다. 사전분포함수의 기여 때문에 베이즈 점추정값은 편향을 갖고 있다. 그렇지만 다음 설명에 의하여 이 추정값은 나쁜 것이라 할 수 없다.

베이즈 표준오차(Bayes standard error, se_B)는 가끔 사후분산의 제곱근으로 계산된다. 이 경우에 베이즈 표준오차는

$$se_B(\tilde{\mu}) = \sqrt{\frac{1}{\frac{1}{\tau_0^2} + n}} \tag{2.25}$$

이다. 여기 우리는 쉽게 다음과 같은 관계를 알 수 있다.

$$se_B(\tilde{\mu}) < \sqrt{1/n} = se(\hat{\mu}). \tag{2.26}$$

즉, 베이즈 표준오차가 빈도론자 표준오차보다 작다는 것을 보이므로 이러한 관점에서 μ을 추정하는 데 있어서 베이즈 추정값이 정확도를 개선함을 보일 수 있다. 또한 이 경우에, 95% 베이즈 신용구간(Bayes credible interval)은

$$\tilde{\mu} \pm 1.96\ se_B(\tilde{\mu})$$

이다. 따라서 베이즈 신용구간은 상대적으로 고전적 신뢰구간보다 길이가 짧음을 알 수 있다(2.3.2.3절 신용구간 참고).

예제 2.13인 정규분포 예에서, $\tau_0^2 \to \infty$ 인 극한개념에서 본질적으로 우리는 μ에 대한 부적절(improper) '균등사전분포'를 취한 것이며, 이는 무정보적(noninformative)으로 이해한다. 이러한 사전분포 아래에서, 즉 $\tau_0^2 \to \infty$ 일 때,

$$\tilde{\mu} = \frac{\frac{1}{\tau_0^2}\mu + n\bar{x}}{\frac{1}{\tau_0^2} + n} \quad \to \quad \bar{x} = \hat{\mu} \tag{2.27}$$

에 수렴하며 이를 가끔 일반화 베이즈 추정값이라고 한다. 역시 $\tau_0^2 \to \infty$ 일 때, 베이즈 표준오차도

$$se_B(\tilde{\mu}) = \sqrt{\frac{1}{\frac{1}{\tau_0^2} + n}} \quad \to \quad \sqrt{\frac{1}{n}} = se(\hat{\mu}) \tag{2.28}$$

에 수렴하고, 따라서 95% 베이즈 신용구간도 95% 신뢰구간으로 수렴한다. 즉,

$$\tilde{\mu} \pm 1.96 se_B(\tilde{\mu}) \quad \to \quad \bar{x} \pm 1.96 se(\hat{\mu}) \tag{2.29}$$

이다. 그러므로 베이지안 접근법은 빈도론자 접근법과 마찬가지의 동일한 결과들을 생성한다. 이러한 관점에서 두 접근법들은 조화롭다고 할 수 있다.

2.2 베이즈 추론의 장점

베이지안 접근방법의 가장 기본적인 것은 불확실성에 대한 모든 설명을 과학적인 사전 정보와 자료들을 조합하여 확률로써 설명한다는 것이다. 과학적인 사전정보의 선택에 여러 논란이 있을 수 있으나 기존의 고전적 통계학과 비교하여 많은 장점들을 갖고 있으므로, 베이즈 탄생 250여 년이 지난 지금까지도 눈부시게 발전하여 왔다. 더욱이, Gelfand and Smith(1990)가 깁스샘플러(Gibbs sampler)를 소개한 이후로 모든 통계모형에 쉽게 베이지안 방법론이 적용될 수 있으므로 더욱 더 큰 발전을 이루고 있다. 여기서 이러한 몇 가지 장점들을 소개한다.

첫째, 고전적 통계학에서 사용하고 있는 신뢰구간에 비하여 베이지안 신용구간이 보다 확률적이며, 이해하기 쉽다. 예를 들어, $X_1,\cdots,X_n \sim N(\mu,\sigma^2)$을 따른다고 하자. 여기서 μ와 σ^2은 모두 미지의 상수라 하자. 이때 하나의 간단한 예로써, 고전적 방법인 μ에 대한 $(1-\alpha)100\%$ 신뢰구간은

$$C=(\bar{x}-z_{\alpha/2}\frac{s}{\sqrt{n}},\ \bar{x}+z_{\alpha/2}\frac{s}{\sqrt{n}}) \tag{2.30}$$

이며, 여기서 $\bar{x}$은 표본평균과 s^2은 표본분산이다. 이때 $P(\mu\in C)=1-\alpha$임을 뜻하는 것은 아니다. 이러한 신뢰구간을 구하는 작업을 무수히 많이 반복한다면 그 중 $(1-\alpha)100\%$만이 μ을 포함하고 나머지들은 μ을 포함하지 않는다는 것으로 생각할 수 있다. 더욱이 고전적 통계학에서 μ은 미지의 상수이고 고정되어 있다고 가정하므로, 이러한 μ에 대한 확률적 표현을 사용할 수가 없다. 그러나 베이지안 통계학에서는 사후분포를 이용하여

$$P(\mu\in C'\,|x_1,\cdots,x_n)=1-\alpha \tag{2.31}$$

을 만족하는 C'을 $(1-\alpha)100\%$ 베이지안 신용구간이라 하고 이는 정확한 확률적 표현으로 구간추정에 사용한다. 보다 자세한 내용은 2.3.2.3절 신용구간에서 설명한다.

둘째, 일반적으로 고전적 통계학은 우도원리(likelihood principle)를 따르지 않으나, 베이지안 통계학은 이를 따른다.

먼저, **우도원리**란

『두 개의 우도함수가 서로 모수 θ의 함수로 비례하면

(즉, θ의 함수로써 $L_1(\theta|x)\propto L_2(\theta|x)$), 두 개의 우도함수는 θ에 대한 동일한 정보를(즉, 동일한 추론)을 갖는다』

함을 의미한다.

Lindley and Phillips(1976)는 다음과 같은 예로 고전적 통계학과 베이지안 통계학의 차이점을 설명하였다.

하나의 동전이 주어졌을 때, 앞면이 나올 확률 θ에 관심이 있다고 하자. 이때 다음과 같은 가설검정을 하고자 한다.

$$H_0 : \theta = \frac{1}{2} \text{ 와 } H_1 : \theta > \frac{1}{2}$$

이다. 이를 검정하고자 실험을 통하여 오직 9개의 앞면과 3개의 뒷면의 결과만 갖고 있다 하자. 이때 주어진 결과로 두 가지 모형들을 생각할 수 있다.

첫 번째 모형으로 X를 앞면의 개수라 하면, 이때 $X \sim Bin(12,\theta)$을 따른다고 할 수 있다. 그러므로 θ의 우도함수는

$$L_1(\theta) = \binom{n}{x}\theta^x (1-\theta)^{n-x} = \binom{12}{9}\theta^9 (1-\theta)^3$$

이다.

두 번째 모형으로 X을 3개의 뒷면이 나올 때까지 나타나는 앞면의 수라 할 수 있다. 그러므로 $X \sim NB(r=3,\theta)$을 따른다고 하고, θ의 우도함수는

$$L_2(\theta) = \binom{r+x-1}{x}\theta^x (1-\theta)^3 = \binom{11}{9}\theta^9 (1-\theta)^3$$

이다. 그러므로 $L_1(\theta) \propto L_2(\theta)$이다.

베이지안 관점에서 보면, 두 경우의 어떠한 우도함수를 이용하더라도, θ의 사후분포

$$\pi(\theta|x) = \frac{L_1(\theta)\pi(\theta)}{\int L_1(\theta)\pi(\theta)\,d\theta} \equiv \frac{L_2(\theta)\pi(\theta)}{\int L_2(\theta)\pi(\theta)\,d\theta}$$

은 항상 동일하다. 따라서 베이즈 추론은 우도원리를 따른다.

고전적 추론에서 가설검정을 생각해 보자. 먼저, 이항모형에서 $x=9$의 유의확률은

$$p_1 = P(x \ge 9 \,|\, \theta = \frac{1}{2}) = \sum_{j=9}^{12}\binom{12}{j}\theta^j (1-\theta)^{12-j} = 0.075 \tag{2.32}$$

이며, 또한 음이항(NB) 모형에서

$$p_2 = P(x \ge 9 \,|\, \theta = \frac{1}{2}) = \sum_{j=9}^{\infty}\binom{2+j}{j}\theta^j (1-\theta)^3 = 0.0325 \tag{2.33}$$

이다. 그러므로 5%의 유의수준에서 두 모형은 다른 결론에 도달한다. 따라서 이는 우도원리에 모순이다.

셋째, 베이지안 방법은 축차적(sequential) 또는 정보의 최신화 의미를 갖는다. 예를 들면, 독립적으로 $X_1, X_2 \sim f(x|\theta)$을 따른다고 하고, 이때 $\pi(\theta)$을 θ의 사전분포함수라 하자. 그러면 주어진 X_1, X_2 아래에서 θ의 사후분포는

$$\pi(\theta|x_1, x_2) \propto f(x_1, x_2|\theta)\pi(\theta) \tag{2.34}$$

$$\propto f(x_1|\theta)f(x_2|\theta)\pi(\theta)$$

$$\propto f(x_2|\theta)\pi(\theta|x_1)$$

로 표현할 수 있다. 여기서 $\pi(\theta|x_1)$은 주어진 x_1 아래에서 θ의 사후분포이다. 따라서 첫 번째 자료 x_1으로 만들어진 사후분포 $\pi(\theta|x_1)$은 두 번째 자료 x_2가 합류된 사후분포함수 $\pi(\theta|x_1, x_2)$에서 사전분포의 역할을 한다. 이는 자료에 대한 학습으로 θ의 정보를 최신화하는 형태이다.

다음으로 고전적 통계학의 역설에 대하여 생각해 보자. 고전적 통계학에서 사용하는 추론의 적합성을 평가하는 측도들은 추정값의 편향 또는 분산, 검정에서 오류확률, 신뢰구간의 신뢰계수 등과 같은 기댓값들에 근거한다. 이 측도들은 모든 가능한 자료들의 표본공간 위에서 적분을 하거나 합함으로써 얻어진다. 그러므로 그들은 주어진 추론이 어떤 특별한 자료에 대해서는 얼마나 좋은가에 대한 답을 줄 수가 없다. 아래 주어지는 두 개의 예들은 Ghosh et al.(2006)가 Cox(1958)과 Welch(1939)에 의하여 제시한 예들로서 이러한 문제점들을 설명하였다.

예제 2.14 Cox, 1958

정규분포 $N(\mu, \sigma^2)$에서 평균 μ을 추정하고자 한다. 이때 공정한 주사위를 던져 표본의 수 n을 다음과 같이 결정한다. 만약 앞면이 나오면 표본의 수는 2개만 갖고, 뒷면이 나오면 1000개의 표본을 얻는다고 하자. 공정한 확률을 이용하므로, 표본의 수에 $n=2$ 또는 $n=1000$ 중 하나를 선택할 확률은 각각 $1/2$이다. 이때 고전적 통계학에서는 잘 알려진 비편향추정값 $\overline{X} = \sum_{i=1}^{n} X_i/n$을 사용한다. 이때 $\overline{X}$의 분산은

$$Var(\overline{X}) = \frac{1}{2}\left(\frac{\sigma^2}{2} + \frac{\sigma^2}{1000}\right) \approx \frac{\sigma^2}{4} \tag{2.35}$$

이다. 만약 동전을 던져서 뒷면이 나왔다면, 1000개의 표본으로 추정한 $\overline{x}$을 갖는다. 따라서 분산은 $\sigma^2/4$이다. 그러나 처음부터 1000개의 표본을 이미 알고 있다고 하면, 이때 분산으로 $\sigma^2/1000$이 아니고 $\sigma^2/4$라고 하는 것이 합리적 적합성 측도라고 믿는 것에 의문이 간다.

예제 2.15 Welch, 1939

확률변수 X_1과 X_2은 독립적이고 동일한 균등분포 $U_{(\theta-1/2,\,\theta+1/2)}$을 따른다고 하자. 고전적 통계학에서, 적절한 상수 C에 대해 $(\bar{x}-C\,,\,\bar{x}+C)$인 형태의 $(1-\alpha)100\%$의 신뢰구간을 구한다. 만약 $X_1=2$와 $X_2=1$이면, 두 자료의 거리는 1이다. 이때 주어진 균일분포의 중심은 θ이며 구간의 거리가 1이므로,

$$\overline{X} = (X_1 + X_2)/2 = \theta \tag{2.36}$$

일 수밖에 없다. 따라서 $\theta \in (\bar{x}-C\,,\,\bar{x}+C)$는 항상 사실이다. 이럴 때도 앞의 주어진 구간$(\bar{x}-C\,,\,\bar{x}+C)$을 100%가 아닌 95%의 신뢰구간 하는 것이 합리적일까 하는 의문이 있다.

이러한 문제들의 가장 핵심은 주어진 자료들에 의존하기보다는 무한히 많이 반복하여 발생할 수 있는 모든 가능한 X값들로 적분이나 합의 형태로 계산하고 있기 때문이다. 이러한 방법을 주장하는 추론을 베이즈 추론에 대응하는 빈도론자 추론이라고 한다. Fisher는 이러한 문제들을 인식하고, 적당한 보조 통계량에 대한 조건부추론 방법을 제시하였다. Cox의 예에서, 표본의 수에 조건을 주는 것이 적정하다고 보았고, 적합성의 측도로 $n=1000$이 주어진 조건부분산을 사용하는 것이 합리적이라 하였다. 이때 n이 보조통계량이고, 그것의 분포는 θ에 자유롭고, 그러므로 우도함수도 변하지 않는다. Welch의 예에서, $X_1-X_2=1$의 조건하에 θ을 포함하는 조건부확률을 제시한다. 따라서 X_1-X_2는 보조통계량이다.

이러한 문제들에 있어서 베이지안 방법들은 Fisher가 제안한 조건부 빈도론자 해법에 대응하는 제시할 수 있다. Cox 예에서는 사후분산, Welch 예에서는 사후확률을 사용할 수 있다(3장 제프리스 사전분포에서 다시 언급한다).

2.3 베이지안 추정방법

베이지안 해석은 사전정보 $\pi(\theta)$와 자료 정보 x를 조합한 사후분포 $\pi(\theta|x)$을 구한 후 수행하는 작업이다. 우선 다음 절들은 간단한 분포들의 정의 및 계산들에 대하여 설명한다.

2.3.1 사후분포함수 및 혼합분포

주어진 자료 x 아래에서 θ의 사후분포 $\pi(\theta|x)$은 조건부분포로 표시한다. 이때 θ와 X의 결합분포는

$$h(x,\theta)=\pi(\theta)f(x|\theta) \tag{2.37}$$

이고, X의 주변분포함수는

$$m(x)=\int_{\Theta}f(x|\theta)\pi(\theta)d\theta \tag{2.38}$$

이므로, 만약 $m(x)\neq 0$이면,

$$\pi(\theta\,|\,x)=\frac{h(x,\theta)}{m(x)} \tag{2.39}$$

이라 잘 알려진 사실이다.

'사후분포'라는 이름은 $\pi(\theta|x)$의 역할로 잘 나타난다. 즉, 사전분포가 실험 전 θ의 사전 믿음을 나타내듯이, $\pi(\theta|x)$은 자료 x을 관측 후 θ에 대한 최신화된 믿음을 나타낸다. 다시 말해서, 사후분포라 함은 자료 x에 포함된 θ의 정보들과 θ의 사전정보를 조합한 것이다.

예제 2.16

하나의 x를 정규분포 $N(\theta,1)$에서 관측하였다고 하자. 여기서 $\theta=0$ 또는 1이라 가정한다. 이때 우도함수는 다음과 같이 주어진다.

$$f(x|\theta)=\frac{1}{\sqrt{2\pi}}\exp\left\{-\frac{(x-\theta)^2}{2}\right\}.$$

베이즈 추론에서 θ은 확률변수로 취급되므로, 간단하게

$$\pi(\theta=0)=\pi(\theta=1)=\frac{1}{2}$$

이라 하자. 따라서 θ와 X의 결합분포는

$$h(x,\theta)=f(x|\theta)\pi(\theta)=\begin{cases}\dfrac{1}{\sqrt{2\pi}}\exp\left\{-\dfrac{x^2}{2}\right\}\dfrac{1}{2}, & \theta=0\\[2ex] \dfrac{1}{\sqrt{2\pi}}\exp\left\{-\dfrac{(x-1)^2}{2}\right\}\dfrac{1}{2}, & \theta=1\end{cases} \tag{2.40}$$

로 주어진다. 그러므로 X의 주변분포함수는

$$m(x) = \sum_{\theta=0}^{1} h(x,\theta) = \frac{1}{\sqrt{2\pi}}\left[\exp\left\{-\frac{x^2}{2}\right\} + \exp\left\{-\frac{(x-1)^2}{2}\right\}\right] \tag{2.41}$$

이며, 주어진 자료 x 아래에서 θ의 사후분포함수는

$$\pi(\theta|x) = \frac{h(x,\theta)}{m(x)} = \frac{f(x|\theta)\pi(\theta)}{m(x)} = \begin{cases} \dfrac{\exp\left\{-\frac{x^2}{2}\right\}}{\exp\left\{-\frac{x^2}{2}\right\} + \exp\left\{-\frac{(x-1)^2}{2}\right\}}, & \theta = 0 \\ \dfrac{\exp\left\{-\frac{(x-1)^2}{2}\right\}}{\exp\left\{-\frac{x^2}{2}\right\} + \exp\left\{-\frac{(x-1)^2}{2}\right\}}, & \theta = 1 \end{cases} \tag{2.42}$$

로 주어진다.

예제 2.17

앞면이 나올 확률이 θ인 동전을 실험한다. 이때 θ의 사전분포는 균등이라 가정한다. 즉,

$$\pi(\theta) = \begin{cases} 1 & , 0 < \theta < 1 \\ 0 & , \text{그 외} \end{cases}$$

이다. 주어진 동전이 5번 독립적으로 시행되고 앞면이 3번보다 작게 나왔다고 하자. 이때 다음과 같은 두 가지 경우로 생각할 수 있다.

첫째, 앞면의 수는 정확히 모르고, 단지 3보다 작다는 것만 알려졌다고 하자. 이때 D가 자료를 나타낸다면,

$$D = \{5\text{번 시행 중, 앞면의 수} < 3\}$$

이고, 이에 대한 우도함수는

$$f(D|\theta) = P(5\text{번 시행 중, 앞면의 수} < 3 \mid \theta)$$

이다. 그러므로 주어진 자료 D 아래 θ의 사후분포는

$$\pi(\theta|D) = \frac{f(D|\theta)\pi(\theta)}{m(D)} \tag{2.43}$$

$$= \frac{(1-\theta)^5 + 5\theta(1-\theta)^4 + 10\theta^2(1-\theta)^3}{\int_0^1 (1-\theta)^5 + 5\theta(1-\theta)^4 + 10\theta^2(1-\theta)^3 d\theta}$$

이다.

둘째, 2개의 앞면이라 알려진 경우이다. 앞에서와 마찬가지로, $D=\{$앞면의 수 $= 2\}$이고, 이에 대한 우도함수는

$$f(D|\theta) = \binom{5}{2}\theta^2(a-\theta)^3$$

이고, 그리고 주어진 자료 D 아래 θ의 사후분포는

$$\pi(\theta|D) = \frac{\theta^2(1-\theta)^3}{\int_0^1 \theta^2(1-\theta)^3 d\theta} = \frac{\Gamma(3+4)}{\Gamma(3)\Gamma(4)}\theta^2(1-\theta)^3$$

$$= \frac{1}{B(3,4)}\theta^2(1-\theta)^3$$

이며, 여기서 $B(3,4)$은 식 (1.19)에서 정의된 완전베타함수이다. 그러므로 주어진 자료 D 아래에서 θ의 사후분포는

$$\pi(\theta|D) = Be(3,4)$$

이고, 이때 θ의 사후평균은 $E[\theta|D] = \frac{3}{3+4} = \frac{3}{7}$ 이다.

예제 2.18

$X \sim N(\theta, \sigma^2)$이며, 여기서 θ은 미지, σ^2은 알려진 상수라고 하자. 이때 사전분포 $\pi(\theta)$은 정규분포 $N(\mu_0, \tau_0^2)$이고, 여기서 μ_0와 τ_0^2은 알려진 상수들이라 하자. 이때 X와 θ의 결합분포는

$$h(x,\theta) = \pi(\theta)f(x|\theta) = (2\pi\sigma\tau)^{-1}\exp\left\{-\frac{1}{2}\left[\frac{(\theta-\mu)^2}{\tau^2} + \frac{(x-\theta)^2}{\sigma^2}\right]\right\} \tag{2.44}$$

이다. 우선 계산의 편리성으로

$$\rho = \tau^{-2} + \sigma^{-2} = \frac{\tau^2+\sigma^2}{\tau^2\sigma^2}$$

라 두자. 식 (2.44)의 지수부분을 θ의 완전제곱 형태로 변환시키면,

$$\frac{1}{2}\left[\frac{(\theta-\mu)^2}{\tau^2}+\frac{(x-\theta)^2}{\sigma^2}\right]=\frac{1}{2}\left[\left(\frac{1}{\tau^2}+\frac{1}{\sigma^2}\right)\theta^2-2\left(\frac{\mu}{\tau^2}+\frac{x}{\sigma^2}\right)\theta+\left(\frac{\mu^2}{\tau^2}+\frac{x^2}{\sigma^2}\right)\right]$$

$$=\frac{1}{2}\rho\left[\theta-\frac{1}{\rho}\left(\frac{\mu}{\tau^2}+\frac{x}{\sigma^2}\right)\right]^2+\frac{(\mu-x)^2}{2(\sigma^2+\tau^2)}$$

된다. 따라서 식 (2.44)인 X와 θ의 결합분포는

$$h(x,\theta)=(2\pi\sigma\tau)^{-1}\exp\left\{-\frac{1}{2}\rho\left[\theta-\frac{1}{\rho}\left(\frac{\mu}{\tau^2}+\frac{x}{\sigma^2}\right)\right]^2\right\}\exp\left\{-\frac{(\mu-x)^2}{2(\sigma^2+\tau^2)}\right\} \tag{2.45}$$

로 표현되며, 또한 X의 주변분포함수는

$$m(x)=\int_{-\infty}^{\infty}h(x,\theta)d\theta=(2\pi\rho)^{-1/2}(\sigma\tau)^{-1}\exp\left\{-\frac{(\mu-x)^2}{2(\sigma^2+\tau^2)}\right\} \tag{2.46}$$

이다. 그러므로 θ의 사후분포함수는

$$\pi(\theta|x)=\frac{h(x,\theta)}{m(x)}=\left(\frac{\rho}{2\pi}\right)^{1/2}\exp\left\{-\frac{1}{2}\rho\left[\theta-\frac{1}{\rho}\left(\frac{\mu}{\tau^2}+\frac{x}{\sigma^2}\right)\right]^2\right\} \tag{2.47}$$

이다. 따라서 주어진 자료 x 아래에서 θ의 사후분포는 정규분포 $N(\mu(x),\rho)$이다. 여기서

$$\mu(x)=\frac{1}{\rho}\left(\frac{\mu}{\tau^2}+\frac{x}{\sigma^2}\right)=\frac{\sigma^2}{\sigma^2+\tau^2}\mu+\frac{\tau^2}{\sigma^2+\tau^2}x = x-\frac{\sigma^2}{\sigma^2+\tau^2}(x-\mu)$$

이다.

예제 2.19

$X_1, \cdots, X_n$가 정규모형 $N(\theta,\sigma^2), \sigma^2>0$을 따른다고 하자. 이때 σ^2은 알려진 상수이다. 그러므로 우도함수는

$$f(x_1, \cdots, x_n|\theta)\propto\exp\left[-\frac{1}{2\sigma^2}\sum_{i=1}^{n}(x_i-\theta)^2\right]$$

이며, θ의 사전함수도 예제 2.18과 동일한 정규분포 $N(\mu_0,\tau_0^2)$로 가정한다. 그러면

주어진 자료 $x_1, \cdots, x_n$ 아래 θ의 우도함수는

$$\pi(\theta | x_1, \cdots, x_n) \propto \exp\left[-\frac{1}{2\sigma^2}\sum_{i=1}^{n}(x_i-\theta)^2 - \frac{1}{2\tau^2}(\theta-\mu_0)\right] \tag{2.48}$$

$$= \exp\left[-\frac{1}{2\sigma^2}\left\{n(\overline{x}-\theta)^2 + \sum_{i=1}^{n}(x_i-\overline{x})^2\right\} - \frac{1}{2\tau^2}(\theta-\mu_0)\right]$$

로 계산되며, 식 (2.48)의 지수부분을 다음과 같은 θ의 완전제곱 형태로 정리하면

$$\frac{n}{\sigma^2}(\overline{x}-\theta)^2 + \frac{1}{\tau_0^2}(\theta-\mu)^2$$

$$= (n\sigma^{-2}+\tau_0^{-2})\left[\theta - \frac{n\sigma^{-2}\overline{x}+\tau_0^{-2}\mu_0}{n\sigma^{-2}+\tau_0^{-2}}\right]^2 + \frac{n\sigma^{-2}\times\tau_0^{-2}}{n\sigma^{-2}+\tau_0^{-2}}(\overline{x}-\mu_0)^2$$

이며, 주어진 자료 $x_1, \cdots, x_n$ 아래에서 θ의 사후분포함수는

$$\pi(\theta | x_1, \cdots, x_n) \propto \exp\left[-\frac{(n\sigma^{-2}+\tau_0^{-2})}{2}\left\{\theta - \frac{n\sigma^{-2}\overline{x}+\tau_0^{-2}\mu_0}{n\sigma^{-2}+\tau_0^{-2}}\right\}^2\right] \equiv N(\mu_1, \tau_1^2) \tag{2.49}$$

이다. 여기서 다음과 같다.

$$\mu_1 = \frac{n\sigma^{-2}\overline{x}+\tau_0^{-2}\mu_0}{n\sigma^{-2}+\tau_0^{-2}} \equiv \frac{n\tau_0^2\overline{x}+\sigma^2\mu_0}{n\tau_0^2+\sigma^2} = \frac{\tau_0^2}{\frac{\sigma^2}{n}+\tau_0^2} + \frac{\frac{\sigma^2}{n}}{\frac{\sigma^2}{n}+\tau_0^2}\mu_0, \quad . \tag{2.50}$$

$$\tau_1^2 = (n\sigma^{-2}+\tau_0^{-2})^{-1}$$

보조정리 2.20 | 베이지안 충분성

$T(X)$은 θ의 충분통계량이고, 충분통계량은 정리 1.54의 인수분해정리를 만족한다고 가정한다. 또한, $m(x) > 0$이라 하자. 만약 $T(x) = t$이면, 다음과 같다.

$$\pi(\theta | x) = \pi(\theta | t) = \frac{\pi(\theta)g(t|\theta)}{m(t)} \tag{2.51}$$

증명 (연습문제)

충분통계량 $T(X)$로부터 사후분포함수 $\pi(\theta|x)$을 계산하는 커다란 이유는 자료의 차원축소로 $f(x|\theta)$와 $m(x)$보다 $g(t|\theta)$와 $m(t)$을 보다 쉽게 사용할 수 있기 때문이다.

예제 2.21

$X=(X_1,\cdots,X_n)$는 각각의 X_i들은 독립적이고 동일한 정규분포 $N(\theta,\sigma^2)$를 갖고 있는 확률표본이라 가정하고, 여기서 σ^2은 알려진 상수이다. 이때 사전분포 $\pi(\theta)$는 정규분포 $N(\mu_0,\tau_0^2)$이고, 여기서 μ와 τ^2는 알려진 상수들이라 하자. 표본평균 $\overline{X}$가 θ의 충분통계량이며, 이때 $\overline{X}$가 정규분포 $N(\theta,\sigma^2/n)$을 따른다. 그러므로 보조정리 2.20에 의하면, $\pi(\theta|x) = \pi(\theta|\overline{x})$이다. 예제 2.18에 의하면, 주어진 $x=(x_1,\cdots,x_n)$ 아래에서 θ의 사후분포는 $N(\mu(x),\rho^{-1})$이며, 여기서

$$\mu(x)=\frac{\sigma^2/n}{(\tau_0^2+\sigma^2/n)}\mu_0+\frac{\tau_0^2}{(\tau_0^2+\sigma^2/n)}\overline{x}$$

와

$$\rho=(n\tau_0^2+\sigma^2)/\tau_0^2\sigma^2$$

이다. 이는 예제 2.19의 결과들과 동일하다.

예제 2.22 이변량정규분포

확률벡터 (U,V)가 다음과 같은 이변량정규분포를 따른다고 하자. 즉,

$$(U,V)\sim N_2\left(\begin{pmatrix}\theta_1\\ \theta_2\end{pmatrix},\begin{pmatrix}\sigma_1^2 & \sigma_1\sigma_2\rho\\ \sigma_1\sigma_2\rho & \sigma_2^2\end{pmatrix}\right) \tag{2.52}$$

이다. 이때 V의 주변분포함수는

$$V\sim N(\theta_2,\sigma_2^2) \tag{2.53}$$

이다. 또한 주어진 V 아래에서 U의 조건부분포함수는

$$(U|V)\sim N\left(\theta_1+\frac{\rho\sigma_1}{\sigma_2}(v-\theta_2),\ (1-\rho^2)\sigma_1^2\right) \tag{2.54}$$

이다. 따라서

$$E[U|V]=\theta_1+\frac{\rho\sigma_1}{\sigma_2}(v-\theta_2)\text{과}\quad Var(U|V)=(1-\rho^2)\sigma_1^2$$

이다. 정리 1.21에 따르면 다음과 같다.

$$Var(U) = E[Var(U|V)] + Var(E[U|V]) = (1-\rho^2)\sigma_1^2 + Var\left(\theta_1 + \frac{\rho\sigma_1}{\sigma_2}(v-\theta_2)\right)$$
$$= (1-\rho^2)\sigma_1^2 + \left(\frac{\rho\sigma_1}{\sigma_2}\right)^2 \sigma_2^2 = \sigma_1^2.$$

다음으로 정규분포의 척도혼합(scale mixture of normals)에 대하여 설명하고자 한다.

정리 2.23 | 스튜던트의 t-분포/혼합분포

만약에

$$\theta|\lambda \sim N\left(\mu, \frac{\sigma^2}{\lambda}\right) \text{과 } \lambda \sim Gam\left(\frac{\nu}{2}, \frac{\nu}{2}\right) \tag{2.55}$$

이라 하면 θ의 주변분포함수는 t-분포 $t_\nu(\mu, \sigma^2)$이다.

증명

위에 가정된 분포들은 수학적으로

$$\pi(\theta|\lambda) = \frac{\sqrt{\lambda}}{\sqrt{2\pi}\,\sigma}\exp\left\{-\frac{\lambda(\theta-\mu)^2}{2\sigma^2}\right\}$$

이고

$$\pi(\lambda) = \frac{1}{\Gamma\left(\frac{\nu}{2}\right)}\lambda^{\frac{\nu}{2}-1}\exp\left\{-\frac{\nu}{2}\lambda\right\}\left(\frac{\nu}{2}\right)^{\frac{\nu}{2}}$$

이다. 간단한 대수식의 정리로 θ의 주변분포함수는 다음과 같이 구해진다.

$$\begin{aligned}\pi(\theta) &= \int_0^\infty \pi(\theta|\lambda)\pi(\lambda)d\lambda \\ &= \frac{\Gamma\left(\frac{\nu+1}{2}\right)}{\Gamma\left(\frac{\nu}{2}\right)}\frac{1}{(\pi\nu\sigma^2)^{1/2}}\frac{1}{\left[1+\frac{1}{\nu}\left(\frac{\theta-\mu}{\sigma}\right)^2\right]^{\frac{\nu+1}{2}}}\end{aligned} \tag{2.56}$$

이며(연습문제), 따라서 정리 1.21에 따르면 θ의 평균과 분산은 각각이

$$E[\theta] = E(E[\theta|\lambda]) = E[\mu] = \mu$$

과

$$Var(\theta) = E\left(\frac{\sigma^2}{\lambda}\right) + Var(\mu) = \sigma^2 E[\frac{1}{\lambda}] + 0 = \sigma^2 \frac{\nu}{\nu - 2}$$

로 구해진다. 예제 1.34에 정의된 $t-$분포 정의와 일치함을 알 수 있다.

***정리 2.24 | 일반화 t-분포**

만약에

$$\theta | \lambda \sim N\left(\mu, \frac{\sigma^2}{\lambda}\right) \text{와} \quad \lambda \sim Gam\left(\frac{\nu_1}{2}, \frac{\nu_2}{2}\right) \tag{2.57}$$

이면, 주변확률변수 θ을 일반화 $t-$분포를 따른다고 정의한다. 즉,

$$\pi(\theta) = \frac{\Gamma\left(\frac{\nu_1 + 1}{2}\right)}{\Gamma\left(\frac{\nu_1}{2}\right)} \frac{1}{(\pi \nu_2 \sigma^2)^{1/2}} \frac{1}{\left[1 + \frac{1}{\nu_2}\left(\frac{\theta - \mu}{\sigma}\right)^2\right]^{\frac{\nu_1 + 1}{2}}} \tag{2.58}$$

이다. 특히 $\nu_1 = \nu_2$이면, 일반화 $t-$분포는 예제 1.13에서 정의된 $t-$분포가 된다.

Kim 외(2008)는 이항자료를 모형화할 때 일반화 $t-$분포를 이용한 새로운 연결함수를 제안하였다.

예제 2.25 로지스틱(Logistic) 분포

다음 형태의 분포를 고려해 보자.

$$\pi(\theta) = e^{-\theta}(1 + e^{-\theta})^{-2}. \tag{2.59}$$

수학적으로, 이 로지스틱 분포가 정규분포의 척도혼합족에 속함을 보이고자 한다. 특별하게,

$$\theta | \lambda \sim N(0, 4\lambda^2) \tag{2.60}$$

이라고 하고 λ은 다음과 같은 점근적 콜모그로브(Kolmogorov) 분포이다.

$$\pi(\lambda) = 8 \sum_{k=1}^{\infty} (-1)^{k+1} k^2 \lambda \exp\{-2k^2 \lambda^2\}. \tag{2.61}$$

Chen and Dey(1998, Sankhy$\bar{a}$)은 이를 이용하여 로지스틱 분포와 t-분포 사이의 관계를 설명하였다.

2.3.2 베이지안 해석 방법

고전적 통계학에서와 마찬가지로 점추정, 구간추정과 검정 등과 같은 세 가지 문제들이 베이즈 추론에서도 동일하게 취급되고 있다. 이들을 정리하면 다음과 같은 방법들로 해석할 수 있다.

첫째, θ의 사후분포함수를 통하여 사후평균(점추정)과 사후표준편차를 구한다.

둘째, θ의 $100(1-\alpha)\%$ 베이지안 신용구간을 구한다. 이때 θ의 사후분포가 비대칭이면, 베이지안 신용구간이 여러 형태로 나타날 수 있으므로 θ에 대한 좋은 설명 도구가 아닐 수도 있다. 이 경우 베이지안 신용구간을 만족하는 θ의 최고사후밀도구간(highest posterior density interval, HPD)을 이용하는 것이 보다 유리하다.

마지막으로, 주어진 자료 아래에서 베이즈 검정을 한다.

2.3.2.1 점추정

실수값 θ에 대하여, 표준 베이즈 추정값들은 사후평균 또는 사후중앙값들이다. 사후평균은 제곱오차손실함수(식 1.122) 아래에서 베이즈 추정값이고, 사후중앙값은 절대차손실함수(식 1.127) 아래에서 베이즈 추정값이다. 사후평균들과 함께, θ의 사후분산 또는 사후표준편차를 나타낼 수 있다. 만약 사후분포가 단봉이면, 사후 최빈값은 또 다른 선택이다. 이는 고전적 통계학의 MLE와 매우 유사하다. 따라서 θ을 추정하기 위하여 많은 고전적 방법들을 사후분포에 적용할 수 있다. 가장 대표적인 고전적 방법은 최대우도추정값이다. 이는 우도함수 $L(\theta|x)$을 최대화하는 θ의 값 $\hat{\theta}$을 말한다. 이와 유사한 베이지안 추정값을 다음과 같이 정의한다.

정의 2.26 Berger, 1985

θ의 **일반최대우도통계량**(generalized maximum likelihood estimate, GMLE) $\hat{\theta}$은 사후분포함수 $\pi(\theta|x)$의 가장 큰 최빈값이다. 이를 **사후최빈값**(maximum a posteriori, MAP)이라고도 한다. 즉, θ의 함수로써 사후분포 $\pi(\theta|x)$을 최대화시키는 θ의 값은 $\hat{\theta}$이다.

그러므로 θ의 사전분포를 $\pi(\theta)\propto 1$라 할 때, 사후분포가 존재하면, 이때 일반화 최대우도추정량과 최대우도추정량은 동일하다. 이들을 구하기 위해서 1.2절에서 논의하였던 NR 알고리즘 또는 EM 알고리즘을 이용하여 구할 수 있다(보다 자세한 내용은 5.2.5절을 참고하여라). 또한 다음과 같은 성질들을 얻을 수 있다.

첫째, 만약 사후분포 $\pi(\theta|x)$가 대칭이면, 사후평균과 사후중앙값이 동일하다. 둘째, 만약 사후분포 $\pi(\theta|x)$가 대칭이고 단봉이면, 사후평균, 사후중앙값과 사후 최빈값은 모두 동일하다.

예제 2.27

예제 2.18 또는 2.19와 동일한 구조에서, $X_1, \cdots, X_n \sim N(\theta, \sigma^2)$을 따르며, 여기서 $\sigma^2 > 0$을 알려진 상수라고 하자. 이때 θ의 사전분포는 정규분포 $N(\mu_0, \tau_0^2)$라 가정하며, 여기서 μ_0와 τ_0^2 은 알려진 상수이다. 그러므로 주어진 자료 $x_1, \cdots, x_n$ 아래에서 θ의 사후분포는

$$\theta \,|\, x_1, \cdots, x_n \sim N\left((1-B)\bar{x} + B\mu_0,\ \frac{\sigma^2}{n}(1-B)\right) \tag{2.62}$$

이며, 여기서 $B = \dfrac{\sigma^2}{\sigma^2 + n\tau_0^2}$이다. 이때 θ의 사후분포는 대칭이며 단봉이므로, 일반 최대우도(사후최빈값)추정량과 사후중앙값은 동일하고

$$(1-B)\bar{x} + B\mu_0 \tag{2.63}$$

이다.

예제 2.28

자료 x의 분포함수는 $f(x|\theta) = e^{-(x-\theta)}I(x > \theta)$이고, 이때 θ의 사전분포는

$$\pi(\theta) = \frac{1}{\pi(1+\theta^2)} I(-\infty < \theta < \infty)$$

이라 하자. 이때 주어진 x 아래에서 θ의 사후분포는

$$\begin{aligned}\pi(\theta|x) &\propto \frac{e^{-(x-\theta)} I(\theta < x < \infty) \cdot I(-\infty < \theta < \infty)}{\pi(1+\theta^2)} \\ &\propto \frac{e^{-(x-\theta)}}{\pi(1+\theta^2)} I(-\infty < \theta < x)\end{aligned}$$

이므로, 주어진 x 아래에서 θ의 사후분포를 정확히 표현하면

$$\pi(\theta|x) = \frac{\dfrac{e^{\theta}}{\pi(1+\theta^2)}}{\displaystyle\int_{-\infty}^{x} \frac{e^{\theta}}{\pi(1+\theta^2)} d\theta} I(-\infty < \theta < x) \tag{2.64}$$

이며, θ의 사후평균은 식 (2.64)을 이용하면,

$$E(\theta|y) = \frac{\displaystyle\int_{-\infty}^{x} \theta \frac{e^{\theta}}{\pi(1+\theta^2)} d\theta}{\displaystyle\int_{-\infty}^{x} \frac{e^{\theta}}{\pi(1+\theta^2)} d\theta}$$

이다. 다음으로 θ의 일반최대우도추정량은 다음과 같이 구해진다. 이때

$$\log\pi(\theta|x) = -x + \theta - \log\pi - \log(1+\theta^2) - \log m(x), \quad \theta \le x \tag{2.65}$$

이며, 여기서,

$$m(x) = \int_{-\infty}^{x} \frac{e^{\theta}}{\pi(1+\theta^2)} d\theta$$

이고, 식 (2.65)의 양변을 θ에 대하여 미분하면,

$$\frac{d\log\pi(\theta|x)}{d\theta} = 1 - \frac{2\theta}{1+\theta^2} = \frac{(\theta-1)^2}{1+\theta^2} > 0, \quad \theta \le x$$

이다. 따라서 $\pi(\theta|x)$은 구간 $\theta \le x$에서 증가함수이므로, θ의 일반최대우도추정량은 x이다.

통계량을 나타낼 때 통계량의 정확성을 나타내는 것은 필수적인 것이다. 통계량의 정확성에 대한 베이지안 측도는 그 추정량의 사후분산이다. 추정량의 사후분산의 정의는 다음과 같다.

정의 2.29

θ은 실수 값을 갖는 모수이며, $\pi(\theta|x)$은 사후분포함수라 하자. $\delta(x)$을 θ의 추정량이라 하면, 이때 $\delta(x)$의 **사후분산**은

$$V_{\delta}(x) = E^{\pi(\theta|x)}\left[(\delta(x)-\theta)^2|x\right] \tag{2.66}$$

로 정의된다. 그러므로

$$
\begin{aligned}
V_\delta(x) &= E\left[(\delta(x)-E(\theta|x)+E(\theta|x)-\theta)^2|x\right] \\
&= E\left[(\delta(x)-E(\theta|x))^2|x\right]+E\left[(\theta-E(\theta|x))^2|x\right] \\
&= Var(\theta|x)+(\delta(x)-E(\theta|x))^2
\end{aligned}
$$

이므로, $V_\delta(x)$는 $\delta(x)=E(\theta|x)\equiv\mu^\pi(x)$에서 최솟값을 갖는다.

2.3.2.2 검정

고전적 가설검정에서

$$\text{귀무가설 } H_0:\theta\in\Theta_0 \text{ 와 대립가설 } H_1:\theta\in\Theta_1 \tag{2.67}$$

들로 정해졌다고 하자. 여기서 $\Theta_0, \Theta_1 \subset \Theta$이다. 이때 검정 절차는 제1종 오류와 제2종 오류의 확률에 근거하여 평가된다. 이때 제1종 오류와 제2종 오류를 모두 최소화하는 기각역을 찾는 것은 불가능하므로, 고전적 가설검정은 이 두 개의 오류에 대한 확률의 균형을 맞추는 기각역을 결정한다. 또한 고전적 검정은 내포된 가설들에서 주로 사용된다. 그러나 베이즈 추론에서 검정 절차는 사후확률 $\alpha_0=P(\Theta_0|x)$ 와 $\alpha_1=P(\Theta_1|x)$을 계산한 후 두 값들의 크기에 따라서 두 가설 H_0와 H_1 중 하나를 선택한다. 이러한 점에서, 베이즈 검정이 고전적 검정에 비하여 개념적으로 더 직설적이며, 간단하다. 또한 베이즈 검정의 개념적 장점은 α_0와 α_1들은 자료와 사전 지식을 근거로 한 가설들의 주관적 확률들이기 때문이다.

베이지안 통계학에서도 고전적 통계학에서 사용되는 검정통계량과 유사한 역할을 하는 베이즈 인자를 먼저 소개한다. 이때

$$\alpha_0=P(\Theta_0|x)\text{와 } \alpha_1=P(\Theta_1|x)$$

은 사후분포함수에 근거한 Θ_0와 Θ_1의 각각의 사후확률들이고,

$$\pi_0=P(\Theta_0)\text{과 } \pi_1=P(\Theta_1)$$

은 사전분포함수에 근거한 Θ_0와 Θ_1의 각각의 사전확률들이라고 하자.

정의 2.30 베이즈 인자(Bayes factor)

비 α_0/α_1을 사후 오즈비라고 하며, π_0/π_1는 사전 오즈비라고 한다. 또한, 사후 오즈비를 사전 오즈비로 나눈 값인

$$B_{01} = \frac{\alpha_0/\alpha_1}{\pi_0/\pi_1} \tag{2.68}$$

은 Θ_0을 지지하는 베이즈 인자라고 정의한다.

또한, 베이즈 인자를 다음과 같이 표현할 수 있으므로

$$B_{01} = \frac{\alpha_0/\pi_0}{\alpha_1/\pi_1} \tag{2.69}$$

이는, 베이즈 인자는 주어진 자료 아래에서 H_0와 H_1의 비로 정의되며, 이는 H_1에 대한 H_0의 지지도로 인식된다.

$X \sim f(x|\theta)$일 때, 먼저 식 (2.67) 구조의 가설검정에서 간단한 가설들

$$\Theta_0 = \{\theta_0\} \text{ 와 } \Theta_1 = \{\theta_1\}$$

을 생각하자. 즉, $\Theta = \{\theta_0, \theta_1\}$이다. 이때 정리 2.7인 베이즈 정리를 이용하면, $i = 0,1$에 대하여,

$$\alpha_i = \frac{\pi_i f(x|\theta_i)}{\pi_0 f(x|\theta_0) + \pi_1 f(x|\theta_1)}$$

로 표현되며, 따라서

$$\frac{\alpha_0}{\alpha_1} = \frac{\pi_0 f(x|\theta_0)}{\pi_1 f(x|\theta_1)}$$

이므로, Θ_0을 지지하는 베이스 인자는

$$B_{01} = \frac{\alpha_0 \pi_1}{\alpha_1 \pi_0} = \frac{f(x|\theta_0)}{f(x|\theta_1)} \tag{2.70}$$

이며, 식 (2.70)은 빈도론자 추론에서 사용하는 H_1에 대한 H_0의 우도비 검정통계량과 동일하다.

Jeffreys(1961)는 H_0을 지지할 때의 베이즈 인자들을 제시하였으며, 이를 근거로 베이즈 검정을 할 수 있다(표 2.4 참고). 베이즈 인자는 통계적 가설로써 표현되는 하나의 과학적 이론의 지지를, 즉 다른 한편에는 반하면서, 자료로서 그 증거를 보여주는 요약인

표 2.4

$\log_{10}(B_{01})$	B_{01}	H_0의 지지도 정도
0 to 1/2	1 to 3.2	쉽게 판단하기 어려움
1/2 to 1	3.2 to 10	조건부적으로 지지
1 to 2	10 to 100	강하게 지지
>2	>100	결정적으로 지지

것이다. Jeffreys(1961)는 로그 스케일로 반값 단위로 베이즈 인자 B_{01}을 해석하는 것을 제안하였으며, Kass and Raftery(1995)도 다음과 같은 것으로 그 해석을 제안하였다.

따라서 $B_{01} < 1$이면, H_1을 채택한다.

예제 2.31

자료 $X_1, \cdots, X_n$은 독립이고 동일한 정규분포 $N(\theta, 1)$을 따르는 관측치라고 하자. 이때 두 개의 가설

$$H_0 : \theta = 0 \text{와 } H_1 : \theta = 1 \tag{2.71}$$

에 대한 베이즈 검정을 하고자 한다. 이때 식 (2.71)의 베이즈 검정을 위한 베이즈 인자는 식 (2.68)에 따르면,

$$B_{01} = \frac{(2\pi)^{-\frac{n}{2}} \exp\left\{-\frac{1}{2}\sum_{i=1}^{n} x_i^2\right\}}{(2\pi)^{-\frac{n}{2}} \exp\left\{-\frac{1}{2}\sum_{i=1}^{n} (x_i - 1)^2\right\}} = \exp\left\{\frac{n}{2} - \sum_{i=1}^{n} x_i\right\}. \tag{2.72}$$

예를 들면 $n = 10$이며 $\sum_{i=1}^{n} x_i = 9$이라고 하면 이때 H_0을 지지하는 베이즈 인자는 식 (2.72)에서 $B_{01} = 0.02$이므로, 표 2.4에 의하여 H_0를 지지하는 약한 증거를 갖고 있다. 따라서 주어진 자료에 따르면 H_1을 지지한다고 말한다. 또한 만약 $\sum_{i=1}^{n} x_i = 2$이면, H_0을 지지하는 베이즈 인자가 $B_{01} = 20.09$으로, 이 값은 상대적으로 매우 큰 값이므로, 표 2.4에 의하여 H_0를 지지하는 강한 증거를 갖고 있다.

예제 2.32

한 아이가 IQ 검사를 한다고 하자. 검사 결과 X가 정규분포 $N(\theta,120)$을 따른다고 하고 여기서 θ은 검사에서 측정된 아이의 실제 IQ 수준이라 하자. 다른 말로 표현하면, 한 아이가 많은 수의 독립된 유사한 검사를 갖는다면, 그의 평균 점수는 아마 거의 θ일거라 생각된다. 또한, 모집단에서 $\theta \sim N(110,225)$라 가정하자. 예제 2.18의 계산에 의하면, X의 주변함수는 정규분포 $N(110,345)$이며, 반면에 주어진 x 아래에서 θ의 사후분포는 정규분포이며 그의 사후평균은

$$\mu(x) = \frac{120(110) + x(225)}{120 + 225} = \frac{880 + 15x}{23}$$

이고, 그의 사후분산은

$$\rho^{-1} = \frac{120(225)}{120 + 225} = \frac{1800}{23} = 78.26$$

임을 알 수 있다. 그러므로 한 아이의 검사 실제 값이 $x = 115$이라면, 그의 IQ θ의 사후분포는 $N(113.26,\ 78.26)$이다. IQ 검사를 받은 아이가 평균 IQ(이는 110보다 같거나 작다)보다 아래거나, 또는 평균보다 위인지를 구분하려고 한다. 정상적인 표현으로 하면, 다음과 같은 검정을 하고자 한다. 즉,

$$H_0 : \theta \le 110 \text{ 와 } H_1 : \theta > 110$$

이다. 주어진 자료 $x = 115$ 아래에서 θ의 사후분포는 정규분포 $N(113.26,\ 78.26)$이다. 따라서

$$\alpha_0 = P(\theta \le 110 | x = 115) = 0.356,$$

와

$$\alpha_1 = P(\theta > 110 | x = 115) = 0.644$$

이다. 그러므로 사후 오즈비는

$$\alpha_0 / \alpha_1 = 1/1.81$$

이다. 역시 사전분포가 $N(110,225)$이므로,

$$\pi_0 = P^{\pi}(\theta \le 110) = \frac{1}{2} = \pi_1$$

이다. 따라서 사전 오즈비는 1이다. 그러므로 베이즈 인자는 다음과 같다.

$$B_{01} = \frac{\alpha_0 \pi_1}{\alpha_1 \pi_0} = \frac{1}{1.81}.$$

이러한 베이즈 인자를 이용한 베이즈 검정을 할 때 주의해야 할 점은 부적절사전분포함수는 사용자의 의지에 의하여 임의의 상수값들을 포함하여 정의되며, 이러한 상수들이 베이즈 인자에 지대한 영향을 미치므로, 이의 사용은 전혀 다른 결과를 유도할 수 있으니 부적절사전분포의 사용에 매우 신중을 기해야 한다. 이를 해결하는 수정된 새로운 베이즈 인자들인, 부분 베이즈 인자(fractional Bayes factor, O'Hagan, 1995), 고유 베이즈 인자(intrinsic Bayes factor, Berger and Perrichi, 1996) 등이 소개되었다(6장 참고).

2.3.2.3 신용구간

정의 2.33

θ에 대한 $100(1-\alpha)\%$ 베이즈 **신용구간** C은 Θ의 부분집합이며 다음을 만족한다.

$$1-\alpha \le \pi(\theta \in C \mid x) = \begin{cases} \int_C \pi(\theta \mid x)\, d\theta \\ \sum_{\Theta \in C} \pi(\theta \mid x) \end{cases} \tag{2.73}$$

이다. 여기서 $\pi(\theta \mid x)$은 주어진 x 아래에서 θ의 사후분포이다.

정의 2.34

θ에 대한 $100(1-\alpha)\%$ **최고사후밀도(HPD)구간** $C \subset \Theta$은 다음 형태를 만족한다.

$$C = \{\theta \in \Theta \mid \pi(\theta \mid x) \ge k(\alpha)\} \tag{2.74}$$

여기서 $k(\alpha)$는 $P(C|y) \ge 1-\alpha$을 만족하는 가장 큰 상수이다.

정의 2.34에 정의된 HPD 구간을 다음과 같이 요약할 수 있다.

첫째, HPD 구간 C 안에 있는 모든 점들의 사후분포함수 값들은 HPD 구간 밖에 있는 모든 점들의 사후분포함수 값들보다 항상 크다. 즉, 만약 $\theta_1 \in C$ 과 $\theta_2 \not\in C$이면, 이때 $\pi(\theta_2|x) \le \pi(\theta_1|x)$이다.

둘째, 주어진 확률 $(1-\alpha)$에 대하여, HPD 구간은 가장 짧은 길이를 갖는 구간이다.

예제 2.35

예제 2.32에서와 동일한 조건에서 $X \sim N(\theta, 120)$과 $\theta \sim N(110, 225)$라 가정하였다. 따라서 주어진 x 아래에서 θ의 사후분포는 정규분포이며 그의 사후평균은

$$\mu(x) = \frac{120(110) + x(225)}{120 + 225} = \frac{880 + 15x}{23}$$

이고, 그것의 사후분산은

$$\rho^{-1} = \frac{120(225)}{120 + 225} = \frac{1800}{23} = 78.26$$

이다. 그러므로 한 아이의 검사 실제 값이 $x = 115$이라면, 그의 IQ θ의 사후분포는 $N(113.26, 78.26)$이다. 따라서 θ의 사후분포는 정규분포로 사후평균에 대칭이므로, θ의 95% HPD 구간은

$$(113.26 + (-1.96)(78.26)^{1/2}, 113.26 + (1.96)(78.26)^{1/2}) = (95.92, 130.60)$$

이고, 고전적 통계학에서 θ에 대한 95% 신뢰구간은

$$(115 + (-1.96)(120)^{1/2}, 115 + (1.96)(120)^{1/2}) = (93.50, 136.47)$$

이다.

2.3.3 사후예측(Posterior predictive)분포함수

확률변수 X가 분포함수 $f(x|\theta)$을 따르고, $\pi(\theta)$은 사전분포라고 하자. 이때 정리 2.7인 베이즈 정리에 의하여 사후분포 $\pi(\theta|x)$을 구한다. 예측(미래) 값 $\tilde{x}$도 분포함수 $f(x|\theta)$을 따른다고 하자. 이때 주어진 자료 x 아래에서 $\tilde{x}$의 예측분포 $f(\tilde{x}|x)$은 다음과 같다.

$$\begin{aligned} f(\tilde{x}|x) = \frac{f(\tilde{x}, x)}{m(x)} &= \frac{\int f(\tilde{x}, x, \theta) d\theta}{\int f(x|\theta)\pi(\theta) d\theta} \\ &= \frac{\int f(\tilde{x}|x, \theta) f(x, \theta) d\theta}{\int f(x, \theta) d\theta} \\ &= \int f(\tilde{x}|x, \theta)\pi(\theta|x) d\theta. \end{aligned} \tag{2.75}$$

정리 2.36

식 (2.75)의 결과와 동일한 조건들 아래에서, 주어진 θ 아래에서 x와 $\tilde{x}$가 독립이라면, 주어진 자료 x 아래에서 $\tilde{x}$의 사후예측분포 $f(\tilde{x}|x)$은

$$f(\tilde{x}|x) \equiv \int f(\tilde{x}|\theta)\,\pi(\theta|x)\,d\theta \tag{2.76}$$

이다.

증명 주어진 θ 아래에서 x와 $\tilde{x}$가 독립이므로, $f(\tilde{x}|x,\theta) = f(\tilde{x}|\theta)$이다. 그러므로 식 (2.75)에서 식 (2.76)을 쉽게 구한다.

예제 2.37

예제 2.19의 정규분포에 따르면 예측값 $\tilde{x}$의 예측분포는

$$\begin{aligned} f(\tilde{x}|x_1, \cdots, x_n) &= \int_{-\infty}^{\infty} f(\tilde{x}|\theta)\pi(\theta|x_1, \cdots, x_n)d\theta \\ &\propto \int_{-\infty}^{\infty} \exp\left[-\frac{1}{2\sigma^2}(\tilde{x}-\theta)^2 - \frac{1}{2\tau_1^2}(\theta-\mu_1)^2\right]d\theta \end{aligned}$$

이며, 여기서 지수부분을 다음과 같이 정리하면

$$\begin{aligned} &\sigma^{-2}(\tilde{x}-\theta)^2 + \tau_1^{-2}(\theta-\mu_1)^2 \\ &= (\sigma^{-2}+\tau_1^{-2})\left[\theta - \frac{\sigma^{-2}\tilde{x}+\tau_1^{-2}\mu_1}{\sigma^{-2}+\tau_1^{-2}}\right]^2 + \frac{1}{\sigma^2+\tau_1^2}(\tilde{x}-\mu_1)^2 \end{aligned}$$

이며, 그때, $\tilde{x}$의 예측분포는 다음과 같이 구한다.

$$\begin{aligned} f(\tilde{x}|x_1, \cdots, x_n) &\propto \exp\left[-\frac{1}{2(\sigma^2+\tau_1^2)}(\tilde{x}-\mu_1)^2\right] \\ &\equiv N(\mu_0, \sigma^2+\tau_1^2) \end{aligned}$$

이다.

연습문제-A

01 대학 졸업반인 수니는 컴퓨터 회사에 신입사원으로 응모하였다. 이 회사에 합격할 확률이 5%라고 알려져 있다. 합격자 중 91%만 면접 제안을 받았고, 나머지 9%는 면접 제안을 받지 않았다. 또한 불합격자의 2%가 면접 제안을 받았고, 98%는 면접 제안을 받지 않았다. 이때 수니가 면접 통지를 받았을 때 합격할 확률을 계산하여라.

02 어느 도시에 거주하는 주민들 중 약 0.1%가 희귀병을 앓고 있다고 한다. 희귀병 검사를 통하여 다음의 정보가 주어져 있다. 만약 어떤 사람이 희귀병인데, 검사가 이를 바르게 판정할 확률이 0.98이다. 한편, 만약 어떤 사람이 희귀병이 아닌데, 검사가 그 사람을 희귀병인 것으로 잘못 판정할 확률이 0.001이다.

(a) 이때 랜덤으로 선택된 주민에게서 희귀병 검사를 실시한 결과 희귀병으로 판정되었다. 이 사람이 실제로 희귀병일 사후확률을 구하여라.

(b) 위의 주민에게 두 번째 검사를 실시한 결과 두 번째 검사도 희귀병이라고 한다. 이 사람이 희귀병일 사후확률을 구하여라.

03 H 자동차 회사는 최신 슈퍼카를 생산하며, 이에 대한 3개의 동일한 생산라인을 갖고 있다. 생산라인 Ⅰ은 총생산량의 50%, Ⅱ는 30%, Ⅲ는 나머지를 생산한다. 비록 단 하나의 품종이긴 하지만, Ⅰ라인의 생산 차 중 2%, Ⅱ와 Ⅲ의 각각 1%에 불량률이 나타난다.

(a) 무작위로 총생산 차중에서 선택된 슈퍼카가 불량일 확률은 얼마인가?

(b) 무작위로 선택된 불량인 차가 생산라인 Ⅱ에서 온 것일 확률은 얼마인가?

(c) 하나의 생산라인 나온 100대의 차를 고려한다. 그러나 그것이 어느 생산라인의 것인지 모른다. 100대 중에서 하나의 슈퍼카가 무작위로 선택되며 불량으로 나타났다. 남은 99대에서 무작위로 선택된 두 번째 슈퍼카가 불량일 확률은 얼마인가?

04 (Lee p.10, 1989) 쌍둥이는 일란성 쌍둥이와 이란성 쌍둥이가 있다. 일란성 쌍둥이는 하나의 난자로부터 나온 경우로 외모가 매우 비슷하다. 그러나 일란성 쌍둥이의 경우도 외모가 항상 똑같지는 않으며 이란성 쌍둥이도 외모가 매우 흡사한 경우가 있으므로 단지 외모만으로 일란성인지 이란성인지 판단하는 데는 문제가 있다. 그런데 일란

성 쌍둥이의 경우는 항상 같은 성을 가지며 이란성인 경우는 성이 다를 수 있다. 따라서 쌍둥이의 성별을 순서 상관없이 BB, GG, GB의 세 경우로 나눌 수 있다. B는 남자(Boy), G는 여자(Girl)를 의미한다.

(a) 일란성 쌍둥이(M)인 조건하에서 각 사건 BB, GG, GB의 조건부확률을 구하여라. 단, 남녀의 확률은 같다고 가정한다.

(b) 이란성 쌍둥이(D)인 조건하에서 각 사건 BB, GG, GB의 조건부확률을 구하여라.

(c) $P(GG)$을 $P(M)$의 식으로 표시하여라. 참고로, 쌍둥이만 대상으로 했으므로 $P(D)=1-P(M)$이다.

05 $Y \sim N(\theta, \sigma^2)$을 따르며, 여기서 $\theta = 1,2$이다. 이때 θ의 사전분포함수로

$$\pi(\theta=1)=1/3, \quad \pi(\theta=2)=2/3$$

을 가정하자.

(a) $\sigma^2=4$일 때, y의 주변확률밀도함수를 구하여라.

(b) $\sigma^2=4$일 때, θ의 사후분포 $\pi(\theta=1|y=1)$을 구하여라.

(c) σ^2이 증가하거나 감소할 때 사후분포의 형태가 어떻게 되는지 설명하여라.

06 동전을 독립적으로 10번 굴렸을 때 앞면이 세 번 미만 나타났다고 한다. 이때 앞면이 나타날 확률을 θ라고 하자. θ에 대한 사전으로 베타 분포 $Be(4,4)$를 고려하자. θ에 대한 사후분포를 구하여라.

07 자료 $y_1,\cdots,y_m$이 이항분포 $Bin(n,\theta)$로부터의 관측값이라 하자. 여기서 n은 알려진 상수이고 $\theta\in[0,1]$이다. θ에 대한 사전으로 베타 분포 $Be(\alpha,\beta)$을 고려하자.

(a) θ의 일반화 우도추정값을 구하여라.

(b) 베이지안 충분성을 이용하여, θ의 사후분포를 구하여라.

08 $X_1, X_2, \cdots, X_n$는 서로 독립이고 동일한 베르누이 분포 $Ber(p)$을 따른다고 하자. 또한 p의 베타 사전분포 $Be(\alpha,\beta)$을 가정한다. 주어진 $X_1, X_2, \cdots, X_n$ 아래에서 예측값 X_{n+1}의 평균은

$$E(X_{n+1}|X_1,X_2,\cdots,X_n)=(\alpha+\sum_{i=1}^{n}X_i)/(\alpha+\beta+n)$$

임을 보여라.

09 자료 $y_1,\cdots,y_n$이 지수분포 $\text{Exp}(\theta)$를 따를 때, θ에 대한 사전으로 감마분포 $Gam(\alpha,\beta)$을 가정하자.

(a) θ에 대한 사후분포 $\pi(\theta|y_1,\cdots,y_n)$를 구하여라.

(b) 새로운 관측값 y_{n+1}에 대한 예측분포를 구하여라.

10 부산대학교 학생 중 $n = 40$명의 학생을 랜덤으로 선택하여 몸무게를 측정하였다. 표본으로 선택된 n명의 학생의 평균 몸무게는 $\bar{y} = 75$kg이다. 부산대학교 학생들의 몸무게가 정규분포 $N(\theta, 100)$을 따른다고 하고, θ에 대한 사전은 정규분포 $N(73, 120)$이라고 가정하자.

(a) θ에 대한 사후분포를 구하여라.

(b) 부산대학교 학생들 중에서 확률적으로 새로운 학생을 한 명 뽑았을 때 그 몸무게를 $\tilde{y}$ kg라고 하자. $\tilde{y}$에 대한 사후예측분포를 구하여라.

11 정리 2.23에서 식 (2.56)을 유도하여라.

연습문제-B

12 $(N_1, \cdots, N_k)$은 다음과 같은 밀도함수를 갖는 다항분포를 따른다고 하자. 즉,

$$f(n_1, \cdots, n_k|\boldsymbol{p}) = \frac{n!}{n_1!n_2!\cdots n_k!}\prod_{j=1}^{k} p_j^{n_j}.$$

이때 $\boldsymbol{p}=(p_1, \cdots, p_k)$은 다음과 같은 밀도함수를 갖는 디리슈레 사전분포함수를 갖는다. 즉,

$$f(\boldsymbol{p}\,|\,\boldsymbol{\alpha}) = \frac{\Gamma(\Sigma_{i=1}^{k}\alpha_i)}{\Pi_{i=1}^{k}\Gamma(\alpha_i)}\prod_{i=1}^{k} p_i^{\alpha_i - 1}$$

이며, 여기서 $\boldsymbol{\alpha}=(\alpha_1,\dots,\alpha_k)$이다.

(a) $\boldsymbol{p}$의 사후분포함수를 찾아라.

(b) $\boldsymbol{p}$의 사후평균과 사후 분산-공분산 행렬을 찾아라.

(c) p_1의 $100(1-\alpha)\%$ HPD 구간을 만들고, 또한 p_1+p_2에 대하여서도 동일한 작업을 하여라.

13 예제 2.15에 있는 Welch 문제에서 Fisher의 제안을 따라

$$P(CI\text{이 } \theta\text{를 포함한다}\,|\,X_1 - X_2)$$

을 계산하고, 이것이 θ의 균등사전분포에 대한 베이즈 해와 같음을 보여라.

14 (Berger (1985b)). X_1, X_2가 서로 독립이고 동일한 아래와 같은 이산형 분포를 따른다고 하자. 즉,

$$X = \begin{cases} \theta - 1/2 \ w.p. \ 1/2; \\ \theta + 1/2 \ w.p. \ 1/2, \end{cases}$$

이고 여기서, θ은 미지의 실수이다.

(a) 다음과 같이 주어진 C은 θ의 75% 신뢰구간임을 보여라.

$$C = \begin{cases} \{(X_1 + X_2)/2\} & \text{if } X_1 \neq X_2; \\ \{X_1 - 1\} & \text{if } X_1 = X_2, \end{cases}$$

(b) $P(CI$이 θ를 포함한다$\,|\, X_1 - X_2)$을 계산하여라.

15 (a) 예제 2.15에서, $C(X_1, X_2)$는 θ에 대한 $100(1-\alpha)\%$ 신뢰구간(CI)이라고 하자. 또한 θ은 제프리스 사전분포를 갖는다고 가정한다. 이때

$$P(CI\text{이 } \theta\text{를 포함한다} \,|\, X_1 - X_2) = P(\theta \in C(X_1, X_2) \,|\, X_1, X_2)$$

임을 보여라.

(b) 예제 2.14에서 μ은 제프리스 사전분포를 가정한다. 이때 $Var(\mu \,|\, \boldsymbol{x}) = Var(\overline{X} \,|\, n)$임을 보여라.

16 보조정리 2.20의 베이지안 충분성을 증명하여라.

3장

사전분포함수

베이지안 통계학과 통계적 결정이론에서 가장 중요한 요소 중 하나가 θ에 대한 사전정보이다. 직관적으로 말하면, θ에 대한 추론을 한다는 것은 자료 X로부터 미지의 θ에 대하여 알고자 하는 것이다. 즉, 자료에 근거하여 가능한 θ의 값을 탐구하는 것이다. 모형 $f(x|\theta)$인 우도함수를 전제로 하여, 베이지안 통계학자들은 θ에 대한 분포함수를 필요로 한다. 이를 사전분포함수라 하고, 또는 자료 이전에 θ에 대한 불확실성을 계량화하기 때문에 간단히 사전이라고도 한다. 따라서 베이즈 추론을 하기 위해서는 적합한 사전분포를 선택하는 것이 매우 필요하다. 이 절에서는 저차원의 모수들만을 다루고자 한다. 저차원이란 정의되기가 쉽지가 않지만, 모수 차원 p가 표본의 크기 n보다 상대적으로 작은 경우를 말한다. 사전분포는 주관적 사전분포와 객관적 사전분포로 나누어진다.

매우 이상적으로, 미지의 모수들 또는 다른 검정들에 대한 하나의 사전분포 또는 사전지식과 믿음들을 반영하는 사전들의 모임을 선택하기를 원한다. 이를 주관적 사전이라고 한다. 만약 사전들의 모임을 갖고 있다면, 결과적인 베이즈 추론의 여러 측면들의 민감성(robustness)을 연구할 필요가 있다. 사전분포들의 유도라 불리어지는 주관적 사전분포의 선택은 아직도 매우 어려운 것이다. 사전유도의 체계적인 방법에 대하여, Kadane et al.(1980), Garthwaite and Dickey(1988, 1992)를 참고하여라. 최근의 연구는 Garthwaite et al.(2005)이다.

미지의 모수에 완전히 특별한 확률분포를 지정한다는 것은 그 모수들이 어떤 내용의 길이와 폭과 같은 물리적인 의미를 갖고 있더라도 매우 어렵다. 그런 경우들에서, 그 분포의 완전한 형태보다도 사전평균과 분산 또는 다른 형태의 사전 값들을 기대하는 것이 보다 현실적일 것이다.

객관적 사전이라 불리는 것을 선택하여 사용하는 것이 훨씬 더 일반적이다. 거의 사전정보들이 제공되지 않는다면, 객관적 사전은 무정보사전분포라고도 한다. 우리가 완전하게 정보의 부족성을 정의하기가 어렵기 때문에 무정보사전이라는 오래된 용어는 더 이상 객관적 베이지안 통계학자에게는 흥미롭지 않고, 또한 매력적이지 못하다. 그러나 Bernardo(1979)의 정보측도 또는 비유클리디안 기하학의 관점에서 적은 정보를 갖는 객관적 사전을 만드는 것은 가능하다.

객관적 사전들은 전형적으로 부적절하나 이를 이용한 사후분포가 적절하다면, 이때 우리는 이러한 부적절사전분포도 사용할 수 있다.

3.1 객관적 사전분포함수

매우 작은 정보의 제공이거나 사전 정보들이 거의 제공되지 않는다면, 객관적 사전은 무정보사전이라고 불린다. 정보의 완전한 부족이란 것을 정의하기가 어렵기 때문에 무정보사전은 오래된 용어는 더 이상 객관적 베이지안 통계학자에게는 매력적이지 못하다. 이렇듯이 무정보사전이란 θ에 대한 정보를 전혀 품고 있지 않는 사전이다. 조금 더 거칠게 표현하면 θ의 모든 가능한 값들 중에는 가중치를 둘 곳이 없고, 모두 동등한 기회를 갖는 것을 의미한다.

3.1.1 균등사전분포함수

관심 있는 모수가 정규분포의 평균 $\theta \in \Theta = (-\infty, \infty)$라고 하자. 만약 무정보사전함수를 선택하고자 한다면, θ의 모든 가능한 값들에 모두 동일한 가중치를 부여하는 것이 합리적이라고 본다. 따라서

$$\pi(\theta) = c > 0 \tag{3.1}$$

이 선택된다면, 여기서 c은 양의 상수이다. 따라서 π은 무한 질량을 갖는다. 즉,

$$\int_{-\infty}^{\infty} \pi(\theta) d\theta = \infty \tag{3.2}$$

이다. 이때 c의 선택은 중요치 않으므로, 전형적으로 $\pi(\theta) = 1$으로 표현한다. 이러한 분포를 **부적절균등분포**라고 한다. 여기서 부적절이라 함은 $\pi(\theta)$가 식 (3.2)과 같이 적분가능하지 않다는 것을 의미한다. 또한 $\sigma^2 > 0$인 모수가 있다고 하자. 이때

$$-\infty < \log \sigma^2 < \infty$$

임으로 식 (3.1)의 형식적 논리에 의하면, 실수 전 구간에서 정의된 $\log \sigma^2$의 무정보사전분포는

$$\pi(\log \sigma^2) = c > 0 \tag{3.3}$$

로 둘 수 있으며, 따라서 σ^2의 무정보사전은, 1.1.2절의 단 변수 변환기법에 의한 야코비안을 이용하면,

$$\pi(\sigma^2) = \frac{1}{\sigma^2} \tag{3.4}$$

이다.

앞의 예에서, θ의 관심 대신에 $\eta = \exp(\theta)$을 생각해 보자. 이때 직관적으로 θ에 대한 정보가 없다면, 당연히 $\exp(\theta)$에서도 정보를 갖고 있지 않다. 따라서 θ와 η의 무정보사전함수는 상수함수로 선택하여야 한다. 그러나 만약 $\pi(\theta)$가 θ에 대한 밀도함수라고 하면, 이때 η의 대응되는 밀도함수는 변수변환기법을 이용하면

$$\pi^*(\eta) = \eta^{-1}\pi(\log \eta) \tag{3.5}$$

이다. 이때 만약 θ의 사전분포함수 $\pi(\theta)$가 상수로 선택된다면, 불변성을 유지하기 위해서는 $1/\eta$에 비례하는 η의 무정보사전함수를 선택하여만 한다(3.1.2절 참고).

예제 3.1 **정규모형 $N(\theta, \sigma^2)$, 알려진 상수 σ^2**

$X_1, \cdots, X_n$가 서로 독립이고 동일한 정규모형 $N(\theta, \sigma^2), \sigma^2 > 0$을 따른다고 하자. 이때 σ^2은 알려진 상수이다. θ가 실수 전 구간에서 정의되므로 식 (3.1)에서와 동일하게 사전분포함수를 (또는, 위치모수이므로 3.1.4.1절에서와 같이 위치불변의 방법에 의하여) 균등분포인

$$\pi(\theta) \propto c$$

라 가정할 수 있고, 여기서 c은 상수이다. 이때 θ의 사후분포함수는

$$\begin{aligned}\pi(\theta | x_1, \cdots, x_n) &\propto \exp\left\{-\frac{1}{2\sigma^2}\sum_{i=1}^{n}(x_i - \theta)^2\right\} \\ &\propto \exp\left\{-\frac{n}{2\sigma^2}(\theta - \overline{x})^2\right\} \equiv N(\overline{x}, \frac{\sigma^2}{n})\end{aligned}$$

이다. 따라서 부적절사전분포함수도 적절사후분포를 유도할 수 있음을 보인다.

예제 3.2 **정규모형 $N(\theta, \sigma^2)$, 알려진 상수 θ**

$X_1, \cdots, X_n$가 서로 독립이고 동일한 정규모형 $N(\theta, \sigma^2), \sigma^2 > 0$을 따른다고 하자. 이때 θ은 알려진 상수이다. 이때 $\sigma^2 > 0$이므로 식 (3.3) 또는 (3.4)(척도모수로써 3.1.4.2절에서와 같이 척도불변의 법칙에 의하여)에 의하여

$$\pi(\sigma^2) \propto \frac{1}{\sigma^2}$$

이라 두면, 이때 σ^2의 사후분포함수는

$$\pi(\sigma^2|x_1, \cdots, x_n) \propto \frac{1}{(\sigma^2)^{\frac{n}{2}}} \exp\left\{-\frac{1}{2\sigma^2}\sum_{i=1}^{n} x_i^2\right\} \cdot \frac{1}{\sigma^2}$$

$$\propto (\sigma^2)^{-\left(\frac{n}{2}+1\right)} \exp\left\{-\frac{1}{2\sigma^2}\sum_{i=1}^{n} x_i^2\right\} \equiv IGam\left(n/2, \sum_{i=1}^{n} x_i^2/2\right)$$

이다. 이 또한 부적절사전분포함수도 적절사후분포를 유도할 수 있다.

예제 3.3 **이항모형**

$X_1, \cdots, X_n$가 서로 독립이고 동일한 베르누이 분포 $Ber(\theta)$을 따른다고 하자. 이때

$$X = \sum_{i=1}^{n} X_i \sim Bin(n, \theta)$$

이다. θ의 사전분포함수는 아래와 같이 Haldane 사전(4장에서 정의됨)라고 하자. 즉

$$\pi(\theta) \propto \theta^{-1}(1-\theta)^{-1}$$

이다. 이때 주어진 x 아래에서 θ의 사후분포함수는

$$\pi(\theta|x) \propto \theta^{x-1}(1-\theta)^{n-x-1} \equiv Be(x, n-x)$$

이며, $x \neq 0, n$에서 정의된다.

예제 3.4 **포아송 모형**

확률변수들 $X_1, \cdots, X_n$가 서로 독립이고 동일한 포아송 분포 $Po(\theta)$을 따른다고 하자. 그리고 θ의 사전분포함수 $\pi(\theta)$은

$$\pi(\theta) \propto \theta^{-\frac{1}{2}}$$

이며, 이때 $\int_0^{\infty} \pi(\theta) d\theta = \infty$ 이므로 이는 부적절분포이다. 이때 θ의 사후분포함수는

$$\pi(\theta|x_1, \cdots, x_n) \propto \frac{\theta^{\sum_{i=1}^{n} x_i} \exp\{-n\theta\}}{\prod_{i=1}^{n} x_i!} \theta^{-\frac{1}{2}} \equiv Gam\left(\sum_{i=1}^{n} x_i + \frac{1}{2}, n\right)$$

이다. 이는 적절사후분포이다.

예제 3.5 **지수모형**

X가 지수분포 Exp(θ)을 따른다고 하자. 즉

$$f(x|\theta) \propto \frac{1}{\theta}\exp\left(-\frac{x}{\theta}\right),\ \theta > 0$$

이다. 또한 θ의 사전분포함수는

$$\pi(\theta) \propto 1$$

로 두며, $\int_0^{\infty} \pi(\theta)d\theta = \infty$ 이므로 이 사전분포함수도 부적절이다. 이때 θ의 사후 분포함수는

$$\pi(\theta|x) \propto \frac{1}{\theta}\exp\left(-\frac{x}{\theta}\right),\ \theta > 0$$

이다. 만약 모수 변환을 $\tau = \frac{1}{\theta}$로 한다면,

$$\int_0^{\infty} \pi(\theta|x)\,d\theta = \int_0^{\infty} \tau \exp(-\tau x) \cdot \frac{1}{\tau^2} d\tau = \infty$$

이므로, 따라서 θ의 사후분포함수는 부적절이다. 따라서 베이지안 해석에서는 이 경우 $\pi(\theta) \propto 1$은 사전분포로 사용할 수 없다.

3.1.2 제프리스 사전분포함수

$X \sim Bin(n, \theta)$을 생각하자. 3.1.1절에서 설명하였듯이 만약 θ의 사전분포를 균등이라 함은 θ에 대한 정보가 전혀 없음을 뜻한다. Raiffa and Schaifer(1961)가 논쟁하였듯이, 당연히 $\psi(\theta)$은 θ의 일대일대응함수라고 하면 $\eta = \psi(\theta)$에 대한 정보도 없어야 한다. 즉, θ에 균등사전분포를 가정하는 것과 같이 η의 사전분포함수도 $\psi(\Theta)$위에서 균등을 가정하여야 한다. 그러나 ψ은 미분 가능하고, $\psi(\Theta)$위에서 $\pi(\eta) = c$(상수)라고 가정하자. 이때 θ의 사전분포를 $\pi^*(\theta)$이라 하면,

$$\pi^*(\theta) = \pi(\eta)|\psi'(\theta)| = c\,|\psi'(\theta)|$$

인 관계이며, 이는 일반적으로 상수가 아니다. 따라서 모순을 발견할 수 있다.

이러한 주장은 불변성원리(invariance principle)로 유도한다. θ와 η 모두에 무정보사전분

포들을 생성할 수 있는 알고리즘이 있다고 가정하자. 사전분포함수 $\pi^*(\theta)$와 $\pi(\eta)$은

$$\pi^*(\theta) = \pi(\eta)|\psi'(\theta)| \tag{3.6}$$

을 만족하여야만 한다. 즉 하나의 무정보사전분포도 일대일 대응 변환 아래에서 불변이어야 한다. Ghosh and Ramamoorthi(2003)은 식 (3.6)인 불변성 조건을 만족하는 균등분포를 구하였다. 더욱이 이러한 균등분포는 아래 정의되는 제프리스 사전분포이다.

정의 3.6 제프리스(Jeffrey) 사전분포함수

단변수 θ의 제프리스 사전함수는 다음과 같이 정의된다.

$$\pi^J(\theta) = [I(\theta)]^{1/2} \tag{3.7}$$

여기서 $I(\theta)$은 기대피셔정보를 나타내며 정칙조건을 만족하면, 이것은 다음과 같이 계산된다.

$$I(\theta) = -E_\theta\left[\frac{\partial^2 \log f(X|\theta)}{\partial\theta^2}\right].$$

모수벡터 $\boldsymbol{\theta} = (\theta_1, \cdots, \theta_p)$이면

$$\pi^J(\boldsymbol{\theta}) = \|I(\boldsymbol{\theta})\|^{1/2} \tag{3.8}$$

여기서 $\|\bullet\|$은 행렬식의 절댓값이며 $I(\boldsymbol{\theta})$은 기대피셔정보행렬을 의미한다. 즉,

$$(I(\boldsymbol{\theta}))_{ij} = -E_\theta\left[\frac{\partial^2 \log f(X|\boldsymbol{\theta})}{\partial\theta_i \partial\theta_j}\right]$$

이다. $E_\theta(g(X))$은 $f(x|\theta)$에 대한 $g(X)$의 기댓값이다.

예제 3.7 정규모형, 알려진 상수 σ^2

확률변수 X가 정규모형 $N(\theta, \sigma^2)$을 따르고 이때 $\sigma^2 > 0$은 알려진 상수라고 하자. 즉, 우도함수가

$$f(x|\theta) = \frac{1}{\sqrt{2\pi}\,\sigma}\exp\left\{-\frac{1}{2\sigma^2}(x-\theta)^2\right\}$$

이며 여기서

$$\frac{\partial^2 \log f(x|\theta)}{\partial \theta^2} = -\frac{1}{\sigma^2}$$

이므로, θ의 제프리스 사전분포함수 $\pi^J(\theta)$은 상수에 비례한다. 즉,

$$\pi^J(\theta) \propto c \tag{3.9}$$

이다. 예제 3.1에서 사전분포함수의 선택과 동일하다.

예제 3.8 정규모형, 알려진 상수 θ

X가 정규모형 $N(\theta, \sigma^2), \sigma^2 > 0$을 따른다고 하자. 이때 θ은 알려진 상수이다. 즉, 우도함수가

$$f(x|\sigma^2) = \frac{1}{\sqrt{2\pi}\,\sigma} \exp\left\{-\frac{1}{2\sigma^2}(x-\theta)^2\right\}$$

이며,

$$\frac{\partial^2 \log f(x|\sigma^2)}{\partial (\sigma^2)^2} = \frac{1}{2\sigma^4} - \frac{(x-\theta)^2}{\sigma^6}$$

이므로

$$I(\sigma^2) = \frac{1}{2\sigma^4}$$

이고 따라서, σ^2의 제프리스 사전분포함수는

$$\pi^J(\sigma^2) \propto \frac{1}{\sigma^2} \tag{3.10}$$

이며 따라서,

$$\pi^J(\sigma) \propto \frac{1}{\sigma} \tag{3.11}$$

이다. 이 또한 예제 3.2의 사전분포함수의 선택과 동일하다.

예제 3.9 **이항모형**

이항분포함수는 다음과 같다.

$$f(x\,|\,\theta) = \binom{n}{x}\theta^x (1-\theta)^{n-x}, \quad x = 0, 1, \cdots, n.$$

따라서

$$\frac{\partial^2 \log f(x|\theta)}{\partial \theta^2} = -\frac{x}{\theta^2} - \frac{(n-x)}{(1-\theta)^2}$$

이므로, θ의 제프리스 사전분포함수는 다음과 같다.

$$\pi^J(\theta) = \frac{1}{\sqrt{\theta(1-\theta)}} \equiv Be\left(\frac{1}{2}, \frac{1}{2}\right). \tag{3.12}$$

예제 3.10 **포아송 모형**

확률변수 X가 포아송 분포 $Po(\theta)$을 따른다고 하자. 즉,

$$f(x\,|\,\theta) = \frac{\theta^x}{x!}\exp(-\theta)$$

이므로 $\dfrac{\partial^2 \log f(x|\theta)}{\partial\, \theta^2} = -\dfrac{x}{\theta^2}$에서 제프리스 사전분포함수는 다음과 같다.

$$\pi^J(\theta) \propto \frac{1}{\sqrt{\theta}}. \tag{3.13}$$

예제 3.11 **지수모형**

X가 지수분포 $\mathrm{Exp}(\theta)$를 따른다고 하자. 즉

$$f(x|\theta) = \frac{1}{\theta}\exp\left(-\frac{x}{\theta}\right), \; \theta > 0 \; .$$

따라서,

$$\frac{\partial^2 \log f(x|\theta)}{\partial \theta^2} = \frac{1}{\theta^2} - \frac{2x}{\theta^3}$$

이므로, 제프리스 사전분포함수는

$$\pi^J(\theta) \propto \frac{1}{\theta} \tag{3.14}$$

이다. 만약 모수변환 $\tau = \frac{1}{\theta}$으로 하면, 이때

$$\int_0^\infty \pi(\theta|x)\,d\theta \propto \int_0^\infty \tau^2 \exp(-\tau x)\frac{1}{\tau^2}d\tau \ \propto \frac{1}{x} < \infty$$

이므로 제프리스 사전분포함수 아래에서 사후분포함수는 정상이다. 예제 3.5와 비교해 보자.

3.1.3 공액사전분포함수

정의 3.12

F을 확률질량(밀도)함수(즉 pmf 또는 pdf) $f(x\,|\,\theta)$들의 모임이라 하자. 사전분포함수 $\pi(\theta)$들의 모임 P가 그에 대응하는 사후분포함수 $\pi(\theta|x) \in P$을 만족하면, P을 F에 대한 **공액(conjugate)족**이라고 한다.

다음으로 우리는 다양한 공액사전분포함수들을 설명하기로 한다.

예제 3.13 이항모형

X가 이항분포함수를 갖는다고 하자. 즉,

$$f(x\,|\,\theta) = \binom{n}{x}\theta^x(1-\theta)^{n-x},\ \ x = 0, 1, \cdots, n\ .$$

먼저, 공액분포족에 대하여 알아보자. 만약 θ의 사전분포함수를 베타 분포, 즉 $\theta \sim Be(\alpha, \beta)$이라 하자. 이때 주어진 x 아래에서 θ의 사후분포함수는

$$\pi(\theta|x) \propto \theta^{x+\alpha-1}(1-\theta)^{n-x+\beta-1} = Be(x+\alpha, n-x+\beta)$$

이다. 따라서 베타 분포족은 이항분포함수에 대한 공액족이다. 또한 사후평균은

$$\begin{aligned} E(\theta\,|\,x) &= \frac{x+\alpha}{n+\alpha+\beta} \\ &= \frac{n}{n+\alpha+\beta}\cdot\frac{x}{n} + \frac{\alpha+\beta}{n+\alpha+\beta}\cdot\frac{\alpha}{\alpha+\beta} \end{aligned} \tag{3.15}$$

이며, 식 (3.15)인 사후평균은 자료의 평균(즉, MLE)과 사전평균의 가중평균으로 표현된다. 식 (3.15)을 극한 형태로 표현하면

$$E(\theta|x) \rightarrow \begin{cases} \dfrac{x}{n} & , \alpha+\beta \ll n \\ \dfrac{\alpha}{\alpha+\beta} & , n \ll \alpha+\beta \end{cases}$$

에 수렴하며, 여기서 $a \ll b$은 b는 a보다 상대적으로 상당히 크다는 것을 의미한다. 또한 사후분산은

$$V(\theta|x) = \frac{(x+\alpha)(n-x+\beta)}{(n+\alpha+\beta)^2(n+\alpha+\beta+1)}$$

이다. 여기서 정리 2.36에 의하면, 예측값 $\tilde{x}$의 예측분포는

$$\begin{aligned} f(\tilde{x}=1|x) = \int_0^1 f(\tilde{x}=1|\theta, x)\pi(\theta|x)d\theta &= \int_0^1 f(\tilde{x}=1|\theta)\pi(\theta|x)d\theta \\ &= \int_0^1 \theta\pi(\theta|x)d\theta \\ &= E(\theta|x) = \frac{x+\alpha}{n+\alpha+\beta} \end{aligned} \tag{3.16}$$

이다.

다음으로, 이항모형의 비공액사전분포에 대하여 알아보자. 이항모형은 다음과 같이 표현할 수 있다. 우선 모수의 변환

$$\eta = \log\frac{\theta}{1-\theta} \tag{3.17}$$

을 생각한다. 이때 식 (3.17)의 표현은 일반화 선형모형에서 로짓 연결함수로 이용한 한다. $-\infty < \eta < \infty$이므로 η의 사전분포함수를 정규분포로 가정할 수 있다. 즉,

$$\eta = \log\frac{\theta}{1-\theta} \sim N(\mu, \tau^2). \tag{3.18}$$

따라서 이항모형을 모수의 변환 식 (3.17)로 표현하면,

$$f(x|\eta) = \binom{n}{x}\exp(\eta x)(1+\exp(\eta))^{-n} \tag{3.19}$$

로 표현되며, 식 (3.18)과 (3.19)를 이용하면, 주어진 x 아래에서 η의 사후분포는

$$\pi(\eta|x) \propto \exp(\eta x)(1+\exp(\eta))^{-n}\exp\left[-\frac{1}{2\tau^2}(\eta-\mu)^2\right]$$

이며 이는 정규분포가 아니므로, 따라서 이러한 상황서 정규분포족은 공액족이 아니다.

예제 3.14 정규모형

예제 2.19와 동일한 구조 아래에서, $X_1, \cdots, X_n$가 정규모형 $N(\theta, \sigma^2)$, $\sigma^2 > 0$을 따른다고 하자. 따라서 우도함수는

$$f(x_1, \cdots, x_n|\theta) \propto \exp\left[-\frac{1}{2\sigma^2}\sum_{i=1}^{n}(x_i-\theta)^2\right]$$

이다. 먼저, σ^2은 알려진 상수인 경우를 고려한다. 그러므로 θ의 사전함수도 정규분포 $N(\mu_0, \tau_0^2)$을 가정한다. 이때 예제 2.19에 의하여, 주어진 자료 $x_1, \cdots, x_n$ 아래에서 θ의 사후분포함수는

$$\pi(\theta\,|\,x_1, \cdots, x_n) \equiv N(\mu_1, \tau_1^2)$$

이며, 여기서

$$\mu_1 = \frac{n\sigma^{-2}\bar{x}+\tau_0^{-2}\mu_0}{n\sigma^{-2}+\tau_0^{-2}} \text{와 } \tau_1^2 = (n\sigma^{-2}+\tau_0^{-2})^{-1} \tag{3.20}$$

이다. 우선 사후분산을 살펴보면, 즉, 사후정확도는

$$n\sigma^2 + \tau_0^{-2} = \frac{n}{\sigma^2} + \frac{1}{\tau_0^2} \tag{3.21}$$

로 표현되며, 식 (3.21)인 사후정확도는 자료의 정확도와 사전정확도의 합으로 나타난다. 또한, 식 (3.20)인 사후평균은

$$\mu_1 = \frac{n\sigma^{-2}\bar{x}+\tau_0^{-2}\mu_0}{n\sigma^{-2}+\tau_0^{-2}} = \frac{n\sigma^{-2}}{n\sigma^{-2}+\tau_0^{-2}}\bar{x} + \frac{\tau_0^{-2}}{n\sigma^{-2}+\tau_0^{-2}}\mu_0$$

로 표현되며, 이는 자료의 추정값 (MLE)와 사전평균의 가중평균으로 이루어져 있다. 더욱이 이를 극한의 개념으로 보면

$$E(\theta|x) = \mu_1 \ \rightarrow \begin{cases} \bar{x} \ , \ \dfrac{1}{\tau_0^2} \ll \dfrac{n}{\sigma^2} \\ \mu_0 \ , \ \dfrac{n}{\sigma^2} \ll \dfrac{1}{\tau_0^2} \end{cases} \tag{3.22}$$

로 수렴한다.

주어진 θ 아래에서, 주어진 자료 x와 예측값 $\tilde{x}$이 서로 독립이라면, 정리 2.36에 의하면, 주어진 자료 $x_1,\cdots,x_n$에 근거한 예측값 $\tilde{x}$의 예측분포는

$$\begin{aligned} f(\tilde{x}|x_1, \cdots, x_n) &= \int_{-\infty}^{\infty} f(\tilde{x}|\theta)\pi(\theta|x_1, \cdots, x_n)d\theta \qquad (3.23) \\ &\propto \int_{-\infty}^{\infty} \exp\left[-\frac{1}{2\sigma^2}(\tilde{x}-\theta)^2 - \frac{1}{2\tau_1^2}(\theta-\mu_1)^2\right]d\theta \end{aligned}$$

이며, 식 (3.23)의 지수부분을 다음과 같이 정리한다.

$$\sigma^{-2}(\tilde{x}-\theta)^2 + \tau_1^{-2}(\theta-\mu_1)^2 = (\sigma^{-2}+\tau_1^{-2})\left[\theta - \frac{\sigma^{-2}\tilde{x}+\tau_1^{-2}\mu_1}{\sigma^{-2}+\tau_1^{-2}}\right]^2 + \frac{1}{\sigma^2+\tau_1^2}(\tilde{x}-\mu_1)^2 \tag{3.24}$$

임으로, 식 (3.24)를 식 (3.23)에 대입하면, 주어진 자료 $x_1,\cdots,x_n$에 근거한 $\tilde{x}$의 예측분포는 다음과 같이 구할 수 있다.

$$f(\tilde{x}|x_1, \cdots, x_n) \propto \exp\left[-\frac{1}{2(\sigma^2+\tau_1^2)}(\tilde{x}-\mu_1)^2\right] \equiv N(\mu_1, \sigma^2+\tau_1^2)$$

이다.

다음으로 $X_1, \cdots, X_n$가 정규모형 $N(\theta, \sigma^2)$을 따르나, θ가 알려진 상수인 경우를 생각하자. 이때 σ^2의 사전분포함수로 역 감마 분포 $IGam(\frac{a}{2}, \frac{b}{2})$을 가정한다. 즉,

$$\pi(\sigma^2) \propto (\sigma^2)^{-\frac{a}{2}-1}\exp\left\{-\frac{b}{2\sigma^2}\right\}$$

이다. 그러므로 σ^2의 사후분포함수는

$$\pi(\sigma^2 | x_1, \cdots, x_n) \propto \frac{1}{(\sigma^2)^{\frac{n}{2}}} \exp\left\{-\frac{1}{2\sigma^2}\sum_{i=1}^{n}(x_i-\theta)^2\right\} \times (\sigma^2)^{-\frac{a}{2}-1} \exp\left\{-\frac{b}{2\sigma^2}\right\}$$

$$\equiv IGam\left(\frac{n+a}{2}, \frac{1}{2}\left(\sum_{i=1}^{n}(x_i-\theta)^2 + b\right)\right)$$

이며, 사후평균은

$$E(\sigma^2 | x_1, \cdots, x_n) = \frac{\sum_{i=1}^{n}(x_i-\theta)^2 + b}{n+a-2}, \quad n+a-2>0$$

이다.

예제 3.15 포아송 모형

확률변수 $X_1, \cdots, X_n$가 서로 독립이고 동일한 포아송 분포 $Po(\theta)$을 따른다고 하자. 그리고 θ의 사전분포함수는 감마 분포 $Gam(a,b)$라고 가정한다. 즉

$$\pi(\theta) \propto \theta^{a-1}\exp(-b\theta)$$

이다. 이때 θ의 사후분포함수는

$$\pi(\theta | x_1, \cdots, x_n) \propto \prod_{i=1}^{n}\left[\frac{\exp(-\theta)\theta^{x_i}}{x_i!}\right]\theta^{a-1}\exp(-b\theta) \equiv Gam(\sum_{i=1}^{n}x_i + a, n+b)$$

이며, 사후평균은

$$E(\theta | x_1, \cdots, x_n) = \frac{\sum_{i=1}^{n}x_i + a}{n+b} = \frac{n}{n+b}\frac{\sum_{i=1}^{n}x_i}{n} + \frac{b}{n+b}\frac{a}{b} \tag{3.25}$$

이며, 식 (3.25)인 사후평균은 자료 추정값(MLE)와 사전평균의 가중평균으로 표현된다. 정리 2.36에 의하면, 주어진 자료 $x_1, \cdots, x_n$에 근거한 예측값 $\tilde{x}$의 예측분포는 다음과 같이 구한다(연습문제).

$$f(\tilde{x} | x_1, \cdots, x_n) = \int_0^{\infty} f(\tilde{x} | \theta)\pi(\theta | x_1, \cdots, x_n)\,d\theta$$

$$= \int_0^{\infty} \frac{\exp(-\theta)\theta^{\tilde{x}}}{\tilde{x}!}\theta^{\sum_{i=1}^{n}x_i + a - 1}\exp\{-(n+b)\theta\} \cdot \frac{(n+b)^{\sum_{i=1}^{n}x_i + a}}{\Gamma(\sum_{i=1}^{n}x_i + a)}d\theta$$

$$= \frac{\Gamma(\tilde{x}+\sum_{i=1}^{n}x_i+a)}{\tilde{x}!\Gamma(\sum_{i=1}^{n}x_i+a)} \cdot \left(\frac{n+b}{n+b+1}\right)^{\sum_{i=1}^{n}x_i+a}\left(1-\frac{n+b}{n+b+1}\right)^{\tilde{x}}, \quad \tilde{x}=0,1,\cdots \tag{3.26}$$

이다. 또한 a가 양의 정수이면, 주어진 자료 x 아래에서, $\tilde{x}$의 예측분포는 음이항분포 $NB(\sum_{i=1}^{n}x_i+a, \frac{n+b}{n+b+1})$이다. 따라서 식 (3.26)은 정의 3.16에 의하여 일반음이항분포이다.

정의 3.16

일반적으로 X가 일반음이항분포 $GNB(\alpha,\beta)$을 따른다 함은, X가 식 (3.27)과 같은 분포함수를 갖는다는 것이며, 이는 혼합분포이다. 즉,

$$GNB(x|\alpha,\beta) = \int_0^{\infty} Po(x|\theta)Gam(\theta|\alpha,\beta)d\theta \tag{3.27}$$

여기서 $Po(x|\theta)$은 x의 포아송 분포 $Po(\theta)$이고 $Gam(\theta|\alpha,\beta)$은 θ의 감마 분포 $Gam(\alpha,\beta)$을 의미한다.

결론적으로 앞에서 설명된 것들을 포함하여 다양한 공액분포함수들 표 3.1에 다음과 같이 정리하였다.

표 3.1

확률함수: $f(x\|\theta)$	공액함수
$Bin(n,\theta)$	$\theta \sim Be(\alpha,\beta)$
$Po(\theta)$	$\theta \sim Gam(a,b)$
$N(\mu,\sigma^2), \sigma^2$(알려진 상수)	$\mu \sim N(\mu_0,\tau_0^2)$
$N(\mu,\sigma^2), \ \mu$(알려진 상수)	$\tau \sim Gam(a,b), \ \tau=1/\sigma^2$
$Gam(\alpha,\lambda), \alpha$(알려진 상수)	$\lambda \sim Gam(a,b)$

*3.1.4 변환불변사전분포함수

불변사전분포함수(invariant prior)들에 대한 유도는 Berger(1985)에 의하여 자세히 설명되어 있으며 여기서는 그 내용들을 간략하게 소개한다.

3.1.4.1. 위치모수에 대한 무정보사전함수

χ와 Θ들은 R^p의 부분집합이라고 하고, 확률변수 X은 확률밀도함수

$$f(x-\theta) \tag{3.28}$$

의 형태를 갖는다고 하자. 이러한 확률밀도함수를 위치밀도함수, θ은 위치모수라 한다. 예를 들면, 정규분포 $N(\mu,\sigma^2)$ (σ^2 고정), $t-$분포 $T_\nu(\mu,\sigma^2)$(ν 와 σ^2은 고정), 코쉬 분포 $C(\alpha,\beta)$ (β 고정), 그리고 다변량정규분포 $N_p(\theta,\Sigma)$ (Σ 고정)들이 위치밀도함수들이다. 여기서 θ의 무정보사전분포함수를 다음과 같이 유도한다.

X를 관측하는 대신에 $Y=X+c$ ($c\in R^p$)을 관측한다고 하자. 여기서 모수변환을 통하여 $\eta=\theta+c$라 두면, 이때 Y는 당연히 다음과 같은 분포함수를 따른다. 즉,

$$Y \sim f(y-\eta).$$

(X,θ)와 (Y,η)은 구조면에서 동일하므로, 동일한 사전분포함수를 갖는다고 생각하는 것은 합리적이다.

π와 π^*을 (X,θ)와 (Y,η)의 문제들에서 각각의 무정보사전분포함수라고 하자. 그러면 앞의 주장에 의하여 π 와 π^*은 동일함수이어야 한다. 즉, R^p에 있는 모든 A에 대하여,

$$P^\pi(\theta\in A)=P^{\pi^*}(\eta\in A)$$

이를 만족한다. $\eta=\theta+c$이므로

$$P^{\pi^*}(\eta\in A)=P^\pi(\theta+c\in A)=P^\pi(\theta\in A-c)$$

이며, 여기서 $A-c=\{z-c: z\in A\}$이다. 그러므로

$$P^\pi(\theta\in A)=P^\pi(\theta\in A-c)$$

이다. 또한 사전분포함수가 밀도함수라면, 모든 집합 A에 대하여

$$\int_A \pi(\theta)d\theta=\int_{A-c}\pi(\theta)d\theta=\int_A \pi(\theta-c)d\theta$$

이다. 그러므로 모든 c에 대하여

$$\pi(\theta)=\pi(\theta-c) \tag{3.29}$$

이다. 이러한 식 (3.29)을 만족하는 π을 **위치불변사전함수**라고 한다. 이때 식 (3.29)에 $\theta=c$을 대입하면

$$\pi(c) = \pi(0) \tag{3.30}$$

이 된다. 식 (3.30)은 모든 $c \in R^p$에서도 성립하므로 π은 상수함수이다.

정의 3.17

위치모수의 변환불변 무정보사전분포함수는

$$\pi(\theta) = 1 \tag{3.31}$$

이다.

3.1.4.2 척도모수에 대한 무정보사전함수

척도밀도함수는 다음과 같은 확률밀도함수 형태를 갖는다.

$$\sigma^{-1} f\left(\frac{x}{\sigma}\right) \tag{3.32}$$

여기서 $\sigma > 0$이며, σ을 척도모수라고 한다. 예를 들어 정규분포 $N(0, \sigma^2)$, t-분포 $T_\nu(0, \sigma^2)$ (ν 고정) 그리고 감마 분포 $Gam(\alpha, \beta)$(α 고정)들이 척도밀도함수들이다. σ의 무정보사전분포함수를 다음과 같이 유도한다.

X를 관측하는 대신에 $Y = cX$ $(c > 0)$을 관측한다고 하자. 여기서 모수변환을 통하여 $c = \eta / \sigma$라 두면, 이때 Y은 1.1.2절의 단변수변환기법의 야코비안을 이용하면 다음과 같은 분포함수를 갖는다.

$$f_Y(y) = f_X(x) \left| \frac{dx}{dy} \right| = \eta^{-1} f_X(y/\eta).$$

(X, σ)와 (Y, η)은 구조면에서 동일하므로, 동일한 사전분포함수를 갖는다는 주장은 합리적이다.

π와 π^*을 (X, σ)와 (Y, η)에서 각각의 무정보사전분포함수라고 하자. 그러면 앞의 주장에 의하여 π와 π^*은 동일함수이어야 한다. 즉, 모든 $A \subset (0, \infty)$에 대하여,

$$P^{\pi}(\sigma \in A) = P^{\pi^*}(\eta \in A)$$

이를 만족한다. $\eta = c\sigma$이므로,

$$P^{\pi^*}(\eta \in A) = P^{\pi}(\sigma \in c^{-1} A),$$

여기서 $c^{-1} A = \{c^{-1} z : z \in A\}$이다. 그러므로 모든 $c > 0$에 대하여

$$P^{\pi}(\sigma \in A) = P^{\pi}(\sigma \in c^{-1}A)$$

이며, 이러한 분포 π을 척도불변사전함수라고 한다. 또한 사전분포함수가 밀도함수라면, 모든 집합 A에 대하여

$$\int_A \pi(\sigma)d\sigma = \int_{c^{-1}A} \pi(\sigma)d\sigma = \int_A \pi(c^{-1}\sigma)c^{-1}d\sigma$$

이므로, 모든 σ에 대하여

$$\pi(\sigma) = c^{-1}\pi(c^{-1}\sigma) \tag{3.33}$$

이어야 한다. 식 (3.33)에 $\sigma = c$을 대입하면, 모든 c에 대하여

$$\pi(c) = c^{-1}\pi(1)$$

이다. 편의상 $\pi(1) = 1$이라고 하면, 척도모수의 무정보사전분포함수를

$$\pi(\sigma) = \sigma^{-1}$$

이라 하는 것은 매우 합리적이다. 이때

$$\int_0^{\infty} \sigma^{-1}d\sigma = \infty$$

이므로 이 사전분포도 부적절분포이다. 그러므로 이를 부적절무정보사전분포함수이라고 한다.

정의 3.18

척도모수의 변환불변 무정보사전분포함수는

$$\pi(\sigma) = \sigma^{-1} \tag{3.34}$$

이라 정의한다.

*3.1.5 초모수의 결정방법

정의 3.19

Γ은 관심 있는 사전분포들의 집합이라 하고, $\hat{\pi} \in \Gamma$가 다음을 만족한다고 하자.

$$m(x|\hat{\pi}) = sup_{\pi \in \Gamma}\, m(x|\pi), \tag{3.35}$$

여기서 $m(x|\pi) = \int f(x|\theta)\pi(\theta)d\theta$이다.

이때 식 (3.35)를 만족하는 $\hat{\pi}$을 형태-II 최대우도사전(Type-II maximum likelihood prior 또는 간단히 ML-II prior)이라고 한다.

예를 들면,

$$\Gamma = \{\pi : \pi(\theta) = g(\theta|\lambda),\ \lambda \in \Lambda\}$$

이면, 이때

$$sup_{\pi \in \Gamma}\, m(x|\pi) = sup_{\lambda \in \Lambda}\, m(x \mid g(\theta|\lambda)) \tag{3.36}$$

이다. 초모수 λ에서 최대화를 수행하는 것이다. 따라서 초모수를 최대화하는 것을 ML-II 초모수라고 한다. 이는 7장에서 설명하는 경험적 베이즈 추정 방법과 매우 유사하다.

예제 3.20

$i = 1, \cdots, p$에 대하여, 각각의 X_i들이 독립이고 동일한 정규분포 $N(\theta_i, \sigma_f^2)$ (σ_f^2은 알려진 상수)을 따르고, 또한 θ_i들도 서로 독립이고 동일한 정규분포 $\pi_0 = N(\mu_\pi, \sigma_\pi^2)$을 사전분포로 갖는다고 하자. 여기서 초모수인 μ_π와 σ_π^2은 모두 완전히 미지라고 하자. 이때 관심 있는 사전분포족은

$$\Gamma = \left\{\pi : \pi(\theta) = \prod_{i=1}^{p} \pi_0(\theta_i),\ \pi_0(\theta) = N(\mu_\pi, \sigma_\pi^2),\ -\infty < \mu_\pi < \infty,\ \sigma_\pi^2 > 0\right\}$$

이다. 따라서

$$m(x|\pi) = \prod_{i=1}^{p} m_0(x_i|\pi_0)$$

여기서 m_0은 정규분포 $N(\mu_\pi, \sigma_\pi^2 + \sigma_f^2)$이다. 따라서 $m(x|\pi)$은 다음과 같이 표현할 수 있다.

$$m(x|\pi) = [2\pi(\sigma_\pi^2 + \sigma_f^2)]^{-p/2} \exp\left\{\frac{-ps^2}{2(\sigma_\pi^2 + \sigma_f^2)}\right\} \times \exp\left\{\frac{-p(\bar{x} - \mu_\pi)^2}{2(\sigma_\pi^2 + \sigma_f^2)}\right\} \tag{3.37}$$

여기서, $\bar{x} = \frac{1}{p}\sum_{i=1}^{p} x_i$와 $s^2 = \frac{1}{p}\sum_{i=1}^{p}(x_i - \bar{x})^2$이다. 식 (3.37)인 $m(x|\pi)$을 최대화시킬 때, 우선 σ_π^2의 값에 상관없이 $\widehat{\mu_\pi} = \bar{x}$이다. $m(x|\pi)$에 $\widehat{\mu_\pi} = \bar{x}$값을 대입하면, 오직

다음 식만을 σ_π^2에 대하여 최대화시키면 된다.

$$\psi(\sigma_\pi^2) = [2\pi(\sigma_\pi^2 + \sigma_f^2)]^{-p/2} \exp\left\{\frac{-ps^2}{2(\sigma_\pi^2 + \sigma_f^2)}\right\}$$

따라서

$$\frac{d}{d\sigma_\pi^2} \log \psi(\sigma_\pi^2) = -\frac{p}{2(\sigma_\pi^2 + \sigma_f^2)} + \frac{ps^2}{2(\sigma_\pi^2 + \sigma_f^2)^2} \tag{3.38}$$

이며, 이때 $s^2 \geq \sigma_f^2$이면 식 (3.38)은 $\sigma_\pi^2 = s^2 - \sigma_f^2$인 점에서 0이다. 만약 $s^2 < \sigma_f^2$이면, 미분 식 (3.38)은 항상 음수이다. 따라서 최댓값은 $\sigma_\pi^2 = 0$에서 발생한다. 그러므로 σ_π^2의 ML−Ⅱ추정값은

$$(s^2 - \sigma_f^2)^+ = \max\{0,\ s^2 - \sigma_f^2\}$$

이고, 결론적으로 ML−Ⅱ 사전분포, $\widehat{\pi}_0$은

$$N(\hat{\mu}_\pi, \hat{\sigma}_\pi^2) = N(\overline{x},\ \max\{0, s^2 - \sigma_f^2\})$$

이다.

예제 3.21

우선 아래와 같은 ϵ−오염족(contamination class)에 있는 함수 π을 생각하자.

$$\Gamma = \{\pi : \pi(\theta) = (1-\epsilon)\pi_0(\theta) + \epsilon\, q(\theta), q \in \Omega\} \tag{3.39}$$

여기서 $0 < \epsilon < 1$은 π가 π_0에 얼마나 근접한가를 반영하며, Ω은 가능한 오염분포들의 모임이다. 이때 주변분포함수는

$$m(x|\pi) = \int_\Theta f(x|\theta)[(1-\epsilon)\pi_0(\theta) + \epsilon q(\theta)]d\theta \tag{3.40}$$

$$= (1-\epsilon)m(x|\pi_0) + \epsilon\, m(x|q)$$

이다. 그러므로 ML−Ⅱ 사전은 모든 $q \in \Omega$위에서 $m(x|q)$을 최대화하는 것이다. 만약 Ω가 모든 가능한 모든 분포함수들의 모임이라 하면, 이때

$$m(x|q) = \int_{\Theta} f(x|\theta) q(\theta) d\theta \leq f(x|\hat{\theta})$$

이며, 여기서 $\hat{\theta}$은 $f(x|\theta)$을 최대화하는 θ이며, 즉 MLE이다.

정리 3.22

$\mu_f(\theta)$와 $\sigma_f^2(\theta)$가 각각 X의 조건부평균과 조건부분산이라고 하자. 즉, 분포함수 $f(x|\theta)$에 대한 평균과 분산이다. 또한, μ_m와 σ_m^2은 $m(x)$에 대한 각각 X의 주변평균과 주변분산이라고 하자. 모든 이러한 값들이 존재한다면, 이때

$$\mu_m = E^{\pi}[\mu_f(\theta)] \text{와 } \sigma_m^2 = E^{\pi}[\sigma_f^2(\theta)] + E^{\pi}[(\mu_f(\theta) - \mu_m)^2] \tag{3.41}$$

이다.

증명 (연습문제)

따름정리 3.23

① 만약 $\mu_f(\theta) = \theta$이면, $\mu_m = \mu_\pi$이며 여기서 $\mu_\pi = E^{\pi}[\theta]$은 사전평균이다.

② 만약 추가로 $\sigma_f^2(\theta) = \sigma_f^2$이면, $\sigma_m^2 = \sigma_f^2 + \sigma_\pi^2$이며 여기서 σ_π^2은 사전분산이다.

증명 정리 3.22에 의하여 쉽게 보여진다.

예제 3.24

확률변수 X가 정규분포 $N(\theta,1)$을 따른다고 하자. 그리고

$$\Gamma = \left\{\pi : \pi(\theta) = N(\mu_\pi, \sigma_\pi^2),\ -\infty < \mu_\pi < \infty,\ \sigma_\pi^2 > 0\right\}$$

이라 하자. 이때 주관적인 경험에 있어서 $\mu_m = 1$과 $\sigma_m^2 = 3$라 하자. 이때 $\sigma_f^2 = 1$이므로 $1 = \mu_m = \mu_f$이며, 따름정리 3.22에 의하면, $3 = \sigma_m^2 = 1 + \sigma_\pi^2$ 이다. μ_π과 σ_π^2에 대하여 풀면, $N(1,2)$이 사용될 사전분포라 결론 내릴 수 있다.

예제 3.25

예제 3.24와 동일한 구조에서 다시 μ_π와 σ_π^2을 구하고자 한다. $X_1, X_2, \cdots, X_p$들이

m_0에서 온 표본들이라 생각한다. 적률 방법에 의한 μ_{m_0}과 $\sigma^2_{m_0}$의 추정값들은 $\overline{x}$와 $s^2 = \frac{1}{p-1}\sum_{i=1}^{p}(x_i - \overline{x})^2$이다. 또한, μ_π와 σ^2_π의 적률추정값은 각각 $\hat{\mu}_\pi = \overline{x}$와 $\hat{\sigma}^2_\pi = s^2 - \sigma^2_f$이다.

3.1.6 기준사전분포

3.1.6.1 소개

미지의 상태 $\boldsymbol{w} = (w, \theta)$을 갖고 있는 하나의 추정문제에 있어서 가능한 액션 $a \in A$들을 제공하는 결정문제의 특별한 형태를 고려한다. 여기서 w은 관심 있는 미지이고, θ은 모형에 속해 있는 모수이다. 따라서 관측되는 자료 x은 $p(x|\theta)$을 따른다고 가정한다. 일반적으로 결정문제에서 사용되는 손실함수 대신에 효용함수(utility function)를 사용한다면 $u(a, w)$라 표현할 수 있다. 이러한 상황에서 $\boldsymbol{w}$의 사전분포함수는

$$p(\boldsymbol{w}) = p(w|\theta)p(\theta) \tag{3.42}$$

로 표현할 수 있다. 가끔 w은 θ의 함수이다(즉 $w = \phi(\theta)$). 만약 w가 θ의 함수가 아니라면, w와 θ의 관계는 결합분포 $p(w, \theta) = p(w|\theta)p(\theta)$로 묘사된다.

주어진 조건부사전분포 $p(w|\theta)$와 효용함수 $u(a, w)$에 대하여, 효용 항들로써 관측정보(실험) e에 연관된 사전분포 $p(\theta)$의 영향을 조사하고자 한다.

이때 a_0^*은 $p(w)$ 아래에서 최적의 선택과 a_x^*은 $p(w|x)$ 아래에서 최적의 선택이라고 가정하자. 주어진 사전분포 $p(\theta)$에 대한 실험 e의 기대효용은

$$v_u\{e, p(\theta)\} = \int p(x) \int p(w \mid x) u(a_x^*, w) dw dx - \int p(w) u(a_0^*, w) dw, \tag{3.43}$$

으로 표현되며, 여기서 w와 x은 주어진 θ 아래에서 독립을 가정하고,

$$p(w) = \int p(w|\theta)p(\theta)d\theta, \quad p(w|x) = \int \frac{p(x \mid \theta)p(w \mid \theta)}{p(x)} p(\theta)d\theta$$

$$p(x) = \int p(x \mid \theta)p(\theta)d\theta \ .$$

만약 $e(k)$가 실험 e을 독립적으로 k번 반복된 실험이라 하면, 분포 $\prod_{i=1}^{k} p(\boldsymbol{x}_i \mid \theta)$을 갖는 관측자료 $\{\boldsymbol{x}_1, \ldots, \boldsymbol{x}_k\}$을 의미한다. 이때 실험 $e(k)$의 기대효용 $v_u\{e(k), p(\theta)\}$은 식 (3.43)과 동일한 수학적 형태를 갖으며, $\boldsymbol{x} = (\boldsymbol{x}_1, \ldots, \boldsymbol{x}_k)$와 $p(\boldsymbol{x} \mid \theta) = \prod_{i=1}^{k} p(\boldsymbol{x}_i \mid \theta)$을

의미한다. 만약 $k\to\infty$ 이면, θ에 대한 완전정보는

$$v_u\{e(\infty),p(\theta)\}=\lim_{k\to\infty}v_u\{e(k),p(\theta)\} \tag{3.44}$$

이며, 이는 완전정보의 기대효용이라고 한다.

앞에서 기술된 형태에 의하면, 분명하게 $p(\theta)$에 포함된 정보의 가치를 더 크게 하면 할수록, θ에 대한 완전 정보의 기댓값은 작아진다. 역으로 사전에 있는 정보의 가치가 작아지면, 전체적인 실험에서 더 많은 것을 얻을 수 있을 것이라고 기대한다. 따라서 θ에 대한 완전 정보의 기댓값을 최대화하는 사전분포 $\pi(\theta)$을 선택한다. 이러한 사전분포를 u-기준사전이라 하고, 사후분포

$$\pi(w\mid x)=\int p(w\mid\theta)\pi(\theta\mid x)d\theta,\quad \pi(\theta\mid x)\propto p(x\mid\theta)\pi(\theta)$$

은 u-기준사후라 부른다. 또한, $\pi(w|x)$와 $u(a,w)$에서 유도된 최선의 결정은 u-기준결정이라 한다.

예제 3.26 이차손실에서 예측

$\boldsymbol{x}=(x_1,\ldots,x_n)$, $x_i\sim N(x_i|\mu,\lambda)\,(i.i.d.)$이고, 알려진 정확도 λ은 알려진 상수이다 (즉, 분산은 $1/\lambda$이다. 평균 μ의 사전분포는 $\pi(\mu)=N(\mu|\mu_0,\lambda_0)$, $\mu_0\in R$, $\lambda_0\geq 0$이라 가정한다. 주어진 자료 $x_1,\cdots,x_n$ 아래에서 미래 값 x_{n+1}을 추정하는 기준결정 문제를 유도하고자 한다. 따라서 $w=x_{n+1}$와 $\theta=\mu$이다. 더욱이,

$$u(a,w)=-(a-x_{n+1})^2,\quad p(x\mid\theta)=\prod_{i=1}^{n}N(x_i|\mu,\lambda)$$

이며, 주어진 μ_0, λ_0에서,

$$p(w,\theta)=p(x_{n+1},\mu)=p(x_{n+1}|\mu)p(\mu)=N(x_{n+1}|\mu,\lambda)N(\mu|\mu_0,\lambda_0).$$

$\boldsymbol{z}_k=(\boldsymbol{x}_1,\ldots,\boldsymbol{x}_k)$가 k번 반복된 실험들의 결과라 하면, 이는 $(x_{11},\cdots,x_{kn})$이며, 이를 간단하게, $w=x_{kn+1}\equiv x$이라 하자. 이때

$$\begin{aligned}v_u\{e(k),N(\mu|\mu_0,\lambda_0)\}= &-\int p(z_k)\,inf_a\int p(x|z_k)(a-x)^2dxdz_k.\\ &+inf_a\int p(x)(a-x)^2dx\end{aligned}$$

4장에 의하면 제곱손실함수아래에서 최적의 추정값은 적당한 평균형태임을 보였으므로, 약간의 수리적 계산을 하면,

$$v_u\{e(k), N(\mu|\mu_0, \lambda_0)\} = -\int p(z_k)\, V[x|z_k]dz_k + V[x] \;=\; -V[x|z_k] + V[x].$$

따라서

$$\begin{aligned} v_u\{e(\infty), N(\mu|\mu_0, \lambda_0)\} &= \lim_{k\to\infty} v_u\{e(k), N(\mu|\mu_0, \lambda_0)\} \\ &= \lim_{k\to\infty}\{-[\lambda^{-1} + (\lambda_0 + kn\lambda)^{-1}] + (\lambda^{-1} + \lambda_0^{-1})\} = \lambda_0^{-1} \end{aligned}$$

이므로, 임의의 μ_0에 대하여 u-기준사전은 $\lambda_0 = 0$의 선택에서 이루어진다.

예제 3.27 분산추정

$\boldsymbol{x} = (x_1, ..., x_n)$, $x_i \sim N(x_i|0,\, \lambda)\,(i.i.d.)$, $p(\lambda) = Gam(\lambda|\alpha, \alpha\lambda_0^{-1})$, $\alpha > 0$이라고 하자.

$\sigma^2 = \lambda^{-1}$을 추정하는 결정문제를 고려한다. 여기서 효용함수는

$$u(a, \sigma^2) = -\left[\frac{(a - \sigma^2)}{\sigma^2}\right]^2 \;=\; -(a\lambda - 1)^2$$

이라 하자. 이때 $A = R^+$, $\theta = \lambda$, $w = \sigma^2$이고,

$$p(x, \lambda) = \prod_{i=1}^{n} N(x_i|0, \lambda)\, Ga(\lambda|\alpha, \alpha\lambda_0^{-1}).$$

앞에서와 동일하게 $\boldsymbol{z}_k = (\boldsymbol{x}_1, ..., \boldsymbol{x}_k)$은 동일한 실험의 k번 반복된 결과라 하자. 따라서

$$\begin{aligned} v_u\{e(k), p(\lambda)\} = &-\int p(z_k)\; inf_a \int p(\lambda|z_k)(a\lambda - 1)^2 d\lambda dz_k \\ &+ inf_a \int p(\lambda)(a\lambda - 1)^2 d\lambda \end{aligned}$$

여기서, $p(\lambda|z_k) = Gam\left(\lambda|\alpha + \frac{kn}{2}, \alpha\lambda_0^{-1} + \frac{kns^2}{2}\right)$, $kns^2 = \sum_i \sum_j x_{ij}^2$이다. 이때

$$inf_a \int Gam(\lambda|\alpha, \beta)(a\lambda - 1)^2 d\lambda = \frac{1}{\alpha + 1}$$

이고, 이것은 $a=\beta/(\alpha+1)$에서 구해진다(연습문제), 따라서

$$v_u\{e(\infty),p(\lambda)\}=\lim_{k\to\infty}v_u\{e(k),p(\lambda)\}$$
$$=\lim_{k\to\infty}\left\{-\frac{1}{1+\alpha+(kn)/2}+\frac{1}{1+\alpha}\right\}=\frac{1}{1+\alpha}$$

이며, 이는 $\alpha=0$에서 최대화된다. 그러므로 $u-$기준사전은 임의의 λ_0에서 $\alpha=0$의 선택에서 이루어진다. 주어진 실제 자료 $\boldsymbol{x}=(x_1,\ldots,x_n)$ 아래에서, λ에 대한 $u-$기준사후는

$$Gam(\lambda|n/2,\ ns^2/2)$$

이며, $ns^2=\sum_i x_i^2$이고 따라서 $u-$기준결정은

$$\widehat{\sigma^2}=\frac{ns^2/2}{(n/2)+1}=\frac{\sum x_i^2}{n+2}.$$

3.1.6.2 단 모수인 경우

만약 실험 e는 하나의 관측치 $x\in X\sim p(x|\theta)$을 갖고 있으며 $w=\theta$이고

$$A=\left\{q(\cdot\ );\ q(\theta)>0,\ \int_{\Theta}q(\theta)d\theta=1\right\}$$

이라 하자. 이때 효용함수는 로그 점수규칙(logarithmic scoring rule)

$$u\{q(\cdot\ ),\theta\}=A_1\log q(\theta)+B(\theta)$$

을 가정하면, 주어진 $p(\theta)$에 대한 실험 e의 기대효용은

$$v\{e,p(\theta)\}=\int p(x)\int u\{q_x(\cdot\ ),\theta\}p(\theta|x)d\theta dx-\int u(q_0(\cdot\ ),\theta)p(\theta)d\theta$$

이며, 여기서 $q_0(\cdot\ )$, $q_x(\cdot\ )$은 각기 $p(\theta)$와 $p(\theta|x)$에 대한 $q(\cdot\ )$의 최적의 선택들이다. 여기서 u은 적절한 점수규칙(Bernardo and Smith, 1994)이므로, 모든 $p(\theta)$에 대하여,

$$sup_q\int u\{q(\cdot\ ),\theta\}p(\theta)d\theta=\int u\{p(\cdot\ ),\theta\}p(\theta)d\theta$$

이다. 그러므로 다음을 쉽게 보일 수 있다(연습문제). 즉,

$$v\{e,p(\theta)\} \propto \int p(x) \int p(\theta|x) \log \frac{p(\theta|x)}{p(\theta)} d\theta dx = I\{e,p(\theta)\},$$

이는 실험 e가 제공하리라 기대되는 θ에 대한 정보량을 의미한다. 모수적 모형

$$p(\boldsymbol{z}_k|\theta) = \prod_{i=1}^{k} p(\boldsymbol{x}_i|\theta)$$

을 갖는 (가상된) 관측치 $\boldsymbol{z}_k = (\boldsymbol{x}_1, \ldots, \boldsymbol{x}_k)$으로 생성된 실험 $e(k)$에 대응되는 기대정보는

$$I\{e(k),p(\theta)\} = \int p(z_k) \int p(\theta|z_k) \log \frac{p(\theta|z_k)}{p(\theta)} d\theta dz_k$$

으로 주어지며, θ에 대한 완전정보의 기대효용은

$$I\{e(\infty),p(\theta)\} = \lim_{k \to \infty} I\{e(k),p(\theta)\}$$

이고, 이는 사전분포 $p(\theta)$의 함수로써 θ에 대한 결측정보를 측정한다.

정의 3.28 기준사전

θ에 대한 기준사전 $\pi(\theta)$은 결측정보의 함수를 최대화하는 사전분포로 정의한다.

불행하게도 형식적으로 $\lim_{k \to \infty} I\{e(k),p(\theta)\}$은 무한대이다. 그러나 이러한 수학적 어려움을 극복하는 자연스러운 방법을 이용할 수 있다. 즉, $k = 1, 2, \cdots$에 대하여, $I\{e(k),p(\theta)\}$을 최대화하는 사전분포들 $\pi_k(\theta)$의 수열을 유도하고 여기에 적당한 극한개념으로 수렴하는 $\pi(\theta)$을 취한다.

동일한 실험 e을 k번 반복한 θ의 정보량은 다음과 같이 표현할 수 있음을 쉽게 보일 수 있다. 즉,

$$I^{\theta}\{e(k),p(\theta)\} = \int p(\theta) \log \frac{f_k(\theta)}{p(\theta)} d\theta \tag{3.45}$$

여기서,

$$f_k(\theta) = \exp\left\{ \int p(\boldsymbol{z}_k|\theta) \log p(\theta|\boldsymbol{z}_k) d\boldsymbol{z}_k \right\}, \quad p(\theta|\boldsymbol{z}_k) \propto \prod_{i=1}^{k} p(\boldsymbol{x}_i|\theta) p(\theta).$$

더욱이, $\int p(\theta) d\theta = 1$을 만족하는 $p(\theta)$에 대하여, 식 (3.45)인 $I^{\theta}\{e(k),p(\theta)\}$을 최대화하는 사전분포 $\pi_k(\theta)$은 다음 함수형태의 최적이어야 한다.

$$F\{p(\cdot)\} = \int p(\theta)\log\frac{f_k(\theta)}{p(\theta)}d\theta + \lambda\left\{\int p(\theta)d\theta - 1\right\}. \tag{3.46}$$

식 (3.46)은 $F\{p(\cdot)\} = \int g\{p(\cdot)\}d\theta$으로, 여기서 g은 두 번 연속이고 미분가능하다. 따라서 식 (3.46)에서 F을 최대화하는 함수 $p(\cdot)$은 모든 τ에 대하여

$$\frac{d}{d\varepsilon}F\{p(\cdot) + \varepsilon\tau(\cdot)\}\Big|_{\varepsilon=0} = 0,$$

인 조건을 만족하여야 한다. 임의의 함수 τ에 대하여,

$$\int\left\{\tau(\theta)\log f_k(\theta) + \frac{p(\theta)}{f_k(\theta)}f_k'(\theta) - \tau(\theta)(1 + \log p(\theta)) + \tau(\theta)\lambda\right\}d\theta = 0$$

여기서,

$$f_k'(\theta) = \frac{\partial}{\partial\varepsilon}\left\{\exp\left[\int p(z_k|\theta)\log\frac{p(z_k|\theta)\{p(\theta)+\varepsilon\tau(\theta)\}}{\int p(z_k|\theta)\{p(\theta)+\varepsilon\tau(\theta)\}d\theta}dz_k\right]\Big|_{\varepsilon=0}\right\} = f_k(\theta)\frac{\tau(\theta)}{p(\theta)}$$

임을 보일 수 있다(연습문제). 그러므로 요구되는 조건은 모든 τ에 대하여,

$$\int \tau(\theta)\{\log f_k(\theta) - \log p(\theta) + \lambda\}d\theta = 0$$

이고, 따라서 모든 $\theta\in\Theta$에 대하여,

$$\log f_k(\theta) - \log p(\theta) + \lambda = 0$$

이며, 그러므로

$$p(\theta) \propto f_k(\theta). \tag{3.47}$$

여기서

$$f_k(\theta) = \exp\left\{\int p(z_k|\theta)\log p(\theta|z_k)dz_k\right\}$$

가 사후분포 $p(\theta|\boldsymbol{z}_k) = p(\theta|\boldsymbol{x}_1,\cdots,\boldsymbol{x}_k)$을 통한 사전분포에 의존적이기 때문에, 각각의 k에 대하여, 식 (3.45)인 $I^{\theta}\{e(k), p(\theta)\}$을 최대화하는 사전분포에 대한 오직 내재적 해를 제공한다. 그러나 k의 큰 값에 대하여, $p(\theta)$에 독립인 $p(\theta|z_k)$의 근사식 $p^*(\theta|z_k)$을 구할 수 있다.

적당한 정칙조건 아래에서,

$$p_k^*(\theta) = \exp\left\{\int p(z_k|\theta)\log p^*(\theta|z_k)dz_k\right\}$$

인이며, 이들 양의 함수들로 구성된 수열은 베이즈 정리를 통하여 사후분포들

$$\pi_k(\theta|x) \propto p(x|\theta)p_k^*(\theta)$$

의 수열을 만들 수 있다, 이때 사후분포는 $I^\theta\{e(k), p(\theta)\}$을 최대화한 사전분포 $\pi_k(\theta)$들의 수열에서 유도된 사후분포들의 수열에서 얻어진 것과 동일한 극한분포를 갖도록 한다.

정의 3.29 일차원기준사전

실험 e은 관측치 $\boldsymbol{x} \sim p(\boldsymbol{x}|\theta)$, $\boldsymbol{x} \in X$, $\theta \in \Theta \subset R$로 구성되었고, $z_k = \{\boldsymbol{x}_1, \cdots, \boldsymbol{x}_k\}$은 동일한 실험 e의 k번 독립적으로 이루어진 결과라 가정하자. 이때

$$f_k^*(\theta) = \exp\left\{\int p(\boldsymbol{z}_k|\theta)\log p^*(\theta|\boldsymbol{z}_k)d\boldsymbol{z}_k\right\}$$

라 정의하고, 여기서

$$p^*(\theta|\boldsymbol{z}_k) = \frac{\prod_{i=1}^{k} p(\boldsymbol{x}_i|\theta)}{\int \prod_{i=1}^{k} p(\boldsymbol{x}_i|\theta)d\theta}.$$

주어진 $\boldsymbol{x}$ 아래에서, θ의 참고 사후분포 $\pi(\theta|\boldsymbol{x})$은 $k \to \infty$일 때,

$$E[\delta\{\pi_k(\theta|x), \pi(\theta|x)\}] \to 0$$

을 만족하고, 여기서

$$\delta\{g, h\} = \int_\Theta g(\theta)\log[g(\theta)/h(\theta)]d\theta$$

이고, $\pi_k(\theta|x) = c_k(x)p(x|\theta)f_k^*(\theta)$, $c_k(\boldsymbol{x})$은 정량화 상수들이다. 모든 $\theta \in \Theta$와 $c_k(\boldsymbol{x}) > 0$에 대하여,

$$\pi(\theta|x) = c(x)p(x|\theta)\pi^R(\theta)$$

을 만족하는 양의 함수 $\pi^R(\theta)$을 실험 e에 연관된 θ의 기준사전이라고 한다.

정리 3.30 | (기준사전의 명시적 형태)

$p(\boldsymbol{x}|\theta)$, $\boldsymbol{x} \in X$, $\theta \in \Theta \subseteq R$에서 하나의 관측치를 구성하는 실험에 연관된 θ의 기준사전은

$$\pi^R(\theta) = c \lim_{k \to \infty} \frac{f_k^*(\theta)}{f_k^*(\theta_0)}, \quad \theta \in \Theta$$

여기서, $c > 0$, $\theta_0 \in \Theta$,

$$f_k^*(\theta) = \exp\left\{\int p(\boldsymbol{z}_k|\theta) \log p^*(\theta|\boldsymbol{z}_k) d\boldsymbol{z}_k\right\},$$

$\boldsymbol{z}_k = \{\boldsymbol{x}_1, \cdots, \boldsymbol{x}_k\}$은 $p(\boldsymbol{x}|\theta)$의 확률표본, $p^*(\theta|\boldsymbol{z}_k)$은 θ의 점근근사식이다.

증명 정성적 사전분포로 $\pi(\theta)$을 사용하면,

$$\pi(\theta|x) \propto p(x|\theta)\pi(\theta) \propto p(x|\theta) \lim_{k \to \infty} \frac{f_k^*(\theta)}{f_k^*(\theta_0)} \propto \lim_{k \to \infty} \frac{p(x|\theta) f_k^*(\theta)}{\int p(x|\theta) f_k^*(\theta) d\theta}$$

이며, 그러므로 $\pi(\theta|x) = \lim_{k \to \infty} \pi_k(\theta|x)$, $\pi_k(\theta|x) \propto p(x|\theta) f_k^*(\theta)$.

정리 3.31 | (유한경우에서 기준사전)

$\boldsymbol{x} \sim p(\boldsymbol{x}|\theta)$이고, $\theta \in \Theta = \{\theta_1, \cdots, \theta_M\}$이라 하자. 이때

$$\pi^R(\theta_i) = a > 0, \; i = 1, \cdots, M$$

인 형태의 함수는 기준사전이고, 기준사후는

$$\pi(\theta_i|\boldsymbol{x}) = c(\boldsymbol{x}) p(\boldsymbol{x}|\theta_i), \; i = 1, \ldots, M$$

이고, 여기서 $c(\boldsymbol{x})$은 정량화상수이다.

기준사전들은 다음 성질들을 갖고 있다(Bernardo and Smith, 1994).

(1) 보조정리 2.20의 베이지안 충분성은 기준사전을 유도하는 데도 매우 유효하다. 즉, $(\boldsymbol{x}_1, \cdots, \boldsymbol{x}_n)$의 반복을 이용한 기준사전과 충분통계량 $\boldsymbol{t}_n = \boldsymbol{t}(\boldsymbol{x}_1, \cdots, \boldsymbol{x}_n)$을 이용한 기준사전은 동일하다.

(2) $\boldsymbol{x} \sim p(\boldsymbol{x}|\theta)$, $\boldsymbol{x} \in X$, $\theta \in \Theta$이고, $g: \Theta \to \Phi$은 $\phi = g(\theta)$인 일대일함수라고 하자. $\pi_\theta(\theta)$, $\pi_\phi(\phi)$은 $p(\boldsymbol{x}|\theta)$와 $p(\boldsymbol{x}|\phi)$에서 온 자료들의 실험으로 유도된 기준사전이라 한다. 이때 모든 $\phi \in \Phi$와 어떤 $c > 0$에 대하여,

ⓐ 만약 Θ가 이산형이면, $\pi_\phi(\phi) = c\pi_\theta(g^{-1}(\phi))$이다.

ⓑ 만약 $J_\phi = \dfrac{\partial g^{-1}(\phi)}{\partial \phi}$가 존재하면, $\pi_\phi(\phi) = c\pi_\theta(g^{-1}(\phi))|J_\phi|$이다.

(3) e_n은 $\boldsymbol{x} = \{\boldsymbol{x}_1, \ldots, \boldsymbol{x}_n\}$의 실험이며, $p(\boldsymbol{x}|\theta)$의 확률표본으로 $\boldsymbol{x} \in X$, $\theta \in \Theta \subseteq R$이다. 또한 $\boldsymbol{z}_{kn}$은 e_n의 동일한 k-반복 실험이다. 만약, $\hat{\theta}_{kn} = \hat{\theta}_{kn}(\boldsymbol{z}_{kn})$가 일치추정량이고(즉, 확률 일로써 $\lim\limits_{k\to\infty} \hat{\theta}_{kn} = \theta$), $k \to \infty$,

$$\int p(z_{kn}|\theta) \log \frac{p^*(\theta|z_{kn})}{p^*(\theta|\hat{\theta}_{kn})} dz_{kn} \to 0,$$

이면, 이때 모든 $c > 0$, $\theta_0 \in \Theta$에 대하여, 기준사전은 다음과 같이

$$\pi^R(\theta) = c \lim_{k\to\infty} \frac{f_{kn}^*(\theta)}{f_{kn}^*(\theta_0)} \quad , \ f_{kn}^*(\theta) = p^*(\theta|\hat{\theta}_{kn})\Big|_{\hat{\theta}_{kn} = \theta}$$

정의된다(연습문제).

예제 3.32 균등확률모형

실험 e은 관측치 $x_1, \cdots, x_n$, $n \geq 1$로 구성된 실험이다. 이때

$$x_i \sim U_{[\theta - \frac{1}{2}, \theta + \frac{1}{2}]}, \ \theta \in R.$$

만약 $\boldsymbol{t}_n = \left[x_{\min}^{(n)}, x_{\max}^{(n)}\right]$, $x_{\min}^{(n)} = \min\{x_1, \ldots, x_n\}$, $x_{\max}^{(n)} = \max\{x_1, \ldots, x_n\}$, 이때 $\boldsymbol{t}_n$은 θ의 충분통계량이다. $p(\theta)$가 θ의 사전분포라 하면,

$$p(\theta|x) = p(\theta|t_n) \propto p(\theta), \quad x_{\max}^{(n)} - \frac{1}{2} \leq \theta \leq x_{\min}^{(n)} + \frac{1}{2}.$$

따라서 사후분포의 근사식은

$$p^*(\theta|t_{kn}) \propto c, \quad x_{\max}^{(kn)} - \frac{1}{2} \leq \theta \leq x_{\min}^{(kn)} + \frac{1}{2}$$

이다. 다음은 쉽게 보일 수 있다(연습문제).

$$\int p(t_{kn}|\theta)\log p^*(\theta|t_{kn})dt_{kn} = E\left[-\log\left\{1-(x_{\max}^{(n)}-x_{\min}^{(n)})\right\}\middle|\theta\right]$$

$$\approx -\log\left\{1-\left(E\left[x_{\max}^{(kn)}\right]-E\left[x_{\min}^{(kn)}\right]\right)\right\}. \quad (3.48)$$

또한, $u = x_{\max}^{(kn)} - \theta + \frac{1}{2} \sim Be(u|kn,1)$, $v = x_{\min}^{(kn)} - \theta + \frac{1}{2} \sim Be(v|1,kn)$ (연습문제), 식 (3.48)은

$$-\log\left[1-\frac{kn}{kn+1}+\frac{1}{kn+1}\right] = \log\left(\frac{kn+1}{2}\right)$$

으로 계산되며, 따라서 $f_{kn}^*(\theta) = (kn+1)/2$,

$$\pi^R(\theta) = c\lim_{k\to\infty}\frac{(kn+1)/2}{(kn+1)/2} = c.$$

그러므로 실제적인 자료 $\boldsymbol{x} = (x_1,\cdots,x_n)$ 아래에서 θ의 기준사후는

$$\pi(\theta|x) \propto c, \quad x_{\max}^{(kn)} - \frac{1}{2} \le \theta \le x_{\min}^{(kn)} + \frac{1}{2}$$

이다.

정리 3.33 | (점근적 정규성 아래에서 기준사전)

e_n은 $\boldsymbol{x} = \{\boldsymbol{x}_1,\dots,\boldsymbol{x}_n\}$의 실험이며, $p(\boldsymbol{x}|\theta)$의 확률표본이고, 여기서 $\boldsymbol{x} \in X$, $\theta \in \Theta \subseteq R$이다. 이때 e_n의 k번 반복된 실험에서 θ의 점근사후분포가 정확도 $knh(\hat{\theta}_{kn})$을 갖는 정규분포를 가정하고, 여기서 $\hat{\theta}_{kn}$이 θ의 일치추정량이라고 하면, 기준사전은

$$\pi^R(\theta) \propto \{h(\theta)\}^{1/2} \quad (3.49)$$

인 형태를 갖는다.

증명 정칙조건 아래에서

$$p^*(\theta|\hat{\theta}_{kn}) = N\left(\theta|\hat{\theta}_{kn}, knh(\hat{\theta}_{kn})\right)$$

이다. 여기서 $\hat{\theta}_{kn}$은 θ의 어떤 일치추정량이다. 그러므로 성질 (3)에 의하면,

$$f^*_{kn}(\theta) = p^*(\theta|\hat{\theta}_{kn})\Big|_{\hat{\theta}_{kn}=\theta} = (2\pi)^{-1/2}\{h(\theta)\}^{1/2}$$

이고, 어떤 $c>0$, $\theta_0 \in \Theta$,

$$\pi^R(\theta) = c\lim_{k\to\infty}\frac{f^*_{kn}(\theta)}{f^*_{kn}(\theta_0)} = \frac{\{h(\theta)\}^{1/2}}{\{h(\theta_0)\}^{1/2}} \propto \{h(\theta)\}^{1/2}.$$

정리 3.33의 결과에 의하면 이는 "비 정보적" 사전들을 유도하기 위해서 Jeffreys(1946, 1961)와 Perks(1947)가 제안한 규칙들과 매우 유사하다.

전형적인 점근사후 정규성의 조건 아래에서

$$h(\theta) = \int p(x|\theta)\left(-\frac{\partial^2}{\partial\theta^2}\log p(x|\theta)\right)dx$$

을 구한다. 즉, 피셔정보이며, 그러므로 기준사전

$$\pi^R(\theta) \propto h(\theta)^{1/2}$$

은 제프리스 사전이 된다.

예제 3.34 이항 및 음이항 확률모형

$\boldsymbol{x} = \{\boldsymbol{x}_1, \ldots, \boldsymbol{x}_n\}$, $p(x|\theta) = \theta^x(1-\theta)^{1-x}$, $x \in \{0,1\}$, $0 \le \theta \le 1$이다. 이때

$$h(\theta) = -\sum_{x=0}^{1} p(x|\theta)\frac{\partial^2}{\partial\theta^2}\log p(x|\theta) = \theta^{-1}(1-\theta)^{-1}$$

이며, 정리 3.33에 의하면 기준사전은

$$\pi^R(\theta) \propto \theta^{-1/2}(1-\theta)^{-1/2}.$$

만약 $r = \sum_{i=1}^n x_i$이면, 기준사후는

$$\pi(\theta|x) \propto p(x|\theta)\pi^R(\theta) \infty \theta^{r-1/2}(1-\theta)^{n-r-1/2} \equiv Be(\theta|r+\frac{1}{2}, n-r+\frac{1}{2})$$

이다. 성공의 숫자 r이 무엇이든 간에 $\pi(\theta|x)$은 적절분포이다. 이 기준사전과 다음과 같은 Haldane(1948) 사전을 비교한다,

$$\pi^H(\theta) \infty \theta^{-1}(1-\theta)^{-1} \equiv Be(\theta|r, n-r)$$

이는 최소한 하나의 성공이 나타날 때까지 부적절사후분포이다.

$X \sim NB(r,\theta)$을 고려한다. 여기서 $r \geq 1$은 이미 지정된 성공의 횟수이다. 즉,

$$p(x|\theta) = \binom{x-1}{r-1}\theta^r(1-\theta)^{x-r}, \ \ x = r, r+1, \ldots.$$

이고,

$$h(\theta) = -\sum_{x=r}^{\infty} p(x|\theta)\frac{\partial^2}{\partial\theta^2}\log p(x|\theta) = r\theta^{-2}(1-\theta)^{-1}$$

이다. 다시 정리 3.33에 의하면 기준사전은

$$\pi^R(\theta) \propto \theta^{-1}(1-\theta)^{-1/2}$$

이고, 이에 대응되는 사후분포는

$$\pi(\theta|x) \propto p(x|\theta)\pi^R(\theta) \propto \theta^{r-1}(1-\theta)^{x-r-1/2} \equiv Be(\theta|r, x-r+\frac{1}{2}), \ x = r, r+1, \ldots.$$

여기서 $r=0$은 이 모형에서 불가능하다. 그러므로 r번째 성공이 나오는 x값이 무엇이든 간에 베타 사후분포는 적절하다.

3.1.6.3 장애모수가 있는 경우

$$\theta = (\phi, \lambda), \ \ \phi \in \Phi, \ \ \lambda \in \Lambda$$

인 경우를 고려하고, 여기서 ϕ은 관심 있는 모수, λ은 장애모수라 하자. z_k은 $p(x|\theta) = p(x|\phi,\lambda)$에서 온 하나의 관측치로 구성된 실험을 동일하게 k번 반복하여 나타난 실험이라 하자. 여기서 $p(\theta) = p(\phi,\lambda) = p(\phi)p(\lambda|\phi)$으로 표현할 수 있다.

잠시, $p(\lambda|\phi)$에 대한 적당한 기준 형태 $\pi(\lambda|\phi)$가 주어졌다 하고, $\pi(\phi)$을 정의하는 일만 남아 있다고 가정하자. 그럼, 정리 3.30에 의하여, ϕ에 대한 주변기준사전은

$$\pi(\phi) \propto \lim_{k\to\infty}[f_k^*(\phi)/f_k^*(\phi_0)], \ \ \ \phi, \ \phi_0 \in \Phi,$$

로 주어지고, 여기서

$$f_k^*(\phi) = \exp\left\{\int p(z_k|\phi)\log p^*(\phi|z_k)dz_k\right\}, \tag{3.50}$$

여기서 $p^*(\phi|z_k)$은 ϕ의 주변사후분포에 대한 점근근사식이다. 그리고

$$p(z_k|\phi)=\int p(z_k|\phi,\lambda)\pi(\lambda|\phi)d\lambda=\int\prod_{i=1}^{k}p(x_i|\phi,\lambda)\pi(\lambda|\phi)d\lambda.$$

ϕ을 조건화하면, 정리 3.30을 통해서 주어진 ϕ 아래에서 λ의 조건부기준사전은

$$\pi(\lambda|\phi)\propto\lim_{k\to\infty}\left[\frac{f_k^*(\lambda|\phi)}{f_k^*(\lambda_0|\phi)}\right],\quad \lambda,\lambda_0\in\Lambda,\ \phi\in\Phi$$

이며, 여기서

$$f_k^*(\lambda|\phi)=\exp\left\{\int p(z_k|\phi,\lambda)\log p^*(\lambda|\phi,z_k)dz_k\right\},$$

$p^*(\lambda|\phi,z_k)$은 주어진 ϕ아래에서 λ의 사후분포에 대한 점근근사식이다. 그리고

$$p(z_k|\phi,\lambda)=\prod_{i=1}^{k}p(x_i|\phi,\lambda).$$

주어진 실제 자료 x에 대하여, 위에서 설명된 과정에서 유도된 ϕ의 주변기준사후는 기준사전 $\pi(\theta)=\pi(\phi,\lambda)=\pi(\phi)\pi(\lambda|\phi)$을 통하여

$$\pi(\phi|x)\propto\int\pi(\phi,\lambda|x)d\lambda\propto\pi(\phi)\int p(x|\phi,\lambda)\pi(\lambda|\phi)d\lambda$$

로 표현된다.

일반적으로, 기준사전들은 전형적으로 적절분포함수들이 아니다. 이것은 앞에서 $\pi(\phi)$의 유도에서 중요한 역할을 한 $\pi(\lambda|\phi)$에서 유도된 적분된 형태

$$p(z_k|\phi)=\int p(z_k|\phi,\lambda)\pi(\lambda|\phi)d\lambda$$

은 전형적으로 적절한 확률모형이 아닌 것을 의미한다. 위의 접근방법은 그러한 경우들에서 실패한다. 분명하게, 이러한 기술적 문제를 극복하기 위해서는 더 적합한 방법이 요구된다.

$\boldsymbol{\theta}=(\phi,\lambda)$, $\phi\in\Phi$, $\lambda\in\Lambda$에 대한 기준사전을 정의하는 일반적인 문제를 다시 고려한다. 여기서 ϕ은 관심 있는 모수, λ은 장애모수라 하자. 또한 쌍 (ϕ,λ)을 모형의 순서매개변수화(ordered parametrization)라 인식한다.

정의 3.35 장애모수 아래에서 기준사전

$x \in X \sim p(x|\phi,\lambda)$, $(\phi,\lambda) \in \Phi \times \Lambda \subseteq R \times R$. 실험 e와 Λ의 부분집합들의 증가수열, $\{\Lambda_i(\phi)\}$, $\phi \in \Phi$, $\cup_i \Lambda_i(\phi) = \Lambda$에 대한; 관심 있는 모수 ϕ에 대한 기준사후 $\pi(\phi|x)$은 다음과 같은 절차로 정의된다.

(1) $p(x|\phi,\lambda)$에 정의 3.30을 적용하고, 고정된 ϕ에 대하여, λ의 조건부기준사전 $\pi(\lambda|\phi)$을 구한다.

(2) ϕ에 대하여, 적절사전들 $\pi_i(\lambda|\phi)$의 수열을 구하기 위하여 $\Lambda_i(\phi)$에서 $\pi(\lambda|\phi)$을 정량화한다.

(3) 위의 것들을 이용하여 다음과 같은 적분된 모형 $p_i(z_k|\phi)$의 수열들을 구한다.

$$p_i(z_k|\phi) = \int_{\Lambda_i(\phi)} p(z_k|\phi,\lambda)\pi_i(\lambda|\phi)d\lambda$$

(4) 위의 것들을 이용하여, 다음과 같은 기준사전 $\pi_i(\phi)$의 수열을 유도한다.

$$\pi_i(\phi) = c\lim_{k\to\infty}\frac{f_k^*(\phi)}{f_k^*(\phi_0)},$$

여기서 $f_k^*(\phi) = \exp\left\{\int p_i(z_k|\phi)\log p^*(\phi|z_k)dz_k\right\}$, 자료 x에 대하여 대응되는 기준사후는

$$\pi_i(\phi|x) \propto \pi_i(\phi)\int_{\Lambda_i(\phi)} p(x|\phi,\lambda)\pi_i(\lambda|\phi)d\lambda;$$

(5) $\delta\{\pi(\phi|x),\pi_i(\phi|x)\} \to 0,\ as\ i\to\infty$을 만족하는 $\pi(\phi|x)$을 정의한다.

순서매개변수화 (ϕ,λ)에 관련된 기준사전은

$$\pi(\phi|x) \propto \int p(x|\phi,\lambda)\pi(\phi,\lambda)d\lambda$$

을 만족한 양의 함수 $\pi(\phi,\lambda)$이다. 이는 전형적으로 단순하게

$$\pi(\phi,\lambda) = \lim_{k\to\infty}\frac{\pi_i(\phi)\pi_i(\lambda|\phi)}{\pi_i(\phi_0)\pi_i(\lambda_0|\phi_0)} \tag{3.51}$$

로 구한다.

장애모수 λ을 갖는 $\boldsymbol{\theta}=(\phi,\lambda)$, $\phi\in\Phi$, $\lambda\in\Lambda$의 기준사전은 다음 성질들을 갖는다(Bernardo and Smith, 1994).

(1) (장애모수들의 선택에 관한 불변성)

e및 e'은 각각 $p(\boldsymbol{x}|\phi,\lambda), (\phi,\lambda)\in\Phi\times\Lambda\subseteq R\times R$및 $p(\boldsymbol{x}|\phi,\psi)$, $(\phi,\psi)\in\Phi\times\Psi\subseteq R\times R$에서의 실험들이라 하자. 여기서 $\psi=g_{\phi}(\lambda)$일 때, $(\phi,\lambda)\rightarrow(\phi,\psi)$은 일대일변환이다. 이때 $[e,\{\Lambda_i(\phi)\}]$와 $[e',\{\Psi_i(\phi)\}]$에 대한 ϕ의 기준사후들은 동일하다. 여기서 $\Psi_i(\phi)=g_{\phi}\{\Lambda_i(\phi)\}$이다.

(2) (일대일변환 아래에서 불변성)

e은 $p(\boldsymbol{x}|\phi,\lambda), (\phi,\lambda)\in\Phi\times\Lambda\subseteq R\times R$에서, e'은 $p(\boldsymbol{x}|\gamma,\lambda), (\gamma,\lambda)\in\Gamma\times\Lambda\subseteq R\times R$에서의 실험들이라 하자. 여기서 $\gamma=g(\phi)$일 때 $[e,\{\Lambda_i(\phi)\}]$와 $[e',\{\Phi_i(\gamma)\}]$에 관한; ϕ와 γ의 기준사후들은 다음과 같은 관계가 있다. 여기서 $\Phi_i(\gamma)=\Lambda_i\{g(\phi)\}$이다.

(2-1) 만약 Φ가 이산형이면, $\pi_{\gamma}(\gamma|x)=\pi_{\phi}(g^{-1}(\gamma)|x)$;

(2-2) 만약 $|J_{g^{-1}}(\gamma)|=\dfrac{\partial g^{-1}(\gamma)}{\partial\gamma}$가 존재한다면, $\pi_{\gamma}(\gamma|x)=\pi_{\phi}(g^{-1}(\gamma)|x)|J_{g^{-1}}(\gamma)|$.

정리 3.36 | (점근적 정규성 아래에서 이변량 기준사전)

e_n은 $\boldsymbol{x}_1,\ldots,\boldsymbol{x}_n\sim p(\boldsymbol{x}|\phi,\lambda)$, $\boldsymbol{x}\in X$, $(\phi,\lambda)\in\Phi\times\Lambda\subseteq R\times R$인 실험의 결과라 하자. $\{\Lambda_i(\phi)\}$은 적당히 정의되는 Λ의 부분 집합들의 수열이라 하자. 만약 e_n의 k번 반복 실험아래에서, (ϕ,λ)의 결합점근사후분포가 정확도 행렬의 형태를 $H(\hat{\phi}_{kn},\hat{\lambda}_{kn})$로 갖는 다변량 정규분포이고, $(\hat{\phi}_{kn},\hat{\lambda}_{kn})$은 (ϕ,λ)의 일치추정량이다. 또한 $i=1,2,\ j=1,2$에 대하여 $\hat{h}_{ij}=h_{ij}(\hat{\phi}_{kn},\hat{\lambda}_{kn})$은 ϕ,λ에 대응되는 H의 분할이라 하자. 이때

$$\pi(\lambda|\phi)\propto\{h_{22}(\phi,\lambda)\}^{1/2}; \tag{3.52}$$

$$\pi(\phi,\lambda)=\pi(\lambda|\phi)\lim_{i\to\infty}\left\{\frac{\pi_i(\phi)c_i(\phi)}{\pi_i(\phi_0)c_i(\phi_0)}\right\},\quad \phi_0\in\Phi \tag{3.53}$$

은 순서매개변수화 (ϕ,λ)에 관한 기준사전을 정의한다. 여기서,

$$\pi_i(\phi)\propto\exp\left\{\int_{\Lambda_i(\phi)}\pi_i(\lambda|\phi)\log\left(\{h_{\phi}(\phi,\lambda)\}^{1/2}\right)d\lambda\right\},$$

$$\pi_i(\lambda|\phi)=c_i(\phi)\pi(\lambda|\phi)=\frac{\pi(\lambda|\phi)}{\int_{\Lambda_i(\phi)}\pi(\lambda|\phi)d\lambda}$$

과

$$h_\phi = (h_{11} - h_{12}h_{22}^{-1}h_{21}).$$

증명 (연습문제)

따름정리 3.37

정리 3.36의 조건들 아래에서 ϕ에 의존적이지 않는 Λ의 부분집합들의 적당한 증가수열을 선택한다고 가정한다, 또한

$$\{h_\phi(\phi,\lambda)\}^{1/2} = f_1(\phi)g_1(\lambda),\ \ \{h_{22}(\phi,\lambda)\}^{1/2} = f_2(\phi)g_2(\lambda)$$

으로 표현된다고 가정한다. 이때 순서매개변수화 (ϕ,λ)에 관한 기준사전은

$$\pi(\phi,\lambda) \propto f_1(\phi)g_2(\lambda)$$

이다.

증명 정리 3.36에 의하면, $\pi(\lambda|\phi) \propto f_2(\phi)g_2(\lambda)$이고, 그러므로

$$\pi_i(\lambda|\phi) = a_i g_2(\lambda)\ \ ,\ a_i^{-1} = \int_{\Lambda_i} g_2(\lambda)d\lambda$$

이다. 따라서

$$\pi_i(\phi) \propto \exp\left\{\int_{\Lambda_i} a_i g_2(\lambda)\log\left[f_1(\phi)g_1(\lambda)\right]d\lambda\right\} \propto b_i f_1(\phi)$$

여기서 $b_i = \int_{\Lambda_i} a_i g_2(\lambda)\log g_1(\lambda)d\lambda$이다.

예제 3.38 정규분포의 평균 및 표준편차

e_n은 정규분포 $N(\mu, \sigma^{-2})$에서 온 자료 $\boldsymbol{x} = \{x_1, \ldots, x_n\}$들의 실험이라고 하자. 이때 평균 μ와 표준편차 σ은 모두 미지의 상수들이다.

먼저, σ을 장애모수로 두고 μ에 대한 기준 해석을 한다. 이때 피셔정보행렬의 원소들은

$$h_{ij}(\mu,\sigma) = \int N(x|\mu,\sigma^{-2})\left\{-\frac{\partial^2 \log N(x|\mu,\sigma^{-2})}{\partial\theta_i\partial\theta_j}\right\}dx$$

으로 계산되며, 여기서 $\theta=(\mu,\sigma)$이다. 그러므로

$$H_\theta(\mu,\sigma)=\begin{pmatrix}\sigma^{-2} & 0\\ 0 & 2\sigma^{-2}\end{pmatrix}.$$

$$\{h_\mu(\mu,\sigma)\}^{1/2}=\sigma^{-1},\ \{h_{22}(\mu,\sigma)\}^{1/2}=\sqrt{2}\,\sigma^{-1}$$

으로 표현되므로, $\pi(\sigma|\mu)\propto\{h_{22}(\mu,\sigma)\}^{1/2}\propto\sigma^{-1}$이다. 예를 들면, $i=1,2,\cdots$에 대하여, $\Lambda_i=\{\sigma: e^{-i}\le\sigma\le e^i\}$은 μ에 의존적이지 않고 $\Lambda=R^+$의 부분집합들의 적당한 증가수열들이며, 이 구간에서 $\pi(\sigma|\mu)$은 정량화할 수 있다. 따라서 따름정리 3.37을 적용할 수 있다. 그러므로

$$\pi(\mu,\sigma)=\pi(\mu)\pi(\sigma|\mu)\propto 1\times\sigma^{-1}$$

$$\pi(\mu|x)\propto\int p(x|\mu,\sigma)\pi(\mu,\sigma)d\sigma\propto\pi(\mu)\int\prod_{i=1}^{n}N(x_i|\mu,\sigma)\pi(\sigma|\mu)d\sigma$$

$$\propto\int\sigma^{-n}\exp\left\{-\frac{n}{2\sigma^2}\left[(\overline{x}-\mu)^2+s^2\right]\right\}\sigma^{-1}d\sigma$$

$$\propto\int\lambda^{n/2-1}\exp\left\{-\frac{n\lambda}{2}\left[(\overline{x}-\mu)^2+s^2\right]\right\}d\lambda$$

$$\propto\left[s^2+(\mu-\overline{x})^2\right]^{-n/2}\equiv St(\mu|\overline{x},(n-1)s^{-2},n-1)$$

여기서 $ns^2=\sum(x_i-\overline{x})^2$이다.

역으로 μ와 σ의 역할을 변경하면, 즉 σ가 관심 있는 모수, μ가 장애모수라 하자. 이때 $\phi=(\sigma,\mu)$이라 표현하고,

$$H_\phi(\sigma,\mu)=\begin{pmatrix}2\sigma^{-2} & 0\\ 0 & \sigma^{-2}\end{pmatrix}$$

이며,

$$\{h_\sigma(\sigma,\mu)\}^{1/2}=\sqrt{2}\,\sigma^{-1},\ \{h_{22}(\sigma,\mu)\}^{1/2}=\sigma^{-1}$$

그리고 앞에서와 같이 유사한 해석으로,

$$\pi(\mu|\sigma)\propto\sigma^{-1}$$

이다. 예를 들면, $i=1,2,\cdots$에 대하여, $\Lambda_i=\{\mu;-e^i\le\mu\le e^i\}$은 σ에 의존적이지 않으며, $\Lambda=R$의 부분집합들의 적당한 수열이다.

$$\pi(\mu,\sigma) = \pi(\sigma)\pi(\mu|\sigma) \propto 1 \times \sigma^{-1}$$

$$\pi(\sigma|x) \propto \int p(x|\mu,\sigma)\pi(\mu,\sigma)d\mu \propto \pi(\sigma)\int \prod_{i=1}^{n} N(x_i|\mu,\sigma)\pi(\mu|\sigma)d\mu$$

$$\propto \sigma^{-n}\exp\left\{-\frac{ns^2}{2\sigma^2}\right\}\int \sigma^{-1}\exp\left\{-\frac{n}{2\sigma^2}(\mu-\overline{x})^2\right\}d\mu.$$

$\lambda = \sigma^{-1}$이라 두자. 이때

$$\pi(\lambda|x) \propto \lambda^{(n-1)/2-1}\exp\left\{\frac{1}{2}ns^2\lambda\right\} \equiv Gam\left(\lambda \left| \frac{1}{2}(n-1), \frac{1}{2}ns^2\right.\right)$$

또는

$$\pi(\lambda ns^2|x) = Gam\left(\lambda ns^2 \left| \frac{1}{2}(n-1), \frac{1}{2}\right.\right) \equiv \chi^2(\lambda ns^2|n-1).$$

예제 3.39 표준화 정규평균

예제 3.38과 동일한 조건들을 가정한다. 여기서 $\phi = \mu/\sigma$은 관심 있는 모수라 하자. 이때 $\psi = (\phi,\sigma) = g(\mu,\sigma)$은 당연히 일대일변환이다. 그리고

$$J_{g^{-1}}(\psi) = \begin{pmatrix} \frac{\partial\mu}{\partial\phi} & \frac{\partial\mu}{\partial\sigma} \\ \frac{\partial\sigma}{\partial\phi} & \frac{\partial\sigma}{\partial\sigma} \end{pmatrix} = \begin{pmatrix} \sigma & \phi \\ 0 & 1 \end{pmatrix}$$

과 Beranrdo and Smith(1994, Corollary 1 to Proposition 5.17)을 이용하면,

$$H_\Psi(\Psi) = J^t_{g^{-1}}(\psi)H_\theta(g^{-1}(\psi))J_{g^{-1}}(\psi) = \begin{pmatrix} 1 & \phi\sigma^{-1} \\ \phi\sigma^{-1} & \sigma^{-2}(2+\phi^2) \end{pmatrix}$$

이다. 다시, $\lambda_i = \{\sigma; e^{-i} \le \sigma \le e^i\}, i = 1,2,\ldots.$라 두면,

$$|h_\phi(\phi,\sigma)|^{1/2} = \frac{|h(\phi,\sigma)|^{1/2}}{|h_{22}(\phi,\sigma)|^{1/2}} \propto (2+\phi^2)^{-1/2}$$

$$|h_{22}(\phi,\sigma)|^{1/2} \propto (2+\phi^2)^{\frac{1}{2}}\sigma^{-1}$$

이다. 따라서 (ϕ,σ)의 기준사전은

$$\pi(\phi,\sigma) \propto (2+\phi^2)^{-1/2}\sigma^{-1}$$

이다. 그러므로

$$\pi(\mu,\sigma)\propto\left(2+\frac{\mu^2}{\sigma^2}\right)^{-1/2}\sigma^{-2},$$

이며, 이는 예제 3.38에서 얻어진 형태와는 분명하게 다르다.

3.1.6.4 다중모수들의 문제

순서매개변수화 (ϕ,λ)의 기준사전은 앞 절에서 $\pi(\lambda|\phi)\pi(\phi)$인 형태를 부여하기 위한 조건부로써 만들어졌다.

모형모수벡터 $\boldsymbol{\theta}$가 두 개 이상의 구성들을 갖고 있다면, 이러한 연속적인 조건부 아이디어는 $\boldsymbol{\theta}$을 순서매개변수화 $(\theta_1,\ldots,\theta_m)$로 인식함으로써 분명하게 확장할 수 있다. 연속적인 조건부로써, 이러한 순서매개변수화에 관한 다음 형태의 기준사전을 생성할 수 있다. 즉,

$$\pi(\boldsymbol{\theta})=\pi(\theta_m|\theta_1,\ldots,\theta_{m-1})\cdots\pi(\theta_2|\theta_1)\pi(\theta_1).$$

모수적 모형 $p(\boldsymbol{x}|\boldsymbol{\theta})$, $\boldsymbol{\theta}\in\boldsymbol{\Theta}$은 그것의 피셔정보행렬

$$H(\theta)=-E_{x|\theta}\left\{\frac{\partial^2}{\partial\theta_i\partial\theta_j}\log p(x|\theta)\right\}$$

가 완전계수(full rank)를 갖는다고 가정한다. 여기서

$$S(\theta)=H^{-1}(\theta)$$

라 하고, $S_j(\theta)$은 $S(\theta)$의 $j\times j$ 상단 왼쪽 부행렬을 나타내고, $h_j(\theta)$은 $S_j(\theta)$의 역행렬 $S_j^{-1}(\theta)$의 하단 오른쪽 원소를 나타낸다고 하자. 여기서 $\theta^{[j]}=(\theta_1,\ldots,\theta_j)$, $\theta_{[j]}=(\theta_{j+1},\ldots,\theta_m)$이라 하자.

마지막으로 $i=1,2,\ldots,$에 대하여 $\theta_i\in\Theta_i$을 갖는 $\boldsymbol{\Theta}=\Theta_1\times\cdots\times\Theta_m$이라 가정하고, $l=1,2,\cdots$에 대하여 $\{\Theta_i^l\}$은 Θ_i의 콤팩트(compact) 부분집합들의 증가수열을 나타내고,

$$\Theta_{[j]}^l=\Theta_{j+1}^l\times\cdots\times\Theta_m^l$$

라 정의한다.

정리 3.40 | (점근적 정규성 아래에서 순서화 기준사전)

순서매개변수화 $(\theta_1,\ldots,\theta_m)$에 관한 기준사전 $\pi(\boldsymbol{\theta})$은 적당한 $\boldsymbol{\theta}^*\in\Theta$에 대해,

$$\pi(\boldsymbol{\theta})=\lim_{l\to\infty}\frac{\pi^l(\boldsymbol{\theta})}{\pi^l(\boldsymbol{\theta}^*)}$$

으로 주어지고, 여기서 $\pi^l(\boldsymbol{\theta})$은 다음 절차들에 의하여 정의된다.

(1) $j=m$과 $\theta_m\in\Theta_m^l$에 대하여,

$$\pi_m^l\left(\theta_{[m-1]}|\theta^{[m-1]}\right)=\pi_m^l\left(\theta_m|\theta_1,\ldots,\theta_{m-1}\right)=\frac{\{h_m(\theta)\}^{1/2}}{\int_{\Theta_m^l}\{h_m(\theta)\}^{1/2}d\theta_m}$$

(2) $j=m-1,m-2,\ldots,2$와 $\theta_j\in\Theta_j^l$에 대하여,

$$\pi_j^l\left(\theta_{[j-1]}|\theta^{[j-1]}\right)=\pi_{j+1}^l\left(\theta_{[j]}|\theta^{[j]}\right)\frac{\exp\left\{E\left[\log\{h_j(\theta)\}^{1/2}\right]\right\}}{\int_{\Theta_m^l}\exp\left\{E\left[\log\{h_j(\theta)\}^{1/2}\right]\right\}d\theta_j}$$

여기서 $E_j^l\left[\log\{h_j(\theta)\}^{1/2}\right]=\int_{\Theta_{[j]}^l}\log\{h_j(\theta)\}^{1/2}\pi_{j+1}^l\left(\theta_{[j]}|\theta^{[j]}\right)d\theta_{[j]}$

(3) $j=1$, $\theta_{[0]}=\theta$이며 $(\theta^{[0]}=\varnothing)$, 그리고

$$\pi^l(\theta)=\pi_1^l\left(\theta_{[0]}|\theta^{[0]}\right).$$

증명 이는 정리 3.36의 증명과 매우 유사하다. 보다 자세한 내용들은 Berger and Bernardo (1992)을 참고하라.

따름정리 3.41

만약 $j=1,\ldots,m$에 대하여 $h_j(\theta)$가 오직 $\theta^{[j]}$에 의존적이면, 이때

$$\pi^l(\theta)=\prod_{j=1}^m\frac{\{h_j(\theta)\}^{1/2}}{\int_{\Theta_j^l}\{h_j(\theta)\}^{1/2}d\theta_j},\quad \theta\in\Theta^l.$$

만약 $H(\theta)$가 다음과 같은 블록 대각행렬이면(즉, $\theta_1,\cdots,\theta_m$가 상호직교)

$$H(\theta)=\begin{pmatrix}h_{11}(\theta) & 0 & \cdots & 0\\ 0 & h_{22}(\theta) & \cdots & 0\\ \cdots & \cdots & \cdots & \cdots\\ 0 & 0 & \cdots & h_{mm}(\theta)\end{pmatrix},$$

이때 $j=1,\ldots,m$에 대하여, $h_j(\theta)=h_{jj}(\theta)$이다. 더구나,

$$\{h_{jj}(\theta)\}^{1/2}=f_j(\theta_j)g_j(\theta)$$

이면, 여기서 $g_j(\theta)$은 θ_j에 의존적이 아니다. 그리고 만약에 Θ_j^l들이 Θ에 의존적이 아니면, 이때

$$\pi(\theta)\propto\prod_{j=1}^{m}f_j(\theta_j).$$

예제 3.42 **m개의 정규평균들에 대한 기준사전**

e_n은 정규분포 $N_m(x|\mu,\tau I_m)$, $m\ge 1$의 확률표본 $x=(x_1,\cdots,x_n)$, $n\ge 2$으로 수행된 실험이라고 하자. 여기서 τ은 표준편차의 역수이다(즉, τ^2은 정확도). 이때 피셔정보행렬은

$$H(\mu,\tau)=\begin{pmatrix}\tau I_m & 0\\ 0 & mn/(2\tau^2)\end{pmatrix}.$$

정리 3.41에 의하면, 자연매개변수화 $(\mu_1,\ldots,\mu_m,\tau)$에 관한 기준사전은

$$\pi(\mu_1,\ldots,\mu_m,\tau)\propto\tau^{-1}.$$

본 예에서는 당연히 모든 모수들이 상호 직교이므로 이 결과들은 매개변수화의 순서에 의존적이지 않다. 기준사전 $\pi(\mu_1,\ldots,\mu_m,\tau)\propto\tau^{-1}$ 또는 만약 $\sigma=\tau^{-1/2}$이면, $\pi(\mu_1,\ldots,\mu_m,\sigma)\propto\sigma^{-1}$은 어느 모수에 관심이 있더라도 적절한 기준 형태이다.

μ_j에 대한 참고 사후는 쉽게 스튜던트의 t-분포임을 보일 수 있다. 즉,

$$\pi(\mu_j|x_1,\ldots,x_n)=St(\mu_j|\overline{x_j},(n-1)s^{-2},m(n-1))$$

여기서, $n\overline{x_j}=\sum_{i=1}^{n}x_{ij}$, $nms^2=\sum_{i=1}^{n}\sum_{j=1}^{m}(x_{ij}-\overline{x_j})^2$이다.

예제 3.43 **다항확률모형(Berger and Bernardo, 1992b)**

$x=\{r_1,\ldots,r_m\}$은 다항분포의 자료라 하자.

$$p(r_1,\ldots,r_m|\theta_1,\ldots,\theta_m)=\frac{n!}{r_1!\cdots r_m!(n-\Sigma r_i)!}\theta_1^{r_1}\cdots\theta_m^{r_m}(1-\Sigma\theta_i)_i^{n-\Sigma r}.$$

이것의 피셔정보행렬

$$H(\theta_1,\ldots,\theta_m)=\begin{bmatrix} \frac{1+\theta_1-\Sigma\theta_i}{\theta_1} & 1 & \cdots & 1 \\ 1 & \frac{1+\theta_2-\Sigma\theta_i}{\theta_2} \cdots & & 1 \\ \cdots & \cdots & \cdots & \cdots \\ 1 & 1 & \cdots & \frac{1+\theta_m-\Sigma\theta_i}{\theta_m} \end{bmatrix}$$

은 쉽게 구할 수 있고(연습문제), 따라서

$$|H|=\left[\left(1-\sum_{i=1}^{m}\theta_1\right)\prod_{i=1}^{m}\theta_i\right]^{-1}.$$

또한, $H^{-1}(\theta_1,\ldots,\theta_m)$은

$$H^{-1}(\theta_1,\ldots,\theta_m)=\begin{bmatrix} \theta_1(1-\theta_1) & -\theta_1\theta_2 & \cdots & -\theta_1\theta_m \\ -\theta_1\theta_2 & \theta_2(1-\theta_2)\cdots & & -\theta_2\theta_m \\ \cdots & \cdots & \cdots & \cdots \\ -\theta_1\theta_m & -\theta_2\theta_m & \cdots & \theta_m(1-\theta_m) \end{bmatrix},$$

이다. 정리 3.36에서 사용된 조건부 점근적 정확도에 의하면,

$$\pi(\theta_j|\theta_1,\ldots,\theta_{j-1})\propto\left(\frac{1+\Sigma_{i=1}^{j-1}\theta_i}{\theta_j}\right)^{1/2}\left(\frac{1}{1+\Sigma_{i=1}^{j}\theta_i}\right)^{1/2},\ \ \theta_j\le 1-\sum_{i=1}^{j-1}\theta_i$$

이다. 따라서 순서매개변수화$(\theta_1,\cdots,\theta_m)$에 관한 요구되는 기준사전은

$$\begin{aligned}\pi(\theta_1,\ldots,\theta_m)&\propto\pi(\theta_1)\pi(\theta_2|\theta_1)\cdots\pi(\theta_m|\theta_1,\ldots,\theta_{m-1})\\ &\propto\theta_1^{-1/2}(1-\theta_1)^{-1/2}\theta_2^{-1/2}(1-\theta_1-\theta_2)^{-1/2}\cdots\theta_m^{-1/2}(1-\theta_1-\cdots-\theta_m)^{-1/2}\end{aligned}$$

로 주어지며, θ_1에 대한 기준사후는

$$\begin{aligned}\pi(\theta_1|r_1,\ldots,r_m)&\propto\int p(r_1,\ldots,r_m|\theta_1,\ldots,\theta_m)\pi(\theta_1,\ldots,\theta_m)d\theta_2,\ldots,d\theta_m\\ &\propto\int\theta_1^{r_1-1/2}\cdots\theta_m^{r_m-1/2}(1-\Sigma\theta_i)^{n-\Sigma r_i-1/2}\\ &\quad\times(1-\theta_1)^{-1/2}(1-\theta_1-\theta_2)^{-1/2}\cdots(1-\theta_1-\cdots-\theta_m)^{-1/2}d\theta_2\cdots d\theta_m\end{aligned}$$

이다. 약간의 대수적 계산 후

$$\pi(\theta_1|r_1,...,r_m) = Be\left(\theta_1|r_1+\frac{1}{2}, n-r_1+\frac{1}{2}\right)$$

이다.

예제 3.44 정규상관계수

확률벡터 $\boldsymbol{x}=(x_1,\cdots,x_n), n \geq 2$은 정규분포 $N_2(x|\mu,\tau)$의 확률표본이라 하자. 이때

$$\mu=\begin{pmatrix}\mu_1\\ \mu_2\end{pmatrix}, \quad \tau^{-1}=\begin{pmatrix}\sigma_1^2 & \rho\sigma_1\sigma_2\\ \rho\sigma_1\sigma_2 & \sigma_2^2\end{pmatrix}.$$

상관계수 ρ에 관심이 있다 가정하고, 순서매개변수화 $\{\rho,\mu_1,\mu_2,\sigma_1,\sigma_2\}$을 고려한다. 이때 그것의 피셔정보행렬은

$$H(\rho,\mu_1,\mu_2,\sigma_1,\sigma_2)=(1-\rho^2)^{-1}\begin{bmatrix}\frac{1+\rho^2}{1-\rho^2} & 0 & 0 & \frac{-\rho}{\sigma_1} & \frac{-\rho}{\sigma_2}\\ 0 & \frac{1}{\sigma_1^2} & \frac{-\rho}{\sigma_1\sigma_2} & 0 & 0\\ 0 & \frac{-\rho}{\sigma_1\sigma_2} & \frac{1}{\sigma_2^2} & 0 & 0\\ \frac{-\rho}{\sigma_1} & 0 & 0 & \frac{2-\rho^2}{\sigma_1^2} & \frac{-\rho^2}{\sigma_1\sigma_2}\\ \frac{-\rho}{\sigma_2} & 0 & 0 & \frac{-\rho^2}{\sigma_1\sigma_2} & \frac{2-\rho^2}{\sigma_2^2}\end{bmatrix}$$

이며,

$$H^{-1}=\begin{bmatrix}(1-\rho^2)^2 & 0 & 0 & \frac{\sigma_1}{2}\rho(1-\rho^2) & \frac{\sigma_2}{2}\rho(1-\rho^2)\\ 0 & \sigma_1^2 & \rho\sigma_1\sigma_2 & 0 & 0\\ 0 & \rho\sigma_1\sigma_2 & \sigma_2^2 & 0 & 0\\ \frac{\sigma_1}{2}\rho(1-\rho^2) & 0 & 0 & \frac{\sigma_1^2}{2} & \rho^2\frac{\sigma_1\sigma_2}{2}\\ \frac{\sigma_2}{2}\rho(1-\rho^2) & 0 & 0 & \rho^2\frac{\sigma_1\sigma_2}{2} & \frac{\sigma_1^2}{2}\end{bmatrix}.$$

약간의 대수적 계산 후, 장애모수 $\mu_1,\mu_2,\sigma_1,\sigma_2$의 순서에 상관없이

$$\pi(\rho,\mu_1,\mu_2,\sigma_1,\sigma_2) \propto (1-\rho^2)^{-1}\sigma_1^{-1}\sigma_2^{-1}.$$

이는 Lindley(1965, p 219) 해석과 동일하다. 더구나, Fisher(1915)의 최초 해석에서 기대하는 것과 같이, ρ의 대응되는 기준사후는

$$\pi(\rho|x_1,\ldots,x_n) \propto \frac{(1-\rho^2)^{(n-3)/2}}{(1-\rho r)^{n-3/2}} F\left(\frac{1}{2},\frac{1}{2},n-\frac{1}{2,}\frac{1+\rho r}{2}\right)$$

이며, 이는 오직 표본 상관 계수 r을 통한 자료에 의존한다. 또한 이 표본분포는 오직 ρ에 의존적이다(Bayarri, 1981).

예제 3.45 Chung and Dey, 1998

다음과 같은 일원분산성분모형(또는 확률효과모형)을 고려한다. 즉,

$$y_{ij} = \mu + \alpha_i + \varepsilon_{ij}, \quad i = 1, \cdots I, \ \ j = 1, \cdots J$$

이다. 여기서 μ을 전체 평균을 의미하고, 각 그룹에서의 평균 $\alpha_i \sim N(0, \sigma_\alpha^2)$와 오차항 $\varepsilon_{ij} \sim N(0, \sigma_e^2)$이라 가정하자. 또한, α_i들과 ϵ_{ij}들은 독립이라 가정한다. 따라서 주어진 모형은

$$y_{ij} = \mu_i + \varepsilon_{ij}, \ \ i = 1, \cdots, I, \quad j = 1, \cdots J$$

로 표현할 수 있으며, 여기서 $\mu_i = \mu + \alpha_i \sim N(\mu, \sigma_\alpha^2)$으로 이해하면,

$$y_{ij} \sim N(\mu, \sigma_\alpha^2 + \sigma_e^2)$$

이다. $j \neq j'$이면,

$$Cov(y_{ij}, y_{ij'}) = Cov(\alpha_i + \varepsilon_{ij}, \alpha_i + \varepsilon_{ij'}) = \sigma_\alpha^2$$

과

$$\rho(y_{ij}, y_{ij'}) = \frac{\sigma_\alpha^2}{\sqrt{(\sigma_\alpha^2 + \sigma_e^2)^2}} = \frac{\sigma_\alpha^2}{\sigma_\alpha^2 + \sigma_e^2}$$

이고, 이때 ρ은 급내상관계수라고 한다. 또한 $\phi = J\frac{\sigma_\alpha^2}{\sigma_e}$는 분산성분의 비이다. Ye(1994)는 Berger and Bernardo(1992)의 알고리즘을 이용하여 $(\mu, \sigma_\epsilon, \phi)$의 기준사전분포가 모수들의 중요한 순서에 따라서

$$\pi(\phi,\mu,\sigma^2) \propto \sigma^{-a}(1+\phi)^{-b}$$

임을 보였다. 여기서 a, b은 적당한 양의 정수들이다. Chung and Dey(1998)은 ρ의 중요도에 관심을 갖고 기준사전을 다음과 같이 구하였다. 여기서 $(\rho, \mu, \sigma_\epsilon)$의 우도 함수는

$$l(\mu,\sigma_\epsilon^2,\rho) = (\sigma_\epsilon^2)^{-\frac{IJ}{2}}\left(\frac{1+(J-1)\rho}{1-\rho}\right)^{-\frac{I}{2}}\exp\left\{-\frac{1}{2\sigma_\epsilon^2}\left[\frac{IJ(1-\rho)}{1+(J-1)\rho}(y_{..}-\mu)^2 + \frac{J(1-\rho)}{1+(J-1)\rho}\sum_{i=1}^{I}(y_{i.}-y_{..})^2 + \sum_{i=1}^{I}\sum_{j=1}^{J}(y_{ij}-y_{i.})^2\right]\right\}$$

이며, 여기서 $y_{i.} = \Sigma_{j=1}^J \frac{y_{ij}}{J}$와 $y_{..} = \Sigma_{i=1}^I \frac{y_{i.}}{I}$이다.

Datta and Ghosh(1994)의 기준사전분포의 불변성을 이용하면, $(\rho, \mu, \sigma_\epsilon)$의 기준사전 분포는

$$\pi^R(\rho,\mu,\sigma_\epsilon^2) \propto \sigma^{-a}\{1+(J-1)\rho\}^{-c}(1-\rho)^{-d}$$

임을 보였다. 여기서 a, c, d은 적당한 양의 정수들이다.

3.1.7 확률대응사전분포

3.1.7.1 서론

어떤 구간의 사후확률과 포함확률(coverage probability)을 동일하게 하는(정확하게 또는 근사적으로) 사전분포를 확률대응사전(probability matching prior)이라고 말한다. 예를 들면, $X|\theta \sim N(\theta,1)$이라 하고, θ은 미지의 상수라 하자. 이때 $\theta \sim \pi(\theta)=1$인 균등분포를 사전분포로 이용한다면, $\theta|X \sim N(X,1)$이다. 그러므로 $[X-\theta|\theta]$과 $[\theta-X|X]$은 동일한 정규분포를 갖는다. 따라서 $\theta_\alpha(X) = X+z_\alpha$라 두면,

$$P^\pi\{\theta \le \theta_\alpha(X)|X\} = P_\theta\{\theta \le \theta_\alpha(X)\} = \alpha, \tag{3.54}$$

여기서, z_α은 표준정규분포의 α번째 분위수이고, $P^\pi\{\cdot|X\}$은 사전분포 $\pi(\theta)$ 아래에서의 사후확률측도, $P_\theta\{\cdot\}$은 모수 θ아래에서 빈도론자 확률측도를 나타낸다. 따라서 균등사전은 하나의 정확한 확률대응사전이다. 그러나 일반적으로 모든 경우에서 정확한 확률대응사전을 찾기란 거의 불가능하다. 따라서 우리는 적당한 오차 범위 안에서 확률

대응사전을 찾고자 한다.

$X_1,\cdots,X_n \sim f(x|\theta)(i.i.d.)$이고, $\theta=(\theta_1,\cdots,\theta_p)'$, θ_1은 관심있는 모수라고 하자. $\pi(\theta)$은 θ의 사전분포라 하자. 또한 $\theta_1^{(1-\alpha)}(\pi,X)$은 주어진 자료 X 아래에서 θ_1의 $(1-\alpha)$번째 사후분위수라 하자. 즉,

$$P^{\pi}\{\theta_1 \le \theta_1^{(1-\alpha)}(\pi,X)|\ X\}=1-\alpha.$$

$r=1$ 또는 2에 대하여,

$$P_\theta\{\theta_1 \le \theta_1^{(1-\alpha)}(\pi,X)\}=1-\alpha+o(n^{-r/2}) \tag{3.55}$$

인 관계를 만족하는 사전분포 $\pi(\theta)$을 고려한다. 여기서, $0<\alpha<1$, n은 표본의 수이다.

정의 3.46 확률대응사전

$r=1$ 또는 2에 대하여, 식 (3.55)을 만족하는 사전분포들을 각각 일차확률대응사전 또는 이차확률대응사전이라고 한다.

우선 표기의 편의상 다음과 같이 정의하기로 한다.

$$l(\theta)=n^{-1}\sum_{i=1}^{n}\log f(X_i;\theta),\ D_j=\partial/\partial\theta_j,\ j=1,\cdots,p.\ V_j=D_j\log f(X_1;\theta),$$
$$V_{jr}=D_jD_r\log f(X_1;\theta),\ V_{jrs}=D_jD_rD_s\log f(X_1;\theta),\ L_{jrs}=E_\theta(V_{jrs}).$$

$I(\theta)=(I_{jr})_{p\times p}$, $I_{jr}=-E_\theta(V_{jr})$은 하나의 자료에 근거한 피셔정보행렬이며, 또는 기대정보행렬이라고도 한다. 앞으로 $I^{-1}(\theta)=(I^{jr})_{p\times p}$, $\tau^{jr}=I^{j1}I^{r1}/I^{11}$와 $\sigma^{jr}=I^{jr}-\tau^{jr}$라 정의한다.

정리 3.47

(a) 사전분포 $\pi(\theta)$가 일차확률대응사전일 필요충분조건은 다음과 같은 편미분 방정식을 만족한다. 즉,

$$\Delta_1(\pi,\theta)=\sum_{j=1}^{p}D_j\{\pi(\theta)I^{j1}(I^{11})^{-1/2}\}=0 \tag{3.56}$$

(b) 사전분포 $\pi(\theta)$가 이차확률대응사전일 필요충분조건은 $\Delta_1(\pi,\theta)=0$와 추가적으로 다음과 같은 편미분방정식을 만족한다. 즉,

$$\Delta_2(\pi,\theta) = \frac{1}{3}\sum_{v=1}^{p}\sum_{j=1}^{p}\sum_{r=1}^{p}\sum_{s=1}^{p}\frac{\partial}{\partial\theta_v}\left\{L_{jrs}\tau^{jr}(3\sigma^{sv}+\tau^{sv})\pi(\theta)\right\} - \sum_{j=1}^{p}\sum_{r=1}^{p}\frac{\partial^2}{\partial\theta_j\partial\theta_r}\{\tau^{jr}\pi(\theta)\} = 0\ . \tag{3.57}$$

정리 3.47의 (a)는 Peers(1965)에 의하여 처음으로 증명되었고, (b)는 Mukerjee and Ghosh(1997)에 의하여 증명되었다.

매개변수직교아래에서 표준 정칙성을 이용하면(즉, $I_{21} = \cdots = I_{p1} = 0$), 식 (3.56)과 식 (3.57)은 각각 다음 식들로 간편화된다. 즉,

$$D_1\left\{\pi(\theta)I_{11}^{-1/2}\right\} = 0\ , \tag{3.58}$$

$$\sum_{s=2}^{p}\sum_{u=2}^{p}D_u\left\{\pi(\theta)I_{11}^{-1}I^{su}L_{11s}\right\} + \frac{1}{3}D_1\left\{\pi(\theta)I_{11}^{-2}L_{111}\right\} - D_1^2\left\{\pi(\theta)I_{11}^{-1}\right\} = 0\ , \tag{3.59}$$

이다.

3.1.7.2 축소방법(Shrinkage Arguments)

축소방법은 확률대응사전을 발전시키는 매우 중요한 수학적 기법이다. 이는 최초로 Mukerjee이 제안하였고(Ghosh and Mukerjee, 1991, Ghosh 1994), Bickel and Ghosh(1990)에 의하여 예시되었다. 또한, 축소방법들의 설명은 Mukerjee and Reid(2000), Ghosh and Mukerjee(2004) 등에 있다.

확률벡터 $X \sim g(x;\theta)$, $\theta\in\Theta \subset R^p$이고, q가 가측함수일 때,

$$E_\theta\{q(X,\theta)\} < \infty$$

을 계산하고자 한다. 만약 q가 지시함수이면, $E_\theta\{q(X,\theta)\}$는 빈도론자 확률이다.

다음 단계들은 $E_\theta\{q(X,\theta)\}$을 계산하기 위한 베이즈 접근 방법을 설명할 수 있다.

단계 1: $\overline{\pi}(\theta)$의 지지구간 $C\subset\Theta$은 콤팩트 사각형이며, $\theta\in\partial C$ (C의 경계)에서 $\overline{\pi}(\theta)=0$이며, $\theta\in Int(C)$(내점)에서 $\overline{\pi}(\theta)>0$을 만족하는 정상 사전분포이다. 보통 $\overline{\pi}(\theta)$의 지지구간은 그것들이 양의 값을 갖는 집합으로 폐포이다. 이 때, 사전분포 $\overline{\pi}(\theta)$ 아래에서 $q(X,\theta)$의 사후기댓값

$$E^{\overline{\pi}}\{q(X,\theta)|X\}$$

을 계산한다.

단계 2: $\theta \in Int(C)$에서, $\lambda(\theta) = E_\theta E^{\bar{\pi}}\{q(X,\theta) | X\}$을 계산한다.

단계 3: $\bar{\pi}(\theta)$가 참값 θ에서 퇴화사전분포에 약하게 수렴하고, 참값 θ가 $Int(C)$에 있다고 가정한다. 이때, $\bar{\pi}(\theta)$에 대하여 $\lambda(\theta)$을 적분하면 $\int \lambda(\theta)\bar{\pi}(\theta)d\theta$이므로 $\lambda(\theta) = E_\theta\{q(X,\theta)\}$임을 보일 수 있다.

증명 주어진 사전분포 $\bar{\pi}(\theta)$아래에서, θ의 사후분포는

$$\pi(\theta|X) = g(X;\theta)\bar{\pi}(\theta)/m(X),$$

로 표현되며, 여기서 $m(X) = \int g(X;\theta)\bar{\pi}(\theta)d\theta$이다.

단계 1 : 따라서

$$E^{\bar{\pi}}\{q(X,\theta)|X\} = K(X)/m(X),$$

여기서 $K(X) = \int q(X,\theta)g(X;\theta)\bar{\pi}(\theta)d\theta$ 이다.

단계 2 : $$\lambda(\theta) = E_\theta E^{\bar{\pi}}\{q(X,\theta) | X\} = \int \{K(x)/m(x)\}g(x;\theta)dx.$$

단계 3 :

$$\begin{aligned}\int \lambda(\theta)\bar{\pi}(\theta)d\theta &= \iint \{K(x)/m(x)\}g(x;\theta)\bar{\pi}(\theta)dxd\theta \\ &= \int \{K(x)/m(x)\}\left\{\int g(x;\theta)\bar{\pi}(\theta)d\theta\right\}dx \\ &= \int K(x)dx = \iint q(x,\theta)g(x;\theta)\bar{\pi}(\theta)d\theta dx \\ &= \int \left\{\int q(x,\theta)g(x;\theta)dx\right\}\bar{\pi}(\theta)d\theta \\ &= \int [E_\theta\{q(X,\theta)\}]\bar{\pi}(\theta)d\theta.\end{aligned}$$

단계 3의 가정에 의하여 $\lambda(\theta) = E_\theta\{q(X,\theta)\}$ 이다.

따라서 단계 3에 있는 조건 때문에, 현재의 베이즈 접근 방법은 축소방법에 근거하였다고 말할 수 있다.

예제 3.48

$X_1,\cdots,X_n \sim f(x;\theta)$ $(i.i.d.)$, $\theta \in R^1$이라 하자. 이때 $X=(X_1,\cdots,X_n)^T$이고, $\hat{\theta}$은 θ의 최대우도추정값이라고 한다. 여기서 오차 $o(n^{-1/2})$안에서

$$P_\theta\{n^{1/2}(\hat{\theta}-\theta) \le u\} = E_\theta\{q(X,\theta)\} \tag{3.60}$$

을 계산하는 문제를 고려한다. 여기서 만약 $n^{1/2}(\hat{\theta}-\theta) \le u$이면 $q(X,\theta)=1$이고 그 외에는 영이다. 또한, $P_\theta\{\cdot\}$은 θ 아래에서 빈도론자 확률측도이고, 상수 u은 n과 θ에 관계가 없다(Johnson, 1970; Bhattacharya and Ghosh, 1978). 이를 위하여 앞에서 소개된 축소방법을 적용하고자 한다.

$$\ell(\theta)=n^{-1}\sum_{i=1}^{n}\log f(X_i;\theta),\ c=-\ell''(\hat{\theta}),\ a=\ell'''(\hat{\theta}) \tag{3.61}$$

이라 하자.

$\overline{\pi}(\theta)$의 지지구간 $C \subset \Theta$은 콤팩트 사각형이고, $\theta \in \partial C$(C의 경계)에서 $\overline{\pi}(\theta)=0$이며. $\theta \in Int(C)$(내점)에서 $\overline{\pi}(\theta)>0$을 만족하는 적절사전분포라고 가정한다(Bickel and Ghosh, 1990).

단계 1: 사전분포 $\overline{\pi}(\theta)$아래에서 θ의 사후분포는

$$\pi(\theta|X)=\frac{\overline{\pi}(\theta)\exp\{n\ell(\theta)\}}{\int\overline{\pi}(\theta)\exp\{n\ell(\theta)\}d\theta}=\frac{\overline{\pi}(\theta)\exp\left[n\{\ell(\theta)-\ell(\hat{\theta})\}\right]}{\int\overline{\pi}(\theta)\exp\left[n\{\ell(\theta)-\ell(\hat{\theta})\}\right]d\theta}$$

로 주어진다. 그러므로 사전분포 $\overline{\pi}(\theta)$ 아래에서 $y=(nc)^{1/2}(\theta-\hat{\theta})$의 사후분포는

$$\overline{\pi}^*(y|X)=\frac{b(y,X)}{\int b(y,X)dy}, \tag{3.62}$$

으로 표현되며, 여기서

$$b(y,X)=\overline{\pi}\{\hat{\theta}+(nc)^{-1/2}y\}\exp(n[\ell\{\hat{\theta}+(nc)^{-1/2}y\}-\ell(\hat{\theta})]). \tag{3.63}$$

$l'(\hat{\theta})=0$이고, 식 (3.61)과 (3.63)에 의하여, $\hat{\theta}$에서 테일러 확장을 하면,

$$b(y,X)=\overline{\pi}(\hat{\theta})\left\{1+n^{-1/2}(A_1y+A_3y^3)\right\}\exp\left(-\frac{1}{2}y^2\right)+o(n^{-1/2}) \tag{3.64}$$

여기서, $$A_1 = c^{-1/2}\overline{\pi}'(\hat{\theta})/\overline{\pi}(\hat{\theta}), \quad A_3 = \frac{1}{6}c^{-3/2}a. \tag{3.65}$$

그러므로

$$\int b(y, X)dy = \overline{\pi}(\hat{\theta})\sqrt{2\pi} + o(n^{-1/2}). \tag{3.66}$$

식 (3.62), (3.64) 및 (3.66)에 의하면,

$$\begin{aligned} \overline{\pi}^*(y|X) &= \phi(y)\{1+n^{-1/2}(A_1y + A_3y^3)\} + o(n^{-1/2}) \quad (3.67) \\ &= \phi(y)[1 + n^{-1/2}\{G_1J_1(y) + G_3J_3(y)\}] + o(n^{-1/2}), \end{aligned}$$

여기서, $$G_1 = A_1 + 3A_3, \quad G_3 = A_3, \tag{3.68}$$

$\phi(\cdot)$는 표준 정규밀도함수, $J_i(\cdot)$은 차수(degree) i인 에르미트 다항식이며, 다음과 같이 정의된다. 즉,

$$\frac{d^i}{dy^i}\phi(y) = (-1)^i J_i(y)\phi(y). \tag{3.69}$$

$$\begin{aligned} E^{\overline{\pi}}\{q(X,\theta)|X\} &= P^{\overline{\pi}}\{n^{1/2}(\hat{\theta}-\theta) \le u|X\} = P^{\overline{\pi}}\{y \ge -uc^{1/2}|X\} \\ &= \int_{-uc^{1/2}}^{\infty}\phi(y)[1 + n^{-1/2}\{G_1J_1(y) + G_3J_3(y)\}]dy + o(n^{-1/2}) \\ &= \Phi(uc^{1/2}) + n^{-1/2}\{G_1 + G_3(u^2c-1)\}\phi(uc^{1/2}) + o(n^{-1/2}) \\ &= \Phi(uc^{1/2}) + n^{-1/2}\{A_1 + A_3(u^2c+2)\}\phi(uc^{1/2}) + o(n^{-1/2}), \quad (3.70) \end{aligned}$$

여기서 $\Phi(\cdot)$은 표준정규누적분포함수이다.

단계 2: $I \equiv I(\theta) = E_\theta[\{d\log f(X_1;\theta)/d\theta\}^2] = -E_\theta\{d^2\log f(X_1;\theta)/d\theta^2\}$은 θ에서 자료 하나의 피셔정보행렬이다. 또한

$$L \equiv L(\theta) = E_\theta\{d^3\log f(X_1;\theta)/d\theta^3\}$$

이라 두자. 따라서 $E_\theta(\hat{\theta}) = \theta + o(n^{-1/2})$이고, 식(3.61)에서 $l''(\hat{\theta})$을 θ에 대하여 확장하면 $E_\theta(c) = I + o(n^{-1/2})$이며, 또한, 유사하게, $E_\theta(a) = L + o(n^{-1/2})$이다. 그러므로 식 (3.70)의 오른편 식에 있는 첫 두 개의 항에서 $(\hat{\theta}, c, a) = (\theta, I, L)$ 대하여 테일러 확장을 고려하면,

$$\lambda(\theta) = E_\theta E^{\bar{\pi}}\{q(X,\theta)|X\}$$
$$= \Phi(uI^{1/2}) + n^{-1/2}\left\{I^{-1/2}\frac{\bar{\pi}'(\theta)}{\bar{\pi}(\theta)} + \frac{1}{6}I^{-3/2}L(u^2I+2)\right\}\phi(uI^{1/2}) + o(n^{-1/2}). \tag{3.71}$$

단계 3: 식 (3.71)에 의하면,

$$\int \lambda(\theta)\bar{\pi}(\theta)d\theta = \int\left\{\Phi(uI^{1/2}) + \frac{1}{6}n^{-1/2}I^{-3/2}L(u^2I+2)\phi(uI^{1/2})\right\}\bar{\pi}(\theta)d\theta$$
$$+ n^{-1/2}\int I^{-1/2}\bar{\pi}'(\theta)\phi(uI^{1/2})d\theta + o(n^{-1/2}) \tag{3.72}$$

(참고 Ghosh, Sinha and Joshi, 1982).

$\bar{\pi}(\theta) = 0,\ \theta \in \partial C$이고, 부분적분을 이용하면, 식 (3.72)의 오른편 두 번째 식은

$$\int I^{-1/2}\bar{\pi}'(\theta)\phi(uI^{1/2})d\theta = -\int\left[\frac{d}{d\theta}\{I^{-1/2}\phi(uI^{1/2})\}\right]\bar{\pi}(\theta)d\theta$$

이다. $\bar{\pi}(\theta)$의 지지구간 $C \subset \Theta$은 콤팩트 사각형이고, $\bar{\pi}(\theta)$가 참값 $\theta \in Int\,C$에서 퇴화사전분포에 약하게 수렴한다고 가정한다.

$$P_\theta\{n^{1/2}(\hat{\theta}-\theta) \le u\} = E_\theta\{q(X,\theta)\}$$
$$= \Phi(uI^{1/2}) + n^{-1/2}\left[\frac{1}{6}I^{-3/2}L(u^2I+2)\phi(uI^{1/2})\right.$$
$$\left.- \frac{d}{d\theta}\{I^{-1/2}\phi(uI^{1/2})\}\right] + o(n^{-1/2}). \tag{3.73}$$

3.1.7.3 확률대응사전의 기본적 이해

예제 3.48에서는 $\theta \in R^1$가 상수인 경우를 다루었으나, 여기서는 이를 확장한 경우를 고려한다. 즉, $i = 1, \cdots, n$ 대하여 $X_i \sim f(x;\theta)\ (i.i.d.)$, $\theta = (\theta_1, \cdots, \theta_p)^t \in \Theta \subset R^p$,이며, 이때, θ_1은 관심 있는 모수이다. $X = (X_1 \cdots, X_n)^t$, $\hat{\theta} = (\hat{\theta}_1, \cdots, \hat{\theta}_p)^t$은 θ의 최대우도추정값이다. θ은 세 번 연속적으로 미분가능한 사전분포함수 $\pi(\theta) > 0$을 갖는다고 가정하자.

$\ell(\theta) = n^{-1}\sum_{i=1}^n \log f(X_i;\theta)$이라 하고, $1 \le j,r,s,u \le p$에 대하여 $D_j = \partial/\partial\theta_j$ 을 표현한다. 표현의 간편성을 위하여 다음과 같이 정의한다.

$$a_{jr} = \{D_j D_r \ell(\theta)\}_{\theta = \hat{\theta}}\,, \quad c_{jr} = -a_{jr}\,, \quad a_{jrs} = \{D_j D_r D_s \ell(\theta)\}_{\theta = \hat{\theta}}\,,$$
$$a_{jrsu} = \{D_j D_r D_s D_u \ell(\theta)\}_{\theta = \hat{\theta}}\,. \tag{3.74}$$

$$V_j = D_j \log f(X_1;\theta),\ V_{jr} = D_j D_r \log f(X_1;\theta),\ V_{jrs} = D_j D_r D_s \log f(X_1;\theta) \tag{3.75}$$

$$I_{jr} = E_\theta(V_j V_r),\ \ L_{j,r,s} = E_\theta(V_j V_r V_s),$$
$$L_{j,rs} = E_{\theta(V_j V_{rs})},\ L_{jrs} = E_\theta(V_{jrs})\,. \tag{3.76}$$

$C = ((c_{jr}))|_{\theta = \hat{\theta}}$은 양정치행렬이고, 이는 $\hat{\theta}$에서 관측자료에 대한 정보행렬이다. $C^{-1} = ((c^{jr}))_{p\times p}$이라 하면, $1 \le j, r \le p$에 대하여,

$$m_j = c^{j1}/c^{11}\,,\ k^{jr} = c^{jr} - (c^{j1}c^{r1}/c^{11}) \tag{3.77}$$

로 정의한다. 유사하게, $I = ((I_{jr}))$은 θ에서 자료의 피셔정보행렬(또는 기대정보행렬)이고, $I^{-1} = ((I^{jr}))$이라 두면,

$$\tau^{jr} = I^{j1}I^{r1}/I^{11}\,,\ \sigma^{jr} = I^{jr} - \tau^{jr} \tag{3.78}$$

이라 정의하자. $I_{jr}, I^{jr}, \tau^{jr}, \sigma^{jr}, L_{j,r,s}$ 등은 θ의 매끄러운 함수라 가정한다. 역시, $1 \le j, r \le p$,

$$\pi_j(\theta) = D_j\pi(\theta),\ \ \pi_{jr}(\theta) = D_j D_r \pi(\theta),\ \ \hat{\pi} = \pi(\hat{\theta}),\ \ \hat{\pi}_j = \pi_j(\hat{\theta}),\ \ \hat{\pi}_{jr} = \pi_{jr}(\hat{\theta})\,. \tag{3.79}$$

앞으로, 모든 표기 방법에서 간편성을 유지하기 위하여 첨자들이 있는 곳에는 합 ($\sum$)으로 나타나야 하나 표현의 복잡성으로 첨자에 대응되는 합($\sum$)의 표시들은 생략하였다. 예를 들면, $c_{jr}h_j h_r$의 표기는 실제적으로

$$c_{jr}h_j h_r = \sum_{j=1}^{p}\sum_{r=1}^{p} c_{jr}h_j h_r$$

을 의미한다.

$h = (h_1, \ldots, h_p)^t = n^{1/2}(\theta - \hat{\theta})$ 이라 하자. h의 사후분포를 찾고자 한다. 이때,

$$\pi(\theta|X) = \frac{\pi(\theta)\exp\{n\ell(\theta)\}}{\int \pi(\theta)\exp\{n\ell(\theta)\}d\theta} = \frac{\pi(\theta)\exp[n\{\ell(\theta) - \ell(\hat{\theta})\}]}{\int \pi(\theta)\exp[n\{\ell(\theta) - \ell(\hat{\theta})\}]d\theta}$$

이다. 식 (3.62)과 유사하게,

$$\pi^*(h|X) = \frac{b(h, X)}{\int b(h, X)dh} \tag{3.80}$$

로 표현되며, 여기서, $b(h,X)=\pi(\hat{\theta}+n^{-1/2}h)\exp\left[n\{\ell(\hat{\theta})+n^{-1/2}h)-\ell(\hat{\theta})\}\right]$ 이다.

여기에 $\{D_j\ell(\theta)\}_{\theta=\hat{\theta}}=0$와 테일러 확장을 이용하면, 다음과 같은 결과를 얻는다.

정리 3.49

$h=(h_1,...,h_p)^t=n^{1/2}(\theta-\hat{\theta})$ 이라 하자. 사전분포 $\pi(\theta)$ 아래에서 h의 사후분포는

$$\pi^*(h|X)=\phi_p(h;0,C^{-1})\Big[1+n^{-1/2}\Big\{R_1(h)+\frac{1}{6}R_3(h)\Big\}$$
$$+n^{-1}\Big\{\frac{1}{2}(R_2(h)-W_1)+\frac{1}{6}(R_1(h)R_3(h)-W_2)$$
$$+\frac{1}{24}(R_4(h)-W_3)+\frac{1}{72}\big((R_3(h))^2-W_4\big)\Big\}\Big]+o(n^{-1}) \quad (3.81)$$

이다(Ghosh and Mukerjee, 1991). 여기서,

$$R_1(h)=\hat{\pi}_j h_j/\hat{\pi},\ R_2(h)=\hat{\pi}_{jr}h_j h_r/\hat{\pi},\ R_3(h)=a_{jrs}h_j h_r h_s,$$
$$R_4(h)=a_{jrsu}h_j h_r h_s h_u$$
$$W_1=\hat{\pi}_{jr}c^{jr}/\hat{\pi},\quad W_2=3a_{jrs}\hat{\pi}_u c^{jr}c^{su}/\hat{\pi},\quad W_3=3a_{jrsu}c^{jr}c^{su}$$
$$W_4=a_{jrs}a_{uvw}(9c^{jr}c^{su}c^{vw}+6c^{ju}c^{rv}c^{sw}).$$

증명 (연습문제)

3.1.7.4 사후분위수

다음으로, 사전분포 $\pi(\theta)$ 아래에서 θ_1의 $(1-\alpha)$번째 사후분위수 $\theta_1^{(1-\alpha)}(\pi,X)$을 찾고자 한다. 식 (3.81)에 있는 $h=(h_1,...,h_p)^t$의 결합사후분포 $\pi^*(h_1,\cdots,h_p|X)$을 $h_2,\cdots,h_p$로 적분하면 $h_1=n^{1/2}(\theta_1-\hat{\theta}_1)$의 주변사후밀도함수를 찾을 수 있다.

$h^*=(h_2,\cdots,h_p)^t$, $m=(m_2,\cdots,m_p)^t$이라 하고, 차수 $p-1$인 정방행렬 K을

$$K=((k^{jr})),\ 2\le j,r\le p,$$

로 정의하고, 여기서 m_j와 k^{jr}는 식 (2.2.4)에 정의되어 있다. 이때,

$$\phi_p(h;C^{-1})=\phi(h_1;c^{11})\phi_{p-1}(h^*;h_1 m,K) \quad (3.82)$$

이며, $\phi(\cdot\,;c^{11})$은 평균 0, 분산 c^{11}을 갖는 일변량 정규분포이며, $\phi_{p-1}(h^*;h_1 m,K)$은

평균벡터 $h_1 m$와 산포행렬 K을 갖는 $(p-1)$차 정규분포이다.

역시, 식 (3.77)에서 모든 j, r에 대하여,

$$k^{jr} = c^{jr} - \left(c^{j1} c^{r1} / c^{11}\right) = c^{jr} - m_j m_r c^{11}.$$

정리 3.50

사전분포 $\pi(\theta)$ 아래에서 h_1의 주변사후분포함수는

$$\begin{aligned}\tilde{\pi}(h_1|X) = \phi_1(h_1;c^{11})\big[1 + n^{-1/2}\{A_1(\pi,X)h_1 + A_3(X)h_1^3\} \\ + n^{-1}\{A_2(\pi,X)(h_1^2 - c^{11}) + A_4(\pi,X)(h_1^4 - 3(c^{11})^2) \\ + n^{-1}\{A_2(\pi,X)(h_1^2 - c^{11}) + A_4(\pi,X)(h_1^4 - 3(c^{11})^2) \\ + A_6(X)\left(h_1^6 - 15(c^{11})^3\right)\}\big] + o(n^{-1}),\end{aligned} \tag{3.83}$$

여기서, $A_1(\pi,X) = A_{11}(\pi,X) + A_{12}(X),\ A_{11}(\pi,X) = \hat{\pi}_j m_j / \hat{\pi}$,

$$A_{12}(X) = \frac{1}{2} a_{jrs} k^{jr} m_s,\ A_3(X) = \frac{1}{6} a_{jrs} m_j m_r m_s,$$

$$A_2(\pi,X) = A_{21}(\pi,X) + A_{22}(X),\quad A_4(\pi,X) = A_{41}(\pi,X) + A_{42}(X)$$

$$A_{21}(\pi,X) = \frac{1}{2}(m_j m_r / \hat{\pi})(\hat{\pi}_{jr} + a_{jrs} k^{su} \hat{\pi}_u) + A_{11}(\pi,X) A_{12}(X),$$

$$A_{41}(\pi,X) = A_{11}(\pi,X) A_3(X)$$

이다.

z은 일변량 표준정규분포의 $(1-\alpha)$ 분위수이고, 식 (3.69)과 같이 $J_i(\cdot)$은 차수 i인 이메르트다항식이라고 하자.

$$G_1(\pi) \equiv G_1(\pi,X) = A_1(\pi,X)(c^{11})^{1/2} + 3A_3(X)(c^{11})^{3/2},$$

$$G_3 \equiv G_3(X) = A_3(X)(c^{11})^{3/2},\quad G_6 \equiv G_6(X) = A_6(X)(c^{11})^3,$$

$$G_2(\pi) \equiv G_2(\pi,X) = A_2(\pi,X)c^{11} + 6A_4(\pi,X)(c^{11})^2 + 45A_6(X)(c^{11})^3,$$

$$G_4(\pi) \equiv G_4(\pi,X) = A_4(\pi,X)(c^{11})^2 + 15A_6(X)(c^{11})^3,$$

$$\beta_1(\alpha,\pi,X) = G_1(\pi) + G_3 J_2(z),$$

$$\beta_2(\alpha,\pi,X) = 2z\beta_1(\alpha,\pi,X)G_3 - \frac{1}{2}\{\beta_1(\alpha,\pi,X)\}^2 z + G_2(\pi)J_1(z) + G_4(\pi)J_3(z) + G_6 J_5(z).$$

정리 3.51

$$\theta_1^{(1-\alpha)}(\pi,X)=\hat\theta_1+(n/c^{11})^{-1/2}\left\{z+n^{-1/2}\beta_1(\alpha,\pi,X)+n^{-1}\beta_2(\alpha,\pi,X)\right\} \quad (3.84)$$

라 하면, 이때,

$$P^\pi\left\{\theta_1\le\theta_1^{(1-\alpha)}(\pi,X)|X\right\}=1-\alpha+o(n^{-1}).$$

증명 $y=(c^{11})^{-1/2}h_1=(n/c^{11})^{1/2}(\theta_1-\hat\theta_1)$이라 하자. (3.85)

식 (3.69)에서 $\dfrac{d^i}{dy^i}\phi(y)=(-1)^iJ_i(y)\phi(y)$이므로,

$$J_1(y)=y,\quad J_2(y)=y^2-1,\quad J_3(y)=y^3-3y,\quad J_4(y)=y^4-6y^2+3,$$
$$J_5(y)=y^5-10y^3+15y,\ J_6(y)=y^6-15y^4+45y^2-15$$

이며, 이들은

$$y^3=J_3(y)+3J_1(y),\ y^4-3=J_4(y)+6J_2(y),$$
$$y^6-15=J_6(y)+15J_4(y)+45J_2(y)$$

의 관계를 갖고 있다. 따라서

$$\pi_y(y|X)=\phi(y)[1+n^{-1/2}\{G_1(\pi)J_1(y)+G_3J_3(y)\} \quad (3.86)$$
$$+n^{-1}\{G_2(\pi)J_2(y)+G_4(\pi)J_4(y)+G_6J_6(y)\}]+o(n^{-1}).$$

표기의 편의성을 위하여, $\beta_i=\beta_i(\alpha,\pi,X)(i=1,2)$이라 하자. 식 (3.84)~(3.86)과

$$\int_{-\infty}^{w}J_1(y)\phi(y)dy=-\phi(w),\quad \int_{-\infty}^{w}J_i(y)\phi(y)dy=-J_{i-1}(w)\phi(w),\ i=2,\cdots,6,$$

인 사실에 의하여,

$$P^\pi\left\{\theta_1\le\theta_1^{(1-\alpha)}(\pi,X)|X\right\}=P^\pi\left\{y\le z+n^{-1/2}\beta_1+n^{-1}\beta_2|X\right\}$$
$$=\Phi(z+n^{-1/2}\beta_1+n^{-1}\beta_2)-n^{-1/2}\phi(z+n^{-1/2}\beta_1)\left\{G_1(\pi)+G_3J_2(z+n^{-1/2}\beta_1)\right\}$$
$$-n^{-1}\phi(z)\{G_2(\pi)J_1(z)+G_4(\pi)J_3(z)+G_6J_5(z)\}+o(n^{-1})$$

$$= \Phi(z) + n^{-1/2}\phi(z)\{\beta_1 - G_1(\pi) - G_3 J_2(z)\} \quad (3.87)$$
$$+ n^{-1}\phi(z)[\beta_2 - 2z\beta_1 G_3 - \frac{1}{2}\beta_1^2 z + B_1 z\{G_1(\pi) + G_3 J_2(z)\}$$
$$- G_2(\pi)J_1(z) - G_4(\pi)J_3(z) - G_6 J_5(z)] + o(n^{-1}).$$

3.1.7.5 확률대응사전의 성질

다음과 같은 빈도론자의 포함확률에 대한 확장 계산을 하고자 한다.

$$P_\theta\left\{\theta_1 \le \theta_1^{(1-\alpha)}(\pi, X)\right\}.$$

3.1.7.2절에 있는 축소방법의 각 단계들을 이용하기 위하여, Bickel and Ghosh(1990)의 조건들을 만족하는 적절한 보조 사전분포 $\overline{\pi}(\theta)$을 고려한다. 즉, $\overline{\pi}(\theta)$의 지지구간 $C \subset \Theta$은 콤팩트 사각형이고, $\theta \in \partial C$(C의 경계)에서 $\overline{\pi}(\theta) = 0$이며, $\theta \in Int(C)$(내점)에서 $\overline{\pi}(\theta) > 0$이라고 가정한다.

단계 1: 식 (3.87)에서

$$P^{\overline{\pi}}\left\{\theta_1 \le \theta_1^{(1-\alpha)}(\pi, X)|X\right\} = \Phi(z) + n^{-1/2}\phi(z)\left\{\beta_1(\alpha,\pi,X) - G_1(\overline{\pi}) - G_3 J_2(z)\right\}$$
$$+ n^{-1}\phi(z)[\beta_2(\alpha,\pi,X) - 2z\beta_1(\alpha,\pi,X)G_3 - \frac{1}{2}\{\beta_1(\alpha,\pi,X)\}^2 z$$
$$+ \beta_1(\alpha,\pi,X)z\left\{G_1(\overline{\pi}) + G_3 J_2(z)\right\} - G_2(\overline{\pi})J_1(z)$$
$$- G_4(\overline{\pi})J_3(z) - G_6 J_5(z)\Big] + o(n^{-1}).$$

z의 정의에 의하면,

$$P^{\overline{\pi}}\left\{\theta_1 \le \theta_1^{(1-\alpha)}(\pi, X)|X\right\} = 1 - \alpha + n^{-1/2}\phi(z)\left\{G_1(\pi) - G_1(\overline{\pi})\right\}$$
$$+ n^{-1}z\phi(z)\left[G_2(\pi) - G_2(\overline{\pi}) - \left\{G_1(\pi) - G_1(\overline{\pi})\right\}\left\{G_1(\pi) + 2G_3\right\}\right] + o(n^{-1}). \quad (2.4.2)$$

단계 2: $E_\theta\left[P^{\overline{\pi}}\left\{\theta_1 \le \theta_1^{(1-\alpha)}(\pi, X)|X\right\}\right]$을 고려한다. $\theta \in Int\, C$에 대하여

$$E_\theta\left[P^{\overline{\pi}}\left\{\theta_1 \le \theta_1^{(1-\alpha)}(\pi, X)|X\right\}\right]$$
$$= 1 - \alpha + n^{-1/2}\phi(z)\left\{\frac{\pi_j(\theta)}{\pi(\theta)} - \frac{\overline{p}_j(\theta)}{\overline{\pi}(\theta)}\right\}I^{j1}(I^{11})^{-1/2}$$

$$+n^{-1}z\phi(z)\left[\frac{1}{2}\tau^{jr}\left\{\frac{\pi_{jr}(\theta)}{\pi(\theta)}-\frac{\bar{\pi}_{jr}(\theta)}{\bar{\pi}(\theta)}+L_{jrs}o^{su}\left(\frac{\pi_u(\theta)}{\pi(\theta)}-\frac{\bar{\pi}_u(\theta)}{\bar{\pi}(\theta)}\right)\right\}\right.$$

$$\left.+\left\{\left(\frac{\pi_u(\theta)}{\pi(\theta)}-\frac{\bar{\pi}_u(\theta)}{\bar{\pi}(\theta)}\right)\frac{I^{u1}}{I^{11}}\right\}\frac{H(\pi,\theta)}{\pi(\theta)}\right]+o(n^{-1}), \tag{3.88}$$

여기서,

$$H(\pi,\theta)=\frac{1}{6}L_{jrs}\tau^{jr}I^{s1}\pi(\theta)-I^{j1}\pi_j(\theta). \tag{3.89}$$

단계 3: $P_\theta\{\theta_1 \le \theta_1^{(1-\alpha)}(\pi,X)\}$을 계산한다.

부분적분을 이용하여 $\int E_\theta\left[P^{\bar{\pi}}\{\theta_1 \le \theta_1^{(1-\alpha)}(\pi,X)|X\}\right]\bar{\pi}(\theta)d\theta$을 계산하고, 3.1.7.2절에서와 같이 $\bar{\pi}(\theta)$가 참값 $\theta \in IntC$에서 퇴화분포에 약하게 수렴함을 이용하면, 모든 θ에 대하여,

$$P_\theta\{\theta_1 \le \theta_1^{(1-\alpha)}(\pi,X)\}=1-\alpha+n^{-1/2}\frac{\phi(z)}{\pi(\theta)}\Delta_1(\pi,\theta)+n^{-1}\frac{z\phi(z)}{\pi(\theta)}\Delta_2(\pi,\theta)+o(n^{-1}), \tag{3.90}$$

여기서,

$$\Delta_1(\pi,\theta)=\pi_j(\theta)I^{j1}(I^{11})^{-1/2}+\pi(\theta)D_j\{I^{j1}(I^{11})^{-1/2}\}=D_j\{\pi(\theta)I^{j1}(I^{11})^{-1/2}\}, \tag{3.91}$$

$$\Delta_2(\pi,\theta)=\frac{1}{3}D_u\{\pi(\theta)\tau^{jr}L_{jrs}(3\sigma^{su}+\tau^{su})\}-D_jD_r\{\pi(\theta)\tau^{jr}\}. \tag{3.92}$$

식 (3.90)에서 모든 α에 대하여

$$P_\theta\{\theta_1 \le \theta_1^{(1-\alpha)}(\pi,X)\}=1-\alpha+o(n^{-1/2})$$

일 필요충분조건은 사전분포 $\pi(\theta)$가 $\Delta_1(\pi,\theta)=0$을 만족한다. 더욱이, 모든 α에 대하여

$$P_\theta\{\theta_1 \le \theta_1^{(1-\alpha)}(\pi,X)\}=1-\alpha+o(n^{-1})$$

일 필요충분조건은 사전분포 $\pi(\theta)$가, 추가적으로 $\Delta_2(\pi,\theta)=0$을 만족하는 것이다.

정리 3.52 | (정리 3.47과 동일)

(a) 사전분포 $\pi(\theta)$가 일차확률대응일 필요충분조건은 다음의 편미분방정식을 만족하는 것이다.

$$\triangle_1(\pi,\theta) = \sum_{j=1}^{p} D_j\{\pi(\theta)I^{j1}(I^{11})^{-1/2}\} = 0. \tag{3.93}$$

(b) 사전분포 $\pi(\theta)$가 **이차확률대응**일 필요충분조건은 추가적으로 다음의 편미분방정식을 만족하는 것이다.

$$\begin{aligned}\triangle_2(\pi,\theta) = & \frac{1}{3}\sum_{u=1}^{p}\sum_{j=1}^{p}\sum_{r=1}^{p}\sum_{s=1}^{p} D_u\{\pi(\theta)\tau^{jr}L_{jrs}(3\sigma^{su}+\tau^{su})\} \\ & - \sum_{j=1}^{p}\sum_{r=1}^{p} D_jD_r\{\pi(\theta)\tau^{jr}\} = 0\end{aligned} \tag{3.94}$$

3.1.7.6 특별한 경우들

우선 $p=1$인 경우를 살펴보자. 이때, $\theta=\theta_1$이며, θ와 I는 상수이다. 그러므로 일차 확률대응 방정식 (3.93)은

$$\frac{d}{d\theta}\{\pi(\theta)/I^{1/2}\} = 0 \tag{3.95}$$

이고, 따라서 $\pi(\theta)\propto I^{1/2}$이며, 제프리스 사전 및 기준사전이다. 그러므로 제프리스사전은 유일한 일차확률대응사전이다.

더구나, $p=1$에 대하여 식 (3.76)와 (3.78)를 이용하면, 식 (3.95)인 이차확률대응 조건은

$$\begin{aligned}\triangle_2(\pi,\theta) &= \frac{1}{3}\sum_{u=1}^{p}\sum_{j=1}^{p}\sum_{r=1}^{p}\sum_{s=1}^{p} D_u\{\pi(\theta)\tau^{jr}L_{jrs}(3\sigma^{su}+\tau^{su})\} - \sum_{j=1}^{p}\sum_{r=1}^{p} D_jD_r\{\pi(\theta)\tau^{jr}\} \\ &= \frac{1}{3}\frac{d}{d\theta}\{\pi(\theta)L_{111}/I^2\} - \frac{d^2}{d\theta^2}\{\pi(\theta)/I\} = 0\end{aligned}$$

으로 쉽게 확인할 수 있다. 따라서

$$\frac{1}{3}\{\pi(\theta)L_{111}/I^2\} - \frac{d}{d\theta}\{\pi(\theta)/I\} \propto \text{ 상수} \tag{3.96}$$

이다. 그러므로 제프리스 사전 $\pi(\theta)\propto I^{1/2}$에 대하여,

$$\frac{1}{3}\{\pi(\theta)L_{111}/I^2\} - \frac{d}{d\theta}\{\pi(\theta)/I\} = \frac{1}{3}I^{-3/2}L_{111} - \frac{d}{d\theta}I^{-1/2} = \frac{1}{6}I^{-3/2}L_{1,1,1} \tag{3.97}$$

(연습문제). Bartlet(1953), Welch and Peers(1963), Peers(1965), Stein(1985) 참고하라.

정리 3.53

(a) $p=1$에 대하여, 제프리스 사전

$$\pi(\theta) \propto I^{1/2}, \tag{3.98}$$

은 유일한 일차확률대응사전이다.

(b) 더구나, 제프리스 사전이 이차확률대응사전일 필요충분조건은

$$I^{-3/2} L_{1,1,1} \tag{3.99}$$

이 θ에 대하여 독립인 상수이다.

식 (3.76)에 의하면, $I = E_\theta\left[\{d\log f(X_1;\theta)/d\theta\}^2\right]$, $L_{1,1,1} = E_\theta\left[\{d\log f(X_1;\theta)/d\theta\}^3\right]$이다. 이때 $E_\theta\{d\log f(X_1;\theta)/d\theta\} = 0$이므로, $I^{-3/2}L_{1,1,1}$은 $d\log f(X_1;\theta)/d\theta$의 왜도계수라 이해할 수 있다. 그러므로, 정리 3.53(b)에 의하면, 제프리스 사전이 이차확률대응사전일 필요충분조건은 왜도계수가 θ에 대하여 독립이다.

예제 3.54

다음과 같은 단 모수 위치 모형을 고려한다. 즉,

$$f(x;\theta) = f^*(x-\theta), \quad x \in R^1 \tag{3.100}$$

여기서, $\theta \in R^1$와 $f^*(\cdot)$은 실수 R^1을 지지구간으로 갖는 밀도함수이다. 이때, I와 $L_{1,1,1}$은 θ을 품고 있지 않는 상수이므로 $I^{-3/2}L_{1,1,1}$도 상수이다. 정리 3.53에 의하면 제프리스 사전 $\pi(\theta) \propto c$는 이차확률대응사전이다.

정리 3.55 | (Welch and Peers, 1963)

단 모수 위치 모형 (3.100)에서 제프리스 사전 $\pi(\theta) \propto c$은 정확한 확률대응사전이다.

예제 3.56

다음과 같은 단모수척도모형을 고려한다. 즉,

$$f(x;\theta)=\frac{1}{\theta}f^*\left(\frac{x}{\theta}\right) \tag{3.101}$$

$\theta>0$와 $f^*(\cdot)$은 지지구간을 R^1 또는 $[0,\infty)$을 갖는 밀도함수라 하자. 이때,

$$I \propto \theta^{-2}\ ,\quad L_{1,1,1} \propto \theta^{-3}$$

이므로, 정리 3.54에 의하여 제프리스 사전 $\pi(\theta)\propto\theta^{-1}$은 이차확률대응사전이다.

예제 3.57

평균 0, 분산 1과 상관계수 θ을 갖는 이변량정규모형을 고려한다. 여기서, $|\theta|<1$. 이때,

$$I=\frac{1+\theta^2}{(1-\theta^2)^2}\ ,\ L_{1,1,1}=-\frac{2\theta(3+\theta^2)}{(1-\theta^2)^3}.$$

$I^{-3/2}L_{1,1,1}$는 θ에 대하여 독립이 아니다. 그러므로 정리 3.54에 의하여, 제프리스 사전은 오직 일차확률대응이고 이차확률대응은 아니다.

다음으로 $p=2$인 경우로, 관심 있는 모수와 장애모수가 모두 단 모수인 경우를 고려한다. $I=((I_{jr}))$은 θ에서 자료의 피셔정보행렬이다. $I^{-1}=((I^{jr}))$라 두면, 3.1.7.1절에서와 같이

$$\tau^{jr}=I^{j1}I^{r1}/I^{11}\ ,\ \sigma^{jr}=I^{jr}-\tau^{jr}\ .$$

(3.78)에서,

$$I^{11}=Q\ ,\ I^{12}=I^{21}=-Q\zeta,\ I^{22}=QI_{11}/I_{22}\ ,\ \tau^{11}=Q,\ \tau^{12}=\tau^{21}=-Q\zeta, \tag{3.102}$$

$$\tau^{22}=Q\zeta^2,\sigma^{11}=0\ ,\ \sigma^{12}=\sigma^{21}=0\ ,\ \sigma^{22}=I_{22}^{-1},$$

여기서, $Q=(I_{11}-I_{22}^{-1}I_{12}^2)^{-1}$, $\zeta=I_{12}/I_{22}$ 이다.

식 (3.102)을 이용하면, 일차 및 이차확률대응사전에 대한 편미분 방정식 (3.93)과 (3.94)는

$$D_1\{\pi(\theta)Q^{1/2}\}-D_2\{\pi(\theta)Q^{1/2}\zeta\}=0\ , \tag{3.103}$$

$$\frac{1}{3}D_1\left\{\pi(\theta)Q^2(L_{111}-3L_{112}\zeta+3L_{122}\zeta^2-L_{222}\zeta^3)\right\} \tag{3.104}$$

$$-\frac{1}{3}D_2\left\{\pi(\theta)Q^2\zeta(L_{111}-3L_{112}\zeta+3L_{122}\zeta^2-L_{222}\zeta^3)\right\}$$

$$+D_2\left\{\pi(\theta)QI_{22}^{-1}(L_{112}-2L_{122}\zeta+L_{222}\zeta^2)\right\}$$

$$-D_1^2\{\pi(\theta)Q\}+2D_1D_2\{\pi(\theta)Q\zeta\}-D_2^2\{\pi(\theta)Q\zeta^2\}=0\,,$$

으로 표현할 수 있다(Mukerjee and Dey, 1993).

예제 3.58

다음과 같은 위치-척도 모형을 고려한다. 즉,

$$f(x;\theta)=\frac{1}{\theta_2}f^*\left(\frac{x-\theta_1}{\theta_2}\right),\ \ x\in R^1,$$

여기서, $\theta_1\in R^1$, $\theta_2>0$와 $f^*(\cdot)$은 지지구간 R^1을 갖는 밀도함수이다. 위치모수 θ_1은 관심 있는 모수이고, 척도모수 θ_2은 장애모수라 가정하자. 이때, $j,r,s=1,2$에 대하여,

$$I_{jr}\propto\theta_2^{-2}\,,\ \ L_{jrs}\propto\theta_2^{-3}\ .$$

이며, $Q=(I_{11}-I_{22}^{-1}I_{12}^2)^{-1}$, $\zeta=I_{12}/I_{22}$, $Q\propto\theta_2^2$, $\zeta\propto c$. 그러므로

$$\pi(\theta)\propto\theta_2^{-1} \tag{3.105}$$

은 식 (3.103)과 (3.104)를 만족하기 때문에 이차확률대응사전이다.

3.1.7.7 직교매개변수화

$$I_{1j}=0,\ \ 2\le j\le p \tag{3.106}$$

을 가정하자.

따라서 $I^{1j}=0,\ 2\le j\le p$ 이며, 식 (3.78)에서

$$\tau^{jr}=I^{j1}I^{r1}/I^{11}\,,\ \sigma^{jr}=I^{jr}-\tau^{jr}$$

이다. 그러므로

$$\tau^{11} = I^{11} = I_{11}^{-1}; \qquad \tau^{jr} = 0 \text{ , if}(j,r) \neq (1,1)$$

만약 $j = 1$ 또는 $r = 1$이면, $\sigma^{jr} = 0$이고; 만약 $j \geq 2$과 $r \geq 2$이면, $\sigma^{jr} = I^{jr}$이다.

그러므로 일차 및 이차확률대응 조건인 편미분방정식 (3.101)과 (3.102)는

$$D_1\left\{\pi(\theta)I_{11}^{-1/2}\right\} = 0 , \tag{3.107}$$

및

$$\sum_{s=2}^{p}\sum_{u=2}^{p} D_u\left\{\pi(\theta)I_{11}^{-1}I^{su}L_{11s}\right\} + \frac{1}{3}D_1\left\{\pi(\theta)I_{11}^{-2}L_{111}\right\} - D_1^2\left\{\pi(\theta)I_{11}^{-1}\right\} = 0, \tag{3.108}$$

로 각기 표현할 수 있다.

식 (3.107)을 만족하는 사전분포 $\pi(\theta)$가 일차확률대응사전일 필요충분조건은 그것의 형태가

$$\pi(\theta) = d(\theta^{(2)})I_{11}^{1/2} , \tag{3.109}$$

이며, $d(\cdot) > 0$은 $\theta^{(2)} = (\theta_2, \cdots, \theta_p)^t$의 임의의 매끄러운 함수이다(Tibshirani 1989, Nicolaou 1993).

식 (3.109) 형태의 사전분포 $\pi(\theta) = d(\theta^{(2)})I_{11}^{1/2}$을 갖고, 식 (3.108)의 왼편 식은

$$\sum_{s=2}^{p}\sum_{u=2}^{p} D_u\left\{d(\theta^{(2)})I_{11}^{-1/2}I^{su}L_{11s}\right\} + d(\theta^{(2)})D_1\left\{\frac{1}{3}I_{11}^{-3/2}L_{111} - D_1I_{11}^{-1/2}\right\},$$

이고, 식 (3.97)에 유사하게,

$$\frac{1}{3}I_{11}^{-3/2}L_{111} - D_1I_{11}^{-1/2} = \frac{1}{6}I_{11}^{-3/2}L_{1,1,1} .$$

그러므로 식 (3.108)에 의하여 식 (3.109) 형태의 사전분포가 이차확률대응일 필요충분조건은

$$\sum_{s=2}^{p}\sum_{u=2}^{p} D_u\left\{d(\theta^{(2)})I_{11}^{-1/2}I^{su}L_{11s}\right\} + \frac{1}{6}d(\theta^{(2)})D_1\left\{I_{11}^{-3/2}L_{1,1,1}\right\} = 0 . \tag{3.110}$$

예제 3.59 Mukerjee and Ghosh, 1997

평균 μ_1, μ_2, 분산 γ_1^2, γ_2^2과 상관계수 ρ을 갖는 이변량 정규모형을 고려한다. 모든 모수들은 미지이고, 회귀계수 $\rho\gamma_2/\gamma_1$가 관심 있는 모수라 가정하자. 다음과 같이 재모수화 한다. 즉,

$$\theta_1 = \rho\gamma_2/\gamma_1\,,\ \theta_2 = \gamma_2^2(1-\rho^2)\,,\ \ \theta_3 = \gamma_1^2\,,\ \theta_4 = \mu_1\,,\ \theta_5 = \mu_2\,, \tag{3.111}$$

여기서 $\theta_1, \theta_4, \theta_5 \in R^1$과 $\theta_2, \theta_3 > 0$. 이때 θ_1이 관심 있는 모수가 된다. 식 (3.111)은 식 (3.106)의 관점에서 직교모수가 됨을 쉽게 보일 수 있고, $I_{11} = \theta_3/\theta_2$이다. 그러므로 식 (3.109)에 의하면, 일차대응이 일어날 필요충분조건은

$$\pi(\theta) = d(\theta^{(2)})(\theta_3/\theta_2)^{1/2} \tag{3.112}$$

이고, 여기서 앞에서와 같이 $\theta^{(2)} = (\theta_2, \cdots, \theta_5)^t$. 또한,

$$I_{22} = \frac{1}{2}\theta_2^{-2}\,,\ I_{23} = I_{24} = I_{25} = 0\,,\ L_{112} = \theta_3/\theta_2^2\,,\ L_{113} = L_{114} = L_{115} = L_{1,1,1} = 0$$

이다. 그러므로 식 (3.110)이 만족할 필요충분조건은 $d(\theta^{(2)})$은 $\tilde{d}(\theta^{(3)})/\theta_2^{1/2}$ 의 형태이고, 여기서 $\theta^{(3)} = (\theta_3, \theta_4, \theta_5)^t$ 이다. 식 (3.112)을 고려하면, $\pi(\cdot)$가 이차대응일 필요충분조건은

$$\pi(\theta) = d^*(\theta^{(3)})/\theta_2 \tag{3.113}$$

이며, 여기서 $d^*(\cdot) > 0$은 $\theta^{(3)} = (\theta_3, \theta_4, \theta_5)^t$의 임의의 매끄러운 함수이다.

최초의 모수 $(\mu_1, \mu_2, \gamma_1, \gamma_2, \rho)$ 형태에 따르면,

$$\pi^*(\mu_1, \mu_2, \gamma_1, \gamma_2, \rho) = \left\{\gamma_1^r\gamma_2^s(1-\rho^2)^t\right\}^{-1} \tag{3.114}$$

의 사전 형태가 이 예제의 구조에 자연스러운 관심이다. 이러한 사전들이 일차 및 이차확률대응이 될 수 있게 하는 실수 r, s, t들의 선택을 알고자 한다.

식 (2.5.27)에 의하면, 변환

$$(\mu_1, \mu_2, \gamma_1, \gamma_2, \rho) \to (\theta_1, \cdots, \theta_5)$$

의 야코비안은 $\frac{1}{4}(\theta_2 + \theta_1^2\theta_3)^{-1}$ 이다. 그러므로, $\theta-$매개변수화에서 식 (3.114)은 다음과 같이 변환된다. 즉

$$\pi(\theta) = \frac{(\theta_2 + \theta_1^2\theta_3)^{t - \frac{1}{2}s - 1}}{4\theta_3^{\frac{1}{2}r}\theta_2^t}.$$

위의 식과 식 (3.112), (3.113)를 비교하면, 식 (3.114)의 사전분포가 일차대응일 필요충분조건은 $t=\frac{1}{2}s+1$, 그리고 이것이 이차대응의 성질을 만족할 필요충분조건은 추가적으로 $t=1$이다.

예제 3.60 Mukerjee and Dey, 1993

독립된 지수 평균의 비(ratio)에 관심이 있다고 하자.

$$f(x;\theta) = \frac{1}{\mu_1(\theta)\mu_2(\theta)}\exp\left[-\left\{\frac{x^{(1)}}{\mu_1(\theta)}+\frac{x^{(2)}}{\mu_2(\theta)}\right\}\right],\ x^{(1)},\ x^{(2)} > 0,$$

여기서, $x=(x^{(1)}, x^{(2)})^t$, $\mu_1(\theta)=\theta_1^{1/2}\theta_2$, $\mu_2(\theta)=\theta_1^{-1/2}\theta_2$,과 $\theta_1, \theta_2>0$.

관심 있는 모수 $\theta_1=\mu_1(\theta)/\mu_2(\theta)$이고, $\mu_1(\theta), \mu_2(\theta)>0$. 또한 직교매개변수화를 갖는다. 더구나,

$$I_{11}=\frac{1}{2}\theta_1^{-2},\ I_{22}=2\theta_2^{-2},\ L_{1,1,1}=0,\ L_{112}=\frac{1}{2}(\theta_1^2\theta_2)^{-1}.$$

식 (3.109)에서 일차확률대응이 이루어질 필요충분조건은

$$\pi(\theta)=d(\theta_2)/\theta_1,$$

또한 식 (3.110)에 의하면, 그런 사전이 이차확률대응일 필요충분조건은 추가로

$$d(\theta_2)\propto\theta_2^{-1}.$$

그러므로,

$$\pi(\theta)\propto(\theta_1\theta_2)^{-1}$$

이 본 예제에서 유일한 이차대응사전이다. 이는 역시 모수공간에서 기준사전이다(Berger and Bernardo, 1989).

3.1.7.8 두 개의 모수를 갖는 지수 족

Sun and Ye(1996)에서, 다음과 같은 두 개의 모수를 갖는 지수족을 고려한다.

$$f(x;\theta)=w(x)\exp\{\theta_1u_1(x)-\theta_1g'_2(\theta_2)u_2(x)-\psi(\theta_1,\theta_2)\} \quad (3.115)$$

여기서, $w(\cdot), u_1(\cdot)$와 $u_2(\cdot)$은 θ_1, θ_2을 포함하고 있지 않고,

$$\psi(\theta_1,\theta_2) = -\theta_1\{\theta_2 g'_2(\theta_2) - g_2(\theta_2)\} + g_1(\theta_1), \tag{3.116}$$

$\theta_1 < 0$, $g''_1(\theta_1) > 0$, $g''_2(\theta_2) > 0$(Bar-Lev and Reiser, 1982)이다. 일변량 정규분포, 역 가우시안 분포 등이 식 (3.115)의 특별한 형태이다.

이때,

$$I_{11} = g''_1(\theta_1),\ \ I_{22} = -\theta_1 g''_2(\theta_2),\ \ I_{12} = 0. \tag{3.117}$$

그러므로 식 (3.109)에서, 만약 θ_1이 관심모수이면,

$$\pi(\theta) = d(\theta_2)\{g''_1(\theta_1)\}^{1/2} \tag{3.118}$$

은 일차 확률 대응이다.

반면에, 만약 θ_2가 관심모수이면,

$$\pi(\theta) = d(\theta_1)\{-\theta_1 g''_2(\theta_2)\}^{1/2} \tag{3.119}$$

이다.

Sun and Ye(1996) (Datta and Ghosh, 1995)에 따르면, 기준사전은

$$\pi(\theta) = \{g''_1(\theta_1) g''_2(\theta_2)\}^{1/2} \tag{3.120}$$

이며, 여기서 θ_1 또는 θ_2 중 하나가 관심모수이다. 따라서 식 (3.118)과 (3.119)을 비교하면, 분명하게 기준사전은 θ_1과 θ_2 모두의 일차확률대응의 성질들을 만족한다.

두 개의 모수를 갖는 지수족 모형 (3.115)과 (3.116)에서,

$$L_{111} = -g_1'''(\theta_1),\quad L_{222} = 2\theta_1 g_2'''(\theta_2),\quad L_{112} = 0,\ \ L_{122} = g_2''(\theta_2)$$

을 구할 수 있다. (3.97)와 유사한 정칙조건에 의하면,

$$L_{1,1,1} = 2L_{111} + 3D_1 I_{11}\,,\quad L_{2,2,2} = 2L_{222} + 3D_2 I_{22}$$

이다. 그러므로 $L_{1,1,1} = g_1'''(\theta_1)$, $L_{2,2,2} = \theta_1 g_2'''(\theta_2)$을 구할 수 있다.

먼저, θ_1이 관심 모수라 하자. 이때, 식 (3.118)에 있는 일차확률대응사전이 식 (3.110)에 있는 이차확률대응 조건을 만족할 필요충분조건은

$$D_1\left[\{g_1''(\theta_1)\}^{-3/2} g_1'''(\theta_1)\right] = 0\,,$$

이다. 다시 말하면, 필요충분조건은

$$D_1^2\left[\left\{g_1''(\theta_1)\right\}^{-1/2}\right]=0. \tag{3.121}$$

그러므로 만약 식 (3.121)을 만족한다면, 이때 모든 일차 대응사전들은 이차 대응이다; 그렇지 않다면, 이차대응은 가능하지 않다.

식 (3.110)에 있는 θ_1과 θ_2의 역할을 맞바꾸었을 때, 즉, θ_2가 관심 모수, 식 (3.119)에 주어진 일차대응사전이 이차대응의 성질을 만족할 필요충분조건은

$$\frac{(-\theta_1)^{1/2}}{d(\theta_1)}D_1\left\{\frac{d(\theta_1)}{(-\theta_1)^{1/2}g_1''(\theta_1)}\right\} = -\frac{1}{3}\left\{g_2''(\theta_2)\right\}^{-1/2}D_2^2\left[\left\{g_2''(\theta_2)\right\}^{-1/2}\right]$$

이다. 다시 표현하면, 필요충분조건은

$$\frac{1}{3}\left\{g_2''(\theta_2)\right\}^{-1/2}D_2^2\left[\left\{g_2''(\theta_2)\right\}^{-1/2}\right]= -M, \tag{3.122}$$

과

$$d(\theta_1)\propto(-\theta_1)^{1/2}g_1''(\theta_1)\exp\left\{Mg_1'(\theta_1)\right\} \tag{3.123}$$

을 만족하는 상수 M이 존재하는 것이다. 식 (3.122)은 사전분포보다는 모형식에 대한 조건들이다. 만약 식 (3.122)을 만족한다면, 이때 식 (3.119)과 (3.123)는 결합적으로 θ_2에 대한, 유일한 이차확률대응사전을 결정한다. 그렇지 않다면, 그러한 이차확률대응사전은 가능하지 않다.

예제 3.61 Sun and Ye, 1996

다음과 같은 역 가우스 모형을 고려한다.

$$\left\{\lambda_1/(2\pi x^3)\right\}^{1/2}\exp\left\{-\frac{1}{2}\lambda_1 x(x^{-1}-\lambda_2)^2\right\},\ x>0,$$

여기서 $\lambda_1, \lambda_2 > 0$이며, π은 초월수이다. 주어진 모형은

$$\theta_1=-\frac{1}{2}\lambda_1,\ \theta_2=\lambda_2^{-1},\ g_1(\theta_1)=-\frac{1}{2}\log(-2\theta_1),\ g_2(\theta_2)=\theta_2^{-1},$$

$$u_1(x)=x^{-1},\ u_2(x)=x$$

을 갖는 식 (3.115)와 (3.116)에 의하여 표현되는 형태이다. 이때, θ_1와 θ_2은 각각이

λ_1과 λ_2의 일대일대응함수이다. 여기서,

$$g_1''(\theta_1) = \frac{1}{2}\theta_1^{-2}\ ,\ g_2''(\theta_2) = 2\theta_2^{-3} \tag{3.124}$$

이다. 그러므로, 두 개의 모형 조건들인 (3.121)과 (3.122) 중에서, 오직 첫 번째 것만이 만족한다. 만약, θ_1이 관심모수이면, 식 (2.5.34) 형태의 모든 사전들은 일차뿐만이 아니라 이차대응의 성질을 갖는다. 반면에, 만약 관심이 θ_2에 있다면, 식 (3.119) 형태의 모든 사전들은 일차확률대응이고, 이차확률대응은 가능하지 않다. 식 (3.120)와 (3.124)에 의하면, 기준사전

$$\pi(\theta)\ \propto\ (-\theta_1)^{-1}\theta_2^{-3/2}$$

은 θ_1, θ_2 중 어느 것이 관심모수인지 상관없이 일차확률대응사전이다.

예제 3.62 Sun and Ye, 1996

다음과 같은 감마 모형을 고려한다. 즉,

$$\lambda_1^{\lambda_1} x^{\lambda_1 - 1} \exp(-\lambda_1 x/\lambda_2)/\left\{\lambda_2^{\lambda_1}\Gamma(\lambda_1)\right\},\ x > 0\ , \tag{3.125}$$

여기서 $\lambda_1, \lambda_2 > 0$이고 $\Gamma(\cdot)$은 감마 함수이다. 위의 감마 모형은 다음과 같은 모수들을 갖는 식 (3.115)과 (3.116)의 형태로 표현된다. 즉,

$$\theta_1 = -\lambda_1\ ,\ \theta_2 = \lambda_2\ ,\ g_1(\theta_1) = -\theta_1 + \theta_1\log(-\theta_1) + \log\Gamma(-\theta_1)\ ,$$
$$g_2(\theta_2) = -\log\theta_2\ ,\ u_1(x) = -\log x,\ u_2(x) = x\ .$$

식 (3.121)과 (3.122)인 모형 조건들 중에서, 첫 번째 조건은 만족하지 못하지만, $M=0$을 갖는 두 번째 조건은 만족한다. 그러므로 만약 θ_1이 관심모수이면, 이차확률대응사전은 존재하지 못한다. 반면에 식 (3.119)과 (3.123)에 따르면 만약 θ_2이 관심모수이면, 유일한 이차확률대응사전을 구할 수 있다.

예제 3.63 Datta and Mukerjee, 2004

평균 μ_1과 μ_2, 분산 σ_1^2과 σ_2^2, 상관계수 ρ을 갖는 이변량 정규분포를 고려하자. 모든 모수들은 미지의 상수들이다. 관심 있는 모수는 회귀계수 $\rho\sigma_2/\sigma_1$이라 하자. 다

음과 같이 재모수화 한다.

$$\theta_1 = \rho\sigma_2/\sigma_1,\ \ \theta_2 = \sigma_2^2(1-\rho^2),\ \ \theta_3 = \sigma_1^2\ ,\ \ \theta_4 = \mu_1\ ,\ \ \theta_5 = \mu_2 \tag{3.126}$$

이며, 이는 $2 \le j \le 5$에 대하여 $I_{1j}(\boldsymbol{\theta}) = 0$인 직교 재모수화이다. 이때, $2 \le j \le 5$에 대하여 $I^{1j}(\boldsymbol{\theta}) = 0$이며, $I^{11}(\boldsymbol{\theta}) = I_{11}^{-1}(\boldsymbol{\theta}) = \theta_2/\theta_3$이다. 확률대응방정식은

$$\frac{\partial}{\partial\theta_1}\left\{\pi(\boldsymbol{\theta})I_{11}^{-1/2}\right\} = 0,$$

이며, 즉

$$\frac{\partial}{\partial\theta_1}\left\{\pi(\boldsymbol{\theta})(\theta_2/\theta_3)^{1/2}\right\} = 0$$

이다. 그러므로 이차확률대응사전은

$$\pi(\boldsymbol{\theta}) = \psi(\theta_2,\ \cdots, \theta_5)(\theta_3/\theta_2)^{1/2}$$

로 주어지며, $\psi(\theta_2,\ \cdots, \theta_5)$은 $(\theta_2,\ \cdots, \theta_5)$의 임의의 함수이다.

예제 3.64 Chung and Dey, 1998, 예제 3.45 계속

예제 3.45와 동일한 일원분산성분모형(또는 확률효과모형)을 고려한다. 즉,

$$y_{ij} = \mu + \alpha_i + \varepsilon_{ij}\ ,\quad i = 1,\ \cdots I,\ \ j = 1,\ \cdots J$$

이다. 여기서 μ을 총평균을 의미하고, 각 그룹에서의 평균 $\alpha_i \sim N(0, \sigma_\alpha^2)$와 오차항 $\varepsilon_{ij} \sim N(0, \sigma_e^2)$이라고 가정하자. 이때, $\theta_1 = \rho$, $\theta_2 = (\mu, \sigma_\epsilon^2)$라 두고, 식 (3.93)을 이용하여, ρ에 대한 일차확률대응사전은

$$\pi^m(\rho, \mu, \sigma^2) \propto \left\{k_1(\ln\sigma^2 + \rho) + k_2\right\}\sigma^{-2}\{1 + (J-1)\rho\}^{-1}(1-\rho)^{-1} \tag{3.127}$$

이며, 여기서 k_1, k_2은 임의의 상수들이다(연습문제).

*3.2 멱사전분포

사전분포의 유도는 베이즈 추론에서 아마 가장 중요하고 어려운 부분이다. 비록 무정보부적절사전들은 특정 문제에 대해 유용하고, 쉽게 지정할 수 있지만, 적절사전분포들이 베이즈 인자와 사후모형확률을 계산하기 위해서 요구된다고 잘 알려져 있기 때문에, 무정보사전들은 모형선택이나 모형비교 등과 같은 모든 응용분야들에서 사용하기가 어렵다.

일반적으로 베이즈 인자는 모호적절분포들의 초 모수들의 선택에 민감하므로 정보사전분포의 유도를 피하기 위하여 모형선택에서 모호적절분포들을 간단하게 지정할 수가 없다는 것은 잘 알려져 있다. 더욱이, 무정보사전분포들은 깁스샘플러에 대한 사후추정값과 수렴문제에 불안정성을 야기할 수도 있다(5장에서 설명). 이러한 문제점들은 무정보사전 또는 부적절사전을 이용할 때 사후함수들이 더욱이 평평한 경우 발생한다.

따라서 정보사전들은 이러한 상황들에서 필수적이며, 일반적으로 연구자가 현재 연구들과 동일한 반응과 설명변수(공변량)들을 측정하는 과거자료에 접근할 수 있는 응용 연구 분야에 주로 이용된다. 예를 들면, 많은 암과 에이즈(AIDS) 임상시험에서, 현재 연구들은 가끔 과거연구에서 사용된 처치와 유사하거나, 약간 수정된 치료법들을 이용한다.

우리는 여기서 과거의 유사연구에서 얻어진 자료들을 역사자료(historical data; 과거자료)라고 한다. 예를 들면, 발암성 연구에서, 과거 실험으로부터 대조군모수 동물들에 대한 대형 역사자료 집단이 존재한다.

이러한 모든 상황에서 모형모수에 대한 적절사전분포로 계량화함으로써 현재의 연구에 역사자료를 통합하는 것이 자연스럽다. 여기에서 논의된 유익한 사전추출은 이러한 모든 상황뿐만 아니라 역사자료가 포함된 다른 응용 프로그램에도 적용될 수 있다.

정보사전분포함수의 특별한 모임은 역사자료에서 생성된 멱사전 모임이라고 한다. 이 멱사전분포의 유도는 현재자료와 같이 동일한 반응변수와 설명변수를 측정하는 과거 유사한 연구에 근거한다.

정의 3.65

$L(\theta|D_0)$은 역사자료 D_0에 근거한 θ의 우도함수를 나타낸다고 하자. 이때 **멱사전**(power prior)은 다음과 같이 정의한다.

$$\pi(\theta|D_0, a_0) \propto L(\theta|D_0)^{a_0}\pi_0(\theta). \tag{3.128}$$

여기서 $\pi_0(\theta)$은 θ의 초기사전분포이다. 즉, $\pi_0(\theta)$은 역사자료 D_0가 관측되기 전 θ의 사전분포이다. $0 \le a_0 \le 1$은 척도 정확도 모수이다.

식 (3.128)의 a_0은 사전분포의 꼬리부분의 두께를 조정한다. 즉, a_0가 작으면 작을수록 꼬리부분은 더 두꺼워진다. $a_0 = 0$이면 역사자료에 영향이 없음을 나타내고, $a_0 = 1$이면, $\pi_0(\theta)$의 베이지안 최신화를 의미한다. 보다 자세한 내용들은 Chen and Ibrahim(2002)를 참고하여라.

예제 3.66 정규선형회귀모형

다음과 같은 정규선형회귀모형을 고려한다.

$$y_0 | X_0, \beta \sim N_{n_0}(X_0\beta, I) \tag{3.129}$$

여기서 X_0은 $n \times p$ 설명행렬이고, β은 회귀계수의 $p-$차 벡터이다. 또한 초기사전분포를 무정보분포인

$$\pi_0(\beta) = 1$$

이라고 가정하자. 여기서 역사자료를 $D_0 = (y_0, X_0)$로 나타내자. 이때 D_0에 근거한 우도함수는

$$L(\beta | D_0) \propto \exp\left\{ y_0' X_0 \beta - \frac{1}{2}\beta' X_0' X_0 \beta \right\}$$

이며, β의 멱사전분포는

$$\begin{aligned} \pi(\beta | D_0, a_0) &\propto [L(\beta | D_0)]^{a_0} \pi_0(\beta) \\ &\propto \exp\left\{ a_0 \left[y_0' X_0 \beta - \frac{1}{2}\beta' X_0' X_0 \beta \right] \right\} \\ &\propto \exp\left\{ -\frac{a_0}{2}(\beta - \mu_0)'(X_0' X_0)(\beta - \mu_0) \right\} \end{aligned}$$

로 표현되며, 여기서 $\mu_0 = (X_0' X_0)^{-1} X_0' y_0$이다. 따라서 β의 멱사전은

$$\beta | D_0, a_0 \sim N_p(\mu_0, a_0^{-1}(X_0' X_0)^{-1}) \tag{3.130}$$

임을 알 수 있다.

예제 3.67 로지스틱 회귀모형(Chen and Ibrahim, 2002)

식 (3.128)의 멱사전분포에서 a_0의 역할을 설명하기 위하여 다음과 같은 로지스틱 회귀모형을 고려한다. $i=1,2,\cdots,n_0$에 대하여, 각각의 성공률 p_{0i}가

$$p_{0i}=\frac{\exp\{-0.5+0.5x_{0i}\}}{1+\exp\{-0.5+0.5x_{0i}\}} \tag{3.131}$$

이며, $n_0=200$개인 독립적인 베르누이 관측치로 이루어진 자료들을 생성한다. 여기서 각각의 x_{0i}들은 독립적이고 동일한 평균 0과 표준편차가 0.5를 갖는 정규확률변수이다. 또한 $i=1,2,\cdots,n_0$에 대하여, y_{0i}은 i번째 자료에 대한 이항 반응값을 나타내고, $\boldsymbol{x}_{0i}=(1,x_{0i})'$으로 표시한다. 이제 주어진 자료에 대한 식으로 다시 표현하면, $D_0=(y_0,X_0)$은 역사자료이며, 여기서 $y_0=(y_{01},\cdots,y_{0n_0})'$, X_0은 $n_0\times 2$ 행렬이며 그들의 각각의 행은 $\boldsymbol{x}_{0i}'$이다. 이때 $\beta=(\beta_0,\beta_1)'$이다. 그러므로 우도함수는

$$L(\beta|D_0)=\prod_{i=1}^{n_0}\frac{\exp\{y_{0i}x_{0i}'\beta\}}{1+\exp\{y_{0i}x_{0i}'\beta\}} \tag{3.132}$$

이고, 초기사전분포함수로 부적절균등분포를 갖는 멱사전은 다음과 같이 주어진다.

$$\pi(\beta|D_0,a_0)\propto\prod_{i=1}^{n_0}\frac{\exp\{a_0y_{0i}x_{0i}'\beta\}}{(1+\exp\{y_{0i}x_{0i}'\beta\})^{a_0}}. \tag{3.133}$$

Chen and Ibrahim(2002)은 a_0의 다양한 값들에 대한 멱사전분포의 궤적을 다음과 같이 설명하였다.

(a) 멱사전들의 중심들은 a_0의 다른 값에도 불구하고 항상 같다.

(b) a_0의 값들이 더 작아지면, 멱사전분포의 꼬리부분이 더 두꺼워지고, 사전분포의 곡면이 더 평평해진다. 그러므로 a_0가 사전분포 꼬리의 두꺼움을 조정하는 산포모수의 역할을 하고 있다는 것을 보다 명확하게 보여주고 있다. 이러한 실용적인 관점에서 a_0을 가중모수로서 볼 수도 있다. a_0의 작은 값들은 역사자료에 사전 가중을 거의 주지 않는다(영향을 주지 않는다).

다음으로 멱사전분포 아래에서 θ의 사후분포를 구하고자 한다. 멱사전분포를 가정하고, 주어진 현재 자료 D 아래에서 θ의 사후분포는

$$\pi(\theta|D,D_0,a_0)\propto L(\theta|D)L(\theta|D_0)^{a_0}\pi_0(\theta) \tag{3.134}$$

로 표현된다. 여기에는 두 가지 흥미로운 특별한 경우들이 있다.

첫째는 $a_0 = 0$일 때이며, 식 (3.134)인 θ의 사후분포가

$$\pi(\theta|D, D_0, a_0 = 0) \propto L(\theta|D)\pi_0(\theta) \tag{3.135}$$

이고, 두 번째 경우는 $a_0 = 1$인 경우이다. 즉, 식 (3.134)인 θ의 사후분포는

$$\pi(\theta|D, D_0, a_0 = 1) \propto L(\theta|D)L(\theta|D_0)\pi_0(\theta) \tag{3.136}$$

로 표현된다. 따라서 $\pi(\theta|D, D_0, a_0 = 0)$와 $\pi(\theta|D, D_0, a_0 = 1)$은 두 개의 극단을 나타낸다. 식 (3.135)은 역사자료를 사용하지 않고, 다른 하나인 식 (3.136)은 역사자료와 현재자료를 동등한 가중으로 사용한다.

정의 3.65에서 정의된 멱사전분포는 $\pi(\theta|D, D_0, a_0 = 0)$와 $\pi(\theta|D, D_0, a_0 = 1)$로 주어진 사후분포들 사이의 쿨백–라이블러 발산(Kullback-Leibler divergences, KL)의 볼록 합의 최소화로써 설명할 수 있다.

정의 3.68

두 함수 f_1 와 f_2의 쿨백–라이블러 발산는 다음과 같이 정의된다.

$$K(f_1, f_2) = \int \log\left(\frac{f_1(x)}{f_2(x)}\right) f_1(x)dx. \tag{3.137}$$

이제 $g(\theta)$을 θ의 임의의 밀도함수라고 하고, 편의상, $f_0 = \pi(\theta|D, D_0, a_0 = 0)$와 $f_1 = \pi(\theta|D, D_0, a_0 = 1)$로 표현하자. 따라서 다음과 같은 볼록 합을 최소화하는 밀도함수 g을 찾는 문제를 생각하자.

$$K_g = (1 - a_0)K(g, f_0) + a_0 K(g, f_1), \tag{3.138}$$

여기서 $0 \le a_0 \le 1$이다.

정리 3.69 | Chen and Ibrahim, 2002

식 (3.138)을 최소화하는 밀도함수 $g \equiv g(\theta)$은

$$g_{opt} = \pi(\theta|D, D_0, a_0) \propto L(\theta|D)L(\theta|D_0)^{a_0}\pi_0(\theta) \tag{3.139}$$

이다.

증명

$$
\begin{aligned}
&(1-a_0)K(g,f_0)+a_0K(g,f_1)\\
&\qquad=(1-a_0)\int \log\left(\frac{g(\theta)}{f_0(\theta)}\right)g(\theta)d\theta+a_0\int \log\left(\frac{g(\theta)}{f_1(\theta)}\right)g(\theta)d\theta\\
&\qquad=\int \log\left[\frac{g(\theta)}{f_0(\theta)}\right]^{1-a_0}g(\theta)d\theta+\int \log\left[\frac{g(\theta)}{f_1(\theta)}\right]^{a_0}g(\theta)d\theta\\
&\qquad=\int \log\left[\frac{g(\theta)}{f_0(\theta)^{1-a_0}f_1(\theta)^{a_0}}\right]g(\theta)d\theta\\
&\qquad=K\left(g,\frac{f_0^{1-a_0}f_1^{a_0}}{h(a_0)}\right)-\log h(a_0)
\end{aligned}
$$

여기서

$$h(a_0)=\int f_0(\theta)^{1-a_0}f_1(\theta)^{a_0}d\theta$$

은 $f_0^{1-a_0}f_1^{a_0}$의 정량화 상수이다. 당연히,

$$g=g_{opt}=\frac{f_0^{1-a_0}f_2^{a_0}}{h(a_0)}\propto f_0^{1-a_0}f_1^{a_0}$$

일 때,

$$K\left(g,\frac{f_0^{1-a_0}f_1^{1-a_0}}{h(a_0)}\right)$$

은 최소화되고 값은 0이다. 따라서

$$
\begin{aligned}
g_{opt}\propto f_0^{1-a_0}f_1^{a_0}&=(\pi(\theta|D,D_0,a_0=0))^{1-a_0}(\pi(\theta|D,D_0,a_0=1))^{a_0}\\
&\propto L(\theta|D)L(\theta|D_0)^{a_0}\pi_0(\theta).
\end{aligned}
$$

이다. 그러므로 원하는 최솟값을 얻은 사후분포함수 g은 정확하게 멱사전분포에 근거한 것이다.

예제 3.70 **정규선형회귀모형**

다음과 같은 역사자료 D_0를 고려한다.

$$y_0 = X_0\beta + \epsilon_0$$

여기서 $\epsilon_0 \sim N_n(0, \sigma^2 I)$, X_0은 계수 p을 갖는 $n_0 \times p$ 행렬이며 β은 $p\times 1$인 회귀계수벡터이다. 이때 초기사전분포는

$$\pi_0(\beta) \propto 1$$

을 가정한다. 예제 3.66과 유사하게, β의 멱사전분포는 다음과 같이 주어진다. 즉,

$$\begin{aligned}\pi(\beta|D_0, a_0) &\propto \exp\left\{-\frac{a_0}{2\sigma^2}(y_0 - X_0\beta)'(y_0 - X_0\beta)\right\} \\ &\propto \exp\left\{-\frac{a_0}{2\sigma^2}(\beta - \mu_0)'(X_0{}'X_0)(\beta - \mu_0)\right\} \qquad (3.140)\end{aligned}$$

여기서 $\mu_0 = (X_0{}'X_0)^{-1}X_0{}'y_0$이다. 그러므로 이 경우에서

$$\pi(\beta|D_0, a_0) = N_p(\mu_0,\ a_0^{-1}\sigma^2(X_0{}'X_0)^{-1})$$

임을 알 수 있다. 역시 현재 자료 D도 동일한 선형모형을 생각한다. 즉,

$$y = X\beta + \epsilon$$

여기서 $\epsilon \sim N_n(0, \sigma^2 I)$이다. 일반성을 유지하고 계산의 편리성을 위하여, $\sigma^2 = 1$라 두자. 따라서 β의 사후분포는 다음과 같이 쉽게 보일 수 있다.

$$\pi(\beta|D, D_0, a_0) = N_p(\mu, \Sigma)$$

이며, 여기서 $D = (n, y, X)$, $D_0 = (n_0, y_0, X_0)$, $\mu = \Lambda\mu_0 + (I - \Lambda)\mu_1$, $\mu_1 = (X'X)^{-1}X'y$, $\Lambda = (X'X + a_0X_0{}'X_0)^{-1}(a_0X_0{}'X_0)$와 $\Sigma = (X'X + a_0X_0{}'X_0)^{-1}$이다.

예제 3.71 **지수모형**

$i = 1, 2, \cdots, n$에 대하여 각각의 현재자료 x_i는 독립적으로 평균 $1/\theta$인 지수분포를 갖는다고 하자. 그리고 역사자료 x_{0i}도 x_i와 동일한 분포를 갖는다. 역사자료와 현재자료를 각각 $x_0 = (x_{01}, \cdots, x_{0n_0})'$와 $x = (x_1, \cdots, x_n)'$로 표현한다. 이때 초기사전분포는

$$\pi_0(\theta) \propto \theta^{-1}$$

이라 가정하자. 그러면

$$\pi(\theta|D, D_0, a_0 = 1) = Gam(n + n_0, (n\overline{x} + n_0\overline{x_0})^{-1})$$

이며, $\overline{x}$와 $\overline{x_0}$는 현재자료와 역사자료에 대응되는 표본평균을 나타낸다. 또한

$$\pi(\theta|D, D_0, a_0 = 0) = Gam(n, (n\overline{x})^{-1})$$

이다. 또한 $\pi(\theta|D, D_0, a_0)$의 유도는 연습문제로 남겨둔다.

예제 3.72 포아송 모형

$i = 1, 2, \cdots, n$에 대하여 각각의 현재자료 x_i은 독립적으로 평균 θ을 갖는 포아송 분포를 갖는다고 하자. 그리고 역사자료 x_{0i}도 x_i와 동일한 분포를 갖는다. 역사자료와 현재자료를 각각 $x_0 = (x_{01}, \cdots, x_{0n_0})'$와 $x = (x_1, \cdots, x_n)'$로 표현한다. 이때 초기사전 분포는

$$\pi_0(\theta) \propto \theta^{-1}$$

이라고 가정하자. 이때

$$\pi(\theta|D, D_0, a_0 = 1) = G(n\overline{x} + n_0\overline{x_0}, (n + n_0)^{-1})$$

와

$$\pi(\theta|D, D_0, a_0 = 0) = G(n\overline{x}, n^{-1})$$

이다. 또한 $\pi(\theta|D, D_0, a_0)$의 유도는 연습문제로 남겨둔다.

마지막으로 a_0의 불확실성에 대하여 살펴본다. 이때 이를 설명하기 위하여 계층적 멱사전 구조를 사용할 수 있다. 즉, a_0에 대한 적절사전분포함수를 지정함으로써 구할 수 있다. 따라서 (θ, a_0)의 결합멱사전분포는 다음 형태로 구할 수 있다.

$$\pi(\theta, a_0|D_0) \propto L(\theta|D_0)^{a_0}\pi_0(\theta)\pi(a_0|\gamma_0) \tag{3.141}$$

여기서 γ_0은 지정된 초모수 벡터이다. 이때 $\pi(a_0|\gamma_0)$의 자연스런 선택은 베타 분포이다. 그러나 절단감마 또는 절단정규분포 등과 같은 여러 선택들이 가능하다. a_0에 대한 이러한 세 개의 선택된 사전들은 그들의 초모수들이 적당하게 선택된다면 유사한 성질과 경

험적으로 유사한 계산상의 성질을 갖고 있다. 그러므로 여기서 보다 명확하게 전개하기 위하여 $\pi(a_0|\gamma_0)$에 베타 분포를 이용한다. 즉,

$$\pi(a_0|\gamma_0) \propto a_0^{\delta_0 - 1}(1 - a_0)^{\lambda_0 - 1}$$

이다. 이때 사전분포를 유도하기 위해서 a_0의 평균과 분산이 각각

$$\mu_{a_0} = \frac{\delta_0}{\delta_0 + \lambda_0} \text{와} \quad \sigma_{a_0}^2 = \mu_{a_0}(1 - \mu_{a_0})(\delta_0 + \lambda_0 + 1)^{-1} \tag{3.142}$$

인 것을 갖고 작업을 수행하는 것이 수월하다. 따라서 $(\mu_{a_0}, \sigma_{a_0}^2)$의 값을 결정하기 위해서 식 (3.142)을 (δ_0, λ_0)에 대하여 풀면 된다.

예제 3.73

이것은 예제 3,67에 있는 로지스틱 회귀모형의 계속이다. 여기서 $\beta = (\beta_1, \beta_2)$이다. a_0가 확률적이면, (β, a_0)의 사전분포는 다음과 같이 주어진다.

$$\pi(\beta, a_0|D_0) \propto \prod_{i=1}^{n_0} \frac{\exp\{a_0 y_{0i} x_{0i}{}' \beta\}}{(1 + \exp\{x_{0i}{}'\beta\})^{a_0}} \times a_0^{\delta_0 - 1}(1 - a_0)^{\lambda_0 - 1}.$$

따라서 (β, a_0)의 사후분포함수는

$$\pi(\beta, a_0|D_0, D) \propto \prod_{i=1}^{n_0} \frac{\exp\{a_0 y_0 x_{0i}' \beta\}}{\left(1 + \exp\{x_{0i}'\beta\}\right)^{a_0}} a_0^{\delta_0 - 1}(1 - a_0)^{\lambda_0 - 1}$$

$$\times \prod_{i=1}^{n} \frac{\exp\{y_i x_i' \beta\}}{1 + \exp\{y_i x_i' \beta\}}$$

그리고

$$\pi(\beta|D_0, D) = \int \pi(\beta, a_0|D_0, D) da_0$$

이다.

연습문제-A

01 $\sigma^2 > 0$인 모수가 있다고 하자. 실수 전 구간에서 모수의 무정보사전분포는

$$\pi(\log \sigma^2) = c$$

이다. 이때 $\pi(\sigma^2) = 1/\sigma^2$임을 보여라.

02 다음 분포들의 모수 θ에 대한 제프리스 사전분포를 구하여라.

(a) 포아송 분포 $P_0(\theta)$

(b) 음이항분포 $NB(n,\theta)$, n을 아는 경우.

(c) 감마 분포 $Gam(\alpha,\beta)$, α를 아는 경우

(d) 감마 분포 $Gam(\alpha,\beta)$, α,β 모두 모르는 경우

(e) 다항분포 $Mul(p_1, \cdots, p_k)$

03 다음 분포들의 모수 θ에 대하여 적절한 변환사전분포를 구하여라.

(a) 균등분포 $U(0,\theta)$

(b) 균등분포 $U(\theta-1,\theta+1)$

(c) t 분포 $t_\nu(\theta,1)$

(d) 감마 분포 $Gam(\alpha,\beta)$, α를 아는 경우

04 미지의 평균 벡터와 산포행렬을 갖는 다변량 정규모형 $N(\theta,\Sigma)$의 제프리스 사전분포를 구하여라.

05 $X|\theta \sim Bin(1,\theta)$이라고 하자.

(a) 이항분포에 대한 θ의 제프리스 사전과 그에 대응하는 θ의 사후분포 $\pi_1(\theta|x)$을 구하여라.

(b) 새로운 모수 $\psi = \theta/(1-\theta)$을 이용하여 이항분포를 재매개변수화한 새로운 우도함수 $f(X|\psi)$을 구하여라.

(c) 새로운 우도함수 $f(X|\psi)$에 근거한 ψ의 제프리스 사전과, 그에 대응되는 ψ의 사후분포 $\pi_2(\psi|X)$을 구하여라.

(d) ψ의 사후분포 $\pi_2(\psi|X)$에 변수변환기법을 이용하여 θ의 사후분포 $\pi_3(\theta|X)$을 구하여라.

(e) (d)의 결과와 (a)의 결과가 동일함을 확인하여라.

06 $X_1, \cdots, X_n$ 은 독립이고 동일한 정규분포 $N(\theta, \sigma^2)$을 따른다고 하자. 이때 예제 3.20에서와 같이 θ의 혼합사전분포는

$$\pi(\theta) = \varepsilon\pi_1(\theta) + (1-\varepsilon)\pi_2(\theta)$$

이고 여기서 $\pi_1(\theta) \sim N(\mu_1, \sigma_1^2), \pi_2(\theta) \sim N(\mu_2, \sigma_2^2)$이라고 하자.

(a) σ^2이 알려진 상수일 때, θ의 사후분포를 구하여라.

(b) σ^2이 미지의 수로써, σ^2의 무정보사전분포를 가정할 때, θ의 사후분포함수를 구하여라.

07 아래 주어진 각 분포에서 모르는 모수에 대해 만약 공액사전분포가 존재한다면 이를 구체적으로 구하여라.

(a) $y \sim NB(r, \theta)$, r을 아는 경우

(b) $y \sim Gamma(\alpha, \beta)$, α를 아는 경우

(c) $y \sim Gamma(\alpha, \beta)$, β를 아는 경우

08 예제 3.15에 있는 식 (3.26)을 유도하여라.

09 청소년의 상습적 성폭행은 사회적으로 매우 심각한 문제이다. 청소년의 성폭행발생 확률 θ을 추정하는 문제를 고려하자. 교도소(소년원 포함)에서 석방된 55명 중에서 21명이 2년 이내 재범자들이다.

(a) θ에 대한 균등사전분포를 가정할 때, R-프로그램을 이용하여 θ의 함수로서 $\pi(\theta)$, $p(y|\theta)$, $\pi(\theta|y)$를 그림으로 표현하여라.

(b) θ에 대한 사전분포로 베타 분포 $Be(4,6)$을 가정할 때, R-프로그램을 이용하여 θ의 함수로서 $\pi(\theta)$, $p(y|\theta)$, $\pi(\theta|y)$를 그림으로 표현하여라.

(c) θ에 대한 사전혼합분포를 다음과 같이 고려하자.

$$\pi(\theta) = \frac{1}{4}\pi_1(\theta) + \frac{3}{4}\pi_2(\theta)$$

여기서 $\pi_1(\theta) = Be(1,1)$와 $\pi_2(\theta) = Beta(4,6)$라고 하자. R-프로그램을 이용하

여 이 사전분포를 (a)와 (b)에서 주어진 사전분포와 그림으로 비교하여라.

(d) (c)에서 주어진 사전분포에 대해 θ의 사후분포를 구하고, $R-$프로그램을 이용하여 (a)와 (b)의 사후분포들과 그림으로 비교하여라.

10 부산대학교 통계학과에서 베이지안 통계학은 전공 선택과목으로 이를 수강한 학생들의 기말고사 성적 X가 정규분포 $N(\theta, \sigma^2)$을 따른다고 가정한다. 이때 수강 학생들의 학기말 성적은 다음과 같다.

79 95 73 78 43 86 79 94 95 90 54 46 79 83 73 61 74 92 87 74 99 88.

(a) σ^2이 주어졌을 때, $\pi(\theta) \propto 1$을 가정하고, θ의 사후분포를 구하여라.

(b) θ, σ^2에 대한 사전으로, 제프리스 사전분포함수인

$$\pi(\theta, \sigma^2) = \pi(\theta)\pi(\sigma^2)$$

을 가정하고 여기서, $\pi(\theta) \propto 1$와 $\pi(\sigma^2) \propto 1/\sigma^2$이다. 이때 θ의 사후분포를 구하고 θ의 베이즈 추정값을 구하여라.

(c) θ의 고전적 추정값을 구하고 (b)의 베이즈 추정값과 비교하여라.

(d) σ^2의 사후분포와 베이즈 추정값을 구하여라. 그리고 σ^2의 고전적 추정값과 비교하여라.

11 θ가 중앙값 1과 위 사분위수 2를 갖는 사전분포 π를 고려한다. 즉,

$$P^{\pi}(\theta \le 1) = 0.5 = P^{\pi}(\theta \ge 1)\text{과 } P^{\pi}(\theta \ge 2) = 0.75$$

이다. 다음과 같은 세 가지의 사전분포들을 고려한다. 즉,

(i) $\theta \sim$ Exponential, (ii) $\log(\theta) \sim$ Normal, (iii) $\log(\theta) \sim$ Cauchy

이다.

(a) 이 세 사전분포들의 초모수들을 결정하여라.

(b) 구간 $0 \le x \le 50$에 자료가 놓여 있을 때, 세 사전분포들의 사후평균 $E^{\pi}(\theta|x)$을 그려라.

12 보조정리 3.21을 증명하여라.

13 S 전자회사는 스마트폰을 생산하는 공장에서 기존의 제품에서 불량률의 평균이 0.2였고 분산이 0.05였다고 알려져 있다. 최근에 임의로 10개를 조사한 결과 2개가 불량이었다.

(a) 기존의 정보를 이용하여 불량률에 대한 사전분포로 베타 분포 $Be(\alpha,\beta)$을 가정할 때 사전분포의 모수를 정하여라.
(b) (a)에서 정한 사전분포 아래에서, 불량률 θ의 사후분포를 구하여라.
(c) 사전분포함수와 사후분포함수를 겹쳐 그림을 그리고 설명하여라.
(d) 시뮬레이션을 이용하여 θ의 변환인 오즈비 $\eta = \log(\theta/(1-\theta))$의 사전분포함수, 근사적 사후분포함수와 95% 최대사후구간을 그림으로 표시하여라(5장).

14 복권에 당첨될 확률을 알아보고자 통계학과 학생 David는 복권 20장을 샀다. 그러나 20장 모두 당첨되지 못했다. David는 통계학 수업시간에 복권의 당첨확률은 매우 낮으며 거의 100만분의 일 정도라 들었다.
(a) 고전적 추론 방법에 의하면 복권의 당첨확률 θ의 추정값은 얼마인가?
(b) 통계학 시간에 들은 정보를 사전정보로 이용하면 베이지안 추정값은 얼마인가?
(c) (a)과 (b)의 두 추정값 중 어느 것이 더 합리적이라고 생각하는가?

15 $X_1, \cdots, X_n$는 서로 독립이며, 동일한 베르누이 분포 $Ber(p)$를 따른다고 하자.
(a) p가 제프리스 사전분포를 갖는다면, p의 $100(1-\alpha)\%$ HPD 신용구간을 만들어라.
(b) $n=10$과 $\alpha=0.05$이 주어졌다. 시뮬레이션을 이용하여 (a)에 있는 구간의 빈도론자 포함확률을 계산하여라.

16 다항분포를 고려한다.
(a) 디리쉬레 분포가 공액사전분포임을 보여라.
(b) 디리쉬레 사전분포함수에 대한 정확도 모수를 지정하여라.
(c) 정확도 모수는 0으로 간다고 하자. 극한 사전과 사후분포를 지정하여라.
(d) 제프리스 사전분포를 구하여라.

17 확률변수 $X_1, X_2, \cdots, X_n$d는 독립적이고 동일한 정규분포 $N(\theta, \sigma^2)$를 가지며, 여기서 σ^2은 알려진 상수이다. 다음과 같은 공액 사전분포족을 고려한다. 즉,

$$\Gamma = \{\theta \sim N(0, \tau^2), \tau^2 > 0\}.$$

(a) 사후평균의 범위를 구하여라.
(b) 사후분산의 범위를 구하여라.
(c) $\bar{x} > 0$이다. θ의 95% HPD 신용구간의 범위를 그려라.
(d) $\sigma^2 = 10$과 $n = 10$이라 가정하자. 더욱이 큰 값을 갖는 $\bar{x}$가 관찰된다고 가정한다.

지금, 사전정규분포 $N(0,1)$을 가정하면(사전평균은 표본평균과 다르지만 사전분산과 표본분산은 동일한 경우), 사후평균과 신뢰구간이 상당히 줄어들 것을 보여라. 자료와 사전이 충돌할 때 자료가 더 많은 영향을 미치지 못하게 사전분포의 현상에 대하여 논하여라. 대신 코쉬 분포 $C(0,1)$를 사용하면 무슨 결과가 일어나는가?

18 Y가 감마 분포 $Gam(1, 1/\theta)$을 따른다고 하자. 여기서 하나의 설명변수 x, 그에 대응하는 회귀계수 β을 갖고 모형화하고자 한다. 즉, $\theta = x\beta > 0$이다. 이때 β의 균등사전분포 아래에서, β의 사후분포가 부적절임을 보여라.

19 예제 3.39에 있는 지수모형을 고려한다. $i=1,2,\cdots,n$에 대하여 각각의 현재 자료 x_i는 독립적이고 동일한 지수분포 $\text{Exp}(\theta)$을 따른다고 하자. 또한 역사자료 x_{0i}도 x_i와 동일한 분포를 갖는다. 역사자료와 현재자료를 각각 $x_0 = (x_{01},\cdots,x_{0n_0})'$와 $x = (x_1,\cdots,x_n)'$로 표현한다. 여기서 초기사전분포는

$$\pi_0(\theta) \propto \theta^{-1}$$

이라고 가정하자.

(a) 멱사전분포 $\pi(\theta|D, D_0, a_0)$을 유도하여라.

(b) (a)에서 주어진 멱사전분포 아래에서, 사후분포를 구하여라(5장에서 깁스샘플러를 이용한다).

20 예제 3.40에서 포아송 분포를 고려한다. $i=1,2,\cdots,n$에 대하여 각각의 현재자료 x_i은 독립적이며 동일한 포아송 분포 $P_0(\theta)$을 갖는다고 가정한다. 그리고 역사자료 x_{0i}도 x_i와 동일한 분포를 갖는다. 역사자료와 현재자료를 각각 $x_0 = (x_{01},\cdots,x_{0n_0})'$와 $x = (x_1,\cdots,x_n)'$로 표현한다. 이때 초기사전분포는

$$\pi_0(\theta) \propto \theta^{-1}$$

이라 가정하자. 여기서 초기사전분포는

$$\pi_0(\theta) \propto \theta^{-1}$$

이라고 가정하자.

(a) 멱사전분포 $\pi(\theta|D, D_0, a_0)$을 유도하여라.

(b) (a)에서 주어진 멱사전분포 아래에서 사후분포를 구하여라(5장에서 깁스샘플러를 이용한다).

연습문제-B

21 보조정리 3.21을 증명하여라.

22 $X|\mu \sim N_p(\mu, \Sigma)$이고, Σ은 알려진 행렬이고, 또한 $\mu \sim N_p(\eta, \Gamma)$이고 η와 Γ은 알려진 벡터 및 행렬이라고 하자.

(a) 위의 확률 구조는

$$X = \mu + \epsilon, \quad \epsilon \sim N_p(0, \Sigma), \qquad \mu \sim N_p(\eta, \Gamma)$$

와 동일함을 보여라. 여기서 ϵ과 μ은 독립이고 Σ, η, Γ 는 알려진 벡터 및 행렬이다.

(b) (a)에서 X와 μ의 결합밀도함수는

$$\begin{pmatrix} X \\ \mu \end{pmatrix} \sim N_{2p}\left(\begin{pmatrix} \eta \\ \eta \end{pmatrix}, \begin{pmatrix} \Sigma + \Gamma & \Gamma \\ \Gamma & \Gamma \end{pmatrix}\right)$$

임을 증명하여라.

(c) (b)에서 다변량 정규분포 이론을 이용하여

$$\mu | X = x \sim N_p\left(\Gamma(\Sigma + \Gamma)^{-1}x + \Sigma(\Sigma + \Gamma)^{-1}\eta,\ \Gamma - \Gamma(\Sigma + \Gamma)^{-1}\Gamma\right)$$

임을 보여라.

(d) μ의 사후평균과 사후분산행렬은 무엇인가? μ에 대한 $100(1-\alpha)\%$ HPD 신용 집합을 만들어라.

(e) 균등사전분포함수 아래에서 (d)의 결과를 구하여라.

23 (Ibrahim and Laud, 1991)

$Y_1, \cdots, Y_n$은 독립이고 다음과 같은 지수족을 따른다고 하자. 즉,

$$f(y_i|\theta_i, \phi) = \exp\left\{a_i^{-1}(\phi)(y_i\theta_i - b(\theta_i)) + c(y_i, \phi)\right\},\ i = 1, \cdots, n$$

이다. 여기서, $a_i(\phi) = \phi / w_i$이고, w은 알려진 사전 가중치이다(McCullagh and Nelder 1989). $i = 1, \cdots, n$에 대하여 $\theta_i = \theta(\eta_i)$인 관계이며, 여기서 $\eta_i = x_i^t\beta$, $x_i^t = (x_{i1}, \cdots, x_{ip})$는 설명변수 X의 $n \times p$행렬의 i번째 행(row) 벡터를 나타내는 $1 \times p$ 벡

터이고, $\beta=(\beta_1,\cdots,\beta_p)^t$은 회귀계수들의 $p\times 1$ 벡터이다. 또한 θ는 단조 미분 가능함수이다. 이렇게 정의된 모형을 일반화선형모형(GLM)이라고 한다.

(a) GLM 모형에서, β의 피셔정보행렬은

$$I(\beta)=\phi^{-1}(X^t WV(\beta)\Delta^2(\beta)X)$$

임을 보여라. 여기서, $W=diag(w_i)$ $V(\beta)=diag(v_i)$와 $\Delta(\beta)=diag(\delta_i)$은 $n\times n$ 대각행렬이며, $v_i=v(x_i^t\beta)=d^2b(\theta_i)/d\theta_i^2$, $\delta_i=\delta(x_i^t\beta)=d\theta_i/d\eta_i$이다. 그러므로 만약 ϕ가 알려져 있다면, β의 제프리스 사전함수는 다음과 같다.

$$\pi_J(\beta)\propto|(X^t WV(\beta)\Delta^2(\beta)X)|^{1/2}$$

(b) 제프리스 사전분포 $\pi_J(\beta)$ 아래에서, β의 사후분포가 정상일 충분조건을 찾아라.

24 (Schervish (1995, p.121)). h는 (x,θ)의 함수이며, θ에서 미분가능하다. 사전분포함수를 다음과 같이 정의한다. 즉, 다음과 같다.

$$\pi^*(\theta)=\left[\,Var_\theta((\partial/\partial\theta)h(X,\theta))\right]^{1/2}.$$

(a) $\pi^*(\theta)$가 불변의 원리 (3.1)을 만족함을 보여라.

(b) $\pi^*(\theta)$가 제프리스 사전분포인 적당한 h를 선택하여라.

25 (Sun and Ye, 1994)

$i=1,2,\cdots,n$에 대하여 X_i은 독립이며 정규분포 $N(\mu_i,1)$을 따른다고 하자. 이때 $\theta=\prod_{i=1}^n\mu_i$에 관심이 있다고 하자.

(a) $(\mu_1,\cdots,\mu_n)$의 기준사전은

$$\pi_R(\mu_1,\cdots,\mu_n)\propto(\prod_{i=1}^n\mu_i)\sqrt{\sum_{i=1}^n\mu_i^{-1/2}}$$

임을 보여라(힌트: $w_i=\mu_i/\theta^{1/n}$로 재모수화한다).

(b) (a)에 있는 기준사전 아래에서, 베이지안 추론을 하고자 한다. 이때 깁스샘플러를 이용하고자 완전조건부분포함수들을 구하여라. (5장)

26 예제 3.28과 동일한 일원분산구성모형을 고려한다. 즉,

$$y_{ij} = \mu + \alpha_i + \varepsilon_{ij}, \quad i = 1, \cdots I, \;\; j = 1, \cdots J$$

이다. $\alpha_i \sim N(0, \sigma_\alpha^2)$와 오차항 $\varepsilon_{ij} \sim N(0, \sigma_e^2)$이라 가정하자. 이때 $\phi = J\sigma_\alpha^2/\sigma_e$은 분산구성의 비이다.

(a) (Ye, 1994)

(μ, σ_e, ϕ)의 기준사전분포가 모수들의 중요한 순서에 따라서

$$\pi(\phi, \mu, \sigma_e^2) \propto \sigma^{-a}(1+\phi)^{-b}$$

임을 보여라. 여기서 a, b는 적당한 양의 정수들이다.

(b) (Chung and Dey, 1998)

$\rho(y_{ij}, y_{ij'}) = \sigma_\alpha^2/(\sigma_\alpha^2 + \sigma_e^2)$은 급내상관계수라고 한다. 이때 (ρ, μ, σ_e)의 기준사전분포는

$$\pi(\rho, \mu, \sigma_e^2) \propto \sigma^{-a}\{1+(J-1)\rho\}^{-c}(1-\rho)^{-d}$$

임을 보여라. 여기서 a, c, d은 적당한 양의 정수들이다.

27 주어진 (μ, σ^2) 아래에서, $X_1, \cdots, X_n$는 독립이고 동일한 정규분포 $N(\mu, \sigma^2)$을 갖고, $\pi(\mu, \sigma^2) \propto 1/\sigma^2$인 사전분포를 고려한다. 이때 다음을 확인하여라.

$$\begin{aligned} & P\left\{\overline{X} - t_{\alpha/2, n-1} s/\sqrt{n} \le \mu \le \overline{X} + t_{\alpha/2, n-1} s/\sqrt{n} \mid \mu, \sigma^2\right\} \\ &= P\left\{\overline{X} - t_{\alpha/2, n-1} s/\sqrt{n} \le \mu \le \overline{X} + t_{\alpha/2, n-1} s/\sqrt{n} \mid X_1, \cdots, X_n\right\} \\ &= 1 - \alpha \end{aligned}$$

여기서 $\overline{X}$는 표본평균, $s^2 = \Sigma(X_i - \overline{X})^2/(n-1)$ 그리고 $t_{\alpha/2}$는 자유도 $n-1$을 갖는 t_{n-1} 분포의 위(upper) $\alpha/2$인 점이며, $0 < \alpha < 1$이다.

28 식 (3.66)인 $\theta_\alpha(\boldsymbol{X}) = \hat{\theta} + O_p(1/\sqrt{n})$임을 보여라.

29 식 (3.69)와 식 (3.73)인

$$-\frac{d(I(\theta))^{-1/2}}{d\theta} = (I(\theta))^{-1/2} \frac{1}{\pi(\theta)} \frac{d\pi(\theta)}{d\theta}$$

과

$$\sum_{j=1}^{d} \frac{\partial}{\partial \theta_j} \{\pi(\theta) I^{j1} (I^{11})^{-1/2}\} = 0$$

임을 보여라.

30 (Chung and Dey, 1998)

연습문제 26번과 동일한 일원분산구성모형을 고려한다(예제 3.27). 즉,

$$y_{ij} = \mu + \alpha_i + \varepsilon_{ij}, \quad i = 1, \cdots I, \;\; j = 1, \cdots J$$

이다. $\alpha_i \sim N(0, \sigma_\alpha^2)$와 오차항 $\varepsilon_{ij} \sim N(0, \sigma_e^2)$이라 가정하자. 이때

$$\rho(y_{ij}, y_{ij'}) = \sigma_\alpha^2 / (\sigma_\alpha^2 + \sigma_e^2)$$

는 급내상관계수라고 한다.

(a) ρ에 대한 일차확률대응사전은

$$\pi^m(\rho, \mu, \sigma^2) \propto \{k_1(\ln\sigma^2 + \rho) + k_2\} \sigma^{-2} \{1 + (J-1)\rho\}^{-1} (1-\rho)^{-1}$$

임을 보여라. 여기서 k_1, k_2은 임의의 상수들이다.

(b) 이차확률대응사전을 구하여라.

31 (Ghosh and Mukerjee, 1997)

$i = 1, \cdots, n$에 대하여, $X_i = (X_{i1}, X_{i2})^t$이며, 여기서 $X_{i1} \sim N(\mu_1, 1)$, $X_{i2} \sim N(\mu_2, 1)$이라 하자. 여기서 평균의 곱 $\mu_1\mu_2$에 관심 있고, 이때 $\theta_1 = 2\mu_1\mu_2$, $\theta_2 = \mu_1^2 - \mu_2^2$라 두자.

(a) θ_1과 θ_2은 직교임을 보여라.

(b) 제프리스 사전분포를 구하여라.

(c) θ_1의 일차확률대응사전은 $\pi(\theta) = g(\theta_2)(\theta_1^2 + \theta_2^2)^{-1/4}$임을 보여라.

(d) θ_1의 이차확률대응사전을 구하여라.

32 예제 3.31에서와 같이 위치-척도 모형을 고려한다. 여기서, $\theta_1 = \mu$와 $\theta_2 = \sigma$라 두자. 즉, μ는 관심 있는 모수이다.

(a) 하나의 자료에 대한 피셔 정보행렬은 $I(\theta) = \theta_2^{-2} diag(q_1, q_2)$임을 보여라. 여기서 q_1과 q_2는 θ에 독립인 양의 상수들이다.

(b) 제프리스 사전분포함수가 $\pi_J(\theta) \propto 1/\sigma^2$임을 보여라.

(c) 기준사전은 $\pi_R(\theta) \propto 1/\sigma$임을 보여라.

(d) 일차확률대응사전은

$$\pi(\mu, \sigma) = \frac{1}{\sigma} g(\mu)$$

임을 보여라.

33 정리 3.30 (Mukerjee and Ghosh, 1996)
$\pi(\theta)$가 이차 확률대응사전일 필요충분조건은 $\pi(\theta)$가 식 (3.73)과 다음의 이차 편미분 방정식을 만족함을 보여라.

$$\Delta_2(\pi,\theta) = \sum_{j=1}^{p}\sum_{r=1}^{p} \frac{\partial^2}{\partial\theta_j \partial\theta_r}\{\tau^{jr}\pi(\theta)\}$$
$$- \frac{1}{3}\sum_{\nu=1}^{p}\sum_{j=1}^{p}\sum_{r=1}^{p}\sum_{s=1}^{p} \frac{\partial}{\partial\theta_\nu}\left\{L_{jrs}\tau^{jr}(3I^{s\nu} - 2\tau^{s\nu})\pi(\theta)\right\} = 0.$$

34 (Sun 1997) 다음과 같은 두 개의 모수를 갖는 와이블 분포를 고려한다.

$$f(y|\theta,\beta) = \frac{\beta y^{\beta-1}}{\theta^\beta} \exp\{-(y/\theta)^\beta\}, \qquad y > 0.$$

(a) (θ,β)의 피셔정보행렬은

$$\Sigma = \begin{pmatrix} \dfrac{\beta^2}{\theta^2} & -\dfrac{\gamma_1+1}{\theta} \\ -\dfrac{\gamma_1+1}{\theta} & \dfrac{\gamma_2+2\gamma_1+1}{\beta^2} \end{pmatrix}$$

임을 보여라. 여기서 $-\gamma_1$은 Euler 상수이고, $\gamma_2 - \gamma_1^2$은 $\log Z$의 분산이며, $Z \sim \text{Exp}(1)$이다.

(b) (θ,β)의 제프리스 사전분포 $\pi^J(\theta,\beta)$를 구하여라.

(c) θ 또는 β 중 관심 있는 모수가 무엇이든지 간에 구분 없이, (θ,β)의 기준사전은 다음과 같음을 보여라.

$$\pi^R(\theta,\beta) \propto 1/(\theta\beta).$$

(d) θ가 관심 있는 모수이고 β가 장애모수라고 하자. 이때 (θ,β)의 일차확률대응사전은

$$\pi_1(\theta,\beta) = \frac{1}{\theta\beta} g(C\log(\theta) + \beta^{-1})$$

임을 보여라. 여기서, $C = (\gamma_1 + 1)/(\gamma_2 + 2\gamma_1 + 1)$이고, g은 연속적으로 미분 가능함수이다.

다음 문제에서, β가 관심 있는 모수이고 θ가 장애모수라고 하자.

(e) (θ,β)의 일차확률대응사전은 다음과 같음을 보여라.

$$\pi_2(\theta,\beta) = \frac{1}{\theta\beta} g_2\left(\frac{\log(\theta)}{\gamma_1 + 1} + \frac{1}{\beta}\right)$$

(f) (c)에 있는 참고 사전 π_R은 β에 대한 이차확률대응사전임을 증명하여라.

35 예제 3.36에 있는 로지스틱 회귀모형에 대한 자료를 다음과 같이 시뮬레이션을 통하여 생성하여라.

(a) $i = 1,2,\cdots,n_0$에 대하여, 각각의 성공률 p_{0i}가

$$p_{0i} = \frac{\exp\{-0.5 + 0.5x_{0i}\}}{1 + \exp\{-0.5 + 0.5x_{0i}\}}$$

이며, $n_0 = 200$개인 독립적인 베르누이 관측치로 이루어진 자료들을 생성한다. 여기서 각각의 x_{0i}들은 독립적이고 동질인 평균 0와 표준편차가 0.5를 갖는 정규확률변수이다.

(b) (a)에 있는 자료들로 부적절 균등초기 사전분포함수를 갖는 멱사전은 다음과 같이 주어진다.

$$\pi(\beta|D_0, a_0) \propto \prod_{i=1}^{n_0} \frac{\exp\{a_0 y_{0i} x_{0i}{}'\beta\}}{(1 + \exp\{y_{0i} x_{0i}{}'\beta\})^{a_0}}.$$

a_0의 다양한 값들($a_0 = 0.07, 0.17, 0.35, 0.5, 0.83$)에 대한 멱사전의 궤적을 그려라.

(c) (b)에 있는 멱사전를 이용하여 사후분포들을 구하여라(5장에서 깁스샘플러를 이용하여 구하여라).

4장

베이지안 추정

이 장에서는 앞 절들에서 소개된 내용들을 기본으로 하여 실제 자료들을 베이지안 방법들에 사용되는 가장 기본이 되는 분포들을 중심으로 베이지안 절차 중 가장 먼저 행하여지는 사후분포들을 구하는 방법을 설명하고자 한다. 또한 사전분포와 손실함수들에 따라서 정해지는 사후평균들에 대하여도 논의하고자 한다. 첫 번째로 4.1절에서는 하나의 모수를 갖는 분포함수들에 대한 베이즈 추론을 설명한다. 예를 들면 이항분포, 평균 또는 분산 중 하나만 모수로 갖는 정규분포, 포아송 분포들이 여기에 해당된다. 4.2절에서는 여러 개의 모수로 구성된 분포들에 대한 베이즈 추론을 설명한다. 예를 들면, 평균과 분산을 모두 모수로 갖는 정규분포이다. 이때 평균에만 관심이 있다면, 베이즈 추론에서는 평균에 대한 주변사후분포를 계산하여야 한다. 4.3절에서는 베이즈 가설검정에 대한 방법인 베이즈 인자를 중심으로 소개한다. 또한 통계적 결정이론에서 매우 요긴하게 사용되는 베이지안 방법들의 연관성들을 4.4 ~ 4.6절에서 매우 심도 있게 소개한다.

4.1 단모수모형

4.1.1 이항모형

X가 이항분포함수 $Bin(n,\theta)$을 따른다고 하며, $X \sim B(n,\theta)$로 표현한다. 즉,

$$P(X=x) = f(x|\theta) = \binom{n}{x} \theta^x (1-\theta)^{n-x}$$

이다. 이항모형에 대한 자연모수는 θ이고 모수공간은

$$\Theta = \{\theta : 0 \le \theta \le 1\}$$

이며, 이는 제한모수공간이다.

로짓 모형에서, 모수는

$$u = \mathrm{logit}(\theta) = \log\left(\frac{\theta}{1-\theta}\right), \tag{4.1}$$

라고 두면, 즉

$$\theta = \frac{e^u}{1+e^u}$$

이다. 따라서 u의 모수공간은 $U=\{u: -\infty < u < \infty\}$이며, 이는 제한적이지 않는 모수공간이다. 또한 로짓 모형에서 분포함수는

$$f(x|u)=\binom{n}{x}\frac{\exp(xu)}{[1+\exp(u)]^n},\ x=0,1,\cdots,n,\quad -\infty < u < \infty$$

로 표현된다. 이때 구간 $(0,1)$에서 θ의 가장 간단한 사전분포함수는 균등이다. 즉,

$$\pi(\theta)=1, \qquad 0<\theta<1 \tag{4.2}$$

이며, 식 (4.2)은

$$\int_0^1 \pi(\theta)d\theta = 1 < \infty$$

인 관점에서 정상이다. 또한 $R=(-\infty,\infty)$에서 식 (4.1)에서 정의된 u의 가장 간단한 사전분포는 역시 균등이다. 즉,

$$\pi(u)=1,\ -\infty < u < \infty, \tag{4.3}$$

이며, 식 (4.3)은

$$\int_{-\infty}^{\infty} \pi(u)du = \infty$$

인 관점에서 부적절이다. 균등분포는 항상 무정보인가라는 의문에 놓이게 된다.

일반적으로 θ의 사후분포는 식 (2.39)로부터

$$\pi(\theta|x)=\frac{f(x|\theta)\pi(\theta)}{m(x)} \tag{4.4}$$

에서 구해지며, 여기서 $m(x)$은 x의 주변분포함수이다. 따라서 이항모형에서

$$m(x)=\int_0^1 f(x|\theta)\pi(\theta)d\theta$$

이다.

예제 4.1

위에서 설명된 이항모형 아래에서 식 (4.2)에 있는 θ의 균등사전분포를 가정한다. 이때

$$m(x) = \int_0^1 \binom{n}{x} \theta^x (1-\theta)^{n-x} d\theta = \binom{n}{x} B(x+1, n-x+1)$$

이다. 여기서 $B(\alpha, \beta)$은 식 (1.19)에 정의된 완전 베타함수이다. 따라서 θ의 사후분포는

$$\pi(\theta|x) = \frac{1}{B(x+1, n-x+1)} \theta^x (1-\theta)^{n-x},\ 0 < \theta < 1, \tag{4.5}$$

이며, 식 (4.5)은 베타 분포 $Be(x+1, n-x+1)$이다. 따라서 주어진 x 아래에서 θ의 사후평균과 사후분산은 각각

$$\tilde{\theta} = E[\theta|x] = \frac{x+1}{n+2} \tag{4.6}$$

과

$$Var(\theta|x) = E[\theta|x](1 - E[\theta|x])/(n+2) = \frac{(x+1)(n-x+1)}{(n+2)^2(n+3)}$$

이고, 주어진 x 아래에서 θ의 사후표준편차는

$$sd(\tilde{\theta}) = \sqrt{Var(\theta|x)} = \sqrt{\frac{(x+1)(n-x+1)}{(n+2)^2(n+3)}}$$

이다.

일반적으로, 빈도론자 추론에서 θ의 MLE는

$$\hat{\theta} = \frac{x}{n} \tag{4.7}$$

이다. 이때 식 (4.6)에 있는 사후평균 $\tilde{\theta}$와 자료에 의한 고전적 추정값인 식 (4.7) MLE $\hat{\theta}$을 비교해 보았을 때, 식 (4.6)인 사후평균 $\tilde{\theta}$에 고전적 추정값인 식 (4.7) MLE $\hat{\theta}$보다 두 개의 관측치가 추가되었다고 볼 수 있다. 즉, 두 관측치 중 하나는 '실패', 다른 하나는 '성공'이라 해석할 수 있다. 이러한 관점에서 균등사전 $U_{(0,1)}$은 무정보가 아니다. 예를 들어 만약 $x=0$이면 MLE $\hat{\theta}=0$이지만 사후평균은 $\tilde{\theta} = \frac{1}{n+2}$이다. 역시, $x=n$이면 $\hat{\theta}=1$이나 $\tilde{\theta} = \frac{n+1}{n+2}$이다.

예제 4.2

다음으로 위에서 설명된 이항모형 아래에서 식 (4.3)에 있는 u의 사전분포를

$$\pi(u)=1, \quad -\infty < u < \infty$$

라 하자. 이때 변환

$$\theta = \frac{e^u}{1+e^u}$$

을 생각하면, 야코비안은

$$J = \left| \frac{\partial\theta}{\partial u} \right|^{-1} = \theta^{-1}(1-\theta)^{-1}$$

이므로, 변환 후 결론적으로 θ의 사전분포는

$$\pi(\theta) \propto \theta^{-1}(1-\theta)^{-1} \tag{4.8}$$

이며, 이는 편의상 부적절 베타 분포 $Be(0,0)$로 표현할 수 있다. 이 사전분포는 Novick and Hall(1965)이 논의하였다. 식 (4.8)의 주어진 x 아래에서 θ의 사후분포함수는

$$\pi(\theta|x) = \frac{1}{B(x,n-x)}\theta^{x-1}(1-\theta)^{n-x-1}, \ 0<\theta<1, \tag{4.9}$$

이며, 만약 $x \neq 0$, n이면 이는 적절 베타분포 $Be(x,n-x)$이다(예제 3.3). 이때 주어진 x 아래에서 θ의 사후평균과 사후표본편차는

$$\tilde{\theta} = E[\theta|x] = \frac{x}{n} \text{과} \qquad sd(\tilde{\theta}) = \sqrt{Var(\theta|x)} = \sqrt{\frac{x(n-x)}{n^2(n+1)}}$$

이다. 이때 사후평균은 MLE와 동일하다. 따라서 예제 4.1의 결과를 비교해 보면 u의 균등사전은 θ의 균등사전보다는 무정보적이다.

예제 4.3

정의 3.6에 의하면 θ의 제프리스 사전분포는 다음과 같이 정의되었다.

$$\pi(\theta) \propto |I(\theta)|^{1/2}$$

여기서 $I(\theta)$은 기대피셔정보행렬이다. 그러므로 예제 3.9에서와 같이 이항모형에서 θ의 제프리스 사전분포는

$$\pi(\theta) \propto \theta^{\frac{1}{2}-1}(1-\theta)^{\frac{1}{2}-1} \tag{4.10}$$

이며, 이는 베타 분포 $Be\left(\frac{1}{2}, \frac{1}{2}\right)$이다. 따라서 예제 3.13에 의하면, 주어진 x 아래에서 θ의 사후분포는

$$\pi(\theta|x) \equiv Be(x+\frac{1}{2}, n-x+\frac{1}{2}) \tag{4.11}$$

이다. 따라서 제프리스 사전분포를 이용한 사후추론을 할 때, 자료에 반 개의 성공과 반 개의 실패가 추가되었다고 설명할 수 있다.

예제 4.4

이항모형의 공액사전분포는 예제 3.13에 의하면 베타 분포 $Be(\alpha,\beta)$이다. 즉,

$$\pi(\theta) = \frac{1}{B(\alpha,\beta)}\theta^{\alpha-1}(1-\theta)^{\beta-1}. \tag{4.12}$$

여기서 $\alpha > 0$와 $\beta > 0$이다. 따라서 주어진 x 아래에서 θ의 사후분포는

$$\pi(\theta|x) \propto \theta^{x+\alpha-1}(1-\theta)^{n-x+\beta-1} \tag{4.13}$$

이므로, 따라서 사전과 사후분포들은 동일한 베타 형태의 분포를 갖는다.

다음으로 식 (4.1)에 정의된 u의 공액사전분포는 다음과 같은 형태이다.

$$\pi(u) \propto \frac{\exp(au)}{[1+\exp(u)]^b}, \quad -\infty < u < \infty \tag{4.14}$$

이다. 그러므로 u의 사후분포는

$$\pi(u|x) \propto \frac{\exp[(a+x)u]}{[1+\exp(u)]^{n+b}} \tag{4.15}$$

로 구해지며, 따라서 사전과 사후분포들은 동일한 형태의 분포를 갖는다. 만약 $a=1$와 $b=2$이면, 이 공액사전은 표준 로지스틱 분포의 형태이다.

다음은 2.3.3절에서 설명된 사후예측함수를 이용하여 이항분포들의 성질을 설명한다.

예제 4.5

새로운 이항 시행을 수행하고자 한다. 이때 $0 \le \tilde{x} \le \tilde{n}$을 만족하는 $\tilde{x}$를 미래 이항 결과라 하자. 여기서 주어진 현재 이항자료 (x, n) 아래에서 $\tilde{x}$의 사후예측분포를 구하고자 한다. 여기서 공액사전인 베타 분포 $Be(\alpha, \beta)$을 가정한다. 이때 주어진 현재 자료 (x, n)에 대한 θ의 사후분포함수는 식 (4.13)에 의하여

$$\pi(\theta|x) = Be(x+\alpha, n-x+\beta)$$

임을 알고 있다. 여기서 간단히 $x+\alpha > 0$와 $n-x+\beta > 0$이라고 가정한다.

그러므로 $\tilde{x}$의 사후예측분포함수는

$$f(\tilde{x}|x) = \int_0^1 \binom{\tilde{n}}{\tilde{x}} \theta^{\tilde{x}} (1-\theta)^{\tilde{n}-\tilde{x}} \frac{1}{B(x+\alpha, n-x+\beta)} \theta^{x+\alpha-1} (1-\theta)^{n-x+\beta-1} d\theta$$

$$= \frac{B(\tilde{x}+x+\alpha, \tilde{n}-\tilde{x}+n-x+\beta)}{B(\tilde{x}, \tilde{n}-\tilde{x}) B(x+\alpha, n-x+\beta)} \tag{4.16}$$

이며, 이를 베타-이항 분포라 한다. 따라서 정리 1.21의 이중 기댓값 공식을 이용하여 $\tilde{x}$의 사후예측평균

$$E[\tilde{x}|x] = E[E[\tilde{x}|\theta, x]|x] = E[\tilde{n}\theta|x] = \frac{\tilde{n}(x+\alpha)}{n+\alpha+\beta} \tag{4.17}$$

을 구할 수 있다.

다음으로 사후예측과 비교되는 사전예측분포를 설명하고자 한다. 여기서 $\tilde{x}$은 미래 이항 관측치라고 하자. 이때 $\tilde{x}$의 **사전예측분포**는 다음과 같이 정의한다.

$$f(\tilde{x}) = \int_0^1 f(\tilde{x}|\theta) \pi(\theta) d\theta \tag{4.18}$$

이다. 이 경우 사전분포는 적절하여야 한다. $\alpha > 0$와 $\beta > 0$을 만족하는 베타 분포 $Be(\alpha, \beta)$을 공액사전으로 이용한다. 이때 $\tilde{x}$의 사전예측분포는 다음과 같은 베타-이항분포로 주어진다.

$$f(\tilde{x}) = \frac{B(\tilde{x}+\alpha, \tilde{n}-\tilde{x}+\beta)}{B(\tilde{x}, \tilde{n}-\tilde{x}) B(\alpha, \beta)}. \tag{4.19}$$

따라서 $\tilde{x}$의 사전예측평균은 다음과 같다.

$$E[\tilde{x}] = E[E(\tilde{x}|\theta)] = E[\tilde{n}\theta] = \frac{\tilde{n}\alpha}{\alpha+\beta}.$$

예제 4.6

확률변수 $X \sim Bin(n,\theta)$이면, 여기서 θ의 사전분포는 $\pi(\theta)=1,\ 0<\theta<1$이라고 하자. 이때 예제 4.1에 의하면 θ의 사후분포는

$$\pi(\theta|x) \sim Be(x+1, n-x+1)$$

임을 보였다.

$\tilde{x}$을 새로운 베르누이 시행의 미래 관측치라고 하자. 즉, $\tilde{n}=1$이며 $\tilde{y}=0$ 또는 1이다. 그러므로 식 (4.18)에서 정의된 $\tilde{x}$의 사전예측분포는

$$f(\tilde{x}=1)=\int_0^1 f(\tilde{x}=1|\theta)\pi(\theta)d\theta=\int_0^1 \theta d\theta=\frac{1}{2}$$

이며, 따라서 $f(\tilde{x}=1)=f(\tilde{x}=0)=1/2$이다. 또한 2.3.3절에서 정의된 $\tilde{x}$의 사후예측분포는

$$f(\tilde{x}|x)=\int_0^1 f(\tilde{x}=1|\theta)\pi(\theta|x)d\theta=\int_0^1 \theta\frac{1}{B(x+1,n-x+1)}\theta^x(1-\theta)^{n-x}d\theta$$

$$=\frac{B(x+2,n-x+1)}{B(x+1,n-x+1)}\ =\frac{x+1}{n+2}$$

이다. 만약

$$x=\frac{n}{2}\text{이면, } f\left(\tilde{x}=1|x=\frac{n}{2}\right)=\frac{1}{2},$$

만약

$$x>\frac{n}{2}\text{이면, 이때 } f\left(\tilde{x}=1|x>\frac{n}{2}\right)>\frac{1}{2},$$

또한 만약

$$x<\frac{n}{2},\text{ 이때 } f\left(\tilde{x}=1|x<\frac{n}{2}\right)<\frac{1}{2}$$

이다.

4.1.2 정규모형(분산이 알려진 경우)

예제 4.7

우선 하나의 자료로부터 설명을 시작하고자 한다. 자료가 정규모형을 따른다고 하자. 즉,

$$X \sim N(\theta, \sigma^2)$$

이며, σ^2은 알려진 상수이다. 따라서 X의 밀도함수는

$$f(x|\theta) = \frac{1}{\sqrt{2\pi}\,\sigma} \exp\left\{-\frac{(x-\theta)^2}{2\sigma^2}\right\}$$

이며, θ의 사전분포는

$$\pi(\theta) = \frac{1}{\sqrt{2\pi}\,\tau_0} \exp\left\{-\frac{(\theta-\mu_0)^2}{2\tau_0^2}\right\}$$

하자. 이때 약간의 대수적 계산 후 또는 예제 2.19와 예제 3.14에 의하면, 주어진 x 아래에서 θ의 사후분포는

$$\pi(\theta|x) \propto \exp\left\{-\frac{1}{2}\frac{\left(\theta - \dfrac{\dfrac{x}{\sigma^2}+\dfrac{\mu_0}{\tau_0^2}}{\dfrac{1}{\sigma^2}+\dfrac{1}{\tau_0^2}}\right)^2}{\dfrac{1}{\dfrac{1}{\sigma^2}+\dfrac{1}{\tau_0^{2^2}}}}\right\} \tag{4.20}$$

을 구할 수 있다. 여기서 표현상 편의를 위하여

$$\psi = \frac{\dfrac{1}{\sigma^2}}{\dfrac{1}{\sigma^2}+\dfrac{1}{\tau_0^2}} = \frac{\tau_0^2}{\sigma^2+\tau_0^2}$$

라 두면, 이때

$$1-\psi \equiv \frac{\sigma^2}{\sigma^2+\tau_0^2} \text{와} \quad \frac{1}{\dfrac{1}{\sigma^2}+\dfrac{1}{\tau_0^2}} = \frac{\sigma^2\tau_0^2}{\sigma^2+\tau_0^2} = \sigma^2\psi \tag{4.21}$$

이다. 그러므로 주어진 x 아래에서 θ의 사후평균은

$$\frac{\frac{x}{\sigma^2}+\frac{\mu_0}{\tau_0^2}}{\frac{1}{\sigma^2}+\frac{1}{\tau_0^2}}=\left(\frac{\tau_0^2}{\sigma^2+\tau_0^2}\right)x+\left(\frac{\sigma^2}{\sigma^2+\tau_0^2}\right)\mu_0=\psi x+(1-\psi)\mu_0 \tag{4.22}$$

로 표현할 수 있다. 마지막으로, 주어진 x 아래에서 θ의 사후분포는

$$\pi(\theta|x)=\frac{1}{\sqrt{2\pi}\,\sigma\sqrt{\psi}}\exp\left\{-\frac{[\theta-(\psi x+(1-\psi)\mu_0)]^2}{2(\sigma^2\psi)}\right\}$$

로 표현된다. 즉,

$$\theta|x \sim N(\psi x+(1-\psi)\mu_0,\, \sigma^2\psi) \tag{4.23}$$

이다.

따라서 다음과 같은 결과들을 얻을 수 있다.

첫째, 사전과 사후분포가 모두 정규분포이므로 정규분포 $\pi(\theta)$은 공액사전이다.

둘째, τ_0^2이 작을 때, 즉 사전평균 μ_0에 대한 믿음이 매우 크기 때문에 자료 x보다 사전평균 μ_0에 더 많은 가중치를 둔다. 만약 $\tau_0^2\approx 0$이면, 즉,

$$\psi=\frac{\tau_0^2}{\sigma^2+\tau_0^2}\approx 0$$

이며, 근사적으로

$$\theta|x \sim N(\mu_0,\sigma^2\psi), \tag{4.24}$$

여기서 ψ은 매우 작다.

셋째, τ_0^2이 크고 $\tau_0^2>\sigma^2$이면, 이때 우리는 μ_0에 대한 믿음이 적다는 것이고, 따라서 사전보다는 자료에 가중을 더 준다. 만약 $\tau_0^2\to\infty$이면, $\psi\to 1$이고 근사적으로

$$\theta|x \sim N(x,\sigma^2)$$

이다. 이 경우 2.1.3절에서 논의된 것과 같이 베이지안과 빈도론자 추론들은 서로 조화한다.

마지막으로, 정규분포 $N(\theta,\sigma^2)$ 또는 $N(\mu_0,\tau_0^2)$에서

$$\frac{1}{\sigma^2}\text{와 }\frac{1}{\tau_0^2}$$

은 각각이 자료와 사전정보 μ_0에 대한 정확도 측도이다. 즉, 이들은 각각의 분산의 역수들이다.

$\tilde{x}$를 미래 관측치라고 하자. 이때 정의 2.38에 의하면 θ의 사후예측분포는

$$f(\tilde{x}|x) = \int_{-\infty}^{\infty} f(\tilde{x}|\theta)\pi(\theta|x)d\theta$$

로 계산된다. 또한,

$$E[\tilde{x}|\theta] = \theta \text{와} \quad Var[\tilde{x}|\theta] = \sigma^2$$

이다. 그러므로 정리 1.21에 의하면

$$E[\tilde{x}|x] = E(E[\tilde{x}|\theta]|x) = E(\theta|x) = \psi x + (1-\psi)\mu_0$$

와

$$Var[\tilde{x}|x] = E[V(\tilde{x}|\theta)|x] + Var[E[\tilde{x}|\theta]|x] = \sigma^2 + \sigma^2\psi$$

이며, 여기서 σ^2는 미래 관측치의 예측 불확실성에 기인하고 그리고 $\sigma^2\psi$은 사후 불확실성에 기인한다.

예제 4.8

다음으로 다중 자료 $x_1, x_2, \cdots, x_n$은 알려진 척도모수 $\sigma^2 > 0$을 갖는 정규분포 $N(\theta, \sigma^2)$의 독립된 관측치들이라고 하자. 또한 θ의 사전분포는 정규분포 $N(\mu_0, \tau_0^2)$라 두자. 여기서 $\overline{x} = \frac{1}{n}\sum_{i=1}^{n} x_i$라 정의하면, $\overline{x}$은 θ의 충분통계량이다. 보조정리 2.20인 베이지안 충분성에 의하여, $\overline{x}$의 분포로 해석할 수 있다. 이때

$$\overline{x}|\theta \sim N\left(\theta, \frac{\sigma^2}{n}\right)$$

이다. 그러므로 주어진 x 아래에서 θ의 사후분포함수는 예제 2.19 또는 예제 4.7에 의하여,

$$\theta|x_1, x_2, \cdots, x_n = \theta|\overline{x} \sim N\left(\psi_n \overline{x} + (1-\psi_n)\mu_0, \frac{\sigma^2}{n}\psi_n\right) \tag{4.25}$$

이며,

$$\psi_n = \frac{\tau_0^2}{\frac{\sigma^2}{n} + \tau_0^2} \tag{4.26}$$

이다.

4.1.3 정규분포(평균이 알려진 경우)

예제 4.9

$X = (X_1, X_2, \cdots, X_n)'$ 이라고 하자. 여기서 $i = 1, \cdots, n$에 대하여 $X_i \sim N(\theta, \sigma^2)$이며, 이때 θ은 알려진 상수라고 하자. 또한,

$$v = \frac{1}{n}\sum_{i=1}^{n}(x_i - \theta)^2$$

이라 가정하면, v은 σ^2의 충분통계량이며, 보조정리 2.20인 베이지안 충분성을 이용하면, 주어진 σ^2 아래에서 v의 조건부분포(자료분포)는

$$f(v|\sigma^2) \propto (\sigma^2)^{-\frac{n}{2}} \exp\left\{-\frac{nv}{2\sigma^2}\right\} \tag{4.27}$$

이고, σ^2의 공액사전은 역 감마 분포 $IGam(\alpha, \beta)$라고 가정한다. 즉,

$$\pi(\sigma^2) \propto (\sigma^2)^{-(\alpha+1)} \exp\left\{-\frac{\beta}{\sigma^2}\right\}$$

이고, 따라서 주어진 자료 x 아래에서 σ^2의 사후분포는

$$\pi(\sigma^2|x) \propto (\sigma^2)^{-(\alpha + \frac{n}{2} + 1)} \exp\left\{-\frac{\beta + nv/2}{\sigma^2}\right\} \tag{4.28}$$

로 계산되며, 이는 또한 역 감마 분포 $IGam\left(\alpha + \frac{n}{2}, \beta + \frac{nv}{2}\right)$이다.

예제 4.9에서 σ^2의 사전분포로 공액사전인 역 감마 분포를 사용하였으나, 여기서는 예제 1.11에서 정의된 역 감마 분포의 특별한 형태인 역 카이제곱($Inv-\chi^2(\nu)$)과 척도화 역 카이제곱($SInv-\chi^2(\nu, s^2)$)분포들을 다음과 같이 정의한다.

정의 4.10

확률변수 θ가 다음과 같은 밀도함수

$$\pi(\theta) = \frac{1}{\Gamma\left(\frac{\nu}{2}\right)2^{\frac{\nu}{2}}} \frac{1}{\theta^{\frac{\nu}{2}+1}} \exp\left\{-\frac{1}{2\theta}\right\} \tag{4.29}$$

을 갖는다면, 이때 θ가 **역 카이제곱분포**($Inv-\chi^2(\nu)$)를 따른다고 한다.

확률변수 θ가 다음과 같은 밀도함수

$$\pi(\theta) = \frac{\left(\frac{\nu}{2}\right)^{\frac{\nu}{2}}}{\Gamma\left(\frac{\nu}{2}\right)} \frac{s^{\nu}}{\theta^{\frac{\nu}{2}+1}} \exp\left\{-\frac{\nu s^2}{2\theta}\right\}. \tag{4.30}$$

를 갖는다면, 이때 θ가 **척도화(scaled) 역 카이제곱분포**($SInv-\chi^2(\nu, s^2)$)를 따른다고 한다.

따라서 역 카이제곱분포 $Inv-\chi^2(\nu)$은 예제 1.11에 정의된 역 감마 분포 $IGam(\nu/2, 1/2)$와 동일한 분포이다. 그러므로

$$E(\theta) = \frac{1}{\nu-2},\ \nu > 2\text{와}\ \ Var(\theta) = \frac{2}{(\nu-2)^2(\nu-4)},\ \nu > 4$$

이다. 또한 척도화 역 카이제곱분포 $SInv-\chi^2(\nu, s^2)$은 예제 1.11에 의하면 역 감마 분포 $IGam(\nu/2,\ \nu s^2/2)$와 동일한 분포이다. 그러므로

$$E(\theta) = \frac{\nu s^2}{\nu-2},\ \nu > 2\text{와}\ \ Var(\theta) = \frac{2\nu^2 s^4}{(\nu-2)^2(\nu-4)},\ \nu > 4$$

이다.

예제 4.11

예제 4.9와 동일한 모형 구조에서 σ^2의 사전분포를 척도화 역 카이제곱분포 $SInv-\chi^2(\nu_0, \sigma_0^2)$이라고 가정하자. 즉, 식 (4.30)에 따르면,

$$\pi(\sigma^2) \propto (\sigma^2)^{-\left(\frac{\nu_0}{2}+1\right)} \exp\left\{-\frac{\nu_0\sigma_0^2}{2\sigma^2}\right\}$$

이므로, 이때 자료 분포함수는 예제 4.9에서 주어진 식 (4.27)인

$$f(v|\sigma^2) \propto (\sigma^2)^{-\frac{n}{2}} \exp\left\{-\frac{nv}{2\sigma^2}\right\}$$

이다. 따라서 주어진 자료 x 아래에서 σ^2의 사후분포는

$$\pi(\sigma^2|x) \equiv SInv-\chi^2\left(\nu_0+n, \frac{nv+\nu_0+\sigma_0^2}{\nu_0+n}\right) \tag{4.31}$$

로 계산된다. 그러므로 주어진 자료 x 아래에서 σ^2의 사후평균과 사후최빈값(mode)은 각각 다음과 같다. 만약 $\nu_0+n>2$이면,

$$E[\sigma^2|x] = \frac{\nu_0+n}{\nu_0+n-2}\frac{nv+\nu_0\sigma_0^2}{\nu_0+n} = \frac{nv+\nu_0\sigma_0^2}{\nu_0+n-2} \tag{4.32}$$

이며,

$$\text{mode}(\sigma^2|x) = \frac{\nu_0+n}{\nu_0+n+2}\frac{nv+\nu_0\sigma_0^2}{\nu_0+n} = \frac{nv+\nu_0\sigma_0^2}{\nu_0+n+2} \tag{4.33}$$

이다. 또한 σ^2의 MLE는 $\hat{\sigma}^2=v$임은 잘 알려진 사실이다.

만약 $\sigma^2 \sim SInv-\chi^2(\nu_0=2,\ \sigma_0^2=0)$을 선택한다면, 이때 주어진 자료 x 아래에서 σ^2의 사후평균은 식 (4.32)에 따라서 σ^2의 MLE와 같다.

σ^2의 제프리스 사전분포는 예제 3.8에서

$$\pi^J(\sigma^2) \propto \frac{1}{\sigma^2} \tag{4.34}$$

이며, 이는 $SInv-\chi^2(\nu_0=0, \sigma^2=0)$인 형태이다. 따라서 제프리스 사전 아래에서, 사후평균은

$$\frac{nv}{n-2}$$

이며, 이는 MLE인 $\hat{\sigma}^2=v$보다 크다. 그러나 제프리스 사전 아래에서의 사후최빈값은 MLE인 $\hat{\sigma}^2$보다 작다.

4.1.4 포아송 모형

여기서 $X \sim Po(\theta)$인 모형을 생각한다. 이때 확률밀도함수는

$$f(x|\theta) = \frac{1}{x!}\theta^x \exp\{-\theta\},\ x = 0,1,2,\cdots$$

이다. 이때 자료는 $x = (x_1, x_2, \cdots, x_n)'$하면, 모든 $i = 1,2,\cdots,n$에 대하여 독립적으로 $X_i \sim Po(\theta)$를 따른다. 따라서 θ의 우도함수는

$$f(x|\theta) = \left[\prod_{i=1}^{n}\frac{1}{x_i!}\right]\theta^{\sum_{i=1}^{n}x_i}\exp\{-n\theta\}$$

이다. 여기서 θ의 충분통계량은 $t(x) = \sum_{i=1}^{n} x_i$임을 알 수 있다. 여기서 공액사전 감마 분포 $Gam(\alpha, \beta)$을 갖는다고 하자. 즉,

$$\pi(\theta) = \frac{\beta^\alpha}{\Gamma(\alpha)}\theta^{\alpha-1}\exp\{-\beta\theta\}$$

이다. 그러므로 보조정리 2.20의 베이지안 충분성에 의하여, θ의 사후분포는 감마 분포로 구해진다. 즉,

$$\theta|x \sim Gam(\alpha + t(x), n + \beta).$$

따라서 θ의 사후평균은

$$\tilde{\theta} = E[\theta|x] = \frac{\alpha + t(x)}{n + \beta}.$$

또한 θ의 MLE는 $\hat{\theta} = \frac{t(x)}{n}$이다. 만약 $\theta \sim Gam(\alpha = 0, \beta = 0)$로 주어지면, 사후평균과 MLE는 동일하다.

또한 $\tilde{x}$을 포아송 분포 $Po(\theta)$을 따르는 미래 값이라 하자. 이때 사전예측분포는

$$f(\tilde{x}) = \int_0^\infty f(\tilde{x}|\theta)\pi(\theta)d\theta = \int_0^\infty \frac{1}{\tilde{x}!}\theta^{\tilde{x}}\exp\{-\theta\}\frac{\beta^\alpha}{\Gamma(\alpha)}\theta^{\alpha-1}\exp\{-\beta\theta\}d\theta \quad (4.35)$$

$$= \frac{\beta^\alpha}{\tilde{x}!\Gamma(\alpha)}\int_0^\infty \theta^{\tilde{x}+\alpha-1}\exp\{-(\beta+1)\theta\}d\theta = \frac{\beta^\alpha}{\tilde{x}!\Gamma(\alpha)}\frac{\Gamma(\alpha+\tilde{x})}{(\beta+1)^{\alpha+\tilde{x}}}$$

$$= \frac{\Gamma(\alpha+\tilde{x})}{\Gamma(\tilde{x}+1)\Gamma(\alpha)}\frac{\beta^\alpha}{(\beta+1)^{\alpha+\tilde{x}}} = \frac{\Gamma(\alpha+\tilde{x})}{\Gamma(\tilde{x}+1)\Gamma(\alpha)}\left(\frac{\beta}{\beta+1}\right)^\alpha\left(\frac{1}{\beta+1}\right)^{\tilde{x}}$$

로 계산되며, 이는 정의 3.16에서 정의된 일반화 음이항분포이다.

4.2 다모수모형

이 절에서는 여러 모수들을 갖는 모형에 대한 모수들의 사후분포를 구하는 방법들에 대하여 설명하고자 한다. 우선 주변사후분포함수들에 대하여 설명한다. $\theta=(\theta_1,\theta_2)'$라 두고 θ_1과 θ_2은 가능한 벡터로 볼 수도 있다. 이 중 하나를 관심 있는 모수라 하면, 다른 하나는 장애모수로 구별한다. 예를 들면, $X \sim N(\mu,\sigma^2)$이면, 이때 $\theta_1=\mu$와 $\theta_2=\sigma^2$라 생각할 수 있다. 간단하게 $\pi(\theta)=\pi(\theta_1,\theta_2)$은 사전, $f(x|\theta)$은 우도함수라고 하자. 이때 θ_1과 θ_2의 결합사후분포는

$$\pi(\theta_1,\theta_2|x)=\pi(\theta|x)=\frac{f(x|\theta)\pi(\theta)}{m(x)} \tag{4.36}$$

로 표현되며, θ_1의 주변사후분포는

$$\pi(\theta_1|x)=\int \pi(\theta_1,\theta_2|x)d\theta_2 \tag{4.37}$$

이며, 이는 θ_2 위에서 평균한 사후분포이다. 또한 θ_1의 주변사후분포는

$$\pi(\theta_1|x)=\int \pi(\theta_1|\theta_2,x)\pi(\theta_2|x)d\theta_2 \tag{4.38}$$

로 표현할 수도 있으므로, 이는 주어진 θ_2 아래에서 θ_1의 조건부사후분포와 θ_2의 주변사후분포의 혼합분포 형태이다.

실제적으로 다모수에서 해석적으로 $\pi(\theta_1|x)$을 계산하기는 거의 불가능할 때가 있다. 그러므로 일반적으로 $\pi(\theta_1|x)$ 또는 $\pi(\theta_2|x)$을 계산하는 것은 매우 어려운 문제들이다. 특히 Chen(1994)은 이러한 주변사후함수들을 계산하는 몬테카를로 방법들을 제안하였다.

예제 4.12 무정보사전분포 아래에서 정규모형

여기서 $X=(X_1,X_2,\cdots,X_n)'$라 하고, $i=1,2,\cdots,n$에 대하여 X_i들은 독립이고 동일한 정규분포 $N(\mu,\sigma^2)$을 따른다고 하고, 여기서 μ와 σ^2은 모두 미지의 상수라고 하자. 이때 우도함수는

$$f(x|\mu,\sigma^2)=\frac{1}{(2\pi\sigma^2)^{n/2}}\exp\left\{-\frac{1}{2\sigma^2}\sum_{i=1}^{n}(x_i-\mu)^2\right\}$$

이다. 또한 (θ,σ^2)의 결합충분통계량은 $(\overline{x},s^2)$이며, 여기서

$$\bar{x}=\frac{1}{n}\sum_{i=1}^{n}x_i,\quad s^2=\frac{1}{n-1}\sum_{i=1}^{n}(x_i-\bar{x})^2$$

이다. 따라서 다음과 같은 항등식

$$\sum_{i=1}^{n}(x_i-\mu)^2=\sum_{i=1}^{n}(x_i-\bar{x})^2+n(\mu-\bar{x})^2=(n-1)s^2+n(\mu-\bar{x})^2$$

을 이용하면, 우도함수는 충분통계량의 함수 형태로 표현한다. 즉,

$$f(x|\mu,\sigma^2)=\frac{1}{(2\pi\sigma^2)^{n/2}}\exp\left\{-\frac{1}{2\sigma^2}[(n-1)s^2+n(\mu-\bar{x})^2]\right\}. \tag{4.39}$$

다음으로 μ와 σ^2의 무정보사전함수를 유도하고자 한다. 3.1.1절에서 설명하였듯이, $\sigma^2>0$이므로 $-\infty<\log\sigma^2<\infty$이다. 또한 $-\infty<\mu<\infty$이므로, μ와 σ^2의 무정보인 상태에서

$$\pi(\mu,\log(\sigma^2))\propto 1$$

로 가정하는 것은 매우 합리적이다. 그러므로 변수변환기법에 의하여, μ와 σ^2의 사전분포함수는

$$\pi(\mu,\sigma^2)\propto\frac{1}{\sigma^2} \tag{4.40}$$

로 구해진다.

다음으로 $\theta=(\mu,\sigma^2)$라 두고 θ의 제프리스 사전함수를 구해 보자. 정의 3.6에 의하여 기대피셔정보행렬은

$$I(\theta)=-nE_\theta\begin{pmatrix}\frac{\partial^2}{\partial\mu^2}\left[-\frac{1}{2}\log\sigma^2-\frac{(x_i-\mu)^2}{2\sigma^2}\right] & \frac{\partial^2}{\partial\mu\partial\sigma^2}\left[-\frac{1}{2}\log\sigma^2-\frac{(x_i-\mu)^2}{2\sigma^2}\right]\\ \frac{\partial^2}{\partial\mu\partial\sigma^2}\left[-\frac{1}{2}\log\sigma^2-\frac{(x_i-\mu)^2}{2\sigma^2}\right] & \frac{\partial^2}{\partial(\sigma^2)^2}\left[-\frac{1}{2}\log\sigma^2-\frac{(x_i-\mu)^2}{2\sigma^2}\right]\end{pmatrix}$$

$$=-\frac{n}{2}E_\theta\begin{pmatrix}-2/\sigma^2 & 2(\mu-y_i)/\sigma^4\\ 2(\mu-y_i)/\sigma^4 & 1/\sigma^2-2(y_i-\mu)^2/\sigma^6\end{pmatrix}$$

$$=\frac{n}{2}\begin{pmatrix}2/\sigma^2 & 0\\ 0 & 1/\sigma^4\end{pmatrix}$$

이므로, 제프리스 사전함수는

$$\pi^J(\mu,\sigma^2)=\frac{n}{2}\left(\frac{2}{\sigma^2}\ \frac{1}{\sigma^4}\right)^{1/2}\propto\frac{1}{(\sigma^2)^{3/2}} \tag{4.41}$$

이다. 식 (4.41)인 사전분포함수 아래에서 사후분포를 구할 수 있다(연습문제). 이는 앞에서 설명된 $(\mu,\log(\sigma^2))$ 상에서 균등분포인 무정보사전함수와 다른 형태이다.

지금부터, $(\mu,\log(\sigma^2))$ 상에서 균등분포인 무정보함수를 식 (4.40)인 사전분포로 가정한다. 이때 (μ,σ^2)의 결합사후분포함수는 식 (4.39)로부터

$$\pi(\mu,\sigma^2|x)\propto\frac{1}{(\sigma^2)^{\frac{n}{2}+1}}\exp\left\{-\frac{1}{2\sigma^2}[(n-1)s^2+n(\mu-\bar{x})^2]\right\} \tag{4.42}$$

로 주어진다. 이때 사후분포가 존재할 필요충분조건은 $s^2>0$이다(연습문제).

주어진 σ^2와 x 아래에서 μ의 조건부사후분포는

$$\mu|\sigma^2,x\sim N\left(\bar{x},\frac{\sigma^2}{n}\right)$$

이다. 역시, 빈도론자 추론에서

$$\bar{x}|\mu,\sigma^2\sim N\left(\mu,\frac{\sigma^2}{n}\right)$$

이다. 그러므로 σ^2와 x가 주어진 상태에서 μ의 조건부사후분포는 Fisher(1935)가 제안한 신뢰분포와 유사하다.

주어진 x 아래에서 σ^2의 주변사후함수는

$$\begin{aligned}\pi(\sigma^2|x)&=\int\pi(\mu,\sigma^2|x)d\mu\\&\propto\frac{1}{(\sigma^2)^{\frac{n-1}{2}+1}}\exp\left\{-\frac{(n-1)s^2}{2\sigma^2}\right\}\end{aligned}$$

이며, 이는 역 감마 분포 $IGam\left(\frac{n-1}{2},\frac{(n-1)s^2}{2}\right)$ 또는 척도화 역 카이제곱분포 $SInv-\chi^2(n-1,s^2)$이다.

다음은 주어진 x 아래에서 μ의 주변사후분포함수를 구하고자 한다. 앞에서 설명하였듯이

$$\mu|\sigma^2, x \sim N\left(\overline{x}, \frac{\sigma^2}{n}\right), \tag{4.43}$$

$$\sigma^2|x \sim IGam\left(\frac{n-1}{2}, \frac{(n-1)s^2}{2}\right) \tag{4.44}$$

을 알고 있다. 그러므로

$$\frac{1}{\sigma^2}|x \sim Gam\left(\frac{n-1}{2}, \frac{(n-1)s^2}{2}\right)$$

이므로, $\lambda = \dfrac{s^2}{\sigma^2}$라 두면 이때 주어진 x 아래에서 λ의 주변사후분포함수는

$$\lambda|x \sim Gam\left(\frac{n-1}{2}, \frac{n-1}{2}\right) \tag{4.45}$$

이다. 그러므로 식 (4.43)과 $\lambda = \dfrac{s^2}{\sigma^2}$이므로

$$\frac{\mu - \overline{x}}{\frac{s}{\sqrt{n}}} \mid \lambda, x \sim N\left(0, \frac{1}{\lambda}\right) \tag{4.46}$$

으로 표현되며, 또한 정의 2.23에 의하면 t 분포는 정규분포와 감마 분포의 혼합분포라는 사실로부터 식 (4.45), (4.46)를 혼합하면, 주어진 x 아래에서 μ의 주변사후분포함수는

$$\frac{\mu - \overline{x}}{\frac{s}{\sqrt{n}}} \mid x \sim t_{n-1} \tag{4.47}$$

됨을 알 수 있다.

결론적으로, $(\mu, \log(\sigma^2))$의 사전분포가 균등분포라면, 주어진 x 아래에서 μ의 주변사후분포함수는 빈도론자 추론에서 주어진 μ와 σ^2 아래에서

$$\frac{\mu - \overline{x}}{\frac{s}{\sqrt{n}}}$$

의 분포함수와 완전히 동일한 형태이다.

예제 4.13 공액사전분포를 갖는 정규모형

예제 4.12와 동일한 자료를 갖는 정규모형을 고려한다. 즉, $x=(x_1,x_2,\cdots,x_n)'$을 자료라 하고, $i=1,2,\cdots,n$에 대하여 x_i들은 독립적이고 동일한 정규분포 $N(\mu,\sigma^2)$을 따른다고 하자. 여기서 μ 와 σ^2은 모두 미지의 상수라고 하자. 따라서 식 (4.39)에 따르면, 우도함수는

$$f(x|\mu,\sigma^2)=\frac{1}{(2\pi\sigma^2)^{n/2}}\exp\left\{-\frac{1}{2\sigma^2}[(n-1)s^2+n(\mu-\overline{x})^2]\right\}$$

이다. 이때 다음과 같은 공액사전분포를 이용한다. 즉,

$$\mu|\sigma^2 \sim N\left(\mu_0,\frac{\sigma^2}{k_0}\right)\text{과} \quad \sigma^2 \sim IGam\left(\frac{\nu_0}{2},\frac{\nu_0\sigma_0^2}{2}\right) \tag{4.48}$$

이다. 여기서, μ_0은 사전평균이고, k_0은 사전표본 크기이며, 네 개의 초모수들은 모두 알려진 상수라고 가정한다. 따라서 결합사전분포는

$$\pi(\mu,\sigma^2)\propto(\sigma^2)^{-1/2}(\sigma^2)^{-(\nu_0/2+1)}\exp\left\{-\frac{1}{2\sigma^2}[\nu_0\sigma_0^2+k_0(\mu-\mu_0)^2]\right\} \tag{4.49}$$

로 표현된다. 그러므로 주어진 x 아래에서 μ와 σ^2의 결합사후분포는

$$\begin{aligned}\pi(\mu,\sigma^2|x)\propto&(\sigma^2)^{-1/2}(\sigma^2)^{-\left(\frac{\nu_0+n}{2}+1\right)}\\&\times\exp\left\{-\frac{1}{2\sigma^2}[\nu_0\sigma_0^2+(n-1)s^2+k_0(\mu-\mu_0)^2+n(\mu-\overline{x})^2]\right\}\\&\propto(\sigma^2)^{-1/2}(\sigma^2)^{-\left(\frac{\nu_0+n}{2}+1\right)}\\&\times\exp\left\{-\frac{1}{2\sigma^2}\left[\nu_0\sigma_0^2+(n-1)s^2\right.\right.\\&\left.\left.+\frac{k_0n}{k_0+n}(\overline{x}-\mu_0)^2+(k_0+n)\left(\mu-\frac{k_0\mu_0+n\overline{x}}{k_0+n}\right)^2\right]\right\}\end{aligned} \tag{4.50}$$

이다. 따라서 사전과 사후분포가 동일한 형태이므로 공액이다. 즉, 주어진 σ^2과 x 아래에서 μ의 조건부사후분포는

$$\mu\,|\,\sigma^2,x \sim N\left(\mu_n,\frac{\sigma^2}{k_n}\right), \tag{4.51}$$

여기서 $\mu_n = \dfrac{k_0}{k_0+n}\mu_0 + \dfrac{n}{k_0+n}\bar{x}$와 $k_n = k_0+n$이다. 또한 주어진 x 아래에서 σ^2의 주변사후분포함수는

$$\sigma^2|x \sim SInv-\chi^2(\nu_n,\sigma_n^2) = IGam(\frac{\nu_n}{2}, \frac{\nu_n\sigma_n^2}{2}) \tag{4.52}$$

이며, 여기서 $\nu_n = \nu_0+n$과 $\sigma_n^2 = \dfrac{1}{\nu_n}\left[\nu_0\sigma_0^2+(n-1)s^2+\dfrac{k_0 n}{k_0+n}(\bar{x}-\mu_0)^2\right]$이다.

다음으로, 주어진 x 아래에서 μ의 주변사후분포함수는

$$\pi(\mu|x) \propto \left[1+\frac{k_n(\mu-\mu_n)^2}{\nu_n\sigma_n^2}\right]^{-\frac{\nu_n+1}{2}}$$

이며, 즉

$$\mu|x \sim t_{\nu_n}\left(\mu_n, \frac{\sigma_n^2}{k_n}\right). \tag{4.53}$$

예제 4.14 준공액사전분포를 갖는 정규모형

예제 4.13과 동일한 구조를 갖는다고 하고, 단지 공액사전과는 다른 μ와 σ^2의 사전분포함수를 아래와 같이 갖는다고 하자. 즉,

$$\mu|\sigma^2 \sim N(\mu_0,\tau_0^2)\text{와 } \sigma^2 \sim SInv-\chi^2(\nu_0,\sigma_0^2) \tag{4.54}$$

이며, 여기서 네 개의 초모수들 μ_0, τ_0^2, ν_0 과 σ_0^2은 모두 상수라고 하자. 따라서 μ와 σ^2는 서로 독립적인 관계를 가정하였다. 따라서 μ와 σ^2의 결합사전분포는

$$\pi(\mu,\sigma^2) \propto (\sigma^2)^{-\left(\frac{\nu_0}{2}+1\right)}\exp\left\{-\left(\frac{\nu_0\sigma_0^2}{2\sigma^2}+\frac{(\mu-\mu_0)^2}{2\tau_0^2}\right)\right\} \tag{4.55}$$

이다. 또한 식 (4.39)에 따르면 우도함수가

$$f(x|\mu,\sigma^2) = \frac{1}{(2\pi\sigma^2)^{n/2}}\exp\left\{-\frac{1}{2\sigma^2}[(n-1)s^2+n(\mu-\bar{x})^2]\right\}$$

이므로, 이로부터 주어진 x 아래에서 μ와 σ^2의 결합사후분포는

$$\pi(\mu,\sigma^2|x) \propto (\sigma^2)^{-\left(\frac{\nu_0+n}{2}+1\right)} \exp\left\{-\frac{\nu_0\sigma_0^2+(n-1)s^2}{2\sigma^2}\right\}$$

$$\times \exp\left\{-\left[\frac{(\mu-\mu_0)^2}{2\tau_0^2}+\frac{n(\mu-\bar{x})^2}{2\sigma^2}\right]\right\}$$

이다. 따라서 주어진 σ^2과 x 아래에서 μ의 조건부사후분포는

$$\mu|\sigma^2, x \sim N(\mu_n, \tau_n^2(\sigma^2)) \tag{4.56}$$

여기서,

$$\mu_n = \frac{\frac{\sigma^2}{n}\mu_0 + \tau_0^2\bar{x}}{\tau_0^2 + \frac{\sigma^2}{n}} \text{와} \quad \tau_n^2(\sigma^2) = \frac{\sigma^2}{n}\frac{\tau_0^2}{\tau_0^2+\frac{\sigma^2}{n}}$$

이다. 그러나 주어진 x 아래에서 σ^2의 주변사후분포가 역 카이제곱분포가 아니다. 그러므로 사전과 사후분포들이 다른 함수 형태이므로, 서로가 공액의 관계는 아니다. 그러나 주어진 μ와 x 아래에서 σ^2의 조건부사후분포가 역 카이제곱분포

$$\sigma^2|\mu, x \sim Inv-\chi^2(\nu_n, \sigma_n^2(\mu)) \tag{4.57}$$

이며, 여기서,

$$\nu_n(\mu) = \nu_0 + n \text{와} \quad \sigma_n^2(\mu) = \frac{\nu_0\sigma_0^2+(n-1)s^2+n(\mu-\bar{x})^2}{\nu_0+n}$$

이다. 이러한 관점에서 이러한 사전분포 형태를 준공액(semi-conjugate)이라고 한다. 다행스럽게도 90년대 이후로 이루어진 베이지안 계산의 발전으로 이러한 반공액의 사후추론들도 많은 어려움 없이 5장에서 소개되는 몬테카를로 방법을 이용하여 근사적으로 계산할 수 있다.

예제 4.15 **두 정규평균들의 비교**

어떤 집단들의 평균들 또는 비율들의 차이를 조사하는 것은 자주 직면하는 문제들이다. 씨앗 또는 수확량의 다른 두 개의 차이를 포함하는 농업실험, 두 개의 다른 처치를 포함하는 임상시험 등을 나타내는 예들은 주위에 많이 나타난다. 두 개의 이

항 비율의 비교는 5장 예제 5.19에서 다루고자 한다. 여기서는 두 개의 정규평균에 대한 비교를 다음과 같이 다루고자 한다.

$X_{11},\cdots,X_{1n_1}$은 독립이고 동일한 정규모집단 $N(\theta_1,\sigma_1^2)$에서 온 자료들이고, 반면에 $X_{21},\cdots,X_{2n_2}$은 독립이고 동일한 정규모집단 $N(\theta_2,\sigma_2^2)$에서 온 자료들이라 가정한다. 여기서 네 개의 모수들 $\theta_1,\theta_2,\sigma_1^2$와 σ_2^2은 모두 미지의 상수들이라 하자. 이때 두 평균의 차이, 즉 $\eta=\theta_1-\theta_2$에 관심이 있다고 하자. 우선 $\sigma_1^2=\sigma_2^2=\sigma^2$인 경우만 먼저 고려한다. 이 경우에, $(\overline{X_1},\overline{X_2},s^2)$은 $(\theta_1,\theta_2,\sigma^2)$의 충분통계량이다. 여기서,

$$s^2=(\sum_{i=1}^{n_1}(X_{1i}-\overline{X_1})^2+\sum_{j=1}^{n_2}(X_{2j}-\overline{X_2})^2)/(n_1+n_2-2)$$

이며,

$$\overline{X_1}=\frac{\sum_{i=1}^{n_1}X_{1i}}{n_1} \quad \text{그리고} \quad \overline{X_2}=\frac{\sum_{j=1}^{n_2}X_{2j}}{n_2}$$

이다. 더욱이, 주어진 $(\theta_1,\theta_2,\sigma^2)$ 아래에서,

$$\overline{X_1}\sim N(\theta_1,\frac{\sigma^2}{n_1}),\ \overline{X_2}\sim N(\theta_2,\frac{\sigma^2}{n_2})$$

와

$$(n_1+n_2-2)s^2\sim\sigma^2\chi^2_{n_1+n_2-2}$$

이고, 이들은 서로 독립이다. 예제 4.12와 같이 $(\theta_1,\theta_2,\sigma^2)$의 사전분포는 무정보적으로,

$$\pi(\theta_1,\theta_2,\sigma^2)\propto\sigma^{-2}$$

이라고 가정한다. 이때 주어진 $x_{11},\cdots,x_{1n_1}$과 $x_{21},\cdots,x_{2n_2}$ 아래에서 $(\theta_1,\theta_2,\sigma^2)$의 결합사후분포는 보조정리 2.20인 베이지안 충분성에 의하여,

$$\pi(\theta_1,\theta_2,\sigma^2|\overline{x_1},\overline{x_2},s^2)=\pi(\theta_1|\sigma^2,\overline{x_1})\pi(\theta_2|\sigma^2,\overline{x_2})\pi(\sigma^2|s^2) \tag{4.58}$$

이며, 식 (4.58)에서 $\eta=\theta_1-\theta_2$의 변환에 대한 (η,σ^2)의 결합사후분포

$$\pi(\eta,\sigma^2|\overline{x_1},\overline{x_2},s^2)=\pi(\eta|\sigma^2,\overline{x_1},\overline{x_2})\pi(\sigma^2|s^2) \tag{4.59}$$

이다. 여기서,

$$\eta|\sigma^2, \overline{x_1}, \overline{x_2} \sim N(\overline{x_1} - \overline{x_2}, \sigma^2(\frac{1}{n_1} + \frac{1}{n_2}))\text{과 } \sigma^2|s^2 \sim s^2 SInv - \chi^2$$

이다. 결론적으로, 식 (4.59)을 σ^2으로 적분하면,

$$\pi(\eta|\overline{x_1}, \overline{x_2}, s^2) \propto \left\{1 + \frac{\left(\eta - (\overline{x_1} - \overline{x_2})\right)^2}{(n_1 + n_2 - 2)s^2\left(\frac{1}{n_1} + \frac{1}{n_2}\right)}\right\}^{-(n_1 + n_2 - 1)/2}$$

을 구할 수 있고, 이와 동등하게,

$$\frac{\eta - (\overline{x_1} - \overline{x_2})}{s\sqrt{\frac{1}{n_1} + \frac{1}{n_2}}} | \overline{x_1}, \overline{x_2}, s^2 \sim t_{n_1 + n_2 - 2} \tag{4.60}$$

이다.

다음으로, 많은 상황에서 $\sigma_1^2 = \sigma_2^2$이란 가정은 유지될 수가 없다. 예를 들면, 임상시험에서 두 개의 다른 처치에 대한 모집단들은 매우 다른 산포를 갖고 있다는 것이 합리적이다. 비 동등과 미지의 분산을 갖는 평균을 비교하는 문제는 베렌스-피셔(Behrens-Fisher) 문제로 알려져 있다. 이 문제에 대한 빈도론자 접근은 1장 연습문제에서 이미 논의되었다. 지금부터, 베이지안 접근을 하고자 한다. $(\overline{X}_1, s_1^2)$은 (θ_1, σ_1^2)의 결합충분통계량이고, $(\overline{X}_2, s_2^2)$은 (θ_2, σ_2^2)의 결합충분통계량이다. 여기서 $s_i^2 = \sum_{j=1}^{n_i}(X_{ij} - \overline{X}_i)^2/(n_i - 1)$, $i = 1, 2$이다. 역시, 주어진 $(\theta_1, \theta_2, \sigma_1^2, \sigma_2^2)$ 아래에서

$$\overline{X}_i \sim N(\theta_i, \frac{\sigma_i^2}{n_i})\text{와 } (n_i - 1)s_i^2 \sim \sigma_i^2\chi_{n_i - 1}^2, \ i = 1, 2, \tag{4.61}$$

이며, 모두 서로 독립이다. 여기서 무정보사전분포를 가정한다. 즉,

$$\pi(\theta_1, \theta_2, \sigma_1^2, \sigma_2^2) \propto \sigma_1^{-2}\sigma_2^{-2}$$

이다.

$$\frac{\sqrt{n_1}(\theta_1 - \overline{x_1})}{s_1} | \overline{x_1}, \overline{x_2}, s^2 \sim t_{n_1 - 1} \tag{4.62}$$

와

$$\frac{\sqrt{n_2}(\theta_2 - \overline{x_2})}{s_2} | \overline{x_1}, \overline{x_2}, s^2 \sim t_{n_2 - 1} \tag{4.63}$$

이다. $\eta = \theta_1 - \theta_2$의 사후분포는 표준분포가 아님을 알 수 있다. 그러나 이 경우에서도 5장에서 소개되는 몬테카를로 방법이 매우 단순하므로(예제 7.8 참고), 사후 계산들을 쉽게 수행할 수 있다. η의 사후분포를 알아보기 위해서 식 (4.62)과 (4.63)에서 반복적으로 독립적으로 θ_1과 θ_2을 생성하여 대응하는 $\eta = \theta_1 - \theta_2$ 계산하여 이용할 수 있다.

4.3 베이즈 가설검정

일반적인 가설검정과 같이 귀무가설 $H_0 : \theta \in \Theta_0$와 대립가설 $H_1 : \theta \in \Theta_1$을 생각해 보자. 여기서 $\Theta_0 \cap \Theta_1 = \varnothing$와 $\Theta_0 \cup \Theta_1 = \Theta$이다. 빈도론자 추론에 있어서 가장 일반적으로 사용되는 것이 제1종 오류와 제2종 오류 등이며, 이들은 P-값을 구한 후 서로 값들을 비교하며 검정을 수행한다. 따라서 우선 가설검정과 모형 확인을 위하여 많은 응용분야에서 폭넓게 사용되는 고전적 통계학에서 사용되는 도구인 P-값을 간단히 설명한다. 간단히,

$$\text{귀무가설 } H_0 : \theta = \theta_0\text{과 대립가설 } H_1 : \theta \neq \theta_0 \tag{4.64}$$

을 검정하고자 한다고 가정하자. 이때 고전적 유의검정은 사용되고 있는 검정통계량 $T(X)$에 근거한다. $T(X)$은 귀무가설에 반하는 증거를 제공할거라 생각되는 큰 값이다. 만약 $X = x$로 관측되면, 이에 대응되는 $t = T(x)$이고, 이때 P-값(p)은 다음과 같다.

$$p = P_{\theta_0}(T(X) \geq T(x)). \tag{4.65}$$

예제 4.16

독립적으로 $X_1, \cdots, X_n \sim N(\theta, \sigma^2)$을 따른다고 하자. 여기서 σ^2은 알려진 상수이다. 이때 $\overline{X}$은 θ의 충분통계량이며, 정규분포 $N(\theta, \sigma^2/n)$을 갖는다. 검정 식 (4.64)에 대한 자연스런 검정통계량은

$$T = T(\overline{X}) = \left| \frac{\sqrt{n}(\overline{X} - \theta_0)}{\sigma} \right| \tag{4.66}$$

이며, P-값은 $p=2[1-\Phi(t)]$이며, 여기서 $t=\left|\sqrt{n}(\bar{x}-\theta_0)/\sigma\right|$이고, Φ은 표준 정규누적분포이다.

고전적 검정에 사용되는 오류를 인정하는 것과는 다르게, 베이즈 추론의 근간은 확률로써 모든 것을 설명하는 방법론이므로, Θ_0와 Θ_1에 대한 각각의 사후확률들을 계산하여 상대적으로 확률값이 큰 것의 가설을 선택한다. 먼저, 베이지안 통계학에서도 고전적 통계학에서 사용되는 검정통계량과 같은 역할을 하는 베이즈 인자를 소개한다. 이때 $\alpha_0 = P(\Theta_0|x)$와 $\alpha_1 = P(\Theta_1|x)$을 Θ_0와 Θ_1의 각각의 사후확률들이고, $\pi_0 = P(\Theta_0)$과 $\pi_1 = P(\Theta_1)$은 Θ_0와 Θ_1의 각각의 사전확률들이라고 하자.

베이즈 인자는 정의 2.30에서 이미 다음과 같이 정의하였다. 즉, Θ_1에 대한 Θ_0을 지지하는 베이즈 인자는

$$B_{01} = \frac{\alpha_0/\alpha_1}{\pi_0/\pi_1}$$

로 정의되며, 여기서 비 α_0/α_1을 사후 오즈비, π_0/π_1은 사전 오즈비라고 한다. 그러므로 베이즈 인자는 사후 오즈비와 사전 오즈비의 비이다. 또한, 베이즈 인자를 다음과 같이 표현할 수 있으므로

$$B_{01} = \frac{\alpha_0/\pi_0}{\alpha_1/\pi_1}$$

이는, 베이즈 인자는 자료로 주어진 H_0와 H_1의 비로 인식된다.

먼저, 간단한 가설들 $\Theta_0 = \{\theta_0\}$와 $\Theta_1 = \{\theta_1\}$을 생각하자. 이때 Θ_0을 지지하는 베이스 인자는

$$B_{01} = \frac{\alpha_0\pi_1}{\alpha_1\pi_0} = \frac{f(x|\theta_0)}{f(x|\theta_1)}$$

임을 2절에서 보였다. 따라서 이는 빈도론자 추론에서 사용하는 H_1에 대한 H_0의 우도비통계량과 동일하다.

이제, 보다 일반적인 경우로 확장하고자 한다. Berger(1985)는 사전분포함수를 다음과 같이 정의하였다.

$$\pi(\theta) = \begin{cases} \pi_0 g_0(\theta) & \text{if } \theta \in \Theta_0 \\ \pi_1 g_1(\theta) & \text{if } \theta \in \Theta_1 \end{cases}$$

여기서 g_0와 g_1은 정상분포함수들로써, 이들은 두 가설들 위에서 사전의 각각 값들이 얼마나 잘 펼쳐져 있는지를 나타낸다고 한다. 즉,

$$\pi(\theta) = \pi_0\, g_0(\theta) I(\theta \in \Theta_0) + \pi_1\, g_1(\theta) I(\theta \in \Theta_1) \tag{4.67}$$

이다. 그러므로 $i = 0, 1$에 대하여 π_i은 $g_i(\theta)$들이 선택되는 확률을 의미한다. 이때 $f(x|\theta)$을 우도함수라고 하자. 그러므로 θ의 사후분포함수는

$$\begin{aligned} \pi(\theta|x) &= \frac{f(x|\theta)\pi(\theta)}{\int_{\Theta} f(x|\theta)\pi(\theta)d\theta} \\ &= \frac{f(x|\theta)\pi(\theta)}{\int_{\Theta_0} f(x|\theta)\pi(\theta)d\theta + \int_{\Theta_1} f(x|\theta)\pi(\theta)d\theta} \\ &= \begin{cases} \dfrac{f(x|\theta)\pi_0 g_0(\theta)}{m(x)} & \text{if } \theta \in \Theta_0, \\ \dfrac{f(x|\theta)\pi_1 g_1(\theta)}{m(x)} & \text{if } \theta \in \Theta_1, \end{cases} \end{aligned} \tag{4.68}$$

여기서

$$m(x) = \int_{\Theta_0} f(x|\theta)\pi_0 g_0(\theta)d\theta + \int_{\Theta_1} f(x|\theta)\pi_1 g_1(\theta)d\theta$$

이다. 그러므로

$$\alpha_0 = P(\Theta_0|x) = \int_{\Theta_0} \pi(\theta|x)d\theta = \pi_0 \int_{\Theta_0} f(x|\theta)g_0(\theta)d\theta / m(x)$$

와

$$\alpha_1 = P(\Theta_1|x) = \int_{\Theta_1} \pi(\theta|x)d\theta = \pi_1 \int_{\Theta_1} f(x|\theta)g_1(\theta)d\theta / m(x)$$

이다. 이때

$$\frac{\alpha_0}{\alpha_1} = \frac{\pi_0 \int_{\Theta_0} f(x|\theta) g_0(\theta) d\theta}{\pi_1 \int_{\Theta_1} f(x|\theta) g_1(\theta) d\theta},$$

이며, 따라서 베이즈 인자는

$$B_{01} = \frac{\int_{\Theta_0} f(x|\theta) g_0(\theta) d\theta}{\int_{\Theta_1} f(x|\theta) g_1(\theta) d\theta} \tag{4.69}$$

이다. 그러므로 베이즈 인자는 g_0와 g_1에 의하여 결정된 Θ_0와 Θ_1의 우도함수의 비이다.

일반적으로, 베이즈 인자는 사후 오즈비와 사전 오즈비의 비로 나타난다고 하였으므로 베이즈 인자를 가설 H_0와 H_1의 관점에서 생각하면 다음과 같이 표현할 수도 있다. 즉,

$$\begin{aligned} B_{01} &= \frac{P(H_0|x)/P(H_1|x)}{P(H_0)/P(H_1)} = \frac{\frac{P(x|H_0)P(H_0)}{P(x)} \Big/ \frac{P(x|H_1)P(H_1)}{P(x)}}{P(H_0)/P(H_1)} \\ &= \frac{P(x|H_0)}{P(x|H_1)} \end{aligned} \tag{4.70}$$

여기서, $i = 0,1$에 대하여

$$P(x|H_i) = \int P(x|\theta, H_i)\, P(\theta|H_i) d\theta$$

이며, $P(x|\theta, H_i)$와 $P(\theta|H_i)$은 가설 H_i에서의 각각의 우도함수와 사전분포함수들이다. 따라서 $P(x|H_i)$은 가설 H_i에서의 적분된 주변(우도)함수이다.

예제 4.17 단측검정

$X \sim N(\theta, \sigma^2)$이며 θ가 무정보사전분포인 $\pi(\theta) = 1$을 갖는다고 하자. 이때 θ의 사후분포는 예제 3.1에 따르면,

$$\theta|x \sim N(x, \sigma^2)$$

이다. 다음과 같은 가설검정을 생각한다. 즉,

$$H_0 : \theta \leq \theta_0 \text{ 대 } H_1 : \theta > \theta_0. \quad (4.71)$$

이때

$$\alpha_0 = P(\theta \leq \theta_0 | x) = \Phi((\theta_0 - x)/\sigma)$$

여기서 Φ은 표준정규분포의 누적분포함수이다. 또한 H_0에 대한 고전적 P값은 $\theta = \theta_0$일 때 X가 실제 자료 x보다 과도하게 클 때의 확률값이다. 그러므로 P값은

$$p = P(X \geq x | \theta = \theta_0) = 1 - \Phi((x - \theta_0)/\sigma) \quad (4.72)$$

이다. 정규분포의 대칭성에 의하여, α_0은 H_0에 대한 고전적 P-값과 동일하다. 고전적 통계학에서 유의수준 α_0로 주어졌을 때, 베이즈 검정에서 P-값이 α_0보다 작으면, 귀무가설이 기각한다면, 베이지안과 고전적 검정은 동일하다.

다음은 한 점에 대한 귀무가설(point/ sharp null hypothesis)의 검정 절차를 논하고자 한다. 즉,

$$H_0 : \theta = \theta_0 \text{와 } H_1 : \theta \neq \theta_0$$

에 대한 검정을 생각하자. Zellner(1985a)는 통계 용어 설문에서 이러한 가설을 '**점 귀무가설**'이라고 하였으며, Ghosh et al.(2006)는 이를 "sharp null hypothesis"이라고도 한다. 고전적 통계학에서 이러한 검정을 수행하는 것은 매우 평범한 일들이다. 점 귀무가설의 검정은 보통 적당하지 못한 상황에서 보통 수행된다. 즉, Lehmann(1959)이 지적하였듯이 완전하게 $\theta = \theta_0$일 경우를 진지하게 부여할 수 있는 상황은 거의 존재하지 못할 것이다. 이때 $\theta \in \Theta_0 = (\theta_0 - b, \theta_0 + b)$인 가설을 고려하는 것이 보다 합리적일 수 있다. 여기서 $b > 0$이며, Θ_0에 있는 모든 θ들이 θ_0와 거의 다르지 않다고 생각할 수 있는 b을 선택한다(용인할 수 있는 구간). 예를 들면, 어떤 화학제품의 반응 강도를 검정하는 문제에서, 알려진 반응 강도 θ_0가 있다고 하자. 미지의 반응강도가 b만큼의 허용오차를 두고 알려진 반응 강도와 같은 효과를 나타나는지를 검정한다고 한다면, 여기서 검정을 다음과 같이 두는 것이 더욱 합리적이다. 즉,

$$H_0 : \theta \in (\theta_0 - b, \theta_0 + b) \text{와 } H_1 : \theta \notin (\theta_0 - b, \theta_0 + b)$$

이다. $H_0 : \theta \in (\theta_0 - b, \theta_0 + b)$의 검정이 실제 주어지면, 이것을 $H_0 : \theta = \theta_0$에 의하여 근사하는 것이 적당할 때를 알 필요가 있다. 베이지안 측면에서, H_0의 사후확률들이 두 상

황에서 거의 같다면 가능하다. 좀 더 강한 조건으로 관측된 우도함수가 주어진 구간 $(\theta_0 - b, \theta_0 + b)$에서 상수로 주어진다면 이 또한 그 경우가 될 것이다.

점 귀무가설 근사방법이 상수 우도함수보다 더 만족스러울 수 있다. 그러나 베이지안 통계학자가 근사식의 적정성을 확인하는 것보다 직접적으로 구간가설을 갖고 수행하는 것이 보통 더 쉽다. 그럼에도 불구하고, 여기서는 점 귀무가설의 베이즈 검정을 발전시키고자 한다.

따라서 점 귀무가설 $H_0 : \theta = \theta_0$의 베이즈 검정을 수행하기 위해, 연속사전분포함수는 한 점 θ_0에 0인 사전확률(후에 사후확률)을 부여하므로, 여기서는 연속사전분포를 사용할 수 없다. 보다 합리적인 접근은 θ_0에 양의 확률 π_0을 부여함과 동시에 $\theta \neq \theta_0$에 밀도함수 $\pi_1 g_1(\theta)$을 지정한다. 즉,

$$\pi(\theta) = \begin{cases} \pi_0 & , \ \theta = \theta_0 \\ \pi_1 g_1(\theta), & \theta \neq \theta_0 \end{cases} \tag{4.73}$$

이고, 여기서 $\pi_1 = 1 - \pi_0$이고 g_1은 적절분포이다. 따라서 정의된 사전분포로부터, X의 주변밀도함수는

$$m(x) = \int f(x|\theta)\pi(\theta)d\theta = \pi_0 f(x|\theta_0) + (1 - \pi_0)m_1(x), \tag{4.74}$$

이며, 여기서

$$m_1(x) = \int_{\{\theta \neq \theta_0\}} f(x|\theta)g_1(\theta)d\theta$$

이고, 이는 g_1에 대한 X의 주변밀도함수이다. 그러므로 $\theta = \theta_0$의 사후분포는

$$\pi(\theta_0|x) = \frac{f(x|\theta_0)\pi_0}{m(x)} = \frac{f(x|\theta_0)\pi_0}{f(x|\theta_0)\pi_0 + (1 - \pi_0)m_1(x)} \tag{4.75}$$

$$= \left[1 + \frac{(1 - \pi_0)}{\pi_0} \cdot \frac{m_1(x)}{f(x|\theta_0)}\right]^{-1}$$

이다. 이는 α_0이며, 즉 H_0의 사후확률이다. $\alpha_1 = 1 - \alpha_0$은 H_1의 사후확률이다. 따라서 사후 오즈비는

$$\frac{\alpha_0}{\alpha_1} = \frac{\pi(\theta_0|x)}{1 - \pi(\theta_0|x)} = \frac{\pi_0}{\pi_1} \cdot \frac{f(x|\theta_0)}{m_1(x)}$$

이며, 그러므로 H_1에 대한 H_0의 지지인 베이즈 인자는 다음과 같다.

$$B_{01} = \frac{f(x|\theta_0)}{m_1(x)}. \tag{4.76}$$

예제 4.18

자료 $X_1, \cdots, X_n \sim N(\theta, 1)$이라 가정한다. 여기서 주어진 자료들을 갖고

$$H_0 : \theta = \theta_0 \text{와 } H_1 : \theta \neq \theta_0$$

에 대한 베이즈 검정을 하고자 한다. 우선 $\theta \neq \theta_0$에서 θ의 사전분포를 정규분포 $N(1,0)$로 가정한다. 이때 H_0를 지지하는 베이즈 인자는 식 (4.76)과 같이

$$\begin{aligned} B_{01} &= \frac{f(x_1, \cdots, x_n | \theta = \theta_0)}{\int_{\theta \neq \theta_0} f(x_1, \cdots, x_n | \theta \neq \theta_0) \pi(\theta) d\theta} \\ &= \frac{(2\pi)^{-\frac{n}{2}} \exp\left\{-\frac{1}{2}\sum_{i=1}^{n} x_i^2\right\}}{\int (2\pi)^{-\frac{n}{2}} \exp\left\{-\frac{1}{2}\sum_{i=1}^{n}(x_i - \theta)^2\right\} \times (2\pi)^{-\frac{1}{2}} \exp\left\{-\frac{1}{2}(\theta - 1)^2\right\} d\theta} \\ &= (n+1)^{\frac{1}{2}} \exp\left\{\frac{1}{2} - \frac{\left(1 + \sum_{i=1}^{n} x_i\right)^2}{2(n+1)}\right\} \end{aligned}$$

이다. 만약 $n = 20$과 $\sum_{i=1}^{n} x_i = 10$이면, $B = 0.424$이므로, H_0을 지지하는 매우 약한 증거(즉, 기각)를 갖고 있다.

예제 4.19

확률변수 X가 이항분포를 따른다고 하자. 즉, $X \sim Bin(n, \theta)$이다. 이때

$$H_0 : \theta = \theta_0 \text{과 } H_1 : \theta \neq \theta_0$$

에 대한 검정을 하고자 한다. 예를 들어 만약 $\theta_0 = 0.5$이라면, 주어진 동전으로 n번 독립적인 시행에 근거하여 주어진 동전이 편향인가를 확인하는 문제와 유사하다. 대립

가설 아래에서, 사전분포함수 $\theta \sim Be(\alpha,\beta)$이라 하자. 이때

$$m_1(x) = \binom{n}{x}\frac{\Gamma(\alpha+\beta)}{\Gamma(\alpha)\Gamma(\beta)}\frac{\Gamma(\alpha+x)\Gamma(\beta+n-x)}{\Gamma(\alpha+\beta+n)}$$

이고, 따라서 식 (4.76)에서와 같이

$$B_{01}(x) = \binom{n}{x}\theta_0^x(1-\theta_0)^{n-x} \Big/ \left(\binom{n}{x}\frac{\Gamma(\alpha+\beta)}{\Gamma(\alpha)\Gamma(\beta)}\frac{\Gamma(\alpha+x)\Gamma(\beta+n-x)}{\Gamma(\alpha+\beta+n)}\right)$$

$$= \frac{\Gamma(\alpha)\Gamma(\beta)}{\Gamma(\alpha+\beta)}\frac{\Gamma(\alpha+\beta+n)}{\Gamma(\alpha+x)\Gamma(\beta+n-x)}\theta_0^x(1-\theta_0)^{n-x}$$

이다. 또한,

$$\pi(\theta_0|x) = \left\{1+\frac{1-\pi_0}{\pi_0}BF_{01}^{-1}(x)\right\}^{-1}$$

$$= \left\{1+\frac{1-\pi_0}{\pi_0}\frac{\frac{\Gamma(\alpha+\beta)}{\Gamma(\alpha)\Gamma(\beta)}\frac{\Gamma(\alpha+x)\Gamma(\beta+n-x)}{\Gamma(\alpha+\beta+n)}}{\theta_0^x(1-\theta_0)^{n-x}}\right\}^{-1}$$

이다.

예제 4.20 Berger and Delampady, 1987

$\overline{X} \sim N(\theta,\sigma^2/n)$이라 하고, 여기서 σ^2은 알려진 상수라고 하자. 이때

$$H_0 : \theta = \theta_0 \text{과 } H_1 : \theta \neq \theta_0$$

에 대한 검정을 하고자 한다. 위의 검정을 위하여 고전적 검정통계량

$$T = |\sqrt{n}(\overline{X}-\theta_0)/\sigma|$$

을 사용한다. 이때 P-값은 $p = 2|1-\Phi(t)|$임을 예제 4.18에 따라서 쉽게 알 수 있고, 여기서 Φ은 표준정규누적분포이고 $t = |\sqrt{n}(\overline{x}-\theta_0)/\sigma|$이다. $\theta \neq \theta_0$에서 θ의 사전분포 g_1을 정규분포 $N(\mu,\tau^2)$로 가정하자. 따라서

$$B_{01} = \sqrt{1+\rho^{-1}}\exp\left\{-\frac{1}{2}\left[\frac{(t-\rho\eta)^2}{(1+\rho^2)}-\eta^2\right]\right\}$$

이고, 여기서 $\rho = \sigma/(\sqrt{n}\tau)$와 $\eta = (\theta_0-\mu)/\tau$이다. 만약 $\mu = \theta_0, \tau = \sigma$와 $\pi_0 = 1/2$이면

$$B_{01}=\sqrt{1+\rho^{-1}}\exp\left\{-\frac{1}{2}\left[\frac{t^2}{(1+\rho^2)}\right]\right\} \tag{4.77}$$

이다. t와 n의 다양한 값들에 대한 P-값 p, 베이즈 인자 B_{01}, 사후확률 $P=P(H_0|x)$을 구할 수 있다(연습문제).

예제 4.21 제프리스-린들리 역설(Jeffreys-Lindley paradox)

확률 샘플 $X_1,\cdots,X_n$는 $N(\theta,\sigma^2)$을 따르며, 여기서 σ^2은 알려진 상수이다. 정리 1.53의 인수분해 정리에 의하면, θ의 우도함수는

$$f(\bar{x}|\theta)=\frac{1}{\sqrt{2\pi\sigma^2/n}}\exp\left\{-\frac{n}{2\sigma^2}(\theta-\bar{x})^2\right\}$$

이다. 이때

$$H_0:\theta=\theta_0 \text{ 와 } H_1:\theta\neq\theta_0$$

에 대한 검정을 생각하자. 또한 g_1을 $\theta\neq\theta_1$에서 정의된 사전정규분포 $N(\mu,\tau^2)$이라 가정한다. 이때 $m_1(\bar{x})$은 정규분포 $N(\mu,\tau^2+\sigma^2/n)$이다. 그러므로

$$m_1(\bar{x})=\frac{1}{\sqrt{2\pi(\tau^2+\sigma^2/n)}}\exp\left\{-\frac{n}{2(n\tau^2+\sigma^2)}(\bar{x}-\mu)^2\right\}$$

이므로, 베이즈 인자는

$$\begin{aligned}B_{01}&=\frac{f(\bar{x}|\theta_0)}{m_1(\bar{x})}\\&=\sqrt{\frac{n\tau^2+\sigma^2}{\sigma^2}}\exp\left\{-\frac{n}{2\sigma^2}(\theta_0-\bar{x})^2\right\}\times\exp\left\{\frac{n}{2(n\tau^2+\sigma^2)}(\bar{x}-\mu)^2\right\}\end{aligned}$$

이다. 또한,

$$\begin{aligned}\alpha_0&=\pi(\theta_0|x)\\&=\left[1+\frac{1-\pi_0}{\pi_0}\frac{\left\{2\pi(\tau^2+\frac{\sigma^2}{n})^{-\frac{1}{2}}\exp\left\{-(\bar{x}-\mu)^2/(2(\tau^2+\frac{\sigma^2}{n}))\right\}\right\}}{\left\{\frac{2\pi\sigma^2}{n}\right\}^{-\frac{1}{2}}\exp\left\{-(\bar{x}-\theta_0)^2/(\frac{2\sigma^2}{n})\right\}}\right]^{-1}\end{aligned}$$

이며, 특히 $\mu=\theta_0$이면,

$$\alpha_0=\left[1+\frac{1-\pi_0}{\pi_0}\frac{\exp\left\{\frac{1}{2}z^2(1+\sigma^2/n\tau^2)^{-1}\right\}}{\{1+n\tau^2/\sigma^2\}^{\frac{1}{2}}}\right]^{-1}$$

이고 여기서,

$$z=\frac{\sqrt{n}|\overline{x}-\theta_0|}{\sigma}$$

이며, 이는 $H_0:\theta=\theta_0$을 검정하는 고전적 검정통계량이다. 고정된 $\overline{x}$에 대하여, $\tau^2\to\infty$일 때, $B_{01}\to\infty$임을 쉽게 보일 수 있다. 이는 H_1의 사전정확도가 매우 작게 된 것과 같이 H_0의 지지 증거는 점점 커지게 된다. 즉, $\alpha_0=P(H_0\mid\overline{x})\to 1$이다. 특히, 임의의 유의수준에서 귀무가설이 기각하도록 하는 $|\overline{x}-\theta_0|/\sigma$가 충분히 크게 하는 모든 x에 대하여 이는 사실이다. 이러한 역설은 Lindley(1957)에 의하여 처음 제시되었고, Smith(1965), Bernardo(1980), Berger and Delampady(1987) 등에 의하여 그 후에도 많은 논쟁을 거치게 되었다.

정리 4.22 | Berger, 1985

$\theta\neq\theta_0$에서 정의된 임의의 분포함수 g_1에 대하여,

$$\alpha_0=\pi(\theta_0|x)\geq\left[1+\frac{1-\pi_0}{\pi_0}\cdot\frac{r(x)}{f(x|\theta_0)}\right]^{-1}$$

여기서,

$$r(x)=sup_{\theta\neq\theta_0}f(x|\theta)$$

이다(일반적으로, $r(x)=f(x|\hat{\theta})$, 여기서 $\hat{\theta}$는 θ의 MLE이다). 이때

$$B_{01}=\frac{f(\overline{x}|\theta_0)}{m_1(\overline{x})}\geq\frac{f(x|\theta_0)}{r(x)} \tag{4.78}$$

이다.

증명 (연습문제)

앞의 예제 4.18과 4.21에서 확률표본 $X_1,\cdots,X_n$은 정규분포 $N(\theta,\sigma^2)$을 따르며, 여기서 σ^2은 알려진 상수라고 하였다. Ghosh et al.(2006)는 σ^2은 미지의 상수로 가정하고, 다음과 같은 검정을 하고자 한다. 즉,

$$H_0 : \theta = \theta_0 \quad \text{와} \quad H_1 : \theta \neq \theta_0$$

여기서 θ_0은 어떤 특정한 수이다. 일반성의 손실 없이, $\theta_0 = 0$이라고 가정한다. 그러므로 모수 σ^2은 H_0와 H_1에 공통이지만 θ은 오직 H_1에서만 일어난다. 역시 본 예에서 피셔정보 행렬이 직교라는 관점에서 θ와 σ^2은 직교모수들이다. 이러한 상황에서 Jeffreys(1961)가 제안한 것과 같은 다음과 같은 사전분포를 고려한다. H_0 아래에서, σ의 사전분포는

$$g_0(\sigma) \propto \frac{1}{\sigma}$$

이며, H_1 아래에서 σ에 대한 동일한 사전분포를 취하고 여기에 주어진 σ 아래에서 θ의 조건부사전분포를 첨가한다. 즉,

$$g_1(\theta,\sigma) \propto \frac{1}{\sigma} g_2(\theta|\sigma)$$

여기서 $g_2(\cdot)$은 확률밀도함수이다. g_2에 대한 초기 자연스런 선택은 정규분포 $N(0,c^2)$이다. Jeffreys는 g_2로 코쉬 분포를 제안하였다. 즉, H_1 아래에서,

$$g_1(\theta,\sigma) = \frac{1}{\sigma} g_2(\theta|\sigma) = \frac{1}{\sigma}\frac{1}{\pi(1+\theta^2/\sigma^2)}$$

이다. 식 (4.67)을 이용하면 다음과 같은 베이즈 인자를 계산할 수 있다. 이때

$$B_{01} = \frac{\int f(x_1,\cdots,x_n|0,\sigma)\, g_0(\sigma) d\sigma}{\int\int f(x_1,\cdots,x_n|\theta,\sigma)\, g_1(\theta,\sigma) d\theta\, d\sigma} \tag{4.79}$$

여기서 $f(x_1,\cdots,x_n|\theta,\sigma)$은 정규분포 $N(\theta,\sigma^2)$을 따르는 $X_1,\cdots,X_n$의 결합밀도함수이다. 이때 베이즈 인자 B_{01}의 분자에서 적분은 함수형태로 표현이 가능하나, 분모의 적분은 함수형태로 표현이 불가능하다. 이러한 문제를 해결하기 위해서 정리 2.24에 의하면, 코쉬 분포는 정규분포의 감마 척도 혼합이라는 성질을 이용한다. 즉,

$$g_2(\theta|\sigma) = \int_0^\infty \frac{\sigma}{\sqrt{2\pi}} \tau^{-1/2} e^{-\sigma^2\tau/2} \left(\frac{\sqrt{\tau}}{\sqrt{2\pi}} e^{-\tau\theta^2/2} \right) d\tau \tag{4.80}$$

여기서, τ은 혼합 감마변수이다. 이를 이용하여 분모의 적분에서 θ와 σ에서 적분함으로

써 함수형태로 표현할 수 있다.

마지막으로 베이지안 이상치(outlier) 판별에 대하여 설명하고자 한다. 베이즈 인자는 가중 우도비이므로, 하나의 관측치가 대립 모형에 비추어 특정 목표모형에 대하여 이상치로 간주될 수 있는지를 판별하는 데 사용할 수 있다. 우선 X는 밀도함수 $f(x|\theta)$을 갖고 관측된다고 하자. 다음과 같이 주어진 두 개의 모형 M_0와 M_1을 비교하는 데 관심이 있다고 하자. 즉,

$$M_0 : X\text{는 } \theta \in \Theta_0 \text{에서 밀도함수 } f(x|\theta)\text{을 갖는다}$$

와

$$M_1 : X\text{는 } \theta \in \Theta_1 \text{에서 밀도함수 } f(x|\theta)\text{을 갖는다} \tag{4.81}$$

라고 하자. 모든 $i=0,1$에 대하여, $g_i(\theta)$은 모형 M_i 아래에서 θ의 사전분포라 한다. 이때 확률표본 $\boldsymbol{x}=\{x_1,\cdots,x_n\}$에 근거하여 모형 M_0와 M_1을 비교하기 위하여 베이즈 인자는

$$B_{01}(\boldsymbol{x}) = \frac{m_0(\boldsymbol{x})}{m_1(\boldsymbol{x})}$$

로 주어지며, 여기서 $m_i(\boldsymbol{x}) = \int_{\Theta_i} f(\boldsymbol{x}|\theta) g_i(\theta) d\theta$이다. 관측치 x_d의 베이즈 인자에서 효과를 측정하기 위해서, 다음과 같은 양

$$k_d = \log\left(\frac{B_{01}(\boldsymbol{x})}{B_{01}(\boldsymbol{x}_{-d})}\right) \tag{4.82}$$

을 사용하고, 여기서 $B_{01}(\boldsymbol{x}_{-d})$는 관측치 x_d을 제외한 나머지 자료에 근거한 베이즈 인자이다. 만약 $k_d < 0$이면, 관측치 x_d가 제거된다면, 모형 M_0의 믿음이 증가한다. 결론적으로, 관측치 x_d는 모형 M_1에 더 적합하다는 것이다. x_d가 모형 M_1을 선호하는 정도가 모형 M_0 하에서 이상치로 간주될 수 있는지 여부를 결정한다. 유사하게, k_d의 값이 양일 때, 관측치 x_d은 모형 M_0을 지지함을 의미한다. Petti and Young(1990)은 무정보 사전분포가 가정되었을 때, 이상치를 판별할 때 k_d을 어떻게 사용하는가에 대하여 논하였다. Jung et al.(2017)는 비정규성을 갖는 변환점 문제에서 베이지안 이상치 판별에 사용하였다.

*4.4 베이지안 결정이론

이 절에서는 베이지안 추정에서 사전정보에 못지않게 중요한 손실함수의 영향력에 대하여 생각해본다. 또한, 고전 통계학에서와 같이 베이즈 추론에서도 점추정, 구간추정과 검정으로 구성된 세 개의 일반적 문제들이 존재한다는 것을 이미 1장에서 이미 언급하였고, 실제적인 계산들은 4.1 ~ 4.3절에서 논의하였다.

사후결정 해석을 하는 데 있어서 실제 값 θ에 대한 일반적인 베이즈 추정값들은 사후평균 또는 사후중앙값 등이 있다.

정의 4.23

$\pi(\theta|x)$을 사후분포함수라 하고 손실함수 $L(\theta,a)$가 주어진다. 이때 **사후기대손실**은 다음과 같이 정의된다.

$$\rho(\pi(\theta|x),a) = \int_{\Theta} L(\theta,a)\pi(\theta|x)d\theta. \tag{4.83}$$

베이즈 추정값은 $\rho(\pi(\theta|x),a)$을 최소화하며, 이를 $\delta^{\pi}(x)$로 표시한다.

정의 4.23에서와 동일하게, $\delta^{\pi}(x)$은 모든 $\delta(x)$ 중에서

$$r(\pi, \delta(x)) = \int_{\Theta} L(\theta,\delta(x))f(x|\theta)\pi(\theta)d\theta \tag{4.84}$$

을 최소화하는 것이다. 따라서 베이즈 추정값은 식 (1.107)에서 정의된 베이즈 위험 $r(\pi,\delta(x))$을 최소화한다. 즉, $^{\forall}\delta(x)$에 대하여

$$r(\pi, \delta^{\pi}(x)) \le r(\pi, \delta(x))$$

이다. 이때 베이즈 추정값 $\delta^{\pi}(x)$가 유일할 필요가 없다. $m(x)=0$일 때, $\delta^{\pi}(x)$은 임의로 정의할 수 있고, 만약 모든 $\delta(x)$에 대하여 $r(\pi,\delta(x))=\infty$이면, 모든 규칙들은 베이즈 추정값이다. 여기서 $m(x)=\int_{\Theta} f(x|\theta)\pi(\theta)d\theta$이다.

정리 4.24

$\delta(x)$가 추정값이면, 이때

$$r(\pi,\delta(x)) = \int_{\{x\,:\,m(x)>0\}} \rho(\pi(\theta|x),\delta(x))m(x)dx \tag{4.85}$$

이다.

증명 정의 1.81에 의하면, 베이즈 위험값은

$$r(\pi,\delta(x)) = \int_\Theta R(\theta,\delta(x))\pi(\theta)d\theta$$

$$= \int_\Theta \int_\chi L(\theta,\delta(x))f(x|\theta)dx\pi(\theta)d\theta$$

이다. $L(\theta,\delta) \geq -K > -\infty$ 이며, 위의 모든 측도들이 유한하므로, 적분들의 순서를 바꿀 수 있는 푸비니 정리를 이용하면, 다음과 같이 표현할 수 있다.

$$r(\pi,\delta(x)) = \int_\chi \int_\Theta L(\theta,\delta(x))\pi(\theta|x)d\theta\, m(x)dx$$

$$= \int_\chi \rho(\pi(\theta|x), \delta(x))m(x)dx.$$

정의 4.25 일반화 베이즈 추정값

만약 $\pi(\theta)$가 부적절 사전이면서, $\delta^\pi(x)$가 $m(x) > 0$인 x에 대하여, 정의 4.23에서 정의된 사후기대손실을 최소화하면, $\delta^\pi(x)$을 **일반화 베이즈 추정값**이라고 한다.

정리 4.26

만약 제곱오차손실 (SEL)함수 $L(\theta,\delta(x)) = (\theta-\delta(x))^2$이면, θ의 베이즈 추정값은

$$\delta^\pi(x) = E(\theta|x) \tag{4.86}$$

이며, 이는 곧 사후평균이다.

증명 정리 4.27의 증명과 매우 유사하다.

정리 4.27

만약 가중제곱오차손실(WSEL)함수 $L(\theta,\delta(x)) = w(\theta)(\theta-\delta(x))^2$이면, θ의 베이즈 추정값은

$$\delta^\pi(x) = \frac{E[\theta w(\theta)|x]}{E[w(\theta)|x]} \tag{4.87}$$

이다.

증명 사후기대함수가

$$\rho(\pi(\theta|x),\delta(x)) = \int_\Theta w(\theta)(\theta-\delta(x))^2\pi(\theta|x)d\theta \tag{4.88}$$

이므로, 식 (4.88)을 $\delta(x)$에 대하여 미분하고 이를 0으로 하여 $\delta(x)$에 대하여 푼다. 즉

$$\frac{\partial\rho(\pi(\theta|x),\delta(x))}{\partial\delta(x)} = -2\int_\Theta w(\theta)(\theta-\delta(x))\pi(\theta|x)d\theta = 0$$

이므로, $\rho(\pi(\theta|x),\delta(x))$의 최솟값이

$$\delta^\pi(x) = \frac{\int_\Theta w(\theta)\theta\,\pi(\theta|x)d\theta}{\int_\Theta w(\theta)\,\pi(\theta|x)d\theta} = \frac{E[\theta w(\theta)|x]}{E[w(\theta)|x]}$$

에서 얻어진다. 특히 $w(\theta)=1$이면, 정리 4.26에서의 경우로 $\delta^\pi(x)$는 사후평균이다.

예제 4.28

$X \sim N(\theta,\sigma^2)$라 두고, 여기서 θ는 미지이고 σ^2은 알려진 상수라고 하자. 또한 사전 $\pi(\theta)$은 정규분포 $N(\mu,\tau^2)$라 둔다. 이때 예제 2.18에 의하면, θ의 사후분포함수는

$$\theta|x \sim N(\mu(x),1/\rho)$$

이며, 여기서

$$\mu(x) = \frac{\sigma^2}{\sigma^2+\tau^2}\mu + \frac{\tau^2}{\sigma^2+\tau^2}x = x - \frac{\sigma^2}{\sigma^2+\tau^2}(x-\mu)$$

이고

$$\rho = \frac{1}{\sigma^2}+\frac{1}{\tau^2}$$

이다. 그러므로 SEL 아래에서 θ의 베이즈 추정값은

$$\delta^\pi(x) = \frac{\sigma^2}{\sigma^2+\tau^2}\mu + \frac{\tau^2}{\sigma^2+\tau^2}x = x - \frac{\sigma^2}{\sigma^2+\tau^2}(x-\mu) \tag{4.89}$$

이다. 만약 $\tau^2 \to \infty$ 이면, 일반적으로 $\pi(\theta) = 1$이라고 하며, 이때 SEL 아래에서 θ의 일반화 베이즈 추정값은 다음과 같다.

$$\delta^{\pi}(x) = x. \tag{4.90}$$

예제 4.29

$X \sim Bin(n,\theta)$, $\theta \sim Be(\alpha,\beta)$와 가중제곱오차 손실함수 $w(\theta) = [\theta(1-\theta)]^{-1}$을 갖는다고 하자. 이때 예제 3.13에 의하면, θ의 사후분포함수는

$$\theta|x \sim Be(\alpha + x, \beta + n - x)$$

이다. 주어진 가중 SEL 아래에서 θ의 베이즈 추정값은

$$\begin{aligned}\delta^{\pi}(x) &\equiv \frac{E[(1-\theta)^{-1}|x]}{E[\theta^{-1}(1-\theta)^{-1}|x]} \qquad (4.91)\\ &= \frac{\int_0^1 \theta^{\alpha+x-1}(1-\theta)^{\beta+n-x-2}d\theta}{\int_0^1 \theta^{\alpha+x-2}(1-\theta)^{\beta+n-x-2}d\theta}\\ &= \frac{B(\alpha+x, \beta+n-x-1)}{B(\alpha+x-1, \beta+n-x-1)}\end{aligned}$$

이다. 특히 α와 β가 양의 정수이면, 다음과 같다.

$$\delta^{\pi}(x) = \frac{\alpha+x-1}{\alpha+\beta+n-2}$$

정리 4.30 | 이차손실에 대한 베이즈 추정값

$L(\theta,\delta(x)) = (\theta - \delta(x))' Q(\theta - \delta(x))$ (θ와 $\delta(x)$는 벡터이며, Q은 양정치 행렬이다)이라고 하자. 이때 θ의 베이즈 추정값은 사후평균벡터이다.

증명 (연습문제)

정리 4.31

$L(\theta,\delta(x)) = |\theta - \delta(x)|$이면 $\pi(\theta|x)$의 사후중앙값은 θ의 베이즈 추정값이다.

증명

m을 $\pi(\theta|x)$의 사후중앙값이라 하자. $\delta(x) > m$인 다른 추정값이라고 하자. 이때

$$
\begin{aligned}
&L(\theta,m) - L(\theta,\delta(x)) \\
&= \begin{cases} m - \delta(x), & \theta \le m, \\ 2\theta - (m + \delta(x)), & m < \theta \le \delta(x), \\ \delta(x) - m, & \theta \ge \delta(x) \end{cases}
\end{aligned}
$$

이므로 다음을 만족한다.

$$L(\theta,m) - L(\theta,\delta(x)) \le (m - \delta(x)) I_{(-\infty,m]}(\theta) + (\delta(x) - m) I_{(m,\infty)}(\theta). \quad (4.92)$$

또한 $P(\theta \le m|x) \ge \frac{1}{2}$과 $P(\theta > m|x) \le \frac{1}{2}$이므로, 식 (4.92)의 양변에 사후분포 함수에 대한 기댓값을 취하면,

$$
\begin{aligned}
&E[L(\theta,m) - L(\theta,\delta(x))|x] \\
&\le (m - \delta(x)) P(\theta \le m + x) + (\delta(x) - m) P(\theta > m|x) \\
&\le (m - \delta(x)) \frac{1}{2} + (\delta(x) - m) \frac{1}{2} = 0
\end{aligned}
$$

이다. 이는 m은 $\delta(x)$가 갖는 만큼 최소한 작은 사후기대손실을 갖는다는 것을 의미한다. $\delta(x) < m$인 경우도 비슷하게 보일 수 있다.

정리 4.32

만약 손실함수가 아래와 같이 주어진다면,

$$L(\theta,\delta(x)) = \begin{cases} K_0(\theta - \delta(x)), & \theta - \delta(x) \ge 0, \\ K_1(\delta(x) - \theta), & \theta - \delta(x) < 0, \end{cases}$$

θ에 대한 사후분포 $\pi(\theta|x)$의 $(K_0/(K_0 + K_1))$−분위수는 베이즈 추정값이다.

증명 (연습문제)

다음은 $H_0 : \theta \in \Theta_0$와 $H_1 : \theta \in \Theta_1$인 베이즈 가설을 생각해 보자. 여기서, $i = 0,1$에 대한 $\delta_i(x)$은 H_i을 채택하는 액션이라 하고, 그에 대응하는 손실함수는 '0−1' 손실로 다음과 같다.

$$L(\theta, \delta_i(x)) = \begin{cases} 0, & \theta \in \Theta_i, \\ 1, & \theta \in \Theta_j,\ j \neq i. \end{cases} \tag{4.93}$$

이때 θ의 사후분포 $\pi(\theta|x)$에 대한 $\delta_1(x)$의 식 (4.83)의 사후 기대손실은

$$\begin{aligned} E[L(\theta, \delta_1(x))|x] &= \int_{\Theta} L(\theta, \delta_1(x))\pi(\theta|x)d\theta \\ &= \int_{\Theta_0} \pi(\theta|x)d\theta = P(\Theta_0|x) \end{aligned} \tag{4.94}$$

이며, 유사하게 θ의 사후분포 $\pi(\theta|x)$에 대한 $\delta_0(x)$의 사후기대손실 (4.83)은

$$E[L(\theta, \delta_0(x))|x] = P(\Theta_1|x) \tag{4.95}$$

이다. 그러므로 베이즈 결정은 간단하게 보다 큰 사후확률을 갖는 가설이다.

식 (4.93)에서 손실함수를 '0−1' 손실을 사용하여 설명하였으나, 앞으로 보다 확장된 '$0-K_i$' 손실을 이용하고자 한다. 즉,

$$L(\theta, \delta_i(x)) = \begin{cases} 0\ , & \theta \in \Theta_i, \\ K_i, & \theta \in \Theta_j,\ j \neq i \end{cases} \tag{4.96}$$

이다. 이때 θ의 사후분포 $\pi(\theta|x)$에 대한 $\delta_1(x)$과 $\delta_0(x)$의 사후기대손실들은 각각

$$E[L(\theta, \delta_1(x))|x] = K_1 P(\Theta_0|x),$$

와

$$E[L(\theta, \delta_0(x))|x] = K_0 P(\Theta_1|x)$$

이다. 그러므로 베이즈 검정에서,

$$\frac{K_0}{K_1} > \frac{P(\Theta_0|x)}{P(\Theta_1|x)} \tag{4.97}$$

이면, 귀무가설 H_0는 기각된다(즉, $\delta_1(x)$이 선택). 일반적으로 $\Theta_0 \cup \Theta_1 = \Theta$이므로, 이때

$$P(\Theta_0|x) = 1 - P(\Theta_1|x)$$

이다. 따라서

$$\frac{K_0}{K_1} > \frac{P(\Theta_0|x)}{P(\Theta_1|x)} = \frac{1 - P(\Theta_1|x)}{P(\Theta_1|x)} = \frac{1}{P(\Theta_1|x)} - 1$$

이며, 또는

$$P(\Theta_1|x) > \frac{K_1}{K_0 + K_1} \tag{4.98}$$

이다. 그러므로 전통적 용어로, 베이즈 검정의 기각역은

$$C = \left\{ x : P(\Theta_1|x) > \frac{K_1}{K_0 + K_1} \right\}$$

이다. 전형적으로 C은 전통 통계학에서 우도비 검정의 기각역과 동일한 형태를 갖는다.

예제 4.33

$X \sim N(\theta, \sigma^2)$라 가정하고, 여기서 θ는 미지, σ^2는 상수라 하자. 또한 θ의 사전분포$\pi(\theta)$은 정규분포 $N(\mu, \tau^2)$라 가정한다. 이때 θ의 사후분포는

$$\theta|x \sim N(\mu(x), 1/\rho)$$

이며, 여기서

$$\mu(x) = \frac{\sigma^2}{\sigma^2 + \tau^2}\mu + \frac{\tau^2}{\sigma^2 + \tau^2}x = x - \frac{\sigma^2}{\sigma^2 + \tau^2}(x - \mu) \text{와 } \rho = \frac{1}{\sigma^2} + \frac{1}{\tau^2}$$

이다.

'$0 - K_i$' 손실에서 $H_0 : \theta \ge \theta_0$와 $H_1 : \theta \le \theta_0$에 대한 베이즈 검정을 하고자 한다. 이때

$$P(\Theta_1|x) > \frac{K_1}{K_0 + K_1}$$

이면, 베이즈 검정은 H_0을 기각한다. 여기서,

$$\begin{aligned} P(\Theta_1|x) &= \left(\frac{\rho}{2\pi}\right)^{1/2} \int_{-\infty}^{\theta_0} \exp\left\{-\frac{\rho(\theta - \mu(x))^2}{2}\right\} d\theta \\ &= (2\pi)^{-1/2} \int_{-\infty}^{\rho^{1/2}(\theta_0 - \mu(x))} \exp\left\{-\frac{\eta^2}{2}\right\} d\eta \end{aligned}$$

이다. $z(\alpha)$을 표준정규분포 $N(0,1)$의 α-분위수라 하면,

$$\rho^{1/2}(\theta_0 - \mu(x)) > z\left(\frac{K_1}{K_0 + K_1}\right)$$

이면, 베이즈 검정은 H_0를 기각한다. 즉,

$$x < \theta_0 + \frac{\sigma^2}{\tau^2}(\theta_0 - \mu) - \sigma^2 \rho^{1/2} z\left(\frac{K_1}{K_0 + K_1}\right) \tag{4.99}$$

이다. 이는 전통적 통계학에서 균일최강력검정(uniformly most powerful test, UMPT)과 동일한 형태이다. 즉, $x < \theta_0 - \sigma z(\alpha)$일 때, H_0를 기각한다. 만약 $\alpha = \frac{K_1}{K_0 + K_1}$과 $\pi(\theta) = 1$ (즉, $\tau^2 \to \infty$)을 갖는 베이즈 검정은 전통적 UMPT과 동일하다.

*4.5 베이즈 규칙의 허용성

이 절에서는 베이즈 규칙의 허용성(정의 1.79 참고)에 대한 정리들을 설명하고, 그에 따른 예와 반 예들을 제시하며 설명한다. 특히 모수의 차원이 일차에서 베이즈 추정값이 허용이나, 같은 형태의 추정값이 모수의 차원이 3 이상이면 더 이상 허용이 아님을 보인다.

정리 4.34

Θ는 이산형(즉, $\Theta = \{\theta_1, \theta_2, \cdots\}$)이고, 사전분포 π는 각각의 $\theta_i \in \Theta$에 양의 확률을 부여한다고 하자. 이때 π에 관한 베이즈 규칙 $\delta^\pi(x)$는 허용이다.

증명

만약 $\delta^\pi(x)$가 비허용이라고 하면, 이때 정의 1.79에 의하면 모든 i에 대하여,

$$R(\theta_i, \delta(x)) \leq R(\theta_i, \delta^\pi(x))$$

을 만족하며, 최소한 한 점 θ_k에서 순부등식이 성립하는 규칙 $\delta(x)$가 존재한다. 즉,

$$r(\pi, \delta(x)) = \sum_{i=1}^{\infty} R(\theta_i, \delta(x))\pi(\theta_i) < \sum_{i=1}^{\infty} R(\theta_i, \delta^\pi(x))\pi(\theta_i) = r(\pi, \delta^\pi(x))$$

이며, 이는 순부등식 $R(\theta_k, \delta(x)) < R(\theta_k, \delta^\pi(x))$와 $\pi(\theta_k) > 0$에 의하여 성립한다. 따라서 이는 $\delta^\pi(x)$가 베이즈 규칙이라는 가정에 모순이다. 그러므로 $\delta^\pi(x)$는 허용이어야 한다.

정리 4.35

만약 베이즈 규칙이 유일하면, 이때 베이즈 규칙은 허용이다.

증명

$\delta^{\pi}(x)$를 사전 π에 관한 베이즈 규칙이라고 하자. 이때 만약 $\delta^{\pi}(x)$가 비허용이면, 모든 θ에 대하여, 다음 부등식을 만족하는 규칙 $\delta(x)$가 존재한다.

$$R(\theta,\delta(x)) \leq R(\theta,\delta^{\pi}(x))$$

여기서 최소한 한 점 θ에서 순부등식을 가져야 한다. 따라서

$$\begin{aligned} r(\pi,\delta(x)) &= \int_{\Theta} R(\theta,\delta(x))dF^{\pi}(\theta) \\ &\leq \int_{\Theta} R(\theta,\delta^{\pi}(x))dF^{\pi}(\theta) = r(\pi,\delta^{\pi}(x)) \end{aligned}$$

이다. 여기서 $\delta(x)$는 또 다른 베이즈 규칙이라는 것으로, 이는 베이즈 규칙이 유일하다는 것에 모순이다. 그러므로 $\delta^{\pi}(x)$은 허용이어야 한다.

정리 4.36

모든 결정규칙 $\delta(x)$에 대하여, 위험함수 $R(\theta,\delta(x))$은 θ에서 연속이며, 사전분포 π은 θ의 열린 부분집합에 양의 확률을 부여한다고 가정하자. 이때 π에 관한 베이즈 추정값은 허용이다.

증명

$\delta^{\pi}(x)$를 사전분포 π에 관한 베이즈 추정값이라고 하자. 만약 $\delta^{\pi}(x)$가 비허용이라고 하면, 모든 θ에 대하여 다음 부등식을 만족하는 규칙 $\delta(x)$가 존재한다.

$$R(\theta,\delta(x)) \leq R(\theta,\delta^{\pi}(x))$$

여기서 최소한 한 점 θ에서 순부등식을 가져야 한다. 이때 θ_0을 순부등식을 갖는 θ의 값이라 하자. 즉,

$$R(\theta_0,\delta(x)) < R(\theta_0,\delta^{\pi}(x))$$

을 만족한다. 가정에 의하여, $R(\theta_0,\delta(x))$와 $R(\theta_0,\delta^{\pi}(x))$은 연속함수이므로 모든 $\theta \in I_{\theta_0} = (\theta_0 - \epsilon, \theta_0 + \epsilon)$에 대하여, 다음 식을 만족하는 $\epsilon > 0$이 존재한다.

$$R(\theta,\delta(x)) < R(\theta,\delta^{\pi}(x)). \tag{4.100}$$

그러므로

$$\begin{aligned} r(\pi,\delta(x)) &= \int_{\Theta} R(\theta,\delta(x))dF^{\pi}(\theta) \\ &= \int_{\Theta - I_{\theta_0}} R(\theta,\delta(x))dF^{\pi}(\theta) + \int_{I_{\theta_0}} R(\theta,\delta(x))dF^{\pi}(\theta) \\ &< \int_{\Theta - I_{\theta_0}} R(\theta,\delta^{\pi}(x))dF^{\pi}(\theta) + \int_{I_{\theta_0}} R(\theta,\delta^{\pi}(x))dF^{\pi}(\theta) \\ &= \int_{\Theta} R(\theta,\delta^{\pi}(x))dF^{\pi}(\theta) = r(\pi,\delta^{\pi}(x)) \end{aligned}$$

이다. 이는 $\delta^{\pi}(x)$가 베이즈 추정값이란 것에 모순이다. 그러므로 $\delta^{\pi}(x)$는 허용이다.

예제 4.37

$X \sim N(\theta,1)$와 $\theta \sim N(0,1)$이고, 손실함수는

$$L(\theta,\delta(x)) = \exp\left\{\frac{3\theta^2}{4}\right\}(\theta - \delta(x))^2$$

이라 하자. 이때 θ의 사후분포 $\pi(\theta|x)$가 정규분포 $N(x/2,\ 1/2)$임을 쉽게 보일 수 있다. 주어진 손실함수는 가중제곱오차손실함수(WSEL)이므로, θ의 베이즈 추정값은 정리 4.27에 의하면,

$$\delta^{\pi}(x) = 2x$$

이다(연습문제). 이때 다음 식에서 의하면 $\delta^{\pi}(x) = 2x$의 위험함수는 $\delta(x) = x$의 위험함수보다 크다. 즉, $\delta^{\pi}(x) = 2x$의 위험함수는

$$\begin{aligned} R(\theta,\delta^{\pi}(x)) &= \exp\left\{\frac{3\theta^2}{4}\right\}[4+\theta^2] \\ &> \exp\left\{\frac{3\theta^2}{4}\right\}(1) = R(\theta,\delta(x)) \end{aligned}$$

이다(연습문제). 이는 $\delta^{\pi}(x)$가 비허용임을 보여 준다.

또한 $r(\pi,\delta^{\pi}(x))=E^{\pi}[R(\theta,\delta^{\pi}(x))]=\infty$이다. 궁극적으로 모든 $\delta^{*}(x)\in D^{*}$에서, $r(\pi,\delta^{*}(x))=\infty$이며, 여기서

$$D^{*}=\{\text{모든 확률화 결정규칙 } \delta^{*}(x):\ \text{모든 } \theta\in\Theta\text{에서 } R(\theta,\delta^{*}(x))<\infty\}$$

이다. 즉, 베이즈 위험값이 무한대이면, 적당한 베이즈 추정값도 허용일 필요가 없다는 것이다.

다음으로 동시추정에 대하여 두 개의 예로 설명하고자 한다.

첫째, $X=(X_1,X_2,\cdots,X_p)'\sim N_p(\boldsymbol{\theta},I_p)$을 따르고, 여기서 $\boldsymbol{\theta}=(\theta_1,\theta_2,\cdots,\theta_p)'$이라고 하자. 다음과 같은 이차손실인 제곱오차합(sum of squares error)손실 아래에서, $\boldsymbol{\theta}$을 동시적으로 추정하고자 한다. 즉,

$$L(\boldsymbol{\theta},\boldsymbol{a})=\sum_{i=1}^{p}(\theta_i-a_i)^2. \tag{4.101}$$

여기서 $\boldsymbol{a}=(a_1,\cdots,a_p)'$은 추정값이다. $\boldsymbol{\theta}$가 위치모수이면 무정보사전분포 $\pi(\theta)=1$을 선택하는 것이 적정하다. 이때 주어진 x에서 $\boldsymbol{\theta}$의 사후분포는 정규분포 $N_p(x,I_p)$임을 쉽게 보일 수 있다. 따라서 $\boldsymbol{\theta}$의 일반화 베이즈 추정값은 주어진 손실함수 아래에서 사후평균이다. 즉

$$\delta^{0}(x)=x=(x_1,x_2,\cdots,x_p)' \tag{4.102}$$

는 $\boldsymbol{\theta}$의 일반화 베이즈 추정값이다. 또한, $\delta^{0}(x)$는 $\boldsymbol{\theta}$의 최대우도추정값이다. 따라서 $\delta^{0}(x)$의 위험함수는

$$R(\theta,\delta^{0}(x))=\sum_{i=1}^{p}E[(\theta_i-X_i)^2]=p \tag{4.103}$$

이다. James and Stein(1960)은 다음 정리를 소개하였다. 이때 증명을 두 가지 방법으로 설명하며, 하나는 직접적인 분포 이론을 적용하고, 또 다른 하나는 스테인 보조정리(Stein's lemma 4.39)를 이용해서 보인다.

정리 4.38 | 제임스-스테인 추정(James-Stein estimation, JS)

만약 $p \geq 3$라 하고,

$$\delta^c(x) = \left(1 - \frac{c}{\|x\|^2}\right)x, \quad 0 < c < 2(p-2) \tag{4.104}$$

이라 하자. 이때 이차손실함수 식 (4.101) 아래에서, $\delta^c(x)$은 $\delta^0(x) = x$보다 R-better하다.

증명

편의상, $\delta^c(x) = (\delta_1^c(x), \delta_2^c(x), \cdots, \delta_p^c(x))'$이라고 하자. 먼저, $\delta^c(x)$의 위험함수를 계산하면,

$$\begin{aligned} R(\theta, \delta^c(x)) &= E[\|\delta^c(x) - \theta\|^2] = \sum_{i=1}^{p} E[(\delta_i^c(x) - \theta_i)^2] \\ &= \sum_{i=1}^{p} E_\theta\left\{\left[(x_i - \theta_i) - \frac{cx_i}{\|x\|^2}\right]^2\right\} \\ &= \sum_{i=1}^{p} E_\theta\left\{\left[(x_i - \theta_i)^2 - 2(x_i - \theta_i)\frac{cx_i}{\|x\|^2} + \frac{c^2x_i^2}{\|x\|^4}\right]\right\} \\ &= p - 2c\sum_{i=1}^{p} E_\theta\left[\frac{x_i(x_i - \theta_i)}{\|x\|^2}\right] + c^2 E_\theta\left[\frac{1}{\|x\|^2}\right] \end{aligned} \tag{4.105}$$

이다. 여기서, 식 (4.105)에서 중간 부분의 기댓값을 먼저 계산해 본다. 이때 $i=1$인 경우를 계산하면 나머지 부분들도 유사하게 계산할 수 있다.

$$\begin{aligned} E_\theta\left[\frac{x_1(x_1 - \theta_1)}{\|x\|^2}\right] &= \int_{R^{p-1}} \int_{-\infty}^{\infty} \frac{x_1}{\|x\|^2}(x_1 - \theta_1)e^{-1/2(x_1 - \theta_1)^2} dx_1 \\ &\quad \times (2\pi)^{-p/2} \exp\left\{-\frac{1}{2}\sum_{i=2}^{p}(x_i - \theta_i)^2\right\} dx_2 \cdots dx_p \end{aligned} \tag{4.106}$$

이다.

$$\int (x_1 - \theta_1)e^{-1/2(x_1 - \theta_1)^2} dx_1 = -\exp\left\{-\frac{1}{2}(x_1 - \theta_1)^2\right\} \tag{4.107}$$

와

$$\frac{d}{dx_1}\left(\frac{x_1}{\|x\|^2}\right) = \frac{1}{\|x\|^2} - \frac{2x_1^2}{\|x\|^4} \tag{4.108}$$

임을 쉽게 계산할 수 있다. 위의 무한구간의 적분을 먼저 유한구간 $[-T, T]$에서 적분 후 $T \to \infty$으로 수렴시킨다. 따라서 유한구간 $[-T, T]$에서 식 (4.107)과 (4.108)를 이용하여 부분적분을 수행하면,

$$\begin{aligned}
&\int_{-T}^{T} \frac{x_1}{\|x\|^2}(x_1-\theta_1)e^{-1/2(x_1-\theta_1)^2}dx_1 \\
&= \left[\frac{x_1}{\|x\|^2}\left(-\exp\left\{-\frac{1}{2}(x_1-\theta_1)^2\right\}\right)\right]_{-T}^{T} \\
&\quad - \int_{-T}^{T}\left[\frac{1}{\|x\|^2}-\frac{2x_1^2}{\|x\|^4}\right]\left(-\exp\left\{-\frac{1}{2}(x_1-\theta_1)^2\right\}\right)dx_1 \\
&= 0+\int_{-T}^{T}\left[\frac{1}{\|x\|^2}-\frac{2x_1^2}{\|x\|^4}\right]\exp\left\{-\frac{1}{2}(x_1-\theta_1)^2\right\}dx_1 \qquad (4.109)
\end{aligned}$$

이며, 다시 식 (1.109)에 $T \to \infty$로 보내면,

$$\begin{aligned}
&\int_{-T}^{T} \frac{x_1}{\|x\|^2}(x_1-\theta_1)e^{-1/2(x_1-\theta_1)^2}dx_1 \qquad (4.110) \\
&\to \quad \int_{-\infty}^{\infty}\left[\frac{1}{\|x\|^2}-\frac{2x_1^2}{\|x\|^4}\right]\exp\left\{-\frac{1}{2}(x_1-\theta_1)^2\right\}dx_1
\end{aligned}$$

이므로, 따라서 모든 i에 대하여, 식 (4.110)의 결과로써,

$$E_\theta\left[\frac{x_i(x_i-\theta_i)}{\|x\|^2}\right] = E_\theta\left[\frac{1}{\|x\|^2}-\frac{2x_i^2}{\|x\|^4}\right]$$

이며, 그러므로 $0 < c < 2(p-2)$에서,

$$\begin{aligned}
R(\theta,\delta^c) &= p-2c\sum_{i=1}^{p}E_\theta\left[\frac{1}{\|x\|^2}-\frac{2x_i^2}{\|x\|^2}\right]+c^2E_\theta\left[\frac{1}{\|x\|^2}\right] \\
&= p-2cE_\theta\left[\frac{p}{\|x\|^2}-\frac{2}{\|x\|^2}\right]+c^2E_\theta\left[\frac{1}{\|x\|^2}\right] \\
&= p-E_\theta\left[\frac{c[2(p-2)-c]}{\|x\|^2}\right] \\
&< p = R(\theta,\delta^0(x))
\end{aligned}$$

이다. 따라서 $p \ge 3$에서, $\delta^0(x)=x$은 비허용이다.

보조정리 4.39 | 스테인 보조정리(Stein's lemma)

$X \sim N(\theta, \sigma^2)$이며, 미분가능한 함수 g은 $E|g'(x)| < \infty$을 만족한다면,

$$E[g(X)(X-\theta)] = \sigma^2 E[g'(X)] \tag{4.111}$$

이다.

증명

$E[g(X)(X-\theta)] = \dfrac{1}{\sqrt{2\pi}\,\sigma}\displaystyle\int_{-\infty}^{\infty} g(x)(x-\theta)e^{-\frac{(x-\theta)^2}{2\sigma^2}}dx$이며, $u = g(x)$, $v' = (x-\theta)e^{-\frac{(x-\theta)^2}{2\sigma^2}}$라 두고 부분적분을 하면,

$$E[g(X)(X-\theta)] = \frac{1}{\sqrt{2\pi}\,\sigma}\left[-\sigma^2 g(x)e^{-\frac{(x-\theta)^2}{2\sigma^2}}\Big|_{-\infty}^{\infty} + \sigma^2\int_{-\infty}^{\infty} g'(x)e^{-\frac{(x-\theta)^2}{2\sigma^2}}dx\right]$$

이다.

정리 4.40

모든 $i = 1, \cdots, p$에 대하여 $X_i \sim N(\theta_i, 1)$이라고 하자. 만약 $0 < c < 2(p-2)$이고 $p \geq 3$이면, 식 (4.104) 추정값 $\delta^c(x)$은 이차손실함수 (4.101) 아래에서 $X = (X_1, \cdots, X_p)$보다 R-better하다.

증명 이차제곱손실함수 아래에서 $\delta^c(X)$의 위험함수는

$$R(\theta, \delta^c(x)) = E\left[\sum_{i=1}^{p}(\theta_i - \delta_i^c(x))^2\right] \tag{4.112}$$

$$= \sum_{i=1}^{p} E\left[\theta_i - \delta_i^c(x)\right]^2 = \sum_{i=1}^{p} E\left[(\theta_i - X_i) + \frac{c}{\sum_{j=1}^{p} X_j^2}X_i\right]^2$$

$$= \sum_{i=1}^{p} E(\theta_i - X_i)^2 + 2\sum_{i=1}^{p} E\left((\theta_i - X_i)\frac{c}{\sum_{j=1}^{p} X_j^2}X_i\right) + \sum_{i=1}^{p} E\left(\frac{c}{\sum_{j=1}^{p} X_j^2}X_i\right)^2 .$$

식 (4.112)에서 첫 번째 기댓값의 합은 p이고, 세 번째 기댓값의 합은 간단한 계산으로 $c^2 E\left(\dfrac{1}{\sum_{j=1}^{p} X_j^2}\right)$이다. 또한, 식 (4.112)의 중앙기댓값의 합은 보조정리 4.39를 이용하면,

$$\sum_{i=1}^{p} E\left((\theta_i - X_i)\frac{p-2}{\sum_{j=1}^{p} X_j^2} X_i\right) = -c\sum_{i=1}^{p} E\left[\frac{\partial}{\partial X_i}\frac{X_i}{\sum_{j=1}^{p} X_j^2}\right] \tag{4.113}$$

$$= -c\sum_{i=1}^{p} E\left[\frac{\sum_{j=1}^{p} X_j^2 - 2X_i^2}{\left(\sum_{j=1}^{p} X_j^2\right)^2}\right]$$

$$= -c(p-2)E\left(\frac{1}{\sum_{j=1}^{p} X_j^2}\right)$$

이다. 따라서 식 (4.113)을 식 (4.112)에 대입하여 정리하면

$$R(\theta, \delta^s(x)) = p - 2c(p-2)E\left(\frac{1}{\sum_{j=1}^{p} X_j^2}\right) + c^2 E\left(\frac{1}{\sum_{j=1}^{p} X_j^2}\right)$$

$$= p - [c(2(p-2) - c)]E_\theta\left(\frac{1}{\sum_{j=1}^{p} X_j^2}\right).$$

따라서 $0 < c < 2(p-2)$이면,

$$R(\theta, \delta^s(x)) < p = R(\theta, X)$$

이다.

두 번째로, 독립적인 포아송 확률변수 $X_1, \cdots, X_p$가 각기 평균이 $\lambda_1, \cdots, \lambda_p$을 갖는다고 가정한다. 이때 가중제곱오차손실함수

$$L(\hat{\lambda}, \lambda) = \sum_{i=1}^{p} \lambda_i^{-1}(\hat{\lambda}_i - \lambda_i)^2 \tag{4.114}$$

아래에서의 추정값을 고려한다. 여기서 $\lambda = (\lambda_1, \cdots, \lambda_p)$이다. 이때

$$\hat{\lambda^o} = X = (X_1, \cdots, X_p) \tag{4.115}$$

은 미니맥스 추정값이다.

보조정리 4.41 | Hwang, 1982

$g(x)$는 $E[g(x)] < \infty$ 이며 $-\infty < g(-1) < \infty$을 만족하는 함수라고 하자. 이때

(a) $X \sim Po(\lambda)$이면 다음과 같다.

$$E[\lambda g(X)] = E[Xg(X-1)] \tag{4.116}$$

(b) $X \sim NB(r,p)$이면 다음과 같다.

$$E[(1-p)g(X)] = E\left[\frac{X}{r+X-1}g(X-1)\right] \tag{4.117}$$

증명 (연습문제)

편의상, $X_1, \cdots, X_n$은 독립이고 동일한 포아송 분포 $Po(\lambda)$을 따른다고 하자. $Z = \sum_{i=1}^{p} X_i$, $\Lambda = \sum_{i=1}^{p} \lambda_i$, $\theta_i = \frac{\lambda_i}{\Lambda}$라 하자. 이때 $Z \sim Po(\Lambda)$, $X|Z \sim Mul(Z;\theta_1, \cdots, \theta_p)$은 잘 알려진 사실이다(연습문제).

정리 4.42 | 크레벤슨-지덱(Clevenson-Zidek) 추정값

$\phi: [0, \infty] \to [0, 2(p-1)]$는 영이 아닌 비감소함수라고 한다.
이때 모든 λ에 대하여

$$\delta^{CZ}(X) = \left[1 - \frac{\phi(Z)}{Z+p-1}\right]X$$

는 가중이차손실함수 (4.114) 아래에서 식 (1.115)인 $\widehat{\lambda^o} = X$보다 작은 위험함수를 갖는다.

증명

$$E^X L(\delta^{CZ}(X),\lambda) = E^Z E[L(\delta^{CZ}(X),\lambda)|Z] \tag{4.118}$$

$$= p - E^Z \sum_{i=1}^{p} (\Lambda\theta_i)^{-1}\left[2\phi(Z)(Z+p-1)^{-1}\left\{Z^2\theta_i^2 + Z\theta_i(1-\theta_i)\right.\right.$$

$$\left.\left. - (\Lambda\theta_i)Z\theta_i\right\} - \phi^2(Z)(Z+p-1)^{-2}\left\{Z^2\theta_i^2 + Z\theta_i(1-\theta_i)\right\}\right]$$

$$\le p - 2\Lambda^{-1}E^Z\left\{Z\phi(Z)(Z+p-1)^{-1}(Z-\Lambda)\right\}.$$

식 (4.118)의 오른편에 있는 기댓값 중에 $Z\phi(Z)/Z+p-1$과 $Z-\Lambda$는 모두 Z에 대하여 순증가함수들이므로,

$$E^X L(\delta^{CZ}(X),\lambda) < p - 2\Lambda^{-1}E^Z[Z\phi(Z)(Z+p-1)^{-1}]E^Z(Z-\Lambda)$$

이다. 특히 $E^Z(Z-\Lambda) = 0$ 이므로 다음과 같다.

$$E^X L(\delta^{CZ}(X),\lambda) < p = EL(\widehat{\lambda^o},\lambda).$$

따라서 식 (4.115)인 $\widehat{\lambda^o}$이 미니맥스이므로, $\delta^{CZ}(X)$ 또한 미니맥스이다.

정상적 베이즈 추정값과 같이(참고, 예제 4.37), 일반화 베이즈 규칙들도 허용할 필요는 없다(참고, JS 추정값). 일반화 베이즈 추정값이 허용일 경우는 손실함수가 양의 함수이고, 베이즈 값이 유한할 때이다. 즉,

$$r(\pi, \delta(x)) = \int_{\Theta} R(\theta, \delta(x)) dF^{\pi}(\theta) < \infty$$

이다. 불행하게도 부적절 π에 대하여, $r(\pi, \delta(x)) < \infty$를 갖는 것은 거의 없다.

$r(\pi, \delta(x)) = \infty$일 때, 일반화 베이즈 추정값은 JS 추정값과 같이 비허용이다. 다음 예도 비허용임을 보인다.

예제 4.43 Berger, 1985

$X \sim Gam(\alpha, \beta)$ ($\alpha > 1$ 알려진 상수)가 관측되고, 제곱오차손실함수 아래에서 β을 추정하고자 한다. 이때 β가 척도모수이므로, 정의 3.17에 의하면, β의 불변 무정보 사전분포인 $\pi(\beta) = \beta^{-1}$로 가정하는 것도 합리적이다. 이때 주어진 x 아래에서 β의 적절사후분포는

$$\pi(\beta|x) = \frac{f(x|\beta)\pi(\beta)}{\int_0^{\infty} f(x|\beta)\pi(\beta) d\beta} = \frac{\beta^{-\alpha} e^{-x/\beta} \beta^{-1}}{\int_0^{\infty} \beta^{-\alpha} e^{-x/\beta} \beta^{-1} d\beta} \tag{4.119}$$

로 계산되며, 이것은 역 감마 분포 $IGam(\alpha, x^{-1})$이다. 제곱오차손실(SEL)함수 아래에서, β의 일반화 베이즈 추정값은 사후평균

$$\delta^0(x) = x/(\alpha - 1) \tag{4.120}$$

이다. 이때 $\delta_c(x) = cx$ 형태의 위험함수를 계산하면,

$$\begin{aligned} R(\beta, \delta_c(x)) &= E_{\beta}[(cx - \beta)^2] \\ &= E_{\beta}\{[c(x - \alpha\beta) + (c\alpha - 1)\beta]^2\} \\ &= c^2 \alpha \beta^2 + (c\alpha - 1)^2 \beta^2 \\ &= \beta^2 [c^2 \alpha + (c\alpha - 1)^2] \end{aligned} \tag{4.121}$$

이다. 식 (4.121)인 위험함수를 최소화하기 위하여 c에 대하여 미분하고 이를 0으로 항등한 후 c에 대하여 풀면

$$c_0 = (\alpha+1)^{-1}$$

을 얻는다. 만약 $c \neq c_0$이면, 모든 β에 대하여

$$R(\beta, \delta_{c_0}(x)) < R(\beta, \delta_c(x)) \tag{4.122}$$

이다. 특히 식 (4.120)인 $\delta^0(x) = \dfrac{x}{\alpha-1}$이므로,

$$R(\beta, \delta_{c_0}(x)) < R(\beta, \delta^0(x))$$

이므로, 식 (4.122)에 따르면 $\delta^0(x)$도 비허용이다. $\delta^0(x)$와 $\delta_{c_0}(x)$의 위험함수들의 비는

$$\frac{R(\beta, \delta^0(x))}{R(\beta, \delta_{c_0}(x))} = \frac{\alpha(\alpha-1)^{-2} + (\alpha/(\alpha-1)-1)^2}{\alpha(\alpha+1)^{-2} + (\alpha/(\alpha+1)+1)^2} = \frac{(\alpha+1)^2}{(\alpha-1)^2}$$

이다. 작은 α에 대하여, $\delta^0(x)$가 $\delta_{c_0}(x)$보다 유의하게 나쁜 위험을 갖고 있다.

따라서 언제 일반화 베이즈 규칙이 허용할 수 있는지에 대한 자연스런 의문이 생긴다. 예를 들면,

$$x \sim N(\theta, 1)\text{와 } \pi(\theta) = 1$$

하자. 이때 $\pi(\theta|x)$은 정규분포 $N(x,1)$이다. $\delta(x) = x$는 제곱오차손실 $L(\theta, \delta(x)) = (\theta - \delta(x))^2$ 아래에서 일반화 베이즈 규칙이다. 이때 $\delta(x) = x$은 허용인가? 답은 예이다. 그러나 여기서 이를 보이기 위해서는 Blyth(1951) 정리를 사용할 필요가 있다. 블리스(Blyth) 정리를 소개하기 이전에 우선 다음과 같은 기본 개념들을 고려하여야 한다. 여기서 소개되는 기본 개념의 정리들에 대한 증명들은 생략하고 이에 대한 세부적 증명들은 Berger(1985)를 참고한다.

정의 4.44

결정규칙들의 모임 C는, $\delta(x) \not\in C$에 대하여, R-better 하거나 R-equivalent 한 결정규칙 $\delta'(x) \in C$가 존재한다면, 본질적 완전(essentially complete)이라 한다.

정의 4.45

결정규칙들의 모임 C는, $\delta(x) \not\in C$에 대하여, R-better한 결정규칙 $\delta'(x) \in C$가 존재한다면, 완전(complete)이라고 한다.

정리 4.46

$\Theta \subset R^m$이고, $L(\theta,\delta(x))$는 각각의 $\delta(x) \in A$에 대하여, θ에 연속이며 유계인 함수이다. X가 밀도함수 $f(x|\theta)$, 이는 모든 $x \in \chi$에 대하여 θ의 연속함수이다. 이때 모든 결정규칙은 연속위험함수를 갖는다.

정리 4.46에서 가장 제한적인 조건이 손실함수의 유계성이다. 만약 Θ가 비유계이면, 많은 표준적인 손실들은 이 조건을 만족하지 않는다. 다음 정리를 보임으로써, 유계성을 조금 완화할 수도 있다.

정리 4.47

χ, Θ와 A들은 모두 R^1의 부분집합들이며, 여기서 A는 폐구간이라 가정하자. X의 분포는 단조우도비라고 하자. 역시 $f(x|\theta)$는 모든 $x \in \chi$에 대하여 θ의 연속함수이며, 손실함수 $L(\theta,\delta(x))$는 다음을 만족한다 하자.

(a) $L(\theta,\delta(x))$은 각각의 $\delta(x) \in A$에 대하여, θ에 연속함수이다.

(b) $L(\theta,\delta(x))$은 $\delta(x) \le \theta$에서 $\delta(x)$의 비증가함수이고, $\delta(x) \ge \theta$에서 $\delta(x)$의 비감소함수이다.

(c) $\Theta \times \Theta$의 유계인 모든 부분집합 위에서 유계인 함수들 $K_1(\theta_1,\theta_2)$와 $K_2(\theta_1,\theta_2)$이 존재하고, 다음을 만족한다. 모든 $\delta(x) \in A$에 대하여,

$$L(\theta_2,\delta(x)) \le K_1(\theta_1,\theta_2)L(\theta_1,\delta(x)) + K_2(\theta_1,\theta_2).$$

이때 유한위험함수를 갖는 결정규칙들은 완전족을 구성한다.

예제 4.48

$X \sim N(\theta,1)$라고 하고, SEL 함수 아래에서 θ를 추정하고자 한다. 이때 정리 4.47에서 만족되지 못하는 하나의 조건은 (c)이다. 이 조건을 확인하고자 한다.

$$\begin{aligned}(\theta_2 - \delta(x))^2 &= ([\theta_2 - \theta_1] + [\theta_1 - \delta(x)])^2 \\ &\le 2(\theta_2 - \theta_1)^2 + 2(\theta_1 - \delta(x))^2.\end{aligned}$$

그러므로 조건 (c)는 다음 관계를 갖고 만족된다.

$$K_1(\theta_1, \theta_2) = 2 \text{ 와 } K_2(\theta_1, \theta_2) = 2(\theta_2 - \theta_1)^2. \tag{4.123}$$

따라서 연속위험함수를 갖는 결정규칙들은 완전족을 구성한다고 결론내릴 수 있다.

정리 4.49 | 블리스 보조정리(Blyth's lemma, 1951)

Θ는 유클리디안 공간의 볼록 부분집합이고(즉, Θ은 양의 르베그 측도를 갖는다), 연속위험함수를 갖는 결정규칙들이 완전족을 구성한다고 하자. 이때 연속인 위험함수를 갖는 추정값 $\delta_0(x)$가 다음의 세 가지 조건들을 만족하는 일반화 사전분포들의 수열$\{\pi_n\}$이 존재한다면, 이를 허용이라 한다.

(a) 모든 n에 대하여, 베이즈 위험들 $r(\pi_n, \delta_0(x))$와 $r(\pi_n, \delta^n(x))$이 모두 유한이고, 여기서 $\delta^n(x)$은 π_n에 대한 베이즈 규칙이다.

(b) 모든 볼록 집합 $C \subset \Theta$에 대하여, $n \ge N$에서

$$\int_C dF^{\pi_n}(\theta) \ge K$$

을 만족하는 $K > 0$와 정수 N가 존재한다.

(c) $\lim_{n \to \infty} [r(\pi_n, \delta_0(x)) - r(\pi_n, \delta^n(x))] = 0.$

증명

$\delta_0(x)$가 비허용이라 가정한다. 그럼,

$$R(\theta, \delta'(x)) \le R(\theta, \delta_0(x))$$

을 만족하는 결정규칙 $\delta'(x)$이 존재한다. 이때 위 부등식은 어떤 한 점, θ_0에서 순부등식이 성립된다. 연속위험함수들을 갖는 규칙들이 완전족을 구성하므로, $\delta'(x)$가 연속위험함수를 갖는다고 가정할 수 있다. 또한, $R(\theta, \delta_0(x))$이 역시 연속함수이므로, $\theta \in C = \{\theta : |\theta - \theta_0| < \epsilon_2\}$에서

$$R(\theta, \delta'(x)) < R(\theta, \delta_0(x)) - \epsilon_1$$

을 만족하는 상수들 $\epsilon_1 > 0$ 과 $\epsilon_2 > 0$가 존재한다. 조건들 (a), (b)와

$$r(\pi_n, \delta^n(x)) \le r(\pi_n, \delta'(x))$$

인 사실들에 의하여, $n \ge N$에 대해

$$\begin{aligned} r(\pi_n, \delta_0(x)) - r(\pi_n, \delta^n(x)) &\ge r(\pi_n, \delta_0(x)) - r(\pi_n, \delta'(x)) \\ &= E^{\pi_n}[R(\theta, \delta_0(x)) - R(\theta, \delta'(x))] \\ &\ge \int_C [R(\theta, \delta_0(x)) - R(\theta, \delta'(x))] dF^{\pi_n}(\theta) \\ &\ge \epsilon_1 \int_C dF_n^{\pi}(\theta) \ge \epsilon_1 K \end{aligned}$$

이다. 이는 정리의 조건 (c)에 모순이다. 그러므로 $\delta_0(x)$는 허용이어야 한다.

예제 4.50

$X \sim N(\theta, 1)$이고, SEL 함수 아래에서 θ을 추정하고자 한다. 여기서 일반적인 추정값 $\delta_0(x) = x$은 허용 추정값 임을 보이고자 한다.

적절한 수열 $\{\pi_n\}$이 찾아지기만 한다면, 정리 4.49의 조건들은 이 상황에서는 당연히 만족된다(참고, 예제 4.48). π_n에 대한 관습적인 선택은 비정량화정규분포

$$\pi_n(\theta) = (2\pi)^{-1/2} \exp\left\{-\frac{\theta^2}{2n}\right\}$$

이다. 만약 C가 Θ의 볼록 부분집합이라면, 당연히

$$\int_C \pi_n(\theta) d\theta \ge \int_C \pi_1(\theta) d\theta = k > 0$$

이고, 따라서 π_n의 이러한 선택은 정리 4.49의 조건 (b)를 만족한다. 또한 π_n에 대한 베이즈 추정값은

$$\delta^n(x) = \frac{n}{1+n} x$$

임을 보일 수 있고, 그에 대응하는 위험함수는

$$R(\theta, \delta^n(x)) = E_\theta\left[\left(\theta - \frac{n}{1+n}x\right)^2\right] = \frac{n^2 + \theta^2}{(n+1)^2}$$

이고, 베이즈 위험은

$$r(\pi_n,\delta^n(x))=\int_{-\infty}^{\infty}R(\theta,\delta^n(x))\pi_n(\theta)d\theta$$
$$=\int_{-\infty}^{\infty}\frac{n^2+\theta^2}{(n+1)^2}\sqrt{n}\frac{\pi_n(\theta)}{\sqrt{n}}d\theta$$
$$=\frac{n^2+n^2}{(n+1)^2}\sqrt{n}=\frac{n\sqrt{n}}{n+1}$$

이다. 유사하게, $r(\pi_n,\delta_0(x))=\sqrt{n}$을 구할 수 있다. 그러므로 정리 4.49의 조건 (a)도 확인되었다. 마지막으로,

$$\lim_{n\to\infty}\left[r(\pi_n,\delta_0(x))-r(\pi_n,\delta^n(x))\right]=\lim_{n\to\infty}\left[\sqrt{n}\left(1-\frac{n}{n+1}\right)\right]$$
$$=\lim_{n\to\infty}\left[\left(\frac{\sqrt{n}}{n+1}\right)\right]=0$$

이므로, 정리 4.49의 조건 (c)도 만족됨을 보였다. 따라서 $\delta_0(x)$는 허용 추정값이다.

*4.6 베이즈 추정값과 미니맥스 관계

1.5.4절에서 소개된 미니맥스 용어들을 다시 간략하게 설명하고자 한다. 이때

$$D^*=\{\text{ 모든 확률화 결정규칙들 } \delta^*(x) : R(\theta,\delta^*(x))<\infty,\text{ 모든 } \theta\in\Theta\}$$

라 하자. 이때

『$\delta_0(x)$가 D^*에 있는 모든 결정규칙 중에서 $sup_\theta R(\theta,\delta(x))$을 최소화하는 것』

을 만족하면 $\delta_0(x)$을 **미니맥스 규칙**이라 한다.

다시 말해서, $\delta_0(x)$는

$$\sup_{\theta\in\Theta}R(\theta,\delta_0(x))=\inf_{\delta^*(x)\in D^*}\sup_{\theta\in\Theta}R(\theta,\delta^*(x)) \tag{4.124}$$

인 관계식을 만족한다. 이때 $sup_{\theta \in \Theta} R(\theta, \delta_0(x))$을 **미니맥스 값**이라 한다.

다음으로 미니맥스 규칙의 허용성 및 미니맥스를 찾는 방법에 대하여 알아보자.

정리 4.51

$\delta_0(x)$이 유일한 미니맥스 규칙이면, 이때 $\delta_0(x)$는 허용이다.

증명

$\delta_0(x)$이 허용이 아니라 가정하자. 이때 모든 $\theta \in \Theta$에 대하여,

$$R(\theta, \delta_1(x)) \le R(\theta, \delta_0(x))$$

와 적당한 θ_0에 대하여

$$R(\theta_0, \delta_1(x)) < R(\theta_0, \delta_0(x))$$

을 만족하는 $\delta_1(x)$이 존재한다. 따라서

$$\sup_{\theta \in \Theta} R(\theta, \delta_1(x)) \le \sup_{\theta \in \Theta} R(\theta, \delta_0(x))$$

이므로, $\delta_1(x)$도 역시 미니맥스이다. 그러므로 이는 미니맥스 규칙의 유일성에 모순이다.

정리 4.52

$\delta_0(x)$이 허용이고, 모수공간 Θ 위에서 상수 위험함수를 갖는다면, 이때 $\delta_0(x)$은 미니맥스이다.

증명

$\delta_0(x)$가 미니맥스가 아니라고 하자. 그럼, 이때

$$\sup_{\theta \in \Theta} R(\theta, \delta_1(x)) < \sup_{\theta \in \Theta} R(\theta, \delta_0(x))$$

인 $\delta_1(x)$이 존재한다. $R(\theta, \delta_0(x)) = c$ (상수)이므로, $\theta \in \Theta$에 대하여,

$$R(\theta, \delta_1(x)) < c = R(\theta, \delta_0(x))$$

이다. 이는 $\delta_0(x)$의 허용성에 모순이다.

$\delta^{\pi}(x)$은 사전분포함수 π에 대한 베이즈 규칙이라 하자. 이때 정의 1.79와 1.83에서 $\delta^{\pi}(x)$의 베이즈 위험은

$$r(\pi) = r(\pi, \delta^{\pi}(x)) = \int_{\Theta} R(\theta, \delta^{\pi}(x))\pi(\theta)d\theta$$

라 정의하였다.

정의 4.53

사전분포함수 π가 『모든 사전분포함수 π'들에 대하여,

$$r(\pi) = r(\pi, \delta^{\pi}(x)) \geq r(\pi') = r(\pi', \delta^{\pi'}(x)) \tag{4.125}$$

이다』을 만족하면 **최약선호성**(least favorable)이라고 한다. 여기서 $\delta^{\pi}(x)$와 $\delta^{\pi'}(x)$는 각각 사전분포함수 π와 π'에 대한 베이즈 규칙들이다.

정리 4.54

Θ에서 정의된 사전분포함수 π가

$$r(\pi, \delta^{\pi}(x)) = \int_{\Theta} R(\theta, \delta^{\pi}(x))\pi(\theta)d\theta = \sup_{\theta \in \Theta} R(\theta, \delta^{\pi}(x)) \tag{4.126}$$

을 만족한다고 가정하자. 이때

(1) $\delta^{\pi}(x)$은 미니맥스이다.

(2) 만약 $\delta^{\pi}(x)$가 π에 대한 유일한 베이즈 추정값이라 하면, 이는 유일한 미니맥스이다.

(3) π은 최약선호성이다.

증명

(1) $\delta(x)$을 임의의 추정값이라고 하자. 이때

$$\begin{aligned}\sup_{\theta \in \Theta} R(\theta, \delta(x)) &\geq \int_{\Theta} R(\theta, \delta(x))\pi'(\theta)d\theta \\ &\geq \int_{\Theta} R(\theta, \delta^{\pi}(x))\pi'(\theta)d\theta \\ &= \sup_{\theta \in \Theta} R(\theta, \delta^{\pi}(x)) = r(\pi, \delta^{\pi}(x))\end{aligned}$$

이다. 그러므로 $\delta^{\pi}(x)$은 미니맥스이다.

(2) 본 증명은 (1)의 증명에서 부등식 '$\geq$'을 부등식 '>'로 치환하여 비슷하게 보일 수 있다.

(3) π'가 Θ 위에서 π와 다른 임의의 사전분포함수라고 하자. 이때

$$\begin{aligned} r(\pi', \delta^{\pi'}(x)) &= \int_\Theta R(\theta, \delta^{\pi'}(x)) dF^{\pi'}(\theta) \\ &\leq \int_\Theta R(\theta, \delta^{\pi}(x)) dF^{\pi'}(\theta) \\ &\leq \sup_{\theta \in \Theta} R(\theta, \delta^{\pi}(x)) = r(\pi, \delta^{\pi}(x)) \end{aligned}$$

이므로, π은 최약선호성이다.

정리 4.54에서 조건인

$$r(\pi, \delta^{\pi}(x)) = \int_\Theta R(\theta, \delta^{\pi}(x)) dF^{\pi}(\theta) = \sup_{\theta \in \Theta} R(\theta, \delta^{\pi}(x))$$

는 $R(\theta, \delta^{\pi}(x))$의 평균은 그것의 최댓값과 같다고 말해진다. 이 조건은 위험함수가 상수이거나 위험함수가 그것의 최댓값을 갖는 집합에 확률 1을 부여할 때 나타난다.

따름정리 4.55 | Berger 1985

Θ^*는 모든 $\delta(x) \in A$에 대하여 $L(\theta, \delta(x)) < \infty$인 모든 π들의 집합이라 하자. 만약 $\delta_0^*(x) \in D^*$가 $\pi_0 \in \Theta^*$에 대한 베이즈 규칙이고, 모든 $\theta \in \Theta$에 대하여

$$R(\theta, \delta_0^*(x)) \leq r(\pi_0, \delta_0^*(x))$$

이면, 이때 $\delta_0^*(x)$는 미니맥스이고, π_0은 최약선호성이다.

증명

주어진 조건 $R(\theta, \delta_0^*(x)) \leq r(\pi_0, \delta_0^*(x))$이므로 $r(\pi_0, \delta_0^*(x)) = \sup_{\theta \in \Theta} R(\theta, \delta(x))$이다. 그러므로 정리 4.54의 조건을 만족시키므로, 바로 δ_0^*는 미니맥스이고, π_0는 최약선호성이다.

따름정리 4.56 | 이퀄라이저 규칙(Equalizer Rules)

만약 베이즈 추정값 $\delta^{\pi}(x)$가 상수위험함수를 갖는다면, 이때 $\delta^{\pi}(x)$은 미니맥스이다.

증명 (연습문제)

따름정리 4.57

$W_{\pi} = \left\{\theta : R(\theta, \delta^{\pi}(x)) = \sup_{\theta' \in \Theta} R(\theta, \delta^{\pi}(x))\right\}$이라 하자. 만약 $P^{\pi}(W_{\pi}) = 1$이면, 이때 $\delta^{\pi}(x)$는 미니맥스이다.

증명 따름정리 4.55와 4.56에 의하여 쉽게 보일 수 있다.

정의 4.53에 정의된 최약선호성을 사전분포들의 수열로 다시 표현하면 다음과 같이 정의할 수 있다.

정의 4.58

$\{\pi_n\}$은 사전분포함수들의 수열이며, $\delta_n(x)$은 π_n에 대한 베이즈 규칙이라 하자. 또한,

$$r_n = r(\pi_n, \delta_n(x)) = \int_{\Theta} R(\theta, \delta_n(x)) dF^{\pi_n}(\theta) \tag{4.127}$$

이라 표현하고,

$$r = \lim_{n \to \infty} r_n < \infty$$

임을 가정한다.

수열 $\{\pi_n\}$이 『모든 π에 대하여

$$r(\pi, \delta_{\pi}(x)) \leq r$$

이다.』을 만족하면 **최약선호성**이라고 한다.

정리 4.59

수열 $\{\pi_n\}$은 베이즈 위험 r_n이 r에 수렴하는($r_n \to r$) 사전분포들의 수열이다. 또한, $\delta(x)$가

$$\sup_{\theta \in \Theta} R(\theta, \delta(x)) \leq r$$

을 만족한다. 이때

(1) $\delta(x)$는 미니맥스이다.

(2) 조건에서 등식(=)이 성립되면, 이때 수열 $\{\pi_n\}$은 최약선호성이다.

증명

(1) $\delta'(x)$이 다른 임의의 결정규칙이라 하자. 이때 n에 대하여

$$\sup_{\theta \in \Theta} R(\theta, \delta'(x)) \geq \int_\Theta R(\theta, \delta'(x)) dF^{\pi_n}(\theta) \geq r_n$$

을 만족한다. 그러므로

$$\sup_{\theta \in \Theta} R(\theta, \delta'(x)) \geq \lim_{n \to \infty} r_n = r \geq \sup_{\theta \in \Theta} R(\theta, \delta(x))$$

이다. 따라서 $\delta(x)$은 미니맥스이다.

(2) π는 다른 사전분포함수라 하자.

$$r_\pi = r(\pi, \delta^\pi(x)) = \int_\Theta R(\theta, \delta^\pi(x)) dF^\pi(\theta)$$

$$\leq \int_\Theta R(\theta, \delta(x)) dF^\pi(\theta) \leq \sup_{\theta \in \Theta} R(\theta, \delta(x)) = r$$

이다. 그러므로 $\{\pi_n\}$는 최약선호성이다.

예제 4.60

$X \sim N(\theta, 1)$을 따른다고 하자. 여기서 제곱오차손실 아래에서 θ을 추정하고자 한다. 이때 $\delta_0(x) = x$가 미니맥스임을 보인다.

방법 1:

정리 4.49인 블리스 보조정리에 의한 예제 4.50에 의하면 $\delta_0(x)$는 허용이다. 또한,

$$R(\theta, \delta_0(x)) = E\left[(\theta - \delta_0(x))^2\right] = 1$$

이므로, 위험함수는 상수이다. 그러므로 정리 4.52에 의하여 $\delta_0(x)$는 미니맥스이다.

방법 2:

만약 정리 4.49인 블리스 보조정리를 이용하지 못한다고 하자. 사전분포 $\pi(\theta) = 1$라 하자. 이때 $\delta_0(x)$는 일반화 베이즈 추정값이다. 다음으로 적절정규사전분포함수의 수열인 $\pi_n = N(0, n)$을 생각해 보자. 이때 π_n에 대한 베이즈 추정값은

$$\delta_n(x) = \left(\frac{n}{n+1}\right)x$$

이며, 그것의 베이즈 위험은

$$r_n = r(\pi_n, \delta_n(x)) = \int_{-\infty}^{\infty} R(\theta, \delta_n(x))\pi_n(\theta)d\theta$$

$$= \int_{-\infty}^{\infty} \frac{1}{(n+1)^2}(n^2+\theta^2)\pi_n(\theta)d\theta = \frac{n}{n+1}$$

이다. 그리고, $\lim_{n\to\infty} r_n = 1$이다. 또한 $R(\theta,\delta_0(x)) = 1$이므로 $sup_\theta R(\theta,\delta_0(x)) = 1$이다. 따라서 정리 4.54에 의하면, $\delta_0(x) = x$은 미니맥스이고, 수열 $\{\pi_n = N(0,n)\}$은 최약선호성이다.

예제 4.61

$X \sim Bin(n, \theta)$을 따른다고 하자. 여기서 제곱오차손실 아래에서, θ을 추정하고자 한다. 이때 $\delta(x) = \frac{x}{n}$은 허용이고, 역시 균일최소분산비편향추정량(UMVUE)이다. 우선 $\delta(x) = \frac{x}{n}$가 미니맥스임을 확인한다. $\delta(x) = ax+b$의 형태를 갖는 이퀄라이저 규칙을 찾고자 한다. $\delta(x) = ax+b$의 위험함수는

$$R(\theta, \delta(x)) = E_\theta\left[(aX+b-\theta)^2\right] = E_\theta\left[\{a(X-n\theta)+b+(an-1)\theta^2\}\right] \quad (4.128)$$

$$= a^2n\theta(1-\theta) + [b+(an-1)\theta]^2$$

$$= \theta^2\left[-a^2n+(an-1)^2\right] + \theta\left[a^2n+2b(an-1)\right] + b^2$$

이다. 이때 $\delta(x) = ax+b$의 위험함수가 θ에서 상수로 만들기 위해서는 식 (4.128)에서

$$-a^2n+(an-1)^2 = 0 \text{와 } a^2n+2b(an-1) = 0$$

을 만족해야 한다. 따라서 a와 b에 대하여 풀면

$$a = (n+\sqrt{n})^{-1} \text{ 와 } b = \sqrt{n}/[2(n+\sqrt{n})]$$

이다. 그러므로

$$\delta_0(x) = ax + b = \frac{x + \sqrt{n}/2}{n + \sqrt{n}} \tag{4.129}$$

는 이퀄라이저 규칙이다.

다음으로 $\delta_0(x)$가 베이즈 추정값임을 보이고자 한다. 만약 사전분포로써 $\theta \sim Be(\alpha, \beta)$를 따른다고 하면, 이때 베이즈 추정값은

$$\frac{x + \alpha}{n + \alpha + \beta}$$

이다. $\delta_0(x)$는 바로 $\alpha = \beta = \sqrt{n}/2$를 갖는 이퀄라이저 규칙이다. 그러므로 따름정리 4.56에 의하면, $\delta_0(x)$은 미니맥스이고, 최약선호성 사전분포함수는 $Be(\sqrt{n}/2, \sqrt{n}/2)$이다. $\delta_0(x)$와 $\delta(x) = x/n$은 다른 형태이므로, $\delta(x)$은 미니맥스일 수가 없다. 실제적인 직접 계산으로도

$$R(\theta, \delta_0(x)) = \frac{1}{[4(1 + \sqrt{n})^2]} \text{와} \quad R(\theta, \delta(x) = x/n) = \frac{\theta(1-\theta)}{n}$$

이다.

연습문제-A

01 암환자에게 발견되는 종양의 수를 조사하기 위하여 100명의 암환자를 대상으로 임의로 종양의 수를 조사한 결과, 이 100명의 암환자의 전체 종양의 개수가 225개였다고 한다. 암 등록통계에 의하면 환자당 평균 종양개수 θ의 사전분포는 $Gam(15, 0.2)$임이 알려져 있다. 새로운 자료를 이용하여 환자당 평균 종양의 수 θ의 사후분포를 구하여라(단, 환자당 종양의 수는 평균이 θ인 포아송 분포를 따른다고 가정한다).

02 다음과 같은 선형회귀모형을 고려한다. 즉, $i = 1, \cdots, n$에 대하여,

$$y_i = \beta_1 x_{i1} + \beta_2 x_{i2} + \cdots + \beta_k x_{ik} + \epsilon_i$$

이며, 여기서 $\epsilon_i \sim N(0, \sigma^2)$이다. 이때 다음과 같은 무정보사전분포를 가정한다. 즉,

$$\pi(\beta_1, \cdots, \beta_k, \sigma^2) \propto \frac{1}{\sigma^2}$$

이다.

(a) 결합사후분포 $f(\beta, \sigma^2 | \{y_1, \cdots, y_n\})$를 구하여라. 여기서 $\beta = (\beta_1, \cdots, \beta_k)^T$이다.

(b) 조건부사후분포 $f(\beta | \sigma^2, \{y_1, \cdots, y_n\})$를 구하여라.

(c) 주변사후분포 $f(\sigma^2 | \{y_1, \cdots, y_n\})$을 구하여라.

(힌트: 주어진 모형을 벡터 형태로 나타내어 계산하여라. $Y = X\beta + \epsilon$)

03 예제 4.14에서와 동일한 모형 구조를 고려한다. $X = (X_1, X_2, \cdots, X_n)'$라고 하고, $i = 1, 2, \cdots, n$에 대하여 X_i들은 독립적이고 동일한 정규분포 $N(\mu, \sigma^2)$을 따른다고 하고, 여기서 μ와 σ^2은 모두 미지의 상수라고 하자. 이때 식 (4.41)인 제프리스 사전함수 아래에서 사후분포함수를 구하여라.

04 $X_1, \cdots, X_n$은 서로 독립적이고 동일한 정규분포 $N(\mu, \sigma^2)$을 따른다. 여기서, σ^2은 알려진 상수이다. 여기서 $H_0 : \mu = \mu_0$ versus $H_1 : \mu \neq \mu_0$인 검정을 하고자 한다. $\pi_0 = P(H_0) = 1/2$이라 하고, H_1 아래에서 $\mu \sim N(\mu_0, \tau^2)$이다. 단측 대립가설의 경우와 다르게, $P-$값과 H_0의 사후확률은 완전히 다름을 보여라.

05 $X \sim N(\theta, 1)$이라 하고, 다음과 같은 두 개의 검정 문제를 고려한다. 즉,

$$H_0 : \theta = -1 \text{ versus } H_1 : \theta = 1;$$
$$H_0^* : \theta = 1 \text{ versus } H_1^* : \theta = -1;$$

이다. 만약 (a) $x = 0$가 관찰되었을 때와 (b) $x = 1$이 관찰되었을 때인 두 경우에서 H_1에 대응되는 H_0의 베이즈 인자와 H_1^*에 대응되는 H_0^* 의 베이즈 인자들을 구하여라. 이때 이 두 경우에서 P값을 계산하여라.

06 $X_1, \cdots, X_n$은 서로 독립적이고 동일한 정규분포 $N(\mu, \sigma^2)$을 따른다고 하자. 여기서 μ와 σ^2은 모두 미지의 상수이다. μ와 σ^2의 사전분포는

$$\pi(\mu, \sigma^2) \propto \sigma^{-2}$$

이라고 하자. 여기서,

$$H_0 : \mu \le \mu_0 \text{ versus } H_1 : \mu > \mu_0$$

인 검정을 고려한다.

(a) $P-$값을 계산하여라.

(b) $P-$값과 H_0의 사후확률을 비교하여라.

(c) 베이즈 인자 B_{01}을 계산하여라.

07 출근시간에 부산대 정문 사거리에서 버스를 기다리는 시간이 균등분포 $U(0,\theta)$을 따른다고 알려져 있다. 이때 관심 있는 가설은 다음과 같다.

$$H_0 : \theta \le 15 \; vs. \; H_1 : \theta > 15$$

과거의 경험에 의하면 θ에 대한 사전분포가 다음과 같이 주어진다.

$$\pi(\theta) = \frac{3}{5}\left(\frac{5}{\theta}\right)^4, \; 5 < \theta < \infty$$

부산대 정문 사거리에서 기다리는 시간이 10, 3, 2, 5, 14로 관측되었을 때 다음을 계산하여라.

(a) 가설에 대한 사후확률

(b) 사후 오즈비

(c) 베이즈 요인

08 $X_1, \cdots, X_n$은 독립적이고 동일한 정규분포 $N(\mu, \sigma^2)$을 따른다. 여기서 σ^2은 알려진 상수이다. 다음과 같은 검정을 고려한다.

$$H_0 : \mu \le \mu_0 \text{ versus } H_1 : \mu \ge \mu_0.$$

(a) $P-$값(P-value)을 계산하여라.

(b) μ가 균등사전분포를 따를 때, $P-$값과 H_0의 사후확률을 비교하여라.

09 예제 4.22에서와 동일한 구조를 고려한다. 만약 $\mu = \theta_0, \tau = \sigma$와 $\pi_0 = 1/2$이면, 식 (4.77)을 구한다. 이때 t와 n의 다양한 값들에 대한 $P-$값 p, 베이즈 인자 (B_{01}), 사후확률 $P = P(H_0|x)$을 구하여 표로 만들어서 비교하여라

$(t = 1.645, 1.960, 2.576, 3.291,\ n = 1, 5, 10., 20, 50, 100)$.

10 $X_1, \cdots, X_n$은 서로 독립적이고 동일한 정규분포 $N(\mu, \sigma^2)$를 따른다. 여기서 σ^2는 알려진 상수이다. 여기서 $H_0 : \mu = \mu_0$ versus $H_1 : \mu \ne \mu_0$인 검정을 하고자 한다. $\pi_0 = P(H_0) = 1/2$이라 하고, H_1 아래에서, $\mu \sim N(\mu_0, \tau^2)$이다. 단측 대립가설의 경우와 다르게, $P-$값과 H_0의 사후확률은 완전히 다름을 보여라.

11 2021년 2월 28일 밤 JBC 뉴스에서 한국 대통령 후보 TV 토론을 기점으로 한국 유권자를 대상으로 여론조사를 실시하였다고 가정하였다. 토론 전 731명의 유권자에게 전화조사를 실시하고, 토론 후 다른 731명의 유권자에게 전화조사를 실시한 결과가 아래와 같다 가정하자.

조사	정윤식	전윤석	기타	합계
토론 전	335	347	49	731
토론 후	346	349	35	731

여론조사가 유권자의 모집단으로부터 독립인 표본이라고 가정하자. 따라서 두 개의 다른 다항분포로 자료를 모형화할 수 있다. α_j을 여론조사 j시점에서 정윤식 혹은 전윤석의 지지자들 중 정윤식의 지지율이라 하자.$(j = 1,2)$

(a) $\alpha_2 - \alpha_1$에 대한 사후분포의 히스토그램을 그려라.

(b) 정윤식으로 지지를 바꾼 사후확률은 얼마인가?

12 확률변수 $X_1, X_2, \cdots, X_n$가 포아송 분포 $P_0(\theta)$의 확률표본이라 하자. 이때 θ의 추정에 관심이 있다.

(a) 사전분포가 평균 θ_0를 갖는 감마 분포들의 집합에 있을 때, 사후평균의 범위를 유도한다.

(b) 사전밀도함수가 오직 연속적 비증가함수로만 알려진 경우 사후평균의 범위를 계산한다.

13 확률변수 $X_1, X_2, \cdots, X_n$는 독립이고 동일한 정규분포 $N(\mu, \sigma^2)$를 갖고, 여기서 θ를 추정하고자 한다. 그러나 σ^2는 미지의 장애 모수이다. $\bar{x}$은 표본평균이고, $s^2 = \sum_{i=1}^{n}(x_i - \bar{x})^2/(n-1)$인 표본분산이다. 예제 4.14에서 사전분포 $\pi(\mu, \sigma^2) \propto (\sigma^2)^{-1}$ 아래에서 θ의 사후분포가

$$\frac{\sqrt{n}(\theta - \bar{x})}{s} \sim t_{n-1}$$

임을 보였다.

(a) 위의 사실을 이용하여, 일반적인 고전전적 신뢰구간

$$\bar{x} \pm t_{n-1}(\alpha/2)s/\sqrt{n}$$

이 100(1−α)% HPD 신용구간과 동일함을 보여라. 여기서, $t_{n-1}(\alpha/2)$는 t_{n-1}분포의 $(1-\alpha/2)$분위수이다.

(b) 대신에 $\theta|\sigma^2 \sim N(\mu, c\sigma^2)$과 $\pi(\sigma^2) \propto (\sigma^2)^{-1}$인 사전분포를 가정하자. 여기서 μ와 c은 이미 지정값이다. 100(1−α)% HPD 신용구간을 구하여라.

(c) (b)에서, $c=5$이고 μ는 지정되지 않고, 오직 구간 $0 \le \mu \le 3$에 있다고 하자. 또한 $n=9, \bar{x}=0$와 $s_{n-1}=1$이라고 하자. 사후확률의 범위를 계산함으로써 (a)에서 주어진 신용구간의 로버스트성을 조사하여라.

14 (Berry, 1996) 불법 낙태에 대하여 찬성하는 사람들의 비율 θ을 알고자 한다.

(a) 의견을 조사하기 전에 θ의 사전으로 베타 분포 $Be(\alpha, \beta)$을 설정하려고 한다. 어떤 한 사람을 임의로 선택하였을 때 그 사람이 낙태를 찬성할 가능성은 40%라고 생각한다. 또한 앞 사람이 찬성한다고 한 경우, 두 번째 대상자가 또 찬성할 확률은 45% 정도라고 생각이 든다. 이 정보를 가지고 α, β을 정하여라. 단, 초기에 θ의 분포는 베타 분포 $Be(\alpha, \beta)$이고, 첫 번째 사람이 찬성한 다음에는 θ의 분포는 찬성이 하나 추가되어 베타 분포 $Be(\alpha+1, \beta)$이 된다.

(b) 실제로 10명을 랜덤 추출하여 의견을 물은 결과, 3명이 찬성하고 7명이 반대하였다. 이때 (a)에서 구한 사전분포와 합성하여 θ의 사후분포를 구하여라.

(c) 새로이 10명을 추출하여 조사하려고 한다. 새로운 표본에서 낙태에 찬성하는 사람들의 수에 대한 예측분포를 구하여라.

15 전자회사의 서비스센터에 하루 동안 방문하는 고객의 수를 X라고 하면, X는 평균 θ를 갖는 포아송 분포를 따른다고 한다. 과거 자료로부터 θ의 사전분포를 감마 분포 $Gam(2, 0.1)$로 가정하였다. 10일 동안 관측한 결과 총 216명의 방문객이 센터를 방문하였음이 조사되었다. 센터장의 판단에 의하면, 하루 평균 20명 이상의 고객이 방문해야 서비스센터를 운영할 수 있다고 생각되어서 $H_0 : \theta > 20$를 검정해 보고자 한다.

(a) $H_0 : \theta > 20$일 사후확률을 구하여라.

(b) 베이즈 인자를 구하여라.

(c) 센터장은 사전정보가 다소 불확실할 수 있다고 생각되어 사전분포를 감마 분포 $Gam(5, 1)$일 경우를 생각해 보고자 한다. (2)에서 계산한 베이즈 인자에 새로운 사전확률의 비율을 곱해서 H_0와 H_1의 사후비를 구하여라.

16 어떤 곤충이 두 유전자 A, B를 가지고 있다. 두 유전자가 다른 염색체에서 나왔다면 특정 신체 증상이 나타나고 같은 염색체에서 나왔다면 증상이 나타나지 않는다. 평균적으로 두 유전자가 다른 염색체에서 나올 확률이 3/16이라는 주장을 검정하기 위하여 이 곤충 30마리를 실제로 조사해 보니 5마리에서 위의 신체적 특징이 발견되었다. 이 경우 두 유전자가 다른 염색체에서 나왔을 확률을 θ라 하면 $X \sim B(30, \theta)$이고 X의 관측치는 $x = 5$이다. 이때

$$H_0 : \theta = 3/16 \text{와 } H_1 : \theta \neq 3/16$$

을 검정하여라. θ에 대한 사전분포로

$$\pi(\theta) = \begin{cases} 0.5 & , \quad \theta = 3/16, \\ 0.5 \times Be(\theta | 1, 1), & \theta \neq 3/16, \end{cases}$$

를 가정한다. 여기서 $Be(\theta | a, b)$은 확률변수 θ의 모수 a와 b을 갖는 베타 확률밀도함수를 나타내고, $Be(\theta | a, b) = \theta^{a-1}(1-\theta)^{b-1}/B(a, b)$이며, $B(a, b) = \Gamma(a)\Gamma(b)/\Gamma(a+b)$이다.

17 동전을 던지는 문제에 있어서 앞면이 나올 확률이 1/2이란 것은 이론적으로 가능하나, 실제 문제에서는 동전의 상태에 따라서 앞면이 나올 확률은 일정치 않다. 일반적으로 동전을 n번 던졌을 때 나타나는 앞면의 개수는 $y \sim Bin(n,\theta)$을 따른다. 앞면이 나올 확률 θ의 사전분포가 두 베타 분포의 혼합 형태라고 가정하자. 즉,

$$\pi(\theta) = \frac{1}{2}Be(\theta|10,20) + \frac{1}{2}Be(\theta|20,10)$$

이다.

(a) 사후분포 $p(\theta|y)$를 구하여라.

(b) 사후평균 $E(\theta|y)$를 구하여라.

18 $X_1, \cdots, X_n$은 독립이고 동일한 포아송 분포 $Po(\lambda)$을 따른다고 하자. $Z = \sum_{i=1}^{p} X_i$, $\Lambda = \sum_{i=1}^{p} \lambda_i$, $\theta_i = \frac{\lambda_i}{\Lambda}$라 하자.

(a) $Z \sim Po(\Lambda)$임을 보여라.

(b) $X|Z \sim Mul(Z;\theta_1, \cdots, \theta_p)$임을 보여라.

연습문제-B

19 $X|\theta \sim N(\theta, 1)$이고, 다음과 같은 검정을 고려한다. 즉,

$$H_0 : |\theta - \theta_0| \leq 0.1 \text{ 대 } H_1 : |\theta - \theta_0| > 0.1.$$

$x = \theta_0 + 1.97$이 관측되었다고 가정한다.

(a) $P-$값을 계산하여라.

(b) 사전분포로써 정규분포 $N(\theta_0, \tau^2)$와 균등분포 $U_{(\theta_0 - 1, \theta_0 + 1)}$를 가정하여, 베이즈 인자 B_{01}와 $P(H_0|x)$을 계산하여라. 여기서 $\tau^2 = (0.148)^2$이다.

20 $X_1, \cdots, X_n \sim N(\theta, 1)$ 분포를 따른다. 100개의 자료를 관측한 결과 $\overline{x} = 0.25$를 얻었다. $H_0 : \theta = 0$와 $H_1 : \theta \neq 0$을 검정하고자 한다.

(a) 고전적 검정의 유의확률을 구하여라.

(b) θ에 대한 사전분포로

$$\pi(\theta) = \begin{cases} 0.5 & , \quad \theta = 0, \\ 0.5 \times N(\theta|0, 16), & \quad \theta \neq 0, \end{cases}$$

을 가정할 때 H_0와 H_1의 사후확률을 구하여라. 여기서, $N(\theta|\, a, b)$은 확률변수 θ의 평균 a와 분산 b를 갖는 정규확률밀도함수를 나타낸다.

21 $X_1, \cdots, X_n$는 서로 독립이고 동일한 정규분포 $N(\mu, \sigma^2)$를 갖는다. 여기서 σ^2은 미지의 상수이다.

$$H_0 : \mu = \mu_0 \text{ 과 } H_1 : \mu \neq \mu_0$$

을 검정하는 제프리스 검정을 고려한다. H_1 아래에서, $\mu|\sigma^2$에 대한 정규와 코쉬 사전분포들을 생각한다. $\overline{X} \to \infty$와 s^2이 유계라 가정한다.

(a) 이 두 사전분포들에 대한 베이즈 인자 B_{01}를 계산하여라.

(b) 코쉬 사전분포 아래에서 H_1에 대한 H_0의 베이즈 인자 B_{01}은 0에 수렴하나, 정규 사전분포에서는 0에 수렴하지 않음을 보여라.

22 $X_1, \cdots, X_n$은 서로 독립이고 동일한 정규분포 $N(\mu, \sigma^2)$를 따른다고 하고, 여기서 σ^2은 알려진 상수라 하자. 또한 μ는 사전정규분포 $N(\eta, \tau^2)$를 갖는다고 하고 여기서 η와 τ^2은 알려진 상수이다.

(a) μ에 대한 $100(1-\alpha)\%$ HPD 신용구간을 만들어라.

(b) X_{n+1}에 대한 $100(1-\alpha)\%$ 사후예측구간을 만들어라.

(c) $\tau^2 \to \infty$이면 균등사전분포를 생각할 수 있다. 이때 이 경우에 대한 (a)와 (b)의 결과를 구하여라.

23 확률변수 $X_1, X_2, \cdots, X_n$가 독립이고 동일한 다음과 같은 밀도함수를 갖는다고 하자. 즉,

$$f(x|\theta) = \exp(-(x-\theta)), x \geq \theta, \quad -\infty < \theta < \infty.$$

0에 대칭인 θ의 단봉 사전분포족을 고려한다. 이때 사후평균과 $\theta > 0$의 사후확률의 범위들을 비교하여라. 여기서 $n = 5$, $\boldsymbol{x} =$ (0.1828, 0.0288, 0.2355, 1.6038, 0.4584)이다.

24 $X|p \sim Bin(10, p)$이다. 다음과 같은 두 개의 모형을 고려한다. 즉,

$$M_0 : p = \frac{1}{2} \text{ 대 } M_1 : p \neq \frac{1}{2},$$

이다. 모형 M_1 아래에서, p에 대한 사전분포로 아래와 같이 세 개를 고려한다.

$$\text{(i) } U_{(0,1)}, \text{ (ii) } Be(10, 10), \text{ (iii) } Be(100, 10).$$

만약 관측치가 $x = 0, 3, 5, 7, 10$일 때, 각각의 관측치와 사전분포함수들에 대하여 식 (4.82)에서 주어진 k_d을 계산하여라. 모형 M_0 아래에서 무슨 자료가 이상치로 평가할 수 있을까?

25 정리 4.24를 증명하여라.

26 정리 4.32, 정리 4.34를 증명하여라.

27 예제 4.39에서와 동일한 구조를 고려한다. 즉, $X \sim N(\theta,1)$와 $\theta \sim N(0,1)$이고, 손실함수는

$$L(\theta,\delta(x)) = \exp\left\{\frac{3\theta^2}{4}\right\}(\theta-\delta(x))^2$$

이라고 하자.

(a) θ의 사후분포 $\pi(\theta|x)$가 정규분포 $N(x/2,\ 1/2)$임을 보여라.

(b) 주어진 손실함수에서, θ의 베이즈 추정값은

$$\delta^{\pi}(x) = 2x$$

임을 보여라.

(c) $\delta^{\pi}(x) = 2x$가 비허용임을 보여라.

28 보조정리 4.41(Hwang 1982)을 증명하여라.

29 다음 손실함수들이 정리 4.49의 조건 (c)을 만족하는가를 조사하여라.

(a) $L(\theta,a) = |\theta-a|^k,\ k>0,\ \Theta = A = R^1$.

(b) $L(\theta,a) = \exp\{|\theta-a|\},\ \Theta = A = R^{-1}$.

(c) $L(\theta,a) = (\log[a/\theta])^2,\ \Theta = A = [1,\infty)$.

30 (Berger, 1985) $X \sim N(\theta,1)$이고, 여기서 절대손실함수 $L(\theta,a) = |\theta-a|$ 아래에서 θ를 추정하고자 한다. 이때 $\delta_0(x) = x$가 허용 추정값임을 보여라. (힌트: 정리 4.51 블리스 보조정리).

31 만약 베이즈 추정값 $\delta^{\pi}(x)$가 상수위험함수를 갖는다면, 이때 $\delta^{\pi}(x)$은 미니맥스이다.

32 각 θ에 대하여 손실함수 $L(\theta,a)$가 순볼록함수라고 하자. 만약에 $\delta_0(x)$가 허용이고 이퀄라이저 규칙이면, $\delta_0(x)$는 유일한 미니맥스임을 보여라.

33 (베렌스-피셔 문제) $X_1,\ \cdots,X_m$와 $Y_1,\ \cdots,\ Y_n$는 정규분포 $N(\mu_1,\sigma_1^2)$와 $N(\mu_2,\sigma_2^2)$의 확률표본들이고, 모든 네 개의 모수들은 미지의 상수들이다. 여기서 $\mu_1-\mu_2$에 대한 추론에 관심이 있다. $\mu_1-\mu_2$에 대한 신뢰구간을 유도하고, 또한 $H_0:\mu_1=\mu_2$에 대한 검정을 유도하기 위해서 베렌스-피셔 해는 다음과 같은 통계량을 이용한다. 즉,

$$T = \frac{\overline{X} - \overline{Y}}{\sqrt{s_1^2/m + s_2^2/n}},$$

여기서 $s_1^2 = \sum_{i=1}^{m}(X_i - \overline{X})^2/(m-1)$ 와 $s_2^2 = \sum_{i=1}^{n}(Y_i - \overline{Y})^2/(n-1)$이다.

(a) 근사적으로

$$\frac{s_1^2/m + s_2^2/n}{\sigma_1^2/m + \sigma_2^2/n} \sim \frac{\chi_\nu^2}{\nu}$$

수렴함을 보여라. 여기서 ν는 다음과 같이 추정된다.

$$\hat{\nu} = \frac{(s_1^2/m + s_2^2/n)^2}{s_1^4/(m^2(m-1) + s_2^4/n^2(n-1))}.$$

(힌트: Satterwaite(1946)와 Welch(1949) 참고)

(b) (a)에서, T는 H_0 아래에서 자유도 $\hat{\nu}$를 갖는 스튜던트의 $t-$분포에 근사적으로 분포함을 보여라.

34 $X \sim N_p(\theta, \Sigma)$라고 하자. 여기서, Σ은 알려진 $p \times p$ 정칙행렬이다. 이차손실함수 아래에서 $\delta_0(x) = x$는 미니맥스이고 이는 이퀄라이저 추정값임을 보여라.

35 $\Theta = (0, \infty)$, $A = [0, \infty)$에서 X는 포아송 분포 $P_0(\theta)$을 따른다고 하자. 이때 다음과 같은 가중제곱오차손실(WSEL)함수를 가정한다. 즉,

$$L(\theta, a) = (\theta - a)^2/\theta$$

이다.

(a) $\delta_0(x) = x$은 이퀄라이저 추정값임을 보여라.

(b) δ_0은 사전분포함수 $\pi(\theta) = 1$에 대한 일반화 베이즈 추정값임을 보여라.

(c) δ_0은 미니맥스임을 보여라.

36 $X \sim Bin(n, \theta)$이고, $L(\theta, a) = (\theta - a)^2/[\theta(1-\theta)]$이다.

(a) $\delta(x) = x/n$은 θ의 미니맥스 추정값임을 보여라.

(b) 최약선호성 분포함수를 찾아라.

37 (Ferguson 1967) $X \sim Ge(\theta)$이고, $L(\theta, a) = (\theta - a)^2/(1-\theta)$이라 하자.

(a) 비확률화 추정값 δ의 위험함수 $R(\theta, \delta)$을 멱급수로 표현하여라.

(b) 유일한 비확률화 이퀄라이저 추정값 $\delta_0(x)$은 다음과 같음을 보여라. 즉, $\delta_0(0) = 1/2$이고, $i \geq 1$이면 $\delta_0(i) = 1$이다.

(c) 사전분포 π에 대한 베이즈가 비확률화 규칙일 필요충분조건은 $i = 0, 1, \cdots$에 대하여 $\delta(i) = \mu_{i+1}/\mu_i$이다. 여기서, $\mu_i = E^{\pi}[\theta^i]$이다.

(d) $\delta_0(x)$가 미니맥스임을 보여라.

5장

베이지안 계산

베이지안 해석은 사후분포에 기반을 둔 확률분포의 분위수와 기댓값 등의 계산들을 요구한다. 때로는 사후중앙값들도 사용된다. 표준 베이즈 추정값은 제곱오차손실함수 아래에서의 베이즈 규칙인 사후평균이다. 그러므로 사후분포의 정확하거나 근사적인 계산은 베이지안의 최대 숙제인 것이다. 이 장에서는 사후분포들에 직접적으로 응용할 수 있는 계산방법들을 설명하고자 한다. 우선 5.1절에서는 사후분포의 극한과 정규근사식을 소개한다. 5.2절에서는 비정규 근사식들을 설명한다. 따라서 수치적 적분법, 라플라스(Laplace) 방법의 관점에서 접근하는 Lindley(1981)와 Tierney-Kadane(1986)의 근사식을 소개한다. 또한 관심 있는 함수들의 난수생성하는 몬테카를로 방법, 중요 샘플링 방법, 채택기각 방법, 가중붓스트랩 방법과 주어진 자료에 근거한 사후분포에 대한 최빈값을 구하는 방법 중 하나인 EM 알고리즘을 소개한다. 마지막으로 5.3절에서는 깁스샘플러와 메트로폴리스-하스팅스(Metropolis-Hastings, MH) 알고리즘을 포함하는 반복적 몬테카를로 방법인 마르코프 연쇄 몬테카를로(Markov chain Monte Carlo, MCMC)를 소개한다.

미국 뉴 멕시코주 로스 알라모스에 있는 원자력 연구기관은 1950년대 초 수소 폭탄에 대한 연구 결과 메트로폴리스 알고리즘을 최초로 유도했다. Metropolis et al.(1953)는 1953년 화학 연구에서 메트로폴리스 알고리즘을 사용하였다. 이 알고리즘은 Ulm and von Neumann이 1940년대 후반에 개발한 표준 MC 방법을 현대화한 것이다. Hastings(1970)은 Metropolis et al.(1953)의 메트로폴리스 알고리즘을 수정 보완한 메트로폴리스-하스팅스 알고리즘을 제안하였으며, 특히 Hastings(1970) 및 Pesken(1973, 1981)은 MH 알고리즘을 통계응용분야에 접목하였다. Geman and Geman(1984)은 영상자료에서 깁스샘플러를 이용하여 영상의 재구성을 하였으며, Tanner and Wong(1987)은 잠재변수모형에서 깁스샘플러와 유사한 자료확장(Data augmentation)방법을 제안하고. Gelfand and Smith(1990)는 Geman and Geman(1984)의 방법들을 보편적인 원리로 바꾸고 베이지안 계산과 그 이상을 위한 MH 알고리즘의 호소력을 다시 불러일으키기 위해 깁스샘플러의 전형적인 측면을 유도하여 폭넓은 베이지안 통계모형들에 적용하였다. MCMC 알고리즘의 존재는 통계모형을 다루는 전문가가 복잡한 통계모형의 사후분포에서 표본추출을 허용함으로써 베이즈 추론을 변형시켰다. 먼저 아래 간단한 예들로 문제의 본질을 시작하고자 한다.

예제 5.1

확률변수 X가 알려진 상수 σ^2을 분산으로 갖는 정규분포 $N(\theta, \sigma^2)$을 따르고, θ은 코쉬 사전 $C(\mu, \tau)$을 따른다고 하자. 이때 주어진 x 아래에서 θ의 사후분포는

$$\pi(\theta|x) \propto \exp\{-(\theta-x)^2/(2\sigma^2)\}(\tau^2+(\theta-\mu)^2)^{-1}$$

이고, 주어진 x 아래에서 θ의 사후평균과 사후분산은 각각

$$E(\theta|x) = \frac{\int_{-\infty}^{\infty} \theta \exp\left(-\frac{(\theta-x)^2}{2\sigma^2}\right)(\tau^2 + (\theta-\mu)^2)^{-1} d\theta}{\int_{-\infty}^{\infty} \exp\left(-\frac{(\theta-x)^2}{2\sigma^2}\right)(\tau^2 + (\theta-\mu)^2)^{-1} d\theta}$$

과

$$Var(\theta|x) = \frac{\int_{-\infty}^{\infty} \theta^2 \exp\left(-\frac{(\theta-x)^2}{2\sigma^2}\right)(\tau^2 + (\theta-\mu)^2)^{-1} d\theta}{\int_{-\infty}^{\infty} \exp\left(-\frac{(\theta-x)^2}{2\sigma^2}\right)(\tau^2 + (\theta-\mu)^2)^{-1} d\theta} - (E(\theta|x))^2$$

으로 표현된다. 위의 적분들이 닫힌 형태로 계산할 수가 없다. 그러나 IMSL routines 또는 가우시안 구적법과 같은 여러 가지의 수치적 적분법들이 이러한 적분의 매우 좋은 근사식을 구하기 위해서 효율적으로 사용된다. 반면에, 다음 예는 더욱 어려운 문제를 제공한다.

예제 5.2 Ghosh et al., 2006

모든 $i=1, \cdots, k$에 대하여, X_i은 독립적으로 포아송 분포 $Po(\theta_i)$을 따른다고 하자. 이때 θ_i은 사전분포로써, $\log(\theta_i)$의 결합다변량정규분포를 가정한다. 즉, $i=1, \cdots, k$에 대하여 $\nu_i = \log\theta_i$라 두면,

$$\boldsymbol{\nu} = (\nu_1, \cdots, \nu_k)^t \sim N_k\left(\mu\mathbf{1}, \tau^2\left\{(1-\rho)\boldsymbol{I}_k + \rho\mathbf{1}\mathbf{1}^t\right\}\right)$$

이고, 여기서 $\mathbf{1}$은 모든 원소가 1인 k−벡터이고, μ, τ^2과 ρ은 알려진 상수들이라고 하자.

$$f(\boldsymbol{x}|\boldsymbol{\nu}) = \exp\left\{-\sum_{i=1}^{k}\left(e^{\nu_i} - \nu_i x_i\right)\right\} / \prod_{i=1}^{k} x_i!$$

과

$$\pi(\boldsymbol{\nu}) \propto \exp\left\{-\frac{1}{2\tau^2}(\boldsymbol{\nu}-\mu\mathbf{1})^t\left((1-\rho)\boldsymbol{I}_k + \rho\mathbf{1}\mathbf{1}^t\right)^{-1}(\boldsymbol{\nu}-\mu\mathbf{1})\right\}$$

이며, 여기서 $x = (x_1, \cdots, x_k)$이다. 이때 주어진 x 아래에서 $\boldsymbol{\nu}$의 사후분포는

$$\pi(\boldsymbol{\nu}|\boldsymbol{x}) \propto \exp\left\{-\sum_{i=1}^{k}\left(e^{\nu_i}-\nu_i x_i\right)-\frac{1}{2\tau^2}(\boldsymbol{\nu}-\mu\mathbf{1})^t\left((1-\rho)\boldsymbol{I}_k+\rho\mathbf{1}\mathbf{1}^t\right)^{-1}(\boldsymbol{\nu}-\mu\mathbf{1})\right\}$$

이다. 그러므로 관심 있는 θ_j의 사후평균은

$$E(\theta_j|x) = E(e^{\nu_j}|x) = \frac{\displaystyle\int_{R^k} e^{\nu_j} g(\boldsymbol{\nu}|\boldsymbol{x})d\boldsymbol{\nu}}{\displaystyle\int_{R^k} g(\boldsymbol{\nu}|\boldsymbol{x})d\boldsymbol{\nu}}$$

이며, 여기서

$$g(\boldsymbol{\nu}|\boldsymbol{x}) = \exp\left\{-\sum_{i=1}^{k}\left(e^{\nu_i}-\nu_i x_i\right)-\frac{1}{2\tau^2}(\boldsymbol{\nu}-\mu\mathbf{1})^t\left((1-\rho)\boldsymbol{I}_k+\rho\mathbf{1}\mathbf{1}^t\right)^{-1}(\boldsymbol{\nu}-\mu\mathbf{1})\right\}$$

이다.

이는 k-차원 적분의 비이다. k가 커질 때, 위 적분들은 계산하기 점점 복잡하고 어려워진다. 이러한 경우에는 수치적 적분은 효율적인 기법이 되지 못한다. 이러한 문제는 차원의 저주로 알려져 있고, 이는 적분의 계산에 관련되지 않는 공간 일부의 크기가 차원보다 더 빠르게 증가한다는 것을 알 수 있다.

일반적으로, 베이즈 추론에서 가장 많이 사용하는 것은 관심 있는 모수 θ의 함수 $g(\theta)$에 대한 사후평균 $E(g(\theta)|X)$일 것이다. 즉,

$$\begin{aligned} E(g(\theta)|X) &= \int g(\theta)\pi(\theta|X)\,d\theta = \int g(\theta)\frac{f(X|\theta)\pi(\theta)}{\int f(X|\theta)\pi(\theta)d\theta}d\theta \\ &= \frac{\int g(\theta)e^{l(\theta)}\pi(\theta)\,d\theta}{\int e^{l(\theta)}\pi(\theta)\,d\theta} \end{aligned} \tag{5.1}$$

로 표현되며, 여기서 $l(\theta) = \log f(X|\theta) = \log L(\theta|X)$은 로그 우도함수로 이해한다. 이때 $\theta = (\theta_1, \cdots, \theta_p)$가 벡터이면 식 (5.1)의 적분들은 그에 상응하는 다중적분으로 나타난다. 우선 분모에 있는 적분이 해결되어야 정확한 사후분포를 찾을 수 있다.

5.1 사후분포의 극한

정칙조건들 아래에서, 만약 자료의 크기가 크다면 사후분포는 최대우도추정량을 평균으로, 관측된 피셔정보행렬의 역을 분산–공분산행렬로 갖는 정규분포에 근사할 수 있다. 만약 더 많은 정확도를 요구한다면, Tierney-Kadane-Kass(TKK) 방법을 사용할 수 있다. 사후추론이 특별한 사전분포에 얼마나 영향을 받는가 하는 것은 자료에 있는 정보량의 상대적 비교량, 즉 정보량은 독립된 관측치들에 의하여 자료의 크기 n, $nI(\boldsymbol{\theta})$ 또는 관측 피셔정보 $\hat{I}_n$들에 의하여 측정된 것과 사전에서의 정보량에 의존적이다. 자료의 크기가 커지면, 사전분포의 영향력은 점점 소멸된다. 그러므로 대 자료인 경우, 사전분포의 정확한 수학적 표현들은 필요하지 않다. 저차원 모수공간의 대부분의 경우에서, 상황들은 대부분 이 경우이다. 여기서 $\boldsymbol{\theta}$은 사전밀도함수를 갖는 연속형 모수라 가정한다. 이 절에서는 자료의 크기 $n \to \infty$일 때, 사후분포의 극한 행태를 논하고자 한다. n이 충분히 큰 값이면, 극한 결과들을 근사식으로 사용할 수 있다.

*5.1.1 사후분포의 일치성(Consistency)

자료들의 수열은 밀도함수 $f(\boldsymbol{x}|\theta_0)$를 갖는 서로 독립이고 동질인 확률변수들로써 생성되었다고 가정하자. 사전분포 $\pi(\theta)$을 갖고 이 자료들을 해석하는 베이지안 통계학자는 실제 값인 θ_0에 대하여 무엇을 알고 있을까? 자료로부터 보다 많은 것을 얻은 것과 같이 θ에 대한 사전 지식은 사후로 최신화된다. 가장 이상적으로 볼 때, 자료의 크기가 점점 증가된다면 사후분포로 표현되는 θ에 대한 최신의 지식들은 점점 θ_0을 중심으로 집중되어야만 한다. 이러한 점근적 성질을 θ_0에서 사후분포의 **일치성**으로 알려져 있다. $X_1,\cdots,X_n$은 n번째 자리까지의 관측치들이라고 하고, 약자로 $\boldsymbol{X}_n$으로 사용하고, 그들은 밀도함수 $f(\boldsymbol{x}|\boldsymbol{\theta})$을 갖는다고 하자. 여기서 $\boldsymbol{\theta} \in \boldsymbol{\Theta} \subset R^p$이고, $\boldsymbol{\theta} = (\theta_1, \ldots, \theta_p)$이다. $\pi(\boldsymbol{\theta})$은 사전밀도함수 그리고 $\pi(\boldsymbol{\theta}|\boldsymbol{X}_n)$은 주어진 자료 $\boldsymbol{X}_n$ 아래에서 $\boldsymbol{\theta}$의 사후밀도함수라 한다. 또한 $\Pi(\cdot|\boldsymbol{X}_n)$은 이에 대응하는 사후(누적)분포함수라고 하자.

정의 5.3

사후분포함수 $\Pi(\cdot|\boldsymbol{X}_n)$들의 수열이

『$\boldsymbol{\theta}_0$의 모든 근방 U에 대하여, $n \to \infty$일 때, 확률 1을 갖고 $\Pi(U|\boldsymbol{X}_n)$가 1에 수렴한다』

을 만족할 때 한 점 $\boldsymbol{\theta}_0 \in \boldsymbol{\Theta}$에서 **일치적**(consistent)이라고 한다.

Laplace는 확률변수들 $X_1, \cdots, X_n$가 독립이며 동일한 베르누이 분포 $Ber(\theta)$을 따른다고 하고, 여기서 $\theta = P_\theta(X_1 = 1)$이고, $\pi(\theta)$은 $(0,1)$에서 정의된 연속인 양의 밀도함수라고 하자. 이때 $(0,1)$에 있는 모든 점 θ_0에서 사후분포는 일치적이라고 주장하였다. von Mises(1957)는 이를 대수의 두 번째 기본법칙(second fundamental law of large numbers)이라 하였다. 첫 번째는 대수의 베르누이 약 법칙(Bernoulli's weak law of large numbers)이다. 사후 일치성의 필요성은 Freedman(1963, 1965)과 Diaconis and Freedman(1986) 등에 의하여 강조되었다.

분포수렴(convergence in distribution)의 정의에서, 점 $\boldsymbol{\theta}_0$에서 사후누적분포 $\Pi(\cdot|\boldsymbol{X}_n)$의 일치성은 사후분포 $\Pi(\cdot|\boldsymbol{X}_n)$이 확률 1로써 한 점 $\boldsymbol{\theta}_0$로 퇴화분포에 수렴하는 것과 동등하다. 이에 대한 보다 일반적인 경우에 대하여는, Ghosh and Ramamoorthi(2003)을 참고하여라. 실 모수 θ에 대하여, 한 점 θ_0에서 일치성은 θ_0 아래 확률 1로써 $E(\theta|\boldsymbol{X}_n) \to \theta_0$과 $Var(\theta|\boldsymbol{X}_n) \to 0$에 수렴함을 보이는 것으로 증명할 수 있다.

예제 5.4

확률변수들 $X_1, \cdots, X_n$가 독립이고 동일한 베르누이 분포 $Ber(\theta)$을 따른다고 하고, 여기서 $\theta = P_\theta(X_1 = 1)$이다. θ의 사전분포로 베타 분포 $Be(\alpha, \beta)$을 고려한다. 이때 θ의 사후분포는 베타 분포

$$Be\left(\sum_{i=1}^{n} X_i + \alpha, n - \sum_{i=1}^{n} X_i + \beta\right)$$

이며, 주어진 자료 아래에서 θ의 사후평균은

$$E(\theta | X_1, \cdots, X_n) = \frac{\sum_{i=1}^{n} X_i + \alpha}{n + \alpha + \beta}$$

이며, 또한 그것의 사후분산은

$$Var(\theta | X_1, \cdots, X_n) = \frac{\left(\sum_{i=1}^{n} X_i + \alpha\right)\left(n - \sum_{i=1}^{n} X_i + \beta\right)}{(\alpha + \beta + n)^2 (\alpha + \beta + n + 1)}$$

임을 구할 수 있다. 대수법칙에 의하면, 확률 1로써 $\frac{1}{n}\sum_{i=1}^{n} X_i \to \theta_0$로 수렴하므로, θ_0 아래 확률 1로써 $E(\theta|\boldsymbol{X}_n) \to \theta_0$과 $Var(\theta|\boldsymbol{X}_n) \to 0$에 수렴한다. 따라서 사후분포는 일치적이다.

일치성과 관계되는 중요한 결과는 사전분포 선택에 따른 사후추론의 로버스트이다. 확률변수들 $X_1,\cdots,X_n$가 독립이고 동일한 관측치라고 하자. π_1과 π_2은 $\boldsymbol{\theta}_0$ (Θ의 내점)에서 연속이고 양인 두 개의 사전밀도함수들이라고 하자. 이에 대응하는 사후분포함수들 $\Pi_1(\cdot|\boldsymbol{X}_n)$과 $\Pi_2(\cdot|\boldsymbol{X}_n)$이 모두 $\boldsymbol{\theta}_0$에서 일치적이라고 하자. 이때 $\boldsymbol{\theta}_0$에서 확률 1을 갖고,

$$\int_{\Theta}|\pi_1(\boldsymbol{\theta}|\boldsymbol{X}_n)-\pi_2(\boldsymbol{\theta}|\boldsymbol{X}_n)|\,d\boldsymbol{\theta} \;\to\; 0 \tag{5.2}$$

에 수렴하며, 이와 동등하게

$$\sup_{A}|\Pi_1(\boldsymbol{A}|\boldsymbol{X}_n)-\Pi_2(\boldsymbol{A}|\boldsymbol{X}_n)| \;\to\; 0 \tag{5.3}$$

에 수렴한다. 그러므로 사전분포의 두 개의 다른 선택은 근사적으로 동일한 사후분포를 유도한다. 이 결과들의 증명은 Ghosh et al.(1994)와 Ghosh and Ramamoorthi(2003)을 참고하여라.

5.1.2 사후분포의 점근적 정규성

대표본 베이지안 방법론은 $\boldsymbol{\theta}$의 사후분포에 대한 근사정규분포에 원천적으로 근거한다. 자료의 크기 n이 증가한다면, 사후분포들은 정칙조건들 아래에서 정규성에 접근하고, n이 충분히 크다면 적당한 정규분포로 잘 근사할 수 있다. n이 크다면 사후분포는 사후빈도값의 작은 근방에 매우 집중할 것이다. 앞으로 $\tilde{\boldsymbol{\theta}}_n$은 사후빈도값을 나타낸다고 하자. 적당한 정칙조건들 아래에서, $\tilde{\boldsymbol{\theta}}_n$에서 $\log\pi(\boldsymbol{\theta}|\boldsymbol{X}_n)$의 테일러 확장은

$$\begin{aligned}\log\pi(\boldsymbol{\theta}|\boldsymbol{X}_n) &= \log\pi(\tilde{\boldsymbol{\theta}}_n|\boldsymbol{X}_n)+(\boldsymbol{\theta}-\tilde{\boldsymbol{\theta}}_n)'\frac{\partial}{\partial\boldsymbol{\theta}}\log\pi(\boldsymbol{\theta}|\boldsymbol{X}_n)|_{\tilde{\boldsymbol{\theta}}_n}-\frac{1}{2}(\boldsymbol{\theta}-\tilde{\boldsymbol{\theta}}_n)'\tilde{\boldsymbol{I}}_n(\boldsymbol{\theta}-\tilde{\boldsymbol{\theta}}_n)+\cdots \\ &\approx \log\pi(\tilde{\boldsymbol{\theta}}_n|\boldsymbol{X}_n)-\frac{1}{2}(\boldsymbol{\theta}-\tilde{\boldsymbol{\theta}}_n)'\tilde{\boldsymbol{I}}_n(\boldsymbol{\theta}-\tilde{\boldsymbol{\theta}}_n)\end{aligned}$$

이며, 여기서,

$$\tilde{\boldsymbol{I}}_n=\left(-\frac{\partial^2}{\partial\theta_i\partial\theta_j}\log\pi(\boldsymbol{\theta}|\boldsymbol{X}_n)\right)\Bigg|_{\boldsymbol{\theta}=\tilde{\boldsymbol{\theta}}_n} \tag{5.4}$$

이며, 이를 일반화 관측피셔정보행렬이라고 한다. 따라서 사후밀도함수 $\pi(\boldsymbol{\theta}|\boldsymbol{X}_n)$은 근사적으로

$$\pi(\boldsymbol{\theta}|\boldsymbol{X}_n) \;\approx\; \exp\left[-\frac{1}{2}(\boldsymbol{\theta}-\tilde{\boldsymbol{\theta}}_n)'\tilde{\boldsymbol{I}}_n(\boldsymbol{\theta}-\tilde{\boldsymbol{\theta}}_n)\right] \tag{5.5}$$

이며, 이는 근사정규분포 $N_p(\tilde{\theta}_n, \tilde{I}_n^{-1})$이다. 여기서 p은 θ의 차수이다. 사전밀도함수 $\pi(\theta)$가 거의 상수라면, 사후분포는 사후빈도값 $\tilde{\theta}_n$의 작은 근방에 매우 집중할 것임으로, 사후밀도함수 $\pi(\theta \mid \boldsymbol{X}_n)$은 본질적으로 우도함수 $f(\boldsymbol{X}_n \mid \theta)$와 동일하다 생각할 수 있다. 그러므로 경험적인 측면에서 $\tilde{\theta}_n$은 최대우도추정값 $\hat{\theta}_n$로, $\tilde{I}_n$은 관측피셔정보행렬

$$\tilde{I}_n = \left(- \frac{\partial^2}{\partial\theta_i \partial\theta_j} \log f(\boldsymbol{X}_n|\theta) \right) \Bigg|_{\hat{\theta}_n} \tag{5.6}$$

로 치환하여 계산하면, θ의 사후분포는 정규분포 $N_p(\hat{\theta}_n, \hat{I}_n^{-1})$에 근사한다. 근사정규분포의 산포행렬은 $\hat{\theta}_n$에서 계산된 기대피셔정보행렬 $\boldsymbol{I}(\theta)$을 사용할 수 있다. 여기서

$$\boldsymbol{I}(\theta) = E_\theta \left(- \frac{\partial^2}{\partial\theta_i \partial\theta_j} \log f(\boldsymbol{X}_n|\theta) \right) \tag{5.7}$$

이다. 이상의 내용들을 다음과 같이 정리할 수 있다.

정리 5.5

확률변수들 $X_1, \cdots, X_n$은 독립적이고 동일한 분포를 갖는 관측치라고 하고, 이 자료들은 약자로 $\boldsymbol{X}_n$을 사용하고, 밀도함수 $f(\boldsymbol{x}|\theta)$을 갖는다고 하자. 여기서 $\theta \in \Theta \subset R^p$이다. $\pi(\theta)$은 사전밀도함수 그리고 $\pi(\theta \mid \boldsymbol{X}_n)$은 사후밀도함수라고 한다. $\tilde{\theta}_n$은 사후빈도값, $\hat{\theta}_n$은 최대우도추정값, $\tilde{I}_n$, $\hat{I}_n$와 $\boldsymbol{I}(\theta)$은 각각 식 (5.4), (5.6), (5.7)로 설명된 피셔정보행렬의 여러 형태들이다. 이때 적당한 정칙조건들 아래에서, 큰 n에 대해 주어진 $\boldsymbol{x}_n$아래에서 θ의 사후밀도함수는 정규분포

$$N_p(\tilde{\theta}_n, \tilde{I}_n^{-1}),\ N_p(\hat{\theta}_n, \hat{I}_n^{-1})\text{와 } N_p(\hat{\theta}_n, \boldsymbol{I}^{-1}(\hat{\theta}_n)) \tag{5.8}$$

들 중 하나로 근사할 수 있다.

특히 적당한 정칙조건 아래에서, 주어진 $\boldsymbol{X}_n$ 아래에서 $\hat{I}_n^{1/2}(\theta - \hat{\theta}_n)$은 확률 1로써 표준 다변량 정규분포 $N_p(0, I)$에 수렴한다. 여기서 I은 차수 p의 단위행렬이다. 이것은 전통적 통계이론에서 $\hat{I}_n^{1/2}(\theta - \hat{\theta}_n)$의 반복된 표본분포는 표준 다변량 정규분포 $N_p(0, I)$에 수렴하는 것과 비교된다.

정리 5.6 | 델타 방법(δ-Method)

사후분포함수 $\pi(\theta|x)$가 아래와 같이 정규분포에 근사한다고 하자. 즉,

$$\pi(\theta|x) \quad \dot{\approx} \quad N(\hat{\theta}, B) \ .$$

여기서 B는 분산-공분산 행렬이다. 이때 함수 g은 잘 정의되고 미분가능한 θ의 함수라 하면, $g(\theta)$의 사후분포함수도 아래와 같은 정규분포에 근사한다. 즉,

$$\pi(g(\theta)|x) \quad \dot{\approx} \quad N(g(\hat{\theta}), C).$$

여기서 $C = (\partial g/\partial\theta)^t \, B \, (\partial g/\partial\theta)|_{\hat{\theta}}$이다.

증명 (연습문제)

예제 5.7 로그 오즈비의 점근분산

범주형 자료는 반응범주에서 관찰되는 빈도수로 구성되며 여기서는 두 개 범주의 반응 X와 Y에 관한 2×2 분할표를 생각한다. 즉,

$$p_{ij} = P(X=i,\, Y=j), \quad i,j = 1,2$$

이며 $\sum_{i,j=1}^{2} p_{ij} = 1$을 만족한다.

$$\log\left(\frac{p_{11}p_{22}}{p_{21}p_{12}}\right) = \log p_{11} + \log p_{22} - \log p_{21} - \log p_{12}$$

인 로그 오즈비를 고려한다. 이때

$$B = (D - P^T P)/N$$

이며, 여기서 $P = (p_{11}, p_{22}, p_{12}, p_{21})$이며, D은 대각에 P을 갖는 대각행렬이고, N은 총 자료의 수이다. 그러므로 $g(P) = \log\left(\frac{p_{11}p_{22}}{p_{21}p_{12}}\right)$라 두면

$$\frac{\partial g}{\partial P} = CD^{-1}.$$

여기서 $C = [1,1,-1,-1]$이다. 따라서 로그 오즈비의 점근분산은 다음과 같다.

$$[CD^{-1}(D - P^T P)D^{-1}C]/N = \left(\frac{1}{p_{11}} + \frac{1}{p_{22}} + \frac{1}{p_{12}} + \frac{1}{p_{21}}\right)/N.$$

5.2 비정규근사식

5.2.1 수치적분

앞 절에서 정규분포로써 사후분포를 근사하였고, 근사된 정규분포로써 베이즈 추론을 한다. 불행하게도 주어진 모형과 주어진 자료들에 대하여, 정규분포 근사식은 매우 부정확하여 적절치 못한 추론으로 이어질 수도 있다. 따라서 다른 방법으로 장애모수들을 적분하여 제거시킨 후 추론의 근거로써 얻어진 주변 사후분포를 이용한다. 즉, $l < p$에 대하여 $(\theta_1, \cdots, \theta_l)$의 주변사후분포함수를 구하기 위해서 $(\theta_{l+1}, \cdots, \theta_p)$ 위에서 적분하면,

$$\pi(\theta_1, \cdots, \theta_l \,|x) = \int \pi(\theta_1, \cdots, \theta_l,\, \theta_{l+1}\,,\, \cdots, \theta_p \,|x)\, d\theta_{l+1} \cdots\, d\theta_p \tag{5.9}$$

을 얻는다.

Smith et al.(1985)와 Naylor and Smith(1982)는 장애모수들을 수치적으로 제거하는 적분인 수치적 해석 방법들에 대한 경험들을 연구하였다. 그들의 방법은 다변량 모수 벡터들에 대한 데카르트 곱 가우스 구적법(Cartesian product Gaussian quadrature) 방법 등을 사용하였다(Davis와 Rabinowitz, 1984). 그들의 방법들은 사후분포함수들이 하나의 다변량 정규분포와 $\theta_1, \cdots, \theta_p$의 하나의 다항식의 곱으로 나타나며, 모수들은 거의 직교한다고 가정하였다. 직교조건을 확립하기 위해서, Naylor and Smith(1982)는 모수의 공간을 모수들의 새로운 직교 집합으로 변환하였다. 보다 정식적이며 간단히 표현하기 위하여, 여기서는 오직 일변수 경우만 다루기로 하자. 만약 $h(t)$가 적당한 정칙조건을 만족하는 함수이고,

$$g(t) = h(t)(2\pi\sigma^2)^{-1/2} \exp\left\{-\frac{1}{2}\left[\frac{t-\mu}{\sigma}\right]^2\right\} \tag{5.10}$$

일 때, Naylor and Smith(1982)는

$$\int_{-\infty}^{\infty} g(t)\, dt \;\approx\; \sum_{i=1}^{n} m_i\, g(z_i) \tag{5.11}$$

여기서,

$$m_i = w_i \exp(t_i^2)\sqrt{2}\,\sigma, \quad z_i = \mu + \sqrt{2}\,\sigma t_i \tag{5.12}$$

이다. $h(t)$가 근사적으로 다항식이면, 이 근사식의 오차는 작아질 것이다. 최대우도추정값들은 식 (5.12)에 있는 μ와 σ에 대한 합리적인 추측치가 된다. p차원 모수 벡터인 경

우에서, 식 (5.11)의 단순한 확장은

$$\int_{-\infty}^{\infty} \cdots \int_{-\infty}^{\infty} g(t_1, \cdots, t_p)\, dt_1 \cdots dt_p \approx \sum_{i_p} m_{i_p}^{(p)} \cdots \sum_{i_2} m_{i_2}^{(2)} \sum_{i_1} m_{i_1}^{(1)}\, g(z_{i_1}^{(1)}, \cdots, z_{i_p}^{(p)}) \tag{5.13}$$

여기서 $m_{i_j}^{(j)}$와 $z_{i_j}^{(j)}$는 식 (5.12)에서와 같이 구해지나, θ_i의 주변사후평균과 주변사후분산은 각각 μ와 σ을 대신하여 사용한다.

5.2.2 린들리 근사식

관심 있는 식 (5.1)의 일반적인 표현을 위하여 θ의 임의의 두 함수 $\omega(\theta)$와 $v(\theta)$에 대하여, 아래의 두 형태의 비에 대한 근사적 계산을 논하고자 한다.

$$\frac{\int \omega(\theta) e^{l(\theta)} d\theta}{\int v(\theta) e^{l(\theta)} d\theta} \tag{5.14}$$

여기서 $\theta = (\theta_1, \cdots, \theta_p)$와 $l(\theta) = \sum_{i=1}^{n} \log f(x_i | \theta)$인 로그 우도함수이다. 다음으로, Lindley (1981)가 제시한 방법을 조금 더 자세히 설명하고자 한다. 먼저, 잘 알려진 다변량정규분포의 성질을 소개한다.

보조정리 5.8

$\theta = (\theta_1, \cdots, \theta_p)$이라 하자. 만약 $\theta \sim N_p(\hat{\theta}, \Sigma)$라 하면, 다음의 관계식들이 성립된다.

(a) 만약 $E(\theta - \hat{\theta}) = 0$이면 $E(\theta_i - \hat{\theta}_i) = 0,\ i = 1, \cdots, p.$

(b) $Cov\big((\theta_i - \hat{\theta}_i), (\theta_j - \hat{\theta}_j)\big) = E(\theta_i - \hat{\theta}_i)(\theta_j - \hat{\theta}_j) = \sigma_{ij}$

(c) $E(\theta_i - \hat{\theta}_i)(\theta_j - \hat{\theta}_j)(\theta_k - \hat{\theta}_k) = 0$

(d) $E\big((\theta_i - \hat{\theta}_i)(\theta_j - \hat{\theta}_j)(\theta_k - \hat{\theta}_k)(\theta_l - \hat{\theta}_l)\big) = \sigma_{ij}\sigma_{kl} + \sigma_{ik}\sigma_{jl} + \sigma_{il}\sigma_{jk}$

이다. 여기서 $\sigma_{ij} = (\Sigma)_{ij}$은 행렬 Σ의 ij번째 원소이다.

증명 Anderson(1961)을 참고하여라.

식 (5.14)에서 $\omega(\theta) = \theta_i \pi(\theta)$, $v(\theta) = \pi(\theta)$라고 하자. 이때 $\pi(\theta)$은 θ의 사전분포라고 하면, 식 (5.14)은 θ_i의 사후평균이 된다. 앞으로, $\hat{\theta} = \hat{\theta}(x_1, \cdots, x_n)$은 로그 우도함수 $l(\theta)$을 최대화한 값으로, 이는 일반적으로 최대우도추정값이라고 한다. 또한 표기상,

$$l_{jkl}(\theta) = \frac{\partial^3}{\partial\theta_i \partial\theta_j \partial\theta_k} l(\theta)$$

라 하자. 예를 들면,

$$l_{132}(\theta) = \frac{\partial^3}{\partial\theta_1 \partial\theta_3 \partial\theta_2} l(\theta) \text{ 와 } \quad l_{222}(\theta) = \frac{\partial^3}{\partial\theta_2^3} l(\theta)$$

을 의미한다.

예제 5.9

$\hat{\theta}$에 대하여 $l(\theta)$을 테일러급수 확장하면

$$\begin{aligned} l(\theta) = l(\hat{\theta}) &+ \sum_{i=1}^{p} l_i(\hat{\theta})(\theta_i - \hat{\theta}_i) + \frac{1}{2!} \sum_{i,j=1}^{p} l_{ij}(\hat{\theta})(\theta_i - \hat{\theta}_i)(\theta_j - \hat{\theta}_j) \\ &+ \frac{1}{3!} \sum_{i,j,k=1}^{p} l_{ijk}(\hat{\theta})(\theta_i - \hat{\theta}_i)(\theta_j - \hat{\theta}_j)(\theta_k - \hat{\theta}_k) + \cdots \end{aligned} \tag{5.15}$$

을 표현할 수 있다. 이때 $\hat{\theta}$에 대하여 $w(\theta)$의 테일러급수와 식 (5.15)을 식 (5.14)의 분자 부분에 대입 후 θ에 대하여 약간 적분을 하면,

$$\begin{aligned} &\int \omega(\theta) e^{l(\theta)} d\theta \\ &= \int \left[\omega(\hat{\theta}) + \sum_{i=1}^{p} \omega_i(\hat{\theta})(\theta_i - \hat{\theta}_i) + \frac{1}{2!} \sum \omega_{ij}(\hat{\theta})(\theta_i - \hat{\theta}_i)(\theta_j - \hat{\theta}_j) + \cdots \right] \\ &\times e^{\left[l(\hat{\theta}) + \sum_{i=1}^{p} l_i(\hat{\theta})(\theta_i - \hat{\theta}_i) + \frac{1}{2!} \sum l_{ij}(\hat{\theta})(\theta_i - \hat{\theta}_i)(\theta_j - \hat{\theta}_j) + \frac{1}{3!} \sum l_{ijk}(\hat{\theta})(\theta_i - \hat{\theta}_i)(\theta_j - \hat{\theta}_j)(\theta_k - \hat{\theta}_k) \right]} \\ &\times e^{\left[\frac{1}{4!} \sum (\theta_i - \hat{\theta}_i)(\theta_j - \hat{\theta}_j)(\theta_k - \hat{\theta}_k)(\theta_l - \hat{\theta}_l) + \cdots \right]} d\theta \\ &= \int \omega(\hat{\theta}) \left[1 + \sum_{i=1}^{p} \frac{\omega_i(\hat{\theta})}{\omega(\hat{\theta})} (\theta_i - \hat{\theta}_i) + \frac{1}{2!} \sum \frac{\omega_{ij}(\hat{\theta})}{\omega(\hat{\theta})} (\theta_i - \hat{\theta}_i)(\theta_j - \hat{\theta}_j) + \cdots \right] \end{aligned}$$

$$
\begin{aligned}
&\times e^{l(\hat{\theta})} e^{\left[\frac{1}{2}\sum l_{ij}(\hat{\theta})(\theta_i - \hat{\theta}_i)(\theta_j - \hat{\theta}_j) + \frac{1}{3!}\sum l_{ijk}(\hat{\theta})(\theta_i - \hat{\theta}_i)(\theta_j - \hat{\theta}_j)(\theta_k - \hat{\theta}_k) + \cdots\right]} d\theta \\
&= \omega(\hat{\theta}) e^{l(\widehat{(\theta)})} \int \exp\left(\frac{1}{2}\sum_{i,j} l_{i,j}(\hat{\theta})(\theta_i - \hat{\theta}_i)(\theta_j - \hat{\theta}_j)\right) \\
&\times [1 + \sum_{i,j}^{p} W_i(\hat{\theta})(\theta_i - \hat{\theta}_i) + \frac{1}{2}\sum_{i,j} W_{ij}(\hat{\theta})(\theta_i - \hat{\theta}_i)(\theta_j - \hat{\theta}_j) \\
&+ \frac{1}{6}\sum_{i,j,k} l_{ijk}(\hat{\theta})(\theta_i - \hat{\theta}_i)(\theta_j - \hat{\theta}_j)(\theta_k - \hat{\theta}_k) \\
&+ \frac{1}{6}\sum_{i,j,k} l_{ijk}(\hat{\theta})(\theta_i - \hat{\theta}_i)(\theta_j - \hat{\theta}_j)(\theta_k - \hat{\theta}_k) \times \sum_{l=1}^{p} W_l(\hat{\theta})(\theta_l - \hat{\theta}_l) + R]\, d\theta \qquad (5.16)
\end{aligned}
$$

으로 계산되며, 여기서 $W_{ij}(\hat{\theta}) = \dfrac{\omega_{ij}(\hat{\theta})}{\omega(\hat{\theta})}$, $W_l(\hat{\theta}) = \dfrac{\omega_l(\hat{\theta})}{\omega(\hat{\theta})}$이고, R은 나머지 항이다. 따라서 식 (5.16)에 보조정리 5.8의 결과들을 이용하면, 식 (5.16)은

$$
\begin{aligned}
\int \omega(\hat{\theta}) e^{l(\hat{\theta})} d\theta \;&\approx\; \omega(\hat{\theta}) e^{l(\hat{\theta})} (2\pi)^{\frac{p}{2}} |\Sigma|^{\frac{1}{2}} \times \left[1 + \frac{1}{2}\sum_{i=1}^{p} W_{ij}(\hat{\theta})\sigma_{ij}\right. \\
&\left. + \frac{1}{6}\sum l_{ijk}(\hat{\theta})\, W_l(\hat{\theta})(\sigma_{ij}\sigma_{kl} + \sigma_{ik}\sigma_{jl} + \sigma_{ik}\sigma_{jk})\right]. \qquad (5.17)
\end{aligned}
$$

여기서 $\Sigma = (-l_{ij})^{-1}$이며, σ_{ij}은 Σ의 ij번째 원소이다. 따라서 식 (5.14)의 분모도 식 (5.17)과 같은 방법으로 구할 수 있다.

정리 5.10 (린들리 방법)

식 (5.14)을 식 (5.17)과 같은 방법을 이용하면

$$
\begin{aligned}
\frac{\int \omega(\theta) e^{l(\theta)} d\theta}{\int v(\theta) e^{l(\theta)} d\theta} &\approx \frac{\omega(\hat{\theta})}{v(\hat{\theta})}[1 + \frac{1}{2}\sum_{ij}\left(W_{ij}(\hat{\theta}) - V_{ij}(\hat{\theta})\right)\sigma_{ij} \qquad (5.18) \\
&+ \frac{1}{2}\sum_{ijkl} l_{ijkl}\left(W_l(\hat{\theta}) - V_l(\hat{\theta})\right)\sigma_{ij}\sigma_{kl} + \cdots]
\end{aligned}
$$

으로 근사할 수 있다.

증명 식 (5.18)의 왼쪽 식에 식 (5.17)을 분모와 분자에 각각 독립적으로 적용하면, 식 (5.18)의 오른편을 보일 수 있다.

Kim et al.(2011)은 지수 와이블(exponentiated Weibull) 모형의 절단자료에서 여러 모수들의 베이지안 추정값을 $p=2$인 경우에서 린들리 방법으로 해결하였다. Jung and Chung(2017)은 삼모수욕조형수명분포(three-parameter bathtub-shaped lifetime distribution)에서 베이지안 추정값은 $p=3$인 경우로써 린들리 방법으로 계산하였다.

5.2.3 라플라스 근사식

베이지안 해석은 우선 식 (5.1)에서와 같이 다음과 같은 적분의 계산을 요구한다.

$$\int g(\theta)f(x|\theta)\pi(\theta)d\theta \tag{5.19}$$

여기서 $f(x|\theta)$은 우도함수, $\pi(\theta)$은 사전밀도함수 그리고 $g(\theta)$은 θ의 함수이다. 예를 들어 $g(\theta)=1$이면, 이는 검정이나 모형선택 문제에서 베이즈 인자의 계산에서 요구되는 적분된 우도함수이다. 사후분포와 예측분포의 여러 다른 특성들은 이러한 적분들의 항들로써 역시 표현된다. 피적분함수가 최댓값을 갖을 때, 라플라스 방법(Laplace, 1774)은 적분들을 근사하기 위한 하나의 방법이다.

5.2.3.1 라플라스 방법

다음 형태의 적분을 고려해 보자.

$$I=\int_{-\infty}^{\infty}q(\theta)e^{nh(\theta)}d\theta \tag{5.20}$$

여기서 q와 h들은 θ의 연속이며 미분가능한 함수이고, 또한 h은 $\hat{\theta}$에서 유일한 최댓값을 갖는다고 가정한다. 응용 측면에서 $nh(\theta)$은 로그 우도함수 또는 로그 상황에 따라서 비정량화 사후밀도함수 $f(x|\theta)\pi(\theta)$일 수 있다. 또한 $\hat{\theta}$은 최대우도추정값 또는 사후최빈값이다. 라플라스 방법의 아이디어는 만약 h가 $\hat{\theta}$에서 유일한 최댓값을 갖는다면, 식 (5.20)인 적분 I의 최대한 기여도는 $\hat{\theta}$의 작은 근방$(\hat{\theta}-\delta, \hat{\theta}+\delta)$ 위 적분에서 온다는 것이다. $n\to\infty$일 때, I의 행태를 연구해 보자. $n\to\infty$일 때

$$I\sim I_1=\int_{\hat{\theta}-\delta}^{\hat{\theta}+\delta}q(\theta)e^{nh(\theta)}d\theta \tag{5.21}$$

이다. 여기서, $\sim$이란 표현은 $I/I_1\to 1$임을 의미한다. 라플라스 방법은 $\hat{\theta}$에 대한 q와 h의 테일러급수 확장을 포함하고 있고,

$$I \sim \int_{\hat{\theta}-\delta}^{\hat{\theta}+\delta} \left[q(\hat{\theta}) + (\theta - \hat{\theta}) q'(\theta) + \frac{1}{2}(\theta - \hat{\theta})^2 q''(\hat{\theta}) + R_n \right]$$

$$\times \exp\left[nh(\hat{\theta}) + nh'(\hat{\theta})(\theta - \hat{\theta}) + \frac{n}{2} h''(\hat{\theta})(\theta - \hat{\theta})^2 + R_n' \right] d\theta$$

$$\sim e^{nh(\hat{\theta})} q(\hat{\theta}) \int_{\hat{\theta}-\delta}^{\hat{\theta}+\delta} \left[1 + (\theta - \hat{\theta}) q'(\hat{\theta})/q(\hat{\theta}) + \frac{1}{2}(\theta - \hat{\theta})^2 q''(\hat{\theta})/q(\hat{\theta}) \right]$$

$$\times \exp\left[\frac{n}{2} h''(\hat{\theta})(\theta - \hat{\theta})^2 \right] d\theta$$

이며, 여기서 R_n과 R_n'은 각기 q와 h 함수에 대한 테일러급수의 나머지 항들이다. $c = -h''(\hat{\theta})$은 양수이라 가정하고, $t = \sqrt{nc}(\theta - \hat{\theta})$라 두면,

$$I \sim e^{nh(\hat{\theta})} q(\hat{\theta}) \frac{1}{\sqrt{nc}} \int_{-\delta\sqrt{nc}}^{\delta\sqrt{nc}} \left[1 + \frac{t}{\sqrt{nc}} q'(\hat{\theta})/q(\hat{\theta}) + \frac{t^2}{2nc} q''(\hat{\theta})/q(\hat{\theta}) \right] e^{-t^2/2} dt$$

$$\sim e^{nh(\hat{\theta})} \frac{\sqrt{2\pi}}{\sqrt{nc}} q(\hat{\theta}) \left[1 + \frac{q''(\hat{\theta})}{2ncq(\hat{\theta})} \right]$$

$$= e^{nh(\hat{\theta})} \frac{\sqrt{2\pi}}{\sqrt{nc}} q(\hat{\theta}) [1 + O(n^{-1})] \tag{5.22}$$

이다. 일반적으로 p차원 모수벡터 $\boldsymbol{\theta}$인 경우를 보면,

$$I = e^{nh(\hat{\boldsymbol{\theta}})} (2\pi)^{p/2} n^{-p/2} \det(\Delta_h(\hat{\boldsymbol{\theta}}))^{-1/2} q(\hat{\boldsymbol{\theta}})(1 + O(n^{-1})) \tag{5.23}$$

이며, 여기서 $\Delta_h(\hat{\boldsymbol{\theta}})$은 $-h$의 헤시안을 나타내며, 즉,

$$\Delta_h(\boldsymbol{\theta}) = \left(-\frac{\partial^2}{\partial\theta_i \partial\theta_j} h(\boldsymbol{\theta}) \right)_{p \times p} \tag{5.24}$$

이다.

예제 5.11 Sterling's approximation to $n!$

$n!$은 다음과 같은 감마 적분으로 표현할 수 있다.

$$n! = \Gamma(n+1) = \int_0^\infty e^{-x} x^n dx = \int_0^\infty e^{n(\log x - x/n)} dx \tag{5.25}$$

이다. $n!$을 근사시키기 위하여 위에 소개된 라플라스 방법을 이용하면,

$$n! \sim n^{n+1/2} e^{-n} \sqrt{2\pi} \tag{5.26}$$

이다.

다음으로 베이지안 정보기준(Bayesian information criterion, BIC)에 대하여 설명하고자 한다. 우도함수 $f(\boldsymbol{x}|\boldsymbol{\theta})$와 사전분포 $\pi(\boldsymbol{\theta})$을 갖는 모형을 고려하자. $q(\theta) = \pi(\theta)$이며, $nh(\boldsymbol{\theta})$은 로그 우도함수라 하고 계산된 식 (5.23)은 4.3절에서 정의된 식 (4.69) 베이즈 인자의 근사식을 찾기 위하여 사용되는 적분우도(integrated likelihood)의 근사식으로 유도된다. Schwarz(1978)은 표본크기 $n \to \infty$일 때 유계되는 항들을 무시한 식 (5.23)에 근거한 BIC로 알려진 판별법을 제안하였다. 이 판별법은

$$BIC = \log f(\boldsymbol{x}|\hat{\boldsymbol{\theta}}) - (p/2)\log n \tag{5.27}$$

로 주어지며, 이는 모형의 로그 적분우도의 근사식으로 사용되며(6.3.1절 참조), 사전분포의 선택에 자유롭다.

마지막으로, 5.1.2절에서 논의된 사후 정규성과 라플라스 근사식의 관련성에 대하여 논의한다. 사후 정규성의 증명은 본질적으로 오차항의 정밀한 관리를 통하여 라플라스 근사식의 응용인 것이다.

정리 5.12

$X_1, \cdots, X_n$은 독립적이고 동일한 밀도함수 $f(x|\theta)$을 따르며, $\hat{\theta}$은 θ의 최대우도추정값이다. $\Pi(\cdot|\boldsymbol{x})$은 $t = \sqrt{n}(\theta - \hat{\theta})$의 사후누적분포함수라고 하자. 이때 $a > 0$에서,

$$\Pi(-a < t < a|\boldsymbol{x}) \sim \frac{\sqrt{c}}{\sqrt{2\pi}} \int_{-a}^{a} e^{-ct^2/2} dt \tag{5.28}$$

$$= P(-a < Z < a)$$

여기서 $Z \sim N(0, c^{-1})$이며, $c = -h''(\hat{\theta})$은 하나의 관측치에 대한 관측피셔정보이고, $nh(\theta)$은 로그 우도함수이다.

증명 $a > 0$에서,

$$\Pi(-a < t < a \mid \boldsymbol{x}) = \Pi(\hat{\theta} - a/\sqrt{n} < \theta < \hat{\theta} + a/\sqrt{n} \mid \boldsymbol{x}) \tag{5.29}$$

$$= J_n / I_n$$

이라고 하면, 여기서,

$$J_n = \int_{\hat{\theta} - a/\sqrt{n}}^{\hat{\theta} + a/\sqrt{n}} e^{nh(\theta)} \pi(\theta) d\theta, \qquad I_n = \int e^{nh(\theta)} \pi(\theta) d\theta \tag{5.30}$$

와

$$h(\theta) = \frac{1}{n} L(\theta) = \frac{1}{n} \sum_{i=1}^{n} \log f(X_i | \theta)$$

이다. 식 (5.22)에 따르면,

$$I_n \sim e^{nh(\hat{\theta})} \pi(\hat{\theta}) \sqrt{2\pi} / \sqrt{nc} \tag{5.31}$$

여기서, $c = -h''(\hat{\theta})$는 하나의 관측치에 대한 관측피셔정보이다. J_n에 라플라스 방법을 적용하면,

$$J_n \sim e^{nh(\hat{\theta})} \int_{\hat{\theta} - a/\sqrt{n}}^{\hat{\theta} + a/\sqrt{n}} \left[\pi(\hat{\theta}) + (\theta - \hat{\theta}) \pi'(\hat{\theta}) + R_n \right]$$

$$\times \exp\left[-nc(\theta - \hat{\theta})^2 / 2 \right] d\theta$$

$$\sim e^{nh(\hat{\theta})} \pi(\hat{\theta}) \int_{\hat{\theta} - a/\sqrt{n}}^{\hat{\theta} + a/\sqrt{n}} \exp\left[-nc(\theta - \hat{\theta})^2 / 2 \right] d\theta$$

$$= e^{nh(\hat{\theta})} \pi(\hat{\theta}) \frac{1}{\sqrt{n}} \int_{-a}^{a} e^{-ct^2/2} dt$$

이고, 여기서 R_n은 나머지 항이다.

5.2.3.2 TKK 방법(Tierney-Kadane-Kass, 1989)

다음은 관심 있는 베이지안 값이라고 하자.

$$E(g(\boldsymbol{\theta})|\boldsymbol{x}) = \frac{\int g(\boldsymbol{\theta}) f(\boldsymbol{x}|\boldsymbol{\theta}) \pi(\boldsymbol{\theta}) d\boldsymbol{\theta}}{\int f(\boldsymbol{x}|\boldsymbol{\theta}) \pi(\boldsymbol{\theta}) d\boldsymbol{\theta}} \tag{5.32}$$

여기서, $\boldsymbol{x} = (x_1, \ldots, x_x)$, g, f와 π은 $\boldsymbol{\theta} = (\theta_1, \ldots, \theta_p)$의 연속이며, 미분가능한 함수들이다. 식 (5.32)은 아래와 같이 표현할 수 있다.

$$E(g(\boldsymbol{\theta})|\boldsymbol{x}) = \frac{\int g(\boldsymbol{\theta}) e^{nh(\boldsymbol{\theta})} d\boldsymbol{\theta}}{\int e^{nh(\boldsymbol{\theta})} d\boldsymbol{\theta}} \tag{5.33}$$

여기서, $h(\boldsymbol{\theta}) = \frac{1}{n} \log\{f(\boldsymbol{x}|\boldsymbol{\theta}) \pi(\boldsymbol{\theta})\}$이다.

정리 5.13 | 라플라스 근사식(LA)

$$E^{\pi}(g(\boldsymbol{\theta})|\boldsymbol{x}) = g(\hat{\boldsymbol{\theta}})\{1 + O(n^{-1})\} \tag{5.34}$$

여기서, $\hat{\boldsymbol{\theta}}$은 사후최빈값이다.

증명 식 (5.33)의 분모와 분자에 라플라스 근사식 (5.22)을 각각 적용하면, 일차근사식 (5.34)을 쉽게 구한다.

Tierney and Kadane(1986). Kass et al.(1988)와 Tierney et al.(1989)를 참고하여라.

정리 5.14 | TKK 근사식

식 (5.33)에 있는 함수 g가 양의 함수이면,

$$E^{\pi}(g(\boldsymbol{\theta})|\,\boldsymbol{x}) = \frac{|\Sigma^*|^{1/2} \exp\left(nh^*(\hat{\boldsymbol{\theta}}^*)\right)}{|\Sigma|^{1/2} \exp\left(nh(\hat{\boldsymbol{\theta}})\right)} \{1 + O(n^{-2})\} \tag{5.35}$$

여기서

$$nh(\boldsymbol{\theta}) = \log f(\boldsymbol{x}|\boldsymbol{\theta}) + \log \pi(\boldsymbol{\theta})$$

와

$$nh^*(\boldsymbol{\theta}) = nh(\boldsymbol{\theta}) + \log g(\boldsymbol{\theta}) = nh(\boldsymbol{\theta}) + G(\boldsymbol{\theta})$$

이다. 여기서 $G(\boldsymbol{\theta}) = \log g(\boldsymbol{\theta})$, $\hat{\boldsymbol{\theta}}$은 h의 최빈값, $\hat{\boldsymbol{\theta}}^*$은 h^*의 최빈값, $\Sigma = \Delta_h^{-1}(\hat{\boldsymbol{\theta}})$과 $\Sigma^* = \Delta_{h^*}^{-1}(\hat{\boldsymbol{\theta}}^*)$이라 하자.

증명

식 (5.33)은 다음과 같이 표현할 수 있다.

$$E(g(\boldsymbol{\theta})|\boldsymbol{x}) = \frac{\int e^{nh^*(\boldsymbol{\theta})}d\boldsymbol{\theta}}{\int e^{nh(\boldsymbol{\theta})}d\boldsymbol{\theta}} \tag{5.36}$$

라플라스 근사식 (5.22)을 식 (5.36)의 분모와 분자에 각 각 적용하면 쉽게 근사식 (5.35)를 구할 수 있다. p−차원 모수벡터 $\boldsymbol{\theta}$에 대한 $O(n^{-2})$의 계산은 복잡하므로, 보다 간편하게 실수 모수인 경우만을 살펴본다.

$$\sigma^2 = -1/h''(\hat{\theta})\text{과 } \sigma^{*2} = -1/h^{*''}(\hat{\theta}^*)$$

라 하고, 역시 $h_k = h_k(\hat{\theta})$와 $h_k^* = h_k^*(\hat{\theta}^*)$라 하자. 여기서, 모든 함수 $\psi(\theta)$에 대하여, $\psi_k(\theta) = (d/d\theta)^k\psi(\theta)$을 의미한다. 일반적인 정칙조건 아래에서, $\sigma, \sigma^*, h_k, h_k^*$ 들은 모두 차수 $O(1)$이다. 우선 식 (5.33)의 분모를 고려하자. 이때 분모는

$$\begin{aligned}\int e^{nh(\theta)}d\theta &= \int \exp\left[nh(\hat{\theta}) - \frac{n}{2\sigma^2}(\theta-\hat{\theta})^2 + R_n(\theta)\right] \\ &= e^{nh(\hat{\theta})}\sqrt{2\pi}\,\sigma n^{-1/2}\int \exp(R_n(\theta))\phi(\theta;\hat{\theta},\sigma^2/n)d\theta\end{aligned}$$

로 표현되며, 여기서, $\phi(\theta;\hat{\theta},\sigma^2/n)$은 θ의 정규밀도함수 $N(\hat{\theta},\sigma^2/n)$이고,

$$\begin{aligned}R_n(\theta) &= nh(\theta) - nh(\hat{\theta}) + \frac{n}{2\sigma^2}(\theta-\hat{\theta})^2 \\ &= \frac{1}{6}(\theta-\hat{\theta})^3 nh_3 + \frac{(\theta-\hat{\theta})^4}{4!}nh_4 + \cdots\end{aligned} \tag{5.37}$$

이다. 0에서 e^x의 확장과 정규분포의 적률에 대한 표현들을 이용하면, $r \geq 1$에 대하여, 차수 $O(n^{-r})$인 근사식을 구할 수 있다. 식 (5.37)에 있는 R_n의 확장에서 여섯 번째 미분 h_6까지 항들을 유지한다면, Tierney와 Kadane(1986)은

$$\int e^{nh(\theta)}d\theta = e^{nh(\hat{\theta})}\sqrt{2\pi}\,\sigma n^{-1/2}\left(1 + \frac{a}{n} + \frac{b}{n^2} + O(n^{-3})\right) \tag{5.38}$$

을 얻었고, 여기서,

$$a = \frac{1}{8}\sigma^4 h_4 + \frac{5}{24}\sigma^6 h_3^2$$

와

$$b=\frac{1}{48}\sigma^6h_6+\frac{35}{384}\sigma^8h_4^2+\frac{7}{48}\sigma^8h_3h_5+\frac{35}{64}\sigma^{10}h_3^2h_4+\frac{385}{1152}\sigma^{12}h_3^4$$

이다. 식 (5.33)의 분자에 대하여도 σ와 h_k을 σ^*와 h_k^*로 대체하여 앞과 같은 방법을 이용하면 비슷한 근사식을 구할 수 있다. 따라서

$$\begin{aligned}&E(g(\theta)\mid x)\\&=\frac{\sigma^*}{\sigma}\exp\{n(h^*(\widehat{\theta^*})-h(\hat{\theta}))\}\frac{\left(1+\frac{a^*}{n}+\frac{b^*}{n^2}+O(n^{-3})\right)}{\left(1+\frac{a}{n}+\frac{b}{n^2}+O(n^{-3})\right)}\\&=\frac{\sigma^*}{\sigma}\exp\{n(h^*(\widehat{\theta^*})-h(\hat{\theta}))\}\left(1+\frac{a^*-a}{n}+\frac{b^*-b-a(a^*-a)}{n^2}+O(n^{-3})\right)\end{aligned}$$

이다. 다음으로,

$$\begin{aligned}0&=h^{*\prime}(\widehat{\theta^*})\\&=h'(\widehat{\theta^*})+(1/n)G'(\widehat{\theta^*})\\&\approx h'(\hat{\theta})+(\widehat{\theta^*}-\hat{\theta})h''(\hat{\theta})+(1/n)G'(\hat{\theta})+(1/n)(\widehat{\theta^*}-\hat{\theta})G''(\hat{\theta})\\&=(\widehat{\theta^*}-\hat{\theta})[h''(\hat{\theta})+(1/n)G''(\hat{\theta})]+(1/n)G'(\hat{\theta})\end{aligned}$$

이며, 이는 $\widehat{\theta^*}-\hat{\theta}=O(n^{-1})$임을 알 수 있다. $h_k^*(\theta)=h_k(\theta)+(1/n)G_k(\theta)$인 사실과 함께 이는 a^*-a와 b^*-b는 차수 $O(n^{-1})$임을 유도한다. 따라서

$$E(g(\theta)\mid X)=\frac{\sigma^*}{\sigma}\exp\{n(h^*(\widehat{\theta^*})-h(\hat{\theta}))\}(1+O(n^{-2}))\tag{5.39}$$

이다.

예제 5.15

확률변수들 $X_1,\cdots,X_n\sim \mathrm{Exp}(\theta)$을 따른다고 하자. 즉, 지수분포의 확률밀도함수는

$$f(x\mid\theta)=\frac{1}{\theta}e^{-\frac{x}{\theta}}$$

이다. 이때 제프리스 사전분포를 가정한다면, $\pi(\theta)=1/\theta$이다. 따라서

$$\pi(\theta|x) \ \propto f(x|\theta)\pi(\theta) \propto \frac{1}{\theta^{n+1}} e^{-\frac{n\bar{x}}{\theta}}$$

이므로, θ의 사후분포함수는 역 감마 분포인

$$\pi(\theta|\boldsymbol{x}) = IGam(n, n\bar{x})$$

이다. 그러므로 사후최빈값은

$$\hat{\theta} = \frac{n\bar{x}}{n+1}$$

이다. 또한 첫 번째 사후적률(사후평균) $E(\theta|x)$과 두 번째 사후적률 $E(\theta^2|x)$의 정확한 값은 사후분포가 역 감마 분포이므로, 각각

$$E(\theta|\boldsymbol{x}) = \frac{n\bar{x}}{n-1} \text{ 와 } E(\theta^2|\boldsymbol{x}) = \frac{n^2\bar{x}^2}{(n-1)(n-2)} \tag{5.40}$$

이다. 여기서 $E(\theta|\boldsymbol{x})$의 값을 식 (5.34)와 (5.35)로 주어진 두 가지 방법들의 근사식으로 계산하여 비교하고자 한다. 먼저 식 (5.34)에 의하면 이때 $g(\theta) = \theta$이며, 따라서 $E(\theta|\boldsymbol{x})$의 라플라스 근삿값은

$$\hat{E}_{LA}(\theta|\boldsymbol{x}) = g(\hat{\theta}) = \hat{\theta} = \frac{n\bar{x}}{n+1} \tag{5.41}$$

이다. 그럼 여기서 만약에 $n = 10$이라 하면, 표 5.1에 정확한 값과 라플라스 근삿값 식 (5.41)이 나타나 있다.

다음으로 TKK 근사식, 식 (5.35)에 대하여 계산해 보자. 본 문제의 구조에 따르면,

$$-nh(\theta) = \log\left(IG(n, n\bar{x})\right)$$

와

$$-nh^*(\theta) = \log\left(IG(n, n\bar{x})\right) + \log\theta$$

이다. 여기서 $\hat{\theta}$과 $\hat{\theta^*}$은 $-nh(\theta)$와 $-nh^*(\theta)$의 각각의 최빈값들이며, 이때

$$\hat{\theta} = \frac{n\bar{x}}{n+1} \text{ 와 } \hat{\theta^*} = \bar{x}$$

이다. 따라서

$$\hat{E}_{TKK}(\theta|x) = e^{-n[h^*(\hat{\theta}^*)-h(\hat{\theta})]}\left(\frac{h''(\hat{\theta})}{h^{*''}(\hat{\theta}^*)}\right)^{\frac{1}{2}} = \left(\frac{n}{n+1}\right)^{n-\frac{1}{2}} e \cdot \overline{X} \qquad (5.42)$$

이다. $n \to \infty$ 이면,

$$\left(\frac{n}{n+1}\right)^{n-\frac{1}{2}} \to 1/e$$

에 수렴함은 잘 알려진 사실이다. 만약 $n = 10$ 이면, 표 5.1은 세 가지 값들을 비교하였다.

표 5.1

정확한 값(E)	라플라스 근사식(LA)	TKK 근사식(TKK)
$\frac{10}{9}\overline{X}$	$\frac{9}{10}\overline{X}$	$1.0992\,\overline{X}$

먼저 정확한 값과 라플라스 근삿값 두 값들의 차를 비교하기 위하여, 정확한 값에 대한 LA 근사식 (5.41)의 상대오차를 계산하면,

$$\frac{E-LA}{E} \times 100 = \frac{\frac{10}{9}-\frac{9}{10}}{\frac{10}{9}} \times 100 = 18.9$$

이므로, 이는 정확한 값에서 LA 근삿값 식 (5.41)은 약 20%의 오차가 발생함을 알 수 있다. 다음으로 정확한 값에 대한 TKK 근사식 (5.42)의 상대오차를 계산하면,

$$\frac{E-TKK}{E} \times 100 = \frac{1.1111-1.0992}{1.1111} \times 100 = 1.07$$

이므로 TKK 근사식 (5.42)은 LA 근사식 (5.41)보다 더 오차범위가 작음을 알 수 있다.

또한, $E(\theta^2|X)$ 의 TKK 근사식은

$$\frac{(n^2(n-1))^{n-\frac{5}{2}}}{(n+1)^{n-\frac{1}{2}}} e^2 \overline{X}^2$$

임을 보일 수 있다.

예제 5.16

확률변수들 $X_1, \cdots, X_n \sim Po(\theta)$에 독립적으로 분포되었다고 하자. 이때 우도함수는

$$L(\theta|x_1, \cdots, x_n) \propto \prod_{i=1}^{n} \frac{e^{-\theta}\theta^{x_i}}{x_i!} = e^{-n\theta}\theta^{\sum_{i=1}^{n} x_i}$$

이다. 이때 사전분포는 감마 분포 $Gam(\alpha, \beta)$라 하면, 즉

$$\pi(\theta) \propto \theta^{\alpha-1} e^{-\beta\theta}$$

이며, 따라서 θ의 사후분포는

$$\pi(\theta|x) \propto e^{-n\alpha}\theta^{\sum_{i=1}^{n} x_i}\theta^{\alpha-1}e^{-\beta\theta} \propto \theta^{\alpha+\sum_{i=1}^{n} x_i - 1} e^{-(n+\beta)\theta} \tag{5.43}$$

이며, 이는 감마 분포 $Gam\left(\alpha + \sum_{i=1}^{n} x_i, n+\beta\right)$이다. 그러므로 사후평균은

$$E(\theta|x) = \frac{\alpha + \sum_{i=1}^{n} x_i}{n+\beta} \tag{5.44}$$

이다. 앞으로 계산 편의상, $\tilde{\alpha} = \alpha + \sum_{i=1}^{n} x_i$ 와 $\tilde{\beta} = n + \beta$라 두자. 이때 사후평균인 식 (5.44)은

$$E(\theta|x) = \frac{\tilde{\alpha}}{\tilde{\beta}} \equiv E \tag{5.45}$$

로 표현할 수 있다. 먼저,

$$-nh(\theta) = \log L(\theta|x) + \log \pi(\theta) = (\tilde{\alpha}-1)\log\theta - \theta\tilde{\beta}$$

이므로, 여기서 식 (5.39)의 표현에 따르면, $\hat{\theta} = (\tilde{\alpha}-1)/\tilde{\beta}$와 $\sigma = (\tilde{\alpha}-1)^{1/2}/\tilde{\beta}$이다. 또한,

$$-nh^*(\theta) = -nh(\theta) + \log g(\theta) = \tilde{\alpha}\log\theta - \theta\tilde{\beta}$$

에서, $\hat{\theta}^* = \tilde{\alpha}/\tilde{\beta}$ 와 $\sigma^* = \tilde{\alpha}^{1/2}/\tilde{\beta}$이다. 따라서 사후평균 $E(\theta|x)$의 라플라스 근삿값은

$$\hat{E}_{LA}(\theta|x) = \hat{\theta} = \frac{(\tilde{\alpha}-1)}{\tilde{\beta}} \tag{5.46}$$

이고, TKK 근사식은

$$\widehat{E}_{TKK}(\theta|x)=\frac{\dfrac{\tilde{\alpha}^{1/2}}{\tilde{\beta}}}{\dfrac{(\tilde{\alpha}-1)^{1/2}}{\tilde{\beta}}}\frac{e^{\tilde{\alpha}\log\theta^{*}-\theta^{*}\tilde{\beta}}}{e^{(\tilde{\alpha}-1)\log\hat{\theta}-\hat{\theta}\tilde{\beta}}}=\left(\frac{\tilde{\alpha}-1}{\tilde{\beta}}\right)\cdot\left(\frac{\tilde{\alpha}}{\tilde{\alpha}-1}\right)^{\tilde{\alpha}-\frac{1}{2}}e^{-1} \quad (5.47)$$

이다. 따라서 정확한 값에 대한 TKK 근사식의 상대오차는

$$\frac{\mathrm{E}-\mathrm{TKK}}{E}=1-\left(\frac{\tilde{\alpha}}{\tilde{\alpha}-1}\right)^{\tilde{\alpha}-\frac{1}{2}}\mathrm{e}^{-1}$$

이다.

표 5.2

$\tilde{\alpha}$	2	4	6	8
Relative Error	–0.0405	–0.0069	–0.0028	0.0015

표 5.2는 $\tilde{\alpha}$의 여러 값들에 대한 상대오차를 나타낸다. $\tilde{\alpha}=6$이면, 상대오차는 2.8%임을 알 수 있다.

예제 5.17

Bishop et al.(1975)에 의하여 연구되어진 음식 독성에 대한 연구 자료가 표 5.3에 주어져 있다. 이 자료는 음식독성에 대한 주된 의심을 감자샐러드에 초점을 맞추고 있다. 독립적으로 게살 음식(CM)과 게살 없는 음식(NCM)도 함께 조사하였다. 따라서 감자 샐러드와 병(ILL)은 연관성이 없다는 가설을 검정하고자 한다. $p_1=P(ILL|PS)$은 감자 샐러드를 먹은(PS) 조건 아래 병에 걸린(ILL) 확률을 의미한다. 같은 방법으로 $p_2=P(ILL|NPS)$이다. X_1은 감자 샐러드를 먹은 사람 n_1 중 병에 걸린 사람의 수, X_2는 감자 샐러드를 먹지 않은(NPS) 사람 n_2 중 병에 걸린 사람의 수라 가정하면, X_1과 X_2는 독립적으로 이항분포를 모형화할 수 있다. 즉, $i=1,2$에 대하여

$$X_i \sim Bin\,(n_i, p_i)$$

이다. 감자 샐러드와 병(ILL)과는 연관성이 없다는 가설을 검정하는 것은

$$H_0 : p_1 = p_2$$

을 검정하는 것과 같다.

표 5.3

	CM		*NCM*	
	PS	*NPS*	*PS*	*NPS*
ILL	120	4	22	0
Not *ILL*	80	31	24	23

우선 $p_1 - p_2$의 신용구간을 통하여 검정을 수행하고자 한다. 정확한 베이즈 검정을 하기 위해서, p_1과 p_2의 사전분포들을 선택하여야 한다. 예제 3.13과 동일한 공액사전분포를 갖고 간단하게 사후분포를 구할 수 있다. 즉, $i = 1, 2$에 대하여 $\pi(p_i) = Be(\alpha_i, \beta_i)$이면, $\theta = p_1 - p_2$의 사후분포는

$$\pi(\theta | x_1, x_2) \propto \int_0^1 (\theta + p_2)^{x_1 + \alpha_1 - 1}(1 - \theta - p_2)^{n_1 - x_1 - \beta_1 - 1} p_2^{x_2 + \alpha_2 - 1}(1 - p_2)^{n_2 - x_2 + \beta_2 - 1} dp_2 \tag{5.48}$$

이며, 이것은 주어진 θ에 대하여 오직 수치적으로 적분된다. 만약 자료의 크기가 상당히 크다면, 점근적 사후 정규성을 이용하여 사후분포의 근사식을 찾을 수 있다. 이것은 사전분포의 특성을 포함하고 있지 않다. 여기서 쉽게 피셔정보행렬 $\hat{I}_n$을 계산할 수 있고, 따라서 $\theta = p_1 - p_2$의 근사분포는 $N(a, b^2)$으로, 여기서

$$a = \hat{p}_1 - \hat{p}_2,\ \ b^2 = \hat{p}_1(1 - \hat{p}_1)/n_1 + \hat{p}_2(1 - \hat{p}_2)/n_2,\ \hat{p_1} = x_1/n_1,\ \ \hat{p_2} = x_2/n_2$$

이다. 이때 θ에 대한 HPD 신용구간은

$$a - bz_{\alpha/2} < \theta < a + bz_{\alpha/2}$$

여기서, $z_{\alpha/2}$은 표준정규분포 $N(0,1)$의 $100(1-\alpha/2)\%$ 분위수이다.

게살을 먹는(*CM*) 경우에서, $X_1 = 120,\ n_1 = 200,\ X_2 = 4,\ n_2 = 35$이다. 이때 θ의 99% HPD 신용구간은 $(0.337, 0.650)$이다. 게살을 먹지 않는(*NCM*) 경우에서, $X_1 = 22,\ n_1 = 46,\ X_2 = 0,\ n_2 = 23$이고 99% HPD 신용구간은 $(0.307, 0.650)$이다. 모든 두 경우들에서, θ의 가설된 값 0은 이러한 두 개의 신용구간들 밖에 있으므로 이는 연관성이 없다는 귀무가설에 대한 강한 증거를 나타낸다. 경계에서 귀무가설의 0값을 갖는 $100(1-p)\%$ 신용구간을 찾음으로써 유의확률 p을 계산할 수 있다. 보다 직접적으로, 이것은 자유도 1을 갖는 관측된 χ^2에 대응되는 일반적인 P-값인 것이다. 여기서, 게살을 먹는(CM) 경우만을 고려한다. 다른 경우도 유사하게

쉽게 처리할 수 있다. H_0와 H_1 아래에서 로그 최대우도함수들의 비는

$$\log \Lambda = -15.481$$

으로 나타난다. 그러므로 다음과 같다.

$$\text{P}-\text{값} = P(\chi_1^2 > 30.9782) \approx 0.$$

다음으로, 베이즈 인자를 통하여 동일한 문제를 고려하고자 한다. 베이즈 인자를 계산하기 위하여, 위에서 논의된 베타 사전을 이용할 수 있다. 그러나 이 문제에 대한 합의된 사전이 없기 때문에, 식 (5.27)에 의한 베이즈 인자를 근사하는 BIC를 이용한다. 게살을 먹는(CM) 경우에, BIC에서 온 베이즈 인자는

$$B_{01}^S = 2.8754 \times 10^{-6}$$

이다. 이는 H_0와 H_1에 동등한 사전확률들을 가질 때, H_0의 사후확률은

$$[1 + 1/B_{01}^S]^{-1} = 2.8754 \times 10^{-6}$$

임을 의미한다. 이것은 작기는 하여도 P-값만큼 작지는 않다. 어떠한 경우에도, 모든 방법들이 음식물 독성을 야기 시키는 감자 샐러드 관점에 강한 증거를 갖고 있음을 나타낸다.

5.2.3.3 분포의 주변화

$p \times 1$인 모수벡터 $\boldsymbol{\theta}$가 관심 있는 상수 θ_1과 장애모수 벡터 $\underline{\theta}_2$로 구분하자. 이때 $\boldsymbol{\theta} = (\theta_1, \underline{\theta}_2)$이며, 여기서 $\underline{\theta}_2$은 $(p-1) \times 1$ 벡터이다. 관심 있는 θ_1의 주변사후분포는

$$\pi(\theta_1|\boldsymbol{x}) = \int \pi(\theta_1, \underline{\theta}_2|\boldsymbol{x})\, d\underline{\theta}_2 = \int \frac{L(\theta_1, \underline{\theta}_2|\boldsymbol{x})\pi(\theta_1, \underline{\theta}_2)}{\int L(\theta_1, \underline{\theta}_2|\boldsymbol{x})\pi(\theta_1, \underline{\theta}_2)\, d\theta_1\, d\underline{\theta}_2} d\underline{\theta}_2 \tag{5.49}$$

로 표현되며, 이때 식 (5.49)의 분자에서는 $(p-1)$번의 적분과 분모에서는 p번 적분이 필요하다. 따라서 총 $2p-1$번의 다중적분 문제이다. 식 (5.49)에 TKK 근사식을 적용하면

$$\begin{aligned}\pi(\theta_1|\boldsymbol{x}) &\approx \left(\frac{\det \widehat{\Sigma^*}}{\det \widehat{\Sigma}}\right)^{\frac{1}{2}} \frac{e^{-nh(\theta_1, \widehat{\underline{\theta}_2^*})}}{e^{-nh(\hat{\boldsymbol{\theta}})}} \propto \left(\det \widehat{\Sigma^*}\right)^{\frac{1}{2}} \pi(\theta_1, \widehat{\underline{\theta}_2^*}|\boldsymbol{x}) \\ &\propto \left(\det \widehat{\Sigma^*}\right)^{\frac{1}{2}} \ (\theta_1 \text{ 의 프로파일 사후})\end{aligned} \tag{5.50}$$

이며, 여기서, $\hat{\theta}=\arg\max\{-nh(\theta)\}$, $\widehat{\underline{\theta_2}}^*=\widehat{\underline{\theta_2}}^*(\theta_1)$은 고정된 θ_1에서 $\pi(\theta_1, \underline{\theta}_2|\boldsymbol{x})$을 최대화하는 $\underline{\theta}_2$의 값이고,

$$\widehat{\Sigma}^* = \left[-\frac{\partial^2 \log \pi(\theta_1, \underline{\theta}_2|\boldsymbol{x})}{\partial\theta_2^2} \Bigg|_{\theta_2=\widehat{\underline{\theta_2}}^*} \right]^{-1} \tag{5.51}$$

이다.

보다 일반적으로, θ_1은 $k\times 1$벡터, $\underline{\theta}_2$는 $(p-k)\times 1$ 벡터라고 하자. 이때 θ_1의 주변사후분포함수의 근사식은

$$\hat{\pi}(\theta_1|\boldsymbol{x}) = (2\pi)^{-\frac{k}{2}} \left\{ \frac{\det\Omega(\theta_1)}{\det\Omega} \right\}^{\frac{1}{2}} \frac{\pi(\theta_1, \hat{\underline{\theta}}_2(\theta_1))}{\pi_1(\hat{\theta})} \tag{5.52}$$

이며, 여기서 $\pi_1(\theta)=e^{H(\theta)}$, $H(\theta)=-nh(\theta)=\log L(\theta_1,\theta_2|\boldsymbol{x})\pi(\theta_1,\theta_2)$이고, Ω은 $\hat{\theta}$에서 계산된 헤시안 H의 역행렬이고, $\widehat{\theta_2}(\theta_1)$은 $H(\theta_1, \bullet)$을 최대화하고, 또한 $\Omega(\theta_1)$은 $\widehat{\theta_2}(\theta_1)$에서 계산된 헤시안 $H(\theta_1, \bullet)$의 역행렬이다.

예제 5.18 Tanner et al., 1996

본 예는 Turnbull et al.(1974)은 Stanford Heart Transplant Program에서 얻은 자료를 파레토(Pareto) 모형에 적합한 것이다. 환자들은 이 프로그램에 들어오면 지수수명(상수 위험)을 갖는다고 가정한다. 또한 환자들 간에의 다양성으로 위험률은 모수들 p와 λ을 갖는 감마 분포를 가정한다. 이 방법에 의하면 주변수명분포는 파레토임을 알 수 있다. 심장이식이 이루어지면, 이식은 환자의 위험률에 요인 τ을 곱한다. 따라서 우도함수는

$$\prod_{i=1}^{n} \frac{p\lambda^p}{(\lambda+x_i)^{p+1}} \prod_{i=n+1}^{N} \left(\frac{\lambda}{\lambda+x_i}\right)^p \prod_{j=1}^{m} \frac{\tau p\lambda^p}{(\lambda+y_j+\tau z_j)^{p+1}} \prod_{j=m+1}^{M} \left(\frac{\lambda}{\lambda+y_j+\tau z_j}\right)^p \tag{5.53}$$

로 표현할 수 있다. 여기서 x_i는 심장이식을 하지 않은 총 환자 수 $N=30$ 중에서 i번째 환자의 생존일 수이고 이 중에서 $n=26$은 사망하였고, 4명은 아직도 생존(절단)하고 있다(표 5.4 참고). 그리고 y_j, z_j은 심장이식 시간, 심장이식 후 생존시간을 나타낸다. $M=52$은 총 심장이식 환자수이고 그중에 $m=34$은 사망하였고, 18명은 절단되었다(표 5.5 참고).

그림 5.1은 p의 주변분포함수이며 식 (5.52)을 이용하였다(Tierney-Kadane 1986 참고) (연습문제).

표 5.4 ($S=0$: 사망, $S=1$: 생존)

N	X	S	N	X	S
1	49	0	16	2	0
2	5	0	17	1	0
3	17	0	18	39	0
4	2	0	19	8	0
5	39	0	20	101	0
6	84	0	21	2	0
7	7	0	22	148	0
8	0	0	23	1	0
9	35	0	24	68	0
10	36	0	25	31	0
11	1400	1	26	1	0
12	5	0	27	20	0
13	34	0	28	118	1
14	15	0	29	91	1
15	11	0	30	427	1

표 5.5 ($S=0$: 사망, $S=1$: 생존)

M	Z	Y	S	M	Z	Y	S	M	Z	Y	S
1	15	0	0	19	1140	50	1	37	442	77	1
2	3	35	0	20	1153	22	1	38	65	2	0
3	624	50	0	21	54	45	0	39	419	26	1
4	46	11	0	22	47	18	0	40	362	32	1
5	127	25	0	23	0	4	0	41	64	13	0
6	61	16	0	24	43	1	0	42	228	56	0
7	1350	36	0	25	971	40	1	43	65	2	0
8	312	27	0	26	868	57	1	44	264	9	1
9	24	19	0	27	44	0	0	45	25	4	0
10	10	17	0	28	780	1	1	46	193	30	1
11	1024	7	0	29	51	20	0	47	196	3	1
12	39	11	0	30	710	35	1	48	63	26	0
13	730	2	0	31	663	82	1	49	12	4	0
14	136	82	0	32	253	31	0	50	103	45	1
15	1379	24	1	33	147	40	0	51	60	25	1
16	1	70	0	34	51	9	0	52	43	5	1
17	836	15	0	35	479	66	1				
18	60	16	0	36	322	20	0				

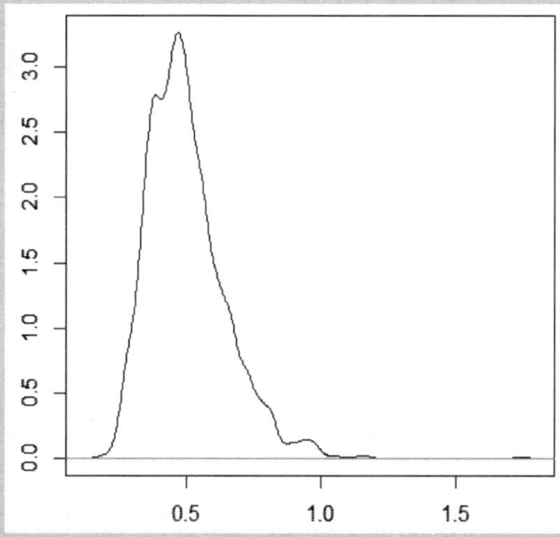

그림 5.1

5.2.4 몬테카를로 방법

5.2.4.1 몬테카를로 방법

다음과 같은 적분의 근사하는 문제에 대하여 생각해 보자. 이때 $g(x)$가 밀도함수라면, 즉

$$J(y) = \int f(y|x)g(x)dx = E_g[f(y|x)] < \infty \tag{5.54}$$

이다. $g(x)$가 밀도함수이므로 몬테카를로 방법에 의하면 $J(y)$의 근삿값은

$$\hat{J}(y) = \frac{1}{n}\sum_{i=1}^{n} f(y|x_i) \tag{5.55}$$

이며, 여기서 $x_1, \cdots, x_n \sim g(x)$에서 독립적으로 생성된 난수라고 한다.

대수의 법칙에 의하면(Geweke 1989),

$$\hat{J}(y) \rightarrow J(y) \quad a.s.$$

이다. $\hat{J}(y)$의 추정된 몬테카를로 표준오차(estimated MC standard error)는

$$\frac{1}{\sqrt{n}}\sqrt{\frac{\sum_{i=1}^{n}\left[f(y|x_i) - \hat{J}(y)\right]^2}{n-1}} \tag{5.56}$$

이다.

예제 5.19

$f(y|x)=\sqrt{1-x^2}$ 이라고 하고, $g(x)$는 구간 $[0,1]$에서 정의된 균등분포 $U_{[0,1]}$라 하자. 이때

$$J=\int_0^1 \sqrt{1-x^2}\,dx=\int_0^1 f(y|x)g(x)dx=\frac{\pi}{4}\,(=0.7854\cdots)$$

으로 정확하게 계산되며, 식 (5.55)인 몬테카를로 방법을 이용하면, J의 근삿값은

$$\hat{J}=\frac{1}{5000}\sum_{i=1}^{5000}\sqrt{1-x_i^2}=0.7865$$

이며, 여기서 $x_1,\cdots,x_{5000}$은 균등분포 $U_{[0,1]}$에서 생성된 독립된 난수들이다. 이때 식 (5.56)인 $\hat{J}$의 표준오차는 다음과 같다.

$$\sqrt{\frac{\frac{2}{3}-\left(\frac{\pi}{4}\right)^2}{5000}}=0.0032.$$

예제 5.20

예제 5.1에서

$$E(\theta|x)=\frac{\int_{-\infty}^{\infty}\theta\exp\left(-\frac{(\theta-x)^2}{2\sigma^2}\right)(\tau^2+(\theta-\mu)^2)^{-1}d\theta}{\int_{-\infty}^{\infty}\exp\left(-\frac{(\theta-x)^2}{2\sigma^2}\right)(\tau^2+(\theta-\mu)^2)^{-1}d\theta}$$

$$=\frac{\int_{-\infty}^{\infty}\theta\left\{\frac{1}{\sigma}\phi\left(\frac{\theta-x}{\sigma}\right)\right\}(\tau^2+(\theta-\mu)^2)^{-1}d\theta}{\int_{-\infty}^{\infty}\left\{\frac{1}{\sigma}\phi\left(\frac{\theta-x}{\sigma}\right)\right\}(\tau^2+(\theta-\mu)^2)^{-1}d\theta}$$

여기서 ϕ은 표준정규분포의 확률밀도함수이다. 그러므로 $E(\theta|x)$은 $g_1(\theta)=\theta/(\tau^2+(\theta-\mu)^2)$의 기댓값을 $g_2(\theta)=1/(\tau^2+(\theta-\mu)^2)$의 기댓값에 대한 비이며, 모든 기댓값은 정규분포 $N(x,\sigma^2)$을 따른다. 그러므로 정규분포 $N(x,\sigma^2)$에서 $\theta_1,\cdots,\theta_m$을 독립적으로 생성한다면, $E(\theta|x)$의 몬테카를로 추정값은

$$\hat{E}(\theta|x) = \frac{\sum_{i=1}^{m}\theta_i(\tau^2+(\theta_i-\mu)^2)^{-1}}{\sum_{i=1}^{m}(\tau^2+(\theta_i-\mu)^2)^{-1}}$$

으로 구할 수 있다. 다른 관점으로 $E(\theta|x)$을 아래와 같이 이해할 수 있다. 즉,

$$E(\theta|x) = \frac{\int_{-\infty}^{\infty}\theta\exp\left(-\frac{(\theta-x)^2}{2\sigma^2}\right)\pi(\theta)d\theta}{\int_{-\infty}^{\infty}\exp\left(-\frac{(\theta-x)^2}{2\sigma^2}\right)\pi(\theta)d\theta}$$

이때 $\theta_1,\cdots,\theta_m$들이 코쉬 분포 $\pi(\theta)=C(\mu,\tau)$에서 독립적으로 생성된다면, $E(\theta|x)$의 또 다른 몬테카를로 추정값은

$$\tilde{E}(\theta|x) = \frac{\sum_{i=1}^{m}\theta_i\exp\left(-\frac{(\theta_i-x)^2}{2\sigma^2}\right)}{\sum_{i=1}^{m}\exp\left(-\frac{(\theta_i-x)^2}{2\sigma^2}\right)}$$

으로 표현할 수 있다(연습문제).

5.2.4.2 합성방법(Composition method)

x와 y은 가능한 벡터라고 하자. 그리고 $f(y|x)$은 밀도함수이다. 이때 식 (5.54)에 있는 $J(y)$에서 독립인 난수를 생성하고자 한다. 이때 사용되는 방법은 다음과 같은 합성방법이라 한다.

알고리즘 5.21 합성방법

단계-1: $x^* \sim g(x)$을 생성하고,

단계-2: 단계-1에서 생성된 x^*을 $f(y|x)$에 대입 후,

$y^* \sim f(y|x^*)$을 생성한다.

이때 원하는 수만큼 m번 반복한다.

알고리즘 5.21에서 생성된 쌍 (x_1,y_1), $\cdots$, (x_m,y_m)들은 $h(x,y)=f(y|x)g(x)$에서 독립적으로 생성된 난수들이다. 또한, y_1, $\cdots$, y_m들은 주변분포인 $J(y)$에서 독립적으로

생성된 난수들로 간주한다는 것이다.

만약 X가 이산형 확률변수이면, 식 (5.54)는

$$J(y) = \sum_{j=0}^{\infty} f(y|x=j)g(j) = \sum_{j=0}^{\infty} f_j(y)g(j)$$

로 표현할 수 있으며, 이때 합성방법은

단계-1: 확률 $g(j)$을 갖는 j을 선택하고,

단계-2: 선택된 j에 대응되는 $f_j(y)$에서 y^*을 생성한다.

보다 많은 확률변수들로 구성되어 있는 확장된 경우를 생각하면, 예를 들어

$$J(y) = \int f(y|x,s,t)g(x|s,t)h(s|t)k(t)\,dxdsdt$$

이라고 하고, 여기서 $k(\bullet), h(\bullet \mid \bullet), g(\bullet \mid \bullet, \bullet)$와 $f(\bullet \mid \bullet, \bullet, \bullet)$들은 조건부 밀도함수들이다. 따라서 $J(y)$에서 난수 y을 생성하기 위해 합성 방법을 사용하면,

알고리즘 5.22

1. $k(t)$에서 t^* 생성,
2. $h(s|t^*)$에서 s^* 생성,
3. $g(x|s^*, t^*)$에서 x^* 생성
4. 마지막으로, $f(y|x^*, s^*, t^*)$에서 y^*을 생성한다.

$Y = (y_1, \cdots, y_n)$은 관측치라 하고, y_f은 예측값이라 하자. 이때 주어진 Y 아래에서 y_f의 예측분포는 2.3.3절에 의하면

$$p(y_f | Y) = \int p(y_f | Y, \theta)\pi(\theta | Y)d\theta \tag{5.57}$$

로 주어지며, 여기서 $\pi(\theta|Y)$은 주어진 Y 아래에서 θ의 사후분포이다.

먼저, 몬테카를로 방법을 이용하여 예측분포 $p(y_f|Y)$의 근사식을 다음과 같은 절차로 구할 수 있다.

알고리즘 5.23

단계-1: $\pi(\theta|Y)$에서 난수 $\theta_1, \cdots, \theta_m$을 독립적으로 생성,

단계-2: 단계-1에서 생성된 θ_i들로, 예측분포는

$$\hat{p}(y_f|Y) = \frac{1}{m}\sum_{i=1}^{m} p(y_f|Y, \theta_i) \tag{5.58}$$

로 근사된다.

다음으로, 합성방법을 이용하여 $p(y_f|Y)$에서 난수를 다음과 같은 절차로 생성한다.

알고리즘 5.24

단계-1: $\pi(\theta|Y)$에서 θ^* 생성,

단계-2: $p(y_f|Y, \theta^*)$에서 y^*을 생성한다.

단계-1, 2를 원하는 샘플 수 m개만큼 반복한다.

예제 5.25

다음과 같은 정규선형회귀모형을 고려한다.

$$y = x\theta + \varepsilon \tag{5.59}$$

여기서 y은 $n \times 1$ 벡터, x은 상수들로 이루어진 $n \times p$ 행렬, $\theta = (\theta_1, \cdots, \theta_p)$은 $p \times 1$ 회귀계수 벡터, $\varepsilon = (\varepsilon_1, \cdots, \varepsilon_n)'$는 오차항 $n \times 1$ 벡터인 오차항이며, 각각의 $\varepsilon_i \sim N(0, \sigma^2)$을 따르고, σ^2은 미지의 상수이다.

θ와 σ^2의 결합사전분포는 $\pi(\theta, \sigma^2) \propto 1/\sigma^2$이라 가정한다. 이때 주어진 y 아래에서 θ와 σ^2의 결합사후분포는

$$\pi(\theta, \sigma^2|y) = \pi(\theta|\hat{\theta}, \sigma^2)\pi(\sigma^2|s^2) \tag{5.60}$$

이며, 여기서

$$\sigma^2|s^2 \sim vs^2\chi_v^{-2} \tag{5.61}$$

와

$$\theta|\hat{\theta}, \sigma^2 \sim N(\hat{\theta}, \sigma(X'X)^{-1}) \tag{5.62}$$

이고, $v=n-d$, $s^2=\dfrac{(y-\hat{y})'(y-\hat{y})}{v}$, $\hat{y}=x\hat{\theta}$와 $\hat{\theta}=(X'X)^{-1}X'Y$이다.

주어진 θ와 σ^2 아래에서, y_f와 Y은 서로 독립이므로, $y_f|y,\sigma^2,\theta \sim N(x_f\theta,\sigma^2)$을 따른다. 따라서 예측분포함수는

$$p(y_f|y)=\int p(y_f|y,\theta,\sigma^2)\pi(\theta,\sigma^2|y)d\theta\, d\sigma^2 \tag{5.63}$$

이므로, 몬테카를로 방법인 알고리즘 5.23을 이용하여 y_f의 예측분포의 근사식을 다음 절차에 의하여 구할 수 있다.

먼저, $\pi(\theta,\sigma^2|y)$에서 (θ,σ^2)을 다음과 같이 생성한다. 즉, 식 (5.60)과 알고리즘 5.21을 이용하여,

1a. $\pi(\sigma^2|s^2)$에서 σ_*^2 생성,

1b. $\pi(\theta|\hat{\theta},\sigma_*^2)$에서 θ^* 생성한다.

따라서 $\pi(\theta,\sigma^2|y)$에서 $(\theta_1,\sigma_1^2),(\theta_2,\sigma_2^2),\cdots,(\theta_m,\sigma_m^2)$을 생성하기 위하여, (1a)과 (1b)를 m번 반복한다. 그러므로 예측분포의 근사식은 식 (5.58)에 의하여

$$\hat{p}(y_f|y)=\frac{1}{m}\sum_{i=1}^{m}\phi(y_f|x_f\theta_i,\sigma_i^2)$$

로 표현되며, 여기서 $\phi(y|a,b)$는 평균 a와 분산 b을 갖는 정규분포를 나타낸다.

합성방법(알고리즘 5.21)을 이용하여, $p(y_f|y)$에서의 난수생성은 다음 절차에 의하여 이루어진다.

단계-1:

1a. $\pi(\sigma^2|s^2)$에서 σ_*^2 생성

1b. $\pi(\theta\,|\,\hat{\theta},\sigma_*^2)$에서 θ^* 생성

단계-2: $N(x_f\theta^*,\sigma_*^2)$에서 y_f 생성한다.

단계 (1a), (1b)와 (2)를 원하는 수만큼, m번 반복한다.

5.2.4.3 중요부표집방법

5.2.4.1절에서 소개된 식 (5.54)

$$J(y) = \int f(y|x)g(x)dx$$

을 다시 고려한다. 5.2.4.2절에서는 $g(x)$에서 직접적으로 난수생성이 가능하다고 가정하였다. 그러나 복잡한 응용문제들에서 $g(x)$의 직접적인 난수생성이 불가능한 경우들이 많이 있다. 이러한 경우 사용할 수 있는 중요부표집(Importance sampling)방법을 소개하고자 한다. 이때 $J(y)$은 다음과 같이

$$J(y) = \int f(y|x)\frac{g(x)}{I(x)}I(x)dx = \frac{\int f(y|x)\frac{g(x)}{I(x)}I(x)dx}{\int \frac{g(x)}{I(x)}I(x)dx} \tag{5.64}$$

표현할 수 있다. 여기서 $I(x)$을 **중요부함수**라고 하며, 이때 $I(x)$은 난수생성이 용이하고, $g(x)$와 유사한 분포로 가능한 선택한다. 다음과 같은 중요부표집방법은 몬테카를로 방법에 근거하여 $J(y)$을 근사할 수 있다.

알고리즘 5.26 중요부표집방법

단계-1: $I(x)$에서 독립적으로 $x_1, \cdots, x_m$을 생성하고,

단계-2: 모든 $i = 1, \cdots, m$에 대하여, $w_i = \dfrac{g(x_i)}{I(x_i)}$라 두면, $J(y)$는

$$\tilde{J}(y) = \frac{\sum_{i=1}^{m} f(y|x_i)w_i}{\sum_{i=1}^{m} w_i} \tag{5.65}$$

으로 근사한다.

$I(x)$의 중요한 성질들은 다음과 같다.

첫째, Geweke(1989)는 만약 $supp(g(x)) \subset supp(I(x))$이고, x_i들이 독립이고 동일한 분포 $I(x)$을 따르고 $J(y) < \infty$이면, 이때

$$\tilde{J}(y) \to J(y) \quad a.s.$$

임을 보였다.

둘째, 중요부표집방법은 $I(x)$의 표본이 주어진 상태에서 구간 $\{x|I(x) < g(x)\}$에 더 많은 가중치를, 구간 $\{x|I(x) > g(x)\}$에는 보다 작은 가중치를 부여한다.

셋째, 수렴속도는 $I(x)$가 얼마나 $g(x)$에 가까운 가에 절대적으로 의존된다.

마지막으로, $I(x)$의 꼬리가 $g(x)$의 꼬리보다 더 빠르게 줄어들면 안 된다는 것이 매우 중요하다.

5.2.4.4 가중붓스트랩 방법

다음에 소개되는 방법은 통상적인 붓스트랩(Efron, 1982)의 아이디어를 이용하여 Smith and Gelfand(1992)가 다음과 같이 가중붓스트랩(weighted bootstrap)을 제안하여 베이지안 계산에 적용하였다.

여기서

$$h(\theta) = \frac{f(\theta)}{\int f(\theta)\,d\theta} \tag{5.66}$$

은 밀도함수라고 하자. 그러나 알고 있는 것은 식 (5.66)의 표현 중 θ의 함수형태인 $f(\theta)$만 알고 있다고 하자. 이때 $h(\theta)$에서 난수생성방법인 가중붓스트랩방법을 소개한다. 여기서 $I(\theta)$은 $f(\theta)$의 중요부함수라고 하자.

알고리즘 5.27

단계-1: $i = 1, \cdots, m$에 대하여, $I(\theta)$에서 θ_i을 독립적으로 생성한다.

단계-2: 각각의 $w_i = \dfrac{f(\theta_i)}{I(\theta_i)}$을 계산 후, $q_i = w_i / \sum_{j=1}^{m} w_j$라 두자.

단계-3: 단계-1에서 생성된 $\{\theta_1, \cdots, \theta_m\}$ 위에서 각 θ_i에 확률 q_i을 부여한 이산형 분포를 만들고, 이곳에서 θ^*을 다시 생성한다.

여기서 $m \to \infty$일 때, θ^*은 근사적으로 $h(\theta)$에 분포된다(연습문제).

알고리즘 5.27인 가중붓스트랩방법을 이용하면 식 (5.54)의 $J(y)$에서 다음과 같은 절차로써 근사적 난수생성을 할 수 있다.

단계-1: $I(x)$에서 x^* 생성

단계-2: $f(y|x^*)$에서 y^*을 생성한다.

따라서 (x^*, y^*)은 결합분포 $f(y|x)I(x)$에서의 하나의 난수라 생각한다. 이때 $y_1^*, \cdots, y_m^*$

을 생성하고, 각각에 $w_i / \sum_{j=1}^{m} w_j$의 확률값을 부여한다. 여기서 $w_i = g(x_i)/I(x_i)$이다. 이러한 이산형 분포에서 생성된 난수 y^*는 근사적으로 $J(y)$에 분포되었다고 한다. 가중붓스트랩방법에 의하여 다음과 같이 보일 수 있다. 우선, $q_i = w_i / \sum_{j=1}^{m} w_j$이라 하자. 이때 a에 대하여,

$$P(y^* \le a) = \sum_{i=1}^{m} q_i 1_{(-\infty, a)}(y_i) = \frac{\sum_{i=1}^{m} w_i 1_{(-\infty, a)}(y_i)}{\sum_{j=1}^{m} w_j}.$$

따라서 $m \to \infty$일 때, 다음과 같다.

$$P(y^* \le a) \to \frac{E_{(I,f)} \frac{g(x)}{I(x)} 1_{(-\infty, a)}(y_i)}{E_I \frac{g(x)}{I(x)}} = \frac{\int_{-\infty}^{a} \frac{g(x)}{I(x)} f(y|x) I(x) dx}{\int_{-\infty}^{\infty} \frac{g(x)}{I(x)} I(x) dx}$$

$$= \int_{-\infty}^{a} f(y|x) g(x) dx. \tag{5.67}$$

5.2.4.5 채택기각 방법

함수 $g(x)$에서 난수생성을 직접 할 수 없는 경우에 사용할 수 있는 채택기각방법(accept-reject)으로 모든 x에 대하여 $\frac{g(x)}{I(x)} \le M$을 만족하는 $M > 0$이 존재한다고 가정한다. 여기서 $I(x)$은 난수생성이 용이하고, $g(x)$에 근사한 분포를 선택한다. 여기서 M에 대한 최적의 선택은 $sup(g(x)/I(x))$이다.

정리 5.28

$X \sim g(x)$이고, $I(x)$는 다음을 만족하는 밀도함수라고 하자. 적당한 $M \ge 1$에 대하여,

$$g(x) \le MI(x) \tag{5.68}$$

이다. 이때 X가 $g(x)$에서 난수를 생성하기 위해서,

$$Y \sim I \text{ 과 } U | Y = y \sim U(0, MI(y))$$

에서 $0 < u < g(y)$을 만족할 때까지 생성하는 것으로 충분하다.

증명

$$P(X < x^*) = P(Y < x^* \mid U < g(y)) = \frac{\int_{-\infty}^{x^*}\int_0^{g(y)} \frac{1}{MI(y)} I(y)\,dudy}{\int_{-\infty}^{\infty}\int_0^{g(y)} \frac{1}{MI(y)} I(y)\,dudy}$$

$$= \frac{\int_{-\infty}^{x^*} g(y)dy}{\int_{-\infty}^{\infty} g(y)dy} = \int_{-\infty}^{x^*} g(y)dy$$

이다.

예제 5.29

목표함수 $g(x)$은 다음과 같다.

$$g(x) \propto e^{(-x^2/2)}(\sin(6x)^2 + 3\cos(x)^2\sin(4x)^2 + 1).$$

이때 $g(x)$은 정규분포함수로 유계할 수 있다. 즉,

$$g(x) \le MI(x) = 5e^{-\frac{x^2}{2}},$$

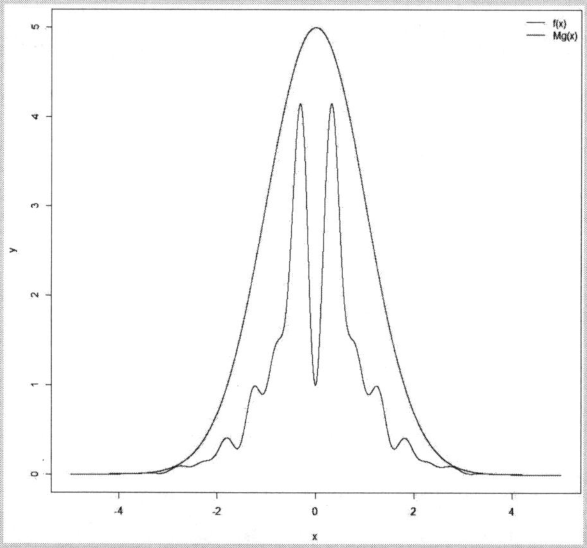

정리 5.30의 수행은 채택기각방법으로 알려져 있으며, 다음과 같은 알고리즘으로 기술할 수 있다.

알고리즘 5.30 **채택기각방법**

단계−1: $I(x)$에서 x^*을 생성한다.

단계−2: x^*에 독립적으로, 균등분포 $U_{[0,1]}$에서 u을 생성한다.

단계−3: 만약 $u \le \dfrac{g(x^*)}{MI(x^*)}$이면, x^*을 $g(x)$의 난수로 채택한다.

그렇지 않다면, 단계−1,2,3을 다시 반복한다.

따름정리 5.31

알고리즘 5.31에서 $g(x)$와 $I(x)$가 적당히 정량화되었다고 가정하자. 이때 채택 확률은

$$P\left(U < \frac{g(X)}{MI(x)}\right) = \frac{1}{M}$$

이다.

증명 (연습문제)

예제 5.32

예제 5.29와 동일한 상황에서 채택과 기각의 결과들을 나타낸다.

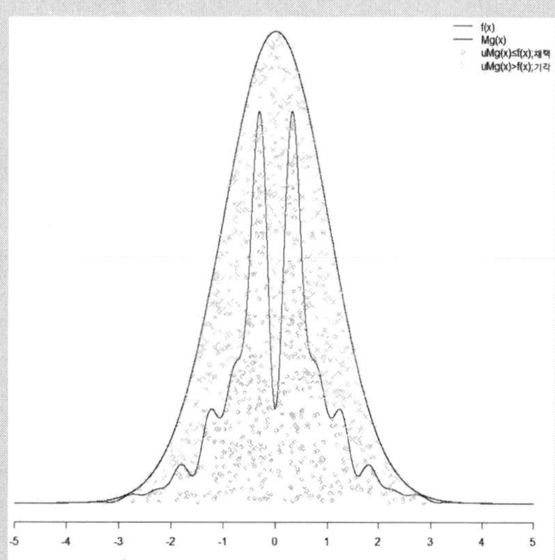

예제 5.33 **로짓 모형**

예제 1.42에 있는 표 1.1 자료는 Mendenhall et al.(1989)로부터 인용하였다. 첫 번째 열은 24명의 환자들이 방사선 치료를 받은 날수들이다. 두 번째 열은 치료 후 3년 같은 자리에 병이 치료됨(1) 또는 치료 안 됨(0)을 나타낸다. 관심 있는 문제는 3년 후 결과를 예측하기 위해서 공변량(날 수)을 이용하는 것이다. 베이지안 방법으로 해석한다면, α와 β의 우도함수는

$$L(\alpha,\beta|y)=\prod_{i=1}^{N}\left(\frac{e^{\alpha+\beta x_i}}{1+e^{\alpha+\beta x_i}}\right)^{y_i}\left(\frac{1}{1+e^{\alpha+\beta x_i}}\right)^{1-y_i}=\prod_{i=1}^{N}e^{y_i(\alpha+\beta x_i)}\left(1+e^{\alpha+\beta x_i}\right)^{-1}$$

이고, 이때 α와 β의 사전분포는 $\pi(\alpha,\beta)\propto 1$이라고 가정하면, α와 β의 사후분포는

$$\pi(\alpha,\beta\,|\,y)\propto L(\alpha,\beta\,|\,y)\pi(\alpha,\beta)\ \propto\ L(\alpha,\beta\,|\,y)$$

이다. 따라서 정리 5.5의 정규 근사식을 따르면,

$$\pi(\alpha,\beta\,|\,y)\ \dot{\sim}\ N\left(\begin{pmatrix}\hat{\alpha}\\ \hat{\beta}\end{pmatrix},\Sigma\right)$$

이다. 여기서 $\hat{\theta}=(\hat{\alpha},\hat{\beta})$은 $\theta=(\alpha,\beta)$의 MLE이고, Σ은 $\hat{\theta}$에서 계산된 역피셔정보 행렬이다.

다음으로 5.2.4.3절에서 소개된 중요부함수 $I_C(\alpha,\beta)$을 이용한 근사식을 고려한다.

$$\pi(\alpha,\beta|y)\propto\frac{L(\alpha,\beta|y)}{I_C(\alpha,\beta)}I_C(\alpha,\beta)$$

으로 표현할 수 있으므로, 이때 $c=1,1.5,2$에 대하여,

$$I_C(\alpha,\beta)=N\left(\begin{pmatrix}\hat{\alpha}\\ \hat{\beta}\end{pmatrix},c\Sigma\right)$$

라고 두자. 중요부함수를 정규분포로 두었으므로 쉽게 (α_1,β_1), $\cdots,(\alpha_m,\beta_m)$을 생성할 수 있다. $w_i=L(\alpha_i,\beta_i|y)/I_C(\alpha_i,\beta_i)$라고 정의하고, $\theta_i=(\alpha_i,\beta_i)$에 확률

$$\frac{w_i}{\sum_{j=1}^{m}w_j}$$

을 지정하자.

첫째, 중요부표집 방법으로 $\pi(\beta|y)$의 그래프를 그릴 수 있다. 두 번째로 정리 5.6인 델타 방법과 중요부표집 방법을 이용하여 사후분포 $\pi\left(-\frac{\alpha}{\beta}\middle| y\right)$을 그릴 수 있다(연습문제).

*5.2.5 사후최빈값(EM 알고리즘의 응용)

이 절에서는 사후최빈값(또는 일반화 MLE)을 찾기 위하여 1.2.3절에서 설명된 EM 알고리즘을 다음과 같이 사용한다. 즉, 1.2.3절에서는 우도함수 $L(\theta|y)$의 최빈값을 찾는 것이라면, 이 절에서는 관측된 사후분포 $\pi(\theta|y)$의 최빈값을 찾는 것이다. 두 경우 모두가 목표 함수들이 θ의 함수로 본다는 것이 같으므로 EM 알고리즘을 사용할 수 있는 커다란 강점이다. 따라서 각각의 반복에는 두 단계로 이루어져 있다. E−단계와 M−단계이다. 알고리즘 1.43에서 $L^c(\theta|z,y)$와 $k(z|\theta,y)$의 표현을 여기서는 각각 확장된 사후분포 $\pi(\theta|y,z)$와 $p(z|\theta,y)$로 이해할 수 있다. 따라서 $p(z|\hat{\theta}_{(i)},y)$은 사후최빈값에 대한 현재($i$−번째)의 예상값 $\theta_{(i)}$ 아래에서, 잠재변수 Z의 조건부예측분포를 의미한다. 일반적으로 목표함수인 관측사후분포 $\pi(\theta|y)$의 최빈값을 찾는 EM 알고리즘은 다음과 같다.

알고리즘 5.34 사후최빈값의 EM 알고리즘

단계−1: (E−단계) 주어진 $\hat{\theta}_{(m)}$ 아래에서, $m=1,2,\cdots$에 대하여,

$$Q(\theta|\hat{\theta}_{(m)},y)=E_{\hat{\theta}_{(m)}}[\log\pi(\theta|z,y)]=\int_Z\log[\pi(\theta|y,z)]\,p(z|\hat{\theta}_{(m)},y)dz \tag{5.69}$$

이다.

단계−2: (M−단계) θ의 함수 $Q(\theta|\hat{\theta}_{(m)},y)$을 최대화하고, 이를

$$\hat{\theta}_{(m+1)}=arg\ max\ Q(\theta|\hat{\theta}_{(m)},y) \tag{5.70}$$

이라 둔다.

이때 정리 1.44와 정리 1.45에 따르면, Q 함수가 하나의 고정점에 도달할 때까지 단계 1, 2를 반복적으로 수행한다. 즉,

$$\|\hat{\theta}_{(m+1)}-\hat{\theta}_{(m)}\| \text{ 또는 } \left|Q(\hat{\theta}_{(m+1)}|\hat{\theta}_{(m)},y)-Q(\hat{\theta}_{(m)}|\hat{\theta}_{(m)},y)\right|$$

의 값들이 충분히 작을 때까지 본 알고리즘은 계속한다.

예제 5.35

예제 1.47에서와 같이 Genetic Linkage 모형을 고려한다. 즉, 다음과 같이 네 개의 구역을 갖는 다항분포를 따르는 자료를 생각한다. 즉,

$$Y=(Y_1, Y_2, Y_3, Y_4) \sim Mul\left(n: \frac{1}{2}+\frac{\theta}{4}, \frac{1}{4}(1-\theta), \frac{1}{4}(1-\theta), \frac{\theta}{4}\right)$$

이다. 이때 θ의 균등사전분포를 가정한다면 관측자료 y 아래에서 관측사후분포는

$$\pi(\theta|y) \propto \left(\frac{1}{2}+\frac{\theta}{4}\right)^{y_1}(1-\theta)^{y_2+y_3}\theta^{y_4}$$

이며,

$$\log\pi(\theta|y)=y_1\log(2+\theta)+(y_2+y_3)\log(1-\theta)+y_4\log\theta$$

이며, 따라서

$$\frac{\partial\log\pi(\theta|y)}{\partial\theta}=\frac{y_1}{2+\theta}-\frac{y_2+y_3}{1-\theta}+\frac{y_4}{\theta} \equiv 0 \tag{5.71}$$

이므로, 식 (5.71)에서 간단하게 정확한 해(θ의 사후최빈값 또는 일반화 MLE)를 구할 수 있다.

다음으로 EM 알고리즘 5.34를 이용하여 θ의 사후최빈값을 구하는 방법을 소개한다. 예제 1.47에서와 동일하게, 만약 y_1이 있는 항을 두 개의 항으로 나눈다면,

$$(Z_1, Z_2, y_2, y_3, y_4) \sim Mul\left(n: \frac{1}{2}, \frac{\theta}{4}, \frac{1-\theta}{4}, \frac{1-\theta}{4}, \frac{\theta}{4}\right) \tag{5.72}$$

으로 인식할 수 있다. 이때 $z_1+z_2=y_1$이다. 이때 위에서와 동일한 균등사전분포를 이용하면, 확장사후분포함수는

$$\pi(\theta|y,z) \propto \left(\frac{1}{2}\right)^{z_1}\left(\frac{\theta}{4}\right)^{z_2}(1-\theta)^{y_2+y_3}\theta^{y_4} \propto \theta^{z_2+y_4}(1-\theta)^{y_2+y_3} \tag{5.73}$$

이다. 따라서 주어진 초깃값 $\hat{\theta}_{(0)}$ 아래에서,

$$Q(\theta|\hat{\theta}_{(0)},y)=\left[E(Z_2|\hat{\theta}_{(0)},y)+y_4\right]\log\theta+(y_2+y_3)\log(1-\theta)$$

이고, 이때 $Q(\theta|\hat{\theta}_{(0)},x)$을 최대화하기 위해서,

$$\frac{\partial Q}{\partial\theta}=\frac{1}{\theta}\left[E_{\theta_{(0)}}(Z_2)+y_4\right]-\frac{y_2+y_3}{1-\theta}\equiv 0$$

이며,

$$\hat{\theta}_{(1)} = \frac{E_{\hat{\theta}_{(0)}}(Z_2) + y_4}{E_{\hat{\theta}_{(0)}}(Z_2) + y_2 + y_3 + y_4}$$

이다. 예제 1.47에서와 같이 주어진 y_1 아래에서, Z_2은 이항분포를 따른다고 볼 수 있다. 즉,

$$Z_2 \sim Bin\left(y_1, \frac{\hat{\theta}_{(0)}}{2 + \hat{\theta}_{(0)}}\right)$$

이다. 그러므로

$$E_{\theta_{(0)}}(Z_2) = \frac{\hat{\theta}_{(0)}}{2 + \hat{\theta}_{(0)}} y_1$$

이다. 따라서

$$\hat{\theta}_{(k+1)} = \frac{E_{\hat{\theta}_{(k)}}(Z_2) + y_4}{E_{\hat{\theta}_{(k)}}(Z_2) + y_2 + y_3 + y_4} \tag{5.74}$$

이며, 여기서 $E_{\hat{\theta}_{(k)}}(Z_2) = \dfrac{\hat{\theta}_{(k)}}{2 + \hat{\theta}_{(k)}} y_1$ 이다. 따라서 이러한 과정들은 예제 1.47과 동일하다.

예제 5.36 Tanner 1996

다음과 같은 중도절단 자료를 갖고 있는 선형회귀모형을 고려한다. 즉,

$$y_i = \beta_0 + \beta_1 \nu_i + \sigma \epsilon_i$$

인 모형이며, ϵ_i들은 독립이고 동일한 정규분포 $N(0,1)$을 가정한다. 중도절단자료들을 포함하는 주어진 자료를 처음 m개의 자료는 중도절단되지 않은 자료이고 나머지 $n-m$개는 중도절단되도록 재정리한다고 가정한다. 이때 간단히 설명하기 위해서 다음과 같은 $\theta = (\beta_0, \beta_1, \sigma^2)$의 균등사전분포를 가정한다. 즉,

$$\pi(\beta_0, \beta_1, \sigma^2) \propto 1$$

이다. 이때 확장(완전)사후분포는

$$\pi(\theta | y, z) \propto \frac{1}{\sigma^n} \exp\left\{ -\frac{1}{2\sigma^2} \left[\sum_{i=1}^{m} (t_i - \beta_0 - \beta_1 \nu_i)^2 + \sum_{i=m+1}^{n} (z_i - \beta_0 - \beta_1 \nu_i)^2 \right] \right\} \tag{5.75}$$

이며, 여기서 z_j은 j번째 자료의 관측되지 않은(중도절단) 실패시간이다. 즉 절단된 시간 이후에 실패한 자료이다. 따라서 로그 확장사후분포는

$$\log\pi(\theta|y,z)=-n\log\sigma-\frac{1}{2\sigma^2}\sum_{i=1}^{m}(t_i-\beta_0-\beta_1\nu_i)^2-\frac{1}{2\sigma^2}\sum_{i=m+1}^{n}(z_i-\beta_0-\beta_1\nu_i)^2 \tag{5.76}$$

따라서 z_j은 j번째 자료의 관측되지 않은 실패시간이므로, 이때 중도절단된 시간을 c_j라고 하면, z_j의 조건부예측함수는 $z_j>c_j$에서 절단정규분포 $N(\beta_0+\beta_1\nu_j,\sigma^2)$이다. 즉,

$$p(z_j|\beta_0,\beta,\sigma,y)=\frac{e^{-\frac{(z_j-\beta_0-\beta_1\nu_j)^2}{2\sigma^2}}}{\int_{c_j}^{\infty}e^{-\frac{(z_j-\beta_0-\beta_1\nu_j)^2}{2\sigma^2}}dz_j},\quad z_j>c_j \tag{5.77}$$

이다. 관측자료 아래에서 사후분포 $\pi(\theta|y)$에서 $\theta=(\beta_0,\beta_1,\sigma)$의 최빈값을 EM 알고리즘을 이용하여 다음과 같이 구한다.

E-단계: i번째에서 θ의 최빈값 $\theta_{(i)}=(\beta_{0(i)},\beta_{1(i)},\sigma^2_{(i)})$이라고 하면,

$$\begin{aligned}Q(\theta:\theta_{(i)})&=E_{\theta_{(i)}}[\log\pi(\theta|y,z)|y]\\&=-n\log\sigma-\frac{1}{2\sigma^2}\sum_{i=1}^{m}(t_i-\beta_0-\beta_1\nu_i)^2\\&\quad-\frac{1}{2\sigma^2}\sum_{j=m+1}^{n}\left\{E_{\theta_{(i)}}[z_j^2\mid z_j>c_j]-2(\beta_0+\beta_1\nu_j)E_{\theta_{(i)}}[z_j\mid z_j>c_j]+(\beta_0+\beta_1\nu_j)^2\right\}\end{aligned} \tag{5.78}$$

이다. 여기서, $i=m+1,\cdots,n$에 대하여,

$$E[z_i\mid z_i>c_i]=\beta_0+\beta_1\nu_i+\sigma\frac{\phi\left(\frac{c_i-(\beta_0-\beta_1\nu_i)}{\sigma}\right)}{1-\phi\left(\frac{c_i-(\beta_0-\beta_1\nu_i)}{\sigma}\right)} \tag{5.79}$$

이다. (연습문제)

역시,

$$E(z_i^2|z_i>c_i)=(\beta_0+\beta_1\nu_i)^2+\sigma^2+\sigma(c_i+\beta_0+\beta_1\nu_i)\frac{\phi\left(\frac{c_i-(\beta_0-\beta_1\nu_i)}{\sigma}\right)}{1-\phi\left(\frac{c_i-(\beta_0-\beta_1\nu_i)}{\sigma}\right)} \tag{5.80}$$

M–단계:

$$\frac{\partial Q}{\partial \beta_0} = \frac{1}{\sigma^2}\sum_{i=1}^{m}(t_i - \beta_0 - \beta_1\nu_i) + \frac{1}{\sigma^2}\sum_{i=m+1}^{n}\left\{E_{\theta_{(i)}}(z_i \mid z_i > c) - \beta_0 - \beta_1\nu_i\right\} = 0$$

$$\frac{\partial Q}{\partial \beta_1} = 0 \Rightarrow \sum_{i=1}^{m}\nu_i(t_i - \beta_0 - \beta_1\nu_i) + \sum_{i=m+1}^{n}\nu_i\left\{E_{\theta_{(i)}}(z_i \mid z_i > c) - \beta_0 - \beta_1\nu_i\right\} = 0$$

$$\frac{\partial Q}{\partial \sigma^2} = 0 \Rightarrow$$

$$\frac{\sum_{i=1}^{m}(t_i - \beta_0 - \beta_1\nu_i)^2}{\sigma^4}$$

$$+\frac{\sum_{i=m+1}^{n}\left[E_{\theta_{(i)}}(z_i^2 \mid z_i > c) - 2(\beta_0 + \beta_1\nu_i)E_{\theta_{(i)}}(z_i \mid z_i > c) + (\beta_0 + \beta_1\nu_i)^2\right]}{\sigma^4} + \frac{n}{\sigma^2} = 0$$

따라서

$$\frac{\partial Q}{\partial \beta_0} = 0 \Rightarrow \quad \sum_{i=1}^{m}t_i - n\beta_0 - \beta_1\sum_{i=1}^{n}\nu_i + \sum_{i=m+1}^{n}E_{\theta_{(i)}}(z_i) = 0$$

$$\frac{\partial Q}{\partial \beta_1} = 0 \Rightarrow \quad \sum_{i=1}^{m}\nu_i t_i - \beta_0\sum_{i=1}^{n}\nu_i - \beta_1\sum_{i=1}^{n}\nu_i^2 + \sum_{i=m+1}^{n}\nu_i E_{\theta_{(i)}}(z_i) = 0$$

$$\beta_{1(i+1)} = \frac{\sum_{i=1}^{n}\nu_i\left(\sum_{i=1}^{m}t_i + \sum_{j=m+1}^{n}E_{\theta_{(j)}}(z_j)\right) - n\sum_{i=m+1}^{n}\nu_i E_{\theta_{(i)}}(z_i)}{\left(\sum_{i=1}^{n}\nu_i\right)^2 - n\sum_{i=1}^{n}\nu_i^2}$$

$$\beta_{0(i+1)} = \frac{\sum_{i=1}^{m}t_i + \sum_{i=m+1}^{n}E_{\theta_{(i)}}(z_i) - \beta_{1(i+1)}\sum_{i=1}^{n}\nu_i}{n}$$

$$\frac{\partial Q}{\partial \sigma^2} = 0 \Rightarrow$$

$$\sigma^2_{(i+1)} = \frac{\sum_{i=1}^{m}(t_i - \beta_{0(i+1)} - \beta_{1(i+1)}\nu_i)}{n}$$

$$+\frac{\sum_{i=m+1}^{n}\left[E_{\theta_{(i)}}(z_i^2) - 2(\beta_{0(i+1)} + \beta_{1(i+1)}\nu_i)E_{\theta_{(i)}}(z) + (\beta_{0(i+1)} + \beta_{1(i+1)}\nu_i)^2\right]}{n}$$

을 구한 후 E–단계 및 M–단계들을 반복한다(연습문제).

5.3 Markov chain Monte Carlo(MCMC) 방법

베이즈 추론들은 앞 절들에서 소개된 많은 장점에도 불구하고, 250여 년 전 최초로 토마스 베이즈에 의하여 소개된 베이지안 접근법들의 폭발적인 성장과 확산이 과거 30여 년 전부터 일어나기 시작하였다. 그 주된 이유는 많은 복잡하고 어려운 수학적인 계산들에 기인하였던 것이다. 이에 대한 주된 변화는 큰 폭으로 발전된 마르코프 연쇄 몬테카를로(MCMC)의 도래로 고차원 Θ와 많은 실 생명자료의 응용에 대한 사후분포들의 계산에서 커다란 해결책이 나타나므로 커다란 진전이 이루어졌다. 이러한 변화들에 대한 고전적 논문은 Gelfand and Smith(1990)에 기인한다. 그들이 제안한 깁스샘플러는 베이지안 계산에서 가장 잘 알려지며 폭넓게 사용되는 MCMC 표집 알고리즘 중 하나일 것이다. 이들에 대한 최초의 아이디어는 Grenander(1983)이며, Geman and Geman(1984)은 불완전한 영상의 재생시키는 방법으로 이용하며, 이러한 용어를 사용하였다. 또한, Tanner and Wong (1987)은 이와 유사한 방법인 자료확대(data-augmentation, DA) 방법을 제안하기도 하였다. 이러한 아이디어들을 종합하여 Gelfand and Smith(1990)가 베이지안 계산에 적극적으로 접목하는 시도를 최초로 하였다. 그 후 여러 베이지안 통계학자들에 의하여 폭발적으로 연구 및 응용되었으며, 최근에는 빈도론자 통계학자들도 매우 복잡한 모형에서 MLE를 구하거나 그들의 추정값을 비교하기 위하여 MCMC 방법들을 부분적으로 이용하고 있다.

*5.3.1 자료확대 알고리즘

1.2.3절에서 소개된 EM 알고리즘은 Dempster et al.(1977)에 의하여 처음으로 자료의 확장개념을 도입하여 제안하였으며 그 후 Tanner and Wong(1987)은 베이지안 계산 방법에 이 확장개념을 도입하여, 많은 복잡한 모형들의 계산 문제들을 해결하였다. 앞으로, 편의상 Y은 관측자료, Z은 잠재변수(latant variable, 결측자료를 포함)로 하며, 이때 $X=(Y,Z)$은 완전(complete)자료라고 한다. 따라서 관측자료 Y은 상대적으로 불완전(incomplete)자료로 이해한다. 이러한 표현은 EM알고리즘과 동일하다.

여기서 우리의 목표는 주어진 관측자료 y 아래에서 θ의 사후분포함수 $\pi(\theta|y)$을 구하는 것이다. 이때 다음과 같은 관계식이 성립함을 알 수 있다. 즉,

$$\pi(\theta|y)=\int_z \pi(\theta|y,z)\,p(z|y)dz \tag{5.81}$$

와

$$p(z|y)=\int_z p(z|\phi,y)\,\pi(\phi|y)d\phi \tag{5.82}$$

이다. 이때 식 (5.81), (5.82)을 각각 사후항등식과 예측항등식이라고 명한다. 그러므로 식 (5.81)과 (5.82)를 이용하면

$$\pi(\theta|y) = \int_Z \pi(\theta|y,z)p(z|y)dz \quad = \int_\Theta K(\theta,\phi)\pi(\phi|y)d\phi$$

이며, 여기서

$$K(\theta,\phi) = \int \pi(\theta|y,z)p(z|\phi,y)dz$$

이다. 더욱이 $g(\theta) = \pi(\theta|y)$라 두면, 다음과 같다.

$$g(\theta) = \int K(\theta,\phi)g(\phi)d\phi \tag{5.83}$$

여기서 연속대입 방법을 사용해 보자. 초기 근사식 $g_0(\theta)$을 갖고 시작하여, 연속적으로

$$g_{i+1}(\theta) = (Tg_i)(\theta) \tag{5.84}$$

을 계산할 수 있다. 여기서 $Tf(\theta) = \int K(\theta,\phi)f(\phi)d\phi$이다. 따라서 다음과 같은 알고리즘을 제안한다.

알고리즘 5.37 DA 알고리즘

우선 사후항등식 (5.81)에 몬테카를로 방법을 다음과 같이 적용한다.

(a) 대치단계:

$p(z|y)$에 대한 i-번째 근사식에서 $z_1,\cdots,z_m$을 생성한다.

(b) 사후단계:

$$\pi_{i+1}(\theta|y) = \frac{1}{m}\sum_{j=1}^{m}\pi(\theta|y,z_j)$$

알고리즘 5.37(a)에 있는 잠재자료를 생성하기 위하여 예측항등식 (5.82)에 알고리즘 5.21인 합성방법을 다음과 같이 적용한다.

사후분포에 대한 현 i-번째 단계에서의 사후분포의 근사식 $\pi_i(\theta|y)$ 아래에서

(a1) $\pi_i(\theta|y)$에서 θ^*을 생성하고,

(a2) $p(z|\theta^*,y)$에서 z를 생성하며, 여기서 θ^*은 (a1)에서 생성된 값이다.

이러한 두 단계를 $z_1,\cdots,z_m$ 생성할 때까지 m번 반복한다. Rubin(1987)은 이러한 $z_1,\cdots,z_m$을 다중대치들(multiple imputations)이라 하였다.

예제 5.38 Tanner and Wong, 1987

예제 1.47에서와 같이 다음과 같은 다항분포를 따르는 자료라 하자. 즉,

$$y=(y_1,y_2,y_3,y_4)=(125,18,20,34)\sim Mul\left(\frac{1}{2}+\frac{\theta}{4},\frac{1}{4}(1-\theta),\frac{1}{4}(1-\theta),\frac{\theta}{4}\right).$$

이때 균등사전분포를 가정하면, 관측자료 아래에서 사후분포 $\pi(\theta|y)$은

$$(2+\theta)^{y_1}(1-\theta)^{y_2+y_3}\theta^{y_4}$$

에 비례한다. 예제 1.47에서와 같이 첫 번째 항의 관측자료 y_1을 두 개의 항으로 나누면, 분리된 두 항에 각각 확률 $1/2$과 $\theta/4$을 지정한다. 따라서

$$X=(x_1,x_2,x_3,x_4,x_5)$$

라 두고 여기서 $x_1+x_2=y_1(125)$, $x_3=y_2$, $x_4=y_3$, $x_5=y_4$이다. 그러므로 원래의 사전분포인 균등을 가정하면, 완전자료 아래에서 완전사후분포는

$$\pi(\theta|y,z)\propto\theta^{x_2+x_5}(1-\theta)^{x_3+x_4}\equiv Be(x_2+x_5+1,x_3+x_4+1) \tag{5.85}$$

이다. 또한,

$$p(z|\theta,y)=Bin\left(n=125,p=\frac{\theta}{\theta+2}\right),\ \ z=x_2 \tag{5.86}$$

이다. 이는 다음과 같은 단계로 수행한다.

(a) 대치단계:

(a1) 현재의 사후분포 근사식에서 θ^*을 생성하고,

(a2) 이항분포 $Bin\left(125,\frac{\theta^*}{2+\theta^*}\right)$에서 x_2을 생성한다.

(a1)과 (a2) 단계를 m번 반복함으로써 $x_2^{(1)},\cdots,x_2^{(m)}$을 생성한다.

(b) 사후단계:

$$P_{(i+1)}(\theta|y)=\frac{1}{m}\sum_{j=1}^{m}Be(\nu_1^{(i)},\nu_2^{(i)})(\theta) \tag{5.87}$$

여기서

$$\nu_1^{(i)} = x_2^{(i)} + x_5 + 1,\ \ \nu_1^{(i)} = x_3 + x_5 + 1$$

와

$$Be(\nu_1, \nu_2)(\theta) = \frac{\Gamma(\nu_1 + \nu_2)}{\Gamma(\nu_1)\Gamma(\nu_2)} \theta^{\nu_1 - 1}(1-\theta)^{\nu_2 - 1}$$

이다(연습문제).

예제 5.39 **이변량정규분포의 공분산행렬, Tanner 1996**

표 5.6

Data											
1	1	−1	−1	2	2	−2	−2	*	*	*	*
1	−1	1	−1	*	*	*	*	2	2	−2	−2

표 5.6의 자료가 이변량 정규분포를 따른다고 가정한다. 즉,

$$y = \begin{pmatrix} y_1 \\ y_2 \end{pmatrix} \sim N\left(\begin{pmatrix} \mu_1 \\ \mu_2 \end{pmatrix}, \Sigma = \begin{pmatrix} \sigma_1^2 & \rho\sigma_1\sigma_2 \\ \rho\sigma_1\sigma_2 & \sigma_2^2 \end{pmatrix}\right) \tag{5.88}$$

이다. 완전히 관측된 4개 쌍의 자료에서 두 개의 쌍은 상관계수 ρ가 1이고, 다른 두 개의 쌍은 -1이다. 그러므로 이 자료들로써의 ρ의 사후분포는 단봉이 아닐 것이라 기대된다. 이러한 경우에 MLE와 그에 대한 표준오차는 잘못 해석될 수가 있다. 다음으로 DA 알고리즘으로 Σ의 사후분포함수를 구하고자 한다. 이때 $z = (z_1, z_2)'$은 부분적으로 관측되어진 자료라고 하자. 즉, 만약 y_1이 관측되고, y_2가 결측이면, 이때 $z_1 = y_1$이다. 또한 y_2가 관측치이고, y_1이 결측이면, 이때 $z_2 = y_2$이다. 따라서 $x = (y, z)$은 완전자료이다. 편의상 μ_1과 μ_2은 알려진 상수라 하자. 먼저 정의 7.3에서와 같이 역 위샤트 분포 $IW(\nu_0, A_0)$은 다음과 같이 정의한다. 즉 만약 밀도함수가

$$\pi(W) \propto |W|^{-\frac{\nu_0 + p + 1}{2}} \exp\left\{-\frac{1}{2} tr(A_0 W^{-1})\right\} \tag{5.89}$$

이면, $W \sim IW(\nu_0, A_0)$으로 표현한다.

다음과 같은 사전분포 $\pi(\Sigma) \propto |\Sigma|^{-\frac{p+1}{2}}$ 아래에서, Σ의 완전사후분포함수는

$$\pi(\Sigma|y,z) \propto \frac{1}{|\Sigma|^{\frac{1}{2}}} \exp\left\{-\frac{1}{2}(x-\mu)'\Sigma^{-1}(x-\mu)\right\}|\Sigma|^{-\frac{p+1}{2}} \tag{5.90}$$

$$\propto |\Sigma|^{-\frac{p+2}{2}} \exp\left\{-\frac{1}{2} tr\, S\, \Sigma^{-1}\right\}$$

이며, 여기서 $S=(S_{ij})$, $S_{ij}=(x_i-\mu_i)(x_j-\mu_j)$이다. 따라서 $\pi(\Sigma|y,z)$은 역 위샤트분포 $IW(1,S)$이다. 역시

$$(z|y,\Sigma) \sim N\left(\begin{pmatrix}\mu_1\\ \mu_2\end{pmatrix}, \Sigma=\begin{pmatrix}\sigma_1^2 & \rho\sigma_1\sigma_2\\ \rho\sigma_1\sigma_2 & \sigma_2^2\end{pmatrix}\right)$$

이다. 따라서

$$[z_1|y,\Sigma,z_2] \sim N\left(\mu_1+\rho\frac{\sigma_1}{\sigma_2}(z_2-\mu_2), \sigma_1^2(1-\rho^2)\right),$$

와

$$[z_2|y,\Sigma,z_1] \sim N\left(\mu_2+\rho\frac{\sigma_2}{\sigma_1}(z_1-\mu_1), \sigma_2^2(1-\rho^2)\right)$$

이다. 편의상 $(\mu_1,\mu_2)'=(0,0)'$이라 가정하자. DA 알고리즘을 다음 단계들로 수행한다.

(a) 대치단계:

(a1) $\pi(\Sigma|y)$의 현재 근사식 $\hat{\pi}_{(k)}(\Sigma|y)$에서 Σ을 생성하고

(a2) 다음과 같이 잠재(결측) 자료를 생성한다.

만약 y_1이 관측되었다면, 정규분포 $N\left(\rho\frac{\sigma_2}{\sigma_1}y_1, \sigma_2^2(1-\rho^2)\right)$에서 난수 y_2를 생성하여 이를 $z_2=y_2$라 둔다. 또한, 만약 y_2가 관측되었다면, 정규분포 $N\left(\rho\frac{\sigma_1}{\sigma_2}y_2, \sigma_1^2(1-\rho^2)\right)$에서 난수 y_1을 생성하여, 이를 $z_1=y_1$라 둔다.

단계 (a1)와 (a2)를 m번 반복한다.

(b) 사후단계:

$$\hat{\pi}_{(k+1)}(\Sigma|y) = \frac{1}{m}\sum_{j=1}^{m} IW(1, S^{(k)}) \tag{5.91}$$

여기서, $S^{(k)}$의 형태는 식 (5.90)에 있는 S_{ij}를 원소로 갖는 행렬로써 단계 (a)에서 생성된 x_i들로 구성된다.

다음으로 DA 알고리즘 5.37의 수렴을 간단히 설명한다. 사후분포 $g(\theta)$가 다음을 만족한다고 하자. 즉,

$$g(\theta) = \int K(\theta, \phi) g(\phi) d\phi \tag{5.92}$$

여기서 $g(\theta) \geq 0$, $\int g(\theta) d\theta = 1$이며,

$$K(\theta, \phi) = \int \pi(\theta|z, y) P(z|\phi, y) dz$$

이다. $g^*(\theta) = \pi(\theta|y)$, g_i는 i단계에서 함수 g이 근사식이라 하자. 이때 다음 성질들을 갖는다.

첫째, $\|g_{i+1} - g^*\| \leq \|g_i - g^*\|$이다.

둘째, 정칙조건 아래에서, g^*는 식 (5.92)를 만족하는 유일한 밀도함수이다.

마지막으로 정칙조건아래에서 초기분포함수 g_0가 다음을 만족한다면

$$\sup \left| \frac{g_0(\theta)}{g^*(\theta)} \right| < \infty,$$

이때

$$\|g_i - g^*\| \rightarrow 0$$

이다. 이에 대한 증명들은 Tanner and Wong(1987), Rosenthal(1991), Shervish and Carlin(1992)을 참고하여라.

실제로, DA 알고리즘 5.37(a)인

$$p(z|y) = \int_{\Theta} p(z|y, \theta) \pi(\theta|y) d\theta$$

에서 $z_1,\cdots,z_m$ 들의 생성하는 데 많은 어려움들이 있다. 이때

$$p(z|y)=\int_\theta p(z|y,\theta)\pi(\theta|y)d\theta = E[p(z|y,\theta)]$$

이라 생각할 수 있으므로, 정리 5.15를 이용한 라플라스 방법을 이용하면,

$$p(z|y)=p(z|y,\hat{\theta})\left\{1+O\left(\frac{1}{n}\right)\right\} \tag{5.93}$$

여기서, $\hat{\theta}$은 $\pi(\theta|y)$의 최빈값이다. 따라서 Tanner and Wei(1989)는 DA 알고리즘을 다음과 같이 제시하고 이를 Poor Man's DA(PMDA)라 명하였다.

알고리즘 5.40 PMDA-1 알고리즘

(a) $p(z|y,\hat{\theta})$에서 $z_1,\cdots,z_m$을 생성하고

(b) 사후분포를

$$\hat{\pi}(\theta|y)=\frac{1}{m}\sum_{i=1}^m \pi(\theta|z_i,y) \tag{5.94}$$

로 근사한다.

PMDA-1 알고리즘은 $\pi(\theta|y)$의 근사식을 구하는 비 반복적인 알고리즘이다. 만약 $p(z|y)$을 직접 계산할 수 있다면, 5.2.3.4절의 중요부표집방법을 이용하여 다음과 같은 단계 방법으로 근사사후분포를 구할 수 있다.

알고리즘 5.41 PMDA-Exact 알고리즘

(a1) $p(z|y,\hat{\theta})$에서 $z_1,\cdots,z_m$을 생성하고

(a2) $j=1,\cdots,m$에 대하여, $w_j=p(z_j|y)/p(z_j|y,\hat{\theta})$를 계산하고

(b) 다음을 사후분포의 근사식으로 한다.

$$\left[\sum_{j=1}^m w_j\pi(\theta|z_j,y)\right]\Big/\sum_{j=1}^m w_j$$

이다.

만약 $p(z|y)$을 직접 계산하기가 어려우면, 정리 5.16 TKK 방법을 이용한다. 즉,

$$p(z|y) = \int_{\Theta} p(Z|y,\theta)\pi(\theta|y)d\theta = E[p(Z|y,\theta)]$$

$$= \int_{\Theta} p(Z|y,\theta)\frac{\pi(\theta|z,y)p(z|y)}{p(z|y,\theta)}d\theta$$

이므로, 여기에 TKK 방법을 적용하면,

$$-nh(\theta,z) = \log\pi(\theta|y,z) - \log p(z|\theta,y) + \log p(z|y)$$

와

$$-nh^{*}(\theta,z) = \log\pi(\theta|y,z) + \log p(z|y)$$

이다. θ^*는 $\log\pi(\theta|y,z)$의 최빈값이라고 하자. 따라서

$$p(z|y) \propto (\det\Sigma^*)^{\frac{1}{2}}\frac{\pi(\theta^*|y,z)p(z|\hat{\theta},y)}{\pi(\hat{\theta}|y,z)} \tag{5.95}$$

이다. 다음으로 식 (5.95)에서 난수생성을 위하여 5.2.3.4절의 중요부표집 방법을 이용한다.

알고리즘 5.42 PMDA-2 알고리즘

(a1) $P(z|y,\hat{\theta})$에서 $z_1,\cdots,z_m$을 생성하고

(a2) $j=1,\cdots,m$에 대하여

$$w_j = \frac{(\det\Sigma^*)^{\frac{1}{2}}\pi(\theta_j^*|y,z_j)p(z_j|\hat{\theta},y)}{\pi(\hat{\theta}|y,z_j)p(z_j|\hat{\theta},y)} = \frac{(\det\Sigma^*)^{\frac{1}{2}}\pi(\theta_j^*|y,z_j)}{\pi(\hat{\theta}|y,z_j)}$$

을 계산하고

(b) 사후분포의 근사식으로 다음을 이용한다. 즉,

$$\hat{\pi}(\theta|y) = \sum_{j=1}^{m} w_j\pi(\theta|z_j,y) / \sum_{j=1}^{m} w_j \tag{5.96}$$

이다.

5.3.2 깁스샘플러

5.3.2.1 깁스샘플러 소개

확률변수들 $U, V_1, \cdots, V_p$의 결합분포 $f(u, v_1, \cdots, v_p)$가 주어진 상태에서, U의 주변분포함수의 평균과 분산등과 같은 특성들을 구하는 데 관심이 있다고 하자. 이때 U의 주변분포함수는

$$f(u) = \int \cdots \int f(u, v_1, \cdots, v_p) dv_1 \cdots dv_p$$

이다. $f(u)$을 직접적으로 계산하거나 근사하는 것보다도, 깁스샘플러 방법은 해석적으로 $f(u)$을 구하지 않고도, 우리가 $f(u)$에서 난수 $U_1, \cdots, U_m$을 효과적으로 생성하도록 하여 해결할 수 있다.

예를 들면, U의 주변평균은 몬테카를로 방법에 의하면 다음과 같이 근사하게 값을 구할 수 있다. 즉,

$$EU = \int_{-\infty}^{\infty} u f(u) du = \lim_{m \to \infty} \frac{1}{m} \sum_{i=1}^{m} U_i$$

여기서 $U_1, \cdots, U_m$들은 $f(u)$의 독립된 난수들이다.

먼저 간단하게 깁스샘플러를 통하여 두 개의 확률변수 U와 V의 결합분포 $f(u,v)$에서 $f(u)$의 난수생성에 대하여 살펴본다. 우선 결합분포의 조건부분포들 $f_{u|v}(u|v)$ 및 $f_{v|u}(v|u)$은 쉽게 난수생성을 할 수 있다고 가정한다. 확률변수(U, V)들의 쌍으로 시작하면, 확률변수들

$$V_0, U_0, V_1, U_1, \cdots, V_k, U_k, \tag{5.97}$$

인 '깁스수열'이 다음 절차에 의하여 얻어진다.

초깃값 $V_0 = v_0$이 주어지면, $j = 0, 1, \cdots, k$에 대하여

$$U_j \sim f_{U|V}(u|V_j = v_j) \tag{5.98}$$

이 생성되고, 그리고

$$V_{j+1} \sim f_{V|U}(v|U_j = u_j) \tag{5.99}$$

가 생성된다. 식 (5.98)과 (5.99)를 반복적으로 수행하여 식 (5.97)의 깁스수열을 얻을 수 있다. 깁스수열을 얻기 위하여 필요한 조건부분포함수 $f_{u|v}(u|v)$와 $f_{v|u}(v|u)$을 일반적으로 **완전조건부분포**(full conditional distribution, FCD)라고 한다.

이때 합리적 일반적인 조건 아래에서, $k \to \infty$ 일 때,

$$U_k \xrightarrow{\mathcal{L}} f_U(u) \tag{5.100}$$

이다. 여기서 $\mathcal{L}$ 은 분포수렴을 의미한다. 다시 말해서, 충분히 큰 k에 대하여

$$U_k = u_k \sim f_U(u)$$

이다. V에 대하여도 동일한 결과를 얻을 수 있다. 따라서 U의 주변분포함수는

$$f_U(u) = \int f_{U|V}(u|v) f_V(v) dv$$

로 얻어지므로, 몬테카를로 방법에 의하면 U의 주변분포함수의 근사식은

$$\hat{f}_U(u) = \frac{1}{m} \sum_{i=1}^{m} f_{U|V}(u|v_i) \tag{5.101}$$

로 구해진다. 여기서 $v_1, \cdots, v_m$은 식 (5.98)과 (5.99)들을 반복적으로 수행하여 얻어진 난수들이다.

앞에서와 같이 $f_{U|V}(u|v)$와 $f_{V|U}(v|u)$은 잘 알려진 분포라 가정하자. 그러면 U의 주변분포함수는

$$\begin{aligned} f_U(u) = \int f_{U,V}(u,v) dv &= \int f_{U|V}(u|v) f_V(v) dv \\ &= \int f_{U|V}(u|v) \left[\int f_{V|U}(v|u) f_U(u) du \right] dv \\ &= \int \left[\int f_{U|V}(u|v) f_{V|U}(v|u) dv \right] f_U(u) du \\ &= \int h(u,t) f_U(t) dt \end{aligned}$$

인 관계이다. 여기서

$$h(u,t) = \int f_{U|V}(u|v) f_{V|U}(v|u) dv \tag{5.102}$$

이다. 식 (5.102)은 $f_U(u)$가 고정점적분방정식의 해라고 정의한다. 이것이 식 (5.102)의 유일해임을 Gelfand and Smith(1990)에 의하여 설명되었다.

다음은 앞에서와 같이 두 개의 확률변수 U와 V에 대한 깁스수열 (5.100)의 수렴을 보이고자 한다, 이때 Caseller and George(1992)는 간단하게 두 베르누이 확률변수들 U

와 V로 이루어진 깁스수열들의 이론적 수렴을 소개하였다. 따라서 U와 V의 결합분포 함수는 간편하게 표 5.7와 같이 표현할 수 있다.

표 5.7

		U	
		0	1
V	0	p_1	p_2
	1	p_3	p_4

여기서, $p_i \geq 0,\ \ p_1+p_2+p_3+p_4=1$. 또는

$$\begin{bmatrix} f_{UV}(0,0) & f_{UV}(1,0) \\ f_{UV}(0,1) & f_{UV}(1,1) \end{bmatrix} = \begin{bmatrix} p_1 & p_2 \\ p_3 & p_4 \end{bmatrix} \tag{5.103}$$

이다. 이 결합분포 (5.103)에서, U의 주변분포함수

$$f_U = [f_U(0), f_U(1)] = [p_1+p_3,\ p_2+p_4]$$

은 베르누이 분포 $Ber(p_2+p_4)$이다. 역시 V의 주변분포함수

$$f_V = [f_V(0), f_V(1)] = [p_1+p_2,\ p_3+p_4]$$

도 역시 베르누이 분포 $Ber(p_3+p_4)$이다.

이때 주어진 $U=u$ 아래에서 V의 조건부분포함수 $P(v|u)$와 주어진 $V=v$ 아래에서 U의 조건부분포함수는 $P(u|v)$들은 쉽게 구할 수 있다. 예를 들면,

$$P(u|v=1) = Ber\left(\frac{p_4}{p_3+p_4}\right)$$

이다. 이들 확률들을 행렬로 표현하면 다음과 같다. 즉,

$$A_{U|V} = \begin{bmatrix} \dfrac{p_1}{p_1+p_2} & \dfrac{p_2}{p_1+p_2} \\ \dfrac{p_3}{p_3+p_4} & \dfrac{p_4}{p_3+p_4} \end{bmatrix},\quad A_{V|U} = \begin{bmatrix} \dfrac{p_1}{p_1+p_3} & \dfrac{p_3}{p_1+p_3} \\ \dfrac{p_2}{p_2+p_4} & \dfrac{p_4}{p_2+p_4} \end{bmatrix}$$

이다. $i, j=0,1$에 대하여, $(A_{U|V})_{ij} = P(U=i|V=j)$을 의미한다. 예를 들면, $A_{U|V}$에서,

$$(A_{U|V})_{01} = P(U=0|V=1) = \frac{p_3}{p_3+p_4}$$

이다. 여기서, 오직 $f_U(u)$에 대한 난수생성에 관심이 있다고 하면, 우리는 깁스수열 (5.100) 중에서 U에 대한 것들만 고려하면 된다.

먼저 첫 번째 난수 U_0가 U_1으로 이동하기($U_0 \to U_1$) 위해서는 V_1을 무조건 거쳐서 이동($U_0 \to V_1 \to U_1$)한다. 이때 U_0가 U_1으로 이동하는 $U_0 \to U_1$은 전이확률(transition probability)을 갖는 마르코프 연쇄를 형성한다. 그러므로 전 확률의 법칙과 마르코프 성질을 이용하면,

$$\begin{aligned} P(U_1 = u_1|U_0 = u_0) &= \sum_v P(U_1 = u_1, V_1 = v|U_0 = u_0) \\ &= \sum_v P(U_1 = u_1|V_1 = v, U_0 = u_0)P(V_1 = v|U_0 = u_0) \\ &= \sum_v P(U_1 = u_1|V_1 = v)P(V_1 = v|U_0 = u_0) \end{aligned} \tag{5.104}$$

을 얻는다. 따라서 U들에 대한 깁스 수열들의 전이확률행렬, $A_{U|U}$은

$$A_{U|U} = A_{V|U}A_{U|V} \tag{5.105}$$

로 표현할 수 있다. 역시, U_0에서 시작하여 k번 이동 후 U_k에 도착할 확률 $P(U_k = u_k|U_0 = u_0)$로 이루어진 전이확률행렬은 $(A_{U|U})^k$이다. 더구나,

$$f_k = [f_k(0), f_k(1)]$$

을 U_k의 주변확률분포라고 하면

$$f_k = f_0 A_{U|U}^k = (f_0 A_{U|U}^{k-1})A_{U|U} = f_{k-1}A_{U|U}$$

이라 표현된다. 여기서 f_0는 초기분포함수를 의미한다. Hoel et al.(1972)에 의하면, 만약 모든 초기 확률 f_0에 대하여, $(A_{U|U})_{ij} > 0$이면, $k \to \infty$일 때, f_k은 유일한 분포 f 에 수렴하고 $f = fA_{U|U}$이다. 그러므로 만약 깁스수열들이 수렴한다면, 그러한 f은 U의 주변분포함수, f_U 라 하자. 즉,

$$f_U A_{U|U} = f_U A_{V|U} A_{U|V} = f_U \tag{5.106}$$

이다.

예제 5.43

확률변수 U와 V은 다음과 같은 결합분포함수를 갖고 있다고 가정하자.

$$f(u,v) \propto \binom{n}{u} v^{u+\alpha-1}(1-v)^{n-u+\beta-1}, \ u=0,1,\cdots,n, \ 0 \le v \le 1. \tag{5.107}$$

이때 U의 주변분포함수는 직접적인 적분을 통하여

$$\begin{aligned} f(u) &= \int f(u,v)dv \\ &= \binom{n}{u} \frac{\Gamma(\alpha+\beta)}{\Gamma(\alpha)\Gamma(\beta)} \frac{\Gamma(u+\alpha)\Gamma(n-u+\beta)}{\Gamma(\alpha+\beta+n)}, \ u=0,1,\cdots,n. \end{aligned} \tag{5.108}$$

구한다. 이를 베타–이항분포라고 한다. 이때 식 (5.107)에서 주어진 V 아래에서 U의 조건부분포함수는

$$f(u|v) = Bin(n,v) \tag{5.109}$$

이고, 주어진 U 아래에서 V의 조건부분포함수는

$$f(v|u) = Be(u+\alpha, n-u+\beta) \tag{5.110}$$

이다. 식 (5.109)와 (5.110)를 갖고 반복적 기법인 식 (5.98)과 (5.99)를 적용하면 깁스수열들을 얻을 수 있다.

그림 5.2는 $n=15, \alpha=1.8$와 $\beta=4.5$을 갖는 베타–이항분포 식 (5.108)에서 $m=400$인 난수들의 두 개의 막대그래프를 비교하였다. 검정 막대그래프의 난수들은 $k=15$을 갖는 깁스수열들을 이용하여 얻어진 것이다. 또한, 흰 막대그래프의 난수들은 식 (5.108)에 있는 베타–이항분포에서 직접 얻은 것이다.

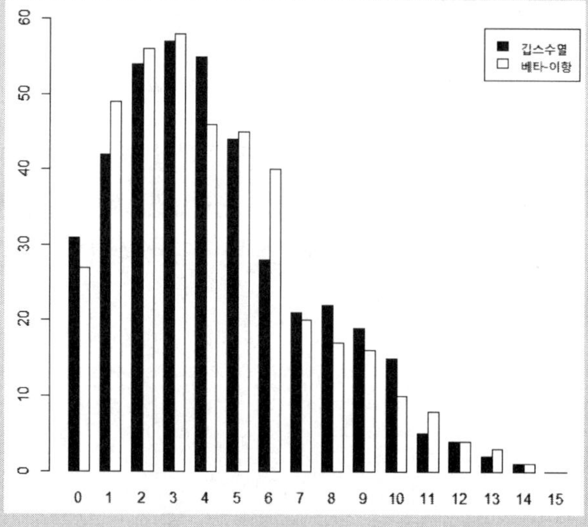

그림 5.2

그림 5.3은 $n=15$, $\alpha=1.8$와 $\beta=4.5$을 갖는 베타-이항분포의 두 개의 확률 막대그래프를 비교하였다. 검정 막대그래프는 식 (5.101)에 있는 U의 주변분포함수의 근사식을 나타냈다. 이때 깁스 수열은 두 개의 조건부분포함수들인 식 (5.109)과 (5.110)에서 $m=400$과 $k=15$으로 얻어진 난수를 이용하였다. 흰 막대그래프는 식 (5.108)에 있는 정확한 베타-이항 확률들을 나타낸다.

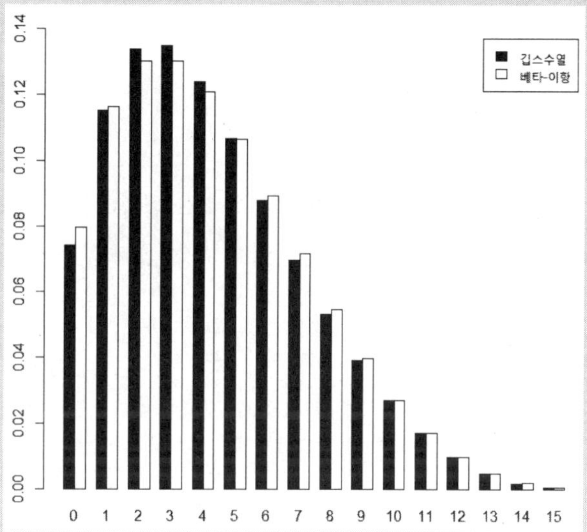

그림 5.3

예제 5.44 Zellner and Min, 1995

다음과 같은 단순회귀모형을 고려한다.

$$y_t = x_t\beta + E_t \ , \ t=1,\cdots,T,$$

여기서 독립적으로 $E_t \sim N(0,\sigma^2)$을 따른다고 하자. 베이지안 추정방법을 따르기 위하여 β와 σ에 대한 사전정보가 없다고 가정하면 사전분포를

$$\pi(\beta,\sigma^2) \propto \frac{1}{\sigma^2}$$

로 두는 것이 합리적이다. 그러므로 β와 σ^2의 사후분포는

$$\pi(\beta,\sigma^2|y,x) \propto (\sigma^2)^{-\left(\frac{T}{2}+1\right)} \exp\left\{-\left[\nu s^2 + m_{xx}(\beta-\hat{\beta})^2\right]/2\sigma^2\right\} \tag{5.111}$$

이다. 여기서 $\nu = T-1$, $\nu s^2 = \sum_{t=1}^{T}(y_t - x_t\hat{\beta})^2$, $\hat{\beta}= \sum_{t=1}^{T} x_t y_t / m_{xx}$와 $m_{xx} = \sum_{t=1}^{T} x_t^2$ 이다. 이때 직접적인 적분 계산을 하면 σ^2와 β의 주변사후분포함수는 각각

$$\pi(\sigma^2|y,x) \propto \frac{1}{(\sigma^2)^{\frac{T}{2}}} \exp\left\{-\frac{\nu s^2}{2\sigma^2}\right\} \equiv IGam\left(\frac{T}{2}-1,\ \frac{\nu s^2}{2}\right),\ T \geq 3 \qquad (5.112)$$

와

$$\pi(\beta|y,x) = t(\hat{\beta},\ s^2/m_{xx},\ \nu) \qquad (5.113)$$

임을 쉽게 구할 수 있다(연습문제). 여기서 깁스샘플러를 이용하여 σ^2와 β의 주변사후분포함수의 근사식을 구해보기 위해서 우선 필요한 완전조건부분포들은

$$\pi(\beta|\sigma^2, y, x) = N(\hat{\beta}, \sigma^2/m_{xx}) \qquad (5.114)$$

와

$$\pi(\sigma^2|\beta,y,x) = IGam\left(\frac{T}{2},\ \sum_{t=1}^{T}(y_t - x_t\beta)^2/2\right) \qquad (5.115)$$

이다. 이를 통하여 얻어진 깁스수열 $(\beta^{(i)}, \sigma^{2\,(i)})_{i=1}^{m}$들로 다음과 같이 근사식을 구할 수 있다. 즉,

$$\hat{\pi}(\sigma^2|y,x) = \frac{1}{m}\sum_{i=1}^{m}\pi(\sigma^2|\beta^{(i)},y,x) \qquad (5.116)$$

와

$$\hat{\pi}(\beta|y,x) = \frac{1}{m}\sum_{i=1}^{m}\pi(\beta|\sigma^{2(i)},y,x) \qquad (5.117)$$

이다(연습문제).

이제 두 개 이상의 확률변수들로 확장하고, 베이지안 계산에 적용하기 위하여 확률벡터 θ의 표현을 사용하여 다음과 같이 설명한다. 즉, $\theta = (\theta_1,\ \cdots,\theta_p)^t$라 하고 사후분포함수 $\pi(\theta_1,\ \cdots,\theta_p|x)$의 깁스수열을 구하고자 한다. 먼저 모든 완전조건부분포함수는 최소한 함수 형태로 알고 있다고 가정한다. 따라서 깁스샘플러는 다음과 같이 정리할 수 있으며 다음과 같다.

알고리즘 5.45 깁스샘플러(GS)

단계 1. 먼저 임의의 초깃값 $\theta_0 = (\theta_{1,0}, \theta_{2,0}, \cdots, \theta_{p,0})^t$을 선택한다.

이제 $i=0$라 두고,

단계 2. $\theta_{i+1} = (\theta_{1,i+1}, \theta_{2,i+1}, \cdots, \theta_{p,i+1})^t$을 다음과 같이 생성한다.

- $\theta_{1,i+1} \sim p(\theta_1|\theta_{2,i}, \cdots, \theta_{p,i}, x)$을 생성,
- $\theta_{2,i+1} \sim p(\theta_2|\theta_{1,i+1}, \theta_{3,i}, \cdots, \theta_{p,i}, x)$을 생성,

  $\cdots \ \cdots \ \cdots$

- $\theta_{p,i+1} \sim p(\theta_p|\theta_{1,i+1}, \theta_{2,i+1}, \cdots, \theta_{p-1,i+1}, x)$을 순차적으로 생성한다.

단계 3. $i=i+1$로 두고, 다시 단계 2로 간다.

예제 5.46

예제 4.13과 동일한 구조를 갖는 정규모형을 고려한다. 즉, $x=(x_1, x_2, \cdots, x_n)^t$을 자료라 하고, $i=1,2,\cdots,n$에 대하여 독립적으로 각각 $x_i \sim N(\mu, \sigma^2)$이라 하자. 여기서 μ 와 σ^2은 모두 미지의 상수들이라 하자. 따라서 우도함수는

$$f(x|\mu, \sigma^2) = \frac{1}{(2\pi\sigma^2)^{n/2}} \exp\left\{-\frac{1}{2\sigma^2}[(n-1)s^2 + n(\mu - \overline{x})^2]\right\} \tag{5.118}$$

이다. 이때 예제 4.14에서와 동일한 공액사전과 다른 μ와 σ^2의 사전분포함수를 아래와 같이 갖는다고 하자. 즉,

$$\mu|\sigma^2 \sim N(\mu_0, \tau_0^2) \tag{5.119}$$

와

$$\sigma^2 \sim SInv-\chi^2(\nu_0, \sigma_0^2) \tag{5.120}$$

여기서 네 개의 초모수들 μ_0, τ_0^2, ν_0과 σ_0^2은 모두 알려진 상수라고 하자. 이때 μ와 σ^2은 서로 독립적인 관계이다. 따라서 μ와 σ^2의 결합사전분포는

$$\pi(\mu, \sigma^2) \propto (\sigma^2)^{-\left(\frac{\nu_0}{2}+1\right)} \exp\left\{\frac{\nu_0\sigma_0^2}{2\sigma^2} + \frac{(\mu-\mu_0)^2}{2\tau_0^2}\right\} \tag{5.121}$$

이다. 예제 4.14에서 주어진 사전분포는 공액이 아님을 보였다. 이 예에서는 μ와 σ^2의 주변사후분포들을 알고리즘 5.45(깁스샘플러)를 이용하여 구하고자 한다. 이때 μ

와 σ^2의 완전조건부분포가 필요하게 된다. 예제 4.13에 의하면, 주어진 x 아래에서 μ와 σ^2의 결합사후분포는

$$\pi(\mu,\sigma^2|x)$$
$$\propto (\sigma^2)^{-\left(\frac{\nu_0+n}{2}+1\right)}\exp\left\{-\frac{\nu_0\sigma_0^2+(n-1)s^2}{2\sigma^2}\right\}\exp\left\{-\left[\frac{(\mu-\mu_0)^2}{2\tau_0^2}+\frac{n(\mu-\overline{x})^2}{2\sigma^2}\right]\right\}$$

이다. 따라서 주어진 σ^2과 x 아래에서 μ의 조건부사후분포는 다음과 같다.

$$\mu|\sigma^2,x \sim N(\mu_n, \tau_n^2(\sigma^2)) \tag{5.122}$$

여기서,

$$\mu_n = \frac{\frac{\sigma^2}{n}\mu_0+\tau_0^2\overline{x}}{\tau_0^2+\frac{\sigma^2}{n}} \quad 와 \quad \tau_n^2(\sigma^2)=\frac{\sigma^2}{n}\frac{\tau_0^2}{\tau_0^2+\frac{\sigma^2}{n}}$$

이다. 또한 주어진 μ와 x 아래에서 σ^2의 조건부사후분포가 역카이제곱분포인

$$\sigma^2|\mu,x \sim \in v-\chi^2(\nu_n,\sigma_n^2(\mu)) \tag{5.123}$$

이며, 여기서,

$$\nu_n(\mu)=\nu_0+n \quad 와 \quad \sigma_n^2(\mu)=\frac{\nu_0\sigma_0^2+(n-1)s^2+n(\mu-\overline{x})^2}{\nu_0+n}$$

이다. 따라서 μ와 σ^2의 완전조건부분포들은 잘 알려진 분포들이므로 쉽게 깁스수열들을 얻을 수 있다.

***예제 5.47**

Gelfand et al.(1990)는 아래와 같은 일원분산성분모형을 고려하였다. 즉,

$$Y_{ij}=\beta+\mu_i+\varepsilon_{ij},\ i=1,\ldots,k,\ j=1,\ldots,n_i, \tag{5.124}$$

이며, 여기서 Y_{ij}은 i번째 그룹에 속하는 j번째 관측치이며, β은 총평균, μ_i은 i번째 그룹의 효과이고, 오차항 ε_{ij}은 독립이고 동일한 정규분포 $N(0,\sigma_\varepsilon^2)$을 따르고, μ_i도 독립이고 동일한 정규분포 $N(0,\sigma_\mu^2)$을 가정한다. 또한 다음과 같은 결합사전분포함

수 $\pi\left(\sigma_\varepsilon^2, \sigma_\mu^2, \beta\right) = \pi\left(\sigma_\varepsilon^2\right)\pi\left(\sigma_\mu^2\right)\pi(\beta)$을 가정한다.

$$\pi\left(\sigma_\varepsilon^2\right) \propto \frac{1}{\sigma_\varepsilon^2},\ \pi\left(\sigma_\mu^2\right) \propto \frac{1}{\sigma_\mu^2},\ \pi(\beta) \propto 1. \tag{5.125}$$

여기에 깁스샘플러를 적용하기 위해서 다음과 계산 방법으로 완전조건부분포함수들을 구할 수 있다. 우선 $\mu = (\mu_1, \ldots, \mu_k)^t$이라고 하자. 이때 주어진 자료 Y 아래에서, β, μ, $\sigma_\varepsilon^2, \sigma_\mu^2$의 결합사후분포는

$$\begin{aligned}\pi\left(\beta, \mu, \sigma_\varepsilon^2, \sigma_\mu^2 \mid Y\right) &\propto p\left(Y \mid \beta, \sigma_\varepsilon^2, \sigma_\mu^2, \mu\right)\pi\left(\mu \mid \beta, \sigma_\varepsilon^2, \sigma_\mu^2\right)\pi\left(\beta, \sigma_\varepsilon^2, \sigma_\mu^2\right) \\ &\propto \frac{1}{\left(\sigma_\mu^2\right)^{k/2+1}} \exp\left(\frac{-\mu^T\mu}{2\sigma_\mu^2}\right)\frac{1}{\left(\sigma_\varepsilon^2\right)^{N/2+1}}\prod_{i=1}^{k}\prod_{j=1}^{n_i}\exp\left(-\frac{1}{2\sigma_\varepsilon^2}(Y_{ij}-\beta-\mu_i)^2\right)\end{aligned} \tag{5.126}$$

으로 표현할 수 있다. 깁스샘플러를 이용하기 위해서 필요한 모든 완전조건부분포함수들을 식 (5.126)으로부터 다음과 같이 구한다.

첫째로, $\pi\left(\sigma_\mu^2 \mid \beta, \mu, \sigma_\varepsilon^2, Y\right)$은 σ_μ^2의 함수이며, 식 (5.126)에서 σ_μ^2에 의존적이지 않는 항들은 모두 무시할 수 있으므로 오직 영향을 주는 것은

$$\frac{1}{\left(\sigma_\mu^2\right)^{k/2+1}} \exp\left(\frac{-\mu^T\mu}{2\sigma_\mu^2}\right)$$

이것뿐이다. 이때 예제 1.11에 따르면 역카이제곱분포는 $\theta^{(-\nu/2+1)}e^{-1/2\theta}$ 형태로 나타난다는 것은 잘 알려진 사실이다. 따라서 $\pi\left(\sigma_\mu^2 \mid \beta, \mu, \sigma_\mu^2, Y\right)$은 ks_μ^2/χ_k^2와 동일한 형태를 갖는다. 여기서 $s_\mu^2 = \sum_{i=1}^{k}\mu_i^2/k$이다.

둘째로, $\pi\left(\sigma_\varepsilon^2 \mid \beta, \mu, \sigma_\mu^2, Y\right)$도 σ_μ^2의 완전조건부분포를 구하는 방법과 유사 방법으로 구하면, $Ns_\varepsilon^2/\chi_N^2$ 분포를 갖는 것을 쉽게 보일 수 있다. 여기서 $N = \sum_{i=1}^{k} n_i$, $s_\varepsilon^2 = \sum_{i=1}^{k}\sum_{j=1}^{n_i}(Y_{ij}-\beta-\mu_i)^2/N$ 이다.

셋째로, $\pi\left(\beta \mid \mu, \sigma_\varepsilon^2, \sigma_\mu^2, Y\right)$을 유도하기 위해서 식 (5.126) 중 β에 의존적인 항은

$$\prod_{i=1}^{k}\prod_{j=1}^{n_i}\exp\left(-\frac{1}{2\sigma_\varepsilon^2}(Y_{ij}-\beta-\mu_i)^2\right) = \exp\left(\frac{-\sum_{i=1}^{k}\sum_{j=1}^{n_i}(Y_{ij}-\beta-\mu_i)^2}{2\sigma_\varepsilon^2}\right)$$

이다. 만약 $Y_{ij}' = Y_{ij} - \mu_i$라 두면,

$$\exp\left(\frac{-\sum_{i=1}^{k}\sum_{j=1}^{n_i}(Y_{ij}-\beta-\mu_i)^2}{2\sigma_\varepsilon^2}\right)=\exp\left(-\frac{(Y-X\beta)^T(Y-X\beta)}{2\sigma_\varepsilon^2}\right),$$

로 표현할 수 있으며, 여기서 X은 길이가 N인 1들로 구성된 열벡터이다.

$(\beta-\hat{\beta})^T X^T(Y-X\hat{\beta})=0=(Y-X\hat{\beta})^T X(\beta-\hat{\beta})$임을 알 수 있으므로,

$$\begin{aligned}(Y-X\beta)^T(Y-X\beta) &= [(Y-X\hat{\beta})+(X\hat{\beta}-X\beta)]^T[(Y-X\hat{\beta})+(X\hat{\beta}-X\beta)]\\ &=(Y-X\hat{\beta})^T(Y-X\hat{\beta})+(\beta-\hat{\beta})^T X^T X(\beta-\hat{\beta})\end{aligned}$$

이고, 여기서 $\hat{\beta}=(X^TX)^{-1}X^TY$이다. 또한 β의 함수로써,

$$\exp\left(-(Y'-X\hat{\beta})^T(Y'-X\hat{\beta})/2\sigma_\varepsilon^2\right)\propto \exp\left(\frac{-(\beta-\hat{\beta})^T X^T X(\beta-\hat{\beta})}{2\sigma_\varepsilon^2}\right)$$

이다. $X^TX=N$이므로, $\pi(\beta|\sigma_\varepsilon^2,\sigma_\mu^2,\mu,Y)$은 평균 $\hat{\beta}$과 분산 σ_ε^2/N을 갖는 정규분포이다. 여기서,

$$\hat{\beta}=(X^TX)^{-1}X^TY'=\frac{1}{N}\sum_{i=1}^{k}\sum_{j=1}^{n_i}(Y_{ij}-\mu_i)$$

이다.

마지막으로, μ_i의 완전조건부분포들도 유사한 방법으로 구할 수 있다. 따라서 깁스샘플러를 적용하기 위한 완전조건부분포함수(FCD)들은 $i=1,\cdots,k$에 대하여,

$$\begin{aligned}&\pi(\mu_i|\beta,\sigma_\varepsilon^2,\sigma_\mu^2,Y)=N(\hat{\mu}_i,c_i\sigma_\varepsilon^2), &&\pi(\beta|\mu,\sigma_\varepsilon^2,\sigma_\mu^2,Y)=N(\hat{\beta},\sigma_\varepsilon^2/N)\\ &\sigma_\varepsilon^2\,|\,\beta,\mu,\sigma_\mu^2,y\sim Ns_\varepsilon^2/\chi_N^2, &&\sigma_\mu^2\,|\,\beta,\mu,\sigma_\varepsilon^2,y\sim ks_\varepsilon^2/\chi_k^2\end{aligned}\tag{5.127}$$

임을 알 수 있다. 여기서 χ_k^2은 자유도 k을 갖는 카이제곱(χ^2)확률분포를 의미하고,

$$\hat{\beta}=\frac{1}{N}\left(\sum_{i=1}^{k}\sum_{j=1}^{n_i}Y_{ij}-\sum_{i=1}^{k}n_i\mu_i\right)$$

또한 $i=1,\ldots,k$에 대하여,

$$\hat{\mu}_i=\frac{n_i}{n_i+\tau}(\bar{y}_i-\beta),\quad c_i=(n_i+\tau)^{-1},\ \tau=\sigma_\varepsilon^2/\sigma_\mu^2$$

이고, $\bar{y}_i$은 i번째 그룹에 있는 관측치들의 평균이다. Gelfand et al.(1990)는 Box and

Tiao(1973)에 의하여 소개된 자료를 이용하여 앞에 소개된 깁스샘플러를 적용하였다(연습문제).

또한 Hobert and Casella(1996)은 식 (5.126)과 동일한 모형에서 Gelfand et al.(1990)이 사용한 사전분포보다 다음과 같은 확장사전분포를 고려하였다.

$$\pi\left(\sigma_\varepsilon^2\right) \propto \left(\sigma_\varepsilon^2\right)^{-(b+1)}, \quad \pi\left(\sigma_\mu^2\right) \propto \left(\sigma_\mu^2\right)^{-(c+1)}, \quad \pi(\beta) \propto 1 \tag{5.128}$$

이다. 이때 식 (5.128)인 사전분포 아래에서, 사후분포가 적절일 필요충분조건은

$$k-1 > -2c > 0\text{와 } N+2c+2b-1 > 0$$

임을 증명하였다. 일반적으로 사후분포가 적절하다는 것은

$$\int L(\theta \mid Y) p(\theta) d\theta < \infty$$

을 만족할 때이다. 그러므로 앞에서 사용된 사전분포 $\pi\left(\sigma_\mu^2\right) \propto \sigma_\mu^{-2}$은 $-2c$은 0보다 큰 강한 큰 수가 될 수가 없기 때문에 Hobert-Casella 조건을 만족할 수가 없다. 따라서 결과적인 사후분포는 적절하지 않다. 이것은 깁스샘플러로 생성된 마르코프 연쇄에서 $\sigma_\mu^2 = 0$은 한쪽에 빠지는 상태로 반영된다. 다르게 표현하자면, 위에 자세히 설명된 깁스샘플러가 충분히 길게 수행된다면, 그것들은 궁극적으로 상태 $\sigma_\mu^2 = 0$에 빠지게 된다는 것이다(Zeger and Karim, 1991). 그러나 마르코프 연쇄가 충분히 오래 수행되지 않으면 시뮬레이션 된 값에 '사후분포의 부적절'이라는 증거가 없으며, 위의 결과가 없으면 문제를 인식하지 못한다. $p\left(\sigma_\mu^2\right) = 1$와 마찬가지로 적절사전을 사용하면 이 문제를 피할 수 있다.

*** 예제 5.48**

예제 5.43의 식 (5.107)인 모형에서 n이 모수 λ을 갖는 절단 포아송 분포 $TP_0(\lambda)$을 따른다고 가정하자. 즉

$$f(u,v,n) \propto \binom{n}{u} v^{u+\alpha-1}(1-v)^{n-u+\beta-1} e^{-\lambda}\frac{\lambda^n}{n!}, \tag{5.129}$$
$$u = 0,1,\cdots,n, \ \ 0 \le v \le 1, \ n = 1,2,\cdots.$$

이다. 여기서 α, β와 λ은 알려진 상수들이다. 만약 U의 주변분포함수에 관심이 있다고 하여도, 예제 5.43과 같이 명시적 형태로 U의 주변분포함수를 계산할 수가 없

다. 그러나 식 (5.129)에서 바로 세 개의 완전조건부분포함수를 계산하여 깁스샘플러를 이용하는 것이 합리적이다. 따라서 식 (5.129)에서 주어진 $V=v$와 n 아래에서 U의 조건부분포함수는

$$f(u|v,n)=Bin(n,v) \tag{5.130}$$

이고, 주어진 U와 n 아래에서 V의 조건부분포함수는

$$f(v|u,n)=Be(u+\alpha, n-u+\beta) \tag{5.131}$$

이며, 주어진 U와 V 아래에서 n의 조건부분포함수는 다음과 같다.

$$f(n|u,v) \propto e^{-(1-v)\lambda}\frac{[(1-v)\lambda]^{n-u}}{(n-u)!}, \quad n=x, x+1, \cdots \tag{5.132}$$

식 (5.130), (5.131) 및 (5.132)을 갖고 반복적 기법인 알고리즘 5.45($p=3$)을 적용하면 깁스수열들을 얻을 수 있다.

*5.3.2.2 완전화

깁스샘플러는 매우 폭넓은 분야에서 일반화하여 사용할 수 있도록 구성되는 완전화을 먼저 정의하고 이를 이용한 예들을 소개한다.

정의 5.49

함수 g가

$$\int_Z g(\theta, z)dz = f(\theta) \tag{5.133}$$

을 만족하면 함수 g는 함수 f의 **완전화**(completion)라고 정의한다.

깁스샘플러에 대한 완전화를 사용할 때 f보다 g로 구현하여 난수생성을 쉽게 할 수 있는 완전조건부분포들을 갖고 있어야 한다.

$y=(\theta,z)$라 하고 Y의 분포함수 $g(y)=g(y_1,\cdots,y_p)$의 완전조건부분포를 다음과 같다고 하자. 즉,

$$Y_1|y_2,\cdots,y_p \sim g_1(y_1|y_2,\cdots,y_p)$$

$$Y_2|y_1,y_3,\cdots,y_p \sim g_2(y_2|y_1,y_3\cdots,y_p)$$

$$\cdots\cdots$$

$$Y_p|y_1,\ \cdots,y_{p-1} \sim g_p(y_p|y_1,\ \cdots,y_{p-1})$$

여기서, $p>1$이다. 따라서 $Y^{(t)}$에서 $Y^{(t+1)}$로 이동하는 것은 다음과 같다.

알고리즘 5.50 완전깁스샘플러(Completion Gibbs sampler, CGS)

주어진 $(y_1^{(t)},\ \cdots,y_p^{(t)})$ 아래에서, 다음과 같이 생성된다.

단계-1. $Y_1^{(t+1)} \sim g_1(y_1|y_2^{(t)},\ \cdots,y_p^{(t)})$

단계-2. $Y_2^{(t+1)} \sim g_2(y_2|y_1^{(t+1)},y_3^{(t)},\ \cdots,y_p^{(t)})$

단계-3. $Y_3^{(t+1)} \sim g_3(y_3|y_1^{(t+1)},y_2^{(t+1)},y_4^{(t)},\ \cdots,y_p^{(t)})$

$\vdots$

단계-p. $Y_p^{(t+1)} \sim g_p(y_p|y_1^{(t+1)},y_2^{(t+1)},\ \cdots,y_{p-1}^{(t+1)})$.

예제 5.51

예제 5.1에서와 같이 X가 알려진 상수 σ^2을 갖는 정규분포 $N(\theta,\sigma^2)$을 따르고, θ는 코쉬 사전 $C(\mu,\tau)$을 따른다고 하자. 사후분포에서 θ의 난수를 생성하고자 한다. 그러나 이미 사후분포에서 직접적으로 생성은 어렵다고 설명하였다. 코쉬 분포는 스튜던트의 $t-$분포의 특별한 경우이다. 이미 스튜던트의 t-분포는 정리 2.23에 의하면 감마 분포를 따르는 척도모수를 갖는 정규분포의 척도혼합 형태임을 보였다. 즉,

$$\begin{aligned}\pi(\theta) &\propto (\tau^2+(\theta-\mu)^2)^{-1}\\ &\propto \int_0^\infty \left(\frac{\lambda}{2\pi\tau^2}\right)^{1/2}\exp\left(-\frac{\lambda}{2\tau^2}(\theta-\mu)^2\right)\lambda^{1/2-1}\exp\left(-\frac{\lambda}{2}\right)d\lambda \end{aligned} \tag{5.134}$$

이며, $\pi(\theta)$은 아래의 구조식을 갖는 (θ,λ)의 결합사전분포에서의 주변사전분포로 인식한다. 즉,

$$\theta|\lambda \sim N(\mu,\tau^2/\lambda)\text{과 } \lambda \sim Gam(1/2,1/2) \tag{5.135}$$

이다. 결론적으로, $\pi(\theta|x)$은 $\pi(\theta,\lambda|x)$의 주변밀도함수이다. 이때 깁스샘플러를 이용하기 위해서 $\pi(\theta,\lambda|x)$에서의 완전조건부분포함수들은

$$\theta|\lambda,x \sim N\left(\frac{\tau^2}{\tau^2+\lambda\sigma^2}x+\frac{\lambda\sigma^2}{\tau^2+\lambda\sigma^2}\mu,\frac{\tau^2\sigma^2}{\tau^2+\lambda\sigma^2}\right) \tag{5.136}$$

와

$$\lambda|\theta, x \equiv \lambda|\theta \sim \mathrm{Exp}\left(\frac{\tau^2+(\theta-\mu)^2}{2\tau^2}\right) \tag{5.137}$$

으로 샘플링은 매우 간단하다. 이러한 방법은 Tanner and Wong(1987)이 제안한 DA 알고리즘 5.37의 일종이다. 따라서 본 예에서 보았듯이 혼합모형에서의 베이지안 계산은 많은 경우에 깁스샘플러 방법으로 쉽게 해결된다.

예제 5.52 Ghosh et al., 2006

Arnold(1993)에서 주어진 다음과 같은 예를 고려한다. 어떤 생산품의 매일 생산량 중 불량품 개수 X의 분포함수에 대하여 알고자 한다. 이때 Y은 하루 생산량이고, θ은 하나의 생산품이 불량일 확률이라 가정하자. 따라서 주어진 Y와 θ 아래에서 X의 분포는 이항분포

$$X|\,Y,\theta \sim Bin(Y,\theta)$$

을 따름을 생각할 수 있다. 여기서 Y가 관측되지 않는다고 하여, 이는 알려진 평균 λ을 갖는 포아송 분포 $P_0(\lambda)$을 따른다고 하자. 또한 주어진 Y 아래에서 θ은 베타 사전분포

$$\theta|\,Y \sim Be(\alpha,\gamma)$$

을 따른다고 하자. 따라서 θ, Y은 서로 독립이라 가정된다. 그러므로 원하는 추론들은 오직 X에 근거하여야만 한다. 여기서 주어진 X 아래에서 θ의 사후분포를 아래와 같이 구할 수 있으므로, 베이지안 해석은 특별하게 어렵지는 않다. 우선 주어진 θ 아래에서 X은 포아송 $Po(\lambda\theta)$을 따름을 쉽게 보일 수 있다(연습문제). 또한 θ의 사전분포는 베타 $B(\alpha,\gamma)$이다. 그러므로 $X|\theta \sim Po(\lambda\theta)$와 $\theta \sim Be(\alpha,\gamma)$이다. 따라서

$$\pi(\theta|x) \propto e^{-\lambda\theta}\theta^{x+\alpha-1}(1-\theta)^{\gamma-1},\ 0<\theta<1 \tag{5.138}$$

이다. 그러므로 식 (5.138)인 사후분포는 표준분포가 아님으로 사후추정값들을 명시적 형태로 구할 수 없다. 수치적 적분은 이 밀도함수를 갖고 수행하는 것은 매우 쉽다. 또한 깁스샘플러 방법은 매우 우수한 대안 방안이다. 여기서 직접적으로 주어진 X 아래에서 θ의 조건부분포함수 $[\theta|X]$의 관점으로 보는 대신에, 이를 주어진 X 아래에서 θ와 Y의 주변분포함수 $[Y,\theta|X]$라고 생각한다. 이때 다음과 같은 완전조건부분포들

$$Y|X=x,\theta \sim TP_o(\lambda(1-\theta)), \quad y=x,x+1,\cdots$$

와

$$\theta|X=x, Y=y \sim B(\alpha+x, \gamma+y-x)$$

이다. 여기서 TP_0은 절단포아송 분포를 의미한다. 따라서

$$y \sim TPo(\lambda),\ y=x, x+1,\ \cdots$$

는 $y \sim x+Po(\lambda)$으로 난수생성을 할 수 있다. 이는 예제 5.43과 비슷한 형태이다.

알고리즘 5.50은 **체계스캔깁스샘플러**(Gibbs sampler with systematic scan) 알고리즘이라고 한다. 즉, 반복의 경로는 한 방향으로 체계적으로 진행되어야 한다. 그러한 샘플러는 비가역 마르코프 연쇄를 생성하지만 체계스캔가역깁스샘플러를 만들 수도 있다. Liu et al.(1995)은 다음과 같은 가역깁스샘플러를 제안하였다.

알고리즘 5.53 가역깁스샘플러(Reversible Gibbs samlper, RGS)

주어진 $(y_2^{(t)},\cdots,y_p^{(t)})$아래에서, 나음과 같이 생성된다.

단계-1. $Y_1^* \sim g_1(y_1|y_2^{(t)},\ \cdots,y_p^{(t)})$

단계-2. $Y_2^* \sim g_2(y_2|y_1^*,y_3^{(t)},\cdots,y_p^{(t)})$

$\vdots$

단계-$(p-1)$. $Y_{p-1}^* \sim g_{p-1}(y_{p-1}|y_1^*,y_2^*,\cdots,y_{p-2}^*,y_p^{(t)})$

단계-p. $Y_p^{(t+1)} \sim g_p(y_p|y_1^*,y_2^*,\cdots,y_{p-1}^*)$

단계-$(p+1)$. $Y_{p-1}^{(t+1)} \sim g_{p-1}(y_{p-1}|y_1^*,y_2^*,\cdots,y_{p-2}^*,y_p^{(t+1)})$

$\vdots$

단계-$(2p-1)$. $Y_1^{(t+1)} \sim g_1(y_1|y_2^{(t+1)},\cdots,y_p^{(t+1)})$

이다.

또한 Liu et al.(1995)는 알고리즘 5.53의 변형인 **확률스캔깁스샘플러**(Gibbs sampler with random scan)를 다음과 같이 제안하였다.

알고리즘 5.54 확률스캔깁스샘플러

단계-1. 하나의 순열 $\sigma \in G_p$을 생성한다.

단계-2. $Y_{\sigma_1}^{(t+1)} \sim g_{\sigma_1}(y_{\sigma_1}|y_j^{(t)}, j \neq \sigma_1)$을 생성하고,

$$\vdots$$

단계-$(p+1)$. $Y_{\sigma_p}^{(t+1)} \sim g_{\sigma_p}(y_{\sigma_p}|y_j^{(t+1)} j \neq \sigma_p)$을 생성한다.

*5.3.2.3 그룹 및 붕괴 깁스샘플러

Liu(1994)는 깁스샘플러를 사용할 때 '그룹(grouping)'과 '붕괴(collapsing)' 방법을 제안하였다. 그리고 깁스샘플러에서는 그룹과 붕괴 방법이 작용소 이론에 따라 유용하다는 것을 보여주었다. 그의 아이디어를 간단히 설명하기 위해서 3개의 모수를 갖는 $\theta = (\theta_1, \theta_2, \theta_3)^t$의 사후분포 $\pi(\theta|D)$을 고려한다. 여기서 D은 자료를 의미한다. 이때 Liu(1994)은 $\pi(\theta|D)$에서 샘플링하기 위하여 다음과 같은 깁스샘플러의 3가지 방안을 제안하였다.

방법-1: 표준 깁스샘플러(GS)
여기서 표준 깁스샘플러는 알고리즘 5.45인 GS 방법을 의미한다. 따라서
(a) $\theta_1 \sim \pi(\theta_1 | \theta_2, \theta_3, D)$;
(b) $\theta_2 \sim \pi(\theta_2 | \theta_1, \theta_3, D)$;
(c) $\theta_3 \sim \pi(\theta_3 | \theta_1, \theta_2, D)$.

방법-2: 그룹깁스샘플러(GGS)
그룹깁스샘플러는 다음과 같은 순서로 난수생성을 수행한다.
(a) $(\theta_1, \theta_2) \sim \pi(\theta_1, \theta_2 | \theta_3, D)$;
(b) $\theta_3 \sim \pi(\theta_3 | \theta_1, \theta_2, D)$.

또는

(c) $\theta_1 \sim \pi(\theta_1 | \theta_2, \theta_3, D)$
(d) $(\theta_2, \theta_3) \sim \pi(\theta_2, \theta_3 | \theta_1, D)$

방법-3: 붕괴깁스샘플러(CLGS)
붕괴깁스샘플러는 다음과 같은 난수생성을 요구한다.
(a) $(\theta_1, \theta_2) \sim \pi(\theta_1, \theta_2 | D)$;
(b) $\theta_3 \sim \pi(\theta_3 | \theta_1, \theta_2, D)$.

여기서 방법 2(GGS)와 방법 3(CLGS)의 가장 중요한 다른 점은 각각의 단계 (a)에서의 수행이다. 특히 CLGS는 GGS에 있는 완전조건부사후분포 대신에 θ_1,θ_2의 주변사후분포 $\pi(\theta_1,\theta_2|D)$에서 (θ_1,θ_2)을 생성하는 것이다. 실제 문제에서, $\pi(\theta_1,\theta_2|D)$에서 결합적으로 (θ_1,θ_2)을 직접적으로 생성하는 것이 어렵거나 비용이 많이 들 수가 있다. 그 이유는 우선 $\pi(\theta_1,\theta_2|D)$을 구하기 위해서는 $\pi(\theta_1,\theta_2,\theta_3|D)$을 θ_3으로 적분하고 동시에 (θ_1,θ_2)을 생성하기 때문이다. 따라서 붕괴깁스샘플러(CLGS)는 다음과 같은 수정된 방법으로 제안한다.

방법–3(a): 수정붕괴깁스샘플러(MCLGS)

(a) $\theta_1 \sim \pi(\theta_1|\theta_2,D)$;

(b) $\theta_2 \sim \pi(\theta_2|\theta_1,D)$;

(c) $\theta_3 \sim \pi(\theta_3|\theta_1,\theta_2,D)$.

수정붕괴깁스샘플러(MCLGS)도 사후분포함수에 불변임을 쉽게 보일 수 있다. $\theta^{(i)}=(\theta_1^{(i)},\theta_2^{(i)},\theta_3^{(i)})^t$, $\theta^{(i+1)}=(\theta_1^{(i+1)},\theta_2^{(i+1)},\theta_3^{(i+1)})^t$이라 하자. 이때 방법–3(a)에 대한 전이확률커널은

$$K(\theta^{(i)},\theta^{(i+1)})=\pi(\theta_1^{(i+1)}|\theta_2^{(i)},D)\times\pi(\theta_2^{(i+1)}|\theta_1^{(i+1)},D)\times\pi(\theta_3^{(i+1)}|\theta_1^{(i+1)},\theta_2^{(i+1)},D)$$

이며, 이는

$$\int K(\theta^{(i)},\theta^{(i+1)})\pi(\theta^{(i)}|D)d\theta^{(i)}=\pi(\theta^{(i+1)}|D) \tag{5.139}$$

임을 쉽게 보일 수 있다(연습문제).

Liu(1994)는 앞에 소개된 세 개의 방법들을 다음과 같은 그래프로 이해할 수 있음을 보였다. 여기서 화살표(→)는 깁스샘플러의 '원인관계'를 나타낸다.

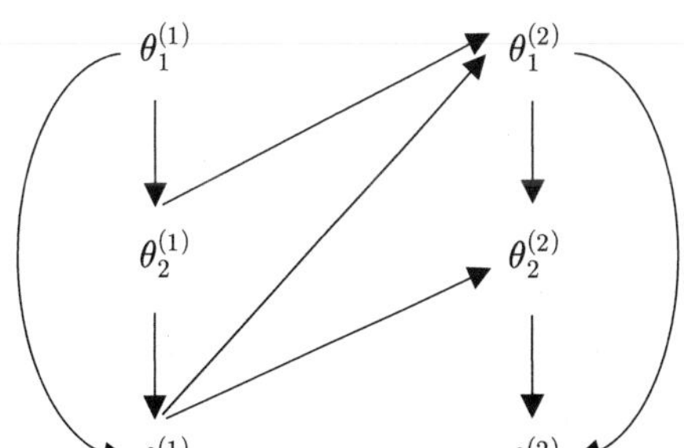

그림 5.4. 표준 깁스샘플러

$\theta_1^{(2)}$은 $(\theta_2^{(1)}, \theta_3^{(1)})$에 조건부로 생성된다. $\theta_2^{(2)}$은 $(\theta_3^{(1)}, \theta_1^{(2)})$에 조건부로 생성된다. $\theta_3^{(2)}$은 $(\theta_1^{(2)}, \theta_2^{(2)})$에 조건부로 생성된다.

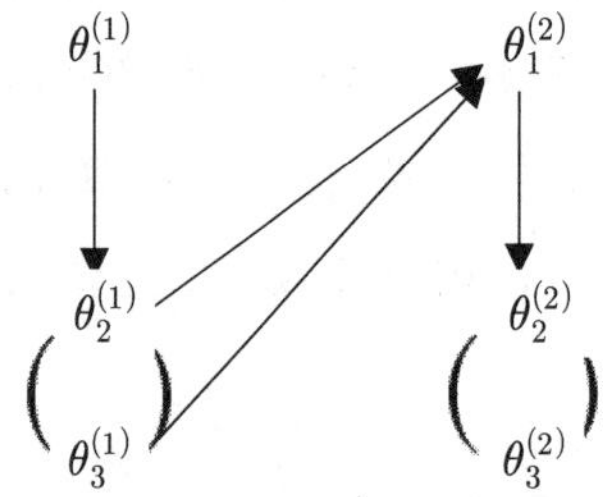

그림 5.5. 그룹깁스샘플러

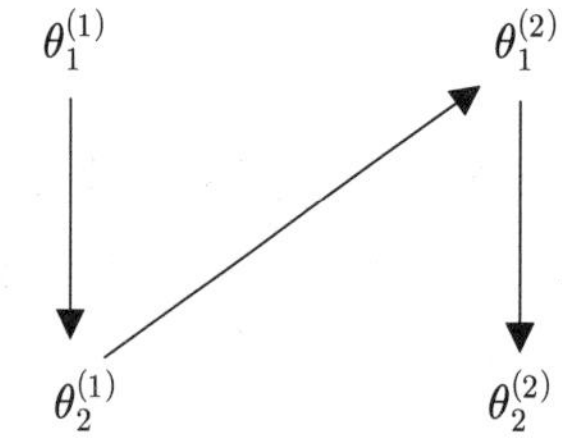

그림 5.6. 붕괴깁스샘플러

5.3.3 메트로폴리스-하스팅스(Metropolis-Hastings, MH) 알고리즘

이 절에서는 관심 있는 분포함수(일명, 표적 또는 목적분포) $f(x)$에서 난수생성에 대한 것을 설명하고자 한다. 이때 직접적으로 표적분포 $f(x)$의 난수생성이 어려운 경우로써, 오직 x의 함수형태로만 알려져 있다고 가정한다. 예를 들어

$$f(x) = \frac{h(x)}{\int h(x)dx}$$

로, 오직 $h(x)$만 알려져 있다고 가정한다. 즉 분모의 완전형태를 알 수 없다. 이를 해결하기 위해 메트로폴리스-하스팅스 알고리즘을 우선 소개하고자 한다. 여기서, $q(y|x)$은 제안분포로 선택되었다고 하자.

5.3.3.1 기본 개념

알고리즘 5.55 메트로폴리스-하스팅스(MH) 알고리즘

주어진 $x^{(t)}$에서,

단계 1. $Y_t \sim q(y|x^{(t)})$ 생성하고,

단계 2. $X^{(t+1)}$을 다음 방법으로 선택한다.

$$X^{(t+1)} = \begin{cases} Y_t & w.p. \ \rho(x^{(t)}, Y_t) \\ x^{(t)} & w.p. \ 1-\rho(x^{(t)}, Y_t) \end{cases}$$

여기서,

$$\rho(x,y) = \min\left\{\frac{f(y)}{f(x)}\frac{q(x|y)}{q(y|x)}, 1\right\} \tag{5.140}$$

이다.

이때 $\rho(x,y)$은 'MH 채택확률'이라고 한다.

알고리즘 5.55의 채택확률

$$\rho(x^{(t)}, y_t) = \min\left\{\frac{f(y_t)}{q(y_t|x^{(t)})}\Big/\frac{f(x^{(t)})}{q(x^{(t)}|y_t)}, 1\right\}$$

의 구조에서 분자인 $f(y_t)/q(y_t|x^{(t)})$의 값이 분모인 $f(x^{(t)})/q(x^{(t)}|y_t)$의 값에 비하여 상대적으로 증가하면 y_t을 항상 채택한다. $f(x)$와 $q(\cdot|x)$의 정량화 상수들은 독립적이다. 즉, x에 독립인 상수들이다. 또한 생성된 난수들은 $f(y)=0$인 값으로는 이동하지 않는다. 마지막으로 $(y_t)_t$의 수열들은 일반적으로 마르코프 연쇄는 아니다.

예제 5.56

표적함수를

$$\pi(x) = \sin^2(x) \times \cos^2(2x) \times \phi(x) \tag{5.141}$$

이라고 하고, 여기서 $\phi(x)$은 정규분포 $N(0,1)$이다. 이때 MH 알고리즘을 사용하기 위하여 제안분포는

$$q(y|x) = \frac{1}{2a} 1_{[x-a, x+a]}(y)$$

을 이용한다. 따라서 주어진 $x^{(t)}$ 아래에서, $Y \sim q(y|x^{(t)})$을 생성하고, 채택확률

$$\rho(x,y) = \min\left\{\frac{\pi(y)}{\pi(x^{(t)})}, 1\right\}$$

에 따라서 $x^{(t+1)} = y$을 선택하거나, 그렇지 않다면 $x^{(t+1)} = x^{(t)}$라 둔다. 모의실험을 위하여, $x^{(0)} = 3.14$라 두며 10^4개의 표본을 생성하고, 여기서 $a = 1,\ 0.1,\ 0.2$인 세 개의 경우를 고려한다.

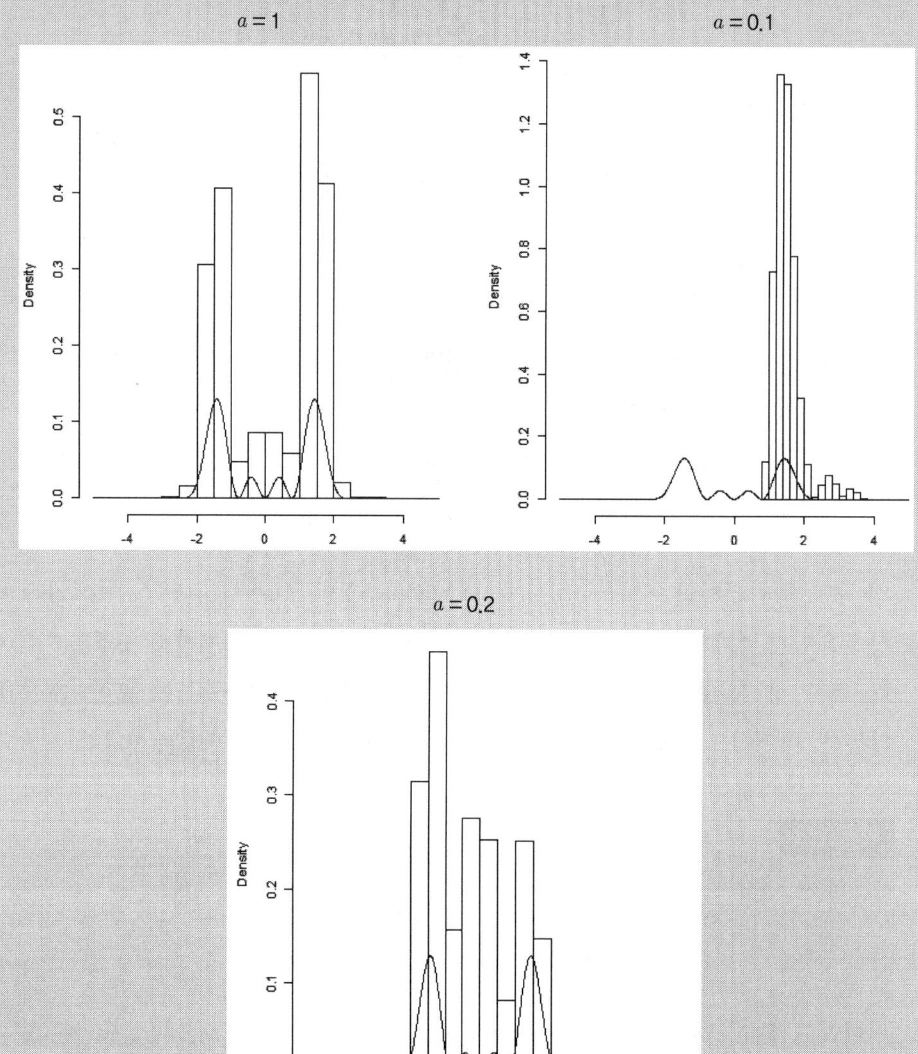

그림 5.7

그림 5.7에서 막대그래프는 각 경우에서 생성된 10^4개의 표본들의 비율이고, 곡선은 실제 목표함수의 그래프이다. 이때 세 가지 경우에 구간 $[-5,5]$에서 막대그래프 각각의 채택확률은 0.4778, 0.9273, 0.8179이다.

예제 5.57

예제 1.40에서 제시된 중도절단 와이블 자료를 갖고 베이지안 계산을 하고자 한다. 따라서 처음 m번째 자료까지만 중도절단되지 않은 완전자료이고 나머지 $n-m$개는 중도절단자료로 구성되었다고 하면, 이에 대한 우도함수는

$$p(x|\alpha,\beta)=\beta^m\alpha^{m\beta}\prod_u x_i^{\beta-1}\exp\left\{-\alpha^\beta\sum_{i=1}^n x_i^\beta\right\}$$

이고, 여기서 m과 u는 중도절단되지 않은 완전자료의 수이고 그들의 곱을 나타낸다. α와 β가 독립된 사전감마분포를 갖는다고 가정하자. 따라서

$$\pi(\alpha,\beta)\propto\alpha^{a-1}e^{-b\alpha}\beta^{c-1}e^{-d\beta}$$

이다. 여기서 a, b, c, d는 알려진 상수들이라고 하자. 이때 α와 β의 결합사후분포는

$$\pi(\alpha,\beta|x)\ =\ \beta^m\alpha^{m\beta}\prod_u x_i^{\beta-1}\exp\left\{-\alpha^\beta\sum_{i=1}^n x_i^\beta\right\}\ \alpha^{a-1}e^{-b\alpha}\beta^{c-1}e^{-d\beta}$$

으로 표현되며, 이는 표준화된 분포형태가 아니다. 따라서 깁스샘플러를 이용하기 위해서는 다음과 같은 완전조건부분포함수들이 필요하다. 즉,

$$\pi(\alpha|\beta,x)\propto\ \alpha^{m\beta}\exp\left\{-\alpha^\beta\sum_{i=1}^n x_i^\beta\right\}\ \alpha^{a-1}e^{-b\alpha} \tag{5.142}$$

와

$$\pi(\beta|\alpha,x)\propto\ \beta^m\alpha^{m\beta}\prod_u x_i^{\beta-1}\exp\left\{-\alpha^\beta\sum_{i=1}^n x_i^\beta\right\}\beta^{c-1}e^{-d\beta} \tag{5.143}$$

이다. 식 (5.142)과 (5.143)이 표준적 형태들이 아니기 때문에 깁스샘플러의 FCD들을 이용한 난수생성에 한계가 있다. 따라서 각각의 완전조건부분포함수들에서 난수를 생성하기 위해서 MH 알고리즘을 이용하여야 한다.

*5.3.3.2 제안분포들의 선택방법

메트로폴리스-하스팅스 알고리즘에서 제안분포함수 q은 수렴에 지대한 영향을 미치므로 여기서 실제적 문제를 해결할 때 사용할 수 있는 세 가지 방법들을 제안하고자 한다.

첫 번째로, $q(y|x)=q(y-x)$인 경우로 여기서, $q(\cdot)$은 0에서 대칭연속함수이다. 예를 들어 다변량 정규분포 또는 t 분포들이다. 보다 자세한 것은 Muller(1993)를 보라. 즉, $z \sim q(\cdot)$에서

$$y = x + z$$

로 표현되며,

$$\frac{q(y|x)}{q(x|y)} = 1$$

이 된다. 따라서 확률보행(random walk)을 제안분포로 둔 MH 알고리즘은 다음과 같다.

알고리즘 5.58 **확률보행메트로폴리스-하스팅스(RWMH) 알고리즘**

주어진 $x^{(t)}$에서,

단계-1. $Y_t \sim q(y - x^{(t)})$을 생성하고

단계-2. $X^{(t+1)} = \begin{cases} Y_t & w.p.\ \min\left\{\dfrac{f(Y_t)}{f(x^{(t)})}, 1\right\} \\ x^{(t)} & o.w. \end{cases}$

로 채택한다. 수렴할 때까지 단계 1-2를 반복한다.

예제 5.59

Hastings(1970)는 표준정규분포 $N(0,1)$의 난수생성을 위하여 제안분포로 구간 $[-\delta, \delta]$에서 균등분포를 사용하였다. 이때 알고리즘 5.61의 채택확률은

$$\rho(x^{(t)}, y_t) = \min\left\{\exp\left(\frac{x^{(t)^2} - y_t^2}{2}\right), 1\right\}$$

이다.

표 5.8			
δ	0.1	0.5	1.0
Mean	0.399	−0.111	0.10
Variance	0.698	1.11	1.06

알고리즘 5.61에 의한 15,000개의 난수들에 대한 간단한 통계량이 표 5.8에 나타나 있다.

예제 5.60

목표함수는 다음과 같은 혼합정규분포를 고려한다. 즉

$$f(x) \propto 0.3e^{-0.2x^2} + 0.7e^{-0.2(x-10)^2} \quad (5.144)$$

이며, 여기서 MH 알고리즘을 이용하기 위해서 확률과정을 갖는 정규분포를 사용한다. 즉, $q(x^*|x^{(i)}) = N(x^{(i)}, 100)$이다. 이때 RWMH 알고리즘의 채택확률은

$$\rho(x, x^*) = \min\left\{1, \frac{f(x^*)}{f(x)}\right\}$$

이다.

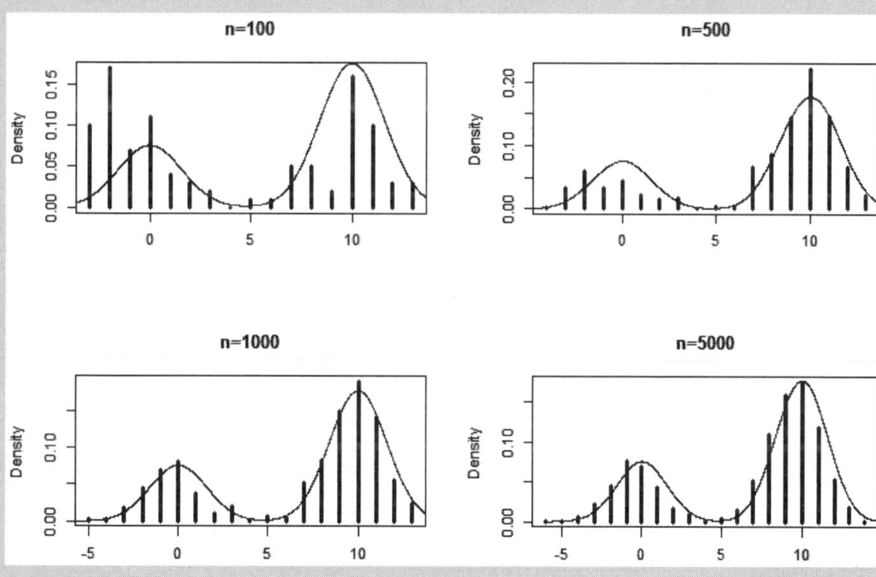

그림 5.8

주어진 $x^{(0)} \sim U_{(0,1)}$ 아래에서, 샘플 수 $n = 100, 500, 1000, 5000$에 따른 메트로폴리스 결과물에 대한 막대그래프가 그림 5.8에 나타난다.

두 번째로, $q(y|x)=q(y)$로 둘 수 있으며, 이는 독립적인 사슬이 된다. 보다 자세한 것은 Tierney(1994)를 보라. 따라서

$$\rho(x,y)=\min\left\{1,\frac{w(y)}{w(x)}\right\}$$

이며, 여기서 $w(x)=f(x)/q(x)$이다.

알고리즘 5.61 독립메트로폴리스-하스팅스 알고리즘(IMH 알고리즘)

주어진 $x^{(t)}$ 아래에서,

단계 1. $Y_t \sim q(y)$ 생성하며,

단계 2. 다음 방법으로 $X^{(t+1)}$을 선택한다.

$$X^{(t+1)}=\begin{cases} Y_t & w.p\ \min\left\{\frac{f(Y_t)}{f(x^{(t)})}\frac{q(x^{(t)})}{q(Y_t)},1\right\} \\ X^{(t)} & o.w. \end{cases}$$

예제 5.62

본 예에서는 5.2.4.5절에서 소개한 채택기각방법을 이용하고자 아래와 같이 간략하게 복습한다. 목표함수 $g(\theta)$에서 난수생성을 직접 할 수 없는 경우에 사용하는 채택기각 방법을 설명한다. 여기서 g은 비정량화된 함수로 가정할 수 있다. 즉 $g(\theta)/K$가 적절분포이나, 이때 K은 가능한 계산이 어려운 상황이다. 여기서 모든 θ에 대하여

$$\frac{g(\theta)}{h(\theta)} \le M \qquad (5.145)$$

을 만족하는 상수 $M>0$이 존재한다고 가정한다. 여기서 $h(\theta)$은 난수생성이 용이하고, $g(\theta)$와 가능한 근사한 분포를 선택한다. 여기서 M에 대한 최적의 선택은 $sup\{g(\theta)/h(\theta)\}$이다. 채택기각방법인 알고리즘 5.31을 이용하여 다시 요약하면 다음과 같다.

알고리즘 5.63

단계-1: $h(\theta)$에서 θ^*을 생성한다.

단계-2: θ^*와 독립적으로, 균등분포 $U_{[0,1]}$에서 u을 생성한다.

단계-3: 만약 $u \le \dfrac{g(\theta^*)}{M \cdot h(\theta^*)}$이면, θ^*을 $g(\theta)$의 난수로 채택한다.

그렇지 않다면, 단계-1, 2, 3을 다시 반복한다.

예제 5.64 Ghosh et al., 2006

예제 5.52에서 식 (5.138)은 다음과 같이 표현한다.

$$g(\theta) = e^{-\lambda\theta}\theta^{x+\alpha-1}(1-\theta)^{\gamma-1}I\{0 \le \theta \le 1\} \tag{5.146}$$

이다. 이때 $g(\theta)$에서 직접 난수생성이 어렵다. 만약 알고리즘 5.63의 단계-1에서,

$$h(\theta) = Be(\theta \mid x+\alpha, \gamma)$$

로 선택할 수 있다. 따름정리 5.31에 의하면, 알고리즘 5.63의 단계-3에서 채택확률은 간단히 $\exp(-\lambda\theta)$이다. 이 방법이 여기서 사용된다고 할지라도, 이 방법을 알고리즘 5.61에 소개된 IMH 알고리즘을 설명하기 위해서 이용한다. 이때 요구되는 마르코프 연쇄는 전이밀도함수 $q(z, y) = q(y|z) = h(y)$로 생성된다. 이때 채택확률은

$$\rho(z,y) = \min\left\{\frac{g(y)h(z)}{g(z)h(y)}, 1\right\} = \min\{\exp(-\lambda(y-z)), 1\} \tag{5.147}$$

이다. 이러한 IMH 알고리즘에 포함된 단계들은 다음과 같다. 목표함수의 지지구간에 있는 θ_0을 선택하여 시작한다. 이 경우에 $0 < \theta_0 < 1$이다. 주어진 θ_t 아래에서, 아래 주어진 것과 같이 연쇄에서 다음 값 θ_{t+1}을 생성한다.

(a) $Be(x+\alpha, \gamma)$에서 θ_t^*을 생성한다.

(b) $\theta_{t+1} = \begin{cases} \theta_t^*, & \text{확률 } \rho_t \\ \theta_t, & \text{그 외} \end{cases}$

이며, 여기서 $\rho_t = \min\{\exp(-\lambda(\theta_t^* - \theta_t)), 1\}$이다.

이 사슬을 $t = n$일 때까지 수행한다. Robert and Casella(2004)는 IMH 알고리즘이 채택기각 몬테카를로보다 더 효율적이라는 것을 자세히 설명하였다. 예를 들어 $x = 0.8$, $\alpha = 1.4$, $\gamma = 53$와 $\lambda = 120$을 갖고 그러한 마르코프 연쇄를 모의실험하였다. 그 결과들의 빈도 막대그림이 실 사후밀도함수와 비교하면서 그림 5.9에 나타난다.

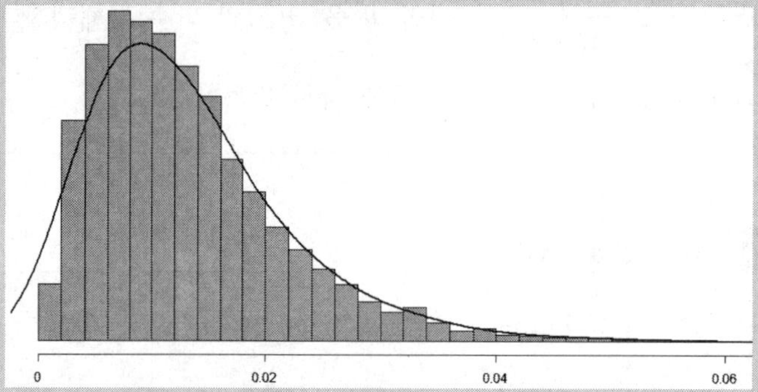

그림 5.9

마지막으로, 만약에 $f(x) \propto g(x)h(x)$로 표현되며, 여기서 $h(x)$은 난수생성이 용이한 밀도함수이고, $g(x)$은 균등하고 유계이면,

$$q(y|x) = h(y)$$

라 두면, 이때

$$\rho(x,y) = min \left\{ \frac{g(y)}{g(x)}, 1 \right\}$$

이다.

다음으로, 부적절분포일 때 MCMC 방법의 수행은 잘못된 결과들을 야기하는 경우를 설명하고자 한다. 예제 5.52에서 제시된 것 식 (5.138) 또는 식 (5.146)과 동일한 모형들에서 추가적으로 λ가 미지의 상수라고 하자. 그러므로 λ의 사전분포

$$\pi(\lambda) \propto I(\lambda > 0)$$

을 가정한다. $0 < \alpha \leq 1$이라 제한하자. 이때 주어진 $X = x$ 아래에서, λ, θ의 결합사후분포는

$$\pi(\lambda, \theta|x) \propto e^{-\lambda\theta} \lambda^x \theta^{x+\alpha-1} (1-\theta)^{\gamma-1}, \ 0 < \theta < 1, \ \lambda > 0 \tag{5.148}$$

이다. 더욱이,

$$\begin{aligned} &\int_0^\infty \int_0^1 \exp(-\lambda\theta) \lambda^x \theta^{x+\alpha-1} (1-\theta)^{\gamma-1} d\lambda d\theta \\ &= \int_0^1 \left(\int_0^\infty \exp(-\lambda\theta) \lambda^x d\lambda \right) \theta^{x+\alpha-1} (1-\theta)^{\gamma-1} d\theta \end{aligned}$$

$$= \int_0^1 \frac{\Gamma(x+1)}{\theta^{x+1}} \theta^{x+\alpha-1}(1-\theta)^{\gamma-1} d\theta$$

$$= \Gamma(x+1) \int_0^1 \theta^{\alpha-2}(1-\theta)^{\gamma-1} d\theta$$

$$= \infty$$

임으로, 이 결합 사후분포는 부적절이다. 따라서 이들에 대한 주변분포함수들도 부적절이다. 따라서 주변분포함수들이 존재하지 않는다. 그러나 식 (5.148)은 다음과 같은 적절한 완전조건부분포함수들을 갖는다.

$$\lambda|\theta, x \sim Gam(x+1, \theta), \quad \lambda > 0 \tag{5.149}$$

과

$$\pi(\theta|\lambda, x) \propto \exp(-\lambda\theta)\theta^{x+\alpha-1}(1-\theta)^{\gamma-1}, \quad 0 < \theta < 1 \tag{5.150}$$

이다. 그러므로 깁스샘플러는 이러한 적절한 완전조건부분포함수들을 갖고 성공적으로 수행된다. 특히 식 (5.150)인 $\pi(\theta|\lambda, x)$에서 θ의 난수를 생성하기 위해서 앞에서 소개되는 MH 알고리즘을 이용할 수 있다. 그러나 이러한 깁스수열로 유도되는 주변사후분포함수들의 추론은 완전히 잘못된 것들이다.

예제 5.65

모든 $i = 1, \cdots, n$에 X_i들이 독립적이고 동일한 분포인 지수분포 Exp(1)을 따른다고 하자. 즉,

$$X_i \sim \text{Exp}(1)$$

이다. 이때

$$Y = \beta \sum_{j=1}^{\alpha} X_j \sim Gam(\alpha, \beta), \alpha \in N \tag{5.151}$$

임을 알 수 있다(연습문제). 여기서 양의 실수 α를 갖는 감마 분포 $Gam(\alpha, \beta)$에서 난수생성을 하고자 한다. 만약 α가 양의 정수이면 바로 위 식을 이용하여 쉽게 생성할 수가 있다. 우선 $[\alpha]$은 α의 정수부분을 나타낸다. 따라서 $Gam([\alpha], b)$을 제안분포로 사용한다. $\beta = 1$이면, b의 최적의 선택은 다음과 같다.

$$b = \frac{[\alpha]}{\alpha}.$$

알고리즘 5.66 감마 MH

1. $Y_t \sim Gam\left([\alpha], \frac{[\alpha]}{\alpha}\right)$을 생성하고,
2. $X^{(t+1)} = \begin{cases} Y_t & \text{확률 } \rho_t \\ x^{(t)} & \text{그 외} \end{cases}$

으로 선택하고, 여기서

$$\rho_t = \min\left[\left(\frac{Y_t}{x^{(t)}}\exp\left\{\frac{x^{(t)} - Y_t}{\alpha}\right\}\right)^{\alpha - [\alpha]}, 1\right]$$

이다.

예제 5.67

1986년 미국 우주 왕복선 챌린지호가 *O-ring*의 실패 때문에 이륙 후 바로 폭발하였다고 알려져 있다. 이에 대한 해석을 다음과 같이 하고자 한다. 관측치 (x_i, y_i), $i = 1, \cdots, n$은 다음과 같은 로지스틱 회귀모형을 고려한다.

$$Y_i \sim Ber(p(x_i)),\ \ p(x) = \frac{\exp(\alpha + \beta x)}{1 + \exp(\alpha + \beta x)}$$

여기서 $p(x)$은 온도 x에서 O-ring 실패확률을 나타낸다. 따라서 우도함수는

$$L(\alpha, \beta | y) = \prod_{i=1}^{n}\left(\frac{\exp(\alpha + \beta x_i)}{1 + \exp(\alpha + \beta x_i)}\right)^{y_i}\left(\frac{1}{1 + \exp(\alpha + \beta x_i)}\right)^{1 - y_i} \tag{5.152}$$

이며, 이때 α, β의 사전분포함수는

$$\pi(\alpha, \beta) = \pi_\alpha(\alpha | b)\pi_\beta(\beta) = \frac{1}{b}e^{\alpha}e^{-e^{\alpha}/b} \tag{5.153}$$

을 가정한다. 즉, $-\infty < \alpha < \infty$이므로 $e^{\alpha} \sim \exp\left(\frac{1}{b}\right)$을 가정하였고 β은 상수 사전분포를 가정하였다.

$$\pi(\alpha, \beta | y) \propto L(\alpha, \beta | y)\pi(\alpha, \beta)$$

에서 난수생성을 하고자 한다. 이때 바로 난수생성의 어려움으로 MH 알고리즘을 사용하고자 한다. 따라서 제안분포는

$$g(\alpha,\beta) = \pi_{\alpha}(\alpha|\hat{b})\phi(\beta) \tag{5.154}$$

로 두고, 여기서 $\phi(\beta)$는 MLE인 평균 $\hat{\beta}$와 분산 $\hat{\sigma}_{\beta}^2$을 갖는 정규분포이다. b의 값은 다음과 같이 구한다. 우선

$$E(\alpha) = \int_0^{\infty} \alpha \, \frac{1}{b} e^{\alpha} e^{-e^{\alpha}/b} d\alpha \; = \log b - \gamma \equiv \hat{\alpha} \quad (\text{MLE of } \alpha)$$

여기서 γ은 Euler's 상수(=0.577216)이다. 이를 b에 대하여 풀면,

$$\hat{b} = e^{\hat{\alpha} + \gamma}$$

이다. 따라서 채택확률은 다음과 같다.

$$\min\left\{ \frac{L(\alpha',\beta'|y)\phi(\beta_0)}{L(\alpha_0,\beta_0|y)\phi(\beta')}, 1 \right\}.$$

*5.3.4 마르코프 연쇄의 기본 개념

이 절에서는 마르코프 연쇄(Markov chain)의 기본 개념을 소개하고 다양한 MCMC 알고리즘의 수렴을 설명할 때 필요한 정리들을 간략하게 설명하고 그에 따른 증명들은 일부 생략한다. 상세한 설명과 증명들은 Meyn and Tweedie(1993)와 Robert and Casella(2004)을 참고한다.

정의 5.68

전이핵(transition kernel)은 $\chi \times B(\chi)$에서 다음을 만족하며 정의되는 함수이다.

i) $\forall\, x \in \chi$, $K(x, \bullet)$은 확률측도이고,
ii) $\forall\, A \in B(\chi)$, $K(\bullet, A)$은 가측(measurable)이다.

여기서 $B(\chi)$은 χ에서 정의된 보렐(Borel) 집합이라 한다.

만약 χ가 이산형이면, 전이핵은 단순히 다음과 같은 원소를 갖는 전이확률행렬 K이다.

$$P_{xy} = P(X_n = y \mid X_{n-1} = x),\; x,y \in \chi. \tag{5.155}$$

연속형인 경우에는, 핵은 전이 $K(x, \bullet)$의 조건부밀도함수 $K(x,x')$을 나타낸다. 즉,

$$P(X \in A \mid x) = \int_A K(x,x')dx'. \tag{5.156}$$

연쇄 (X_n)은 $n \in \mathbb{Z}$(정수) 보다는 $n \in \mathbb{N}$(자연수)에서 보통 정의된다. 그러므로 연쇄의 초기 상태 X_0의 분포는 매우 중요한 역할을 한다. 핵 K가 전이확률행렬인 이산형인 경우에, 초기분포 $\mu = (w_1, w_2, \cdots)$가 주어지면, X_1의 주변분포함수는

$$\mu_1 = \mu K$$

로 얻어진다. 이를 반복한다면,

$$X_n \sim \mu_n = \mu K^n \tag{5.157}$$

을 구할 수 있다. 유사하게 연속인 경우에서, 만약 μ가 이 연쇄의 초기분포라고 한다면, 즉,

$$X_0 \sim \mu \tag{5.158}$$

이고, P_μ은 식 (5.158) 아래에서 (X_n)의 확률분포라고 하자. X_0가 고정되었다면, 특히 μ은 디락(Dirac) 질량과 동등하고 δ_{x_0}로 표기하고, 또 다른 표현으로 P_{x_0}이다.

정의 5.69

전이핵 K가 주어지고, 확률변수들의 수열 $X_0, X_1, \cdots, X_n, \cdots$을 고려한다. 모든 t에 대하여, 주어진 $X_{t-1}, X_{t-2}, \cdots, X_0$ 아래에서 X_t의 조건부분포가 주어진 X_{t-1} 아래에서 X_t의 조건부분포와 동일하면 이러한 수열(X_t)은 **마르코프 연쇄**라고 한다. 즉,

$$P(X_{k+1} \in A \mid x_0, x_1, \cdots, x_k) = P(X_{k+1} \in A \mid x_k) = \int_A K(x_k, dx). \tag{5.159}$$

정의 5.70

$A \in B(\chi)$을 생각하자. 연쇄가 집합 A에 도착하는 첫 번째 시간 n을

$$\tau_A = inf\{n \geq 1; X_n \in A\} \tag{5.160}$$

라 표기하고, 이를 A에서 **정지시간**이라고 한다.

편의상 $\forall n$에 대하여, $X_n \notin A$이면 $\tau_A = +\infty$이다. A와 관계하여

$$\eta_A = \sum_{n=1}^{\infty} I_A(X_n) \tag{5.161}$$

은 A에 (X_n)의 **방문횟수**라고 정의한다.

따라서 A에 (X_n)의 방문횟수의 평균 $E_x(\eta_A)$와 유한 이동으로 A로 돌아올 확률 $P_x(\tau_A < \infty)$ 등은 매우 관심 있는 중요한 것들이다.

확률과정론 개론에 의하면, 이산형인 경우에 연쇄가 기약(irreducible)이라 함은 모든 상태들이 서로 교통(communicate)한다는 것이다. 즉, $\forall\ x, y \in A$,

$$P_x(\tau_y < \infty) > 0$$

여기서 τ_y은 식 (5.160)에서 정의되었듯이 y에 처음 방문한 시간을 의미한다.

정의 5.71

주어진 측도 φ에서, 전이핵 $K(x, y)$을 갖은 연쇄 (X_n)이 φ−기약(φ−irreducible)이라 함은 $\varphi(A) > 0$을 갖는 $\forall\ A \in B(\chi)$에 대하여 모든 $x \in \chi$가

$$K^n(x, A) > 0 \tag{5.162}$$

을 만족하는 n이 존재하는 것이다. 즉 동등하게,

$$P_x(\tau_A < \infty) > 0 \tag{5.163}$$

이다.

모든 측도 가능한 A에 대하여 $n = 1$이면, 이러한 연쇄를 강한 φ−기약이라 한다.

정의 5.72

마르코프 연쇄 (X_n)이 원자(atom) $\alpha \in B(\chi)$을 갖는다 함은

$$K(x, A) = \nu(A), \quad \forall\ x \in \alpha,\ \forall\ A \in B(\chi) \tag{5.164}$$

을 만족하는 영이 아닌 측도 ν가 존재할 때이다.

정의 5.73

전이핵 K을 갖는 마르코프 연쇄가 소수화(minorisation)조건을 만족한다 함은

$$K^{n_0}(x, A) \geq \epsilon\nu(A),\ \forall\ x \in C,\ \forall\ A \in B(\chi) \tag{5.165}$$

을 만족하는 집합 $C \in B(\chi)$, 양의 정수 n_0, 하나의 상수 $\epsilon > 0$, 그리고 확률측도 ν가 존재할 때이다.

정의 5.74

집합 C가 작다(small)라 함은

$$K^m(x,A) \geq \nu_m(A), \forall\, x \in C, \forall\, A \in B(\chi) \tag{5.166}$$

을 만족하는 $m \in N^*$과 영이 아닌 측도 ν_m가 존재할 때이다.

정의 5.75

유한 상태공간 χ에서, 상태 w의 **방문횟수**는 정의 5.161에서와 동일하게

$$\eta_w = \sum_{i=1}^{\infty} 1_w(X_i) \tag{5.167}$$

라 정의한다. 이때 만약 $E_w(\eta_w) = \infty$이면 상태 w은 **재귀적(recurrent)**이고, 만약 $E_w(\eta_w) < \infty$이면 이는 **일시적(transient)**이다.

정의 5.76

집합 A가 해리스 재귀적(Harris recurrence)이라 함은 모든 $x \in A$에 대하여

$$P_x(\eta_A = \infty) = 1 \tag{5.168}$$

을 만족할 때이다. 여기서 η_A은 집합 A에 (X_n)의 방문횟수이다.

해리스 재귀인 연쇄 (X_n)은 (X_n)이 $\psi-$기약이고, $\psi(A) > 0$을 갖는 모든 집합 A가 해리스 재귀적을 만족하는 측도 ψ가 존재할 때이다. 따라서 해리스 재귀는 $\psi-$기약보다 강한 조건이다. 또한 정의 5.76에 의하면, $P_x(\eta_A = \infty) = 1$이면 $E_x(\eta_A) = \infty$이다.

정리 5.77

만약 $x \in A \in B(\chi)$에 대하여 $P_x(\tau_A < \infty) = 1$이면, 그때 모든 $x \in \chi$에 대하여 $P_x(\eta_A = \infty) = 1$이고, (X_n)은 해리스 재귀적이다.

증명 (연습문제)

정리 5.78

만약 (X_n)은 모든 $x \in \chi$에 대하여 $P_x(\tau_C < \infty) = 1$을 만족하는 작은 C을 갖는 $\psi-$기약인 마르코프 연쇄이면, (X_n)은 해리스 재귀적이다.

정의 5.79

측도 π가 마르코프 연쇄의 전이핵 $K(x, dy)$에 대하여 **불변**(invariant 또는 stationary)이라 함은

$$\pi(B) = \int_{\chi} K(x,B)\pi(dx),\ \forall\ B \in B(\chi) \tag{5.169}$$

을 만족할 때이다.

정리 5.80

만약에 χ가 해리스 재귀적이면, 다음과 같은 불변분포 π가 존재한다.

$$\pi(A) = \int_{\chi} \pi(dx)P(x,A),\ \forall A$$

이다.

증명 (연습문제)

연쇄가 양의 재귀라 함은 π가 $\psi-$기약에 대한 불변확률측도일 때이다. 그렇지 않다면, 이는 귀무재귀적(null recurrent) 또는 일시적이다.

예제 5.81

표본공간 $\chi = \{1,2,3\}$이고, 전이확률행렬 P은 다음과 같다고 하자. 즉,

$$P = \begin{Vmatrix} \frac{1}{2} & \frac{1}{2} & 0 \\ \frac{1}{2} & \frac{1}{2} & 0 \\ 0 & 0 & 1 \end{Vmatrix}$$

이다. 이때 $\pi = \left(\frac{1}{3}, \frac{1}{3}, \frac{1}{3}\right)$이면 $\pi P = \pi$을 만족하여 π은 불변분포이다. P을 다음과 같이 표현하면,

$$P = \begin{pmatrix} P_1 & 0 \\ 0 & 1 \end{pmatrix}$$

여기서 $P_1 = \begin{pmatrix} 1/2 & 1/2 \\ 1/2 & 1/2 \end{pmatrix}$이다.

모든 n에 대하여, $P^n = \begin{pmatrix} P_1^n & 0 \\ 0 & 1 \end{pmatrix}$이다. 다시 말해서, 만약 $X_0 = 1$이면 모든 n에 대하여 $X_n \in \{1,2\}$이므로, $^\forall n,\ P(X_n = 3) = 0$이다. 그러므로 $P(X_n = 3) \not\to \pi_3$이고, 따라서 X_n의 분포들은 π에 수렴하지 않는다. 특히 주어진 연쇄는 가약(reducible)이다.

심지어 π-기약 연쇄도 분포수렴하지 않을 수 있다. 이는 주기성 문제이다. 다음의 간단한 예를 보라.

예제 5.82

표본공간 $\chi = \{1, 2, 3\}$이며, 전이확률행렬 P는 다음과 같다 한다. 즉,

$$P = \begin{Vmatrix} 0\,1\,0 \\ 0\,0\,1 \\ 1\,0\,0 \end{Vmatrix}$$

이다. 이때 $\pi = (1/3, 1/3, 1/3)$은 불변이고, 이 연쇄는 ϕ-기약이다. 여기서 $\phi(\cdot) = \delta_1(\cdot)$이라고 이해할 수 있다. 그러나 만약 $X_0 = 1$이면, 이때 n이 3의 배수일 때는 언제나 $X_n = 1$이므로, $P(X_n = 1)$은 0과 1 사이에서 진동한다. 따라서 $P(X_n = 1)$은 $\pi_1 = 1/3$에 수렴하지 않으므로 π에 수렴하지 않는다.

이산형인 경우에서, 상태 $w \in \chi$의 **주기(period)**는

$$d(w) = g.c.d.\{m \geq 1 : K^m(w,w) > 0\}$$

로 정의한다. 여기서 $g.c.d.$은 최대공약수를 의미한다. w와 교통하는 모든 상태들의 주기는 동일하다. 만약 연쇄가 기약이면, 주기로 오직 하나의 값을 갖는다. 이때 주기가 1이면, 기약 연쇄를 **비주기(aperiodic)**라고 한다.

정의 5.83

불변분포 π을 갖는 마르코프 연쇄가 $1 \leq i \leq d-1$에 대하여, $x \in \chi_i$에서

$$P(x, \chi_{i+1}) = 1 \tag{5.170}$$

와 $x \in \chi_d$에서 $\pi(\chi_1) > 0$을 갖는 χ_1에 대하여,

$$P(x, \chi_1) = 1 \tag{5.171}$$

을 만족하는 연결되지 않는 부분집합들인 $\chi_1, \cdots, \chi_d \subseteq \chi$과 $d \geq 2$이 존재하지 않는다면, 이러한 연쇄를 **비주기적**이라고 한다. 따라서 그렇지 않으면, 이 연쇄는 주기 d와 주기적 분할 $X_1, \cdots, X_d$을 갖는 **주기적**이라 한다.

정의 5.84

전이핵 K을 갖는 마르코프 연쇄가 가역(reversibility, **상세평형**)조건을 만족한다 함은 모든 (x,y)에 대하여

$$K(y,x)f(y) = K(x,y)f(x) \tag{5.172}$$

을 만족하는 함수 f가 존재할 때이다.

정리 5.85

전이핵 K를 갖는 마르코프 연쇄가 확률밀도함수 π을 갖고 가역조건을 만족한다고 가정하자. 이때 π은 연쇄의 불변밀도함수이다.

증명

$$\int_{x \in \chi} \pi(dx) K(x,dy) = \int_{x \in \chi} \pi(dy) K(y,dx) = \pi(dy) \int_{x \in \chi} K(y,dx) = \pi(dy)$$

예제 5.86

$$P = \begin{array}{c} \\ 0 \\ 1 \\ 2 \end{array} \begin{array}{c} \begin{array}{ccc} 0 & 1 & 2 \end{array} \\ \left\| \begin{array}{ccc} 0 & \frac{1}{3} & \frac{2}{3} \\ \frac{2}{3} & 0 & \frac{1}{3} \\ \frac{1}{3} & \frac{2}{3} & 0 \end{array} \right\| \end{array}$$

이때 $\pi = (1/3,\ 1/3,\ 1/3)$라 두면, $\pi P = \pi$이므로 π은 불변분포이다. 그러나 $\pi(0)P(0,1) \neq \pi(1)P(1,0)$이므로 가역조건을 만족하지 않는다. 또한 P은 기약이며 비주기임을 쉽게 보일 수 있다.

마지막으로, 연쇄가 어디로 수렴하는가에 관심이 있다. 불변분포 π은 극한분포(limiting distribution)에 대한 자연스런 후보자가 된다. 기본적인 성질은 에르고딕성 또는 초기 조건에 독립인 것이다. 이산형인 경우, 상태 w가

$$\lim_{n\to\infty}|K^n(w,w)-\pi(w)|=0$$

을 만족하면 에르고딕(ergodic)이라 한다.

정의 5.87

불변분포 π을 갖는 해리스 양의 연쇄 (X_n)에 대하여, 원자 α가

$$\lim_{n\to\infty}|K^n(\alpha,\alpha)-\pi(\alpha)|=0 \tag{5.173}$$

을 만족하면 에르고딕이라고 한다.

정의 5.88

두 개의 확률측도 ν_1과 ν_2의 **총변동노름**(total variation norm)은

$$\|\nu_1-\nu_2\| = sup_A|\nu_1(A)-\nu_2(A)| \tag{5.174}$$

이라 정의한다.

그러므로 전이핵 K을 갖는 마르코프 연쇄에 대하여

$$\lim_{n\to\infty}\|K^n(x,\cdot)-\pi(\cdot)\| = 0$$

을 만족하는가에 대한 생각을 하게 되며, 이는 주어진 $\epsilon>0$에 대하여

$$\|K^n(x,\cdot)-\pi(\cdot)\| < \epsilon$$

을 만족하는 충분히 큰 n은 어떤 것인지 궁금하게 한다. 우선 **총변동노름**의 기본적인 성질을 다음 정리에서 알아보자.

정리 5.89

(a) $\| \nu_1(\cdot) - \nu_2(\cdot) \| = \sup_{f: X \to [0,1]} \left| \int f d\nu_1 - \int f d\nu_2 \right|$ 이다.

(b) $a < b$에 대하여, $\| \nu_1(\cdot) - \nu_2(\cdot) \| = \frac{1}{b-a} \sup_{f: X \to [a,b]} \left| \int f d\nu_1 - \int f d\nu_2 \right|$ 이고, 특히 다음과 같다.

$$\| v_1(\cdot) - v_2(\cdot) \| = \frac{1}{2} \sup_{f: X \to [-1,1]} \left| \int f d\nu_1 - \int f d\nu_2 \right|. \tag{5.175}$$

(c) 만약 π가 마르코프 연쇄 전이 P에 대하여 불변이면, 이때 $\| P^n(x, \cdot) - \pi(\cdot) \|$ 은 n에 대하여 비증가함수이다. 즉, 모든 $n \in N$에 대하여 다음과 같다.

$$\| P^n(x, \cdot) - \pi(\cdot) \| \leq \| P^{n-1}(x, \cdot) - \pi(\cdot) \|. \tag{5.176}$$

(d) 더 일반적으로, $(\nu_i P)(A) = \int \nu_i(dx) P(x, A)$에 대하여 다음과 같다.

$$\| (\nu_1 P)(\cdot) - (\nu_2 P)(\cdot) \| \leq \| \nu_1(\cdot) - \nu_2(\cdot) \|. \tag{5.177}$$

(e) $t(n) = 2 \sup_{x \in X} \| P^n(x, \cdot) - \pi(\cdot) \|$ 라 두자. 여기서 π은 불변분포이다. 이때 t은 $m, n \in N$에 대하여 다음을 만족한다.

$$t(m+n) \leq t(m) t(n). \tag{5.178}$$

증명 (연습문제)

예제 5.90

정리 5.89(e)는 2배의 곱이 없으면 성립되지 않는다. 예를 들면, $\chi = \{1,2\}$이며, $P(1,1) = 0.3$, $P(1,2) = 0.7$, $P(2,1) = 0.4$과 $P(2,2) = 0.6$인 전이확률행렬 P라고 하자. 또한 $\pi(1) = 4/11$과 $\pi(2) = 7/11$을 갖는 π은 불변분포이다. 그리고 $sup_{x \in \chi} \|P(x, \cdot) - \pi(\cdot)\| = 0.0636$이며, $sup_{x \in \chi} \|P^2(x, \cdot) - \pi(\cdot)\| = 0.00636$이다. 그러나 $0.00636 > (0.0636)^2$이다. 다른 말로 표현하면, 어떤 저자들은 총변동노름을 정의할 때 여기서 정의된 값에 2를 곱하여 정의하기도 한다.

정리 5.91

연쇄 (X_n)이 χ에서 해리스 양이고, 만약에 에르고딕 원자 $\alpha \subset \chi$가 존재한다면 $x \in \chi$에 대하여 다음과 같다.

$$\lim_{n \to \infty} \left\| \int K^n(x, \cdot) - \pi \right\| = 0. \tag{5.179}$$

정리 5.92

만약 X_n이 해리스 양의 재귀적이고 비주기적이면, 이때 임의의 초기분포 μ에 대하여 다음과 같다.

$$\lim_{n \to \infty} \left\| \int K^n(x, \cdot)\mu(dx) - \pi \right\| = 0. \tag{5.180}$$

그러므로 Meyn and Tweedie(1993)은 '해리스 양의 재귀적이고 비주기적'과 '에르고딕'을 동등하게 취급한다. 총변동에서 수렴은 모든 유계함수 h에 대하여

$$\lim_{n \to \infty} \left| E_\mu[h(X_n)] - E^\pi[h(X)] \right| = 0$$

을 유도한다.

정의 5.93

불변분포 π을 갖는 $\phi-$기약이며 비주기적인 전이핵 P가 기하학적 에르고딕이라 함은 $(n \geq 1)$

$$\| P^n(x, \cdot) - \pi(\cdot) \| \leq RV(x)\rho^n \tag{5.181}$$

을 만족하는 $V \geq 1$, 상수 $\rho < 1, R < \infty$이 존재할 때이다.

정의 5.94

정상분포 π을 갖는 마르코프 연쇄 전이핵 P가 균등적 에르고딕이라 함은 $n = 1, 2, \cdots$에 대하여,

$$\| P^n(x, \cdot) - \pi(\cdot) \| \leq M\rho^n \tag{5.182}$$

을 만족하는 적당한 $\rho < 1$과 $M < \infty$이 존재한다.

정리 5.95

불변분포 π을 갖는 마르코프 연쇄가 균등적 에르고딕이기 위한 필요충분조건은 적당한 $n \in N$에 대하여

$$\sup_{x \in X} \| P^n(x, \cdot) - \pi(\cdot) \| < \frac{1}{2} \tag{5.183}$$

을 만족하는 것이다.

증명 마르코프 연쇄가 균등적 에르고딕이라 가정하자. 이때

$$\lim_{n \to \infty} \sup_{x \in X} \| P^n(x, \cdot) - \pi(\cdot) \| \le \lim_{n \to \infty} M\rho^n = 0$$

이다. 그러므로 충분히 큰 n에 대하여,

$$\sup_{x \in X} \| P^n(x, \cdot) - \pi(\cdot) \| < \frac{1}{2}$$

을 만족한다.

역으로, 적당한 $n \in N$에 대하여 $\sup_{x \in X} \| P^n(x, \cdot) - \pi(\cdot) \| < 1/2$ 을 만족한다고 가정하자. 이때 정리 5.89(e)의 표현에 의하면, $t(n) \equiv \beta < 1$이며, 모든 $j \in N$,

$$t(jn) \le (t(n))^j = \beta^j$$

이다. 그러므로 정리 5.89(c)에 따르면,

$$\begin{aligned} \| P^m(x, \cdot) - \pi(\cdot) \| &\le \| P^{\left[\frac{m}{n}\right]n}(x, \cdot) - \pi(\cdot) \| \\ &\le \frac{1}{2} t\left(\left[\frac{m}{n}\right] n\right) \\ &\le \beta^{\left[\frac{m}{n}\right]} \le \beta^{-1}\left(\beta^{\frac{1}{n}}\right)^m \end{aligned}$$

이므로, 이 연쇄는 $M = \beta^{-1}$과 $\rho = \beta^{\frac{1}{n}}$을 갖는 균등적 에르고딕이다.

예제 5.96

위의 정리 5.95는 $0 < \delta < 1/2$을 만족하는 δ로 $1/2$을 대체하여도 그 성질을 유지한다. 그러나 $\delta \geq 1/2$을 만족하는 δ로 $1/2$을 대체하면, 정리 5.95의 결과는 거짓이다. 예를 들면 $\chi = \{1,2\}$에서 $P(1,\{1\}) = P(2,\{2\}) = 1$이라 하면 균등분포 $\pi(x) = (1/2, 1/2)$은 정상이다. 그러나 모든 $x \in \chi$와 모든 $n \in N$에 대하여

$$\|P^n(x,\cdot) - \pi(\cdot)\| = 1/2$$

이다.

정리 5.97

χ가 작고, $\forall x, \forall A$에 대하여, 소수화조건 (5.165)인

$$P^m(x,A) \geq \delta\nu(A) \tag{5.184}$$

을 만족하는 $m \geq 1$과 $\delta > 0$이 존재한다면, 이때 n에 대하여,

$$\|P^n(x,\cdot) - \pi(\cdot)\| \leq 2(1-\delta)^{n/m} \tag{5.185}$$

이다.

증명 연습문제(힌트: 연관부등식(coupling inequality)을 이용한다).

정리 5.98

집합 C는 불변분포 π을 갖고 $\phi-$기약이며, 비주기적이라 가정한다. 이때 다음들은 동치이다.

(1) 모든 $x \in C$에 대하여,

$$|P^n(x,C) - \pi(C)| \leq M_c\,\rho_c^n\,,\ M_c < \infty, \rho_c < 1 \tag{5.186}$$

을 만족하는 $\phi(C) > 0$인 small C가 존재한다(국소기하수렴).

(2) 다음을 만족하는 작은 집합 C, 상수 $\kappa > 1$과 $M_c < \infty$이 존재한다.

$$sup_{x \in C} E_x[\kappa^{\tau_C}] \leq M_c \tag{5.187}$$

(geometric return time).

(3) 다음을 만족하는 작은 집합 C, 상수 $0 < \lambda < 1$, $b < \infty$와 함수 $V \geq 1$가 존재한다.

$$PV \equiv \int_{\chi} P(x,dy)\, V(y) \leq \lambda V(x) + bI_c(x) \tag{5.188}$$

(Geometric Foster-Lyapunov Drift 조건)

증명 (연습문제)

*5.3.5 깁스샘플러의 수렴

다음으로 깁스 샘플러의 수렴에 대하여 알아보자. 이때 $\theta = (\theta_1, \cdots, \theta_p)$라 하자.

첫째, θ의 각각의 구성 θ_i들은 자연스럽게 순차적으로 이동되고, 이런 기법에 있는 한 번의 회전(cycle)은 p개 확률변수들의 생성을 요구한다.

둘째, Gelfand and Smith(1990)는 적당한 정칙조건들 아래에서, $\{\theta^{(i)},\ i = 1,2,\cdots\}$의 깁스 벡터 수열들은 불변분포 $\pi(\theta|x)$을 갖는다는 것을 보였다.

셋째, Schervish and Carlin(1992)은 기하학적 수렴을 갖는 충분조건들을 제시하였다.

앞의 간단한 예에서 보았듯이 사후분포 $\pi(\theta|x)$에 대한 깁스샘플러의 전이핵은 모수공간에 있는 상태 θ에서 상태 θ^*로 이동하는 전이확률이다. 수학적으로, 이 전이핵은

$$K(\theta,\theta^*) = \pi(\theta_1^*|\theta_2, \cdots, \theta_p, x) \times \pi(\theta_2^*|\theta_1^*, \theta_3, \cdots, \theta_p, x) \times \ \cdots\ \times \pi(\theta_p^*|\theta_1^*, \cdots, \theta_{p-1}^*, x) \tag{5.189}$$

이며, 여기서 $\pi(\theta_j|\theta_1, \cdots, \theta_{j-1}, \theta_{j+1}, \cdots, \theta_p, x)$은 주어진 $\theta_1, \cdots, \theta_{j-1}, \theta_{j+1}, \cdots, \theta_p$와 x 아래에서 θ_j의 완전조건부분포함수이다. 간단히 예를 들어 $p = 2$이면,

$$K(\theta,\theta^*) = \pi(\theta_1^*|\theta_2, x)\pi(\theta_2^*|\theta_1^*, x) \tag{5.190}$$

이고, 그러므로 θ^*은 오직 θ_2을 통하여 θ에 의존적이다.

정리 5.99

만약 $\pi(\theta|x)$가 깁스샘플러의 불변분포이면, 이때 모든 $\theta^* \in \Theta$에 대하여,

$$\int_{\Theta} K(\theta,\theta^*)\pi(\theta|x)d\theta = \pi(\theta^*|x)$$

을 만족한다. 여기서 Θ는 모수공간이다.

증명

정리 5.99는 θ가 사후분포 $\pi(\theta|x)$에서 생성된다면, 한-단계 깁스에서 얻어진 θ^*은 동일분포를 가질 때까지 이동한다. 간단하게 $p=2$인 경우를 고려하자. 즉 $\theta=(\theta_1,\theta_2)$이다. 그러면 다음과 같다.

$$\begin{aligned}\int K(\theta,\theta^*)\pi(\theta|x)d\theta &= \int\int \pi(\theta_1^*|\theta_2,x)\pi(\theta_2^*|\theta_1^*,x)\pi(\theta_2|x)\pi(\theta_1|\theta_2,x)d\theta_1 d\theta_2 \\ &= \int \pi(\theta_1^*|\theta_2,x)\pi(\theta_2^*|\theta_1^*,x)\pi(\theta_2|x)\,d\theta_2 \\ &= \pi(\theta_2^*|\theta_1^*,x)\int \pi(\theta_1^*|\theta_2,x)\pi(\theta_2|x)\,d\theta_2 \\ &= \pi(\theta_2^*|\theta_1^*,x)\pi(\theta_1^*|x) = \pi(\theta_1^*,\theta_2^*|x).\end{aligned} \tag{5.191}$$

예제 5.100

예제 5.43에서와 같이 확률변수 U와 V의 결합분포함수가 다음과 같이 주어진다.

$$f(u,v)\propto \binom{n}{u} v^{u+\alpha-1}(1-v)^{n-u+\beta-1}.$$

이때 확률변수 U와 V의 조건부분포함수들이 각각이 다음과 같다.

$$f(v|u)\propto v^{u+\alpha-1}(1-v)^{n-u+\beta-1} \sim Be(u+\alpha, n+\beta-u)$$

와

$$f(u|v)\propto \binom{n}{u} v^{u}(1-v)^{n-u} \sim Bin(n,v)$$

이고, 이때 전이핵은

$$\begin{aligned}&K((u_t,v_t),(u_{t+1},v_{t+1})) = f(v_{t+1}|u_t)f(u_{t+1}|v_{t+1}) \\ &\propto \frac{\Gamma(n+\alpha+\beta)}{\Gamma(\alpha+u_t)\Gamma(n+\beta-u_t)} v_{t+1}^{\alpha+u_t-1}(1-v_{t+1})^{\beta+n-u_t-1}\binom{n}{u_{t+1}} v_{t+1}^{u_{t+1}}(1-v_{t+1})^{n-u_{t+1}} \\ &\propto \frac{\Gamma(n+\alpha+\beta)}{\Gamma(\alpha+u_t)\Gamma(n+\beta-u_t)}\binom{n}{u_{t+1}} v_{t+1}^{\alpha+u_t+u_{t+1}-1}(1-v_{t+1})^{\beta+2n-u_t-u_{t+1}-1}\end{aligned} \tag{5.192}$$

이다. 따라서 $\cdots, u_t, u_{t+1}, \cdots$인 연쇄는

$$U_{t+1}|u_t \sim Beta-Bin(n, \alpha+u_t, \beta+n-u_t) \tag{5.193}$$

과 전이핵

$$\begin{aligned} &K(u_t, u_{t+1}) \\ &\propto \int K((u_t, v_t), (u_{t+1}, v_{t+1}))dv_{t+1} \\ &\propto \binom{n}{u_{t+1}} \frac{\Gamma(n+\alpha+\beta)}{\Gamma(\alpha+u_t)\Gamma(n+\beta-u_t)} \frac{\Gamma(\alpha+u_t+u_{t+1})\Gamma(\beta+2n-u_t-u_{t+1})}{\Gamma(\alpha+\beta+2n)} \end{aligned} \tag{5.194}$$

을 갖는 마르코프 연쇄이다.

예제 5.101 이변량정규모형

$\theta=(\theta_1,\theta_2)$의 분포함수 $\pi(\theta)$은 평균 μ와 사후공분산행렬 Σ을 갖는 이변량정규분포 $N_2(\mu,\Sigma)$라고 하자. 여기서,

$$\mu=\begin{pmatrix}\mu_1\\ \mu_2\end{pmatrix} \text{ 와 } \Sigma=\begin{pmatrix}\sigma_1^2 & \rho\sigma_1\sigma_2\\ \rho\sigma_1\sigma_2 & \sigma_2^2\end{pmatrix}$$

이다. 이때 깁스샘플러는 다음과 같은 두 사후조건부분포들에서 반복적으로 수행된다. 즉,

$$\theta_1 \sim N\left(\mu_1+\rho\frac{\sigma_1}{\sigma_2}(\theta_2-\mu_2), \sigma_1^2(1-\rho^2)\right) \tag{5.195}$$

와

$$\theta_2 \sim N\left(\mu_2+\rho\frac{\sigma_2}{\sigma_1}(\theta_1-\mu_1), \sigma_2^2(1-\rho^2)\right) \tag{5.196}$$

이다.

$\{\theta^{(i)}=(\theta_{1,i},\theta_{2,i})',\ i\ge 0\}$은 위의 이변량정규분포에서 깁스샘플러로 만들어진 마르코프 연쇄라고 하자. 고정된 값 또는 불변분포에서의 어느 한 점 $\theta^{(0)}$을 갖고 출발하면, 즉 $\theta^{(0)} \sim N(\mu,\Sigma)$, 이때 깁스수열 $\{\theta_{1,i},\ i\ge 0\}$와 $\{\theta_{2,i},\ i\ge 0\}$의 각각들은 AR(1) 과정이다. 이를 보이기 위해서 $\{z_{1,i}, z_{2,i}, i\ge 0\}$는 독립이고 동일한

표준정규분포 $N(0,1)$의 확률변수들의 수열이라고 하자. 이때 깁스샘플러의 구조는 고정된 점에 대해서는 $\theta_0 = (\theta_{1,0}, \theta_{2,0})$ 또는

$$\theta_{1,0} = \mu_1 + \sigma_1 z_{1,0}$$

와

$$\theta_{2,0} = \mu_2 + \rho \frac{\sigma_2}{\sigma_1}(\theta_{1,0} - \mu_0) + \sigma_2 \sqrt{1-\rho^2}\ z_{2,0}$$

이고, 그리고 $i \geq 0$에 대하여

$$\theta_{1,i+1} = \mu_1 + \rho \frac{\sigma_1}{\sigma_2}(\theta_{2,i} - \mu_2) + \sigma_1 \sqrt{1-\rho^2}\, z_{1,i+1} \tag{5.197}$$

와

$$\theta_{2,i+1} = \mu_2 + \rho \frac{\sigma_2}{\sigma_1}(\theta_{1,i} - \mu_1) + \sigma_2 \sqrt{1-\rho^2}\, z_{2,i+1} \tag{5.198}$$

이다. 이제 모든 $i \geq 0$에서 첫 번째 요소인 $\theta_{1,i+1}$에 대하여 고려해 보자. 이때 식 (5.198)에 있는 $\theta_{2,i+1}$의 값을 식 (5.197)에 대입하면,

$$\begin{aligned}\theta_{1,i+1} &= \mu_1 + \rho \frac{\sigma_1}{\sigma_2}\left[\rho \frac{\sigma_2}{\sigma_1}(\theta_{1,i} - \mu_1) + \sigma_2 \sqrt{1-\rho^2}\, z_{2,i}\right] + \sigma_1 \sqrt{1-\rho^2}\, z_{1,i+1} \qquad (5.199)\\ &= \mu_1 + \rho^2(\theta_{1,i} - \mu_1) + \rho\sigma_1 \sqrt{1-\rho^2}\, z_{2,i} + \sigma_1 \sqrt{1-\rho^2}\, z_{1,i+1}\end{aligned}$$

이다. 계산의 간편성으로 $\psi = \rho^2$와 $\sigma{*}_1^2 = \sigma_1^2(1-\rho^4)$이라고 하고, $\{z_i^*,\ i \geq 0\}$은 $i.i.d.$ 표준정규분포 $N(0,1)$의 확률변수들의 수열이라 하자. 그러므로 $z_{1,i}$와 $z_{2,i+1}$은 독립이고 동일한 분포 $N(0,1)$을 따르므로, $\theta^{(0)}$의 첫 번째 요인은

$$\theta_{1,0} = \mu_1 + \sigma_1 z_0^*$$

로, 또는 일반적으로는 모든 $i \geq 0$에 대하여,

$$\theta_{1,i+1} = \mu_1 + \psi(\theta_{1,i} - \mu_1) + \sigma_1^* z_{i+1}^* \tag{5.200}$$

로 쓸 수 있다. 그러므로 $\{\theta_{1,i},\ i \geq 0\}$은 시차-일 자기상관(lag-one autocorrelation) $\psi = \rho^2$을 갖는 AR(1) 과정이다.

예제 5.101에서 θ_0가 고정일 때, $(\theta_{1,i+1}, \theta_{2,i+1})$의 분포는 정확하게 표적분포인 이변량 정규분포 $N_2(\mu, \Sigma)$은 아니다. 또한 $j=1,2$에서 수열 $\{\theta_{j,i},\ i=1,2,\cdots\}$은 양의 상관관계를 갖는다. 즉, ρ가 1 또는 -1에 매우 가까우면, 깁스샘플러는 경험적으로 수렴속도가 느리고, 나쁜 혼합(또는 높은 자기상관)임을 알 수 있다. 따라서 일반적으로 깁스샘플러는 깁스 반복들에서 양의 상관관계를 야기한다.

정의 5.102

$\pi(\boldsymbol{\theta})$은 $\boldsymbol{\theta}=(\theta_1,\cdots,\theta_p)^t$의 결합분포라 하고, $i=1,\cdots,p$에 대하여, $\pi^{(i)}(\theta_i)$은 θ_i의 주변밀도함수라 하자. 만약 모든 i에 대하여, $\pi^{(i)}(\theta_i)>0$이 $\pi(\theta_1,\cdots,\theta_p)>0$을 유도한다면, 결합밀도함수 π은 **양조건**(positivity condition)을 만족한다고 말한다.

정리 5.103 | Hammersley-Clifford

양조건 아래에서, 결합분포함수 π은 π의 지지구간에 있는 모든 $\boldsymbol{\theta}$와 $\boldsymbol{\theta}'$에 대하여,

$$\pi(\theta_1,\cdots,\theta_k)\propto\prod_{j=1}^{k}\frac{\pi_j(\theta_j|\theta_1,\cdots,\theta_{j-1},\theta'_{j+1},\cdots,\theta'_k)}{\pi_j(\theta'_j|\theta_1,\cdots,\theta_{j-1},\theta'_{j+1},\cdots,\theta'_k)} \tag{5.201}$$

을 만족한다.

증명 π의 지지구간에 있는 모든 $\boldsymbol{\theta}$와 $\boldsymbol{\theta}'$에 대하여,

$$\begin{aligned}
\pi(\theta_1,\cdots,\theta_k) &= \pi_k(\theta_k|\theta_1,\cdots,\theta_{k-1})\pi(\theta_1,\cdots,\theta_{k-1})\\
&= \frac{\pi_k(\theta_k|\theta_1,\cdots,\theta_{k-1})}{\pi_k(\theta'_k|\theta_1,\cdots,\theta_{k-1})}\pi(\theta_1,\cdots,\theta_{k-1},\theta'_k)\\
&= \frac{\pi_k(\theta_k|\theta_1,\cdots,\theta_{k-1})}{\pi_k(\theta'_k|\theta_1,\cdots,\theta_{k-1})}\frac{\pi_{k-1}(\theta_{k-1}|\theta_1,\cdots,\theta_{k-2},\theta'_k)}{\pi_{k-1}(\theta'_{k-1}|\theta_1,\cdots,\theta_{k-2},\theta'_k)}\\
&\quad\times\pi(\theta_1,\cdots,\theta'_{k-1},\theta'_k)\\
&= \cdots\\
&= \prod_{j=1}^{k}\frac{\pi_j(\theta_j|\theta_1,\cdots,\theta_{j-1},\theta'_{j+1},\cdots,\theta'_k)}{\pi_j(\theta'_j|\theta_1,\cdots,\theta_{j-1},\theta'_{j+1},\cdots,\theta'_k)}\pi(\theta'_1,\cdots,\theta'_k)
\end{aligned}$$

이다.

정리 5.104

알고리즘 5.50 (CGS)에서, 만약 $(Y^{(t)})$가 에르고딕이면, 이때 분포함수 g은 연쇄 $(Y^{(t)})$의 불변분포이고, f은 부분연쇄 $(X^{(t)})$의 극한분포이다.

증명 (Robert and Casella, 2004).

정리 5.105

알고리즘 5.50(CGS)에서, 만약 밀도함수 g가 양조건을 만족한다면, 이는 기약이다.

증명 (Tierney, 1994).

정리 5.106

알고리즘 5.50(CGS)은 채택확률 1을 갖는 p개의 메트로폴리스 알고리즘의 합성과 동일하다.

증명

완전조건부분포들로부터 p개의 모의 단계에 해당하는 p개의 알고리즘 5.45(GS)의 구성으로 알고리즘 5.50을 작성한다면, 이 알고리즘들의 각각은 채택확률 1을 갖는다는 것을 보이면 충분하다.

$1 \le i \le p$에 대하여, 알고리즘 5.50의 i번째 단계의 도구 함수는

$$\begin{aligned} q_i(y^{'}|y) = &\delta_{(y_1,\cdots,y_{i-1},\, y_{i+1},\cdots,y_p)}(y_1^{'},\cdots,y_{i-1}^{'},\, y_{i+1}^{'},\cdots,y_p^{'}) \\ &\times g_i(y_i^{'}|y_1,\cdots,y_{i-1},\, y_{i+1},\cdots,y_p) \end{aligned} \tag{5.202}$$

이며, 채택확률 $\rho(y,y^{'})$는 다음과 같은 비로써,

$$\begin{aligned} \frac{g(y^{'})q_i(y|y^{'})}{g(y)q_i(y^{'}|y)} &= \frac{g(y^{'})g_i(y_i|y_1,\cdots,y_{i-1},\, y_{i+1},\cdots,y_p)}{g(y)g_i(y_i^{'}|y_1,\cdots,y_{i-1},\, y_{i+1},\cdots,y_p)} \\ &= \frac{g_i(y_i^{'}|y_1,\cdots,y_{i-1},\, y_{i+1},\cdots,y_p)g_i(y_i|y_1,\cdots,y_{i-1},\, y_{i+1},\cdots,y_p)}{g_i(y_i|y_1,\cdots,y_{i-1},\, y_{i+1},\cdots,y_p)g_i(y_i^{'}|y_1,\cdots,y_{i-1},\, y_{i+1},\cdots,y_p)} \\ &= 1 \end{aligned}$$

이다.

*5.3.6 메트로폴리스-하스팅스 알고리즘의 수렴

정리 5.107

$(X^{(t)})$은 메트로폴리스-하스팅스 알고리즘 5.55(MH 알고리즘)에 의하여 생성된 연쇄라고 하자. f의 지지구간을 포함하는 지지구간을 갖는 모든 제안된 g에 대하여,

(a) 연쇄의 핵은 f을 갖는 가역조건을 만족한다.

(b) f은 연쇄의 불변분포이다.

증명

(a) MH 알고리즘과 연관된 전이핵은

$$K(x,y) = \rho(x,y)g(y|x) + (1-r(x))\delta_x(y) \tag{5.203}$$

이며, 여기서

$$r(x) = \int \rho(x,y)g(y|x)dy \tag{5.204}$$

이고, δ_x은 만약 $x=y$이면 $\delta_x(y)=1$이고, 그렇지 않으면 $\delta_x(y)=0$을 나타낸다. 그러므로 $1-r(x)$은 연쇄가 x에 남아 있을 확률이다. 따라서

$$\begin{aligned}\rho(x,y)g(y|x)f(x) &= \min\left\{\frac{f(y)}{f(x)}\frac{g(x|y)}{g(y|x)},1\right\}g(y|x)f(x)\\ &= \rho(y,x)g(x|y)f(y)\end{aligned}$$

이다. 역시,

$$(1-r(x))\delta_x(y)f(x) = (1-r(y))\delta_y(x)f(y)$$

이며, 이들은

$$K(y,x)f(y) = K(x,y)f(x)$$

임을 보인다. 따라서 가역조건을 만족한다.

(b) 불편분포임을 다음과 같이 보인다.

$$\begin{aligned}&\int K(x,A)f(x)dx\\ &= \int\left[\int_A \rho(x,y)g(y|x)dy\right]f(x)dx + \int(1-r(x))\delta_x(A)f(x)dx\end{aligned}$$

$$= \int \int_A \rho(x,y) g(y|x) dy\, f(x) dx + \int_A (1 - r(x)) f(x) dx$$

$$= \int_A \int \rho(x,y) g(y|x) dy\, f(x) dx + \int_A (1 - r(x)) f(x) dx$$

$$= \int_A r(x) f(x) dx + \int_A (1 - r(x)) f(x) dx$$

$$= \int_A f(x) dx\ .$$

정리 5.107에서 MH 연쇄가 가역조건

$$f(y)K(y,x) = f(x)K(x,y)$$

을 만족하므로, 이는 불변분포 f에 연관된 역이다. f가 확률척도이면, 이 연쇄는 양의 재귀적이다. 만약

$$\Pr\left(\frac{f(Y_t)}{f(X^{(t)})} \frac{g(X^{(t)} | Y_t)}{f(Y_t | X^{(t)})} \geq 1 \right) < 1$$

이면, 즉 $\{X^{(t+1)} = X^{(t)}\}$이 가능하면, 이때 이 연쇄는 비주기이다. 만약, 모든 (x,y)에 대하여 $g(y|x) > 0$이면, 이 연쇄는 기약이다.

예제 5.108

π은 d차원 르베그 측도에 대한 확률밀도함수라고 가정하자. d-차원 르베그 측도에 대한 제안분포함수 $q(\cdot\,|x)$을 갖는 밀도함수 π의 MH 알고리즘을 고려한다. 이때 만약 $R^d \times R^d$ 위에서 $q(\cdot\,|\,\cdot)$가 양이고 연속이면, 이 알고리즘은 π-기약임을 다음과 같이 보일 수 있다. $\pi(A) > 0$이라고 하자. 이때 $\pi(A_r) > 0$을 만족하는 $r > 0$이 존재한다. 여기서 $A_r = A \cap B_r(0)$과 $B_r(0) = \{x \in R^d : \| x \|^2 < r\}$이다. 또한 함수 q의 연속성에 의하여, 임의의 $x \in R^d$와 적당한 $\epsilon > 0$에 대하여,

$$\inf_{y \in A_r} \min\{q(x|y), q(y|x)\} \geq \epsilon \tag{5.205}$$

이다. 그러므로

$$
\begin{aligned}
P(x,A) &\ge P(x,A_r) \\
&= \int_{A_r} q(y|x)\min\left[1, \frac{\pi(y)q(x|y)}{\pi(x)q(y|x)}\right]dy \\
&= \int_{A_r} \min\left[q(y|x), \frac{\pi(y)q(x|y)}{\pi(x)}\right]dy \\
&= \int_{A_r} \min\left[q(y|x), \frac{\pi(y)}{\pi(x)}\{1_{[\pi(y)\ge\pi(x)]} + 1_{[\pi(y)<\pi(x)]}\}q(x|y)\right]dy \\
&\ge \epsilon Leb\ (\{y\in A_r : \pi(y)\ge\pi(x)\}) + \frac{\epsilon}{\pi(x)}\pi(\{y\in A_r : \pi(y)<\pi(x)\}) \quad (5.206)
\end{aligned}
$$

이다. π가 르베그 측도(Leb)에 대하여 절대연속이고 $Leb(A_r)>0$이므로, 식 (5.206)의 마지막 합의 항들은 동시에 0이 될 수가 없다. 그러므로

$$P(x, A) > 0$$

이다. 따라서 이 연쇄는 π-기약이다.

다음의 정리들은 Robert and Casella(2006)에 보다 자세히 설명되어 있다.

정리 5.109

알고리즘 5.55에서 $(X^{(t)})$가 f-기약이면, 이것은 해리스 재귀적이다.

예제 5.110 가약 MH 알고리즘

목표함수를 다음과 같은 함수 f로 고려한다. 즉,

$$f(x) = (1_{[0,1]}(x) + 1_{[2,3]}(x))/2$$

이고, 제안분포함수 $q(\cdot|x^{(t)})$은 다음과 같다. 즉,

$$X|X^{(t)} = x^{(t)} \sim U_{[x^{(t)}-\delta,\ x^{(t)}+\delta]}$$

이다.

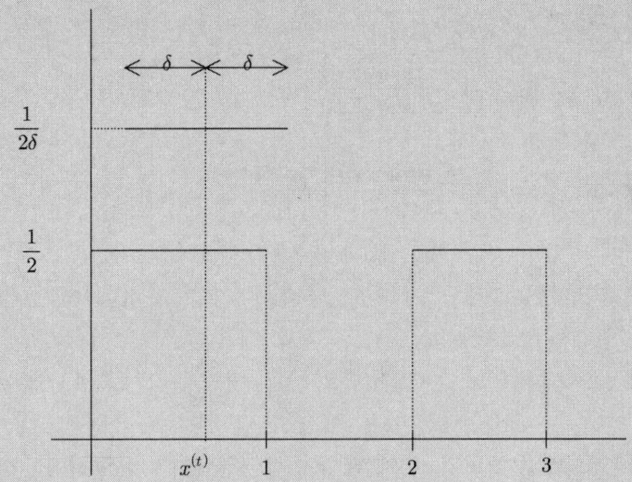

그림 5.10

만약 $\delta \le 1$이면, 제안분포함수는 가약이다. 따라서 이 연쇄는 구간 $[0,1]$ 또는 $[2,3]$ 중 하나에 머물 수밖에 없다. 그러므로 기약은 항상 요구된다.

정리 5.111

알고리즘 5.55(MH)에서 $(X^{(t)})$가 $f-$기약이라 가정하자.

(1) $h \in L^1(f)$이면, 이때

$$\lim_{T\to\infty} \frac{1}{T}\sum_{t=1}^{T} h(X^{(t)}) = \int h(x)f(x)dx,\ a.e. \tag{5.207}$$

여기서 $L^1(f) = \left\{f : \int |f(x)|dx < \infty\right\}$이다.

(2) 추가로 $(X^{(t)})$이 비주기적이면, 모든 초기분포함수 μ에 대하여

$$\lim_{T\to\infty} \left\| \int K^n(x,\bullet)\mu(dx) - f \right\|_{TV} = 0 \tag{5.208}$$

여기서, $K^n(x,\bullet)$은 n번 전이에 대한 핵을 나타낸다.

정리 5.112 | Mengersin and Tweedie, 1996

모든 x가 f의 지지구간에서

$$f(x) \le Mg(x) \tag{5.209}$$

을 만족하는 상수 M이 존재하면, 알고리즘 5.61(IMH)은 균등적 에르고딕을 생성한다. 이 경우에서,

$$\| K^n(x, \bullet) - f \| \le 2\left(1 - \frac{1}{M}\right)^n \tag{5.210}$$

이다.

증명 (연습문제)

예제 5.113

다음과 같은 절단정규분포에 알고리즘 5.58(RWMH)을 적용하고자 한다.

$$\pi(x) \propto \frac{1}{(2\pi)^{1/2}} e^{-x^2/2} I_{[-x_0, x_0]}(x)$$

이다. 제안분포는

$$q(y|x) = N(x, 1)\, I_{[-x_0, x_0]}(y) = \frac{1}{(2\pi)^{1/2}} e^{-(y-x)^2/2} I_{[-x_0, x_0]}(y)$$

$$\ge e^{-2x_0^2} I_{[-x_0, x_0]}(x)\, I_{[-x_0, x_0]}(y)$$

이므로, $\rho(x,y) = \min\left\{1, \frac{\pi(y)}{\pi(x)}\right\} \ge e^{-x_0^2}$이다. 또한

$$K(x, dy) \ge e^{-2x_0{}^2} \times e^{-x_0{}^2} I_{[-x_0, x_0]}(y) dy$$

으로, 소수화조건 (5.165)을 만족한다.

정리 5.114

만약 식 (5.209) 조건을 만족한다면, 알고리즘 5.61(IMH)에 관한 연쇄가 불변이면, 채택확률의 기댓값은 최소한 $\frac{1}{M}$이다.

증명

만약 $f(X)/g(X)$의 분포함수가 절대연속이면, 채택확률의 기댓값은

$$E\left[\min\left\{\frac{f(Y_t)g(X^{(t)})}{f(X^{(t)})g(Y_t)},1\right\}\right]$$

$$= \int 1_{\left\{\frac{f(y)g(x)}{f(x)g(y)}>1\right\}} f(x)g(y)dxdy + \int 1_{\left\{\frac{f(y)g(x)}{f(x)g(y)}\le 1\right\}} \frac{f(y)g(x)}{f(x)g(y)} f(x)g(y)dxdy$$

$$= 2\int 1_{\left\{\frac{f(y)g(x)}{f(x)g(y)}\ge 1\right\}} f(x)g(y)dxdy$$

$$\ge 2\int 1_{\left\{\frac{f(y)}{g(y)}\ge \frac{f(x)}{g(x)}\right\}} f(x)\cdot\frac{f(y)}{M}dxdy = \frac{2}{M}P_r\left(\frac{f(X_1)}{g(X_1)}\ge\frac{f(X_2)}{g(X_2)}\right) = \frac{1}{M}$$

이다.

5.4 MCMC 출력 및 수렴진단

깁스샘플러는 메트로폴리스-하스팅스 알고리즘의 특별한 형태임으로 이들을 모두 통칭하여 MCMC 알고리즘이라고 한다.

5.4.1 MCMC 출력의 사용

MCMC 알고리즘의 목표함수인 사후분포 $\pi(\theta|y)$에서 난수를 생성하기 위해 다음과 같은 두 개의 조건들을 만족하는 마르코프 연쇄를 구축해야만 한다.

(1) 제안분포 $q(\theta^{(t)},\theta^{(t+1)})$에서 난수 생성이 쉽다.
(2) 이 마르코프 연쇄의 불변분포는 사후분포 $\pi(\theta|y)$이어야 한다.

이러한 두 개의 조건들을 만족하는 하나의 마르코프 연쇄를 갖고 있다고 가정하자. 이때, 첫째, 초기값 $\theta^{(0)}$을 선택한다.

둘째, 불변분포에 수렴할 때까지, T개의 관측값들을 생성한다.

셋째, 5.4.3절에서 소개되는 수렴진단을 이용하여, 알고리즘의 수렴을 모니터링 한다. 만약 수렴진단이 실패하면, 더 많은 관측값들을 생성한다.

넷째, 첫 B개의 관측값들을 제거한다. 이는 5.4.2절에서 설명될 번인(burn-in)이다.

다섯째, 사후분포의 표본들로서 $\{\theta^{(B+1)}, \theta^{(B+2)}, \ldots, \theta^{(T)}\}$를 사용하며, 즉, $T' = T - B$개의 관측값들만 MCMC 출력으로 사용한다.

여섯째, 사후분포를 플롯한다.

마지막으로, 사후분포들의 기술 통계량들(예, 사후평균, 사후중앙값, 사후최빈값, 사후표준편차, 사후분위수 및 사후상관 등)을 요약한다.

이 단계들에서 MCMC 출력들에 대한 수렴의 여부를 식별하는 통계적 검정들인 수렴진단(Gelman and Rubin 통계량 등)에 대하여 보다 자세한 설명들이 5.4.3절에 있다(Cowles와 Carlin, 1996).

이제 MCMC 출력을 이용하여 사후분포의 통계량들을 묘사하는 방법들을 서술한다. 먼저 위의 순서에 의하여 구해진 MCMC 출력들을 다음과 같이 표현한다.

$$\theta^{(1)}, \theta^{(2)}, \ldots, \theta^{(t)}, \ldots, \theta^{(T')}. \tag{5.211}$$

여기서 $H(\theta)$은 관심모수 θ의 함수라고 하자. 표현 (5.211)에 있는 MCMC 출력에 근거하여, 다양한 추정값들을 다음과 같은 단계로 구할 수 있다.

단계-1 모수 함수 $H(\theta)$의 단순한 표본들은

$$H(\theta^{(1)}), H(\theta^{(2)}), \ldots, H(\theta^{(t)}), \ldots, H(\theta^{(T')}) \tag{5.212}$$

로 구해진다.

단계-2 사후평균의 추정값은

$$\hat{E}(H(\theta)|y) = \frac{1}{T'} \sum_{t=1}^{T'} H(\theta^{(t)}) \tag{5.213}$$

이며, 사후표준편차의 추정값은

$$\widehat{SD}(H(\theta)|y) = \sqrt{\frac{1}{T'-1} \sum_{i=1}^{T'} \left[H(\theta^{(t)}) - \hat{E}(H(\theta)|y) \right]^2}. \tag{5.214}$$

관심있는 다른 측도들은 사후중앙값, 사후분위수(예: 2.5% 그리고 97.5% 백분위수) 및 최대사후밀도(highest posterior density, HPD)신용구간 등이 있다. θ의 $100(1-\alpha)\%$ 베이지안 동등-꼬리 신용구간(equal-tail credible interval)은

$$(\theta^{\alpha/2}, \theta^{1-\alpha/2}) \tag{5.215}$$

이며, 여기서

$$\pi(\theta^{\alpha/2}|y) = \frac{\alpha}{2} \text{ 및 } \pi(\theta^{1-\alpha/2}|y) = 1 - \frac{\alpha}{2}$$

이다. 이 구간은 $\{\theta^{(t)}\}$중에서 경험적으로 $\alpha/2-$번째와 $(1-\alpha/2)-$번째를 이용하여 구할 수 있다. 또한 θ의 경험적 $100(1-\alpha)\%$ HPD 신용구간을 구하기 위해서, 다음의 Chen-Shao 알고리즘(Chen and Shao, 1999; Chen et al., 2000)을 이용한다.

알고리즘 5.115 경험적 $100(1-\alpha)\%$ HPD 신용구간

단계-1: 순서적으로 $\{\theta^{(t)}\}$을 분류한다(즉, 순서통계량을 구한다).

$$\theta_{(1)}^{(\sigma(t))} \leq \theta_{(2)}^{(\sigma(t))} \leq \cdots \leq \theta_{(t)}^{(\sigma(t))} \leq \cdots \leq \theta_{(T')}^{(\sigma(t))} \tag{5.216}$$

여기서 위 첨자 $\sigma(t)$은 $\{1, \ldots, T'\}$의 순열 중 하나이며, 아래 첨자 (t)은 MCMC 출력 $\{\theta^{(t)}\}$ 중에서의 $t-$번째 순서 통계량을 의미한다. 예를 들면, $\theta_{(5)}^{(2)}$은 $\{\theta^{(t)}\}$ 중에서 출력 $\theta^{(2)}$이 다섯 번째 순서통계량이다.

단계-2: $100(1-\alpha)\%$ 신용구간들을 다음과 같이 계산한다.

$$R_j(n) = (\theta_{(j)}^{(\sigma(t))}, \theta_{(j+[(1-\alpha)T'])}^{(\sigma(t))}),\ j = 1, 2, \cdots, T' - [(1-\alpha)T']. \tag{5.217}$$

단계-3: $R_{j^*}(n)$로 표현되는 $100(1-\alpha)\%$ HPD 신용구간은 단계-2에서 구한 모든 신용구간들 중에서 최소구간을 갖는 구간이다.

또한 사후최빈값은 단순히 θ의 값들을 추적하여 MCMC 표본으로 추정할 수도 있다. 이들로 사후분포를 최대화한다. 그러나 이 추정값은 신뢰할 수 있는 것으로서 간주될 수 없다. 따라서 만약 사후최빈값의 추정에 관심이 있다면, 이는 최적방법을 직접 고려하는 것이 더 좋다.

단계-3, 모수들 사이의 상관들을 계산하고 모니터링한다.

마지막으로, 주변사후분포들의 플롯들을 그린다(막대그래프, 밀도 플롯, 오차 바 및 박스플롯 등).

다음으로, MCMC 출력의 분석에서 보고되며 모니터링해야 하는 중요한 측도값은 몬테카를로 오차(MCE)이다. 이는 시뮬레이션으로 인한 각 추정값들의 변동성을 측정한다.

증가된 정밀도로 관심모수가 계산되기 위해 몬테카를로 오차는 낮아야만 한다. 이는 사용자가 제어할 수 있는 생성된 표본 크기의 역수에 비례한다. 따라서 충분한 반복 수 T에 대해, 관심 정량은 증가된 정밀도를 갖고 추정될 수 있다.

몬테카를로 오차를 추정하는 가장 일반적인 방법은 배치평균(batch mean)과 윈도우추정량(window estimator) 방법들이 있다. 전자는 간단하고 구현하기 쉽기 때문에 인기가 있지만, 후자는 보다 정확하다.

배치평균 방법을 사용하여 몬테카를로 오차를 계산하기 위해 결과적인 출력 표본을 K개의 배치들로 간단히 분할한다(일반적으로 $K=30$ 또는 $K=50$). 배치들의 수 K와 각 배치의 표본 크기 $\nu=T'/K$ 모두는 분산을 일관되게 추정하고 자기상관을 제거할 수 있도록 하기 위해 충분하게 커야만 한다(Carlin and Louis, 2001).

$H(\theta)$의 사후평균에 대한 몬테카를로 오차를 계산하기 위해 우선 다음 식으로 주어진 각 배치평균 $\overline{H(\theta)}_b$을 계산한다. 각 배치에 대해,

$$\overline{H(\theta)}_b=\frac{1}{\nu}\sum_{t=(b-1)\nu+1}^{b\nu}H(\theta^{(t)}) \tag{5.218}$$

이며, 전체 표본평균은

$$\overline{H(\theta)}=\frac{1}{T'}\sum_{t=1}^{T'}H(\theta^{(t)})=\frac{1}{K}\sum_{b=1}^{K}\overline{H(\theta)}_b \tag{5.219}$$

여기서 관측값 $\theta^{(1)},\dots,\theta^{(T')}$은 표현 (5.211)에 있음을 기억하라. 이때, MCE의 추정값은 단순히 배치평균 추정값 $\overline{H(\theta)}_b$의 표준편차로서 아래와 같이 주어진다.

$$\begin{aligned}\mathrm{MCE}[H(\theta)]&=\widehat{\mathrm{SE}}[\overline{H(\theta)}]=\sqrt{\frac{1}{K}}\widehat{\mathrm{SD}}\left[\overline{H(\theta)}_b\right]\\&=\sqrt{\frac{1}{K(K-1)}\sum_{b=1}^{K}\left(\overline{H(\theta)}_b-\overline{H(\theta)}\right)^2}.\end{aligned} \tag{5.220}$$

MCE의 배치평균 추정값은 Hastings(1970), Geyer(1992), Roberts(1996, p50), Carlin and Louis(2000, p.172) 및 Givens and Hoeting(2005, p.208)에서 더 자세히 설명한다.

두 번째 방법(윈도우추정량)은 아래 있는 Roberts(1996, p.50)에서 주어진 자기상관표본들에 있는 분산들의 표현에 근거한다.

$$\mathrm{MCE}[H(\theta)]=\frac{\widehat{\mathrm{SD}}[\mathrm{H}(\theta)]}{T'}\sqrt{1+2\sum_{\mathrm{k}=1}^{\infty}\hat{\rho}_{\mathrm{k}}[\mathrm{H}(\theta)]}, \tag{5.221}$$

여기서 $\hat{\rho}_k[H(\theta)]$은 시차 k의 추정자기상관이다. 즉, 모수들 $H(\theta^{(t)})$ 및 $H(\theta^{(t+1)})$사이

의 상관이다. 따라서 큰 k의 경우, 자기상관들은 남은 관측값들의 수가 적기 때문에 표본에서 안정적으로 추정되지 않는다. 더욱이 실제로 자기상관은 충분히 큰 k에 대해 0에 가깝다. 이러한 이유로 창 w 이후에 자기상관이 상당히 낮고(예를 들어, < 0.1, Carlin and Louis, 2001)것으로 식별하고, 앞의 MCE 추정값에 있는 $k > w$에서 $\hat{\rho}_k$을 제거한다. 그러므로 수정된 MCE 추정값에 근거한 창은

$$\mathrm{MCE}[H(\theta)] = \frac{\widehat{\mathrm{SD}}[\mathrm{H}(\theta)]}{T'} \sqrt{1 + 2\sum_{\mathrm{k}=1}^{\mathrm{w}} \hat{\rho}_{\mathrm{k}}[\mathrm{H}(\theta)]}. \quad (5.222)$$

여기서 $N\left[\sqrt{1+2\sum_{k=1}^{w}\hat{\rho}_k[H(\theta)]}\right]^{-1}$ 은 효과표본크기(ESS)로 알려져 있다(Kass et al., 1998).

마지막으로 베이지안들이 모형선택에서 자주 사용하는 편차정보기준(Deviance Information Criterion, DIC) (Spiegelhalter 외 2002)은 모형평가 도구이며, 아카이케 정보기준(AIC) 및 베이지안 정보기준(BIC)에 대한 베이지안 대안이다. DIC는 사후밀도들을 사용하고, 이는 사전정보가 고려된다 것을 의미한다. 이 기준은 비−중첩모형과 비−$i.i.d.$ 자료에 적용할 수도 있다. MCMC에서 DIC를 계산하는 것은 어렵지 않다. 상대적으로 작은 DIC은 자료에 잘 적합됨을 표시한다(6.4절 참조).

θ은 모형모수들이라 하자. 편차정보기준(DIC) 공식은

$$DIC = \overline{D(\theta)} + p_D = D(\bar{\theta}) + 2p_D \quad (5.223)$$

이며, 여기서

$$D(\theta) = -2\ln(f(y|\theta)) \text{ 및 } p_D = \overline{D(\theta)} - D(\bar{\theta})$$

이며, 따라서 $D(\theta)$은 편차이며 $\bar{\theta} = \frac{1}{T'}\sum_{t=1}^{T'}\theta^{(t)}$은 사후평균에 근사되며, $\overline{D(\theta)} = \frac{1}{T'}\sum_{t=1}^{T'}D(\theta^{(t)})$ 은 편차의 사후평균으로 근사된다. p_D은 모수들의 유효수로 인식할 수 있다. 이것은 적합도 측정과 측정치 편차의 차이다. 기대편차는 모형이 자료에 얼마나 잘 적합한가를 나타내는 척도이다. 또한 p_D은 모형의 복잡성을 설명하며 더 많은 모수들을 가진 모형에 대한 편차의 경향을 수정하는 벌칙항으로 역할이다.

5.4.2 번인 및 갭(Gap 또는 Thinning) 효과

$\theta = (\theta_1, \theta_2)$이라 두자. 주어진 x 아래에서 θ_1 와 θ_2가 독립이 아니라면, 일반적으로

$$\pi(\theta_1, \theta_2|x) \neq \pi(\theta_1|\theta_2, x)\pi(\theta_2|\theta_1, x) \quad (5.224)$$

이다. 깁스샘플러 기법에서, θ_i의 구성들은 궁극적으로 그들의 일차 완전조건부분포에서 생성된다. 그러나 어떤 정칙조건 아래에서 n_0가 충분히 클 때,

$$\theta_i \sim \pi(\theta|x), \ i > n_0$$

임을 수렴이론에 의하여 알 수 있으며, 여기서 θ_i은 벡터 θ의 i번째 난수를 의미한다. 다른 말로 표현하면, $i \le n_0$에 대하여 θ_i가 표적사후함수인 $\pi(\theta|x)$에서 생성되었다고 볼 수가 없을 수도 있다. 그러나 궁극적으로 $\pi(\theta|x)$의 난수일 것이다. 이럴 때, n_0을 '번인(burn-in)' 기간이라고 한다. n_0의 결정은 표적분포에 절대적으로 의존적이다. 최근에 발전된 수렴진단 방법들은 얼마나 큰 n_0 것인지를 제공하고 있다. Carlin et al.(2002)을 참고하여라.

보다 정확하게 말하면 번인은 마르코프 연쇄 몬테카를로를 이용한 추론에서 초깃값의 효과를 줄이기 위해서 마르코프 연쇄의 초기 부분들을 버리는 작업을 말한다. 예를 들어, 목표분포가 표준정규분포 $N(0,1)$이고, 여기서 마르코프 연쇄가 초깃값 10^6에서 시작한다고 가정하자. 이 연쇄는 몇 번의 반복으로 0 주위의 지역으로 빠르게 움직일 것이다. 그러나 초깃값 10^6 및 그 주위를 포함한 표본들은 평균 계산에서 평균 추정값에 상당한 편차를 야기 시킬 수 있다. 이론적으로, 만약 마르코프 연쇄가 무한한 시간 동안 실행되면, 초깃값의 영향은 0으로 감소한다. 실제 문제에서 무한한 표본을 갖는다는 것은 거의 불가능하다. 실제로, t번 반복 후 연쇄가 목표분포에 도달했다 가정하고, 초기 부분을 버리고 MCMC를 이용한 추론을 위해 좋은 표본을 사용한다. 이때, t의 값은 번인 수(또는 번인기간)라고 한다. t의 결정은 목표분포에 절대적으로 의존적이다. 최근에 발전된 수렴진단 방법들은 t의 크기를 제공하고 있다(Carlin et al., 2002).

일부 모형들의 경우 마르코프 연쇄의 나쁜 혼합(또는 느린 수렴)이 발생하는 것을 경험한다. 예를 들어, 사후분포에서 모수들이 서로 매우 높은 상관관계를 갖는다면 이러한 현상이 발생할 수 있다. 열약한 혼합 마르코프 연쇄는 모수공간을 서서히 배회하여 그 연쇄는 매우 높은 의존성을 갖는 것을 의미한다.

이미 언급했듯이 최종 MCMC로 생성된 표본들은 실제로 독립적이지 않다. 이러한 이유로 생성된 값의 자기상관을 모니터링할 필요가 있다. 표본들의 자기상관이 높은 것은 편향된 몬테카를로 오차를 초래한다. 이를 해결할 전략은 표본 자기상관을 줄이기 위해 마르코프 연쇄를 얇게 하는(thinning)것이다. 때때로 이를 갭(gap)이라고도 한다. 각 수열에서 매 $k-$번째 시뮬레이션 추출을 유지하면서 연쇄를 얇게 한다. 연쇄가 수렴하는 한 추론을 위한 얇은 마르코프 연쇄를 안전하게 사용할 수 있다. 마르코프 연쇄를 얇게 하는 것은 이미 생성된 사후표본들 중에서 앞부분의 $(k-1)/k$개를 버리기 때문에 낭비적일 수 있다는 것을 염두에 둔다. MacEachern and Berliner(1994)는 전체 마르코프 연

쇄가 사용되면, 항상 더 정확한 사후 추정값을 구한다는 것을 보였다. 그러나 컴퓨터 저장장치 또는 그림 그리는 시간과 같은 다른 요인들은 모든 표본을 보관하지 못할 수도 있다. 따라서 연쇄를 얇게 하는 것이 효율적이다.

예제 5.116

다음으로 '번인'의 효과에 대하여 살펴보자. 예제 5.101에서 살펴본 이변량 정규분포 $N_2(\mu, \Sigma)$을 고려하면 여기서,

$$\mu = \begin{pmatrix} \mu_1 \\ \mu_2 \end{pmatrix} \text{와 } \Sigma = \begin{pmatrix} \sigma_1^2 & \rho\sigma_1\sigma_2 \\ \rho\sigma_1\sigma_2 & \sigma_2^2 \end{pmatrix}$$

이다. 이미 $\theta_{1,i+1}$의 주변 깁스 이동들은 식 (5.200)에 따르면 모든 $i \geq 0$에 대하여,

$$\theta_{1,i+1} = \mu_1 + \psi(\theta_{1,i} - \mu_1) + \sigma_1^* z_{i+1}^*$$

이며, 여기서 $\psi = \rho^2$, $\sigma_1^{*2} = \sigma_1^2(1-\rho^4)$이며, $\{z_i^*, i \geq 0\}$은 독립이고 동일한 표준정규분포 $N(0,1)$에서 온 확률변수들의 수열이다. 이제,

$$\hat{\mu}_1 = \frac{1}{n}\sum_{i=n_0+1}^{n_0+n} \theta_{1,i} \tag{5.225}$$

라 두면, 이때

$$\begin{aligned} E[\hat{\mu}_1] &= \mu_1 + \frac{1}{n}\sum_{i=n_0+1}^{n_0+n} \psi E(\theta_{1,i-1} - \mu_1) = \mu_1 + \frac{1}{n}\sum_{i=n_0+1}^{n_0+n} \psi^i(\theta_{1,0} - \mu_1) \\ &= \mu_1 + \frac{1}{n} \times \psi^{n_0+1} \times \frac{1-\psi^n}{1-\psi}(\theta_{1,0} - \mu_1) \end{aligned} \tag{5.226}$$

이다. 그러므로 고정된 한 점의 초기화 때문에 발생된 편향(bias)은

$$bias = \frac{1}{n} \times \psi^{n_0+1} \times \frac{1-\psi^n}{1-\psi}(\theta_{1,0} - \mu_1) \tag{5.227}$$

이다. 실제적으로 매우 열악한 초깃값 $\theta_{1,0} - \mu_1 = 10$을 갖고, 편향을 다양한 값들로 계산해 보면 다음과 같은 결과들이 얻어진다.

표 5.9 $n = 1000$일 때 편향

n_0	ρ 0.5	0.9	0.99	0.999
50	0.0	0.0	0.18	3.91
100	0.0	0.0	0.07	3.53
500	0.0	0.0	0.02	1.59
1000	0.0	0.0	0.00	0.58

표 5.10 $n = 10000$일 때 편향

n_0	ρ 0.5	0.9	0.99	0.999
50	0.0	0.0	0.02	0.45
100	0.0	0.0	0.01	0.41
500	0.0	0.0	0.00	0.18
1000	0.0	0.0	0.00	0.07

그러므로 표 5.9와 5.10에 따르면 n이 상대적으로 커질 때, 번인효과는 매우 작아진다. 그러나 n이 작고 ρ가 크면, 번인효과는 상대적으로 커진다.

예제 5.117 중도절단 정규자료

정규분포 $N(\mu,\sigma^2)$로부터 n개의 확률표본이 있고, 첫 번째 m개 $(w_1,\ldots,w_m)$은 관찰되었고, 나머지는 c값에서 중도절단되었다고 가정한다(즉, 이 절단된 실제값은 오직 c보다 크다는 것만 알고 있다). 관측값은 y라 하자. 이때 우도함수는

$$L(\mu,\sigma^2|y)\propto \frac{\Pi_{j=1}^{m}\phi(w_j|\mu,\sigma^2)}{\left\{\Phi(\frac{c-\mu}{\sigma})\right\}^m}\left\{1-\Phi\left(\frac{c-\mu}{\sigma}\right)\right\}^{n-m} \tag{5.228}$$

이며, 이것을 최대화하고 심지어 표집하기도 해석적으로 어렵다. 중도절단 관측값을 결측자료 z로 이용하여 현재자료 y을 확대하고자 한다. 완전자료벡터는

$$x \equiv (y^T, z^T)^T = (w_1,\cdots,w_m,w_{m+1},w_n)^T$$

이며, $y=(w_1,\cdots,w_m)^T$ 이고 $z=(w_{m+1},\cdots,w_n)^T$이다. 완전자료 로그우도함수는

$$\ln L_c(x|\mu,\sigma^2)=\sum_{j=1}^{m}\ln\phi(w_j;\mu,\sigma^2)+\sum_{i=m+1}^{n}\ln\phi(w_j;\mu,\sigma^2)I(w_j>c)$$

로 표현된다. 여기서 μ 및 σ^2에 대한 균등사전분포를 가정하자. 그러므로 깁스샘플러의 완전조건부분포들은 다음과 같다.

알고리즘 5.118 중도절단 정규자료에 대한 깁스샘플러

단계-1:

$$z|\mu,\sigma^2,y \sim \prod_{j=1}^{n} \frac{\phi(w_j;\mu,\sigma^2)}{1-\Phi(\frac{c-\mu}{\sigma})} \quad (\text{절단정규분포})$$

단계-2:

$$\sigma^2|\mu,z,y \sim \prod_{j=1}^{n} \phi(w_j;\mu,\sigma^2) \propto \sigma^{-n}\exp\left\{-\frac{\Sigma_{j=1}^{n}(w_j-\mu)^2}{2\sigma^2}\right\},$$

이는 척도모수 $\sum_{j=1}^{n}(w_j-\mu)^2$와 형태모수 $(n-2)/2$을 갖는 척도 역카이제곱분포이다.

단계-3:

$$\mu|\sigma^2, z, y \sim \prod_{j=1}^{n} \phi(w_j|\mu,\sigma^2)$$

$$\propto \exp\left\{-\frac{\Sigma_{i=1}^{n}(w_j-\mu)^2}{2\sigma^2}\right\} = \exp\left\{-\frac{\Sigma_{i=1}^{n}\left\{w_j-\overline{x}+\overline{x}-\mu\right\}^2}{2\sigma^2}\right\}$$

$$\equiv N(\overline{w}, \frac{\sigma^2}{n}).$$

예제 5.119

$n=50, m=43$ 및 $c=15$인 자료집합이 있다 하자. 즉, 중도절단자료는 7개이다.

표 5.11 예제 5.118의 중도절단 자료

9.97	7.42	10.46	9.06	1.30	11.24	4.05	2.54	0.74	5.15	11.10
4.22	3.27	12.30	10.56	8.28	7.41	7.43	8.15	9.48	7.25	5.69
11.88	8.44	12.61	13.54	13.49	1.48	14.52	8.25	11.17	8.44	12.73
1.44	10.51	6.17	11.43	6.05	6.72	4.72	8.76	8.88	5.20	

본 자료(표 5.11)에 깁스샘플러를 적용하고, μ, σ^2의 사후분포에서 100,000개의 표본을 추출하기 위해, 1,000개를 번인하고, 100번째마다 옮게하여(갭) 사용한 깁스출력을 확보한다. 표 5.12는 확보한 깁스출력들의 기술통계량을 나타낸다.

표 5.12 μ, σ^2의 깁스출력들의 기술통계량

	μ	σ^2
반복수	1,000,000	1,000,000
최솟값	5.737	2.982
최댓값	13.770	9.508
범위	8.033	6.526
중앙값	9.306	4.866
평균	9,312	4.920
95% 신용구간의 상한	9.314	4.922
95% 신용구간의 하한	9.311	4.919
표준편차	0.712	0.583
분산	0.508	0.340

5.4.3 통계적 진단검정

5.4.3.1 겔만-루빈(Gelman-Rubin) 방법

겔만-루빈 진단(Gelman and Rubin, 1992; Brooks and Gelman, 1998)은 각 연쇄-내(within)의 분산들(이하, 연쇄-내-분산) 및 연쇄-간(between)의 분산들(이하, 연쇄-간-분산)의 차이를 비교하여 여러 개의 시뮬레이션된 MCMC 연쇄들을 분석하는데 근거한다. 이 두 분산들 간의 큰 편차는 수렴하지 않는 것을 의미한다. $\{\theta^{(t)}, t=1, \cdots, n\}$은 단일 마르코프 연쇄 출력의 집합으로 정의하고, 여기서 $\theta^{(t)}$은 마르코프 연쇄의 t-번째 표본이다. 표기법 상의 단순성을 위해 θ은 본 절에서 일차원이라고 가정한다.

목표분포의 여러 부분에서 초기화된 M개의 병렬 MCMC 연쇄들이 있다고 가정한다. 각 연쇄의 길이는 n이며, 이는 번인을 버린 후 개수이다. 각 $\theta^{(t)}$에 대해, 시뮬레이션들을 $\theta_m^{(t)}$이라고 표기하고, 여기서 $t=1,\cdots,n$이고 $m=1,\cdots,M$이다. 연쇄-간-분산 B와 연쇄-내-분산 W은 다음과 같이 계산된다.

$$B=\frac{n}{M-1}\sum_{m=1}^{M}\left(\overline{\theta}_{m.}-\overline{\theta}_{..}\right)^2, \quad \overline{\theta_{m.}}=\frac{1}{n}\sum_{t=1}^{n}\theta_m^{(t)}, \quad \overline{\theta_{..}}=\frac{1}{M}\sum_{m=1}^{M}\overline{\theta}_{m.}$$

$$W = \frac{1}{M}\sum_{m=1}^{M} s_m^2 \text{ 및 } s_m^2 = \frac{1}{n-1}\sum_{t=1}^{n}(\theta_m^{(t)} - \overline{\theta}_{m.})^2.$$

사후분산은 W와 B의 가중평균이다. 이 분산의 추정값은

$$\overline{V} = \frac{n-1}{n}W + \frac{M+1}{nM}B$$

이다. 모든 M개의 연쇄가 목표분포에 도달한다면, 이 사후분산 추정값은 연쇄-내-분산 W에 매우 가깝다. 따라서 비 $\overline{V}/W$가 1의 근처에 있기를 기대한다. 이 비의 제곱근을 잠재척도감소계수(potential scale reduction factor, PSRF)이라고 한다. 큰 PSRF는 연쇄-간-분산이 연쇄-내-분산보다 실질적으로 큰 것을 나타내고 더 긴 시뮬레이션이 필요하다. PSRF가 1에 가깝다면, M개 연쇄들 각각이 안정화되고 목표분포에 도달할 가능성이 있다. Brooks and Gelman(1998)이 제안한 세련된 버전은 다음과 같다.

$$\widehat{R}_c = \sqrt{\frac{\hat{d}+3}{\hat{d}+1}\cdot\frac{\widehat{V}}{W}} = \sqrt{\frac{\hat{d}+3}{\hat{d}+1}\left(\frac{n-1}{n} + \frac{M+1}{nM}\frac{B}{W}\right)} \tag{5.229}$$

여기서, $\hat{d} = 2\frac{\widehat{V}^2}{\widehat{Var}(\widehat{V})}$ 이고,

$$\widehat{Var}(\hat{V}) = \left(\frac{n-1}{n}\right)^2\frac{1}{M}\widehat{Var}(s_m^2) + \left(\frac{M+1}{nM}\right)^2\frac{2}{M-1}B^2 + \frac{2(M+1)(n-1)}{n^2M}\frac{n}{M}\left(\widehat{Cov}(s_m^2, (\overline{\theta}_{m.})^2) - 2\overline{\theta}_{..}\widehat{Cov}(s_m^2, \overline{\theta}_{m.})\right)$$

이다. 모든 베이지안 절차들은 역시 $\widehat{R}_c$의 상위 $100(1-\alpha/2)\%$ 신뢰극한을 생성한다. Gelman and Rubin(1992)은 $\widehat{R}_c$의 비 B/W은 자유도 $M-1$과 $2W^2M/\widehat{Var}(s_m^2)$을 갖는 F 분포를 따른다는 것을 보였다. 척도가 작지 않고 큰 것에 관심이 있다면, 오직 상위 $100(1-\alpha/2)\%$ 신뢰극한만 주어지며, 이는

$$\sqrt{\left(\frac{n-1}{n} + \frac{M+1}{nM}\cdot F_{1-\alpha/2}\left(M-1, \frac{2W^2}{\widehat{Var}(s_m^2)/M}\right)\right)\cdot\frac{\hat{d}+3}{\hat{d}+1}} \tag{5.230}$$

이다. 베이지안 절차에서, 수행하고자 하는 연쇄들의 수를 지정할 수 있다. 전형적으로 3개의 연쇄들은 충분하다. 첫 번째 연쇄는 평균과 표준오차 같은 사후 추론을 위하여 사용하고, 나머지 $M-1$개의 연쇄들은 진단을 위하여 계산에 사용하고 나중에 제거한다. 이 검정은 시뮬레이션을 M배로 늘리므로 계산 비용이 많이 든다.

모든 M 연쇄에 대해 다른 초깃값들을 선택하는 것이 가장 좋다. 초깃값들은 가능한 각 연쇄에서 많이 펼쳐있어야 한다. 그러므로 마르코프 연쇄가 목표분포에 수렴하기 전에 이 연쇄들이 분포의 다른 부분들을 완전히 탐험할 수 있도록 하여야 한다. 유사한 초깃값들은 모든 연쇄들이 국소적 최댓값에 머물러있을 수 있기 때문에 매우 위험하다. 이것은 수렴검정이 감지할 수 없는 것이 있다.

5.4.3.2 라프터리-루이스(Raftery-Lewis) 방법

Raftery and Lewis(1992)는 깁스샘플러가 얼마나 많이 반복하여야 하는가 문제를 논하였다. 특히 사후분포 $P(U \le u|Y)$의 특정 사분위수를 확률 s로 추정한다고 가정하자. 여기서 U은 모수벡터 θ의 함수이다. Raftery and Lewis(1992)는 폐기되어야 할 초기 M 반복의 수(단일 연쇄인 경우)와, 더욱이 모든 k번째가 저장될 N개에 대한 반복의 수 공식들을 제시하였다. 각각의 반복 t에 대한 U_t을 계산하고, 이때 $Z_t = \delta(U_t \le \mu)$의 형태를 만든다고 가정하자. 여기서 $\delta(\bullet)$는 지시함수이다. 이때 $\{Z_t\}$은 이항 0−1 과정이다. 새로운 과정 $\{Z_t^{(k)}\}$를 고려한다. 여기서 $Z_t^{(k)} = Z_{1+(t-1)k}$이며,

$$\begin{bmatrix} 1-\alpha, & \alpha \\ \beta, & 1-\beta \end{bmatrix}$$

은 $(Z_i^{(k)})$의 전이행렬이라고 하자. 폐기되는 번인에 대한 반복의 수는 mk이며, 여기서,

$$m = \frac{\log\left(\dfrac{\varepsilon(\alpha+\beta)}{\max(\alpha,\beta)}\right)}{\log(1-\alpha-\beta)} \tag{5.231}$$

이고, ε은 $p(z_m^{(k)} = i|z_0^{(k)} = j)$과 평형확률(equilibrium probability) 사이의 요구되는 거리이다. 그러므로 $N = kn$이며, 여기서

$$n = \frac{\alpha\beta(2-\alpha-\beta)}{(\alpha+\beta)^3}\left[\frac{\Phi\left(\dfrac{1}{2}(1+s)\right)}{r}\right]^2 \tag{5.232}$$

이고, $\Phi(\bullet)$는 표준정규누적분포함수이다. 이 아이디어를 구현하려면 α와 β를 추정하기 위해 초기 수행이 필요하다. 연소가 모수공간의 부분 영역에 고립된다면, α와 β의 추정이 잘못될 수 있다.

5.4.3.3 자기상관 및 효과표본크기

시차 h의 표본자기상관은 표본자기공분산 함수의 항들로 정의된다.

$$\hat{\rho}(h) = \frac{\hat{\gamma}(h)}{\hat{\gamma}(0)}, |h| < n. \tag{5.233}$$

시차 h의 표본자기공분산 함수는

$$\hat{\gamma}(h) = \frac{1}{n-h}\sum_{t=1}^{n-h}\left(\theta_i^{t+h} - \overline{\theta}_i\right)\left(\theta_i^t - \overline{\theta}_i\right),\ 0 \le h < n.$$

마르코프 연쇄의 혼합을 검사하기 위해서 자기상관 및 추적 플롯들을 사용한다. 혼합과 밀접하게 관련된 척도는 효과표본크기(effective sample size, ESS)이다(Kass et al., 1998). ESS는 다음과 같이 정의된다.

$$ESS = \frac{n}{\tau} = \frac{n}{1 + 2\sum_{k=1}^{\infty}\rho_k(\theta)} \tag{5.234}$$

여기서, n은 총 표본의 크기이고 $\rho_k(\theta)$은 θ에 대한 시차 h의 자기상관이다. τ는 자기상관 시간이라고 한다. τ을 추정하기 위해, 베이지안 절차는 먼저 자기상관이 0에 매우 가깝게 하는 컷오프 점 k을 찾고, 그리고 그 점 k까지 모든 ρ_k을 합한다. 컷오프 점 k은 $\rho_k < 0.05$ 또는 $\rho_k < 2s_k$이며, 여기서 s_k은 추정된 표준편차이다.

$$s_k = 2\sqrt{\left(\frac{1}{n}\left(1 + 2\sum_{j=1}^{k-1}\rho_k^2(\theta)\right)\right)}.$$

ESS와 τ은 서로 반비례하고, 작은 ESS 또는 높은 τ은 마르코프 연쇄의 느슨한 혼합이다.

5.4.3.4 시각적 해석 및 추적플롯

시뮬레이션 기반의 베이즈 추론은 사후분포를 요약하거나, 관련된 관심있는 항목들을 계산하기 위해서 시뮬레이션 표본들을 사용한다. 조심해서 시뮬레이션 출력들을 처리해야 한다. 일반적으로 두 가지 문제점들이 있다. 첫째, 마르코프 연쇄가 그것의 불변분포(또는 원하는 사후분포)에 도달하는가를 결정해야 한다. 둘째, 마르코프 연쇄가 정상성에 도달 후 유지할 반복의 수를 결정해야 한다. 수렴진단은 이러한 문제를 해결하는데 도움이 된다. 많은 진단도구들은 수렴에 필요하지만 충분하지 않는 조건들을 확인하도록 고안되었다. 마르코프 연쇄가 불변분포로 수렴할 때를 알려주는 결정적인 검사는 아직 없다. 주의를 갖고 계속 진행하여야 한다. 또한 추론을 만들기 전에 관심모수들만이 아닌 모든 모수들의 수렴을 검사해야만 한다. 일부 모형들에서는 특정 모수들이 매우 좋은 수렴속도를 나타내지만 다른 모수들이 느린 수렴속도로 인하여 오도될 수 있다. 만약 일부 모수들이 나쁜 혼합을 갖고 있다면, 좋은 혼합을 갖고 있는 모수들의 정확한 사후추론을 얻을 수 없다. 수렴진단에 대한 보다 많은 논의는 Cowles and Carlin(1996) 및 Brooks and Roberts(1998)를 참조하라.

표본의 추적 플롯 대 시뮬레이션 지수(index)의 수렴을 평가하는 데 매우 유용할 수 있다. 추적은 연쇄가 아직 정상분포에 수렴하지 않은 경우를 말해준다. 즉, 이것은 긴 번인기간을 갖는 경우이다. 추적은 연쇄가 잘 혼합되었는지 여부를 알려준다. 연쇄가 진행됨에 따라 점들의 분포가 변하지 않는다면 연쇄가 정상에 잘 도달하였다고 한다. 추적 플롯에서 가장 잘 인식할 수 있는 정상성의 측면은 상대적으로 일정한 평균과 분산이다. 잘 혼합된 연쇄는 그 사후 공간을 빠르게 배회한다. 이는 사후의 원격 영역에서 다른 곳으로 상대적으로 적은 단계들로 이동한다. 그림 5.12–5.15는 추적 플롯에서 볼 수 있는 몇 가지 전형적인 기능들을 표시합니다.

그림 5.12은 "완벽한" 추적 플롯을 표시한다. 연쇄의 중심이 변동 폭은 매우 작은 값 3 주변에 있는 것처럼 보인다. 이것은 연쇄가 올바른 분포에 도달할 수 있음을 나타낸다. 이 연쇄는 잘 혼합되어 있다. 이것은 밀도가 아주 낮은 지역으로 배회하여 분포를 탐색하고 있다. 따라서 혼합이 꽤 좋다는 결론을 내릴 수 있다.

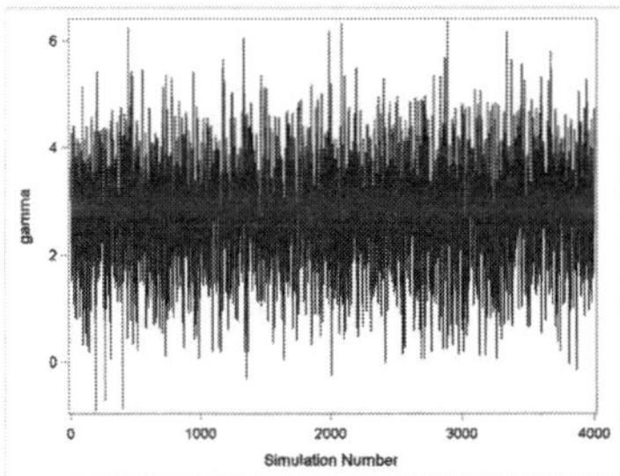

그림 5.12

그림 5.13은 아주 먼 초깃값에서 시작하여 목표분포로 가는 길을 만드는 연쇄에 대한 추적 플롯을 나타낸다. 처음 몇 백회의 관측값들은 폐기되어야 한다. 이 연쇄는 국소적으로 아주 잘 혼합되어 있는 것처럼 보인다. 몇 백 번의 반복 작업으로 목표분포에 상대적으로 빠르게 이동하여 이를 달성하였다. 이와 같은 연쇄가 있다면 번인 표본크기를 늘린다. 추론을 하기 위해 이 표본들을 사용해야 하는 경우, 연쇄의 끝 쪽에 있는 표본들만 사용한다.

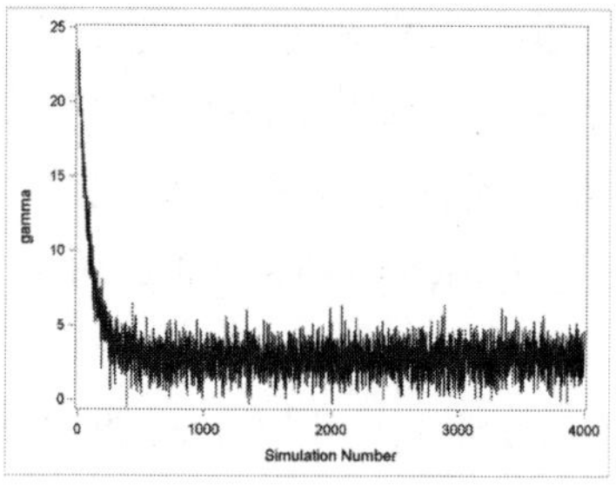

그림 5.13

그림 5.14는 주변 혼합을 보여준다. 연쇄는 단지 작은 단계만 거치고 빠르게 그것의 분포에 배회하지 않는다. 이 유형의 추적 플롯은 전형적으로 표본 중 높은 자기상관에 연관되어 있다. 수천 개의 독립된 표본을 얻으려면 연쇄를 오랫동안 더 길게 실행해야 한다.

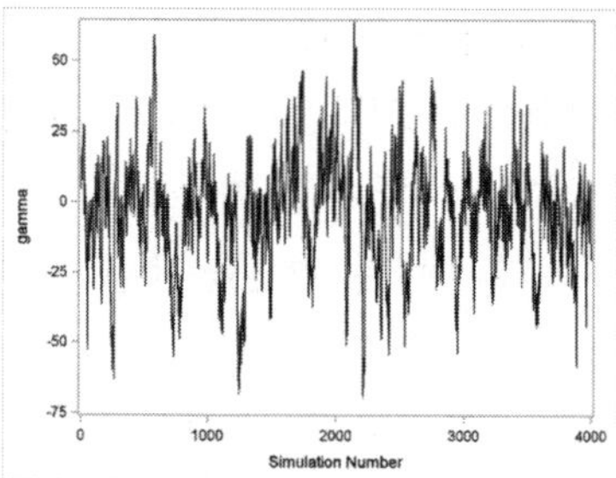

그림 5.14

그림 5.15의 추적 플롯은 심각한 문제가 있는 연쇄를 나타낸다. 그것은 매우 천천히 혼합되어, 수렴의 증거를 제시하지 못한다. 이 연쇄의 혼합을 개선하여야 한다. 예를 들어, 로그 스케일에서 모형을 다시 재모수화를 고려할 수 있다. 마르코프 연쇄가 어디로 가는지 보기 위해서 오랜 시간 동안 이 연쇄를 수행한다. 이 유형의 연쇄는 전적으로 모수적 추론에 적합하지 않다.

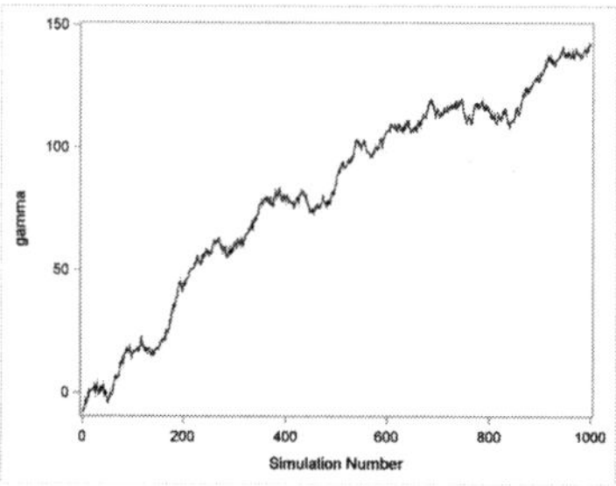

그림 5.15

*5.5 가역점프 MCMC(Reversible jump MCMC)

지금까지 MCMC 알고리즘의 일반적인 클래스를 제시했지만, 충분히 일반적이지 않은 설정들이 존재한다. 이러한 설정의 특별한 경우는 변수차원모형(variable dimension model)의 경우이다. 이때 모수공간은 잘 정의되지 않으며, 관련없는 부공간들의 유한 또는 가산 모음들이다. 이 공간 모음 내에서 이동하는 MCMC 알고리즘을 갖는 것은 더 많은 고급 도구들이 필요하다.

일반적으로 변수차원모형은 Green(1995)의 말을 인용하면 "*a model where one of the things you do not know is the number of things you do not know*"이다. 이것은 고려중인 통계모형은 모수공간의 차원이 고정되어 충분히 정확하게 정의되지 않았다는 것을 의미한다. 이 설정은 모형선택과 밀접한 관련이 있다. 모형선택은 모형이 완전히 아직 결정되지 않았을 때 통계적 해석의 초기 상태에서 사용되는 통계적 절차들의 모음이다.

모형 구성 외에도 여러 모형들을 동시에 고려하는 다른 상황들이 있다. 예를 들어, 이것은 모형검정, 모형비교, 및 모형 개선에서 발생하며, 많이 응용되는 분야들은 일반화된 선형모형의 변수선택, 신호 처리에서의 변곡점 결정, 이미지에서의 객체 인식 분석, DNA 분석에서의 코딩 식별 및 전문가 시스템의 의존성에 대한 재구성 등이 포함된다.

정의 5.120

베이지안 변수차원모형은 다음과 같은 모형들의 모임으로 정의된다. $k=1,\cdots,K$에 대해,

$$M_k = \{f(x|\theta_k)\ ;\ \theta_k \in \Theta_k\},$$

이며, 여기서 $f(x|\theta_k)$은 모수 θ_k을 갖는 자료분포이다. 모형들의 모수들 θ_k상에 사전분포들 $\pi_k(\theta_k)$의 모임과 모형들에 대한 지시 k들 상의 사전분포 $\{\rho(k); k=1,\cdots,K\}$와 연관이 있다.

더욱 간결한 표기법으로

$$\pi(k,\theta_k) = \rho(k)\pi_k(\theta_k) \tag{5.235}$$

을 사용한다. 식 (5.235)는 $\rho(k)$은 셈 측도에 관한 밀도이고, 반면에 $\pi_k(\theta_k)$은 Θ_k상에 르베그 측도에 관한 전형적인 밀도라는 관점에서 밀도함수이다. 이때 식 (5.235)는 공간들의 합집합

$$\Theta = \cup_k [\{k\} \times \Theta_k]$$

상에서 르베그 측도에 관한 밀도이다.

문헌상에 변수차원 모형들을 다루는 여러 개의 초기 방법들이 있었다. 예를 들어, 탄생과 사망(birth-death)의 과정(Ripley, 1977; Geyer and Moller, 1994) 또는 유사-사전(pseudo-prior) (Carlin and Chib, 1995)이지만, 이 문제의 일반적인 형식화는 Green(1995)에 의해 제시되었다. 이 단계에서 (5.235) 형식의 분포를 고려할 때, 정규적인 깁스표집은 불가능하다. 만약 k에서 조건화하면, 이때 $\theta_k \in \Theta_k$이고, 만약 θ_k에서 조건화하면, 이때 k은 이동할 수 없다. 그러므로 표준 깁스샘플러는 설정에서 더 변형없이 모형 Θ_k들 사이에서 이동을 제공할 수가 없다.

5.5.1 메트로폴리스-하스팅스 알고리즘의 일반적인 설정

5.3.3절에서 소개된 메트로폴리스-하스팅스 알고리즘의 형식은 표준적이고, 이는 Hastings (1970)의 원래 제안에 가깝다. 거기서 나타나는 밀도들 $\pi(x)$ 및 $q(x,y)$은 χ 상에서 임의의 측도에 관한다는 것은 이미 합리적으로 일반적이다. 그러나 모수들의 차원이 다양한 대부분의 문제들인 어떤 새로운 작업들에 대한 MCMC 샘플러들을 고려할 때, 약간 제한적으로 목표분포에 대한 기초적인 지배 측도가 존재하지 않는다(Green 2001).

여기서 정의하는 더 일반적인 메트로폴리스-하스팅스 방법은 더 폭넓은 문제들을 해결하겠지만, 역시 표준 형식에 교육학적 이점을 갖는 새로운 관점을 제공하며, 종종 수행하기 더욱더 쉬워진다. 이 가역점프 방법은 Green(1995)에 기초한다(Tierney, 1998). 여기서는 Green(2001)이 제시한 방법을 따라 설명한다.

일반적인 전이핵 P에 대한 가역조건과 그것의 불변분포 π은 적분 형태로 다음과 같이 표현된다. 모든 보렐 집합들 $A, B \in \Theta$에 대해,

$$\int_{(x,y) \in A \times B} \pi(dx) P(x, dy) = \int_{(x,y) \in A \times B} \pi(dy) P(y, dx) \,. \tag{5.236}$$

만약 P가 메트로폴리스-하스팅스 패러다임에 따라 두 단계들로 구축된다면, 먼저 제안측도 $q(x,dy)$에서 y을 추출하고, 확률 $\alpha(x,y)$로 이것을 선택함으로서 하나의 전이를 만들 수 있다. 만약 기각한다면, 현재 상태로 남아 있다. 그러므로 $P(x,dy)$은 x에서 하나의 원자를 갖는다. 이것은 방정식 (5.236)의 양쪽에 동등한 기여를 하므로 무시할 수 있으며 다음과 같이 남겨진다.

$$\int_{(x,y)\in A\times B}\pi(dx)\alpha(x,y)q(x,dy)=\int_{(x,y)\in A\times B}\pi(dy)\alpha(y,x)q(y,dx) \tag{5.237}$$

함수 $\alpha(x,y)$에 대한 명시적 방정식을 제공하기 위해 측도들의 방정식 (5.237)를 언제 풀 수 있을까하는 문제를 생각해본다. $\pi(dx)q(x,dy)$가 $\Theta\times\Theta$ 상에서 대칭측도 μ에 의하여 지배되고, 동일한 측도 μ에 관한 밀도함수(라돈–니코딤, Radon-Nikodym) f을 갖는다고 가정한다. 이때 식 (5.237)은

$$\int_{(x,y)\in A\times B}\alpha(x,y)f(x,y)\mu(x,dy)=\int_{(x,y)\in A\times B}\alpha(y,x)f(y,x)\mu(y,dx)$$

이 되며, μ의 대칭성을 이용하면,

$$\alpha(x,y)f(x,y)=\alpha(y,x)f(y,x)$$

이면, 모든 적당한 A,B에 대해 이것은 당연히 만족되어진다.

표준 메트로폴리스–하스팅스 방법에서와 같이, 일반적으로 가역에 따라 가능한 큰 채택확률을 취한다($\alpha(y,x)\rightarrow 1$). 따라서

$$\alpha(x,y)=min\left\{1,\frac{f(y,x)}{f(x,y)}\right\}. \tag{5.238}$$

만약 이것을

$$\alpha(x,y)=min\ \left\{1,\frac{\pi(dy)q(y,dx)}{\pi(dx)q(x,dy)}\right\}, \tag{5.239}$$

로 더 비공식적으로 표현한다면, 이때 식 (5.239)는 5.3.3절에서 소개된 밀도함수들을 이용한 식 (5.140)에 있는 $\alpha(x,y)$의 일반적인 표현인

$$\alpha(x,y)=min\left\{1,\frac{\pi(y)q_i(y,x)}{\pi(x)q_i(x,y)}\right\}=min\left\{1,\frac{\pi(y_i|y_{-i})q_i(x_i;y)}{\pi(x_i|x_{-i})q_i(y_i;x)}\right\}$$

와 유사성이 분명하나, 측도들의 비율에 대한 의미가 식 (5.238)에서 유도되고 μ의 존재와 대칭성을 가정한다는 것을 잊지 말아야 한다.

5.5.2 확률 숫자를 이용한 정확한 표현

앞 절에서의 일반적인 메트로폴리스-하스팅스 방법은 추상적인 것처럼 보이기 때문에 구현에서 이점들을 제공한다는 주장에 거의 동의하지 못한다. 다행스럽게도 지배 측도 및 라돈-니코딤 도함수들은 거의 자동적으로 생성될 수 있다.

이를 보이기 위해서 전이가 실제적으로 어떻게 구현되는 지를 상상한다. $\Theta \subset R^d$인 경우를 고려한다. π은 d-차원 르베그 측도 ν_d에 관한 밀도를 갖는다고 가정한다. 현재 상태 $x \in \Theta$에서, 알려진 밀도 g에서 r개의 확률변수 u을 생성하고, 이때 현재 상태 x와 확률변수들 u의 어떤 적당한 결정적함수로서 제안된 새로운 상태를 형성한다. 즉, $y = y(x,u)$. 이때 식 (5.237)의 왼쪽 식은 다음과 같이 된다.

$$\begin{aligned}\int_{(x,y)\in A\times B}\pi(dx)\alpha(x,y)q(x,dy) &= \int_{(x,y)\in A\times B}\pi(x)\nu_d(dx)\alpha(x,y)g(u)\nu_r(du)\\ &= \int_{(x,y)\in A\times B}\pi(x)g(u)\alpha(x,y)\nu_d(dx)\nu_r(du).\end{aligned}$$

이제 $u' \sim g$의 생성이 $x = x(y,u')$로 구성되고, 이를 이용하여 y에서 x로 이동하는 역전이가 어떻게 만들어 지는지를 고려한다. 만약 (x,u)에서 (y,u')로의 변환이 전단사 함수이고, 이 변환과 그것의 역이 미분가능하면, 이때

$$\pi(x)g(u)\alpha(x,y) = \pi(y)g(u')\alpha(y,x)\left|\frac{\partial(y,u')}{\partial(x,u)}\right|$$

이면, 표준 변수변환공식에 의하여, $(d+r)$-차원 적분 항등식 (5.237)이 유지된다. 이때 α의 유효한 선택은

$$\alpha(x,y) = min\left\{1, \frac{\pi(y)g(u')}{\pi(x)g(u)}\left|\frac{\partial(y,u')}{\partial(x,u)}\right|\right\}. \tag{5.240}$$

식 (5.240)은 종종 식 (5.140)의 공식보다 더 쉽게 사용할 수 있다.

5.5.3 변수차원 문제에 대한 MCMC

앞에서도 기술하였듯이 Green(2001)은 "당신이 모르는 것들의 개수가 당신이 모르는 것들 중 하나라면 어떨까요? (What if the number of things you don't know is one of things you don't know?)"라는 물음을 하였다 하자.

모수 차원이 고정되어 있지 않고, 그것 자체가 추론의 대상이 되는 이런 종류의 무수히 많은 통계적 문제들이 있다. 예를 들면, 이것들에는 변수선택, 혼합 추정, 변곡점 해석 및

모형 결정과 같은 전통적 통계해석에서부터 유전자-지도, 이온 채널 자료, 영상 세분화 및 객체 인식에 대한 확률 모형들의 현대 응용들에서 발생하는 문제들까지 범위가 넓다.

하나의 시뮬레이션 수행에 기초한 완전한 베이지안 해석을 위하여, 차원이 다른 모수 공간들 사이를 이동하는 MCMC 샘플러가 필요하다: 앞 절의 가역점프 구조가 주어지면, 이것은 상당히 조심스러운 일반화이다. 상태변수 x은 다른 차원을 갖는 공간들의 합집합에 있다. 즉, $x \in \Theta = \bigcup_k \Theta_k$이다.

여기서 전이핵 P_m을 제공하는 이동 유형 m의 범위를 이용한다. 각각에 대해 다음과 같은 가역조건을 주장한다. 모든 보렐들 $A, B \subset \Theta$에 대해,

$$\int_{x \in A} \pi(dx) P_m(x, B) = \int_{y \in B} \pi(dy) P_m(y, A) \ .$$

이동 형태들의 족에 대한 기본 아이디어는 메트로폴리스-하스팅스 알고리즘의 가장 간단한 형식에서조차 내재적이다. 여기서 각 성분 i에 대해 하나의 다른 제안분포 q_i을 갖지만, 결합목표분포를 이용하여 채택 확률을 계산한다(식 (5.140)).

메트로폴리스-하스팅스 아이디어는 아직 작동되고 있지만, 채택 비율을 합리적으로 만들기 위해서 약간의 힘든 작업을 해야 한다. 제안 측도 q은 이동 형태 m 및 제안된 값 y의 결합분포이고, 그래서 각 $x \in \chi$ 대해,

$$\sum_m \int_{y \in \Theta} q_m(x, dy) \leq 1$$

이다(필요한 경우, 이동을 시도하지 않을 양의 확률이 허용된다). 식 (5.244)에서, 가역조건은 모든 m, A 및 B에 대해,

$$\int_{(x,y) \in A \times B} \pi(dx) \alpha_m(x,y) q_m(x, dy) = \int_{(x,y) \in A \times B} \pi(dy) \alpha_m(y,x) q_m(y, dx) \ ,$$

이다. 그러므로

$$\alpha_m(x,y) = min\left\{1, \frac{\pi(dy) q_m(y, dx)}{\pi(dx) q_m(x, dy)}\right\},$$

이며, 이는 식 (5.239)와 동일하다. 아래 첨자 m의 추가와 별개로, 이는 앞에서 소개된 일반적인 메트로폴리스-하스팅스 방법의 특별한 형태이고, 측도들의 비는 $\pi(dy) q_m(y, dx)$에 대한 대칭 지배 측도 μ_m의 존재에 따라서 합리적이다.

따라서 (x,u) 및 (y,u') 사이에 미분 가능한 전단사함수가 필요하다. 여기서 u와 u'은 x와 y사이에서 각 방향으로 이동할 때 사용되는 확률변수들의 벡터이다. 이들은 밀도함수 $g_m(u;x)$ 및 $g_m(u';y)$을 각각 갖는다고 가정한다. 변수차원 맥락에서, 이동 형태 m은 Θ_{k_1} 및 Θ_{k_2}사이의 전이들을 이용한다. 만약 $d_1 = dim(\Theta_{k_1})$ 및 $d_2 = dim(\Theta_{k_2})$이며, 그리고 π가 해당되는 공간에서 ν_{d_1} 및 ν_{d_2}에 관하여 절대 연속이면, 이때 u 및 u'의 차원들 r_1 및 r_2은 다음과 같은 차원–평형(dimension-balancing) 조건을 만족해야만 한다.

$$d_1 + r_1 = d_2 + r_2.$$

이때,

$$\alpha_m(x,y) = min\left\{1, \frac{\pi(y)g_m(u',y)}{\pi(x)g_m(u,x)}\left|\frac{\partial(y,u')}{\partial(x,u)}\right|\right\} \tag{5.241}$$

이며, 이를 베이즈 추론에서 사용한다면 식 (5.241)은

$$min\{1,(\text{우도 비})*(\text{사전 비})*(\text{제안 비})*(\text{야코비안})\}$$

로 이해할 수 있다.

Green(1995)에 있는 설명된 응용들과는 별개로, 이 방법들은 변수차원 모수들을 갖는 문제들에 폭넓게 수행되었다. 예를 들면, Richardson and Green(1997), Lopes et al.(2003), Dias and Gamerman(2002), Dennison et al.(2002), Denison et al.(1998), Huerta and West(1999), Huerta and Lopes(2000), Vermaak et al.(2004), Dellaportas and Foster(1999), Uimari and Hocschele(1997) 및 Waagepeterson and Sorensen(2001)이다.

5.5.4 가역점프 MCMC을 이용한 예제

예제 5.121 선형 야코비안

가역 점프 MCMC의 절차를 설명하기 위해서, Green(1955)은 다음 이동들을 이용하여 모수들 $(1,\theta)$과 $(2,\theta_1,\theta_2)$사이의 전환에 대한 간단한 예를 고려한다.

(1) $(2,\theta_1,\theta_2)$에서 $(1,\theta)$으로 이동하기 위해서, $\theta = (\theta_1 + \theta_2)/2$라 두자.

(2) $(1,\theta)$에서 $(2,\theta_1,\theta_2)$으로 이동하기 위해서, $u \sim g(u)$을 생성하고, $\theta_1 = \theta - u$ 및 $\theta_2 = \theta + u$라고 둔다.

이러한 이동들은 R^2에 있는 변수들의 전단사 변환을 표현한다. 즉,

$$\left(\frac{\theta_1+\theta_2}{2}, \frac{\theta_2-\theta_1}{2}\right) = T_{21}(\theta_1,\theta_2), \ (\theta-u,\theta+u) = T_{12}(\theta,u),$$

이며, 이에 대응하는 야코비안들은

$$\frac{\partial T_{21}(\theta_1,\theta_2)}{\partial(\theta_1,\theta_2)} = \frac{1}{2} \ \text{및} \ \frac{\partial T_{12}(\theta,u)}{\partial(\theta,u)} = 2.$$

$(1,\theta)$에서 $(2,\theta_1,\theta_2)$으로 이동에 대한 채택확률은

$$\min\left(2\frac{\pi(2,\theta_1,\theta_2)}{\pi(1,\theta)}\frac{\pi_{21}}{\pi_{12}g(u)},1\right)$$

여기서 $u=(\theta_2-\theta_1)/2$이다.

예제 5.122 포아송 분포와 음이항분포의 비교

셈 자료를 모형화할 때 자주 관심 있는 질문은 자료가 포아송 분포를 기준으로 과대산포되어 있는지 여부이다. 그러한 경우, 그 자료는 음이항분포(*NB*)로 모형화하는 것이 좋을 수도 있다. 이때 일반화 음이항분포(*GNB*)은 다음과 같이 정의할 수 있다.

$$GNB(y|\alpha,\beta) = \int Po(y|\theta)\,Gam(\theta|\alpha,\beta)d\theta = \frac{1}{y!}\frac{\beta^{\alpha}\Gamma(y+\alpha)}{\Gamma(\alpha)(\beta+1)^{y+\alpha}}.$$

포아송 모형으로 이루어진 크기 n인 자료 Y의 분포는

$$f(Y|\lambda) = \prod_{i=1}^{n}\left\{\frac{\lambda_i^{Y}}{Y_i!}e^{-\lambda}\right\} \tag{5.242}$$

이며, $\alpha=1/\gamma$ 및 $\beta=1/\gamma\lambda$라 두면, 일반화 음이항분포 *GNB*은

$$f(Y|\lambda,\gamma) = \prod_{i=1}^{n}\left\{\frac{\lambda^{Y_i}}{Y_i!}\frac{\Gamma(1/\gamma+Y_i)}{\Gamma(1/\gamma)(1/\gamma+\lambda)^{Y_i}}(1+\gamma\lambda)^{-1/\gamma}\right\} \tag{5.243}$$

로 표현할 수 있으며, 여기서 $\lambda>0$ 및 $\gamma>0$이다. 식(5.242) 및 (5.243)에 대한 평균들은 모두 λ로 주어진다. *GNB*의 분산은 $\lambda(1+\gamma\lambda)$이므로, *GNB*에 있는 γ은 포아송 분포에 비하여 과대산포되어 있다.

Newton and Hastie(2006)는 유전자 조작된 쥐들에서 종양들의 개수에 대한 하나의 질문을 고려하였다. 문제의 본질적인 복잡성들을 피하기 위해, 여기서는 2005/06에서 2007/08 시즌 동안 1,040 영국 프리미어 축구 경기들의 총 골들 자료에 적용되는 예를 고려한다. 이 문제에 구조식을 선택하는 것은 다음과 같은 두 개의 모형을 고려하는 매우 간단한 모형선택이다.

$$(\text{모형 1}) \quad k=1: Y_i \sim Po(\lambda), i=1,\cdots,n, \quad \theta_1=\lambda.$$

및

$$(\text{모형 2}) \quad k=2: Y_i \sim GNB(\lambda,\gamma), i=1,\cdots,n, \ \theta_2=(\lambda,\gamma)$$

라고 둔다. 베이지안 접근을 위해서 $p(k=1)=p(k=2)=1/2$이라고 가정한다. 또한 사전분포로서 다음을 가정한다.

$$\theta_1,\, \theta_{2,1} \sim Gam(\alpha_\lambda,\beta_\lambda) \ \text{및} \ \theta_{2,2} \sim Gam(\alpha_\gamma,\beta_\gamma).$$

이때,

$$\pi(k,\theta_k|Y) \propto \begin{cases} \dfrac{1}{2}p(\theta_1|k=1)f(Y|\theta_1), & k=1 \text{ 일 때} \\ \dfrac{1}{2}p(\theta_{2,1},\theta_{2,2}|k=2)f(Y|\theta_{2,1},\theta_{2,2}), & k=2 \text{ 일 때} \end{cases}$$

여기서

$$p(\theta_1|k=1)=Gam(\theta_1;\alpha_\lambda,\beta_\lambda),$$

및

$$p(\theta_{2,1},\theta_{2,2}|k=2)=Gam(\theta_{2,1};\alpha_\lambda,\beta_\lambda)\times Gam(\theta_{2,2};\alpha_\gamma,\beta_\gamma).$$

모형 1에서 모형 2로의 이동을 고려한다. $x=(1,\theta)$은 연쇄의 현 상태라 하자. 차원-평형 조건을 위해서,

$$u \sim N(0,\sigma^2) \equiv g(u) \tag{5.244}$$

생성한다. 적당히 고정된 $\mu>0$에 대해, $\theta'=(\theta_1{}',\theta_2{}')=h(\theta,u)=(\theta,\mu e^u)$로 하여, $x'=(2,\theta')$라고 하자. 다시 말해서, λ은 모형들 사이에서 유지되지만, 새로운 γ은 로그-정규분포를 따른다. 이때, 야코비안은

$$|J|=\begin{vmatrix} \dfrac{\partial\theta_1'}{\partial\theta_1} & \dfrac{\partial\theta_1'}{\partial u} \\ \dfrac{\partial\theta_2'}{\partial\theta_1} & \dfrac{\partial\theta_2'}{\partial u} \end{vmatrix} = \mu e^u.$$

모형 2에서 모형 1로의 역이동은 확률변수 u'을 요구하지 않고, 대신에 $(\theta, u) = h'(\theta') = (\theta_1', \ln(\theta_2'/\mu))$으로 둔다.

모형 1에서 모형 2로의 이동에 대한 채택확률은 $\min(1, A_{1,2})$이며, 여기서

$$A_{1,2} = \frac{\pi(2, \theta'|Y)}{\pi(1, \theta|Y)} \left\{ \frac{1}{\sqrt{2\pi\sigma^2}} e^{-\frac{u^2}{2\sigma^2}} \right\}^{-1} \mu e^u$$

이며, 모형 2에서 모형 1로의 이동에 대한 채택확률은 $\min(1, A_{2,1})$이며, 여기서

$$A_{2,1} = \frac{\pi(1, \theta|Y)}{\pi(2, \theta'|Y)} \frac{1}{\sqrt{2\pi\sigma^2}} \exp\left[-\frac{(\log(\theta_2'/\mu))^2}{2\sigma^2} \right] \frac{1}{\theta_2'}.$$

중요하게도 여기서 g와 h의 사양은 제한되지 않았다. g와 h의 선택은 유효하지만, 다른 선택은 다르게 수행하는 알고리즘으로 이어질 것이다. 예를 들어, 대안적으로 일부 고정 β에 대해 $u \sim \text{Exp}(\beta)$ 및 $h(\theta, u) = (\theta, u)$을 선택할 수도 있다.

예제 5.123 조각별 상수 밀도함수, Piecewise Constant Densities

구간 $[0,1]$에서 정의된 다음과 같은 형태를 갖는 밀도함수 f을 고려한다.

$$f(x) = \sum_{i=1}^{k} w_i 1_{[a_i, a_{i+1})}(x) \ , \ x \in [0,1] \tag{5.245}$$

여기서 $a_1 = 0, \quad a_{k+1} = 1$ 및 $\sum_{i=1}^{k} w_i (a_{i+1} - a_i) = 1$이다. 예를 들어, 이 모형은 추정값이 계단함수인 특별한 종류의 비모수 밀도추정에 상응한다.

미지의 모든 모수들을(k도 포함) 가정하면서, $p_i = w_i(a_{i+1} - a_i)$라고 하자. 사전분포로서,

$$k \sim Po(\lambda), \ \{a_2, \cdots, a_k\} \sim U_{[0,1]} \text{ 및 } (p_1, \cdots, p_k) \sim D_k(1/2, \cdots, 1/2)$$

을 가정한다. 즉,

$$\pi(k, p^{(k)}, a^{(k)}) = \frac{\lambda^k e^{-\lambda}}{k!} \frac{\Gamma(k/2) p_1^{-1/2} \cdots p_k^{-1/2}}{\Gamma(1/2)^k} (k-1)! \, 1_{(a_2 \le \cdots \le a_k)}$$

여기서 $p^{(k)} = (p_1, \cdots, p_k)$ 및 $a^{(k)} = (a_2, \cdots, a_k)$이다. 이때, 표본 $X = (x_1, \cdots, x_n)$에 대하여, 사후분포는

$$\pi(k,p^{(k)},a^{(k)}|X) \propto \frac{\lambda^k}{k}\frac{\Gamma(k/2)}{\Gamma(1/2)^k}p_1^{n_1-1/2}\cdots p_k^{n_k-1/2}$$

$$\times \prod_{i=1}^{k}(a_{i+1}-a_i)_i^{-n}1_{(a_2\le\cdots\le a_k)}$$

이며, 여기서 n_j은 구간 $[a_j, a_{j+1})$에 있는 관측값들의 개수이다. 예컨대 이동은 오직 이웃하는 모형들 사이에서만 일어나는 점프로 제한할 수 있다. 즉, 이웃하는 모형들이란 $[0,1]$의 분할에서 하나 많은 또는 하나 적은 구성원을 갖고 있는 것을 뜻한다. 이때, $(\Theta_k \to \Theta_{k-1})$은 모형 Θ_k에서 모형 Θ_{k-1}로 점프를 나타내며, $(1 \le i \le k-1)$ 중에서 확률적으로 i을 선택하고, $i-$번째 및 $(i+1)-$번째 구성을 포함한 집합은

$$a_2^{(k-1)} = a_2^{(k)}, \cdots, a_i^{(k-1)} = a_i^{(k)},\ a_{i+1}^{(k-1)} = a_{i+2}^{(k)}, \cdots, a_{k-1}^{(k-1)} = a_k^{(k)} \tag{5.246}$$

로 표현되며(즉, $a_{i+1}^{(k)}$은 제거), 그리고

$$p_1^{(k-1)} = p_1^{(k)}, \cdots,\ p_i^{(k-1)} = (p_i^{(k)} + p_{i+1}^{(k)}),\ p_{i+1}^{(k-1)} = p_{i+2}^{(k)},\ \cdots, p_{k-1}^{(k-1)} = p_k^{(k)}. \tag{5.247}$$

대칭성에 의하여 반대 방향(위로 향한) 점프$(\Theta_k \to \Theta_{k+1})$은 확률적으로 구성원 i을 선택 후, 다음 과정으로 선택된 구성원 i을 분리한다.

첫째로, $u_1, u_2 \sim U_{[0,1]}$을 생성한다.
둘째로, $a_i^{(k+1)} = a_i^{(k)}$, $a_{i+1}^{(k+1)} = u_1 a_i^{(k)} + (1-u_1)a_{i+1}^{(k)}$ 및 $a_{i+2}^{(k+1)} = a_{i+1}^{(k)}$로 둔다.
셋째로, $p_i^{(k+1)} = u_2 p_i^{(k)}$ 및 $p_{i+1}^{(k+1)} = (1-u_2)p_i^{(k)}$라 둔다.
마지막으로, 채택확률 $\min\{1, A_{k,k+1}\}$을 계산하며, 여기서

$$A_{k,k+1} = \frac{\pi(k+1,p^{(k+1)},a^{(k+1)})}{\pi(k,p^{(k)},a^{(k)})}\left|\frac{\partial(p^{(k+1)},a^{(k+1)})}{\partial(p^{(k)},a^{(k)},u_1,u_2)}\right|.$$

하나의 예로서, $k=3$이라 하고, 모형 Θ_3에서 모형 Θ_4로의 점프를 고려한다. 이때 변환은

$$\begin{pmatrix} p_1^{(3)} \\ p_2^{(3)} \\ p_3^{(3)} \\ a_2^{(3)} \\ a_3^{(3)} \\ u_1 \\ u_2 \end{pmatrix} \to \begin{pmatrix} p_1 \\ u_2 p_2 \\ (1-u_2)p_2 \\ p_3 \\ a_2 \\ u_1 a_2 + (1-u_1)a_3 \\ a_3 \end{pmatrix} \equiv \begin{pmatrix} p_1^{(4)} \\ p_2^{(4)} \\ p_3^{(4)} \\ p_4^{(4)} \\ a_2^{(4)} \\ a_3^{(4)} \\ a_4^{(4)} \end{pmatrix}$$

로 주어지며, 여기서 야코비안은

$$\left|\frac{\partial(p^{(4)},a^{(4)})}{\partial(p^{(3)},a^{(3)},u_1,u_2)}\right| = \begin{vmatrix} 1 & 0 & 0 & 0 & 0 & 0 & 0 \\ 0 & u_2 & 1-u_2 & 0 & 0 & 0 & 0 \\ 0 & 0 & 0 & 1 & 0 & 0 & 0 \\ 0 & 0 & 0 & 0 & 1 & u_1 & 0 \\ 0 & 0 & 0 & 0 & 0 & 1-u_1 & 1 \\ 0 & 0 & 0 & 0 & 0 & a_2^{(3)}-a_3^{(3)} & 0 \\ 0 & p_2^{(3)} & p_2^{(3)} & 0 & 0 & 0 & 0 \end{vmatrix} = \left|p_2^{(3)}(a_2^{(3)}-a_3^{(3)})\right|.$$

앞에 있는 두 가지 예들은 매우 간단하지만, 다른 설명들을 위해 Green(1995), Denison et al.(1998) 및 Holmes et al.(2002)을 참조하라. 특히, Cappé et al.(2003, 2004)는 은닉 마르코프 모형(hidden Markov model)에 대한 가역점프 MCMC 알고리즘의 구현을 자세히 제공한다. Richardson and Green(1997)이 겉으로 보기에는 간단한 제안을 갖는 합리적인 대답들을 제공하는 현실적 혼합모형을 다룬다는 점에서 가역점프 문헌에서 상당히 인기가 있다(정윤식, 2023 참조).

예제 5.124 계단함수(Step Functions)

여기서 가능한 가장 간단한 설정인 것에서, 상태변수 θ가 회귀분석 또는 점 과정(point process)에서의 변환점에 대한 모형의 모수들의 일부로 여겨질 때, 이 상태변수가 계단함수를 나타나는 상황을 연구함으로서 앞에서 소개된 방법들을 자세히 설명하고자 한다(정윤식, 2023 참조).

단계들의 개수가 변화되게 허용하는 이동을 고려하며, 이동은 출생 및 사망으로 나타낸다. θ가 구간 $(0,L]$ 상 하나의 계단함수이면, 가능한 전이들은 네 가지로 구별할 수 있으며 다음과 같다. (a) 확률적으로 선택된 계단의 높이의 변화, (b) 확률적으로 선택된 계단의 위치의 변화, (c) $[0,L]$ 상에 확률적으로 선택된 계단에서 새로운 계단의 출생 및 (d) 사망이다. (c) 및 (d)은 θ의 차원의 변화를 포함한다. 그러므로 표준적인 마르코프 연쇄 몬테카를로를 적용할 수가 없다.

가역점프 마르코프 연쇄 몬테카를로 알고리즘의 일반적인 기본구조에서, 이 전이들은 이동들의 가산집합으로 달성되며, 이는 $\{H, P, 0, 1, 2, \cdots\}$으로 나타나고, 여기서 H은 높이의 변화, P는 위치의 변화 및 $m=0,1,\cdots$ 은 m에서 $m+1$ 단계들까지 계단들의 개수를 증가하거나 또는 $m+1$에서 m까지 감소시키는 출생사망 쌍을 나타낸다.

각 전이에서 독립적인 확률 선택은 많아야 네 개의 유용한 이동 형태들 $(H, P, k, k-1)$

이 만들어진다. 이는 높이의 변화, 위치의 변화, 출생 및 사망을 각각 의미한다. 이들은 각각 H에 대해 확률 η_k, P에 대해 확률 π_k, k에 대해 확률 b_k 및 $k-1$에 대해 확률 d_k을 갖으며, $\eta_k+\pi_k+b_k+d_k=1$을 만족한다. 이 확률들은 오직 단계들 k의 현재 개수들에만 의존한다. 자연적으로 $d_0=\pi_0=0$이고, 계단들의 개수 상에 미리 지정된 상한 $k_{\max}$을 유지하기 위하여 $b_{k_{max}}=0$이다. 이러한 제약들을 제외하고, 이 확률들은

$$b_k=c\min\left\{1,\frac{p(k+1)}{p(k)}\right\},\ d_{k+1}=c\min\left\{1,\frac{p(k)}{p(k+1)}\right\} \tag{5.248}$$

로 선택하고, 여기서 상수 c은 $k=0,1,\cdots,k_{max}$에 대해, $b_k+d_k\le 0.9$로 제약되어, 가능하면 큰 값으로 정한다. 이 선택은 $b_kp(k)=d_{k+1}p(k+1)$을 보장한다. 마지막으로, $k\neq 0$에 대해, $\eta_k=\pi_k$이라고 둔다.

$[0,L)$ 상에 계단함수에 대한 간단한 사전모형은 계단들의 개수 k, 이 계단들의 위치들 $\{s_1<s_2<\cdots<s_k\}$ 및 높이들 $\{h_0,h_1,\cdots,h_k\}$의 항들로서 함수를 모수화하며, 여기서 h_j은 구간 $[s_{j-1},s_j)$ 상의 함수의 값이고, $s_0=0$ 및 $s_{k+1}=L$로 둔다. 즉, k개의 단계들의 위치는 $0<s_1<s_2<\cdots<s_k<L$이다. 단계들의 개수는 임의의 질량함수 $p(k)$에서 생성되고, 주어진 k 아래에서 계단 높이들은 적당한 밀도 $f_H(\cdot)$에서 독립이고 동일하게 분포되어($i.i.d.$) 있다고 가정한다. 또한 계단 위치들은 관측구간 상에 균등분포에서 순서통계량으로 생성된다. 즉,

$$p(s_1,s_2,\cdots,s_k)=\frac{k!\,I[0<s_1<s_2<\cdots<s_k<L]}{L^k}. \tag{5.249}$$

θ가 k개의 계단들을 갖고 있을 때, 확률 b_k로 출생을 제안하고, $g(u_1,u_2)$에서 두 개의 확률변수들 u_1 및 u_2을 생성하고, 이들을 하나의 현재 존재하는 계단 구간을 두 개의 구간으로 쪼개기 위하여 사용한다. 이때 u_1은 새로운 계단 위치 s^*에 사용하여, $s^*=u_1$이라고 두며, 예를 들어,

$$s_{j^*-1}<s^*<s_{j^*}$$

이라고 하자(그림 5.16). 그리고 u_2은 가중된 평균을 갖고 현재 계단 높이 h_{j^*}을 두 값들 h_{j-} 및 j_{j+}로 나누기 위해 사용된다. 여기서,

$$h_{j^-}=h_{j^*}+\frac{u_2}{w_-}\ \text{및}\ h_{j^+}=h_{j^*}-\frac{u_2}{w_+}$$

이며, $w_-=s^*-s_{j^*-1}$ 및 $w_+=s_{j^*}-s^*$이다(그림 5.16).

이제, 사망단계로 돌아가자. 이는 확률 d_k로 제안되며, 확률적으로 제거될 하나의 계단을 선택한다. 계단 j^+이 제거된다면, 이때 구간 $[s_{j^+-1}, s_{j^+ +1})$에 대한 새로운 계단 높이는 가중평균

$$\frac{(s_{j^+} - s_{j^+-1})h_j + (s_{j^+ +1} - s_{j^+})h_{j^+}}{(s_{j^+ +1} - s_{j^+-1})}$$

이다. 이는 방금 묘사된 출생의 효과를 정확하게 반전한다.

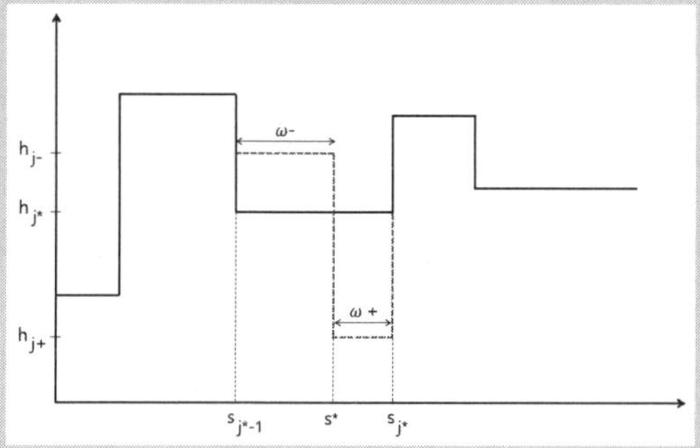

그림 5.16 계단함수의 분리 방법

이 공식은 우리가 요구하는 차원-평형을 갖고 있다. k개의 계단들이 있을 때, k개의 위치들 및 $k+1$개의 높이들이 있고, 이는 모두 $d_1 = 2k+1$개의 변수들을 만든다. 하나의 출생을 가지면, $d_2 = 2k+3$으로 하나의 이동을 제안한다. 확률값들 u 및 u'의 차원은 각기 $r_1 = 2$ 및 $r_2 = 0$이며, 실제로, $d_1 + r_1 = d_2 + r_2$이다. 동등하게 유효한 하나의 대안 선택은 $r_1 = 3$ 및 $r_2 = 1$일 수 있으며, 이는 만약 출생 및 사망에서 가중평균을 유지하는 요구를 제거하고, 현재 상태와는 독립적으로 필요한 새로운 확률 높이들을 생성하면서 얻을 수 있다.

x 및 y은 각기 분리가 제안되기 전의 연쇄의 상태 및 출생 제안으로 수정된 상태를 나타낸다 하자. 이때,

$$\pi(x) \propto p(Y|x)p(k)\prod_{j=0}^{k} f_H(h_j) \times \frac{k!\,I[0 < s_1 < s_2 < \cdots < s_k < L]}{L^k}$$

및

$$\pi(y) \propto p(Y|y)p(k+1)\prod_{j \neq j^*} f_H(h_j) f_H(h_{j^-}) f_H(h_{j^+})$$

$$\times \frac{(k+1)!\,I[0 < s_1 < \cdots < s_{j^*-1} < s^* < s_{j^*} < \cdots < s_k < L]}{L^{k+1}},$$

여기서 Y은 자료이며, 상수 비례는 각 경우에서 동일하다. 제안 항들은

$$g_m(u;x) = b_k g(y_1, u_2) = b_k / L$$

및

$$g_m(u';y) = d^{k+1}/(k+1)$$

이며, 그 이유는 $g(u_1, u_2) = 1/L,\ 0 < u_1 < L,\ 0 < u_2 < 1$로 정의되기 때문이다. 마지막으로, 야코비안은

$$\left| \frac{\partial(h_{j^-}, h_{j^+}, s^*)}{\partial(h_{j^*}, u_1, u_2)} \right| = \frac{w_- + w_+}{w_- w_+} \tag{5.250}$$

로 축소된다. 다음 설명으로 식 (5.250)을 보인다. 우선 $(h_{j^*}, u_1, u_2) \rightarrow (h_{j^-}, h_{j^+}, s^*)$인 함수를 고려한다. $w_+ = s_{j^*} - s^*$이기 때문에

$$h_{j^-} = h_{j^*} + \frac{u_2}{w_-} = h_{j^*} + \frac{u_2}{s^* - s_{j^*-1}} = h_{j^*} + \frac{u_2}{u_1 - s_{j^*-1}}, h_{j+} = h_{j^*} - \frac{u_2}{s_{j^*} - u_1}, s^* = u_1.$$

이때,

$$\left| \frac{\partial(h_{j^-}, h_{j^+}, s^*)}{\partial(h_{j^*}, u_1, u_2)} \right| = \begin{pmatrix} 1 & -\dfrac{u_2}{(u_1 - s_{j^*-1})^2} & \dfrac{1}{(u_1 - s_{j^*-1})} \\ 1 & -\dfrac{u_2}{(s_{j^*} - u_1)^2} & \dfrac{1}{(s_{j^*} - u_1)} \\ 0 & 1 & 0 \end{pmatrix}$$

$$= \frac{1}{s_{j^*} - u_1} + \frac{1}{u_1 - s_{j^*-1}} = \frac{1}{w_+} + \frac{1}{w_-} = \frac{w_+ + w_-}{w_+ w_-}.$$

식 (5.245)에서 출생에 대한 채택확률의 일부의 계산은

$$\frac{\pi(y) g_m(u';y)}{\pi(x) g_m(u;x)} \left| \frac{\partial(y, u')}{\partial(x, u)} \right| = \frac{p(Y|y)}{p(Y|x)} \frac{p(k+1)}{p(k)} \frac{\left(\prod_{j \neq j^*} f_H(h_j)\right) f_H(h_{j^-}) f_H(h_{j^+}) \dfrac{(k+1)!}{L^{k+1}}}{\left(\prod_{j=0}^{k} f_H(h_j)\right) \dfrac{k!}{L^k}}$$

$$\times \frac{\dfrac{d_{k+1}}{k+1}}{b_k g(u_1, u_2)} \frac{w_+ + w_-}{w_+ w_-}$$

$$= \frac{p(Y|y)}{p(Y|x)} \frac{p(k+1)}{p(k)} \frac{k+1}{L} \frac{f_H(h_{j^-}) f_H(h_{j^+})}{f_H(h_{j^*})} \times \frac{\dfrac{d_{k+1}}{k+1}}{b_k g(u_1, u_2)} \frac{w_+ + w_-}{w_+ w_-}$$

이므로 식 (5.242)에서 출생에 대한 채택확률은

$$\alpha = min\left\{1, \Lambda\frac{p(k+1)}{p(k)}\frac{k+1}{L}\frac{f_H(h_{j^-})f_H(h_{j^+})}{f_H(h_{j^*})}\frac{\frac{d_{k+1}}{k+1}}{b_k g(u_1,u_2)}\frac{w_- + w_+}{w_- w_+}\right\} \quad (5.251)$$

으로 계산되며, 여기서 Λ는 우도 비 $P(Y|y)/P(Y|x)$이다.

연습문제-A

01 예제 5.57에서와 같이 총 $n+m$개 전구의 수명을 알아보는 실험을 하였다. 이때 첫 n개의 전구들은 정확한 수명시간 $y_1, \cdots, y_n$들이 기록되었다. 나머지 m개의 전구들은 고정된 시간 $t>0$에서도 계속 빛을 나타내고 있다. 이를 일반적으로 오른쪽 중도절단이라 알려져 있다. 이때 수명시간은 평균 $1/\theta$을 갖는 지수분포를 따른다고 하자. 즉,

$$f(y|\theta) = e^{-\theta y}, \quad y>0$$

이다. 사전분포함수는 $\pi(\theta) \propto \theta^{-1}$을 이용한다. 이때 사후분포를 구하고, 사후평균과 일반화 MLE(또는 사후최댓값)을 구하여라.

02 θ_1과 θ_2가 주어졌을 때 y_1과 y_2가 각각 독립인 이항분포 $Bin(n_1,\theta_1)$과 $Bin(n_2,\theta_2)$를 따른다고 하자. 이때 독립인 제프리스 사전분포를 고려하자.

(a) θ_1과 θ_2의 사후분포를 구하여라.

(b) R을 사용하여 $\theta_2-\theta_1$의 사후분포를 수치적으로 구하여라.

03 $X_1, \cdots, X_m$와 $Y_1, \cdots, Y_n$은 서로 독립인 확률표본이며, 각각이 정규분포 $N(\mu_1, \sigma^2)$와 $N(\mu_2, \sigma^2)$을 따른다고 하자. 여기서 σ^2는 알려진 상수이다. (μ_1, μ_2)에 균등사전분포인 가정 아래, $(\mu_1-\mu_2)$의 $100(1-\alpha)\%$ HPD 신용구간을 구하여라.

04 (a) 만약 확률변수 X의 확률누적분포함수(cdf) $F(x)$가 연속이고, 순증가함수이면, 이때 $U=F(X) \sim U_{[0,1]}$임을 보여라.

(b) 만약 $V \sim U_{[0,1]}$, 이때 $Y=F^{-1}(V)$는 확률누적분포함수 F를 갖는다.

(c) 만약 $U \sim U_{[0,1]}$이면, 이때 $-\ln U/\beta$는 평균 β^{-1}인 지수분포를 갖는 확률변수임을 보여라.

05 확률변수 U_1과 U_2는 독립적이고 동일한 균등분포 $U_{[0,1]}$을 갖는다고 하자. 우선 다음과 같은 변환을 생각한다. 즉

$$W \equiv R^2 = -2\log U_1\,; \qquad V = 2\pi U_2$$

이며, 이에 따라서

$$X = R\cos V\ ;\quad Y = R\sin V$$

라 두자. 새로운 확률변수 X와 Y는 독립인 정규분포를 따름을 보여라.

06 $i = 1, \cdots, n$에 대하여, $p_i = P(X = i)$의 확률값을 갖는 이산형 확률변수 X라 하자. 이때 난수생성 방법을 설명하여라.

07 자료 $y_1, \cdots, y_5$는 코쉬 분포 $C(\theta, 1)$로부터의 랜덤 표본이다. 즉,

$$f(y|\theta) \propto \frac{1}{1 + (y - \theta)^2}$$

이다. θ에 대한 사전분포로 [0,1]에서의 균일분포를 가정하자. 이때 관측된 자료가 $(y_1, \cdots, y_5) = (-2, -1, 0, 1.5, 2.5)$일 때 주어진 방법대로 사후평균과 사후분산을 계산하여라.

(a) 수치적 적분 방법

(b) 라플라스 방법

(c) 몬테카를로 방법

(d) 중요부표집 방법

08 회사에서 어떤 부품의 수명에 관한 정보를 얻고자 한다. 부품의 수명이 다음과 같은 지수분포를 따른다고 한다.

$$p(y|\theta) = \theta e^{-\theta y} I_{(0, \infty)}(y)$$

회사에서 무정보적 사전분포 $\pi(\theta) = \theta^{-1}$을 사용하기로 결정하였다. 50개의 부품을 검사해 본 결과 부품의 평균수명이 756.3시간이었다. 회사에서 관심을 가지는 θ에 대한 95% HPD 신용구간을 구하여라.

09 $X \sim Bin(n, \theta)$이라고 하자. 이때 θ의 사전을 베타 분포 $Be(\alpha, \beta)$라 가정하자.

(a) 정확한 사후평균을 계산하여라.

(b) TKK 방법을 이용하여 사후평균을 계산하여라.

(c) $n = 5, x = 3, \alpha = \beta = 1/2$일 때, 예제 5.17에서 정의된 상대오차를 계산하여라.

(d) $n = 25,\ x = 15,\ \alpha = \beta = 1/2$일 때, 상대오차를 계산하여라.

10 $Y=(y_1,y_2,y_3,y_4)$는 예제 1.47인 Genetic Linkage 모형을 가정한다. 즉,

$$Y=(Y_1, Y_2, Y_3, Y_4) \sim Mul\left(n: \frac{1}{2}+\frac{\theta}{4}, \frac{1}{4}(1-\theta), \frac{1}{4}(1-\theta), \frac{\theta}{4}\right)$$

이다.

(a) 자료 $Y=(125,18,20,34)$에 대한 사후평균과 사후분산을 구하기 위해서 TKK 방법을 이용하여라.

(b) 자료 $Y=(125,18,20,34)$에 대한 사후평균과 사후분산을 구하기 위해서 중요부표집방법을 이용하여라. 이때 중요부표집함수는 정규분포로 사용하여라.

(c) (b)에서 얻어진 결과들과 TKK 방법 (a)들로 구한 사후평균과 사후분산을 비교하여라.

(d) 자료 $Y=(14,0,1,5)$에 대하여 (a)와 (b)에서와 동일한 작업을 수행하여라.

(e) 위의 두 자료들에 대하여 중요부표집 방법의 적절성을 설명하여라.

11 예제 5.27에 있는 식 (5.60)을 유도하여라.

12 (예제 5.36) 식 (5.78)과 (5.79)를 보여라.

13 예제 5.43에서, 확률변수 U와 V는 다음과 같은 결합분포함수를 갖고 있다고 가정하자.

$$f(u,v) \propto \binom{n}{u} v^{u+\alpha-1}(1-v)^{n-u+\beta-1}, \quad u=0,1,\cdots,n, \;\; 0 \le v \le 1.$$

이때 U의 주변분포함수는

$$f(u)=\binom{n}{u}\frac{\Gamma(\alpha+\beta)}{\Gamma(\alpha)\Gamma(\beta)}\frac{\Gamma(u+\alpha)\Gamma(n-u+\beta)}{\Gamma(\alpha+\beta+n)}, \quad u=0,1,\cdots,n.$$

임을 보여라.

14 (예제 5.44)

(a) 식 (5.112)와 (5.113)을 유도하여라.

(b) $T=15$라 두고 정규분포 $N(0,1)$에서 설명변수 x_t을 생성한다. 또한 $\beta=2$와 $\sigma^2=1$라 두고 자료 y_t를 생성하여, 깁스샘플러를 이용하여 식 (5.113)과 식 (5.117)을 하나의 그래프에 그려라. 이때 $m=50$으로 둔다.

15 예제 5.48에서와 동일한 분포를 고려한다.

$$f(u,v,n) \propto \binom{n}{u} v^{u+\alpha-1}(1-v)^{n-u+\beta-1} e^{-\lambda}\frac{\lambda^n}{n!},$$
$$u=0,1,\cdots,n,\ \ 0 \le v \le 1,\ n=1,2,\cdots.$$

(a) 확률변수 U, V, N의 적절결합분포함수를 구하여라.

(b) 주어진 U와 V 아래에서 n의 조건부분포함수는

$$f(n|u,v) \propto e^{-(1-v)\lambda}\frac{[(1-v)\lambda]^{n-u}}{(n-u)!},\ \ n=x,x+1,\cdots$$

임을 보여라.

(c) $\lambda=16$, $\alpha=2$, $\beta=4$를 가정하자. 깁스샘플러를 이용하여 U의 주변분포함수를 그려라. 또한 베타–이항분포도 함께 그려 비교하여라.

16 (Carlin and Louis, 1996)

자료 $y_1,\cdots,y_n$은 독립이고 동일한 정규분포 $N(\theta_1+\theta_2,\sigma^2)$을 따른다고 하자. 즉, $i=1,\cdots,n$에 대하여,

$$y_i|\theta_1,\theta_2 \sim N(\theta_1+\theta_2,\sigma^2)$$

이고, 여기서 σ^2은 알려진 상수라 하자. θ_1와 θ_2은 독립인 부적절 균등사전분포를 갖는다고 가정한다. $\boldsymbol{y}=(y_1,\cdots,y_n)$이라 하자.

(a) 이때 $(\theta_1,\theta_2|\boldsymbol{y})$의 사후분포가

$$\pi(\theta_1,\theta_2|\boldsymbol{y}) \propto \exp\left(-n(\theta_1+\theta_2-\overline{y})^2/(2\sigma^2)\right)I((\theta_1,\theta_2)\in R^2)$$

이고, 또한 이는 R^2 위에서 부적절임을 보여라.

(b) 주변사후분포함수도 부적절임을 보여라.

(c) 이 사후분포함수에 대한 완전조건부분포함수는 적절임을 보여라.

(d) 완전조건부분포함수들은 (c)에서 정상이므로 깁스샘플러를 이용하여 생성된 난수들은 주변사후분포에 기초한 추론에 사용할 수 있는지 설명하여라.

17 $X_1, X_2, \cdots, X_n$은 서로 독립이고 각각의 X_i는 평균 θ_i인 포아송 분포 $P_0(\theta_i)$을 따른다고 하자. 여기서 사전분포로써, θ_i들은 서로 상관관계이면서 교환가능함을 고려하면, 사전분포는

$$\pi(\theta_1, \cdots, \theta_k) \propto (1 + \sum_{i=1}^{k} \theta_i)^{-(k+1)}$$

로 가정할 수 있다.

(a) 주어진 사전분포함수가 공액혼합임을 보여라.

(b) 추론을 위하여 깁스샘플러가 어떻게 사용되는가를 보여라.

18 (Robert 2001).

신뢰성 연구에서 다음과 같은 12개의 관측치가 생성되었다고 하자. 즉,

0.56, 2.26, 1.90, 1.40, 1.39, 1.00, 1.45, 2.32, 2.08, 0.89, 1.68.

이때 다음과 같은 와이블 분포는 따른다고 하자.

$$f(x|\alpha, \eta) \propto \alpha \eta x^{\alpha - 1} e^{-\eta x^{\alpha}}, 0 < x < \infty,$$

α, η의 사전분포는

$$\pi(\alpha, \eta) \propto e^{-\alpha} \eta^{\beta - 1} e^{-\xi \eta}$$

이 고려한다. 이때 주어진 자료 $(x_1, x_2, \cdots, x_n)$ 아래에서 (α, η)의 사후분포는

$$\pi(\alpha, \eta | x_1, x_2, \cdots, x_n) \propto (\alpha \eta)^n (\prod_{i=1}^{n} x_i)^{\alpha - 1} \exp\left\{-\eta \sum_{i=1}^{n} x_i^{\alpha}\right\} \pi(\alpha, \eta)$$

로 표현된다. 사후분포에서 난수를 생성하기 위하여, 다음과 같은 제안함수를 갖고 MH 알고리즘을 사용한다. 즉,

$$q(\alpha', \eta' | \alpha, \eta) = \frac{1}{\alpha \eta} \exp\left\{-\frac{\alpha'}{\alpha} - \frac{\eta'}{\eta}\right\}$$

이다. 이 함수는 실제적으로 평균 α, η를 갖는 독립지수분포들의 곱이다. MH 연쇄의 t번째 단계에서 채택확률 $\rho(\alpha', \eta'), (\alpha^{(t)}, \eta^{(t)})$을 계산하고, 난수생성을 하기 위해 이 사슬이 어떻게 이용되는지 설명하여라.

19 예제 5.65에서, 모든 $i=1,\cdots,n$에 X_i들이 독립이고 동일한 분포인 지수분포 $\text{Exp}(1)$을 따른다고 하자. 이때 $Y=\beta\sum_{j=1}^{a}X_j \sim Gam(a,\beta),\ a\in N$ 임을 보여라.

20 (오만숙 2012)

아래에 주어진 두 회귀모형을 비교하고자 한다.

모형 $M_1 : y_i=\beta_0+\beta_1x_i+\varepsilon_i,\ i=1,\cdots,n,\quad \varepsilon_i\sim N(0,1)$

β_0,β_1은 독립이며 $\beta_0\sim N(0,1),\ \beta_1\sim N(1,1)$이다.

모형 $M_2 : y_i=\gamma_0+\gamma_1x_i+\gamma_2x_i^2+\varepsilon_i,\ i=1,\cdots,n,\quad \varepsilon_i\sim N(0,1)$

$\gamma_0,\gamma_1,\gamma_2$은 독립이며 $\gamma_0\sim N(0,1),\ \gamma_1\sim N(1,1),\ \gamma_3\sim N(0,1)$이다.

여기서 $\boldsymbol{y}=(y_1,\cdots,y_n)$이라 하자.

(a) 주변확률분포 $p(\boldsymbol{y}|M_1)$와 $p(\boldsymbol{y}|M_2)$을 구하여라.

(b) 모형 M_1과 M_2를 비교하기 위한 베이즈 요인 $B=p(\boldsymbol{y}|M_2)/p(\boldsymbol{y}|M_1)$을 구하여라.

(c) 다음은 크라프트지(Kraft paper)의 강도(Psi)와 종이를 생산하는 펄프 더미에서 단단한 나무의 함량(%)에 관한 자료이다.

표 5.13

함량(x)	강도(y)	함량(x)	강도(y)
1.0	6.3	7.0	42.0
1.5	11.1	8.0	46.1
2.0	20.0	9.0	53.1
3.0	24.0	10.0	52.0
4.0	26.1	11.0	52.5
4.5	30.0	12.0	48.0
5.0	33.8	13.0	42.8
5.5	34.0	14.0	27.8
6.0	38.1	15.0	21.9
6.5	39.9		

R을 사용하여 주어진 자료에 대해 M_1: 일차회귀모형, M_2: 이차회귀모형 중 어느 모형이 적합한지 결정하여라.

연습문제-B

21 정리 5.6(델타 방법)을 증명하여라.

22 포아송 모수 θ에 대한 우도함수와 감마 사전분포에서, 그에 대한 사후분포가 모든 점 $\theta_0 > 0$에서 일치임을 증명하여라.

23 $X_1, \cdots, X_n$는 독립이고 동일한 분포 $f(x|\theta), \theta \in \Theta = \{\theta_1, \theta_2, \cdots, \theta_k\}$를 갖는다. 모든 i에 대하여 $\pi_i > 0$인 사전분포 $(\pi_1, \pi_2, \cdots, \pi_n)$를 고려한다. $i = 1, \cdots, k$에 대하여 $f(x|\theta_i)$에 대응하는 분포들은 모두 다르다 가정한다. 이때 사후분포는 각각의 θ_i에서 일치임을 보여라.

(힌트: $r = 1, \cdots, k$에 대하여 $Z_r = (1/n)\sum_{i=1}^{n}\log(f(X_j|\theta_r)/f(X_j|\theta_i))$의 항들로 사후분포를 표현한다.)

24 예제 5.20에서 식 (5.52)를 이용하여 p의 주변사후분포함수를 그려라.

25 예제 5.22에서 $\mu = 1$, $\sigma^2 = \tau = 2$, $x = 1.5$과 $m = 5000$으로, 두 개의 몬테카를로 추정값 $\hat{E}(\theta|x)$와 $\tilde{E}(\theta|x)$을 비교하여라.

26 알고리즘 5.29(가중붓스트랩 방법)에 따르면, $m \to \infty$일 때 θ^*은 근사적으로 $h(\theta)$에 분포됨을 보여라.

27 따름정리 5.32를 증명하여라.

28 예제 5.33에서,

(a) 중요부표집 방법으로 $\pi(\beta|y)$의 그래프를 그려라.

(b) 정리 5.6인 델타 방법과 중요부표집 방법을 이용하여 사후분포 $\pi\left(-\frac{\alpha}{\beta}\middle| y\right)$을 한 그래프에 그려라.

29 예제 5.35의 Genetic Linkage 모형을 고려하고, 자료 $Y=(125, 18, 20, 34)$라 하자. EM 알고리즘을 이용하여 다음을 구하여라.

(a) θ의 균등사전분포 아래에서 θ의 사후최빈값을 구하여라.

(b) θ의 사전은 베타분포 $Be(\alpha, \beta)$라 가정하자. 이때 θ의 사후최빈값을 구하여라. 여기서 $\alpha=1, \beta=3$로 가정하자.

30 (Kim 외 2011)

확률표본 $X_1, \cdots, X_n$은 다음과 같은 두 모수들을 갖는 지수 와이블 분포 (EW)를 따른다고 하자. 즉,

$$f(x|\alpha,\beta)=\alpha\beta x^{\alpha-1}e^{-x^{\alpha}}(1-e^{-x^{\alpha}})^{\beta-1}, \quad x>0,\ \alpha,\beta>0.$$

α와 β의 사전은 $\pi(\alpha,\beta)=\pi_1(\alpha|\beta)\pi_2(\alpha)$라 주어지며, 여기서

$$\pi_1(\beta|\alpha)=\frac{1}{\Gamma(\nu)\alpha^{\nu}}\beta^{\nu-1}e^{-\frac{\beta}{\alpha}}, \qquad \pi_2(\alpha)=\frac{1}{b}e^{-\frac{\alpha}{b}}$$

을 가정하고 ν, b은 알려진 상수이다. 이때 주어진 자료 $x_1, \cdots, x_n$의 점진적 제2종 중도절단 형태에 근거한 α와 β의 사후평균을 구하고자 한다.

(a) TKK 방법을 이용하여라.

(b) Lindley 방법을 이용하여라.

(c) 중요부표집 방법을 이용하여라.

31 예제 5.36에 있는 식 (5.78)과 (5.79)를 유도하여라.

32 예제 5.38에서 DA 알고리즘을 이용하여 $m=1600$번 반복하여 구한 θ의 사후분포와 $\hat{\mu}=0.63$ 와 $\hat{\sigma}=0.05$을 갖는 정규근사식을 그려라.

33 Gelfand and Smith(1990)는 다음과 같은 Genetic Linkage 모형을 고려하였다.

$$Y=(Y_1, Y_2, Y_3, Y_4, Y_5)\sim Mul\left(n;\frac{\theta}{4}+\frac{1}{8},\frac{\theta}{4},\frac{\eta}{4},\frac{\eta}{4}+\frac{3}{8},\frac{1}{2}(1-\theta-\eta)\right)$$

이다. Y을 다음과 같은 자료 $X=(X_1, X_2, \cdots, X_7)$로 확장하면

$$X=(X_1, \cdots, X_7)\sim Mul\left(n;\frac{\theta}{4},\frac{1}{8},\frac{\theta}{4},\frac{\eta}{4},\frac{\eta}{4},\frac{3}{8},\frac{1}{2}(1-\theta-\eta)\right)$$

이며, 여기서 $Z=(X_1, X_7)$이다. 이때 (θ, η)의 사전은 디리쉬레 분포 $Dir(1,1,1)$을 가정한다. 자료 $Y=(14,1,1,1,5)$이다.

(a) 베이지안 추정을 하고자 깁스샘플러를 이용할 때 필요한 완전조건부분포들을 구하여라.

(b) 깁스샘플러를 이용하여, θ, η의 사후평균과 사후분산들을 구하여라.

(c) TKK 방법으로, θ, η의 사후평균과 사후분산들을 구하여라.

(d) (b)와 (c)의 결과들을 비교하여라.

34 예제 5.47에 있는 동일한 조건하에서 일원분산구성모형

$$Y_{ij}=\beta+\mu_i+\varepsilon_{ij},\ i=1,\dots,k,\ j=1,\dots,n_i,$$

을 고려한다. Box and Tiao(1973)의 염색 자료(표 5.14)에 깁스샘플러를 이용하여 베이즈 추론을 하여라.

표 5.14. Dyestuff data (Yield of dyestuff in grams of standard color)

Batch	1	2	3	4	5	6
Individual observations	1545	1540	1595	1445	1595	1520
	1440	1555	1550	1440	1630	1455
	1440	1490	1605	1595	1515	1450
	1520	1560	1510	1465	1635	1480
	1580	1495	1560	1545	1625	1445
$y_{j.}$	1505	1528	1564	1498	1600	1470
$y_{..}$=1527.5						

35 (Hobert and Casella, 1996)

예제 5.47에서와 동일한 일원분산구성모형을 고려하고, Gelfand et al.(1990)가 사용한 사전분포보다 확장된 다음과 같은 사전분포를 고려한다.

$$\pi\left(\sigma_\varepsilon^2\right)\propto\left(\sigma_\varepsilon^2\right)^{-(b+1)},\quad \pi\left(\sigma_\mu^2\right)\propto\left(\sigma_\mu^2\right)^{-(c+1)},\quad \pi(\beta)\propto 1$$

이다. 이때

(a) 위에 주어진 사전분포 아래에서, 사후분포가 적절일 필요충분조건은

$$k-1>-2c>0\ \text{와}\ N+2c+2b-1>0$$

임을 증명하여라.

(b) Gelfand et al.(1990)가 사용한 사전분포와 비교하여 설명하여라.

36 예제 1.49에 있는 Genetic Linkage 모형을 고려한다.

(a) 자료 $Y=(125, 18, 20, 34)$에 대하여, 평평한 사전분포를 이용하여 깁스샘플러를 수행하여라. i에 대한 θ^i의 그래프를 그려라. 얼마나 긴 하나의 사슬(들)을 사용하였는가? Gelman and Rubin(1992)과 Geweke(1992) 방법들을 이용하여 수렴을 확인하여라. 임의의 초깃값을 어떻게 선택하였는가? 당신의 사슬에 근거하여 사후평균과 사후분산을 계산하여라. 추정사후분포와 정량화 우도함수를 그래프로 비교하여라. 마지막으로 추정값들의 적절성을 논하여라.

(b) 자료 $Y=(14, 0, 1, 5)$에 대하여 (a)와 동일한 작업을 하여라.

(c) 독립된 초깃값들을 갖고 20개의 연쇄를 수행하여라. 각각의 연쇄에서 θ들의 평균을 계산하여라. 20개 평균들의 표준편차를 계산하여라. 이 값을 설명하여라. 각 연쇄의 θ들의 표준편차(SD)를 구하여라. 이때 반복의 수로 각각의 SD를 나누어라. 이들을 평균하여라(표준오차). 그리고 이 평균을 앞의 평균들의 표준편차와 비교하여라. 이 두 개의 숫자가 유사 또는 다르다고 기대하는가?

37 (Tanner, 1996)

예제 1.49에 있는 Genetic Linkage 모형에 자료 $Y=(125, 18, 20, 34)$를 고려한다.

(a) 이때 평평한 사전분포 아래에서, 메트로폴리스 알고리즘을 수행한다. 하나의 긴 연쇄를 이용하고, i에 대한 $\theta^{(i)}$의 그래프를 그려라. 다음과 같은 다양한 제안함수들을 이용한다.

(1) (0,1)에서 균등분포;

(2) 정규분포 $N(\theta^{(i)}, 0.01)$; (3) 정규분포 $N(\theta^{(i)}, 0.1)$;

(4) 정규분포 $N(\theta^{(i)}, 0.5)$; (5) 정규분포 $N(0.4, 0.1)$.

θ값들과 실 정량화 우도함수를 함께 그린다. 메트로폴리스 추정값의 적절성을 논하여라. 어떻게 수렴을 확인하였는가? 초깃값의 선택 방법을 설명하여라.

(b) 자료 $Y=(14, 0, 1, 5)$에 대하여 (a)와 동일한 작업을 하여라.

(c) (a)와 (b) 경우의 자료들에 대한 사후평균과 표준편차를 계산하여라. 앞을 결과들과 비교하여라.

38 확률표본 $x_1, \cdots, x_n$은 자유도 4, 위치모수 μ, 척도모수 σ을 갖는 슈트던트의 t−분포를 갖는다고 가정하자. 즉,

$$f(x|\mu, \sigma) \propto \frac{1}{\sigma}\left(1+\frac{(x-\mu)^2}{4\sigma^2}\right)^{-5/2}$$

이다. 더욱이, (μ, σ)에 무정보사전분포를 적용한다. 따라서

$$g(\mu, \sigma) = \frac{1}{\sigma}, \ -\infty < \mu < \infty, \ \sigma > 0$$

이다.

(a) $\eta = \log\sigma$이라 하자. μ, η의 결합사후분포함수 $g(\mu, \eta | x_1, \cdots, x_n)$를 구하여라.

(b) 자료로서, 같은 나이의 모종 쌍이 유사한 조건하에서 재배되는 찰스 다윈(Charles Darwin, 1876)의 실험을 고려한다. 이때 각 쌍에서 교차수정으로 생산되는 하나의 묘목과 자기수정으로 생산되는 하나는 제외하였다. 높이(교차–자기)에서의 차이는 고정된 기간 후에 모종의 각 쌍에 대하여 계산된다. 15쌍에 대한 높이에서 차이는 아래와 같이 주어진다.

6.1, −8.4, 1.0, 2.0, 0.7, 2.9, 3.5, 5.1, 1.8, 3.6, 7.0, 3.0, 9.3, 7.5, −6.0

이다. 주어진 자료에 근거하여 μ와 η의 난수를 생성하기 위해서 깁스샘플러 안에서 RWMH 알고리즘을 디자인하여라. 그리고 각각의 사후표본들의 막대그래프를 그려라.

39 Besag(1974)은 공간 통계 모형의 관점에서 다음과 같은 자기지수분포가 매우 유용함을 설명하였다. 즉,

$$f(y_1, y_2, y_3) \propto \exp\{-(y_1 + y_2 + y_3 + \theta_{12} y_1 y_2 + \theta_{23} y_2 y_3 + \theta_{31} y_1 y_3)\}$$

이다. 이때

(a) 깁스샘플러를 이용하기 위한 완전조건부분포들을 구하여라. 즉, $i, j = 1,2,3$에 대하여, $f(y_i | y_j, \ j \neq i)$을 구하여라. 이들은 적절인가?

(b) $f(y_2 | y_1)$와 $f(y_3)$을 구하여라. 이들의 난수생성에 대하여 설명하여라.

40 $X = \{1,2,3\}$이라고 하자. 다음과 같은 전이확률을 갖는 마르코프 연쇄를 고려한다.

$$P(1, \{2\}) = P(2, \{3\}) = P(3, \{1\}) = 3/4, \text{ 와 } P(1, \{3\}) = P(3, \{2\}) = 1/4$$

이다.

(a) X에서 균등분포가 이 연쇄에 대한 불변임을 보여라.

(b) 이 연쇄는 이것의 불변분포에 대하여 가역이 아님을 보여라.

41 $X = R$이라 하자. 다음과 같이 주어진 마르코프 연쇄를 고려한다. 주어진 X_n에 대하여, $X_{n+1} \sim N(X_n/2, 3/4)$을 선택한다. $\pi(\cdot) = N(0, 1)$이라 하자. 이때 $\pi(\cdot)$이 이

사슬에 대하여 불변임을 다음 두 방법으로 보이고자 한다.

(a) X_n가 표준정규분포를 갖는다고 주어지면, 직접적으로 X_{n+1}의 밀도함수를 계산하고, 그것이 동일한 분포임을 보여라.

(b) $X_{n+1} = X_n/2 + \sqrt{3/4}\,Z_{n+1}$ 여기서 $\{Z_n\}$은 표준정규분포의 확률표본이다.

42 (정리 5.78)

만약 $x \in A \in B(\chi)$에 대하여 $P_x(\tau_A < \infty) = 1$이면, 그때 모든 $x \in \chi$에 대하여 $P_x(\eta_A = \infty) = 1$이고, (X_n)은 해리스 재귀적임을 보여라.

43 (정리 5.81)

만약에 χ가 해리스 재귀적이면, 다음과 같은 불변분포 π가 존재한다.

$$\pi(A) = \int_{\chi} \pi(dx) P(x, A), \quad \forall A$$

임을 보여라.

44 RWMH 알고리즘에서 제안분포

$$Q(x,\ \cdot\ ) = xe^{N(0,\, \sigma^2)}$$

을 갖을 때, 채택확률이

$$\alpha(x, y) = \min\left[1,\ \frac{x\pi(y)}{y\pi(x)}\right]$$

임을 보여라.

45 $X = R$이라 하고, $\pi(\ \cdot\ ) = N(0, 1)$은 표준정규분포라 하자. RWMH 알고리즘을 고려하며, 이때 제안분포는

$$Q(x,\ \cdot\ ) = U_{[\ x-1,\, x+1]}$$

이라 하자.

(a) 이 알고리즘의 어떻게 수행되는지 자세히 설명하여라.

(b) 이 알고리즘에 대한 사슬이 ϕ−기약임을 보여라.

(c) 이것이 비주기적임을 보여라.

(d) 이들에 대한 결론은 무엇인가?

46 $X=[0,1]\times[0,1]$이라 하고, $\pi(dx)=\pi(x)dx$이며, 여기서 dx은 2차원 르베그 척도이고, 또한 $\pi(x)=4x_1^2x_2+2x_2^5$이라 하자. 이 분포에서 깁스샘플러의 수행을 고려한다.

(a) 이 알고리즘이 어떻게 수행하는지 체계스캔과 확률스캔 깁스샘플러를 자세하게 기술하여라.

(b) 이 알고리즘이 $\phi-$기약임을 보여라.

(c) 이 알고리즘이 비주기적임을 보여라.

(d) 이 알고리즘이 해리스 재귀적임을 보여라.

(e) 이러한 것들에서 무엇을 결론 내릴 수 있는가?

47 상태공간 X에서 마르코프 연쇄 전이핵 $P(x,\cdot)$가 적당한 척도 $\nu(\cdot)$에 대한 밀도함수를 갖는다고 가정하자. $P(x,dy)=p(x,y)\nu(dy)$이다. $C\subseteq X$이라 하자. 모든 $x\in C$에 대하여,

$$P(x,\cdot)\geq\epsilon\rho(\cdot)$$

임을 보여라. 여기서 $\rho(\cdot)$는 X에서 정의된 적당한 확률척도이고,

$$\epsilon=\int_{y\in X}(inf_{x\in C}p(x,y))\nu(dy)$$

이다.

48 $X=R$라 두고, 주어진 X_n 아래에서, $X_{n+1}\sim N(X_n/2,3/4)$을 선택하는 마르코프 연쇄를 고려한다. $\pi(\cdot)=N(0,1)$은 이 사슬의 불변분포임을 알 수 있다. $C=[-\sqrt{3},\sqrt{3}]$이고 $V(x)=1+x^2$라고 하자.

(a) $E[V(X_{n+1})|X_n=x]$을 정확하게 계산하여라.

(b) 다음과 같은 드리프트(Drift) 조건을 얻기 위해서 (a)를 이용하여라. 즉, 적당한 $\lambda<1$과 $b<\infty$에 대하여,

$$PV(x)\leq\lambda V(x)+b1_c(x)$$

을 만족한다. 여기서 $PV(x)=\int_\chi P(x,dy)V(y)$을 의미한다. λ와 b을 결정하여라.

(c) 다음과 같은 형태의 소수화 조건을 형성하여라. 모든 $x\in C$에 대하여.

$$P(x,\cdot)\geq\epsilon\nu(\cdot)$$

을 만족한다. (힌트: 문제 39를 이용하여라).

49 $X=[0,\infty)$이며, $\pi(dx)=e^{-x}dx$는 표준지수분포함수라고 하자. 이때 적당한 $\delta>0$에 대한 제안분포 $Q(x,\cdot)=U_{[x-\delta,x+\delta]}$을 갖는 RWMH 알고리즘을 고려한다.

(a) $x\in X$에 대하여 기각확률 $P\left[X_{n+1}=X_n|X_n=x\right]$을 계산하여라.

(b) 채택확률을 구하여라.

50 다음과 같은 기하분포에서 RWMH 알고리즘을 고려한다. 즉, $0<a<1$에 대하여,

$$\pi(i)=(1-a)a^i,\ i=0,1,2,3,\cdots$$

이다. 상태 x에서 상태 $x+1$ 또는 $x-1$로 동등한 확률 1/2을 갖고 이동한다. $x\geq 1$에 대하여, 아래로 이동(즉, $x-1$로)이 항상 채택되고 반면에, 위로 이동은 확률 a로 이동함을 확인하여라. 지금부터 Lyapunov drift function $V(x)=e^{\beta x}$이라 하자.
이때 $x\geq 1$에 대하여,

$$PV(x)=E(V(X_1)|X_0=x)=\frac{1}{2}\left(ae^{\beta(x+1)}+(1-a)e^{\beta x}+e^{\beta(x-1)}\right)$$

임을 보여라. 또한 오른편 식은 $\lambda V(x)$로 표현할 수 있음을 보여라. 여기서,

$$\lambda=1-\frac{(1-e^{\beta})(a-e^{-\beta})}{2}$$

이다. 그러므로 β의 적당한 선택으로, 이 알고리즘이 기하학적 에르고딕임을 보여라.

51 분산 1과 상관계수 ρ을 갖는 이변량 정규분포 π라고 하자.

(a) 만약 $(X,Y)\sim\pi$라 하면 다음과 같은 조건부분포를 증명하여라.

$$(X|Y)\sim N(\rho Y,(1-\rho^2))\text{와 }(Y|X)\sim N(\rho X,(1-\rho^2)).$$

(b) 만약 $\{X_n\}$이 깁스샘플러의 X들의 수열이라 하면.

$$X_{n+1}\sim N\left(\rho^2X_n,1-\rho^4\right)\ \text{과}\ X_n\sim N\left(\rho^{2n}X_0,1-\rho^{4n}\right)$$

임을 보여라.

52 다음과 같은 선형회귀모형을 고려한다. 즉, $i=1, \cdots, n$에 대하여,

$$y_i = \beta_1 x_{i1} + \beta_2 x_{i2} + \cdots + \beta_k x_{ik} + \epsilon_i$$

이며, 여기서 $\epsilon_i \sim N(0, \sigma^2)$이다. 이때 다음과 같은 무정보사전분포를 가정한다. 즉,

$$\pi(\beta_1, \cdots, \beta_k, \sigma^2) \propto \frac{1}{\sigma^2}$$

이다. $\beta = (\beta_1, \cdots, \beta_k)^T$이라 하자. 4장 연습문제 2에서 결합사후분포 $f(\beta, \sigma^2 | \{y_1, \cdots, y_n\})$, 조건부사후 $f(\beta | \sigma^2, \{y_1, \cdots, y_n\})$와 주변사후분포 $f(\sigma^2 | \{y_1, \cdots, y_n\})$을 구하였다.

(a) 주변사후분포함수에서 σ^2을 먼저 생성하고, 완전조건부분포함수에서 β을 생성하는 깁스샘플러를 디자인하여라.

(b) 목표결합사후분포 $\pi(\beta, \sigma^2 | \{y_1, \cdots, y_n\})$는 마르코프 연쇄 전이확률에 대하여 불변분포임을 보여라. (힌트: 모든 $A \in B(R^4 \times R^4)$에 대하여, $\pi P(A) = \pi(A)$임을 보인다).

(c) 주변사후분포함수에서 σ^2을 먼저 생성하기 위해서, σ^2의 로그 변환을 갖는 확률보행 제안분포를 이용한 RWMH 알고리즘을 디자인하여라. 그리고 채택확률을 계산하여라.

(d) (c)에서 주어진 메트로폴리스 알고리즘은 가역조건을 만족함을 보여라.

53 예제 5.36과 동일한 구조를 고려한다.

(a) 식 (5.78), (5.79)와 M-step 단계들을 유도하여라.

(b) Schmee and Hahn(1979)은 표 5.15에 있는 motorette 자료를 고려하였다. 10개의 모토레트가 4개의 온도($150^0, 170^0, 190^0$와 $220^0 C$)에서 검사하였다. 표 5.36에 있는 자료는 실패시간을 나타내며, *는 검사가 끝난 후에도 모토레트가 실패하지 않는다. 이 자료들에서 $y_i = \log_{10}(i\text{번째 실패시간})$라 두고, 예제 5.36에서와 같은

$$y_i = \beta_0 + \beta_1 \nu_i + \sigma \epsilon_i$$

인 모형에 적합하고자 한다. 여기서 $\nu_i = 1000/(\text{온도} + 273.2)$이며, 독립적으로 $\epsilon_i \sim N(0,1)$을 가정한다. 보다 일반화된 형태로 나타내기 위하여, 처음 m개의 자료는 중도절단되지 않은 자료이고 나머지 $n-m$개는 중도절단되도록 재순서화하였다고 가정한다. 다음과 같은 $\theta = (\beta_0, \beta_1, \sigma^2)$의 균등사전분포를 가정한다. 즉,

$$\pi(\beta_0, \beta_1, \sigma^2) \propto 1$$

이다. 이때 EM 알고리즘을 이용하여 관측된 자료 아래에서 $\theta=(\beta_0,\beta_1,\sigma^2)$의 사후최빈값을 구하여라.

표 5.15 Source: Schmee and Hahn (1979).

150	170 °	190 °	220 °
8064*	1764	408	408
8064*	2772	408	408
8064*	3444	1344	504
8064*	3542	1344	504
8064*	3780	1440	504
8064*	4860	1680*	528*
8064*	5196	1680*	528*
8064*	5448*	1680*	528*
8064*	5448*	1680*	528*
8064*	5448*	1680*	528*

54 IMH 알고리즘에서 생성된 확률수열들이 마르코프 연쇄임을 보여라.

55 확률변수 $X_1, X_2, \cdots, X_n$는 독립이고 동일한 지수분포 $\text{Exp}(\lambda_1\lambda_2)$를 따른다고 하자. 이때 척도불변 무정보적 사전분포를 사용한다. 즉,

$$\pi(\lambda_1, \lambda_2) \propto (\lambda_1\lambda_2)^{-1} I(\lambda_1 > 0, \lambda_2 > 0)$$

이다.

(a) 주변사후분포들은 부적절이나, 완전조건부분포함수들은 불변분포임을 보여라.

(b) 이러한 완전조건부분포를 사용한 깁스샘플러에서 생성된 표본을 기반으로 가능한 사후추론은 무엇인가?

56 정리(5.99)를 증명하여라.

57 정리 5.100에서와 동일한 전이 커널 $K(\theta,\theta^*)$이라 하자. 이때 만약 $\pi(\theta|x)$가 깁스샘플러의 불변분포이면 $p=3$인 경우에 다음을 만족함을 보여라.

$$\int_\Theta K(\theta,\theta^*)\pi(\theta|x)d\theta = \pi(\theta^*|x)$$

58 수정붕괴깁스샘플러(MCLGS)가 사후분포함수에 불변임을 보여라. 즉, $\theta^{(i)} = (\theta_1^{(i)}, \theta_2^{(i)}, \theta_3^{(i)})^t$, $\theta^{(i+1)} = (\theta_1^{(i+1)}, \theta_2^{(i+1)}, \theta_3^{(i+1)})^t$이라 하자. 이때 MCGS에 대한 전이확률 커널은

$$K(\theta^{(i)}, \theta^{(i+1)}) = \pi(\theta_1^{(i+1)} | \theta_2^{(i)}, D) \times \pi(\theta_2^{(i+1)} | \theta_1^{(i+1)}, D) \times \pi(\theta_3^{(i+1)} | \theta_1^{(i+1)}, \theta_2^{(i+1)}, D)$$

이며, 이는

$$\int K(\theta^{(i)}, \theta^{(i+1)}) \pi(\theta^{(i)} | D) d\theta^{(i)} = \pi(\theta^{(i+1)} | D) \tag{5.139}$$

임을 보여라.

59 정리 5.114를 증명하여라. 즉, $q(x, y) = q(y)$을 갖는 IMH 알고리즘을 고려한다. 그리고

$$\frac{q(y)}{\pi(y)} \geq \beta > 0, \quad \forall y \in X$$

을 가정한다. 이때 이 샘플러의 전이밀도함수는

$$p(x, y) = \min\left(q(y), \frac{q(x)\pi(y)}{\pi(x)}\right) \geq \beta \pi(y)$$

임을 보여라. 또한

$$\| P^n(x, \cdot) - \pi \| \leq 2(1-\beta)^n$$

임을 보여라.

6장

베이지안 모형선택

Jeffreys는 "*Theory of Probability*"란 그의 저서와 1935년도 그의 논문에서 과학적 이론에 대한 지지도의 증거를 계량화하는 방법론을 발전하였다. 90년대 들어와 MCMC을 이용한 베이지안 계산의 폭발적인 발전으로 Gelfand et al.(1992), Gelfand and Dey(1994)와 Kass and Raftery(1995) 등 많은 베이지안 통계학자들의 중요한 연구과제로 다양한 후속 연구가 진행되었다. 특히 베이지안 모형선택과 모형비평은 매우 중요한 추론문제들이다. 때때로 이것들은 추정문제들보다도 더욱 더 복잡한 문제들이 되어간다. 이 절에서 이러한 문제들 중에 몇 가지를 보다 자세하게 다루고자 한다. 그러나 여기서 고려되는 모든 모형들과 가설은 저차원만 다루도록 한다. 왜냐하면, 고차원의 모형들은 다른 접근들을 요구하기 때문이다. 여기서 다루는 베이지안 해결책들은 고전적 통계학의 대응되는 방법들과 비교되거나 논쟁된다.

6.1 고전적 방법

모든 $i=0,1$에 대하여,

$$H_i:\ \text{자료 } y\text{는 } f(y|\theta_i;M_i)\text{을 따르는 모형 } M_i\text{에서 온다.} \tag{6.1}$$

여기서 y는 $n\times 1$, θ_i은 $p_i\times 1$인 벡터이고, 이때 H_0를 귀무가설이라 한다.

첫째, 만약 M_i가 완전히 일반적이고 두 개의 모형들이 완전히 지정되지 않는다면, H_1에 대한 H_0의 최상의 검정은 존재하지 않는다.
둘째, 우도비 검정의 공식은 M_0가 축소모형이고 M_1이 완전모형인 중첩모형들의 경우와 같이 귀무가설과 대립가설이 모호하지 않은 상황을 요구한다. 우도비 검정통계량은

$$\lambda_n = L(\hat{\theta}_0 : y, M_0)/L(\hat{\theta}_1 : y, M_1)$$

이며 여기서 $\hat{\theta}_i$은 모형 M_i 아래에서 θ의 MLE이다. 이때 만약 $\lambda_n < c < 1$이면, H_0를 기각한다. $n\to\infty$일 때 p_i가 고정되었다고 가정하면, 적당한 조건과 H_0 아래에서,

$$-2\log\lambda_n \mathrel{\dot{\sim}} \chi^2_{p_1-p_0} \tag{6.2}$$

이다. 이 근사식 아래에서, 우도비검정은 일치성을 유지하지 못한다. 즉,

$$\lim_{n\to\infty}\Pr(H_1 \text{ 선택} \mid H_0) = \lim_{n\to\infty}\Pr(\lambda_n < c \mid H_0) \tag{6.3}$$
$$= \lim_{n\to\infty}\Pr(-2\log\lambda_n > -2\log c \mid H_0) \,\dot{\approx}\, \Pr(\chi^2_{p_1-p_0} > -2\log c) > 0$$

이다. 따라서 λ_n이 매우 작아지면, 우도비검정은 완전모형에 더 많은 가중치를 준다. 이 결과 많은 통계학자들은 우도함수에 다음과 같은 형태로 벌점을 제안하였다.

$$\log L(\hat{\theta}_i : y, M_i) - k(n,p_i) \tag{6.4}$$

여기서 $k(n,p) > 0$은 n과 p에 대하여 증가함수이다. 그러므로 완전모형은 축소모형보다 더 많은 불이익을 받게 된다. 따라서 로그 검정통계량 $\log\lambda_n$의 형태는 다음과 같은 식으로 변형되어 제안되었다.

$$\log\lambda_n + k(n,p_1) - k(n,p_0) \tag{6.5}$$

이며, 여기서 $k(n,p) = \alpha p$이다.

Nelder and Wedderburn(1972)은 $\alpha = 1/2$, Akaike(1973)는 $1 \le \alpha \le 2.5$, Hannan and Quinn(1979)는 $k(n,p) = p\beta\log(\log n)$, $\beta > 2$, Schwarz(1978)는 $k(n,p) = p/2\log n$, Shibata(1980)는 $k(n,p) = n\log(n+2p)$, Aitkin(1991)은 $\alpha = \log 2$로 선택하였다.

6.2 베이지안 방법

Gelfand et al.(1992)는 모형의 결정이란 모형의 적정성과 모형선택으로 나눌 수 있다고 하였다. 즉, 고려하는 모형들 중에서 어느 것이 최상인가를 물어보는 것이다. 이보다 평범한 질문, 즉 베이지안 모형화의 구조 내에서, 한정된 특정 모형들의 집합 중에서 선택하는 문제를 고려한다. 이러한 선택은 예측분포함수에 근거한다.

4.3절에서 설명된 베이즈 인자를 다시 간략하게 소개한다. 이때 y를 자료라 하고, 두 개의 가설(모형) M_0와 M_1이 주어졌다고 하자. $k = 0,1$에 대하여,

$$P(M_k|y) = \frac{P(y|M_k)P(M_k)}{P(y|M_1)P(M_1) + P(y|M_2)P(M_2)} \tag{6.6}$$

이며, 따라서

$$\frac{P(M_0|y)}{P(M_1|y)} = \frac{P(y|M_0)P(M_0)}{P(y|M_1)P(M_1)} \tag{6.7}$$

이다. 이때 M_1에 대한 M_0의 베이즈 인자 B_{01}은

$$B_{01} = \frac{P(y|M_0)}{P(y|M_1)} \tag{6.8}$$

로 정의하였다. 다르게 표현하면

$$\text{사후비} = B_{01} \times \text{사전비}$$

이다. 여기서 $k=0,1$에서

$$P(y|M_k) = \int P(y|\theta_k, M_k)\, P(\theta|M_k) d\theta_k \tag{6.9}$$

$P(y|\theta_k, M_k)$와 $P(\theta_k|M_k)$은 가설(모형) M_k에서의 각각의 우도함수와 사전분포함수들이다. 따라서 $P(y|M_k)$은 가설 M_k에서의 적분주변함수(Integrated marginal function) 또는 우도함수라고 한다.

따라서 베이즈 인자를 다음과 같이 설명할 수 있다.

첫째, 가장 단순한 경우에, 즉 두 가설이 모수가 없는 단순한 분포일 때(즉, 단순 대 단순 검정의 경우), B_{01}는 우도비검정통계량과 동일하다.

둘째,

$$P(y|M_k) = \int P(y|\theta_k, M_k) P(\theta_k|M_k) d\theta_k$$

은 자료의 주변확률이다. 왜냐하면, 주어진 M_k 아래에서 (Y, θ_k)의 결합분포를 θ_k에 대하여 적분하여 구해지므로, 이를 자료의 **예측확률**이라고 한다. 즉, 실제로 관측자료를 보거나, 자료를 사용하기 전에 계산된 확률 또는 **적분주변함수**이다.

셋째, 사전분포 $\pi(\theta_k|M_k)$은 필수적이다.

마지막으로, 베이즈 인자 B_{01}은 우도비검정통계량과 밀접한 관련이 있으며, 여기서 모수 θ_k은 적분보다는 최대화로 제거된다.

*6.3 베이즈 인자의 계산

이제 베이즈 인자의 분자와 분모에서 다음과 같은 적분을 하는 것이 매우 중요하다. 이때 편의상 M_k의 표시를 사용하지 않는다. 즉,

$$I = \int P(y|\theta, M) \pi(\theta|M) d\theta. \tag{6.10}$$

6.3.1 베이즈 인자와 BIC 관계

$Y \sim f(y|\theta)$을 따른다고 하고, 여기서 $\theta \in \Theta$은 미지라고 하자. 다음과 같은 모형 M_0와 M_1을 비교하는 데 관심이 있다고 하자.

$$M_0 : Y \sim f(y|\theta),\ \ \theta \in \Theta_0 \text{와 } M_1 : Y \sim f(y|\theta),\ \ \theta \in \Theta_1 \tag{6.11}$$

이다. $i = 0,1$에 대하여, $g_i(\theta)$은 모형 M_i 아래에서 사전분포함수라고 하자. 이때 자료 $\boldsymbol{y} = (y_1, \cdots, y_n)$에 근거하여 모형 M_0와 M_1을 비교하기 위하여, 베이즈 인자

$$B_{01}(\boldsymbol{y}) = \frac{m_0(\boldsymbol{y})}{m_1(\boldsymbol{y})} \tag{6.12}$$

이며, 여기서 $i = 0,1$에 대하여,

$$m_i(\boldsymbol{y}) = \int_{\Theta_i} f(\boldsymbol{y} \,|\, \theta) g_i(\theta) d\theta \tag{6.13}$$

이다. 4장에서 식 (4.69)의 베이즈 인자는 사후 오즈비와 사전 오즈비의 비율로 정의하였다. 이때 $\pi_0 = P(\Theta_0) = P(M_0)$과 $\pi_1 = P(\Theta_1) = P(M_1) = 1 - \pi_0$라 하면,

$$P(M_0 \,|\, \boldsymbol{y}) = \left[1 + \frac{(1 - \pi_0)}{\pi_0} B_{01}^{-1}\right]^{-1} \tag{6.14}$$

이다. 그러므로 조건부사전분포 $g_0(\theta)$와 $g_1(\theta)$가 주어진다면, 모형선택을 위하여 간단히 베이즈 인자를 사용한다. 그러나 이러한 계산들은 수행하기가 항상 쉬운 것만은 아니다. 이때 가능한 해결책은 베이즈 인자에 근사한 BIC를 이용하는 것이다.

다음으로, 정규성을 검정하는 다른 모형의 문제를 고려해 보자. 이는 많은 추론의 방법론들이 정규성을 가정하기 때문에 빈도론자 추론에서 직면하는 매우 공통의 문제인 것이다. 예를 들면, 단순 또는 다중 회귀모형, ANOVA 등 많은 다른 모형들이 이러한 가정을 일상적으로 사용한다는 것이다. 간단한 형태로, 주어진 표본 $Y_1, \cdots, Y_n$들이 정규분포를 갖는 모집단에서 온 자료들인지를 확인하는 문제에서 출발한다. 즉, 식 (6.11)에 주어진 설정으로 하면,

$$M_0 : Y \sim N(\theta, \sigma^2),\ \mu,\ \sigma^2 > 0 \text{과 } M_1 : Y\text{은 정규분포를 갖지 않는다.} \tag{6.15}$$

라고 한다. 그러나 이것은 식 (6.11)과 완전히 다른 형태로 보인다. 그 이유는 M_1은 모수적 대립가설을 구성하고 있지 않다. 그러므로 모형 확인을 위하여 베이즈 인자나 사후비 등을 사용하는 방법들이 명확하지 않다. 이러한 문제들의 대안들에 대하여 Gelman et al.(1995)의 6.3절을 참고하여라.

f, g_0와 g_1에 대한 적당한 정칙조건들 아래에서, 식 (6.12)에 주어진 베이즈 인자는 5.2.3.1절의 라플라스 근사식을 이용하여 근사할 수 있다. 식 (6.13)에 있는 표현을

$$m_i(y) = \int_{\Theta_i} f(y \mid \boldsymbol{\theta}_i) g_i(\boldsymbol{\theta}_i) d\boldsymbol{\theta}_i \tag{6.16}$$

로 표시하고, 여기서, $\boldsymbol{\theta}_i$는 모형 M_i 아래 모수들의 p_i차원 벡터이고, 이는 관측벡터의 차원 n과 무관하다. $i = 0, 1$에 대하여 $\widetilde{\boldsymbol{\theta}}_i$은 $\boldsymbol{\theta}_i$의 사후최빈값(또는 일반화 MLE)이라 하자. 또한 $\widetilde{\boldsymbol{\theta}}_i$는 Θ_i의 내점이다. 이때 2차 테일러급수 근사식을 이용하여, 식 (6.16)에 있는 피적분함수의 로그를 $\widetilde{\boldsymbol{\theta}}_i$에 대하여 확장하면

$$\log\left(f(\boldsymbol{y}|\boldsymbol{\theta}_i) g_i(\boldsymbol{\theta}_i)\right) \approx \log\left(f(\boldsymbol{y}|\widetilde{\boldsymbol{\theta}}_i) g_i(\widetilde{\boldsymbol{\theta}}_i)\right) - \frac{1}{2}\left(\boldsymbol{\theta}_i - \widetilde{\boldsymbol{\theta}}_i\right)^t H_{\widetilde{\boldsymbol{\theta}}_i}\left(\boldsymbol{\theta}_i - \widetilde{\boldsymbol{\theta}}_i\right) \tag{6.17}$$

이며, 여기서 $H_{\widetilde{\boldsymbol{\theta}}_i}$는 $\widetilde{\boldsymbol{\theta}}_i$으로 계산된 음 헤시안 행렬이다. 이 근사식 (6.17)을 식 (6.16)에 적용하면,

$$m_i(\boldsymbol{y}) \approx f(\boldsymbol{y}|\widetilde{\boldsymbol{\theta}}_i) g_i(\widetilde{\boldsymbol{\theta}}_i) \int \exp\left\{-\frac{1}{2}\left(\boldsymbol{\theta}_i - \widetilde{\boldsymbol{\theta}}_i\right)^t H_{\widetilde{\boldsymbol{\theta}}_i}\left(\boldsymbol{\theta}_i - \widetilde{\boldsymbol{\theta}}_i\right)\right\} d\boldsymbol{\theta}_i \tag{6.18}$$

$$= f(\boldsymbol{y}|\widetilde{\boldsymbol{\theta}}_i) g_i(\widetilde{\boldsymbol{\theta}}_i)(2\pi)^{p_i/2} |H_{\widetilde{\boldsymbol{\theta}}_i}^{-1}|^{1/2}$$

이다.

$2\log B_{01}$는 보통 M_1에 대하여 M_0을 위한 자료 $\boldsymbol{y}$에 의하여 제공된 지지도를 비교하는 본질적인 측도로 사용된다. 따라서 위의 근사식 (6.18)을 이용하면,

$$2\log(B_{01}) \approx 2\log\left(\frac{f(\boldsymbol{y}|\widetilde{\boldsymbol{\theta}}_0)}{f(\boldsymbol{y}|\widetilde{\boldsymbol{\theta}}_1)}\right) + 2\log\left(\frac{g_0(\widetilde{\boldsymbol{\theta}}_0)}{g_0(\widetilde{\boldsymbol{\theta}}_1)}\right) \tag{6.19}$$

$$+ (p_0 - p_1)\log(2\pi) + \log\left(\frac{\left|H_{\widetilde{\boldsymbol{\theta}}_0}\right|^{-1}}{\left|H_{\widetilde{\boldsymbol{\theta}}_1}\right|^{-1}}\right)$$

이다. 이때 사후최빈값 $\widetilde{\boldsymbol{\theta}}_i$ 대신에 최대우도추정값 $\hat{\boldsymbol{\theta}}_i$을 사용한 근사식 (6.19)을 역시 유효하게 사용하고 있다. 이때 식 (6.18) 대신에,

$$m_i(y) \approx f(\boldsymbol{y} \mid \hat{\boldsymbol{\theta}}_i) g_i(\hat{\boldsymbol{\theta}}_i)(2\pi)^{p_i/2} \left| H_{\hat{\boldsymbol{\theta}}_i}^{-1} \right|^{1/2} \tag{6.20}$$

을 구할 수 있다. 여기서 $H_{\hat{\theta}_i}$는 최대우도추정값 $\hat{\theta}_i$에서 계산된 관측피셔정보행렬이다. 만약 관측치들이 모두 독립이고 동일한 분포를 따른다고 하면, $H_{\hat{\theta}_i} = nH_{1,\hat{\theta}_i}$이다. 여기서, $H_{1,\hat{\theta}_i}$는 하나의 자료에서 얻어지는 $p_i \times p_i$ 관측피셔정보행렬이다. 이 경우에

$$m_i(y) \approx f(\boldsymbol{y} \mid \hat{\boldsymbol{\theta}}_i) g_i(\hat{\boldsymbol{\theta}}_i)(2\pi)^{p_i/2} n^{-p_i/2} \left| H_{1,\hat{\theta}_i}^{-1} \right|^{1/2}$$

이다. 그러므로

$$\begin{aligned} 2\log(B_{01}) \approx\ & 2\log\left(\frac{f(y|\hat{\boldsymbol{\theta}}_0)}{f(y|\hat{\boldsymbol{\theta}}_1)}\right) + 2\log\left(\frac{g_0(\hat{\boldsymbol{\theta}}_0)}{g_1(\hat{\boldsymbol{\theta}}_1)}\right) \\ & -(p_0 - p_1)\log\frac{n}{2\pi} + \log\left(\frac{\left|H_{1,\hat{\theta}_0}^{-1}\right|}{\left|H_{1,\hat{\theta}_1}^{-1}\right|}\right) \end{aligned} \tag{6.21}$$

이다. 식 (6.21)에 오차 $O(1)$을 갖는 근사식은

$$2\log(B_{01}) \approx 2\log\left(\frac{f(\boldsymbol{y}|\hat{\boldsymbol{\theta}}_0)}{f(\boldsymbol{y}|\hat{\boldsymbol{\theta}}_1)}\right) - (p_0 - p_1)\log n \tag{6.22}$$

이다. 이것은 Schwarz(1978)가 제안한 베이지안 정보기준(BIC)에 근거한 근사적 베이즈 인자이다. $(p_0 - p_1)\log n$은 더 복잡한 모형을 사용하는 것에 대한 벌점으로 생각할 수 있다. 이와 유사한 기준은

$$2\log(B_{01}) \approx 2\log\left(\frac{f(\boldsymbol{y}|\hat{\boldsymbol{\theta}}_0)}{f(\boldsymbol{y}|\hat{\boldsymbol{\theta}}_1)}\right) - 2(p_0 - p_1) \tag{6.23}$$

이며, 이는 아카이케 정보기준(AIC)에 근거한 것이며, 특히 AIC는 모형 $f(\boldsymbol{y}|\boldsymbol{\theta})$에 대하여,

$$AIC = 2\log f(\boldsymbol{y} \mid \hat{\theta}) - 2p \tag{6.24}$$

이다. AIC는 복잡한 모형을 사용하는 벌점 항은 BIC를 사용할 때와 같이 획기적이지는 않다.

6.3.2 베이즈 인자의 근사식

앞에서 소개된 식 (6.10)인 적분주변함수 I을 다시 고려한다. 즉,

$$I = P(y|M) = \int P(y|\theta, M)\pi(\theta|M)d\theta.$$

앞으로 I의 근사식을 구하기 위한 다섯 가지의 방법들을 설명한다.

첫 번째, 정리 5.14에 의한 TKK 방법을 이용하면, I의 근사식은

$$\hat{I} = (2\pi)^{\frac{p}{2}}|\tilde{\Sigma}|^{\frac{1}{2}}P(y|\tilde{\theta}, M)\pi(\tilde{\theta}|M) \tag{6.25}$$

이며, 여기서 $\tilde{\theta}$는 함수 $\tilde{\ell}(\theta) = \log P(y|\theta, M)\pi(\theta|M)$의 최댓값의 점이고, p는 θ의 차원이고, $\tilde{\Sigma} = \left(-D^2\tilde{\ell}(\tilde{\theta})\right)^{-1}$이며, D^2는 두 번 미분을 의미한다.

Kass and Raftery(1995)는 식 (6.25)의 근사식에 근거한 다른 형태인

$$\hat{I}_{MLE} = (2\pi)^{\frac{p}{2}}|\hat{\Sigma}|^{\frac{1}{2}}P(y|\hat{\theta}, M)\pi(\hat{\theta}|M) \tag{6.26}$$

을 제시하였다. 여기서 $\hat{\theta}$는 로그 우도함수의 MLE이고, $\hat{\Sigma}^{-1}$은 관측정보행렬, 즉 $\hat{\theta}$에서 계산된 로그 우도함수의 음 헤시안 행렬이다.

편의상 M_k의 표시를 사용하지 않고, 일반적으로 사용되었던 함수 형태(예를 들면, 자료분포함수 f)을 사용한다. 즉,

$$I = P(y) = \int f(y|\theta)\pi(\theta)d\theta \equiv m(y) \tag{6.27}$$

이다.

두 번째, 기본적인 몬테카를로 방법을 이용하면 $i = 1, \cdots, m$에 대하여 $\pi(\theta)$에서 난수 θ_i을 생성 후,

$$\hat{m}_1(x) = \frac{1}{m}\sum_{i=1}^{m} f(y|\theta_i) \tag{6.28}$$

이다. 다음으로 중요부표본방법(Geweke, 1989)인 알고리즘 5.26을 이용하면,

$$\hat{I} = \frac{\sum_{i=1}^{m} w_i f\left(y|\theta^{(i)}\right)}{\sum_{i=1}^{m} w_i} \tag{6.29}$$

이며, 여기서 $\{\theta^{(i)} : i=1,\cdots,m\}$는 $\pi^*(\theta)$의 샘플이고,

$$w_i = \pi(\theta^{(i)})/\pi^*(\theta^{(i)})$$

이다. 여기서 중요부표본함수 $\pi^*(\theta)$의 선택은 매우 중요하다. Newton and Raftery(1994)는 $\pi^*(\theta)$의 선택을 통하여 다음과 같은 가중우도부스트랩 방법을 제시하였다. 이때 중요부표본함수 $\pi^*(\theta)$을 사후분포 $\pi(\theta|y)$로 사용하였다.

$$\pi^*(\theta) = \pi(\theta|y) = \frac{f(y|\theta)\pi(\theta)}{m(y)} \tag{6.30}$$

이다. 이때 $\theta^{(i)} \sim \pi^*(\theta)$을 생성한다. $i=1,\cdots,m$이다. 중요부표본방법에 따르면,

$$w_i = \frac{\pi(\theta^{(i)})}{\pi^*(\theta^{(i)})} = \frac{m(y)}{f(y|\theta^{(i)})}$$

이고, 그러므로

$$\widehat{m}_2(x) = \left[\frac{1}{m}\sum_{i=1}^{m} f^{-1}(y|\theta^{(i)})\right]^{-1} \tag{6.31}$$

이다. 이를 우도함수값들의 조화평균(harmonic mean)이라고 한다. 이는 다음과 같은 성질을 갖는다.

① $m\to\infty$일 때, $\widehat{m}_2(y)$는 $m(y)$에 a.s.하게 수렴한다. 그러나 이는 일반적으로 가우시안 중심극한정리를 만족하지 않는다.

② 중요부표본함수 $\pi^*(\theta)$을 사후분포에서 약간 변형된 다음과 같은 혼합분포로 두자. 즉,

$$\pi^*(\theta) = \delta\pi(\theta) + (1-\delta)\pi(\theta|y) \tag{6.32}$$

이고, 여기서 $0<\delta<1$이다. 이때 식 (6.32)을 이용하여 유도된 추정값 $\widehat{m}_3(y)$은 $\widehat{m}_2(y)$보다 효율적이다. 왜냐하면, 그것은 큰 우도함수 값을 갖는 많은 θ 값을 기반으로 하기 때문에 그 불안정성을 피하고 가우시안 중심극한정리를 만족시키기 때문이다.

③ Gelfand and Dey(1994)는 $\widehat{m}_2(y)$의 단순한 변형을 다음과 같이 제시하였다.

$$\widehat{m}_4(y) = \left[\frac{1}{m}\sum_{i=1}^{m}\frac{s(\theta^{(i)})}{f(y|\theta^{(i)})\pi(\theta^{(i)})}\right]^{-1} \tag{6.33}$$

이며, 여기서 $s(\cdot)$는 임의의 p-차원 적절확률밀도이다. Meng and Wong(1996)과

Gelman and Meng(1998) 등은 경로표집(path sampling)이라 불리는 보다 일반화된 형태를 논의하였다.

세 번째, Lewis and Raftery(1997)는 라플라스-메트로폴리스(Laplace-Metropolis, LM) 추정값을 제시하였다. 앞에서

$$I= m(y) = \int f(y|\theta, M)\pi(\theta|M)d\theta = \int f(y|\theta)\pi(\theta)d\theta$$

라 정의하였다. I의 다음과 같은 근사식 $\hat{I}$을 유도하기 위해서 TKK 방법을 이용하여 식 (6.25)로부터

$$\hat{I} = (2\pi)^{\frac{d}{2}} |\widetilde{\Sigma}|^{\frac{1}{2}} f(y|\tilde{\theta})\pi(\tilde{\theta}) \tag{6.34}$$

이고 여기서 $\tilde{\theta}$는 $h(\theta) = \log\{f(y|\theta)\pi(\theta)\}$라 두고 $h(\theta)$가 최대화되는 θ의 값이고, $\widetilde{\Sigma}$는 $\tilde{\theta}$에서 계산된 h의 음 역 헤시안 행렬이다.

식 (6.34)의 양변에 로그를 취하면,

$$\log m(y) \approx \log \hat{I} = \frac{d}{2}\log 2\pi + \frac{1}{2}\log|\widetilde{\Sigma}| + \log \pi(\tilde{\theta}) + \log f(y|\tilde{\theta}) \tag{6.35}$$

이다. 만약 $\tilde{\theta}$와 $\widetilde{\Sigma}$가 해석학적으로 구할 수 있다면, 식 (6.35)를 직접적으로 로그-적분 우도함수로 사용할 수 있다. 그러나 많은 응용문제에서 해석적으로 구할 수 없으므로 Raftery(1996)는 알고리즘 5.55(MH 알고리즘)을 이용하는 방법을 제시하였다. 이를 라플라스-메트로폴리스 추정값이라고 한다. 따라서 라플라스-메트로폴리스 추정값을 계산하기 위해서는 $\tilde{\theta}$와 $\widetilde{\Sigma}$에 대한 메트로폴리스 추정값들이 필요하다.

우선, $\tilde{\theta}$을 추정할 간단한 방법은 사후 시뮬레이션 결과로부터 각각의 결과에 대해 $h(\theta)$를 계산하고, $h(\theta)$가 가장 큰 $\tilde{\theta}$인 그런 θ을 사용하는 것이다. 대체 방안으로 다변량 중앙값 또는 L_1 중심을 고려한다. 여기서 L_1 중심은

$$d(\theta^{(j)}) \equiv \sum_{l=1}^{j} |\theta^{(l)} - \theta^{(j)}| \tag{6.36}$$

을 최소화하는 θ의 값으로 정의한다. 다음으로 $\widetilde{\Sigma}$을 추정하기 위해서 시뮬레이션 결과물들의 표본공변량행렬을 사용한다.

네 번째, Chib(1995)은 깁스수열을 이용하여 $m(y)$을 추정하는 방법을 제시하였다. 우선 잠재변수(Z)가 포함된 알고리즘 5.50인 완전깁스샘플러에서 사용되는 완전조건부분포들

은 완전히 알려져 있다고 가정한다. 따라서 모수 벡터 블럭 $\theta=(\theta_1, \cdots, \theta_B)^t$에 대하여, 완전깁스샘플러는 다음과 같은 $(B+1)$개의 완전조건부분포들의 집합에 적용된다. 즉,

$$\{[\theta_r | y, \theta_s (s \neq r), z]\}_{r=1}^{B}, \quad [z | y, \theta] \tag{6.37}$$

이며, 여기서 $[\cdot | \cdot]$은 조건부분포함수를 나타낸다. 예를 들어 $[X|Y]$은 주어진 Y 아래에서 X의 조건부밀도함수를 의미한다. 따라서

$$[X|Y] = \frac{[X, Y]}{[Y]}$$

이며, $[Y] = \int [X, Y]\, dX$은 Y의 주변밀도함수이고, $[X, Y]$은 X와 Y의 결합밀도함수이다. 여기서 우리의 목표는 깁스수열 $\{\theta^{(g)}, z^{(g)}\}_{g=1}^{G}$에서 적분우도

$$[y|M_k] = \int f(y|\theta_k, M_k) \pi(\theta_k|M_k) d\theta_k$$

또는 간편하게,

$$m(y) = [y] = \int [y|\theta]\, [\theta]\, d\theta$$

을 계산하는 것이다. 이 문제를 해결하는 아이디어는 다음과 같다.

① $[y] = \dfrac{[y|\theta][\theta]}{[\theta|y]}$은 기본주변우도항등식(Basic Marginal likelihood Identity, BMI)라 정의한다. 여기서 $[y|\theta]$, $[\theta]$, $[\theta|y]$은 각기 우도, 사전과 사후분포를 의미한다.

② 주어진 한 점 θ (θ^*라 하자)에 대한, 사후분포의 좌표 $[\theta^*|y]$은 다음과 같은 완전조건부분포들의 집합 $\{[\theta_r | y, \theta_s (s \neq r), z]\}_{r=1}^{B}$, $[z | y, \theta]$에서 정보를 이용하여 추정할 수 있다. 만약 한 점 θ^*에서 사후분포의 추정값을 $\hat{\pi}(\theta^*|y)$ 또는 $\widehat{[\theta^*|y]}$로 나타낸다면,

$$\log\widehat{[y]} = \log[y|\theta^*] + \log[\theta^*] - \log\widehat{[\theta^*|y]} \tag{6.38}$$

이다.

먼저 간략하게, 5.3.1절에 있는 DA 알고리즘의 구조와 같은 완전조건부분포들 $[\theta|y, z]$, $[z|y, \theta]$인 두 개의 블록으로 구성되었다고 가정한다. 이때 $\{\theta^{(g)}, z^{(g)}\}_{g=1}^{G}$을 깁스 수열이라고 하자. θ^*은 임의로 선택한 한 점이다. $[\theta|y] = \int [\theta|y, z][z|y]dz$이므로, 한 점 θ^*에서 사후분포 $[\theta|y]$의 좌표에 대한 추정값은

$$\widehat{[\theta^*|y]} = \frac{1}{G}\sum_{g=1}^{G} [\theta^*|y, z^{(g)}] \tag{6.39}$$

으로 표현할 수 있다. 정칙조건 아래에서, 이 추정값은 시뮬레이션에서 일치성이 있다. 즉, $G \to \infty$일 때,

$$\widehat{[\theta^* | y]} \to [\theta^* | y] \text{ a.s.}$$

이다(Tierney 1994). 그러므로

$$\ell n \widehat{[y]} = \ell n [y | \theta^*] + \ell n [\theta^*] - \ell n \left\{ \frac{1}{G} \sum_{g=1}^{G} [\theta^* | y, z^{(g)}] \right\} \tag{6.40}$$

이다.

다음은 세 개의 블록으로 구성된 경우를 고려한다. 이 경우들은 정규선형회귀모형, t-오차 항을 갖는 선형회귀모형, Zellner's seemingly unrelated regression과 절단회귀모형 등을 포함한다. 이때 완전조건부분포들은

$$[\theta_1 | y, \theta_2, z], \ [\theta_2 | y, \theta_1, z], \ [z | y, \theta]$$

이다. 점 $\theta^* = (\theta_1^*, \theta_2^*)$에 대한, $[\theta^* | y] = [\theta_1^* | y][\theta_2^* | \theta_1^*, y]$ 이다. 이때

$$[\theta_1^* | y] = \int [\theta_1^* | y, \theta_2, z][\theta_2, z | y] d\theta_2 dz,$$

와

$$[\theta_2^* | y, \theta_1^*] = \int [\theta_2^* | y, \theta_1^*, z][z | y, \theta_1^*] dz$$

으로 표현된다. 그러므로

$$\widehat{[\theta_1^* | y]} = \frac{1}{G} \sum_{g=1}^{G} \left[\theta_1^* | y, \theta_2^{(g)}, z^{(g)} \right] \tag{6.41}$$

와

$$\widehat{[\theta_2^* | y, \theta_1^*]} = \frac{1}{G} \sum_{j=1}^{G} \left[\theta_2^* | y, \theta_1^*, z^{(j)} \right] \tag{6.42}$$

여기서 $z^{(j)} \sim [z | y, \theta_1^*]$이다. 따라서

$$\log \widehat{[y]} = \log [y | \theta^*] + \log [\theta^*] - \log \widehat{[\theta_1^* | y]} - \log \widehat{[\theta_2^* | y, \theta_1^*]} \tag{6.43}$$

이다. 이에 따라서 일반적으로 다음과 같이 여러 개($B > 2$)의 블록들로 확장하여 고려한

다. 즉, 한 점 $\theta^* = (\theta_1^*, \cdots, \theta_r^*, \cdots, \theta_B^*)$에서 사후분포 $[\theta|y]$에 대한 좌표 값은

$$[\theta^* |y] = [\theta_1^*|y] \times [\theta_2^*|\theta_1^*, y] \times \cdots \times [\theta_B^*|y, \theta_1^*, \cdots, \theta_{B-1}^*] \tag{6.44}$$

으로 표현할 수 있으며, 첫 번째 항은 초기 깁스 실행의 난수들로 추정할 수 있는 주변 좌표이며, 전형적인 항은 축소조건부좌표 $[\theta_r^* |y, \theta_1^*, \cdots, \theta_{r-1}^*]$이다. 이때 후자는

$$\begin{aligned}&[\theta_r|y, \theta_1^*, \cdots, \theta_{r-1}^*]\\ &= \int [\theta_r|y, \theta_1^*, \cdots, \theta_{r-1}^*, \theta_{r+1}, \cdots, \theta_B, z][\theta_{r+1}, \cdots, \theta_B, z|y, \theta_1^*, \cdots, \theta_{r-1}^*] d\theta_{r+1} \cdots d\theta_B dz\end{aligned}$$

이므로, 축소조건부좌표 $[\theta_r^* |y, \theta_1^*, \cdots, \theta_{r-1}^*]$의 추정값은

$$[\theta_r^* |y, \widehat{\theta_1^*, \cdots}, \theta_{r-1}^*] = \frac{1}{G}\sum_{j=1}^{G}[\theta_r^* |y, \theta_1^*, \cdots, \theta_{r-1}^*, \theta_{r+1}^{(j)}, \cdots, \theta_B^{(j)}, z^{(j)}] \tag{6.45}$$

로 나타나며, 또한 식(6.44)에 의하면, $\theta^* = (\theta_1^*, \cdots, \theta_r^*, \cdots, \theta_B^*)$에서 사후분포 $[\theta|y]$에 대한 좌표값은

$$\widehat{[\theta^* |y]} = \prod_{r=1}^{B}[\theta_r^* |y, \widehat{\theta_s^*, s} < r] \tag{6.46}$$

으로 추정된다. 따라서

$$\log\widehat{[y]} = \log[y|\theta^*] + \log[\theta^*] - \sum_{r=1}^{B}\log[\theta_r^* |y, \widehat{\theta_s^*, s} < r] \tag{6.47}$$

이다.

여러 개의 모형들 중에서 두 개의 모형 k와 l을 비교하기 위한 베이즈 인자를 계산하고자 한다. 즉

$$B_{kl} = \frac{m(y|M_k)}{m(y|M_l)} = \frac{[y|M_k]}{[y|M_l]}$$

이다. 따라서 모든 모형에 대하여 위에 소개된 계산을 반복하여 수행하면, B_{kl}의 추정값은

$$\widehat{B_{kl}} = \exp\left\{\log\widehat{m}(y|M_k) - \log\widehat{m}(y|M_l)\right\} \tag{6.48}$$

이다.

다섯 번째, Verdinelli and Wasserman(1995)은 Savage–Dickey Density Ratio의 일반화를

이용한 방법을 제시하였다.

먼저 $\theta=(w,\lambda)\in\Theta\ =\Omega\times\Lambda$이며, 다음과 같은 검정을 고려한다.

$$H_0 : w = w_0 \quad v.s. \quad H_1 : w \neq w_0. \tag{6.49}$$

Jeffreys의 아이디어를 따라, 다음과 같은 형태의 사전분포를 생각한다. 즉,

$$\pi = (1-\gamma)p + \gamma p_0 \tag{6.50}$$

이며, 여기서 $\gamma\in(0,1)$는 H_0의 사전확률, p_0은 H_0 아래에서 λ의 사전, p은 H_1 아래에서 $\theta=(\omega,\lambda)$의 사전이며, 특히 $p(H_0)=0$이다. 그러므로 p는 Θ에서 밀도함수 $p(w,\lambda)$을 갖고, p_0은 Λ에서 밀도함수 $p_0(\lambda)$을 갖는다고 가정한다. 이때 H_1에 대한 H_0의 베이즈 인자는

$$B_{01} = \frac{\pi(H_0|y)/\pi(H_1|y)}{\pi(H_0)/\pi(H_1)} = \frac{m_0}{m}$$

이며, 여기서

$$m_0 = \int L(w_0,\lambda)p_0(\lambda)d\lambda, \quad m = \int\int L(w,\lambda)p(w,\lambda)dwd\lambda$$

이고, $L(w,\lambda)$은 우도함수이다.

정리 6.1 | Dickey, 1971

만약 $p(\lambda|w_0) = p_0(\lambda)$ 이면,

$$B_{01} = \frac{p(w_0|y)}{p(w_0)} \tag{6.51}$$

이며, 여기서 $p(w|y) = \int p(w,\lambda|y)d\lambda$ 와 $p(w) = \int p(w,\lambda)d\lambda$.

증명 (연습문제)

정리 6.2 | Verdinelli and Wasserman, 1995

만약 $p(\lambda|w_0) \neq p_0(\lambda)$이면,

$$B_{01} = \frac{p(w_0|y)}{p(w_0)} E\left[\frac{p_0(\lambda)}{p(\lambda|w_0)}\right] \tag{6.52}$$

이며, 여기서 기댓값은 $p(\lambda|w_0, y)$에 관한 것이다.

증명 (연습문제)

정리 6.2에 따르면, 베이즈 인자 B_{01}은 $p(w_0|y)$와 $C = E[p_0(\lambda)/p(\lambda|w_0)]$을 계산하여야 한다. (w_1,λ_1), $\cdots$, (w_N,λ_N)은 MCMC를 이용한 사후분포의 표본이라고 하자. 우선 $p(w|\lambda,y)$가 닫힌 형태라고 가정하면, 이때 $p(w_0|y)$의 근사식은

$$\hat{p}(w_0|y) = \frac{1}{N}\sum_{i=1}^{N} p(w_0|\lambda_i,y) \tag{6.53}$$

이다.

만약 $p(w|\lambda, y)$가 닫힌 형태가 아니라면, $p(w_0|y)$의 근사식을 구하기 위해서 다음과 같이 Chen(1994)의 방법을 사용한다. 먼저 $g(w,\lambda) \propto p(w,\lambda|y)$인 $g(\omega, \lambda)$을 선택한다. 예를 들면,

$$g(w,\lambda) = L(w,\lambda)p(w,\lambda)$$

을 선택할 수 있다. $q(w,\lambda)$은 임의의 확률밀도함수라고 하자. 이때

$$\begin{aligned} p(w_0|y) = \int p(w_0,\lambda|y)d\lambda &= \int p(w_0,\lambda|y)d\lambda \int q(w|\lambda)dw \\ &= \iint q(w|\lambda)p(w_0,\lambda|y)dwd\lambda \\ &= \iint q(w|\lambda)\frac{p(w_0,\lambda|y)}{p(w,\lambda|y)}p(w,\lambda|y)dwd\lambda \\ &= \iint q(w|\lambda)\frac{g(w_0\,,\lambda)}{g(w\,,\lambda)}p(w,\lambda|y)dwd\lambda \\ &\approx \frac{1}{N}\sum_{i=1}^{N} q(w_i|\lambda_i)\frac{g(w_0,\lambda_i)}{g(w_i,\lambda_i)} \equiv \hat{p}(w_0|y) \end{aligned} \tag{6.54}$$

이다.

Chen(1994)은 좋은 q 함수를 선택하는 것은 매우 어렵다고 하였다. 그리고 몇 가지 경우에서 q의 합리적인 선택은 $(w_1,\lambda_1),\cdots,(w_N,\lambda_N)$의 표본평균과 표본공분산행렬을 갖는 정규분포라는 것을 보였다.

다음으로 $C = E\left[\frac{p_0(\lambda)}{p(w_0,\lambda)}\right]$을 계산하는 것이다. 기댓값이 $p(\lambda|w_0,y)$에 관한 것이므

로, 우선 $p(\lambda|w_0,y)$에서 표본 $(\widehat{\lambda_1},\cdots,\widehat{\lambda_N})$을 생성한다. 그리고 C의 추정값은

$$\widehat{C} = \frac{1}{N}\sum_{i=1}^{N}\frac{p_0(\widehat{\lambda_i})}{p(w_0,\widehat{\lambda_i})} \tag{6.55}$$

이므로, 마지막으로 식 (6.54), (6.55)에서, 베이즈 인자 B_{01}의 근삿값은

$$\widehat{B}_{01} = \hat{p}(w_0|y)\widehat{C} \tag{6.56}$$

이며, 이에 대한 표준오차는

$$se(\widehat{B}) = \widehat{B}_{01}\left\{\frac{S_1^2}{\hat{p}^2(w_0|x)} + \frac{S_2^2}{\widehat{C}^2}\right\}^{\frac{1}{2}}$$

이며, 여기서 S_1은 $\hat{p}(w_0|y)$의 근사적 표준오차이고, S_2은 $\widehat{C}$의 근사표준오차이다.

*6.4 DIC를 이용한 모형 비교

다음으로 편차정보기준(DIC)을 이용한 베이지안 모형 비교에 대하여 설명한다. 관측자료 y에 대한 하나의 모형밀도함수 $f(y|\theta)$을 가정한다. 우선 우도함수 $f(y|\theta)$에 대하여, 편차 $D(\theta)$은 다음과 같이 정의한다. 즉,

$$D(\theta) = -2\log f(y|\theta) \tag{6.57}$$

이며, 이는 θ의 함수로 인식한다. 고전적 모형선택은 내포모형들을 비교하기 위해서 가설검정에 사용되었다. 예를 들어 일반화선형모형에서 편차(우도비) 검정이다.

6.1절에서 설명되었듯이, 비내포모형에 대하여 대체방법으로 다음과 같은 AIC와 BIC을 제안하였다. 즉,

$$AIC = -2\log\{f(y|\hat{\theta})\} + 2p \text{와 } BIC = -2\log\{f(y|\hat{\theta})\} + p\log n \tag{6.58}$$

이며, 여기서 $\hat{\theta}$는 주어진 모형에서 MLE이고, p은 모수들의 개수이다. 특히 BIC는 AIC보다 복잡성에 불리하게 작용하므로 단순한 모형을 선호하게 된다.

Dempster(1974)는 편차 $D(\theta)$의 사후분포를 그래프를 그려 설명하는 것을 제안하였다. 또한 많은 통계학자들은 적합도의 척도로써 편차의 사후평균

$$\overline{D} = E[D(\theta)|y]$$

을 제안하였다. 이의 강점은 모수 θ의 재모수에 불변이고, 일반적으로 잘 수렴한다. 그러나 더 복잡한 모형(즉 모수 수의 증가를 의미함)은 자료를 더 잘 맞출 것이므로 $\overline{D}$가 더 작아질 것이다. 따라서 $\overline{D}$와 상충되어 절충하는 '모형 복잡성'에 대한 척도를 구할 필요가 있다(즉, 효과적인 모수의 수).

BUGS(Bayesian inference Using Gibbs Sampling) 프로젝트는 1989년도에 시작되어 1992년도까지 Spiegelhalter et al.(2002)는 MCMC 방법을 이용한 임의의 복잡 베이지안 모형을 적합하는 프로그램을 만들었다. 여기서 Spiegelhalter et al.(2002)는 효과적인 모수의 수를 다음과 같이 제안하였다. 즉

$$p_D = E_{\theta|y}[-2\log f(y|\theta)] + 2\log f(y|\overline{\theta}(y)) \tag{6.59}$$

이다. 만약 $\overline{\theta}(y) = E[\theta|y]$라 두면, 이때 p_D는 편차의 사후평균과 사후평균의 편차의 차를 의미한다. 즉,

$$p_D = \overline{D} - D(\overline{\theta}) \tag{6.60}$$

이다.

예제 6.3

Lindley and Smith(1972)에 의하여 제안된 다음과 같은 정규선형계층모형을 고려한다. 즉,

$$y \sim N(A_1\theta, C_1), \quad \theta \sim N(A_2\psi, C_2) \tag{6.61}$$

여기서 모든 행렬과 벡터들은 적절한 차수를 갖고, C_1, C_2은 알려진 행렬이라 가정한다. 이때

$$D(\theta) = (y - A_1\theta)^t C_1^{-1}(y - A_1\theta)$$

이며, θ의 사후분포는 정규분포 $N(\overline{\theta}, V)$이고, $\overline{\theta} = Vb$라 하자. 잠시 b와 V가 지정되지 않은 것으로 남겨두자. $y - A_1\theta$을 $y - A_1\overline{\theta} + A_1\overline{\theta} - A_1\theta$로 표현한다면

$$D(\theta) = D(\overline{\theta}) - 2(y - A_1\overline{\theta})^t C_1^{-1}A_1(\theta - \overline{\theta}) + (\theta - \overline{\theta})^t C_1^{-1}A_1(\theta - \overline{\theta}) \tag{6.62}$$

이다. 식 (6.62)의 양변에 θ의 사후분포함수로 기댓값을 계산하면, 이때

$$\overline{D} = D(\overline{\theta}) + tr(A_1^t C_1^{-1} A_1 V)$$

이므로, 따라서 $p_D = tr(A_1^t C_1^{-1} A_1 V)$이다. 이때 $A_1^t C_1^{-1} A_1$은 피셔정보행렬 $-L''$이고, V은 사후분산–공분산행렬이므로,

$$p_D = tr(-L'' V) \tag{6.63}$$

이다. 만약 ψ가 알려진 벡터이면, Lindley and Smith(1972)는 $V^{-1} = A_1^t C_1^{-1} A_1 + C_2^{-1}$임을 보였다. 따라서 식 (6.63)에서

$$p_D = p - tr(C_2^{-1} V)$$

이므로 $0 \le p_D \le p$이다. 만약 $(C_2^{-1} V)^{-1} = A_1^t C_1^{-1} A_1 C_2 + I_p$가 $i = 1, \cdots, p$에 대하여 고유 값 $\lambda_i + 1$을 갖는다면,

$$p_D = \sum_{i=1}^{p} \frac{\lambda_i}{\lambda_{i+1}}$$

이다. 실제 $b = A_1^t C_1^{-1} y$이고 자료 y에 대한 적합한 값은

$$\hat{y} = A_1 \overline{\theta} = A_1 V b = A_1 V A_1^t C_1^{-1} y$$

이라 잘 알려진 사실이다. 이때 적합된 값에 자료를 투영한 모자행렬은 $H = A_1 V A_1^t C_1^{-1}$이다. 여기서 $Hy = \hat{y}$이다. 그러므로

$$p_D = tr(A_1^t C_1^{-1} A_1 V) = tr(A_1 V A_1^t C_1^{-1}) = tr(H) \tag{6.64}$$

이다. 그러므로 $p_D = \sum h_{ii} = \sum \le$ beverages이다. 일반적으로, 정당성은 사후분포의 점근선 정규성에 달려있다.

다음으로 앞에 서술된 것들을 기반으로 하는 DIC를 이용한 베이지안 모형비교 방안을 제시한다. 모형을 비교하는 자연스러운 방법은 모형에 대한 자료의 적합도와 모형의 해당 복잡성 간의 절충에 기반 한 기준을 사용하는 것이다. 이러한 원리에 근거하여, Spiegelhalter et al.(2002)는 다음과 같은 베이지안 모형비교 방법인 DIC을 제시하였다. 즉,

$$\text{DIC} = \text{'적합도'} + \text{'복잡성'} \tag{6.65}$$

여기서 다음과 같은 편차로 적합도를 측정하고,

$$D(\theta) = -2\log\ f(y|\theta)$$

그리고 모수의 효과적인 개수의 추정값으로 측정된 복잡성은 식 (6.59) 및 (6.60)과 같이 사용한다. 즉,

$$p_D = E[D(\theta)|y] - D(E(\theta|y)) = \overline{D} - D(\overline{\theta}) \tag{6.66}$$

다시 말해서, p_D은 편차의 사후평균과 모수들의 사후평균으로 계산된 편차의 차이다. 다시 표현을 다시하면, DIC는 AIC와 유사하게 다음과 같이 정의된다.

$$\text{DIC} = D(\overline{\theta}) + 2\,p_D = \overline{D} + p_D \tag{6.67}$$

이다. 따라서 DIC의 값이 작은 모형은 주어진 자료를 더 잘 적합하다고 한다. 이러한 계산들은 WinBUGS의 추론 / DIC 메뉴에서 손쉽게 DIC를 모니터링할 수 있다. 또한 이 값들은 MCMC 실행에서 계산하기 매우 쉽다. 그러나 항상 '진정한' 모형이 존재하는 것은 아니다. p_D은 음수일 수도 있고, 또한 재모수에서 불변을 유지하지 않는다. 따라서 p_D에 대한 수정된 대안들이 제시되고 있다(Spiegelhalter et al., 2014).

*6.5 베이지안 P-값

가설들에 대한 베이즈 인자나 사후확률들과 같은 양적인 것들은 이론적으로 가설들을 지지하거나 반하는 증거들을 측정하는 올바른 도구들이라 하더라도, 그들은 가끔 또는 특별한 상황 아래에서 계산하기 매우 어려울 때가 있다. 이는 식 (6.15)과 같이 대립가설들이 오직 매우 모호하게 지정되거나 또는 매우 복잡한 경우들이다. 또한 어떠한 경우들에서는 둘 또는 그 이상의 모형들을 비교하는 것이 아니라 한 모형이 주어진 자료를 얼마나 잘 모형화 하는지를 확인하는 것을 원할 수 있다. 베이지안 P-값은 이러한 문제들을 다루기 위하여 제안되었다. Ghosh et al.(2006)의 내용들을 간략하게 다음과 같이 소개한다.

모형 $M_0 : X \sim f(x|\theta),\ \theta \in \Theta$이라고 하고, M_0는 목표하는 모형이라고 하자. 이때 주어진 모형의 이탈에 대하여 관심이 있다고 하자. P-값은 직접적으로 계산할 수가 없다. 이 문제에 대한 고전적 방법은 Bayarri and Berger(1998)를 참고하라. θ의 사전분포함수 $\pi(\theta)$을 갖고 베이지안 관점에서

$$m_\pi(x) = \int_\Theta f(x|\theta)\pi(\theta)d\theta \tag{6.68}$$

은 4.1절에서 소개된 사전예측분포이며, 이는 X의 실제적인 예측분포이다. 그러므로 만약 모형이탈통계량 $T(X)$을 사용할 수 있다고 가정하면, Box(1980)는 **사전예측 P-값**(또는 예측분포의 꼬리면적) p은

$$p = P^{m_\pi}\left(T(X) \geq T(x_{obs})|M_0\right) \tag{6.69}$$

로 정의하였다. 여기서 x_{obs}은 X의 관측치를 나타낸다.

예제 6.4

독립적으로 $X_1,\cdots,X_n \sim N(\theta,\sigma^2)$이라고 하고, 여기서 θ와 σ^2은 미지의 상수라 하자. $M_0 : \theta = 0$인 목표모형을 갖고 모형의 평균의 관점에서의 불일치를 조사하는 것에 관심이 있다고 하자. 이때 $T = \sqrt{n}\,\overline{X}$(실제적으로는 절댓값)은 관심 있는 것을 확인할 수 있는 자연스러운 모형이탈통계량이다. 다음으로 σ^2의 다양한 상황에 따라 설명한다.

첫 번째, σ^2이 알려진 상수라고 하자. 이때 모형 M_0 아래에서는 미지의 모수는 없다. 그러므로 사전예측 P-값은 단순히

$$p = 2\left(1 - \Phi\left(\sqrt{n}\,\left|\,\overline{x}_{obs}\,\right|/\sigma_0\right)\right) \tag{6.70}$$

이며, 여기서 $\overline{x}_{obs}$은 $\overline{X}$의 관측치를 나타낸다. 만약 σ_0^2가 실제 모형분산을 과소 추정한다면, 이는 M_0에 반하는 증거를 매우 높게 과대 추정할 수 있다.

두 번째, σ^2의 무정보사전분포 $\pi(\sigma^2) \propto 1/\sigma^2$을 고려한다. 이때

$$m_\pi(x) = \int_0^\infty f_X(x|\sigma^2)\pi(\sigma^2)d\sigma^2 \propto \int_0^\infty (\sigma^2)^{-n/2}\exp\left\{-\frac{1}{2\sigma^2}\sum_{i=1}^n x_i^2\right\}\frac{1}{\sigma^2}d\sigma^2$$

$$\propto \left(\sum_{i=1}^n x_i^2\right)^{-n/2}$$

이며, 이는 부적절분포이다. 그러므로 사전예측 P값을 완전하게 계산할 수가 없다.

세 번째, σ^2의 사전분포로 역 감마 분포 $IGam(\nu,\beta)$을 고려한다. 즉,

$$\pi(\sigma^2|\nu,\beta) = \frac{\beta^\nu}{\Gamma(\nu)}(\sigma^2)^{-(\nu+1)}\exp\left(-\frac{\beta}{\sigma^2}\right),\quad \sigma^2 > 0 \tag{6.71}$$

이고, 여기서 ν와 β은 알려진 양의 상수라고 하자. $T|\sigma^2 \sim N(0,\sigma^2)$이므로, T의 예측분포함수는

$$m_\pi(t) = \int_0^\infty f_T(t|\sigma^2)\pi(\sigma^2|\nu,\beta)d\sigma^2 \propto \int_0^\infty \exp\left\{-\frac{1}{\sigma^2}\left(\beta+\frac{t^2}{2}\right)\right\}(\sigma^2)^{(\nu+1+1/2)}d\sigma^2$$

$$\propto (2\beta+t^2)^{-(2\nu+1)/2} \propto \left(1+\frac{t^2}{2\nu\frac{\beta}{\nu}}\right)^{-(2\nu+1)/2} \quad (6.72)$$

이며, 2ν가 정수이면 이는

$$\frac{T}{\sqrt{\beta/\nu}} \sim t_{2\nu} \quad (6.73)$$

이며, $t_{2\nu}$은 자유도 2ν을 갖는 t 분포를 나타낸다. 그러므로 사전예측 P-값은

$$p = P^{m_\pi}\left(|\overline{X}| \geq |\overline{x_{obs}}| \parallel M_0\right) = P^{m_\pi}\left(|\frac{T}{\sqrt{\beta/\nu}}| \geq \frac{\sqrt{n}\,|\overline{x_{obs}}|}{\sqrt{\beta/\nu}} \parallel M_0\right) \quad (6.74)$$

$$= 2\left\{1-F_{2\nu}\left(\frac{\sqrt{n}\,|\overline{x_{obs}}|}{\sqrt{\beta/\nu}}\right)\right\}$$

이며, 여기서 $F_{2\nu}$는 $t_{2\nu}$의 누적분포함수이다. $\sqrt{n}\,|\overline{x}_{obs}| = 1.96$이고 ν와 β의 다양한 값들에 대하여, 이에 대응하는 사전예측 P-값들이 표 6.1에 있다(Ghosh 외 2006 참고).

표 6.1

ν	0.5			1			2			5		
β	0.5	1	2	0.5	1	2	0.5	1	2	0.5	1	2
p	.300	.398	.506	.109	.189	.300	.017	.051	.122	.0001	.001	.011

표 6.1에 의하면, 고정된 ν에 대하여 $\beta \to \infty$일 때 $p \to 1$로 수렴한다. 그러므로 예제 6.4에서 보듯이 사전예측 P-값은 ν와 β의 값들에 의존적이다.

예제 6.4에서 쉽게 볼 수 있었던 것은 만약 사용된 사전분포 π가 나쁜 선택이라면, 아무리 좋은 모형도 사전예측 P값에 따라서 의심을 받게 된다. 더구나, 부적절무정보사전분포는 역시 예측분포 m_π도 부적절하게 만들어 꼬리확률의 계산을 어렵게 만든다. 이러한 문제들을 해결하기 위해서, Gutman(1967), Rubin(1984), Meng(1984) 그리고 Gelman et al.(1996) 등은 m_π에 있는 $\pi(\theta)$을 $\pi(\eta|x_{obs})$로 치환하는 수정된 방법을 제안하였다.

$$m^*(x|x_{obs}) = \int_\varepsilon f(x|\eta)\pi(\eta|x_{obs})d\eta \quad (6.75)$$

이며,

$$p^* = P^{m^*(\cdot|x_{obs})}\left(T(X) \geq T(x_{obs})|M_0\right) \tag{6.76}$$

이다. 이를 **사후예측 P-값**이라 한다. 이것은 앞에서 제기된 많은 어려움들을 제거한다. 그러나 베이지안 P-값에 대한 새 형태는 역시 여러 논란에 쌓여 있다. Bayarri and Berger(1988)은 이러한 수정된 수치는 엄밀한 의미에서 베이지안이 아니라고 주장한다. 이를 보이기 위해서, 그들은 위의 수정된 형태는 자료의 '두 번 사용'함을 관찰하였다. 첫째는 $\pi(\theta)$을 $\pi(\theta|x_{obs})$로 변환 시 사용, 그리고 다시 $T(x_{obs})$에 대한 $T(X)$의 꼬리확률 계산 시 또 사용하는 것이다. 더구나 대 표본에서, η의 사후분포는 본질적으로 η의 최대우도추정값 $\hat{\eta}$에 집중할 것이며, 따라서 $m^*(x|x_{obs})$도 본질적으로 비베이지안 대상인 $f(x|\hat{\eta})$와 같아진다는 것이다. 다른 말로 하면, 본 논쟁의 쟁점은 대 표본에서, 사후예측 P-값은 고전적 접근을 재발견한 것 이상의 어떤 것도 이룬 것이 없다는 것이다. 다음 예를 살펴보자.

예제 6.5

예제 6.4에서의 두 번째 경우를 고려한다. 즉,

$$\pi(\sigma^2) \propto 1/\sigma^2$$

이다. 앞에서와 같이 (예제 6.4), $T|\sigma^2 \sim N(0, \sigma^2)$이고,

$$\pi(\sigma^2|X_{obs}) \propto \exp\left(-\frac{1}{2\sigma^2}\sum_{i=1}^{n} x_i^2\right)(\sigma^2)^{-\frac{n}{2}+1} \propto \exp\left(-\frac{n}{2\sigma^2}\left(\overline{x}_{obs}^2 + s_{obs}^2\right)\right)(\sigma^2)^{-\frac{n}{2}+1}$$

이므로, T의 사후예측분포는

$$\begin{aligned} m_\pi(t|X_{obs}) &= \int_0^\infty f_T(t|\sigma^2)\pi(\sigma^2|X_{obs})d\sigma^2 \\ &\propto \int_0^\infty (\sigma^2)^{-1/2}\exp\left(-\frac{t^2}{2\sigma^2}\right)(\sigma^2)^{-n/2}\exp\left(-\frac{n}{2\sigma^2}\left(\overline{x}_{obs}^2 + s_{obs}^2\right)\right)\frac{d\sigma^2}{\sigma^2} \\ &\propto \int_0^\infty \exp\left(-v\left\{n\left(\overline{x}_{obs}^2 + s_{obs}^2\right) + t^2\right\}\right)v^{(n+1)/2}\frac{dv}{v} \\ &\propto \left(1 + \frac{1}{n}\frac{t^2}{\overline{x}_{obs}^2 + s_{obs}^2}\right)^{-(n+1)/2} \end{aligned}$$

이다. 그러므로

$$\frac{T}{\sqrt{\overline{x}_{obs}^2+s_{obs}^2}} \sim t_n \ .$$

따라서

$$\begin{aligned} p &= P^{m_\pi(\cdot|X_{obs})}\left(|\overline{X}| \ge |\overline{x}_{obs}||M_0\right) \\ &= P^{m_\pi(\cdot|X_{obs})}\left(\left|\frac{T}{\sqrt{\overline{x}_{obs}^2+s_{obs}^2}}\right| \ge \frac{\sqrt{n}\,|\overline{x}_{obs}|}{\sqrt{\overline{x}_{obs}^2+s_{obs}^2}}|M_0\right) \\ &= 2\left(1-F_n\left(\frac{\sqrt{n}\,|\overline{x}_{obs}|}{\sqrt{\overline{x}_{obs}^2+s_{obs}^2}}\right)\right) \end{aligned}$$

여기서, F_n은 자유도 n인 t-분포의 cdf를 나타낸다. $|\overline{x}_{obs}| \to \infty$이면, $p \to 2\left(1-F_n(\sqrt{n})\right)$이다. 실제로, p값은 $2\left(1-F_n(\sqrt{n})\right)$에 감소한다(연습문제).

예제 6.5에서와 같이 이러한 감소하는 값들은 관측치들을 갖는 어떠한 심각한 관계를 설명할 수가 없으므로 모형 확인에 사용할 수가 없다. Bayarri and Berger(1998)는 사전예측 P-값과 사후예측 P-값의 원하는 형태의 결합과 이러한 불일치를 제거하는 노력으로 조건부예측 P-값을 소개하였다. 우선 이탈통계량 $T(X)$을 포함하지 않는 적당한 통계량 $U(X)$을 설정하여, 그것의 조건부예측분포 $m(t|x)$을 유도하고, 여기서 조건부예측 P-값을 다음과 같이 정의한다.

$$p_c = P^{m(\cdot|u_{obs})}(T(X) \ge T(x_{obs}))$$

여기서 $u_{obs} = U(x_{obs})$이다.

예제 6.6 Bayarri and Berger, 1988

예제 6.4에서와 같이 $T=\sqrt{n}\,\overline{X}$은 정규모형에서 평균의 불일치를 확인하는 모형이탈통계량이다. $U(X) = s^2 = \frac{1}{2}\sum_{i=1}^{n}(X_i-\overline{X})^2$라 두면,

$$nU|\sigma^2 \sim \sigma^2\chi^2_{n-1} \tag{6.77}$$

은 잘 알려진 사실이다. 또한 σ^2의 무정보사전분포함수

$$\pi(\sigma^2) \propto 1/\sigma^2$$

을 고려한다. 이때 σ^2의 사후분포는

$$\pi(\sigma^2 | U = s^2) \propto (\sigma^2)^{-\left(\frac{n-1}{2}+1\right)} \exp\left(-\frac{n s^2}{2\sigma^2}\right) \tag{6.78}$$

이며, 이는 역 감마 분포이다. 그러므로 s_{obs}^2 아래에서 T의 조건부예측함수는

$$\begin{aligned} m_\pi(t|s_{obs}^2) &= \int_0^\infty f_T(t|\sigma^2)\pi(\sigma^2|s_{obs}^2)d\sigma^2 \\ &\propto \int_0^\infty (\sigma^2)^{-1/2} \exp\left(-\frac{t^2}{2\sigma^2}\right)(\sigma^2)^{-(n-1)/2} \exp\left(-\frac{n}{2\sigma^2}s_{obs}^2\right)\frac{1}{\sigma^2}d\sigma^2 \\ &\propto \int_0^\infty \exp\left(-v(ns_{obs}^2+t^2)\right)v^{n/2}\frac{1}{v}dv \\ &\propto \left(1+\frac{1}{n}\frac{t^2}{s_{obs}^2}\right)^{-n/2} \end{aligned}$$

이다. 이는

$$\sqrt{\frac{n-1}{n}}\frac{T}{s_{obs}} \sim t_{n-1} \tag{6.79}$$

로 표현할 수 있고, 따라서 조건부예측 P-값은 다음과 같다.

$$\begin{aligned} p_c &= P^{m(\cdot|s_{obs}^2)}\left(|\overline{X}| \geq |\overline{x}_{obs}| \mid M_0\right) \\ &= P^{m(\cdot|s_{obs}^2)}\left(\sqrt{n-1}\frac{|\overline{X}|}{s_{obs}} \geq \sqrt{n-1}\frac{|\overline{x}_{obs}|}{s_{obs}} \mid M_0\right) \\ &= 2\left(1-F_{n-1}\left(\sqrt{n-1}\frac{|\overline{x}_{obs}|}{s_{obs}}\right)\right) \end{aligned} \tag{6.80}$$

*6.6 베이즈 인자의 다른 형태

두 모형 M_0와 M_1을 고려한다. 이때 $i=0,1$에 대하여,

$$M_i : \boldsymbol{X} \sim f_i(\boldsymbol{x}\,|\,\boldsymbol{\theta}_i),\ \boldsymbol{\theta}_i \sim \pi(\boldsymbol{\theta}_i)$$

이며, $\boldsymbol{\theta}_i$는 p_i차원의 모수 벡터이다. M_0에 대한 M_1의 베이즈 인자는

$$B_{10} = \frac{m_1(\boldsymbol{x})}{m_0(\boldsymbol{x})} = \frac{\int f_1(\boldsymbol{x}|\boldsymbol{\theta}_1)\pi_1(\boldsymbol{\theta}_1)d\boldsymbol{\theta}_1}{\int f_0(\boldsymbol{x}|\boldsymbol{\theta}_0)\pi_0(\boldsymbol{\theta}_0)d\boldsymbol{\theta}_0} \tag{6.81}$$

로 구해진다. 여기서 $i=0,1$에 대하여, $m_i(\boldsymbol{x})$는 모형 M_i 아래에서 $\boldsymbol{X}$의 주변밀도함수이다. 자주 직면하는 사전분포의 주관적인 정보가 부족한 경우에는 표준인 무정보사전분포를 이용하는 자동적인 방법을 찾고자 한다. 그러나 전형적으로 부적절무정보사전분포에 대한 식 (6.81)에는 많은 어려운 점들이 있다. 만약 π_i가 부적절이면, 이것들은 오직 임의의 곱의 상수들 c_i까지 정의된다. 이때 $c_i\pi_i$도 π_i만큼 많은 유효성을 갖는다. 이는 $(c_0/c_1)B_{10}$도 B_{10}만큼 많은 유효성을 갖는다. 그러므로 베이즈 인자는 오직 임의의 곱의 상수들까지 결정된다. Jeffreys(1961)가 지적한 이러한 불확정성은 새로운 객관적 방법의 주된 동기였다.

예제 6.7 분산이 알려진 경우 정규평균의 검정

$\boldsymbol{X}=(X_1,\cdots,X_n)$이라고 하자. 이때

$$M_0 : X_i\ i.i.d.\ N(0,1)\text{과 } M_1 : X_i\ \ i.i.d.\ N(\theta,1) \tag{6.82}$$

을 검정하고자 한다. M_1 아래에서, θ의 균등무정보사전분포 $\pi_1^N(\theta) \equiv c$을 가정한다. 이때 M_0에 대한 M_1의 베이즈 인자는

$$B_{10}^N = \sqrt{2\pi}\,cn^{-1/2}\exp\left[n\overline{X}^2/2\right] \tag{6.83}$$

이다. 만약 $-K<\theta<K$ 위에서 균등분포를 사용하면, 큰 K에 대하여 새로운 베이즈 인자 B_{10}^K는 근사적으로 $\frac{1}{2Kc}B_{10}^N$이다. 그러므로 큰 K에 대하여 이는 M_1에 반하는 두터운 편향이다. 이는 Lindley(1975)가 관측한 현상을 연상시킨다. 만약 분산 τ^2이 큰 정규분포 $N(0,\tau^2)$을 모호사전분포로 사용하면 유사한 결과를 가지게 되며, 이에 대한 베이즈 인자는

$$B_{10}^{norm} = (n\tau^2+1)^{-1/2}\exp\left[\frac{1}{2}\frac{n\tau^2}{n\tau^2+1}n\overline{X}^2\right] \tag{6.84}$$

이며, 이는 $n\tau^2$의 큰 값에 대하여 근사적으로

$$(n\tau^2)^{-1/2}\exp[n\overline{X}^2/2]$$

이다. 그러므로 τ^2의 큰 값들을 선택함으로써 임의로 이 값들을 작게 만들 수 있다. 역시 B_{10}^{norm}은 τ^2의 선택에 대하여 상당하게 비로버스트하고, 이 비로버스트성은 불확정성과 같은 역할을 한다. B_{10}^{N}과 B_{10}^{norm}에 대한 표현들은 분명히 이러한 베이즈 인자들의 유사한 형태와 $\sqrt{2\pi c}$와 $(\tau^2+1/n)^{-1/2}$의 유사한 역할들을 나타낸다.

부적절사전분포를 갖는 예제 6.7의 문제들에 대한 해법은 자료의 일부를 훈련자료(training sample)로 사용하는 것이다. 자료를 $\boldsymbol{X}=(\boldsymbol{X}_1,\boldsymbol{X}_2)$와 같이 두 부분으로 나눈다. $\boldsymbol{X}_1$은 무정보사전분포를 갖고 모수의 적절사후분포를 얻기 위하여 훈련자료로 사용된다. 즉,

$$\pi_i(\boldsymbol{\theta_i}|\boldsymbol{X}_1) = \frac{f_i(\boldsymbol{X}_1|\boldsymbol{\theta}_i)\pi_i(\boldsymbol{\theta_i})}{\int f_i(\boldsymbol{X}_1|\boldsymbol{\theta}_i)\pi_i(\boldsymbol{\theta}_i)d\boldsymbol{\theta}_i}, i=0,1$$

이다. 이러한 적절사후분포들은 자료의 나머지 부분 $\boldsymbol{X}_2$을 갖는 베이즈 인자를 계산할 때 사전분포로 사용된다. 따라서 주어진 $\boldsymbol{X}_1$ 아래에서 조건부 베이즈 인자는

$$\begin{aligned} B_{10}(\boldsymbol{X}_1) &= \frac{\int f_1(\boldsymbol{X_2}|\boldsymbol{\theta}_1)\pi_1(\boldsymbol{\theta}_1|\boldsymbol{X}_1)d\theta_1}{\int f_0(\boldsymbol{X_2}|\boldsymbol{\theta}_0)\pi_0(\boldsymbol{\theta_0}|\boldsymbol{X}_1)d\theta_0} \\ &= \frac{m_1(\boldsymbol{X})}{m_0(\boldsymbol{X})}\frac{\int f_0(\boldsymbol{X}_1|\boldsymbol{\theta}_0)\pi_0(\boldsymbol{\theta}_0)d\boldsymbol{\theta}_0}{\int f_1(\boldsymbol{X}_1|\boldsymbol{\theta}_0)\pi_1(\boldsymbol{\theta}_1)d\boldsymbol{\theta}_1} \\ &= B_{10}\frac{m_0(\boldsymbol{X}_1)}{m_1(\boldsymbol{X}_1)} \end{aligned} \tag{6.85}$$

이며, 여기서 $i=0,1$에 대하여 $m_i(\boldsymbol{X}_1)$은 M_i 아래에서 $\boldsymbol{X}_1$의 주변밀도함수이다. 만약 $i=0,1$에 대하여, 사전분포함수 $c_i\pi_i$가 $B_{10}(\boldsymbol{X}_1)$을 계산하기 위해서 사용된다면, B_{10}의 임의의 상수 곱 c_1/c_0은 $m_0(\boldsymbol{X}_1)/m_1(\boldsymbol{X}_1)$의 c_0/c_1에 의하여 없어지므로 베이즈 인자의 부정확성은 식 (6.85)에서 제거된다.

$i=0,1$에 대하여, 그에 대응하는 사후분포 $\pi_i(\theta_i|\boldsymbol{X}_1)$가 적절이면, 즉 M_i 아래에서 $\boldsymbol{X}_1$의 주변밀도함수 $m_i(\boldsymbol{X}_1)$가 유한이면, 자료의 일부 $\boldsymbol{X}_1$은 위에서 설명하였듯이 훈련자료로 사용될 수 있다. 자연스럽게 보다 많은 자료를 모형비교에 사용하기 위해서 훈련자료는 자료 중 최소로 작은 양으로 사용하고자 한다. 따라서 Berger and Pericchi(1996)에 따르면, 훈련자료 $\boldsymbol{X}_1$은

$$0 < m_i(\boldsymbol{X}_1) < \infty, \ i=0,1 \tag{6.86}$$

이면 적절이라 하고, 만약 $\boldsymbol{X}_1$이 적절이고, 그것의 어떤 부분집합도 적절이 아니면, 이를 **최소훈련자료**라고 한다.

예제 6.8 **분산을 아는 경우**

예제 6.7의 모형 M_1 아래에서 θ의 균등무정보사전분포 $\pi_1(\theta) \equiv 1$라 하자. 이때 최소훈련자료는 크기 1인 자료로

$$m_0(X_i) = (1/\sqrt{2\pi})e^{-X_i^2/2} \text{ 과 } m_1(X_i) = 1$$

이다.

예제 6.9 **분산이 미지인 경우**

$\boldsymbol{X} = (X_1, \cdots, X_n)$이라고 하자. 이때 다음과 같은 두 개의 모형을 고려한다.

$$\begin{aligned} M_0 &: X_1, \cdots, X_n \sim i.i.d.\ N(0, \sigma_0^2) \\ M_1 &: X_1, \cdots, X_n \sim i.i.d.\ N(\mu, \sigma_1^2) \end{aligned} \tag{6.87}$$

이다. $\sigma_i^2 \ (i=0,1)$은 미지이다. 이때 모형 M_0 아래에서 무정보사전은

$$\pi_0(\sigma_0) = 1/\sigma_0$$

이며, M_1아래에서 $\pi_1(\mu, \sigma_1) \propto 1/\sigma_1$이라 하자. 이때 하나의 자료에 대한 $m_1(X_i) = \infty$이고, 두 개의 다른 자료 X_i와 X_j은 최소훈련자료를 이루고, 훈련자료 (X_i, X_j)에 대하여,

$$m_0(X_i, X_j) = \frac{1}{2\pi(X_i^2 + X_j^2)} \text{ 와 } m_1(X_i, X_j) = \frac{1}{2|X_i - X_j|} \tag{6.88}$$

이다.

6.6.1 고유 베이즈 인자

위에서 설명하였듯이 부적절사전분포를 갖는 문제들에 대한 해법은 훈련자료 $\boldsymbol{X}_1$을 사용한 조건부 베이즈인자 $B_{10}(\boldsymbol{X}_1)$을 이용하여 얻어진다. 그러나 이 조건부 베이즈 인자는 훈련자료 $\boldsymbol{X}_1$의 선택에 의존적이다. $l=1,\cdots,L$에 대하여, $\boldsymbol{X}(l)$은 모든 가능한 최소 훈련자료들을 나타낸다고 하자. Berger and Pericchi(1996)는 최소훈련자료에 의한 산술고유베이즈인자(arithmetric intrinsic Bayes factor, AIBF)와 기하고유베이즈인자(geometric intrinsic Bayes factor, GIBF)를 다음과 같이 정의하였다.

$$AIBF_{10} = B_{10}\frac{1}{L}\sum_{l=1}^{L}\frac{m_0(\boldsymbol{X}(l))}{m_1(\boldsymbol{X}(l))} \tag{6.89}$$

와

$$GIBF_{10} = B_{10}\left(\prod_{l=1}^{L}\frac{m_0(\boldsymbol{X}(l))}{m_1(\boldsymbol{X}(l))}\right)^{1/2} \tag{6.90}$$

이다. 여기서 식 (6.89)과 (6.90)에 있는 합과 곱들은 L개의 모든 가능한 훈련자료 위에서 계산된다.

6.6.2 부분 베이즈 인자(FBF)

O'Hagan(1994, 1995)은 자료의 일부를 훈련자료로 사용하고, 그들을 평균하는 대신에 완전우도함수의 부분을 이용하는 해결책을 제안하였다. 그 결과인 부분(partial) 베이즈 인자를 부분베이즈인자(fractional Bayes factor, FBF)라고 하고, 이것은

$$FBF_{10} = \frac{m_1(\boldsymbol{X},b)}{m_0(\boldsymbol{X},b)} \tag{6.91}$$

라 정의하고, 여기서 b은 부분이고, $i=0,1$에 대하여

$$m_i(\boldsymbol{X},b) = \frac{\int f_i(\boldsymbol{X}|\boldsymbol{\theta}_i)\pi_i(\boldsymbol{\theta}_i)d\boldsymbol{\theta}_i}{\int [f_i(\boldsymbol{X}|\boldsymbol{\theta}_i)]^b\pi_i(\boldsymbol{\theta}_i)d\boldsymbol{\theta}_i} \tag{6.92}$$

이다. FBF_{10}은 역시

$$FBF_{10} = B_{10}\frac{m_0^b(\boldsymbol{X})}{m_1^b(\boldsymbol{X})} \tag{6.93}$$

으로 표현되며, 여기서

$$m_i^b(\boldsymbol{X}) = \int [f_i(\boldsymbol{X}|\boldsymbol{\theta_i})]^b \pi_i(\boldsymbol{\theta_i}) d\boldsymbol{\theta_i},\ i = 0, 1 \tag{6.94}$$

이다.

IBF와 FBF를 비교하기 위하여, $b = m/n$이라 두고, 여기서 m은 위에서 설명한 최소 훈련자료의 크기이고, n은 전체 자료의 크기이다. 또한 O'Hagan(1995)은 b의 다른 선택을 제시하였다. 예를 들어 $b = \sqrt{n}/n$ 또는 $(\log n)/n$이다. Chung et al.(2001)는 일원 분산구성모형에서 이상치 추적을 위하여 IBF와 FBF를 이용하였다. 이때 계산상의 어려움은 식 (6.52)인 Savage-Dickey density ratio 방법으로 해결하였다.

예제 6.10

예제 6.7에서 무정보사전 $\pi_1(\theta) \equiv 1$에 대한 베이즈 인자는

$$B_{10} = \sqrt{2\pi}\, n^{-1/2} \exp\left[n\overline{X}^2/2\right] = \sqrt{2\pi}\, n^{-1/2} \lambda_{10} \tag{6.95}$$

이고, 여기서 λ_{10}은 우도비통계량이다. X_i에 조건부 베이즈 인자는

$$B_{10}(X_i) = B_{10} \frac{m_0(X_i)}{m_1(X_i)} = B_{10} \frac{1}{\sqrt{2\pi}} e^{(-X_i^2/2)} \tag{6.96}$$

이다. 그러므로

$$AIBF_{10} = n^{-1} \sum_{i=1}^{n} B_{10}(X_i) = n^{-3/2} e^{(n\overline{X}^2/2)} \sum_{i=1}^{n} e^{(-X_i^2/2)}$$

와

$$GIBF_{10} = n^{-1/2} \exp\left[n\overline{X}^2/2 - (1/2n)\sum_{i=1}^{n} X_i^2\right]$$

이다. $0 < b < 1$을 갖는 FBF는

$$FBF_{10} = b^{1/2} \exp\left[n(1-b)\overline{X}^2/2\right]$$

이며, 만약 $b = 1/n$이면,

$$FBF_{10} = n^{-1/2} \exp\left[(n-1)\overline{X}^2/2\right]$$

이다.

예제 6.11

$\boldsymbol{X}=(X_1,\cdots,X_n)$이라 하자. 이때 예제 6.9와 같은 조건 아래에서 동일한 검정을 한다. 즉, $i=0,1$에 대하여,

$$M_i : X_1,\cdots,X_n \sim i.i.d.\, N(0,\sigma_i^2)$$

이다. 모형 M_0 아래에서 무정보사전은 $\pi_0(\sigma_0)=1/\sigma_0$이며, 모형 M_1 아래에서는 $\pi_1(\mu,\sigma_1)=1/\sigma_1$라고 하자. 이때

$$B_{10}=\sqrt{\frac{\pi}{n}}\times\frac{\Gamma(\frac{n-1}{2})}{\Gamma(\frac{n}{2})}\times\frac{(\sum X_i^2)^{n/2}}{\left|\sum(X_i-\overline{X})^2\right|^{\frac{n-1}{2}}} \tag{6.97}$$

과

$$AIBF_{10}=B_{10}\times\frac{1}{\pi\binom{n}{2}}\sum_{1\le i<j\le n}\frac{|X_i-X_j|}{(X_i^2+X_j^2)}$$

이고, $b=\dfrac{2}{n}$이면

$$FBF_{10}=\frac{\Gamma(\frac{n-1}{2})}{\sqrt{\pi}\,\Gamma(\frac{n}{2})}\times\left[\frac{\sum_{i=1}^n X_i^2}{\sum_{i=1}^n(X_i-\overline{X})^2}\right]^{\frac{n}{2}-1}$$

이다.

예제 6.12 **정규선형회귀모형**

Berger and Pericchi(1996, 2001)는 내포된(nested) 선형모형과 비내포된 선형모형의 IBF를 구하였다. 여기서는 오직 내포된 모형만을 고려한다. 자료 $\boldsymbol{Y}(n\times 1)$에 대한 선형모형

$$M_i : \boldsymbol{Y}=\boldsymbol{X}_i\beta_i+\epsilon_i,\quad \epsilon_i\sim N_n(0,\sigma_i^2\boldsymbol{I}_n),\quad i=0,1 \tag{6.98}$$

을 고려하고, 여기서 $\beta_i=(\beta_{i1},\beta_{i2},\cdots,\beta_{ip_i})^t$와 σ_i^2는 모두 미지의 모수들이며, $\boldsymbol{X}_i$는 $n\times p_i$ 알려진 계획행렬로 $p_i<n$인 차수(rank)를 갖는다. 또한 다음과 같은 사전

분포 형태를 고려한다. $i=0,1$에 대하여,

$$\pi_i(\beta_i, \sigma_i) = \sigma_i^{-(1+q_i)}, q_i > -1 \tag{6.99}$$

이다. 여기서 $q_i = 0$이면, 이는 Berger and Bernardo(1992)의 기준사전이며, $q_i = p_i$이면 이는 제프리스 사전분포와 동일하다. $M_0 \subset M_1$인 내포된 경우에서 Berger and Pericchi(1996)는 $q_0 = 0$와 $q_1 = p_1 - p_0$을 갖는 수정된 제프리스 사전분포를 고려하였다. 이때 식 (6.99)인 사전분포함수를 갖는 적분우도함수 $m_i(\boldsymbol{Y})$은

$$m_i(\boldsymbol{Y}) = C\, 2^{q_i/2}\pi^{p_i/2}\Gamma((n-p_i+q_i)/2)\,|\boldsymbol{X_i}'\boldsymbol{X_i}|^{-1/2}R_i^{-(n-p_i+q_i)/2} \tag{6.100}$$

로 구해지고, 여기서 C은 i에 의존적이지 않는 상수이고, R_i은 모형 M_i 아래에서 잔차제곱합이다. 따라서 수정된 제프리스 사전분포를 갖는 베이즈 인자 B_{10}은

$$B_{10} = (2\pi)^{(p_1-p_0)/2}\frac{|\boldsymbol{X_0}'\boldsymbol{X_0}|^{1/2}}{|\boldsymbol{X_1}'\boldsymbol{X_1}|^{1/2}}\left(\frac{R_0}{R_1}\right)^{(n-p_0)/2} \tag{6.101}$$

로 주어진다. 역시 이 경우에 최소 훈련자료 $\boldsymbol{Y}(l)$은 이에 대응하는 계획행렬 $\boldsymbol{X}_i(l)$에 대하여(M_i 아래에서), $\boldsymbol{X}_i^{'}(l)\boldsymbol{X}_i(l)$은 비특이를 만족하는 것으로 표본의 크기 $m = p_1 + 1$임을 알 수 있다.

이때 비 $m_0(\boldsymbol{Y}(l))\,/\,m_1(\boldsymbol{Y}(l))$은 식 (6.101)에 있는 B_{10} 표현에서 $n, \boldsymbol{X}_0, X_1, R_0$와 R_1을 $m, \boldsymbol{X}_0(l), X_1(l), R_0(l)$와 $R_1(l)$로 치환하고, 그것의 역을 취함으로써 구할 수 있다. 여기서 $i=0,1$ 에 대하여, $R_i(l)$는 모형 M_i 아래에서 $\boldsymbol{Y}(l)$에 대응되는 잔차제곱합이다. 그러므로 $\boldsymbol{Y}(l)$ 조건 아래에서 조건부 베이즈 인자$B_{10}(Y(l))$은

$$B_{10}((\boldsymbol{Y})(l)) \tag{6.102}$$

$$= \frac{|\boldsymbol{X_0}'\boldsymbol{X_0}|^{1/2}}{|\boldsymbol{X_1}'\boldsymbol{X_1}|^{1/2}}\left(\frac{R_0}{R_1}\right)^{(n-p_0)/2}\frac{|\boldsymbol{X_1}'(l)\boldsymbol{X_1}(l)|^{1/2}}{|\boldsymbol{X_0}'(l)\boldsymbol{X_0}(l)|^{1/2}}\left(\frac{R_0(l)}{R_1(l)}\right)^{(p_1-p_0+1)/2}$$

로 주어진다. 따라서 모든 가능한 최소훈련 자료 $\boldsymbol{Y}(l)$들의 산술평균을 구한 것이 AIBF이며, 또한 이것들의 기하평균이 GIBF이다.

FBF의 경우에서, 식 (6.94)에서 정의된 $m_i^b(\boldsymbol{X})$로 계산하면(Berger and Pericchi, 1996),

$$\frac{m_0^b(\boldsymbol{X})}{m_1^b(\boldsymbol{X})} = \left(\frac{b}{2\pi}\right)^{(p_1 - p_0)/2} \frac{|\boldsymbol{X}_1{}'\boldsymbol{X}_1|^{1/2}}{|\boldsymbol{X}_0{}'\boldsymbol{X}_0|^{1/2}} \left(\frac{R_1}{R_0}\right)^{(m-p_0)/2} \tag{6.103}$$

이고 $b = m/n$이면,

$$FBF_{10} = b^{(p_1 - p_0)/2}(R_0/R_1)^{(n-m)/2} \tag{6.104}$$

이다.

6.6.3 고유사전분포(Intrinsic priors)

IBF 또는 FBF와 같은 기본 설정 베이즈 인자가 주어지면, 그것이 최소한 근사적으로 어떤 사전분포들로 구해진 실제적 베이즈 인자와 동등한 것인지가 자연스러운 질문일 것이다. 만약 그러한 사전분포가 존재한다면, 그것을 **고유사전분포**라 한다. IBF와 같은 기본설정 베이즈 인자는 고유사전분포를 이용하여 실제 베이즈 인자를 구할 수 있으며, 모든 가능한 훈련자료를 고려하고 그들을 평균할 필요가 없다.

예제 6.13

예제 6.7의 모형 M_1 아래에서, 적절사전분포 $\pi(\theta)$에 대하여,

$$B_{10}^{\pi} \cong AIBF_{10}^{\pi} \tag{6.105}$$

이라고 가정하며, 여기서 B_{10}^{π}은 모형 M_1 아래에서, 사전분포 $\pi(\theta)$에 근거한 베이즈 인자이다. 이때 모형 M_1 아래에서 적분우도함수에 라플라스 근사식을 이용하면,

$$B_{10}^{\pi} \cong \frac{f_1(\boldsymbol{X}|\hat{\theta})}{f_0(\boldsymbol{X}|\theta=0)} n^{-1/2}\pi(\hat{\theta})\sqrt{2\pi}(\det\hat{I})^{-1/2} \tag{6.106}$$

을 구할 수 있고, 여기서 $\hat{\theta}$은 모형 M_1 아래에서 θ의 최대우도추정값이며, $\hat{I}$은 관측 피셔정보이다. 예제 6.10에서 AIBF의 표현을 이용하고, $\hat{I} = 1$이면, 식 (6.105)은

$$\pi(\hat{\theta}) \cong (1/\sqrt{2\pi})\frac{1}{n}\sum_{i=1}^{n}\exp(-X_i^2/2) \tag{6.107}$$

이라 표현할 수 있다. 식 (6.107)의 오른편의 표현은 모든 θ에 대하여 확률 1을 갖고

$$(1/\sqrt{2\pi})E_\theta(e^{-X_1^2/2}) = (1/\sqrt{2\pi})(1/\sqrt{2})e^{-\theta^2/4}$$

에 수렴한다. 그러므로 고유사전분포는

$$\pi(\theta) = \frac{1}{\sqrt{2\pi}\sqrt{2}}\exp(-\theta^2/4) \tag{6.108}$$

인 정규분포 $N(0,2)$이다. 따라서 모든 θ에 대하여 확률 1을 갖고

$$B_{10}^{\pi}/AIBF_{10} \to 1$$

임을 쉽게 보일 수 있다. 다시 말해서, $AIBF$은 근사적으로 모형 M_1 아래에서 θ의 정규사전분포 $N(0,2)$에 의한 베이즈 인자와 동등하다. FBF를 고려할 때, 부분 b를 갖는 FBF은 θ의 정규사전분포 $N(0,(b^{-1}-1)/n)$에 의한 베이즈 인자와 정확하게 동일함을 쉽게 보일 수 있다.

지금부터 보다 일반적인 경우를 살펴보자. B_{10}은 M_i 아래에서, θ_i의 무정보사전분포 $g_i(\boldsymbol{\theta}_i)$을 갖는 M_0에 대한 M_1의 베이즈 인자이다. 기본 설정 인자들 중에서 AIBF만 다루도록 한다. 나머지들 GIBF, FBF들의 비교도 비슷한 결과들을 갖는다. 우선,

$$AIBF_{10} = B_{10}\overline{B}_{01} \tag{6.109}$$

인 관계는 잘 알려져 있고, 여기서,

$$\overline{B}_{01} = \frac{1}{L}\sum_{l=1}^{L}\frac{m_0(\boldsymbol{X}(l))}{m_1(\boldsymbol{X}(l))} \tag{6.110}$$

이다. $i=0,1$에 대하여 모형 M_i 아래에서 사전분포 π_i에 대하여, $AIBF_{10}$이 π_0와 π_1에 근거한 베이즈 인자 $B_{10}(\pi_0,\pi_1)$와 근사적으로 동등하다고 가정하자. 식 (6.81)에 있는 베이즈 인자 B_{10}의 분자와 분모 모두에 라플라스 근사식을 적용하면, $AIBF_{10}$이 근사적으로

$$\frac{f_1(\boldsymbol{X}|\widehat{\theta_1})g_1(\widehat{\theta_1})(2\pi/2)^{p_1/2}\left|\hat{I}_1\right|^{-1/2}}{f_0(\boldsymbol{X}|\widehat{\theta_0})g_0(\widehat{\theta_0})(2\pi/2)^{p_0/2}\left|\hat{I}_0\right|^{-1/2}}\times\overline{B}_{01} \tag{6.111}$$

됨을 보일 수 있고, 여기서 p_i은 모수 $\boldsymbol{\theta}_i$의 차수, $\hat{\boldsymbol{\theta}}_i$은 $\boldsymbol{\theta}_i$의 최대우도추정값, $\hat{I}_i$은 모형 M_i 아래에서 관측피셔정보행렬이다. $B_{10}(\pi_0,\pi_1)$에 동일한 근사식을 적용하면 다음과 같은 근사식

$$\frac{f_1(\boldsymbol{X}|\widehat{\theta_1})\pi_1(\widehat{\theta_1})(2\pi/2)^{p_1/2}\left|\hat{I}_1\right|^{-1/2}}{f_0(\boldsymbol{X}|\widehat{\theta_0})\pi_0(\widehat{\theta_0})(2\pi/2)^{p_0/2}\left|\hat{I}_0\right|^{-1/2}} \tag{6.112}$$

을 구한다. 주어진 모형들이 라플라스 근사식의 조건들을 만족한다고 가정하자. 고유사전분포를 찾기 위하여, 식 (6.111)와 식 (6.112)을 동일하게 놓고 풀면,

$$\frac{\pi_1(\widehat{\theta_1})g_0(\widehat{\theta_0})}{\pi_0(\widehat{\theta_0})g_1(\widehat{\theta_1})} \cong \overline{B}_{01} \tag{6.113}$$

이다. Berger and Pericchi(1996)는 모형 M_0와 M_1 아래에서 식 (6.113)의 양변에 극한을 취하면 고유사전함수를 구하였다. $n \to \infty$일 때,

$$M_1 \text{ 아래에서, } \widehat{\theta_1} \to \theta_1,\ \widehat{\theta_0} \to a(\theta_0)\text{와 } \overline{B}_{01} \to B_1^*(\theta_1)$$

이고,

$$M_0 \text{ 아래에서, } \widehat{\theta_0} \to \theta_0,\ \widehat{\theta_1} \to b(\theta_1)\text{와 } \overline{B}_{01} \to B_0^*(\theta_0)$$

이다. Berger and Pericchi(1996)에 의하여 구해진 방정식들은

$$\frac{\pi_1(\theta_1)g_0(a(\theta_0))}{g_1(\theta_1)\pi_0(a(\theta_0))} = B_1^*(\theta_1)\text{와 } \quad \frac{\pi_1(b(\theta_1))g_0(\theta_0)}{g_1(b(\theta_0))\pi_0(\theta_0)} = B_0^*(\theta_0) \tag{6.114}$$

이다. M_0가 M_1에 내재된다면, Berger and Pericchi(1996)는 다음 해

$$\pi_0(\theta_0) = g_0(\theta_0),\ \pi_1(\theta_1) = g_1(\theta_1)B_1^*(\theta_1) \tag{6.115}$$

을 제안하였다. 식 (6.114)에 대한 유일한 근은 존재하지 않을 수 있다. 이에 대한 더 많은 연구는 Dmochowski(1994)을 참고하여라.

예제 6.14

예제 6.9에서 Berger and Pericchi(1996)가 제안한 방정식 (6.115)를 결정하는 고유사전분포의 해는

$$\pi_0(\sigma_0) = \frac{1}{\sigma_0},\ \pi_1(\mu, \sigma_1) = \frac{1}{\sigma_1}B_1^*(\mu, \sigma_1)$$

이고, 여기서

$$B_1^*(\mu, \sigma_1) = E_{\mu, \sigma_1}B_{01}(X_1, X_2) \text{ 와 } B_{01}(X_1, X_2) = \frac{|X_1 - X_2|}{\pi(X_1^2 + X_2^2)}$$

이다. 이때 $B_{01}(X_1, X_2)$는

$$B_{01}(X_1, X_2) = \frac{Z_1^{1/2}}{(Z_1 + Z_2)} \frac{\sqrt{2}}{\pi \sigma_1}$$

과 같이 표현할 수 있으며, 여기서,

$$Z_1 = (X_1 - X_2)^2 / (2\sigma_1^2) \sim \chi_1^2$$

과

$$Z_2 = (X_1 + X_2)^2 / (2\sigma^2) \sim noncontral\ \chi_1^2(\lambda = 2\mu^2/\sigma_1^2)$$

와 λ는 비중심모수이다. 역시 Z_1과 Z_2은 독립이다. 비중심 카이제곱분포는 중심카이제곱의 가중합으로 표현할 수 있다는 사실을 이용하여,

$$E\left[\frac{Z_1^p}{Z_1 + Z_2}\right] = \sum_{j=0}^{\infty} e^{-\lambda/2} \frac{(\lambda/2)^j}{j!} E\left[\frac{Z_1^p}{Z_1 + W_j}\right] \tag{6.116}$$

를 구할 수 있고, 여기서, $W_j \sim \chi_{1+2j}^2$이고 Z_1에 독립이다. 이때

$$B_1^*(\mu, \sigma_1) = \frac{e^{-\lambda/2}}{\pi\sqrt{\pi}\sigma_1} \sum_{j=0}^{\infty} \frac{(\lambda/2)^j}{j!(j + \frac{1}{2})}, \lambda = 2\mu^2/\sigma_1^2$$

이고, 고유사전분포는

$$\pi_0(\sigma_0) = \frac{1}{\sigma_0}, \quad \pi_1(\mu, \sigma_1) = \frac{1}{\sigma_1}\pi_1(\mu|\sigma_1) \tag{6.117}$$

이고 여기서,

$$\pi_1(\mu|\sigma_1) = \frac{1}{\pi\sqrt{\pi}\sigma_1} \exp(-\mu^2/\sigma_1^2) \sum_{j=0}^{\infty} \frac{(\mu^2/\sigma_1^2)^j}{j!(j + \frac{1}{2})} \tag{6.118}$$

이다. 더욱이

$$\int_{-\infty}^{\infty} \pi_1(\mu|\sigma_1) d\mu = 1$$

이다.

예제 6.15 Berger and Pericchi, 1996

예제 6.9에서와 같이 M_0에서 동일한 사전분포 g_0를 갖는 구조식을 고려하였다, M_1에서는 표준 무정보분포함수 $g_1(\mu, \sigma_1) = 1/\sigma_1$을 사용하는 대신에 제프리스 사전분포

$$g_1^*(\mu, \sigma_1) = 1/\sigma_1^2$$

을 이용한다. 이 경우에 최소훈련자료는 두 개의 다른 관측치 X_i와 X_j로 구성되어 있으며, 이때 두 관측치에 대한 사전분포 g_0와 g_1*을 갖는 적분우도함수들은 각각이

$$m_0(X_i, X_j) = \frac{1}{2\pi(X_i^2 + X_j^2)} \text{와 } m_1(X_i, X_j) = \frac{1}{\sqrt{\pi}(X_i - X_j)^2}$$

이고, 예제 6.14에서와 같은 계산방식을 따라가면,

$$\frac{m_0(X_1, X_2)}{m_1(X_1, X_2)} = \frac{Z_1}{\sqrt{\pi}(Z_1 + Z_2)}$$

이고, 여기서 Z_1과 Z_2은 예제 6.14에서 정의된 것과 동일하고, 식 (6.116)을 이용하면, 고유사전분포들은

$$\pi_0(\sigma_0) = \frac{1}{\sigma_0} \text{와 } \pi_1(\mu|\sigma_1) = \frac{1}{\sigma_1} \frac{1 - \exp(-\mu^2/\sigma^2)}{2\sqrt{\pi}(\mu^2/\sigma_1)} \tag{6.119}$$

을 구할 수 있다. 이때 $\pi_1(\mu|\sigma_1)$은 적절사전분포이며, Jeffreys(1961)에 의하여 제안된 μ의 코쉬 사전분포 $C(0, \sigma_1)$와 매우 유사하다.

연습문제

01 식 (6.14)에 있는

$$P(M_0 \mid \boldsymbol{x}) = \left[1 + \frac{(1-\pi_0)}{\pi_0} B_{01}^{-1}\right]^{-1}$$

임을 보여라.

02 식 (6.31)인

$$\widehat{m}_2(x) = \left[\frac{1}{m}\sum_{i=1}^{m} f^{-1}\left(y|\theta^{(i)}\right)\right]^{-1}$$

임을 보여라.

03 (Gelfand and Dey, 1994) 식 (6.33)인

$$\widehat{m}_4(y) = \left[\frac{1}{m}\sum_{i=1}^{m} \frac{s\left(\theta^{(i)}\right)}{f\left(y|\theta^{(i)}\right)\pi\left(\theta^{(i)}\right)}\right]^{-1}$$

임을 보여라.

04 $m(y)$을 근사하는 방법 중 Chib(1995)가 제시한 방법으로 B=3인 경우, 즉 한 점 $\theta^* = (\theta_1^*, \theta_2^*, \theta_3^*)$에서 사후분포 $[\theta|y]$에 대한 좌표값과 $\widehat{m}(y)$의 근사식을 구하는 방법을 자세히 설명하여라.

05 (Dickey 1971). 식 (6.51)을 유도하여라. 즉, 만약 $p(\lambda|w_0) = p_0(\lambda)$ 이면,

$$B_{01} = \frac{p(w_0|D)}{p(w_0)}$$

임을 보여라. 여기서 $p(w|y) = \int p(w,\lambda|y)d\lambda$ 와 $p(w) = \int p(w,\lambda)d\lambda$ 이다.

06 (Verdinelli and Wasserman, 1995). 식 (6.52)를 유도하여라. 즉, 만약 $p(\lambda|w_0) \neq p_0(\lambda)$이면,

$$B_{01} = \frac{p(w_0|y)}{p(w_0)} E\left[\frac{p_0(\lambda)}{p(\lambda|w_0)}\right]$$

임을 보여라. 여기서 기댓값은 $p(\lambda|w_0, y)$에 관한 것이다.

07 Laird and Ware(1982)가 제안한 혼합정규모형은 다음과 같다. 즉,

$$y \sim N(X\alpha + Z\beta, C_1),\ \ \beta \sim N(0, D)$$

이라 한다. 여기서, 분산-공분산 행렬 C_1, D은 알려진 행렬이라 가정한다. β은 확률효과이고, α은 고정효과이다. α의 사전은 균등분포를 가정한다. 여기서

$$p_D = tr(V^* V^{-1})$$

임을 보여라. 여기서

$$V^* = \begin{pmatrix} X^T C_1^{-1} X & X^T C_1^{-1} Z \\ Z^T C_1^{-1} X & Z^T C_1^{-1} Z \end{pmatrix},\quad V = \begin{pmatrix} X^T C_1^{-1} X & X^T C_1^{-1} Z \\ Z^T C_1^{-1} X & Z^T C_1^{-1} Z + D^{-1} \end{pmatrix}$$

이다. (힌트: $\theta = (\alpha, \beta)$, $A_1 = (X, Z)$, $\psi = 0$, C_2은 블록 대각행렬로 왼쪽 위 부분은 ∞, 아래 오른쪽에는 D, 나머지는 모두 0의 값을 갖는다고 생각하며, 식 (6.60)인 Lindley-Smith(1972) 형태를 고려한다).

08 예제 6.8과 동일한 모형검정과 사전분포함수들을 가정한다.

(a) 하나의 자료에 대한 $m_1(X_i) = \infty$ 임을 보여라.

(b) 두 개의 다른 자료 X_i와 X_j은 최소훈련자료임을 보여라.

(c) (b)에 있는 훈련자료에 대한

$$m_0(X_i, X_j) = \frac{1}{2\pi(X_i^2 + X_j^2)} \text{와 } m_1(X_i, X_j) = \frac{1}{2|X_i - X_j|}$$

임을 보여라.

(d) 이때 $AIBF_{10}$, $GIBF_{10}$와 FBF_{10}을 구하여라.

09 예제 6.11과 동일한 선형모형검정을 고려한다. 즉,

$$M_i : \boldsymbol{Y} = \boldsymbol{X_i}\beta_i + \epsilon_i, \quad \epsilon_i \sim N_n(0, \sigma_i^2 \boldsymbol{I}_n), \quad i = 0, 1$$

이며, 여기서, $\beta_i = (\beta_{i1}, \beta_{i2}, \cdots, \beta_{ip_i})^t$와 σ_i^2는 모두 미지의 모수들이며, $\boldsymbol{X}_i$는 $n \times p_i$ 알려진 계획행렬로 $p_i < n$인 차수를 갖는다. 또한, 다음과 같은 사전분포 형태를 고려한다.

$$g_i(\beta_i, \sigma_i) = \sigma_i^{-(1+q_i)}, q_i > -1$$

이다.

(a) $q_i = 0$이면 이는 참고 사전임을 보여라.

(b) $q_i = p_i$이면 이는 제프리스 사전분포와 동일함을 보여라.

(c) $q_0 = 0$와 $q_1 = p_1 - p_0$을 갖는 수정된 제프리스 사전분포 아래에서, 적분우도함수 $m_i(\boldsymbol{Y})$은

$$m_i(\boldsymbol{Y}) = C\, 2^{q_i/2} \pi^{p_i/2} \Gamma((n - p_i + q_i)/2) \left| \boldsymbol{X_i}' \boldsymbol{X_i} \right|^{-1/2} R_i^{-(n - p_i + q_i)/2} \tag{6.101}$$

임을 보여라. 여기서 C은 i에 의존적이지 않는 상수이고, R_i은 모형 M_i 아래에서 잔차제곱합이다.

(d) 수정된 제프리스 사전분포를 갖는 베이즈 인자 B_{10}은

$$B_{10} = (2\pi)^{(p_1 - p_0)/2} \frac{\left| \boldsymbol{X}_0' \boldsymbol{X}_0 \right|^{1/2}}{\left| \boldsymbol{X}_1' \boldsymbol{X}_1 \right|^{1/2}} \left(\frac{R_0}{R_1} \right)^{(n - p_0)/2} \tag{6.102}$$

임을 보여라.

(e) $b = m/n$이면,

$$FBF_{10} = b^{(p_1 - p_0)/2} (R_0 / R_1)^{(n - m)/2} \tag{6.105}$$

임을 보여라.

10 예제 3.27에 설명된 일원분산구성모형을 고려한다. 즉,

$$y_{ij} = \mu + \alpha_i + \varepsilon_{ij}, \quad i = 1, \cdots I, \;\; j = 1, \cdots J$$

이다. 여기서 μ은 총 평균을 의미하고, 각 그룹에서의 평균 $\alpha_i \sim N(0, \sigma_\alpha^2)$와 오차항 $\varepsilon_{ij} \sim N(0, \sigma_e^2)$이라고 가정하자. $\rho(y_{ij}, y_{ij'}) = \sigma_\alpha^2 / \sigma_\alpha^2 + \sigma_e^2$이다. 이때 다음과 같은 검정을 하고자 한다. 즉,

$$H_0 : \rho = \rho_0 \quad versus \quad \rho \neq \rho_0$$

이며, 여기서 ρ_0는 알려진 상수이다. 이때 H_0 아래에서 (μ, σ_e^2)의 사전분포로 Chung and Dey(2002)이 구한 기준사전분포

$$\pi_0(\mu, \sigma_e^2) \propto \sigma_e^{-2}$$

을 이용한다. 또한 H_1 아래에서, (ρ, μ, σ_e)의 사전분포는 예제 3.27에서 제시한 기준사전분포

$$\pi_1(\rho, \mu, \sigma_e^2) \propto \sigma_e^{-a} \{1 + (J-1)\rho\}^{-c} (1-\rho)^{-d}$$

을 사용한다.

(a) 최소훈련자료 $Y(l)$를 구하여라.

(b) 각 사전분포함수들을 갖는 적분우도함수 $m_i(\boldsymbol{Y})$을 구하여라.

(c) $\boldsymbol{Y}(l)$ 조건 아래에서 조건부 베이즈 인자$B_{10}(Y(l))$을 구하여라.

(d) $m_i^b(\boldsymbol{Y}) = \int [f_i(\boldsymbol{Y}|\boldsymbol{\theta}_i)]^b g_i(\boldsymbol{\theta}_i) d\boldsymbol{\theta}_i,\ i = 0, 1$을 구하여라.

(e) 이때 $AIBF_{10}$, $GIBF_{10}$와 FBF_{10}을 구하여라.

11 예제 5.19의 표 5.3에 있는 식중독에 대한 자료에 근거하여, 감자 샐러드가 원인인 것에 대한 검정을 하고자 한다(게살과 게살이 없는 것에 대하여 별도로 하여라).

(a) 이것을 귀무가설이 잘못되었다는 대립가설에 대한 sharp 귀무검정의 문제로써 공식화하여라.

(b) BIC를 이용하여 귀무가설을 검정하여라.

(c) 고전적인 우도비 검정을 사용하여 동일한 검정을 하여라.

(d) 고전적인 제1종과 제2종 오류 확률에 대한 개념이 여기에서 의미가 있는지를 토론하여라.

12 Feller(1973)는 2차 세계대전 중 런던의 폭격에 관한 다음 자료가 표 6.2에 제시되었다. 남부 런던의 전체 지역은 동등한 면적인 576개의 작은 지역으로 나뉘며 정확한 k개의 폭탄 투하가 된 지역 수(n_k)로 기록된다.

표 6.2

k	0	1	2	3	4	5개 또는 그 이상
n_k	229	211	93	35	7	1

폭탄 투하가 특별 목표물에 대한 일반적인 믿음보다는 무작위적으로 행하여졌다는 귀무가설을 시험하여라.(힌트: H_0 아래에서는 포아송 모형을 사용하고, 대립사설에는 5가지 모수들을 갖는 다항모형을 사용하고, 그리고 BIC를 사용하여라.)

13 (Box(1980)) $X_1, X_2, \cdots, X_n$은 정규분포 $N(\theta, \sigma^2)$의 확률표본이다. 여기서 θ와 σ^2은 미지의 수이다. 다음과 같은 표적모형의 분산에서 불일치를 추적하는 데 관심이 있다. 즉,

$$M_0 : \sigma^2 = \sigma_0^2, \quad \theta \sim N(\mu, \tau^2),$$

여기서 μ와 τ^2는 이미 특정된 수이다.

(a) 모형 M_0 아래에서, $(X_1, X_2, \cdots, X_n)$의 예측함수는 공분산행렬 $\sigma_0^2 I_n + \tau^2 11'$와 $i = 1, 2, \cdots, n$에 대하여 $E(X_i) = \mu$을 갖는 다변량 정규분포임을 보여라.

(b) (a)의 예측분포 아래에서,

$$T(\boldsymbol{X}) = \frac{1}{\sigma_0^2}\sum_{i=1}^{n}(X_i - \overline{X})^2 + \frac{n(\overline{X} - \mu)^2}{n\tau^2 + \sigma_0^2} \sim \chi_n^2$$

임을 보여라.

(c) 모형이탈통계량 $T(\boldsymbol{X})$에 근거한 사전예측 P-값을 유도하여라. 이것을 자료 $\boldsymbol{x} = (8, 5, 4, 7)$에 적용하여라. 여기서 $\sigma_0^2 = 1,\ \mu = 0, \tau^2 = 2$이다.

(d) $H_0 : \sigma^2 = \sigma_0^2$ 의 검정에서 전통적인 P-값은 무엇인가?

14 (Box (1980)) 목표모형은 다음과 같다. 즉, $i=1,2,\cdots,n$에 대하여,

$$y_i|\beta_0,\boldsymbol{\theta},\sigma^2=\beta_0+\boldsymbol{x}'_i\boldsymbol{\theta}+\epsilon_i,\quad \epsilon_i\sim N(0,\sigma^2)$$
$$\beta_0|\sigma^2\sim N(\mu_0,c\sigma^2),\quad \boldsymbol{\theta}|\sigma^2\sim N_p(\boldsymbol{\theta}_0,\sigma^2\Sigma)$$
$$\sigma^2\sim IGam(\alpha,\gamma),$$

이라하고 여기서 $c,\mu_0,\boldsymbol{\theta}_0,\Sigma,\alpha$와 γ은 이미 지정되었다 하자. $\boldsymbol{y}=\beta_0 1+X\boldsymbol{\theta}+\boldsymbol{\epsilon}$의 전형적인 선형회귀모형과 $X'1=0$을 가정한다. 더욱이, σ^2 아래에서 조건부로 $\beta_0,\boldsymbol{\theta}$와 $\boldsymbol{\epsilon}$은 독립이다. 역시 $\widehat{\beta_0}$와 $\hat{\boldsymbol{\theta}}$은 β_0와 $\boldsymbol{\theta}$의 최소제곱추정값이다. 또한 $RSS=(\boldsymbol{y}-\widehat{\beta_0}1-X\hat{\boldsymbol{\theta}})'(\boldsymbol{y}-\widehat{\beta_0}1-X\hat{\boldsymbol{\theta}})$이다.

(a) 표적모형 아래에서, 주어진 σ^2 아래에서 $\boldsymbol{y}$의 예측분포함수는 다음 식에 비례함을 보여라. 즉,

$$(\sigma^2)^{-n/2}\exp\left(-\frac{1}{2\sigma^2}\left(\frac{(\widehat{\beta_0}-\mu_0)^2}{c+1/n}\right)+RSS+(\hat{\boldsymbol{\theta}}-\boldsymbol{\theta}_0)'((X'X)^{-1}+\Gamma^{-1})^{-1}(\hat{\boldsymbol{\theta}}-\boldsymbol{\theta}_0)\right).$$

(b) 표적모형 아래에서, $\boldsymbol{y}$의 예측분포함수는 다변량 $t-$분포임을 증명하여라.

(c) $(RSS,\hat{\boldsymbol{\theta}})$의 결합예측분포함수는 다음 식에 비례함을 보여라. 즉,

$$\left\{2\gamma+RSS+(\hat{\boldsymbol{\theta}}-\boldsymbol{\theta}_0)'((X'X)^{-1}+\Gamma^{-1})^{-1}(\hat{\boldsymbol{\theta}}-\boldsymbol{\theta}_0)\right\}^{-(n+\alpha-1)/2}$$

(d)

$$T(\boldsymbol{y})=\frac{(\hat{\boldsymbol{\theta}}-\boldsymbol{\theta}_0)'((X'X)^{-1}+\Gamma^{-1})^{-1}(\hat{\boldsymbol{\theta}}-\boldsymbol{\theta}_0)}{2\gamma+RSS}$$

의 사전예측분포함수를 유도하여라.

(e) 모형이탈통계량으로써 적당히 척도화한 $T(\boldsymbol{y})$를 이용하여, 사전예측 P-값을 유도하여라.

15 확률변수 $X_1,X_2,\cdots,X_n$은 다음과 같은 분포의 확률표본이라고 하자. 즉,

$$f(x|\lambda,\theta)=\lambda\exp(-\lambda(x-\theta)),x>\theta,$$

여기서, $\lambda>0$와 $-\infty<\theta<\infty$는 모두 미지의 수이다. 다음과 같은 목표모형을 고려한다. 즉,

$$M_0:\ \theta=0,\ \pi(\lambda)\propto\frac{1}{\lambda}$$

이다. 최소순서통계량 $T = X_{(1)}$을 이 문제에서 적당한 모형이탈통계량으로 고려한다.

(a) 모형 M_0 아래에서, $T|\lambda \sim \text{Exp}(n\lambda)$임을 보여라.

(b) 모형 M_0 아래에서, $\lambda|\boldsymbol{x}_{obs} \sim Gam(n, n\bar{x}_{obs})$임을 보여라.

(c)

$$m(t|\boldsymbol{x}_{obs}) = \frac{n\bar{x}_{obs}^{-n}}{(t+\bar{x}_{obs})^{n+1}}$$

임을 보여라.

(d) 사후예측 P-값을 계산하여라.

(e) $t_{obs} \to \infty$ 일 때, 사후예측 P-값은 0으로 수렴할 필요가 없음을 보여라.

16 (Hald's regression data).

우리는 포틀랜드 시멘트의 경화(hardening) 동안 발생하는 열에 관한 작은 자료와 그것과 관련 될 수 있는 4가지 변수를 제시한다(Woods et al. (1932), pp. 635-649). 샘플 크기(n)는 13이다.

회귀변수들은 x_1 = calcium aluminate $(3Ca0.Al_2O_3)$, x_2 = tricalcium silicate $(3CaO.SiO_2)$, x_3 = tetracalcium alumino ferrite $(4CaO.Al_2O_3.Fe_2O_3)$, and x_4 = dicalcium silicate $(2CaO.SiO_2)$이다. 또한 반응변수 y는 180일 후 시멘트 그램당 경화 시에 배출된 총 칼로리를 나타낸다.

표 6.3

x_1	x_2	x_3	x_4	y
7	26	6	60	78.6
1	29	15	52	74.3
11	56	8	20	104.3
11	31	8	47	87.6
7	52	6	33	95.9
11	55	9	22	109.2
3	71	17	6	102.7
1	31	22	44	72.5
2	51	18	22	93.1
21	47	4	26	115.9
1	40	23	34	83.8
11	66	9	12	113.3
10	68	8	12	109.4

일반적으로 이러한 자료 세트는 다음과 같은 형태의 정규선형회귀모델을 사용하여 분석한다. 즉,

$$y_i = \beta_0 + \beta_1 x_{1i} + \beta_2 x_{2i} + \cdots + \beta_p x_\pi + \epsilon_i, i = 1, \cdots, n,$$

이며, 여기서 p은 주어진 모형의 회귀변수들의 수이고, $\beta_0, \beta_1, \cdots, \beta_p$은 미지의 회귀계수이며, ϵ_i들은 독립인 오차항으로 정규분포 $N(0, \sigma^2)$을 따른다.

어떤 회귀변수가 모형에 유지되는지에 따라 가능한 여러 모형들이 있다. 자료를 분석하고 모든 가능한 모델에 대한 완전 모형의 (a) BIC, (b) AIBF를 사용하여 가능한 모형 세트 중에서 하나를 선택하여라.

7장

베이지안 통계모형

이 절에서는 다양한 통계모형들에 적용할 수 있는 베이지안 방법들을 소개하고자 한다. 복잡한 모형일수록 계산상의 어려움이 대두되고 있으나 대부분을 5장에 소개된 베이지안 계산방법들로 해결하는 것을 보이며 설명한다. 통계모형에서 가장 기본적으로 사용되는 다변량 정규분포에 대한 성질들을 7.1절에 소개한다. 이를 근간으로 7.2절에서 본격적으로 베이지안 다변량 정규모형을 소개하고, 이를 더욱 확장하여 성장곡선을 포함한 베이지안 다중회귀모형을 7.3절에서 자세하게 설명한다. 또한 이산형 자료에 대한 베이지안 분석을 위하여 7.4절에서 로짓과 프로핏 모형을 포함한 베이지안 이산형 회귀모형을 소개한다. 7.5절에서는 베이지안 다항모형을 소개하고, 7.6절에서는 경험적, 계층적 베이즈 추정방법을 설명한다. 7.7절에서는 최근에 많은 연구가 이루어지고 있는 공간통계모형에 베이지안 방법을 접목하고, 그 예로서 질병지도에 대한 베이즈 추론을 설명한다. 7.8절에서는 변환점 문제에 베이지안 방법으로 추적하는 모형을 소개한다. 7.9절에서 점진적 제2종 중도절단자료의 베이지안 방법을 소개한다. 마지막으로 인도양에서 발생하는 100여 년간 사이클론 발생에 대한 다양한 베이지안 모형들을 종합적으로 고려하고 이들을 자세히 설명한다.

7.1 다변량 정규분포

$z_1, z_2, \cdots, z_p$가 서로 독립이며 동일한 표준정규분포 $N(0,1)$을 따른다고 하고 다음과 같은 확률벡터 Z의 변환을 생각한다.

$$Y = BZ + \mu \tag{7.1}$$

여기서 $Y' = (y_1, \cdots, y_p)$, $Z' = (z_1, \cdots, z_p)$와 $\mu' = (\mu_1, \cdots, \mu_p)$이며, B는 비특이행렬이다. 이때 $(z_1, \cdots, z_p)$의 결합확률밀도함수는

$$p(z_1, \cdots, z_p) = \frac{1}{(2\pi)^{\frac{p}{2}}} \exp\left(-\frac{1}{2}\sum_{i=1}^{p} z_i^2\right) = (2\pi)^{-\frac{p}{2}} \exp\left\{-\frac{1}{2} Z' Z\right\}$$

이다. 그러므로 $y = (y_1, \cdots, y_p)$의 결합확률밀도함수는

$$p(y_1, \cdots, y_p) = (2\pi)^{-\frac{p}{2}} \exp\left\{-\frac{1}{2}(y-\mu)'(B^{-1})'B^{-1}(y-\mu)\right\} |B^{-1}| \tag{7.2}$$

이다. $\Sigma = BB'$이라 하자. 또한,

$$(B^{-1})'B^{-1} = (BB')^{-1} = \Sigma^{-1} \text{과 } |\Sigma| = |BB'| = |B|^2$$

이다. 따라서

$$f(y) = f(y_1, \cdots, y_p) = \frac{1}{(2\pi)^{\frac{p}{2}} |\Sigma|^{\frac{1}{2}}} \exp\left\{-\frac{1}{2}(y-\mu)'\Sigma^{-1}(y-\mu)\right\} \tag{7.3}$$

으로 표현할 수 있고, 이때 Y의 평균과 분산은 각각

$$E(Y) = E(BZ+\mu) = B \cdot E(Z) + u = \mu$$

와

$$Var(Y) = Var(BZ+\mu) = B \cdot Var(Z) \cdot B' = BB' = \Sigma$$

이다. 따라서 Y은 평균벡터 μ와 분산-공분산행렬 Σ을 갖는 p-차원 정규분포를 따른다. 즉,

$$Y \sim N_p(\mu, \Sigma) \tag{7.4}$$

이다.

만약 $Y \sim N_p(\mu, \Sigma)$이고 여기서 Y을 아래와 같이 분할한다고 가정하자.

$$Y = \begin{pmatrix} Y_{(1)} \\ Y_{(2)} \end{pmatrix}.$$

여기서 $Y_{(1)}$은 $q \times 1$ 벡터와 $Y_{(2)}$은 $(p-q) \times 1$ 벡터이다. 유사하게

$$\mu = \begin{pmatrix} \mu^{(1)} \\ \mu^{(2)} \end{pmatrix} \text{ and } \Sigma = \begin{pmatrix} \Sigma_{11} & \Sigma_{12} \\ \Sigma_{21} & \Sigma_{22} \end{pmatrix}$$

이라 하며, 여기서

$$\mu^{(1)} = E(Y_{(1)}), \quad \mu^{(2)} = E(Y_{(2)}),$$

$$\Sigma_{11} = Var(Y_{(1)}),\ \Sigma_{22} = Var(Y_{(2)}), \Sigma_{12} = Cov(Y_{(1)}, Y_{(2)}) = \Sigma_{21}'$$

이다.

정리 7.1

위와 같은 가정 아래에서,

(a)
$$Y_{(1)} \sim N_q(\mu^{(1)}, \Sigma_{11}) \tag{7.5}$$

(b)
$$Y_{(2)} | Y_{(1)} = y_{(1)} \sim N_{p-q}(\mu^{(2)} + \Sigma_{22}\Sigma_{11}^{-1}(y_{(1)} - \mu^{(1)}),\ \Sigma_{22} - \Sigma_{21}\Sigma_{11}^{-1}\Sigma_{12}) \tag{7.6}$$

이다.

증명 (연습문제)

정리 7.2

만약 $Y_1 | Y_2 = y_2 \sim N_{p_1}(\mu_1 + B_1(y_2 - \mu_2), B_2)$과 $Y_2 \sim N_{p_2}(\mu_2, \Sigma_{22})$이 주어지면, 이때 확률벡터 $Y = (Y_1, Y_2)'$은 p-차원 정규분포를 따른다. 더욱이,

$$Y = \begin{pmatrix} Y_1 \\ Y_2 \end{pmatrix} \sim N_p\left[\begin{pmatrix} \mu_1 \\ \mu_2 \end{pmatrix}, \begin{pmatrix} \Sigma_{11} & \Sigma_{12} \\ \Sigma_{21} & \Sigma_{22} \end{pmatrix}\right] \tag{7.7}$$

여기서 $\Sigma_{11} = B_2 + B_1 \Sigma_{22} B_1'$, $\Sigma_{21} = B_1 \Sigma_{22}$와 $p = p_1 + p_2$이다.

증명 (연습문제)

정의 7.3 역 위샤트 및 위샤트 분포

크기 $p \times p$인 확률행렬 Σ가 다음과 같은 분포 식을 갖는다면

$$\pi(\Sigma) \propto |\Sigma|^{-\frac{\nu_0 + p + 1}{2}} \exp\left\{-\frac{1}{2} tr(\Lambda_0 \Sigma^{-1})\right\}, \tag{7.8}$$

확률행렬 Σ가 자유도 ν_0와 $p \times p$ 양정치 척도행렬 Λ_0을 갖는 **역-위샤트(inverse-Wishart) 분포**를 갖는다고 하며, 이를

$$\Sigma \sim IW(\nu_0, \Lambda_0^{-1}) \tag{7.9}$$

로 표현한다. 또한 $\nu_0 > p + 1$이면, Σ의 평균은

$$E[\Sigma] = \frac{\Lambda_0}{\nu_0 - p - 1}$$

이다.

또한 $p \times p$인 확률행렬 U가 다음과 같은 분포 식을 갖는다면

$$\pi(U) \propto |U|^{\frac{\nu - p - 1}{2}} \exp\left\{-\frac{1}{2} tr(R^{-1} U)\right\}, \tag{7.10}$$

확률행렬 U은 자유도 ν_0와 $p \times p$ 양정치 척도행렬 R을 갖는 **위샤트(Wishart) 분포**를 갖는다고 하며, 이를

$$U \sim W(\nu, R) \tag{7.11}$$

로 표현한다. 또한 U의 평균은

$$E[U] = \nu R$$

이다. 또한 만약 $U \sim W(\nu, R)$이면, $U^{-1} \sim IW(\nu, R^{-1})$이다.

다음은 위샤트 분포 $W(\nu, R)$에서 $p\times p$ 확률행렬을 생성하기 위해서, 다음과 같은 알고리즘을 사용한다. 이때 ν은 양의 정수라 가정한다.

알고리즘 7.4 위샤트와 역-위샤트 분포의 난수생성

단계-1. 촐레스키 분해를 이용하여 R을 $R=CC'$로 분할한다. 여기서 C은 $p\times p$ 하삼각행렬이다.

단계-2. $i=1,2,\cdots,p$와 $j=2,3,\cdots,p$에 대하여, 정규분포 $N(0,1)$에서 독립적으로 z_{ij}을 생성한다.

단계-3. $i=1,2,\cdots,p$에 대하여, 자유도 $\nu-i$을 갖는 카이제곱분포에서 독립적으로 χ_i^2을 생성한다.

단계-4. $p\times p$인 대칭행렬 B을 다음과 같이 구성한다.

$$B_{11}=\chi_1^2;\qquad B_{ii}=\chi_i^2+\sum_{j=1}^{i-1} z_{ij}^2,\ i=2,\cdots,p;\ B_{1j}=B_{j1}=z_{1j}\sqrt{\chi_1^2},\ j=2,\cdots,p\,;$$

$$B_{ij}=B_{ji_i^2}+z_{ij}\sqrt{\chi_1^2}+\sum_{h=1}^{i-1} z_{hi}z_{hj},\ i,j=2,\cdots,p,\ i<j$$

이다. 이때 $U=CBC'\sim W(\nu, R)$과 $U^{-1}\sim IW(\nu, R^{-1})$이다.

7.2 베이지안 다변량 정규모형

우선, $y=(y_1,\cdots,y_p)'$ 가 다음과 같은 p-차원정규분포를 갖는다고 하자. 즉,

$$y|\mu,\Sigma \sim N_p(\mu,\Sigma),$$

여기서 $\mu=(\mu_1,\cdots,\mu_p)'$와 Σ은 $p\times p$ 양정치 분산-공분산 행렬이다. 따라서 우도함수는

$$\begin{aligned} p(y_1,\cdots,y_n|\mu,\Sigma) &\propto |\Sigma|^{-\frac{1}{2}}\exp\left\{-\frac{1}{2}\sum_{i=1}^{n}(y_i-\mu)'\Sigma^{-1}(y_i-\mu)\right\} \\ &= |\Sigma|^{-\frac{1}{2}}\exp\left\{-\frac{1}{2}tr(\Sigma^{-1}S_0)\right\} \end{aligned} \tag{7.12}$$

이며, 여기서 $S_0=\sum_{i=1}^{n}(y_i-\mu)(y_i-\mu)'$은 $p\times p$ 행렬이다.

예제 7.5

$y = (y_1, \cdots, y_p)'$가 식 (7.12)인 다변량정규분포 $N_p(\mu, \Sigma)$을 따른다고 하자. 이때 μ은 미지의 벡터이고, Σ은 알려진 상수들로 이루어진 행렬이라고 하자. 따라서 μ의 사전분포는 공액정규분포라고 하자. 즉,

$$\mu \sim N_p(\mu_0, \Lambda_0)$$

여기서 μ_0, Λ_0은 아는 수들의 행렬이다. 이때 $\bar{y} = \sum_{i=1}^{n} y_i/n$은 μ의 충분통계량이라고 잘 알려진 사실이고,

$$\bar{y} | \mu \sim N_p(\mu, \frac{1}{n}\Sigma)$$

이다. 보조정리 2.20인 베이지안 충분성과 정리 7.2에 의하여 설명된 다변량정규분포 이론을 이용하여 μ의 사후분포를 구하고자 한다. 이때 확률벡터 μ와 e은 서로 독립이라 가정하고,

$$\bar{y} = \mu + e$$

라 두자. 여기서,

$$\mu \sim N_p(\mu_0, \Lambda_0) \text{ 와 } e \sim N_p(0, \frac{1}{n}\Sigma)$$

이라 할 수 있다. 따라서,

$$\begin{pmatrix} \bar{y} \\ \mu \end{pmatrix} \sim N_{2p}\left(\begin{pmatrix} \mu_0 \\ \mu_0 \end{pmatrix}, \begin{pmatrix} \Lambda_0 + \frac{1}{n}\Sigma & , \Lambda_0 \\ \Lambda_0 & , \Lambda_0 \end{pmatrix}\right) \tag{7.13}$$

이다(3장 연습문제 22를 참고하여라).

다변량정규확률벡터의 분할을 위하여,

$$Y_{(1)} = \bar{y} \text{ 와 } Y_{(2)} = \mu$$

라 하자. 정리 7.1(b)에 의하면, 주어진 $\bar{y}$ 아래에서 μ의 사후분포함수는

$$\mu | \bar{y} \sim N_p\left[\mu_0 + \Lambda_0(\Lambda_0 + \frac{1}{n}\Sigma)^{-1}(\bar{y} - \mu_0),\ \Lambda_0 - \Lambda_0(\Lambda_0 + \frac{1}{n}\Sigma)^{-1}\Lambda_0\right] \tag{7.14}$$

이다. 주어진 $\bar{y}$ 아래에서 μ의 사후평균은

$$E(\mu|\bar{y}) = \mu_0 + \Lambda_0(\Lambda_0 + \frac{1}{n}\Sigma)^{-1}(\bar{y} - \mu_0)$$

$$= \Lambda_0(\Lambda_0 + \frac{1}{n}\Sigma)^{-1}\bar{y} + \left[I - \Lambda_0(\Lambda_0 + \frac{1}{n}\Sigma)^{-1}\right]\mu_0$$

이다. 또한, $\bar{y}$의 주변밀도함수는

$$\bar{y} \sim N_p(\mu_0, \Lambda_0 + \frac{1}{n}\Sigma)$$

이다.

예제 7.6

$y = (y_1, \cdots, y_p)'$가 식 (7.12)인 다변량정규분포 $N_p(\mu, \Sigma)$을 따른다고 하자. 여기서 μ와 Σ은 모두 미지의 벡터 및 행렬이라면, 베이즈 추론을 위하여 다음과 같은 다변량정규분포의 공액사전분포를 가정한다. 즉,

$$\mu|\Sigma \sim N_d(\mu_0, \Sigma/k_0) \text{와 } \Sigma \sim IW(\nu_0, \Lambda_0^{-1}) \tag{7.15}$$

이다. 이때 주어진 자료 $y_1, \cdots, y_n$ 아래에서 (μ, Σ)의 결합사후분포함수는

$$\begin{aligned} P(\mu, \Sigma | y_1, \cdots, y_n) \propto & |\Sigma|^{-\frac{n}{2}} \exp\left\{-\frac{1}{2}\sum_{i=1}^{n}(y_i - \mu)'\Sigma^{-1}(y_i - \mu)\right\} \\ & \times |\Sigma|^{-\frac{1}{2}} \exp\left\{-\frac{k_0}{2}(\mu - \mu_0)'\Sigma^{-1}(\mu - \mu_0)\right\} \\ & \times |\Sigma|^{-\frac{\nu_0 + p + 1}{2}} \exp\left\{-\frac{1}{2}tr(\Lambda_0\Sigma^{-1})\right\} \end{aligned} \tag{7.16}$$

이다. 먼저 식 (7.16)의 오른편 첫 번째 항을 정리한다. 즉,

$$\sum_{i=1}^{n}(y_i - \mu)'\Sigma^{-1}(y_i - \mu) = \sum_{i=1}^{n}(y_i - \bar{y})'\Sigma^{-1}(y_i - \bar{y}) + n(\bar{y} - \mu)'\Sigma^{-1}(\bar{y} - \mu)$$

$$= tr(\Sigma^{-1}S) + n(\bar{y} - \mu)'\Sigma^{-1}(\bar{y} - \mu)$$

이며, 여기서 $S = \sum_{i=1}^{n}(y_i - \mu)(y_i - \mu)'$이다. 그러므로

$$n(\bar{y}-\mu)'\Sigma^{-1}(\bar{y}-\mu)+k_0(\mu-\mu_0)'\Sigma^{-1}(\mu-\mu_0) \tag{7.17}$$

$$=(n+k_0)\left[\mu-\frac{n\bar{y}+k_0\mu_0}{n+k_0}\right]'\Sigma^{-1}\left[\mu-\frac{n\bar{y}+k_0\mu_0}{n+k_0}\right]+\frac{nk_0}{n+k_0}(\bar{y}-\mu_0)'\Sigma^{-1}(\bar{y}-\mu_0)$$

이다. 따라서 주어진 자료 $y_1,\cdots,y_n$ 아래에서 (μ,Σ)의 결합사후분포함수는

$$\begin{aligned}
&P(\mu,\Sigma\,|\,y_1,\cdots,y_n)\\
&\propto|\Sigma|^{-\frac{n}{2}}\exp\left\{-\frac{n+k_0}{2}\left[\mu-\frac{n\bar{y}+k_0\mu_0}{n+k_0}\right]'\Sigma^{-1}\left[\mu-\frac{n\bar{y}+k_0\mu_0}{n+k_0}\right]\right\}\\
&\times\exp\left\{-\frac{tr(\Sigma^{-1}S)}{2}\right\}\times|\Sigma|^{-\frac{1}{2}}\\
&\times|\Sigma|^{-\frac{\nu_0+p+1}{2}}\exp\left\{-\frac{1}{2}tr(\Lambda_0\Sigma^{-1})\right\}\exp\left\{-\frac{nk_0}{2(n+k_0)}(\bar{y}-\mu_0)'\Sigma^{-1}(\bar{y}-\mu_0)\right\}\\
&\propto|\Sigma|^{-\frac{1}{2}}\exp\left\{-\frac{n+k_0}{2}\left[\mu-\frac{n\bar{y}+k_0\mu_0}{n+k_0}\right]'\Sigma^{-1}\left[\mu-\frac{n\bar{y}+k_0\mu_0}{n+k_0}\right]\right\}\\
&\times|\Sigma|^{-\frac{n+\nu_0+p+1}{2}}\times\exp\left\{-\frac{1}{2}tr(\Lambda_n\Sigma^{-1})\right\}
\end{aligned} \tag{7.18}$$

여기서 $\Lambda_n=S+\Lambda_0+\frac{nk_0}{n+k_0}(\bar{y}-\mu_0)(\bar{y}-\mu_0)'$이다. 따라서 식 (7.18)에서

$$\mu|\Sigma,y_1,\cdots,y_n\sim N_p\left(\frac{n\bar{y}+k_0\mu_0}{n+k_0},\frac{\Sigma}{n+k_0}\right)$$

와

$$\Sigma|y_1,\cdots,y_n\sim IW(n+\nu_0,\Lambda_n^{-1})$$

임을 알 수 있다. 결론적으로, 식 (7.15)에 있는 사전분포와 구해진 사후분포 (7.18)은 같은 분포족에 속한다는 것을 알 수 있으므로, 식 (7.15)인 사전은 공액이라 말을 할 수 있다.

7.3 베이지안 다중선형회귀모형

7.3.1 다중회귀모형

이 절에서는 단순선형회귀모형, 즉

$$E(Y|\beta_1,\beta_2,X=x)=\beta_1+\beta_2 x$$

을 다중선형회귀모형

$$E(Y|\beta, X=x)=x\beta$$

으로 확장하면 다음과 같은 선형모형식

$$\boldsymbol{y} = X\beta+\epsilon \tag{7.19}$$

으로 표현할 수 있다. 여기서 $\boldsymbol{y}$은 관측치들의 n−벡터, X은 적당한 설명변수들을 품고 있는 $n\times p$ 행렬, $\beta=(\beta_1,\cdots,\beta_p)^t$은 미지의 회귀계수를 품고 있는 p−벡터, ϵ은 평균 0과 상수분산 σ^2을 갖는 확률 오차들의 n−벡터이다. 편의상, X은 완전 열 계수 $p<n$을 갖는다고 가정하고, 역시 X의 첫 번째 열은 모든 원소들이 1인 벡터이며, 따라서 β의 첫 번째 원소 β_1은 절편을 의미한다. 만약 오차항들을 독립인 정규분포를 따른다고 가정하면, (β,σ^2)의 우도함수는

$$f(\boldsymbol{y}|\beta,\sigma^2)=\left[\frac{1}{\sqrt{2\pi}\,\sigma}\right]^n\exp\left\{-\frac{1}{2\sigma^2}(\boldsymbol{y}-X\beta)'(\boldsymbol{y}-X\beta)\right\} \tag{7.20}$$

$$=\left[\frac{1}{\sqrt{2\pi}\,\sigma}\right]^n\exp\left\{-\frac{1}{2\sigma^2}\left[(\boldsymbol{y}-\hat{\boldsymbol{y}})'(\boldsymbol{y}-\hat{\boldsymbol{y}})+(\beta-\hat{\beta})'X'X(\beta-\hat{\beta})\right]\right\}$$

이며, 여기서

$$\hat{\beta}=(X'X)^{-1}X'\boldsymbol{y} \text{ 와 } \hat{\boldsymbol{y}}=X\hat{\beta}$$

이다.

σ^2이 알려진 상수이면, $\hat{\beta}$은 β의 충분통계량이며, 또한 $(\hat{\beta}, (\boldsymbol{y}-\hat{\boldsymbol{y}})'(\boldsymbol{y}-\hat{\boldsymbol{y}}))$도 (β,σ^2)의 결합충분통계량이다. 더구나,

$$\hat{\beta}|\sigma^2 \sim N_p(\beta,\sigma^2(X'X)^{-1}) \tag{7.21}$$

이고,

$$(\boldsymbol{y}-\hat{\boldsymbol{y}})'(\boldsymbol{y}-\hat{\boldsymbol{y}})|\sigma^2 \sim \sigma^2\chi^2_\nu \tag{7.22}$$

와 독립이며, 여기서 $\nu = n-p$이다. $(\boldsymbol{\beta}, \sigma^2)$의 결합사전분포

$$\pi(\boldsymbol{\beta}, \sigma^2) \propto \frac{1}{\sigma^2}$$

라 가정하면, 보조정리 2.20에 의하여 주어진 자료 $\boldsymbol{y}$ 아래에서 $(\boldsymbol{\beta}, \sigma^2)$의 결합사후분포는

$$\pi(\boldsymbol{\beta}, \sigma^2|\boldsymbol{y}) = \pi(\boldsymbol{\beta}\,|\,\hat{\boldsymbol{\beta}}, \sigma^2)\,\pi(\sigma^2|\,s^2) \tag{7.23}$$

으로 표현되며, 여기서 $s^2 = (\boldsymbol{y}-\hat{\boldsymbol{y}})'(\boldsymbol{y}-\hat{\boldsymbol{y}})/\nu$이다. 이때

$$\boldsymbol{\beta}\,|\hat{\boldsymbol{\beta}}, \sigma^2 \sim N_p(\hat{\boldsymbol{\beta}}, \sigma^2(X'X)^{-1}) \tag{7.24}$$

이고, σ^2의 사후분포는 역카이제곱분포 $\in v-\chi^2_\nu$에 비례한다. 즉,

$$\frac{1}{\sigma^2} \sim \nu s^2\chi^2_\nu \tag{7.25}$$

이다. 식 (7.23)인 결합사후분포를 σ^2으로 적분하면, $\boldsymbol{\beta}$의 주변사후분포는 다변량 $t-$분포

$$\pi(\boldsymbol{\beta}|\boldsymbol{y}) = \frac{\Gamma(n/2)|X'X|^{1/2}s^{-p}}{(\Gamma(1/2))^p\Gamma(\nu/2)(\sqrt{\nu})^p}\left[1+\frac{(\boldsymbol{\beta}-\hat{\boldsymbol{\beta}})'X'X(\boldsymbol{\beta}-\hat{\boldsymbol{\beta}})}{\nu s^2}\right]^{-\frac{n}{2}} \tag{7.26}$$

이다. 더욱이 β_j의 주변사후분포는

$$\frac{\beta_j-\hat{\beta}_j}{s\sqrt{d_{jj}}}|\boldsymbol{y} \sim t_{n-p}$$

이다. 여기서 d_{jj}은 $(X^tX)^{-1}$의 j번째 대각원소이다. 또한 $(\boldsymbol{\beta}-\hat{\boldsymbol{\beta}})'X'X(\boldsymbol{\beta}-\hat{\boldsymbol{\beta}})/ps^2$의 사후분포는 자유도 p와 ν을 갖는 F 분포를 따름을 알고 있다. 따라서 $n \geq p+2$이면, $\boldsymbol{\beta}$의 $100(1-\alpha)\%$ HPD 신용구간은

$$\left\{\boldsymbol{\beta}: (\boldsymbol{\beta}-\hat{\boldsymbol{\beta}})'X'X(\boldsymbol{\beta}-\hat{\boldsymbol{\beta}}) \leq ps^2F_{p,\nu}(\alpha)\right\}$$

으로 주어진다. 여기서 $F_{p,\nu}(\alpha)$은 $F_{p,\nu}$ 분포의 $(1-\alpha)$분위수이다.

예제 7.7 두 표본 문제(동일분산 경우)

예제 4.15와 동일한 문제를 선형회귀모형 방법으로 설명한다. $x_1, \ldots, x_m$은 독립이고 동일한 정규분포 $N(\lambda, \sigma^2)$을 따르고, $x = (x_1, \cdots, x_m)$와는 독립적으로 $y_1, \ldots, y_n$은 독립이고 동일한 정규분포 $N(\mu, \sigma^2)$을 따른다고 하자. 여기서 λ, μ와 σ^2은 미지의 수들이다. 이 문제는 다음과 같은 형태로 표현할 수 있으므로 선형모형의 특별한 상황이라 이해할 수 있다. 즉,

$$\begin{bmatrix} x_1 \\ \cdot \\ \cdot \\ \cdot \\ x_m \\ y_1 \\ \cdot \\ \cdot \\ \cdot \\ y_n \end{bmatrix} = \begin{bmatrix} 1\,0 \\ \cdot\,\cdot \\ \cdot\,\cdot \\ \cdot\,\cdot \\ 1\,0 \\ 0\,1 \\ \cdot\,\cdot \\ \cdot\,\cdot \\ \cdot\,\cdot \\ 0\,1 \end{bmatrix} \begin{pmatrix} \lambda \\ \mu \end{pmatrix} + \begin{bmatrix} \varepsilon_1 \\ \cdot \\ \cdot \\ \cdot \\ \varepsilon_m \\ \varepsilon_{m+1} \\ \cdot \\ \cdot \\ \cdot \\ \varepsilon_{m+n} \end{bmatrix} \tag{7.27}$$

이며, 여기서 ε_i들은 독립이고 동일한 정규분포 $N(0, \sigma^2)$을 따른다. 이때 λ, μ와 σ^2의 사전을 무정보적으로 가정한다. 즉,

$$p(\lambda, \mu, \sigma^2) \propto \frac{1}{\sigma^2} \tag{7.28}$$

이다, 식 (7.23)에 따르면,

$$p(\lambda, \mu, \sigma^2 | x, y) = p(\sigma^2 | s^2) \times p(\lambda, \mu | \hat{\lambda}, \hat{\mu}, \sigma^2)$$

이다. 더욱이 $p(\lambda, \mu | \hat{\lambda}, \hat{\mu}, \sigma^2)$은 평균 $\begin{pmatrix} \overline{x} \\ \overline{y} \end{pmatrix}$, 공분산-분산 행렬 $\begin{pmatrix} \sigma^2/m & 0 \\ 0 & \sigma^2/n \end{pmatrix}$을 갖는 이변량 정규분포이고,

$$\frac{1}{\sigma^2} \sim (m+n-2)s^2 \ \chi^2_{m+n-2} \tag{7.29}$$

임을 쉽게 보일 수 있다. 여기서

$$s^2 = \frac{\sum_{i=1}^{n} (y_i - \hat{y})^2 + \sum_{i=1}^{m} (x_i - \hat{x})^2}{m+n-2}$$

이다. 만약 $\eta = \lambda - \mu$라 두면, 이때 주어진 $\sigma^2, \overline{x}, \overline{y}$ 아래에서 η의 조건부사후분포는 정규분포 이론에 의하여 정규분포

$$N\left(\overline{x} - \overline{y}, \sigma^2\left(\frac{1}{m} + \frac{1}{n}\right)\right) \tag{7.30}$$

이다. 식 (7.26)에서와 동일하게 $\eta \mid \bar{x}, \bar{y}$의 사후분포는 평균 $\bar{x}-\bar{y}$이고 분산 $s^2\left(\frac{1}{m}+\frac{1}{n}\right)$인 자유도 $m+n-2$인 t분포이다. 또한 빈도론자 해석에 의하면, 반복된 표본에 근거한 통계량

$$T=\frac{(\lambda-\mu)-(\bar{x}-\bar{y})}{s\sqrt{\left(\frac{1}{m}+\frac{1}{n}\right)}} \tag{7.31}$$

는 λ, μ와 σ의 값에 독립인 자유도 $m+n-2$을 갖는 표준 $t-$분포를 갖는다고 알려져 있다. 따라서 베이지안과 빈도론자 방법은 매우 동일한 결과들을 얻게 된다.

예제 7.8 두 표본 문제(비동일분산 경우)

앞의 예제 7.7에서와 동일한 구조에서 단지 분산이 다른 경우를 생각한다. 이러한 문제는 이미 예제 4.15에서 베렌스-피셔 문제라고 하였다. $x_1, \ldots, x_m$은 독립이고 동일한 정규분포 $N(\lambda, \sigma^2)$을 따르고, x들과는 독립적으로 $y_1, \ldots, y_n$은 독립이고 동일한 정규분포 $N(\mu, \rho^2)$을 따른다. 여기서 λ, μ, σ^2와 ρ^2은 미지의 수들이다. 이때 사전은

$$\pi(\lambda, \sigma^2) \propto \frac{1}{\sigma^2} \text{와 } \pi(\mu, \rho^2) \propto \frac{1}{\rho^2} \tag{7.32}$$

이라 둔다. 이때 사후분포들은 서로 독립적으로

$$\pi\left(\frac{\lambda-\bar{x}}{s_x/\sqrt{m}}\middle| x_1, \cdots, x_m\right) \equiv t_{m-1} \text{와 } \pi\left(\frac{\mu-\bar{y}}{s_y/\sqrt{n}}\middle| y_1, \cdots, y_n\right) \equiv t_{n-1} \tag{7.33}$$

이다. 여기서 s_y은 y값들의 표준편차이고, s_x은 x값들의 표준편차이다. 다음과 같은 시뮬레이션을 통하여, $\lambda-\mu$의 사후분포를 구할 수 있다. 특히,

단계-1. 자유도 $m-1$을 갖는 표준 $t-$분포 t_{m-1}에서 t_*을 생성하고,

$x=\bar{x}+\frac{s_x}{\sqrt{m}}t_*$라 두자.

단계-2. 자유도 $n-1$을 갖는 표준 $t-$분포 t_{n-1}에서 t_{**}을 생성하고,

$y=\bar{y}+\frac{s_y}{\sqrt{n}}t_{**}$라 두자.

단계-3. $t=x-y$라 두자.

단계 1-3을 s번 반복하여 얻어진 $t^{(1)}, \ldots, t^{(s)}$을 사후분포 $\pi(\lambda-\mu|x, y)$에서 생성한 확률표본으로 인식한다.

예제 7.9 제한다중선형회귀모형

Chen and Deely(1996)는 뉴질랜드 어느 지방에서 생산된 과일의 양이 성숙한 나무까지 10년 동안 육체적인 나이 2에서 시작되는 각 나이의 나무 수(표 7.1)에서 회귀되는 다음과 같은 선형회귀모형을 사용하였다. 즉, $j=1,\cdots,10$에 대하여,

$$y_j = \beta_1 x_{1j} + \beta_2 x_{2j} + \cdots + \beta_{10} x_{10,j} + \epsilon_j \tag{7.34}$$

여기서, $\epsilon_j \sim N(0,\sigma^2)\, i.i.d.$이고 $\sigma^2 > 0$이다, 또한 표 7.1의 자료는 207개의 기록된 집합으로 각 기록은 생산된 과일의 총 상자 수(y)와 각 연도의 나무 수로 구성된다. 이때 $j=1,\cdots,10$에 대하여, x_j은 나이 $j+1$에서 나무들의 수이다. β_j은 나이 $j+1$인 모든 나무들의 평균을 의미한다. 또한 i 재배자 나무들에서 생산된 총 상자의 수는 $Y_i = \sum_{j=1}^{10} \sum_{l=1}^{n_{ij}} Y_{ijl}$이며, 여기서 Y_{ijl}은 i 재배자에서 나이 $j+1$인 나무 l에 의하여 생산된 상자들의 수이고, n_{ij}은 i 재배자에서 나이 $j+1$인 총 나무들의 수이다.

재배자는 일반적으로 가난한 나무가 평균치를 유지하도록 허용하지 않기 때문에 모형에 다음과 같은 제한 조건을 두는 것이 현실적인 것이다. 즉, 회귀계수에 대한 제한조건으로 $0 \le \beta_1 \le \beta_2 \le \cdots \le \beta_{10}$을 가정한다. $\beta = (\beta_1,\cdots,\beta_{10})$이라고 두자.

이때 사전분포함수는

$$\pi(\beta,\sigma^2) \propto \frac{1}{\sigma^2}\pi(\beta_{10}|\mu_{10},\sigma_{10}^2) \tag{7.35}$$

이라 가정하고, 여기서 $\pi(\beta_{10}|\mu_{10},\sigma_{10}^2) = N(\mu_{10},\sigma_{10}^2)$이다. 그러므로 주어진 자료 y 아래에서 β와 σ^2의 사후분포함수는

$$\pi(\beta,\sigma^2|y) \propto \frac{1}{(\sigma^2)^{n/2}} \exp\left\{-\frac{1}{2\sigma^2}\sum_{i=1}^{n}\left(y_i - \sum_{j=1}^{n} x_{ij}\beta_j\right)^2\right\} \frac{1}{\sigma^2}\exp\left\{-\frac{(\beta_{10}-\mu_{10})^2}{2\sigma_{10}^2}\right\} \tag{7.36}$$

이며, 여기서 $\sigma^2 > 0$이고 $\beta_1 \le \beta_2 \le \cdots \le \beta_{10}$이다.

모든 $j=1,\cdots,9$에 대하여,

$$\beta_j \mid \beta_1, \cdots, \beta_{j-1}, \beta_{j+1}, \cdots, \beta_{10}, y \sim N(\theta_j, \sigma_j^2) \tag{7.37}$$

이며, $\beta_{j-1} \le \beta_j \le \beta_{j+1}$ $(\beta_0 = 0)$라 제한한다.

$$\beta_{10} \mid \beta_1, \cdots, \beta_9, y \sim N\left(\psi\theta_{10} + (1-\psi)\mu_{10},\ (1-\psi)\sigma_{10}^2\right) \tag{7.38}$$

이며,

표 7.1

y	x_1	x_2	x_3	x_4	x_5	x_6	x_7	x_8	x_9	x_{10}
181	0	334	480	0	0	0	0	0	344	0
165	0	0	0	224	224	0	0	0	0	0
49	0	16	384	0	544	0	0	0	0	0
60	190	400	105	0	0	0	0	0	0	0
139	0	0	470	0	0	0	0	0	0	0
299	0	880	0	0	182	0	0	0	15	0
8	0	180	0	0	0	0	0	0	0	0
18	98	0	76	0	0	0	0	0	0	0
97	0	500	0	0	0	0	0	0	0	0
36	10	80	0	70	0	0	0	20	0	0
99	0	0	360	0	0	0	0	0	0	0
187	265	0	0	0	195	0	0	0	0	0
134	0	0	0	134	41	35	0	0	0	0
64	0	0	0	0	0	0	0	0	0	154
124	0	0	0	56	0	108	0	0	0	0
24	0	240	0	0	102	0	0	0	0	0
78	0	0	85	0	0	85	0	0	0	0
177	0	0	0	0	0	0	50	66	0	50
119	0	0	260	0	0	0	0	0	0	0
24	72	0	0	24	30	0	0	0	0	0
268	0	0	1324	0	0	0	0	0	0	0
292	365	830	0	0	0	0	0	0	0	0
81	0	0	0	350	0	0	0	0	0	0
48	0	0	0	280	0	0	0	0	0	0
132	0	0	221	216	0	0	0	0	0	0
192	0	0	0	0	168	168	0	0	0	0
50	0	0	0	123	0	0	0	30	0	0
46	387	0	0	0	0	0	0	0	0	0
168	2104	150	0	0	0	0	50	0	0	0
241	0	0	0	450	0	0	0	0	0	0
23	0	0	0	0	57	0	0	0	0	0
24	0	0	560	0	0	0	0	0	0	0
38	0	0	0	200	0	0	0	0	0	0
49	0	0	0	515	0	0	0	0	0	0
37	0	0	0	1200	0	0	0	0	0	0
24	0	0	0	40	0	0	0	0	0	0
642	1000	0	0	453	0	0	192	0	0	0
49	0	800	0	0	0	0	0	0	0	0
379	100	0	0	660	0	0	0	0	0	0
513	0	0	400	0	440	0	0	0	0	0

Source: Chen and Deely(1996).

$$\psi = \frac{\sigma_{10}^2}{\sigma_{10}^2 + \delta_{10}^2},$$

$$\theta_j = \left(\sum_{i=1}^n x_{ij}^2\right)^{-1}\left(\sum_{i=1}^n \left(y_i - \sum_{l \neq j} x_{il}\beta_l\right)x_{ij}\right) \text{와} \delta_j^2 = \left(\sum_{i=1}^n x_{ij}^2\right)^{-1}\sigma^2,\ j = 1,\cdots,10.$$

이다. Chung and Jung(2017)은 동일한 자료를 갖고 식 (7.34)의 오차항에 t−분포로 적합하여 DIC를 이용한 모형선택을 하였다.

7.3.2 성장곡선(Growth Curve)

Gelfand et al.(1990)는 5주 동안 매주 측정한 30마리의 어린 쥐에 대한 자료(표 7.2)를

표 7.2 Rat Population Growth Data.

Rat	Week1	Week2	Week3	Week4	Week5
1	151	199	246	283	320
2	145	199	249	293	354
3	147	214	263	312	328
4	155	200	237	272	297
5	135	188	230	280	323
6	159	210	252	298	331
7	141	189	231	275	305
8	159	201	248	297	338
9	177	236	285	340	376
10	134	182	220	260	296
11	160	208	261	313	352
12	143	188	220	273	314
13	154	200	244	289	325
14	171	221	270	326	358
15	163	216	242	281	312
16	160	207	248	288	324
17	142	187	234	280	316
18	156	203	243	283	317
19	157	212	259	307	336
20	152	203	246	286	321
21	154	205	253	298	334
22	139	190	225	267	302
23	146	191	229	272	302
24	157	211	250	285	323
25	132	185	237	286	331
26	160	207	257	303	345
27	169	216	261	295	333
28	157	205	248	289	316
29	137	180	219	258	291
30	153	200	244	286	324

제시하였다. 그들은 개별 직선성장곡선을 가정하고,

$$Y_{ij} \sim N\left(\alpha_i + \beta_i x_{ij}, \sigma^2\right) \tag{7.39}$$

이며, 여기서 $i = 1, \dots, 30$; $j = 1, \dots, n_i = 5$와 x_{ij}은 측정 j에서 i번째 쥐의 나이를 나타낸다. 이때 기울기와 절편은 다음과 같이 모형화한다.

$$\begin{pmatrix}\alpha_i \\ \beta_i\end{pmatrix} \sim N\left[\begin{pmatrix}\alpha_c \\ \beta_c\end{pmatrix}, \sum\right],\ i = 1, \dots, 30 \tag{7.40}$$

Gelfand et al.(1990)는 사전분포로서

$$\pi\left(\alpha_c, \beta_c, \Sigma^{-1}, \sigma^2\right) = \pi\left(\alpha_c, \beta_c\right)\pi\left(\Sigma^{-1}\right)\pi\left(\sigma^2\right) \tag{7.41}$$

가정하고, 여기서

$$\pi\left(\alpha_c, \beta_c\right) = N(\eta, C),\ \pi\left(\Sigma^{-1}\right) = W\left[(\rho R)^{-1}, \rho\right],\ \pi\left(\sigma^2\right) = IGam\left(\frac{v_0}{2}, \frac{v_0 \tau_0^2}{2}\right)$$

이다. 여기서 W는 위샤트 분포를 나타낸다. $\theta_i = \left(\alpha_i, \beta_i\right)^T$라 두고 X_i은 적절한 계획행렬로서

$$\tilde{\theta} = \frac{1}{30}\sum_{i=1}^{30}\theta_i,\ D_i^{-1} = \sigma^2 X_i^T X_i + \Sigma^{-1},\ V = \left(30\Sigma^{-1} + C^{-1}\right)^{-1},\ \mu_c = \left(\alpha_c, \beta_c\right)^T$$

과 $n = \sum_{i=1}^{30} n_i = 30 \times 5 = 150$이다. 깁스샘플러를 이용하기 위해서 다음과 같은 완전조건부분포들을 구한다(연습문제). 즉, $i = 1, \cdots, 30$에 대하여,

$$\pi\left(\theta_i \mid Y, \mu_c, \Sigma^{-1}, \sigma^2\right) = N\left[D_i\left(\sigma^{-2} X_i^T Y_i + \Sigma^{-1}\mu_c\right), D_i\right],$$

$$\pi\left(\mu_c \mid Y, \theta_1, \dots, \theta_{30}, \Sigma^{-1}, \sigma^2\right) = N\left[V\left(30\sigma^{-1}\tilde{\theta} + C^{-1}\eta\right), V\right],$$

$$\pi\left(\Sigma^{-1} \mid Y, \theta_1, \dots, \theta_{30}, \mu_c, \sigma^2\right) = W\left[\left[\sum_i \left(\theta_i - \mu_c\right)\left(\theta_i - \mu_c\right)^T + \rho R\right]^{-1}, 30 + \rho\right],$$

와

$$\pi\left(\sigma^2 \mid Y, \theta_1, \dots, \theta_{30}, \mu_c, \Sigma^{-1}\right) = IGam\left\{\frac{n + v_0}{2}, \frac{1}{2}\left[\sum_i \left(Y_i - X_i\theta_i\right)^T\left(Y_i - X_i\theta_i\right) + v_0\tau_0^2\right]\right\}$$

이다.

7.4 베이지안 이항회귀모형

일반화 선형모형에 포함되는 선형회귀모형에 관한 문제들을 고려한다. 이러한 모형들은 독성(toxicity)검정과 생물검정(bioassay)을 포함하는 문제에 적합하다. 이러한 시험에서, 약들의 다양한 수준의 투여량이 동물들 집단에 시행된다. 이때 관측된 것들은 그 대상들이 죽든지 또는 종양이 발병하든가 등으로 대부분의 반응변수들은 이분 자료이다. 다음과 같은 간단한 예를 살펴보자.

n개의 독립적인 확률변수 $y_1,\cdots,y_n$가 관측되고, 여기서 각각의 y_i은 이항분포 $Bin(n_i,p_i)$을 따른다. p_i가 임상시험에서 투여량의 수준 등과 같은 공변량 또는 설명변수와 관련이 있다고 가정하자. 이때 설명변수와 반응변수들과의 관계를 탐구하고 표현하는 가장 자연스런 방법은 회귀분석일 것이다. $i=1,\cdots,n$에 대하여 x_i은 p_i에 대응되는 설명변수값이라고 하자. 이때 확률 p_i와 대응되는 x_i와 연결할 필요가 있다. 따라서

$$p_i = H(\beta_0 + \beta_1 x_i) \tag{7.42}$$

와 같은 연결함수 H을 통하여 설명할 수 있다. 이때 H은 역함수 H^{-1}가 존재한다. 여기서 H는 알려진 누적분포함수(cdf), β_0와 β_1은 미지의 모수이다. 만약 H을 표준정규분포로 이용하면, 이를 프로빗(probit) 모형이라고 하고, 또한 로지스틱(logistic) 누적분포함수

$$H(z) = \frac{e^z}{1+e^z}$$

을 이용하면, 이를 로짓(logit) 모형이라 한다. 일반적으로 β_0와 β_1의 우도함수는

$$\prod_{i=1}^{n}\left[H(\beta_0+\beta_1 x_i)\right]^{y_i}\left[1-H(\beta_0+\beta_1 x_i)\right]^{n_i-y_i} \tag{7.43}$$

이다. $\pi(\beta_0,\beta_1)$는 β_0와 β_1의 사전분포함수라 하면, 이때 사후분포함수는

$$\pi(\beta_0,\beta_1 \mid y) = \frac{\pi(\beta_0,\beta_1)\prod_{i=1}^{n}H(\beta_0+\beta_1 x_i)^{y_i}(1-H(\beta_0+\beta_1 x_i))^{n_i-y_i}}{\int \pi(\beta_0,\beta_1)\prod_{i=1}^{n}H(\beta_0+\beta_1 x_i)^{y_i}(1-H(\beta_0+\beta_1 x_i))^{n_i-y_i}d\beta_0 d\beta_1} \tag{7.44}$$

이다. 보다 일반적으로, 만약 $\boldsymbol{X}$은 p개의 공변량들의 집합, β은 그에 대응하는 회귀계수 벡터라 표현하면, 사후분포함수는

$$\pi(\beta \mid y, \boldsymbol{X}) \propto \pi(\beta) \prod_{i=1}^{n} H(\beta^t \boldsymbol{x}_i)^{y_i} (1 - H(\beta^t \boldsymbol{x}_i))^{n_i - y_i} \tag{7.45}$$

이다. 여기서 $\beta^t = (\beta_1, \beta_2, \cdots, \beta_p)$인 회귀계수 벡터, $\boldsymbol{X} = (\boldsymbol{x}_1^t, \cdots, \boldsymbol{x}_n^t)^t$은 설명변수들의 $p \times n$ 행렬이다.

7.4.1 로짓 모형

식 (7.42)에서 연결함수 H를 로지스틱 누적분포함수

$$H(z) = \frac{e^z}{1 + e^z}$$

을 이용하면, 이를 로짓 모형이라고 한다. 따라서

$$p_i = \frac{e^{\beta^t \boldsymbol{x}_i}}{1 + e^{\beta^t \boldsymbol{x}_i}} \tag{7.46}$$

인 로짓 모형이라 한다. 따라서

$$\beta^t \boldsymbol{x}_i = \log \frac{p_i}{1 - p_i} \tag{7.47}$$

이다. 이때 β의 우도함수는

$$L(\beta) \propto \prod_{i=1}^{n} \left(\frac{e^{\beta^t \boldsymbol{x}_i}}{1 + e^{-\beta^t \boldsymbol{x}_i}} \right)^{y_i} \left(1 + e^{\beta^t \boldsymbol{x}_i}\right)^{-(n_i - y_i)} = e^{\beta^t \sum_{i=1}^{n} y_i \boldsymbol{x}_i} \prod_{i=1}^{n} \left(1 + e^{\beta^t \boldsymbol{x}_i}\right)^{-n_i} \tag{7.48}$$

이다. 다음으로 β의 사전분포 $\pi(\beta)$을 가정하면, 이때 β의 사후분포함수는

$$\pi(\beta \mid y, x) \propto \pi(\beta)\, e^{\beta^t \sum_{i=1}^{n} y_i \boldsymbol{x}_i} \prod_{i=1}^{n} \left(1 + e^{\beta^t \boldsymbol{x}_i}\right)^{-n_i}$$

이다. 해석학적으로 매우 복잡한 형태이며, 따라서 사후추정값들을 계산하기 위해서 MCMC 방법을 이용하여야 한다.

예제 7.10

Finney(1971)에 의하면 표 7.3의 자료는 약 50여 개의 군집으로 이루어진 국화(chrysanthemum) 진딧물(aphid)에 다른 농도들의 로테논(rotenone, 살충제로 쓰임)을 뿌린 것에 대한 결과들이다. 농도(concentration)는 리터당 밀리그램이며, 용량 x은 로그 척도로 측정된다. 대상물의 50%가 죽는 적정량인 중앙값 치명적 정량 $LD50$(50% lethal dose)에 대한 추론에 관심이 있다. 그러므로 β_0, β_1의 사후분포함수는

$$\pi(\beta_0, \beta_1 | y, x) \propto \pi(\beta_0, \beta_1)\ e^{\sum_{i=1}^{n} y_i(\beta_0 + \beta_1 x_i)} \prod_{i=1}^{n} \left(1 + e^{\sum_{i=1}^{n}(\beta_0 + \beta_1 x_i)}\right)^{-n_i} \tag{7.49}$$

이다. 여기서 β_0, β_1은 무정보사전분포함수를 갖는다고 가정한다. 즉,

$$\pi(\beta_0, \beta_1) \propto 1$$

이다.

깁스샘플러를 사용 시, β_0와 β_1의 완전조건부분포들이 매우 복잡하므로 MH 알고리즘을 이용하다. 이때 이차정규분포를 제안분포로 사용할 수 있다. 다음으로 $LD50$의 추정을 고려하자. 로짓 모형에서, $LD50$은

$$E\left(\frac{y_i}{n_i}\middle| t_i = t_0\right) = \frac{e^{\beta_0 + \beta_1 t_0}}{1 + e^{\beta_0 + \beta_1 t_0}} = 0.5$$

을 만족하는 투여량 수준 t_0이다. 따라서,

$$LD50 = -\frac{\beta_0}{\beta_1} \tag{7.50}$$

이다.

표 7.3

농도 (c_i)	복용량 ($x_i = \log c_i$)	실험크기 (n_i)	사망수 (y_i)
2.6	0.4150	50	6
3.8	0.5797	48	16
5.1	0.7076	46	24
7.7	0.8865	49	42
10.2	1.0086	50	44

7.4.2 프로빗 모형

Bliss(1935)는 1920년대 후반에 살충제의 효과에 대한 치사율을 연구하던 중 프로빗 분석을 고안하였다. 'probit'이란 용어를 사용한 이유는 그의 모형이 투여량과, 어떤 해충이 그 투여량하에서 죽을 확률을 관계 짓고 있기 때문이다. 그의 모형에서 가장 중요한 모수는 '50퍼센트 치사율을 갖는 투여량(50 percent lethal dose)'이었고, $LD50$으로 불리었다. 특히 독물학연구에 성공적으로 응용되었다.

앞 절에서 설명하였듯이, 프로빗 모형은 표준누적정규분포 Φ을 연결함수 H로 이용하면서 얻어지는 모형이다. 따라서 β의 사후분포함수는

$$\pi(\beta \mid y, \boldsymbol{x}) \propto \pi(\beta) \prod_{i=1}^{n} \left(\Phi(\beta^t \boldsymbol{x}_i) \right)_i^y \left(1 - \Phi(\beta^t \boldsymbol{x}_i) \right)^{n_i - y_i} \tag{7.51}$$

이다. 이는 해석적으로 로짓 모형의 사후분포보다 다루기가 매우 어렵다. 특히, 깁스샘플러의 사용이 정규누적분포함수의 존재로 매우 까다롭다. 그러나 Albert and Chib(1993)은 잠재변수를 이용하여 깁스샘플러의 성질을 이용하여 보다 단순화하였다. 먼저 $n_i = 1$인 베르누이 확률변수 y_i인 단순한 형태를 고려한다. 이때

$$\pi(\beta \mid y, \boldsymbol{x}) \propto \pi(\beta) \prod_{i=1}^{n} \left(\Phi(\beta^t \boldsymbol{x}_i) \right)_i^y \left(1 - \Phi(\beta^t \boldsymbol{x}_i) \right)^{1 - y_i} \tag{7.52}$$

로 표현할 수 있으므로, 이때 n개의 잠재변수 $Z_1, \cdots, Z_n$을 다음과 같이 정의한다. 즉, $i = 1, \cdots, n$에 대하여,

$$Z_i \sim N(\beta^t \boldsymbol{x}_i, 1) \tag{7.53}$$

이라 가정한다. 만약 $Y_i = I(Z_i > 0)$이라고 하면, $Y_1, \cdots, Y_n$는 독립적으로 확률

$$p_i = P(Y_i = 1) = \Phi(\beta^t \boldsymbol{x}_i)$$

을 갖는 베르누이 분포를 따른다. 만약 $\pi(\beta)$를 사전분포함수라고 하면 주어진 자료 $\boldsymbol{y} = (y_1, \cdots, y_n)$ 아래에서 β와 $\boldsymbol{Z} = (Z_1, \cdots, Z_n)$의 사후분포는

$$\pi(\beta, \boldsymbol{Z} \mid \boldsymbol{y}) \propto \pi(\beta) \prod_{i=1}^{n} \{ I(Z_i > 0) I(y_i = 1) + I(Z_i \le 0) I(y_i = 0) \} \phi(z_i : \beta^t \boldsymbol{x}_i, 1) \tag{7.54}$$

이며, $\phi(z : a, b)$은 평균 a 및 분산 b을 갖는 정규밀도함수이다. 그러므로 $\pi(\beta \mid \boldsymbol{Z}, \boldsymbol{y})$와 $\pi(\boldsymbol{Z} \mid \beta, \boldsymbol{y})$은 조건부분포함수들로써 깁스샘플러를 수행할 수 있다. 이때

$$\pi(\beta \mid \boldsymbol{Z},\boldsymbol{y}) \propto \pi(\beta) \prod_{i=1}^{n} \phi(z_i : \boldsymbol{\beta}^t \boldsymbol{x}_i, 1) \tag{7.55}$$

이다. 이때 β의 무정보사전분포를 가정한다면,

$$\pi(\beta \mid \boldsymbol{Z},\boldsymbol{y}) = N_p\left(\hat{\beta}_Z, (\boldsymbol{X}^t \boldsymbol{X})^{-1}\right)$$

이며, 여기서 $\hat{\beta}_Z = (\boldsymbol{X}^t \boldsymbol{X})^{-1} \boldsymbol{X}^t \boldsymbol{Z}$이다. 반면에 $\pi(\boldsymbol{Z}|\beta,\boldsymbol{y})$는 다음과 같다. 만약 $y_i = 1$이면, $Z_i \mid \beta, \boldsymbol{y}$는 0에서 왼쪽으로 절단된 정규분포 $N(\boldsymbol{\beta}^t \boldsymbol{x}_i, 1)$을 따르고, 만약 $y_i = 0$, $Z_i \mid \beta, \boldsymbol{y}$는 0에서 오른쪽으로 절단된 정규분포 $N(\boldsymbol{\beta}^t \boldsymbol{x}_i, 1)$을 따른다. 위에 설명된 기법을 이항확률변수 $Y_1, \cdots, Y_n$에 확장하는 것은 동일하다. 만약 $j = 1, \cdots, n_i$ 및 $i = 1, \cdots, n$에 대하여, 독립적으로

$$Z_{ij} \sim N(\boldsymbol{\beta}^t \boldsymbol{x}_i, 1)$$

이라 가정하자. 이때

$$Y_i = \sum_{j=1}^{n_i} Y_{ij}$$

라 정의하고, 여기서 $Y_{ij} = I(Z_{ij} > 0)$이다. 따라서 $\sum_{i=1}^{n} n_i$ 개수의 절단된 정규 Z_{ij}을 생성하기 위해서 필요한 깁스 단계로 앞에서 설명한 것들과 동일하게 수행할 수 있다(연습문제).

7.5 베이지안 다항모형

다항분포는 예제 1.8에서 정의되었듯이 각각의 관측치가 k개의 가능한 범주들 중 하나에 자료를 묘사할 때 사용한다. 만약 $y = (y_1, y_2, \cdots, y_k)'$ 각 범주의 관측수들의 벡터라고 하면, 이때 우도함수는

$$p(y|\theta) = \frac{n!}{y_1! y_2! \cdots y_k!} \prod_{j=1}^{k} \theta_j^{y_j}, \tag{7.56}$$

여기서, $\theta = (\theta_1, \theta_2, \cdots, \theta_k)'$, $n = \sum_{j=1}^{k} y_j$와 $\sum_{j=1}^{k} \theta_j = 1$이다.

θ의 사전공액은 예제 1.15에 정의된 디리슈레 분포이며, 이는 베타 분포의 다변량 확장 형태이다. 즉,

$$\pi(\theta) \propto \prod_{j=1}^{k} \theta^{\alpha_j - 1}$$

이며, α_j들은 고정된 초모수들이다. $j = 1,2,\cdots,k$에 대하여 $\alpha_j > 0$일 때, 사전평균, 사전분산과 사전공분산은

$$E[\theta_k] = \frac{\alpha_j}{\alpha_0}, \quad Var(\theta_j) = \frac{\alpha_j(\alpha_0 - \alpha_j)}{\alpha_0^2(\alpha_0 + 1)}$$

와

$$Cov(\theta_j, \theta_{j^*}) = -\frac{\alpha_j \alpha_{j^*}}{\alpha_0^2(\alpha_0 + 1)}, \; j \neq j^* = 1,2,\cdots,k$$

이다. 만약 $\alpha_j = \alpha$, 이러한 사전은 대칭 디리슈레이다.

θ의 사전 공액인 디리슈레 분포를 갖고, 주어진 $y = (y_1, y_2, \cdots, y_k)'$ 아래에서 θ의 사후분포함수는

$$\pi(\theta|y) \propto \prod_{j=}^{k} \theta_j^{y_j + \alpha_j - 1} \tag{7.57}$$

이며, 이는 당연히 디리슈레 분포이다. 이때 $j = 1,2,\cdots,k$에서, θ_j의 사후평균과 사후분산은

$$E[\theta_j|y] = \frac{y_j + \alpha_j}{n + \alpha_0}, \quad Var(\theta_j|y) = \frac{(y_j + \alpha_j)(n + \alpha_0 - y_j - \alpha_j)}{(n + \alpha_0)^2(n + \alpha_0 + 1)}$$

이며, $\alpha_0 = \sum_{j=1}^{k} \alpha_j$이다. 또한 θ_j와 θ_{j^*}의 사후공분산은 $j \neq j^* = 1,2,\cdots,k$에서,

$$Cov(\theta_j, \theta_{j^*}|y) = -\frac{(y_j + \alpha_j)(y_{j^*} + \alpha_{j^*})}{(n + \alpha_0)^2(n + \alpha_0 + 1)}$$

이다. θ_j의 주변사후분포는 $j = 1,2,\cdots,k$에서

$$\pi(\theta_j|y) \sim Be(y_j + \alpha_j, (n + \alpha_0) - (y_j + \alpha_j))$$

이다. 만약 대칭 디리슈레 분포가 지정된다면,

$$E[\theta_j|y_j] = \frac{y_j + \alpha}{n + k\alpha}$$

이다. $k \geq n$와 $y_j \geq 1$일 때,

$$E[\theta_j|y_j] = \frac{y_j}{n}\frac{1+\dfrac{\alpha}{y_j}}{1+\dfrac{k}{n}\alpha} < \frac{y_j}{n} = \hat{\theta}_j$$

여기서, $\hat{\theta}_j$는 θ_j의 MLE이다.

7.6 베이지안 계층모형

많은 통계적 응용문제들은 다중모수들에 대한 결합확률분포가 그들 중에서 의존적인 면을 반영할 수 있는 함축하는 문제들의 구조에 따라서 여러 방법들에 관련되거나 연관되는 것으로 간주할 수 있는 다중모수들을 포함하고 있다. 예를 든다면, 유방암 치료제에 대한 다기관 임상시험을 생각할 수 있다. 이때 병원 j에 있는 환자들의 생존확률 θ_j을 갖는다 하고, 이때 치료제가 제공된 모든 환자들에 유방암 처치의 효과를 연구할 때, 병원들의 표본으로 나타난 θ_j들의 추정값들이 서로에 연관관계가 있다고 기대하는 것이 합리적일 것이다. 이러한 동시추정 문제를 계층모형 형태로 해석하는 것이 매우 편리하다. 따라서 자연스러운 모형은 다음과 같다.

우선, $\theta_1, \cdots, \theta_n$들이 동일분포를 갖고 있으며 서로 독립적이라 가정한다. 즉, 모든 $i=1,\cdots,n$에 대하여, 각각의 θ_i들은 독립적으로 사전분포 $\pi(\theta|\lambda)$을 갖는다고 하면, 이때 $\theta_1, \cdots, \theta_n$의 결합사전분포는

$$\pi(\theta_1, \cdots, \theta_n | \lambda) = \prod_{j=1}^{n} \pi(\theta_j|\lambda) \tag{7.58}$$

로 표현되며, 여기서 λ은 초모수이다.

이러한 현상들은 여러 예들에서 볼 수 있다. 앞에서 간략히 소개된 다기관 임상시험이라든가, 임의로 선택된 농장에서 단위 면적당 수확되는 농작물의 평균 생산량, 자동차 부품 단지에서 동일 부품을 다루는 공장들의 평균 불량률, 보험회사에서 지역별로 청구되는 평균 보험청구액 등을 볼 수 있다. 이러한 계층모형들은 매우 다양한 분야에서 많은 연구자들에 의하여 연구되고 있으며, 특히 메타분석에서 활발히 연구되고 있다.

Silliman(1997)은 계층선택모형(hierarchical selection model)을 제안하였으며, Chung et al.(2002)는 계층선택모형에 준모수적 베이지안 방법을 제안하였다. 또한 Jang et al.(2009)는 왜도분포를 적용한 계층선택모형을 제안하여 베이지안 메타분석을 하였다.

일반적인 베이지안 계층모형을 보다 자세히 살펴보도록 하자. 즉,

첫째, 모든 $i=1, \cdots, n$에 대하여, 독립적으로

$$y_i|\theta_i \sim p(y_i|\theta_i, \lambda) \tag{7.59}$$

둘째, 모든 $i=1, \cdots, n$에 대하여, 독립적으로

$$\theta_i \,|\lambda \sim \pi(\theta|\lambda) \tag{7.60}$$

셋째, $$\lambda \sim \pi(\lambda). \tag{7.61}$$

식 (7.59) ~ (7.61)인 구조 모형식을 고려할 때, 우도함수를 (1)에, 사전분포함수를 (7.60)과 (7.61)에 갖고 있다고 인지되므로 이러한 모형을 베이지안 계층모형이라고 한다. 계층모형을 베이지안 방법으로 해석하는 것에는 두 가지가 있으며, 이를 계층적 베이즈(hierarchical Bayes, HB)와 경험적 베이즈(empirical Bayes, EB)로 구분하며, 이들을 다음과 같이 간단히 소개한다.

7.6.1 경험적 베이즈 추정론

다음으로 경험적 베이즈를 간략히 소개한다. 식 (7.60)에 있는 초모수 λ를 알지 못하지만, 이를 적당한 방법으로 추정 후, 그 추정값 $\hat{\lambda}$을 식 (7.60)에 사용하여 베이즈 추론을 하는 것이 경험적 베이즈 방법이다. 따라서 식 (7.61)을 가정하지 않는다. 이때 주로 사용되는 방법이 자료들의 주변분포함수를 이용한다. 따라서 우선 식 (7.59)과 (7.60)만을 사용하여, $y_1,\cdots,y_n$의 주변분포함수는

$$m(y_1, \cdots, y_n|\lambda) = \int \prod_{i=1}^{n} \{p(y_i|\theta_i)\pi(\theta_i|\lambda)\} \prod_{i=1}^{n} d\theta_i \tag{7.62}$$

로 구해진다. 이때 $m(y_1, \cdots, y_n|\lambda)$을 최대화하는 λ을 구하여, 이를 추정값 $\hat{\lambda}$로 사용한다. 따라서 식 (7.60)에 $\hat{\lambda}$을 대입한 $\pi(\theta|\hat{\lambda})$을 사전분포함수로 사용하여 사후분포 $\pi(\theta_1, \cdots, \theta_n|y, \hat{\lambda})$을 구한 후 베이즈 추론을 한다.

예제 7.11

1) 모든 $i=1, \cdots, n$에 대하여, 독립적으로

$$y_i|\theta_i \sim N(\theta_i, \sigma_f^2), \tag{7.63}$$

2) 모든 $i=1, \cdots, n$에 대하여, 독립적으로

$$\theta_i \,|\, \lambda \sim N(\mu_\pi, \sigma_\pi^2) \tag{7.64}$$

여기서 σ_f^2은 알려진 상수들이다. 이때 $y_1,\cdots,y_n$의 주변분포함수는

$$\begin{aligned} & m(y_1, \cdots, y_n|\mu_\pi, \sigma_\pi^2) \\ &= \int \prod_{i=1}^{n} \frac{1}{\sqrt{2\pi}\,\sigma_f} \exp\left\{-\frac{(y_i-\theta_i)^2}{2\sigma_f^2}\right\} \times \prod_{i=1}^{n} \frac{1}{\sqrt{2\pi}\,\sigma_\pi} \exp\left\{-\frac{(\theta_i-\mu_\pi)^2}{2\sigma_\pi^2}\right\} d\theta_i \\ &= \prod_{i=1}^{n} \frac{1}{\left[2\pi(\sigma_\pi^2+\sigma_f^2)\right]^{\frac{1}{2}}} \exp\left\{-\frac{(y_i-\mu_\pi)^2}{2(\sigma_\pi^2+\sigma_f^2)}\right\} \\ &= \left[2\pi(\sigma_\pi^2+\sigma_f^2)\right]^{-\frac{n}{2}} \exp\left\{-\frac{ns^2}{2(\sigma_\pi^2+\sigma_f^2)}\right\} \exp\left\{-\frac{-n(\bar{y}-\mu_\pi)^2}{2(\sigma_\pi^2+\sigma_f^2)}\right\} \end{aligned} \tag{7.65}$$

여기서, $\bar{y}=\dfrac{\sum_{i=1}^{n} y_i}{n}$, $s^2=\dfrac{\sum_{i=1}^{n}(y_i-\bar{y})^2}{n}$ 이다. 다음으로 $m(y_1, \cdots, y_n|\mu_\pi, \sigma_\pi^2)$을 μ_π, σ_π^2 위에서 최대화한다. 이때 σ_π^2의 값에 상관없이 μ_π의 추정값은 $\widehat{\mu_\pi}=\bar{y}$이다. 따라서 $m(y_1, \cdots, y_n|\, \widehat{\mu_\pi}, \sigma_\pi^2)$을 오직 σ_π^2에 대하여 최대화하면 된다. 이때

$$g(\sigma_\pi^2) = \left[2\pi(\sigma_\pi^2+\sigma_f^2)\right]^{-\frac{n}{2}} \exp\left\{-\frac{-ns^2}{2(\sigma_\pi^2+\sigma_f^2)}\right\} \tag{7.66}$$

라 두고, 식 (7.66)을 양변에 log를 취한 후 σ_π^2으로 미분하면,

$$\frac{d}{d\sigma_\pi^2}\log g(\sigma_\pi^2) = \frac{-\frac{n}{2}}{\sigma_\pi^2+\sigma_f^2} + \frac{ns^2}{2(\sigma_\pi^2+\sigma_f^2)^2}$$

이다. 따라서 $\sigma_\pi^2 = s^2-\sigma_f^2$에서 최댓값을 갖는다. 만약, $s^2 \geq \sigma_f^2$이면, 최댓값은 0이

고, $s^2 < \sigma_f^2$이면, 미분 값이 항상 음이므로, 그 최댓값은 $\sigma_\pi^2 = 0$에서 이루어진다. 그러므로

$$\widehat{\mu_\pi} = \overline{y} \text{ 와 } \widehat{\sigma_\pi^2} = \max(0, s^2 - \sigma_f^2)$$

이다.

7.6.2 계층적 베이즈 추정론

주어진 식 (7.59) ~ (7.61)에서, $\theta_1, \cdots, \theta_n$의 사전분포함수는

$$\pi(\theta_1, \cdots, \theta_n) = \int \prod_{i=1}^{p} \pi(\theta_i | \lambda) \times \pi(\lambda) d\lambda$$

로 주어진다. 당연히, 더 이상 초모수는 존재하지 않는다. 또한 일반적으로, $\theta_1, \cdots, \theta_n$들은 독립적이지 않다. 이때 $\pi(\theta_1, \cdots, \theta_n)$을 구하였으므로, 이를 사전분포로 사용하면서, 앞 절들에서 소개된 베이즈 추론을 수행하면 원하는 추정량들을 얻을 수 있다. 이와 같은 방법으로 해석하는 것을 계층적 베이즈 분석이라고 한다.

보조정리 7.12

가역행렬 $A, A + uv'$에 대하여,

$$(A + uv')^{-1} = A^{-1} - \frac{A^{-1} uv' A^{-1}}{1 + v' A^{-1} u}$$

이다.

증명 (연습문제)

예제 7.13

Berger(1985)는 정규평균들의 동시추정 문제를 다루기 위하여 교환가능한 일반적 계층모형을 소개하였으며, 여기서는 그것의 제한된 형태의 모형이며, 김달호(2013)가 다음과 같은 계층모형을 소개하였다.

첫째, 모든 $i = 1, \cdots, n$에 대하여, 독립적으로

$$y_i|\theta_i \sim N(\theta_i, \sigma^2) \tag{7.67}$$

여기서 σ^2은 알려진 상수이며,
둘째, 모든 $i=1, \cdots, n$에 대하여, 독립적으로

$$\theta_i \mid \mu \sim N(\mu, \tau^2) \tag{7.68}$$

셋째,

$$\mu \sim U(-\infty, \infty) \tag{7.69}$$

이며, 여기서 τ^2은 알려진 상수이다.

또한 μ에 대한 정보들이 거의 없다고 가정하여, μ의 무정보사전인 식 (7.69)을 가정하였다. 따라서 우선 계층적 베이즈 방법을 설명한다. 이때 $\theta_1, \cdots, \theta_n, \mu$의 결합사후분포는

$$\pi(\theta_1, \cdots, \theta_n, \mu | y_1, \cdots, y_n) \propto \exp\left\{-\frac{1}{2\sigma^2}\sum_{i=1}^{n}(y_i-\theta_i)^2\right\} \times \exp\left\{-\frac{1}{2\tau^2}\sum_{i=1}^{n}(\theta_i-\mu)^2\right\} \tag{7.70}$$

이며, $\theta_1, \cdots, \theta_n$의 사후분포는

$$\begin{aligned}\pi(\theta_1, \cdots, \theta_n \mid y_1, \cdots, y_n) & \\ \propto \int \exp&\left\{-\frac{1}{2\sigma^2}\sum_{i=1}^{n}(y_i-\theta_i)^2\right\} \times \exp\left\{-\frac{1}{2\tau^2}\sum_{i=1}^{n}(\theta_i-\mu)^2\right\} d\mu \\ \propto \exp&\left\{-\frac{1}{2\sigma^2}\sum_{i=1}^{n}(y_i-\theta_i)^2\right\} \times \exp\left\{-\frac{1}{2\tau^2}\sum_{i=1}^{n}(\theta_i-\bar{\theta})^2\right\}\end{aligned} \tag{7.71}$$

여기서, $\bar{\theta} = \frac{1}{n}\sum_{i=1}^{n}\theta_i$이다. 만약 $y=(y_1, \cdots, y_n)'$, $\theta=(\theta_1, \cdots, \theta_n)'$라 두자. 그럼,

$$\sum_{i=1}^{n}(\theta_i-y_i)^2 = \theta'\theta - 2\theta' y + y' y$$

이므로,

$$\pi(\theta|y) \propto \exp\left\{-\frac{1}{2\sigma^2}(\theta'\theta - 2\theta' y)\right\} \times \exp\left\{-\frac{1}{2\tau^2}\theta'\left(I_n - \frac{1}{n}J_n\right)\theta\right\} \tag{7.72}$$

여기서, $I_n = Diag(1, \cdots, 1)$, $J_n = 1_n \cdot 1_n{}'$와 $1_n = (1, \cdots, 1)'$이다. 따라서

$$\pi(\theta|y)$$
$$\propto \exp\left\{-\frac{1}{2}\left[\theta' D\theta - \frac{2}{\sigma^2}\theta' y\right]\right\} \propto \exp\left\{-\frac{1}{2}\left[\left(\theta - \frac{1}{\sigma^2}D^{-1}y\right)' D\left(\theta - \frac{1}{\sigma^2}D^{-1}y\right)\right]\right\}$$

여기서 $D = \left(\frac{1}{\sigma^2} + \frac{1}{\tau^2}\right)I_n - \frac{1}{\tau^2} \cdot \frac{1}{n}J_n$이다. 그러므로

$$\pi(\theta|y) = N(\frac{1}{\sigma^2}D^{-1}y, D^{-1}) \tag{7.73}$$

이다. 보조정리 7.12를 이용하여 θ의 사후분산-공분산행렬 D^{-1}을 알아보자. D의 형태는

$$D = \left(\frac{1}{\sigma^2} + \frac{1}{\tau^2}\right)\left[I_n - \frac{\sigma^2}{\sigma^2 + \tau^2}(\frac{1}{n} \cdot 1_n \cdot 1_n')\right] = \frac{1}{\sigma^2(1-B)}\left[I_n - B(\frac{1}{n} \cdot 1_n \cdot 1_n')\right]$$

로 표현되며, 여기서 $B = \sigma^2/(\sigma^2 + \tau^2)$이다. 이때 $u = \sqrt{\frac{B}{n}}\,1_n$와 $v = -u$이라 하면, 보조정리 7.12에 의하여,

$$D^{-1} = \sigma^2(1-B)[I_n + uv']^{-1} = \sigma^2\left[(1-B)I_n + \frac{B}{n}J_n\right]$$

이다. 그러므로 식 (7.73)인 θ의 사후분포는

$$\pi(\theta|y) = N_n\left[(1-B)y + B\bar{y}1_n, \sigma^2\left((1-B)I_n + \frac{B}{n}J_n\right)\right] \tag{7.74}$$

이다. 따라서 $\theta_1, \cdots, \theta_n$들의 계층적 베이즈(HB) 추정값은 사후평균들이며, 즉 모든 $i = 1, \cdots, n$ 에 대하여

$$\hat{\theta}_i^{HB} = E[\theta_i|y] = (1-B)y_i + B\bar{y} \tag{7.75}$$

이며, 그들의 사후분산과 사후공분산들은, 역시 모든 $i = 1, \cdots, n$ 에 대하여

$$Var(\theta_i|y) = \sigma^2\left(1 - B + \frac{B}{n}\right)$$

와 $1 \le i \ne j \le n$에 대하여,

$$Cov(\theta_i, \theta_j|y) = \frac{B}{n}\sigma^2$$

이다. Berger(1985)는 위의 모형식 중 식 (7.67)과 (7.68)을 갖는 동일한 모형식을 제시하고, 또한 μ, τ^2 모두 미지로 하여, (7.69)에서 μ, τ^2의 결합사전분포를 제시하였다.

예제 7.14

다음으로, 7.6.1절에서 설명한 경험적 베이즈 추정값을 구하기 위하여, 모형식에 식 (7.69)을 대신하여 자료 $y_1, \cdots, y_n$ 들로부터 식 (7.68)의 μ을 추정하여 사용하고자 한다. 이때 모형식의 식 (7.67)과 (7.68)에서, θ의 사후분포는

$$\pi(\theta|y) = N((1-B)y + B\mu 1_n, \sigma^2(1-B)I_n) \tag{7.76}$$

를 구할 수 있다. 여기서 $B=\sigma^2/(\sigma^2+\tau^2)$. 이때 θ의 베이즈 추정값은 사후평균인

$$\hat{\theta} = E(\theta|y) = (1-B)y + B\mu 1_n$$

이다. 그러나 여기서 μ는 미지의 수이다. 따라서 경험적 베이즈 시나리오에 의하여, $y_1, \cdots, y_n$의 주변분포는 다음과 같으며, 이것으로부터 μ을 추정한다. 독립적으로

$$y_1, \cdots, y_n \sim N(\mu, \sigma^2+\tau^2)$$

이므로, μ의 추정값은 $\hat{\mu} = \bar{y}$이다. 이 추정량을 θ의 사후분포 (7.76)에 대입하면, θ의 추정사후분포는

$$\hat{\pi}(\theta|y) = N((1-B)y + B\bar{y}1_n, \sigma^2(1-B)I_n)$$

로 표현된다. 그러므로 θ의 경험적 베이즈(EB) 추정량은 θ의 추정사후분포의 평균과 같다. 즉,

$$\hat{\theta}^{EB} = (1-B)y + B\bar{y}1_n$$

이다. 다행스럽게도 θ의 경험적 베이즈 추정량과 계층적 베이즈 추정량은 동일하다. 모든 $i=1, \cdots, n$ 에 대하여, θ의 경험적 베이즈 추정량과 계층적 베이즈 추정량의 사후분산들은

$$Var(\hat{\theta}_i^{EB}) = \sigma^2(1-B) \text{와 } Var(\hat{\theta}_i^{HB}) = \sigma^2\left(1-B+\frac{B}{n}\right)$$

이며, 이때 $Var(\hat{\theta}_i^{EB}) < Var(\hat{\theta}_i^{HB})$이다.

다음으로 보다 확장된 베이지안 계층모형을 고려해 보자. 즉, 식 (7.67) ~ (7.69)의 모형식은 τ^2을 알려진 상수로 취급하였으나, 여기서는 μ와 동시에 미지로 간주한다. 그러므로 μ, τ^2의 결합사전분포가 필요하다. 이때 김달호(2013)는 무정보사전분포 $\pi(\mu, \tau^2) \propto 1$

을 제안하였다. 이를 본 모형식의 세 번째에 있는 2-단계 사전으로 사용한다. 따라서 베이지안 계층모형을 아래와 같이 표현할 수 있다.

(1) 모든 $i=1, \cdots, n$에 대하여, 독립적으로

$$y_i|\theta_i \sim N(\theta_i, \sigma^2), \tag{7.77}$$

여기서 σ^2은 알려진 상수이며,

(2) 모든 $i=1, \cdots, n$에 대하여, 독립적으로

$$\theta_i \mid \mu, \tau^2 \sim N(\mu, \tau^2) \tag{7.78}$$

(3)

$$\pi(\mu, \tau^2) \propto 1 \tag{7.79}$$

이다. 앞으로 $\boldsymbol{y}=(y_1, \cdots, y_n)^t$와 $\boldsymbol{\theta}=(\theta_1, \cdots, \theta_n)^t$으로 표현하자. 따라서 주어진 μ, τ^2과 $\boldsymbol{y}$ 아래에서, $\boldsymbol{\theta}$의 사후분포는

$$\pi(\boldsymbol{\theta} \mid \mu, \tau^2, \boldsymbol{y}) = N\big((1-B)\boldsymbol{y} + B\mu\mathbf{1}, \sigma^2(1-B)\boldsymbol{I}\big) \tag{7.80}$$

이다. 따라서 주어진 μ, τ^2과 $\boldsymbol{y}$ 아래에서 $\boldsymbol{\theta}$의 사후평균벡터와 사후공분산행렬들은 각각

$$E(\boldsymbol{\theta} \mid \mu, \tau^2, \boldsymbol{y}) = (1-B)\boldsymbol{y} + B\mu\mathbf{1} \text{와 } V(\boldsymbol{\theta} \mid \mu, \tau^2, \boldsymbol{y}) = \sigma^2(1-B)\boldsymbol{I}$$

이다. 여기서 $B=\sigma^2/(\sigma^2+\tau^2)$. 이제 베이지안 계층모형에서, $\boldsymbol{y}$가 주어진 아래 $\boldsymbol{\theta}$의 사후평균벡터와 사후공분산행렬을 구하자. 우선 $\boldsymbol{y}$가 주어진 아래 $\boldsymbol{\theta}$의 사후평균벡터는 이중 기댓값을 이용하면,

$$\begin{aligned} E(\boldsymbol{\theta} \mid \boldsymbol{y}) = E[E(\boldsymbol{\theta} \mid \mu, B, \boldsymbol{y})|\boldsymbol{y}] &= E[(1-B)\boldsymbol{y} + B\mu\mathbf{1}|\boldsymbol{y}] \\ &= \boldsymbol{y}E((1-B)|\boldsymbol{y}) + E[B\mu\mathbf{1}|\boldsymbol{y}] \\ &= [1-E(B|\boldsymbol{y})]\boldsymbol{y} + E[B\mathbf{1}\; E(\mu|B, \boldsymbol{y})|\boldsymbol{y}] \end{aligned} \tag{7.81}$$

이다. 이를 계산하기 위해서는 주어진 B와 $\boldsymbol{y}$ 아래에서, μ의 사후분포를 구하여야 한다. 이미 주어진 μ, τ^2 아래에서, $\boldsymbol{y}$의 주변분포함수는

$$m(\boldsymbol{y}|\mu, \tau^2) = N\left(\mu\mathbf{1}, \frac{\sigma^2}{B}I\right) \equiv m(\boldsymbol{y}|\mu, B) \tag{7.82}$$

임을 알고 있다. 우선, $B=\sigma^2/(\sigma^2+\tau^2)$인 변환을 생각할 때, μ와 B의 사전분포는 식 (7.79)에 야코비안을 이용하면,

$$\pi(\mu, B) \propto 1/B^2 \tag{7.83}$$

이다. 따라서 주어진 $\boldsymbol{y}$ 아래에서 τ^2와 μ의 사후분포는 식 (7.82)와 식 (7.83)인 결합사전분포를 이용하면, 주어진 $\boldsymbol{y}$ 아래에서 B와 μ의 사후분포를 구하면

$$\pi(\mu, B|\boldsymbol{y}) \propto B^{\frac{n}{2}} \exp\left\{-\frac{B}{2\sigma^2} \| \boldsymbol{y} - \mu \mathbf{1} \|^2\right\} \frac{1}{B^2} \propto B^{\frac{n-4}{2}} \exp\left\{-\frac{B}{2\sigma^2} \| \boldsymbol{y} - \mu \mathbf{1} \|^2\right\} \tag{7.84}$$

이다. 또한 μ의 함수로써 $\pi(\mu|B, y) \propto \pi(\mu, B|y)$이므로, 주어진 B와 $\boldsymbol{y}$ 아래에서 μ의 사후분포는

$$\pi(\mu|B, \boldsymbol{y}) = N(\overline{y}, \frac{\sigma^2}{nB}) \tag{7.85}$$

이다. 따라서 식 (7.81)에 식 (7.85)를 이용하면, 주어진 $\boldsymbol{y}$ 아래에서 $\boldsymbol{\theta}$의 사후평균 벡터는

$$\begin{aligned} E(\boldsymbol{\theta}|\boldsymbol{y}) &= [1 - E(B|\boldsymbol{y})]\,\boldsymbol{y} + E[B \cdot \mathbf{1} E(\mu|B, \boldsymbol{y})|\boldsymbol{y}] \\ &= [1 - E(B|\boldsymbol{y})]\,\boldsymbol{y} + E[B \cdot \mathbf{1}\,\overline{y}|\boldsymbol{y}] \\ &= [1 - E(B|\boldsymbol{y})]\,\boldsymbol{y} + E(B|\boldsymbol{y}) \cdot \overline{y} \cdot \mathbf{1} \end{aligned} \tag{7.86}$$

이다. 다음으로 주어진 $\boldsymbol{y}$ 아래에서 $\boldsymbol{\theta}$의 사후공분산행렬은

$$\begin{aligned} V(\boldsymbol{\theta}|\boldsymbol{y}) &= V[E(\boldsymbol{\theta}|\mu, B, \boldsymbol{y})|\boldsymbol{y}] + E[V(\boldsymbol{\theta}|\mu, B, \boldsymbol{y})|\boldsymbol{y}] \\ &= V[(1-B)\boldsymbol{y} + B\mu\mathbf{1}|\boldsymbol{y}] + E[\sigma^2(1-B)|\boldsymbol{y}] \\ &= V[B(\boldsymbol{y} - \mu\mathbf{1})|\boldsymbol{y}] + \sigma^2[1 - E(B|\boldsymbol{y})] \cdot I \end{aligned} \tag{7.87}$$

이다. 여기서 먼저, 식 (7.87)의 오른편 첫 번째 항을 계산한다. 이때 다시 정리 1.21과 식 (7.85)를 이용하면,

$$\begin{aligned} V[B(\boldsymbol{y} - \mu\mathbf{1})|\boldsymbol{y}] &= V[E\{B(\boldsymbol{y} - \mu\mathbf{1})|B, \boldsymbol{y}\}|\boldsymbol{y}] + E[V\{B(\boldsymbol{y} - \mu\mathbf{1})|B, \boldsymbol{y}\}|\boldsymbol{y}] \\ &= V[B(\boldsymbol{y} - \overline{y}\mathbf{1})|\boldsymbol{y}] + E\left[B^2 \cdot \frac{\sigma^2}{nB}\mathbf{1} \cdot \mathbf{1}^t|\boldsymbol{y}\right] \\ &= V(B|\boldsymbol{y})(\boldsymbol{y} - \overline{y}\mathbf{1})(\boldsymbol{y} - \overline{y}\mathbf{1})^t + E(B|\boldsymbol{y})\frac{\sigma^2}{n}J_n \end{aligned}$$

이다. 그러므로

$$V(\boldsymbol{\theta}|\boldsymbol{y}) = \sigma^2\boldsymbol{I} - \sigma^2 E(B|\boldsymbol{y})(\boldsymbol{I} - n^{-1}J_n) + V(B|\boldsymbol{y})(\boldsymbol{y} - \bar{y}1_n)(\boldsymbol{y} - \bar{y}1_n)^t \tag{7.88}$$

이다. 따라서 $\boldsymbol{y}$가 주어진 아래 $\boldsymbol{\theta}$의 사후평균벡터와 사후공분산행렬들은 식 (7.86)과 (7.88)까지 계산되었으나, 아직도 $E(B|\boldsymbol{y})$와 $V(B|\boldsymbol{y})$ 부분을 간단히 표현하여야 한다. 이들은 각각 다음과 같이 계산된다. 우선 주어진 $\boldsymbol{y}$ 아래에서 B의 주변사후분포함수는 식 (7.84)에서 μ에 대하여 적분하면,

$$\pi(B|y) \propto \int \pi(\mu, B|\boldsymbol{y})d\mu \propto B^{\frac{n-5}{2}} \exp\left(-\frac{B}{2\sigma^2}\sum_{i=1}^{n}(y_i - \bar{y})^2\right) \tag{7.89}$$

으로 주어진다. 따라서 $\boldsymbol{y}$가 주어진 아래 B의 첫 번째 적률, 즉 사후평균은

$$E(B|y) = \frac{\int_0^1 B^{\frac{n-3}{2}} \exp\left\{-\frac{B}{2\sigma^2}\sum_{i=1}^{n}(y_i - \bar{y})^2\right\}dB}{\int_0^1 B^{\frac{n-5}{2}} \exp\left\{-\frac{B}{2\sigma^2}\sum_{i=1}^{n}(y_i - \bar{y})^2\right\}dB} \tag{7.90}$$

이다. 같은 방법으로 두 번째 적률도 구할 수 있으므로, 사후분산도 계산된다.

예제 7.15

다음과 같은 일원배치분산분석모형(ANOVA)의 베이지안 계층모형을 고려한다. 즉, $j = 1,\cdots,n_i; i = 1,\cdots,k;$

$$y_{ij} = \theta_i + \epsilon_{ij}, \quad \epsilon_{ij} \sim N(0, \sigma_i^2) \tag{7.91}$$

이며, 모두 독립적이다. $i = 1,\cdots,k$에 대하여, θ_i와 σ_i^2의 첫 번째 단계의 사전분포들은 독립이며 동일분포로

$$\theta_i \sim N(\mu_\pi, \sigma_\pi^2)\text{와 } \sigma_i^2 \sim IGam(a_1, b_1) \tag{7.92}$$

을 따른다. 또한 μ_π와 σ_π^2의 두 번째 단계의 사전분포는

$$\mu_\pi \sim N(\mu_0, \sigma_0^2)\text{와 } \sigma_\pi^2 \sim IGam(a_2, b_2) \tag{7.93}$$

라 하고, 여기서 $\mu_0, \sigma_0^2, a_1, a_2, b_1, b_2$은 모두 알려진 상수라고 하자. $\boldsymbol{\theta} = (\theta_1,\cdots,\theta_k)'$ $\boldsymbol{y} = (y_{11},\cdots y_{1n_1},\cdots,y_{k1},\cdots,y_{kn_k})'$이라 두자. $\boldsymbol{\theta}$의 사후평균

$$\boldsymbol{\mu}^\pi(\boldsymbol{y}) = E(\boldsymbol{\theta}|\boldsymbol{y})$$

을 계산한다. 보조정리 2.20인 베이지안 충분성을 이용하기 위하여, $i=1,\cdots,k$에 대해

$$\overline{Y}_i = \frac{1}{n_i}\sum_{j=1}^{n_i} y_{ij} \quad 및 \quad S_i^2 = \sum_{j=1}^{n_i}(y_{ij} - \overline{Y}_i)^2$$

을 고려한다. 이때 정규분포 이론에 의하여,

$$\overline{Y}_i | \boldsymbol{\theta}, \boldsymbol{\sigma}^2 \sim N(\theta_i, \sigma_i^2/n_i),\ \ i=1,\cdots,k. \tag{7.94}$$

이며, 이들은 서로 독립이고, 역시 이들과

$$S_i^2 | \boldsymbol{\theta}, \boldsymbol{\sigma}^2 \sim \sigma_i^2 \chi^2_{n_i - 1},\ \ i=1,\cdots,k \tag{7.95}$$

는 독립이고, 또한 이들도 모두 서로 독립이다. 이때 깁스샘플러를 수행하기 위해서 $\pi(\boldsymbol{\theta}, \boldsymbol{\sigma}^2, \mu_\pi, \sigma_\pi^2 | \boldsymbol{y})$의 완전조건부분포들이 필요하다. 이에 대한 세부적인 계산 방법은 예제 5.47과 유사하게 전개할 수 있다. 주어진 모형에서 특별한 구조이기 때문에 모든 일변량 완전조건부분포들을 고려하는 것보다 다음과 같은 다변량 조건부들을 고려하는 것이 많은 이점을 갖고 있다.

첫 번째, $\pi(\boldsymbol{\theta} | \boldsymbol{\sigma}^2, \mu_\pi, \sigma_\pi^2, \boldsymbol{y})$을 구하고자 한다. 식 (7.92)에 의하면,

$$\boldsymbol{\theta} | \mu_\pi, \sigma_\pi^2 \sim N_k(\mu_\pi \mathbf{1}, \sigma_\pi^2 I_k) \tag{7.96}$$

임을 알 수 있다. 식 (7.94)과 (7.96)를 결합하면,

$$\boldsymbol{\theta} | \mu_\pi, \sigma_\pi^2, \boldsymbol{\sigma}^2, \boldsymbol{y} \sim N_k(\boldsymbol{\mu}^{(1)}, \Sigma^{(1)}) \tag{7.97}$$

을 구할 수 있고, 여기서 $\boldsymbol{\mu}^{(1)} = (\mu_1^{(1)}, \cdots, \mu_k^{(1)})'$이고. $i=1,\cdots,k$에 대하여

$$\mu_i^{(1)} = \frac{\sigma_\pi^2}{\sigma_\pi^2 + \sigma_i^2/n_i}\overline{y}_i + \frac{\sigma_i^2/n_i}{\sigma_\pi^2 + \sigma_i^2/n_i}\mu_\pi$$

와 $\Sigma^{(1)}$는 대각원소

$$\Sigma_{ii}^{(1)} = \frac{\sigma_\pi^2 \sigma_i^2/n_i}{\sigma_\pi^2 + \sigma_i^2/n_i}$$

을 갖는 대각행렬이다.

두 번째, $\pi(\boldsymbol{\sigma}^2|\boldsymbol{\theta},\mu_\pi,\sigma_\pi^2,\boldsymbol{y})$을 구하고자 한다. 식 (7.91)에서 주어진 $\boldsymbol{\theta}$ 아래에서, $S_i^{*^2} = \sum_{j=1}^{n_i}(y_{ij}-\theta_i)^2$는 σ_i^2의 충분통계량이다. 또한 이들은 서로 독립이다. 그러므로

$$S_i^{*^2}|\boldsymbol{\sigma}^2,\boldsymbol{\theta} \sim \sigma_i^2\chi_{n_i-1}^2,\ i=1,\cdots,k$$

이며, 이들은 서로 독립이다. σ_i^2들은 서로 독립이고 동일한 역 감마 분포 $IGam(a_1,b_1)$을 따르므로,

$$\sigma_i^2|\boldsymbol{\theta},\mu_\pi,\sigma_\pi^2,\boldsymbol{y} \sim IGam(a_1+\frac{1}{2}n_i,\ b_1+\frac{1}{2}S_i^{*^2}),\ i=1,\ \cdots,k \tag{7.98}$$

이며, 서로 독립이다.

세 번째, $\pi(\mu_\pi|\sigma_\pi^2,\boldsymbol{\theta},\boldsymbol{\sigma}^2,\boldsymbol{y})$을 구하고자 한다. 계층적 구조의 의하여 $\mu_\pi|\sigma_\pi^2,\boldsymbol{\theta},\boldsymbol{\sigma}^2,\boldsymbol{y}$의 조건부분포는 $\mu_\pi|\sigma_\pi^2,\boldsymbol{\theta}$의 조건부분포와 동일하다, 이때

$$\theta_i|\mu_\pi,\sigma_\pi^2 \sim N(\mu_\pi,\sigma_\pi^2)$$

이고, $i=1,\cdots,k$에 대하여 서로 독립이며, 가정에서

$$\mu_\pi \sim N(\mu_0,\sigma_0^2)$$

이다. $\boldsymbol{\theta}$을 정규분포 $N(\mu_\pi,\sigma_\pi^2)$의 확률표본이라 취급하면, $\bar{\theta} = \sum_{i=1}^{k}\theta_i/k$는 μ_π의 충분통계량이고, $\bar{\theta}|\mu_\pi,\sigma_\pi^2$은 정규분포 $N(\mu_\pi,\sigma_\pi^2/k)$을 따른다. 그러므로 다음과 같다.

$$\mu_\pi|\sigma_\pi^2,\boldsymbol{\theta},\boldsymbol{\sigma}^2,\boldsymbol{y} \sim N(\frac{\sigma_0^2}{\sigma_0^2+\sigma_\pi^2/k}\bar{\theta}+\frac{\sigma_\pi^2/k}{\sigma_0^2+\sigma_\pi^2/k}\mu_0,\frac{\sigma_0^2\sigma_\pi^2/k}{\sigma_0^2+\sigma_\pi^2/k}). \tag{7.99}$$

마지막으로, $\pi(\sigma_\pi^2|\mu_\pi,\boldsymbol{\theta},\boldsymbol{\sigma}^2,\boldsymbol{y})$을 구하고자 한다. 세 번째와 동일한 이유로, $\sigma_\pi^2|\mu_\pi,\boldsymbol{\theta},\boldsymbol{\sigma}^2,\boldsymbol{y}$의 조건부분포는 $\sigma_\pi^2|\mu_\pi,\boldsymbol{\theta}$의 조건부분포와 동일하다. $i=1,\cdots,k$에 대하여,

$$\theta_i|\mu_\pi,\sigma_\pi^2 \sim N(\mu_\pi,\sigma_\pi^2)$$

이고 서로 독립이다. 또한 $\sum_{i=1}^{k}(\theta_i-\mu_\pi)^2$은 σ_π^2의 충분통계량이다. 이때

$$\sum_{i=1}^{k}(\theta_i-\mu_\pi)^2 \mid \sigma_\pi^2 \ \sim\ \sigma_\pi^2\chi_k^2 \text{ 와 } \sigma_\pi^2 \sim IGam(a_2,b_2)$$

이다. 그러므로

$$\sigma_\pi^2|\mu_\pi,\boldsymbol{\theta},\sigma^2,\boldsymbol{y} \sim IGam(a_2+\frac{k}{2},b_2+\frac{1}{2}\sum_{i=1}^{k}(\theta_i-\mu_\pi)^2) \tag{7.100}$$

이다. 이 문제에서 깁스샘플러는 오직 정규분포와 역 감마 분포만을 이용한 난수생성을 요구한다.

*7.7 공간통계모형

7.7.1 공간통계모형의 소개

기후학, 생태학, 환경 보건학 또는 부동산 마케팅 등과 같은 다양한 분야들에 있는 연구자들은 다변량 중요한 예측값과 설명변수에 연관된 자료, 지도에 지정된 지형학적 자료 또는 경시적 또는 시계열 구조와 같은 시간적으로 상관적인 자료들에 직면하게 된다.

예를 들면, 역학 조사에서 어떤 흡연, 유방 뢴트겐 조영법, 또는 적당한 수준에서 가능한 다른 중요한 정보들을 갖고 특정한 도시에서 연도 및 구(군) 단위로 폐, 유방, 결장, 경부암 등의 발병률을 해석하고자 한다. 이러한 자료들을 수집한 공공보건학 전문가들은 조사의 감독뿐만 아니라 자료의 동향과 상관구조의 모형화, 중요한 모형모수의 추정, 비교되는 모형들과의 검정, 비관측지역과 시간에 대한 미래 값에 대한 예측들을 포함하는 통계적 추론의 작업에도 연관된다.

따라서 이러한 공간적(가능한 시간적 개념도 포함됨)으로 분포된 자료의 해석은 공간통계학이라는 분야로 지난 수십 년간 많은 실제적인 응용문제들에서 폭넓게 사용되고 있다. 이때 공간자료들은 지점참고자료, 지역자료와 지점패턴자료로 구분된다.

지점참고자료로 모형화하는 점-수준모형은 두 지점에서의 두 확률변수들의 공분산은 두 지점의 거리에 의존적임을 가정한다. 예를 들면 지수모형을 가정한다면, 즉 $i \neq j$에 대하여

$$Cov(Y(s_i),Y(s_j)) \equiv C(d_{ij}) = \sigma^2 e^{-\phi d_{ij}}$$

여기서 d_{ij}는 두 지점 s_i과 s_j의 거리이고, $\sigma^2 > 0$은 부분문턱(partial sill)이며, $\phi > 0$은 잠식(decay)모수라고 한다. 여기서 $1/\phi$은 범위모수라고 한다. 이때 공분산과 거리에 대한 좌표를 공변동도(covariogram)이라고 한다.

만약에 $i = 1, \cdots, n$에 대하여, 알려진 지점 s_i에서 관측자료 $Y = \{Y(s_i)\}$가 주어졌다고 하자. 이때

$$Y|\mu, \theta \sim N_n(\mu, \Sigma(\theta))$$

을 가정하고, 여기서 $(\Sigma(\theta))_{ij} = cov(Y(s_i), Y(s_j))$이다.

이 절에서는 주로 지역자료에 의한 모형들을 고려하며, 이에 대한 보다 자세한 내용들은 Carlin et al.(2004)를 참고하고, 여기서는 그 내용들을 간략하게 소개한다. 지역자료란 지형학적 지역 또는 블록 B_i(우편번호, 구 또는 군 단위 등)에서 한 블록 단위 안에서 변수들의 합 또는 평균 등으로 나타난다. 이때 공간연관을 소개하기 위해서, 지도에서 블록 등을 지정하여 여기에 근거한 근방 구조를 정의한다. 이러한 근방 구조가 정의되면, 자기회귀시계열 모형과 유사한 모형 등을 고려한다. 이런 근방 정보와 협동할 수 있는 두 개의 매우 대중적인 모형들은 Whittle(1954)가 소개한 동시자기회귀모형(SAR)과 Besag(1974)이 소개한 조건부자기회귀모형(CAR)이다. 예를 들면 $i = 1, \cdots, n$에 대하여, 독립적으로

$$Y_i = Y(B_i) \sim N(\theta_i, \sigma^2) \tag{7.101}$$

을 가정하고, $\phi = (\phi_1, \cdots, \phi_n)'$은 공간적으로 움직이는 확률효과라고 하자. Besag(1974)이 제안한 CAR 모형(7.7.2절에서 보다 자세히 설명함)에서,

$$\phi_i | \phi_{(-i)} \sim N(\mu + \sum_{j=1}^{n} a_{ij}(\phi_i - \mu), \tau_i^2) \tag{7.102}$$

이며, 여기서 $\phi_{(-i)} = (\phi_1, \cdots, \phi_{i-1}, \phi_{i+1}, \cdots, \phi_n)$이고, τ_i^2은 조건부분산, a_{ij}은 알려진 또는 미지의 상수이며, 모든 $i = 1, \cdots, n$에 대하여 $a_{ii} = 0$이다. $A = (a_{ij})$와 $M = diag(\tau_1^2, \cdots, \tau_n^2)$라 정의하자. 브룩스 보조정리(Brook's Lemma, 1964)에 의하면,

$$P(\phi) \propto \exp\{-(\phi - \mu 1)' M^{-1}(I - A)(\phi - \mu 1)/2\} \tag{7.103}$$

이며, 여기서, 1은 모든 원소가 1인 열벡터이고, I는 $n \times n$인 항등행렬이다. A와 M을 만드는 일반적인 방법은

$$A = \rho W \text{과} \quad M^{-1} = \frac{1}{\tau^2} diag(w_{i+})$$

이다. 여기서 ρ은 공간상관모수로 알려져 있고, $W=(w_{ij})$은 다음과 같은 원소 w_{ij}들을 갖는 지역 단위들에 대한 근방행렬이다. 즉,

$$w_{ij}=\begin{cases}1 & \text{if } i \text{ 와 } j\text{가 공통경계를 갖고 있다}, i\neq j \\ 0 & o.w.\end{cases}$$

이며, $w_{i+}=\sum_j w_{ij}$이다.

7.7.2 CAR 모형

7.7.2.1 가우스 경우

7.7.1절에서 설명된 간단한 CAR 모형을 보다 일반화하고자 한다. 일변량 변수들의 벡터 $\phi=(\phi_1,\cdots,\phi_n)^t$에 대하여, Besag(1974)에 의하면,

$$\phi_i|\phi_{-i},\tau_i^2 \sim N\left(\sum b_{ij}\phi_j,\ \tau_i^2\right),\ \ i=1,\ \cdots,n \tag{7.104}$$

이다. 브룩스 보조정리(1964)에 따르면,

$$f(\phi|\tau)\propto \exp\left\{-\frac{1}{2}\phi^T D^{-1}(I-B)\phi\right\} \tag{7.105}$$

이며, 여기서 B는 원소 $(B)_{ij}=b_{ij}$, $(b_{ii}=0)$을 갖는 $n\times n$ 행렬이고, D은 원소 $(D)_{ii}=\tau_i^2$을 갖는 $n\times n$ 대각행렬이다. 즉, 식 (7.105)는 평균이 제로벡터이고 분산-공분산행렬 $\Sigma_\phi=(I-B)^{-1}D$인 다변량정규분포이다. 이때 $D^{-1}(I-B)$은 대칭행렬이어야 하므로

$$b_{ij}\tau_j^2=b_{ji}\tau_i^2,\ \forall i,j \tag{7.106}$$

인 조건을 만족하여야 한다. 또한 만약 $D^{-1}(I-B)$이 정칙이면, 식 (7.105)은 적절분포이다.

W을 대칭 근접도(proximity)행렬이라고 하자. 그리고

$$b_{ij}=\frac{w_{ij}}{w_{i+}}$$

라 두고, $w_{i+}=\sum_j w_{ij}$이라고 하자. 만약 $\tau_i^2=\sigma^2/w_{i+}$라 두면, 식 (7.106)을 만족한다. 만약,

$$D_W = \begin{pmatrix} w_{1+} & & 0 \\ & \ddots & \\ 0 & & w_{n+} \end{pmatrix}$$

이라 두면, 식 (7.105)에서

$$D^{-1}(I-B) = \frac{1}{\sigma^2}(D_W - W)$$

이다. 즉 식 (7.105)는

$$f(\phi|\tau) \propto \exp\left\{-\frac{1}{2\sigma^2}\phi^T(D_W - W)\phi\right\} \tag{7.107}$$

로 표현할 수 있다. 식 (7.107)을 $CAR(1,\sigma^2)$ 분포라 정의한다. 동일한 가정 아래에서 간단한 계산을 하면, 식 (7.107)은

$$p(\phi_1,\cdots,\phi_n) \propto \exp\left\{-\frac{1}{2\sigma^2}\sum_{i\neq j} w_{ij}(\phi_i - \phi_j)^2\right\} \tag{7.108}$$

로 표현된다. 또한 Besag et al.(1991)는 식 (7.108)을 쌍별차이(pairwise difference, PD) 형태인 사전분포로 제안하였다. 만약 $(D_W - W)1 = 0$이면, 식 (7.108)은 부적절이다. 식 (7.108)의 부적절성을 다음과 같은 명백한 방법으로 해결할 수 있다. 즉,

$$\Sigma_\phi^{-1} = D_W - \rho W$$

을 새롭게 정의하고 Σ_ϕ^{-1}이 비특이가 되게 하는 ρ을 선택하는 것이다. 다시 말하면, 식 (7.108)에 다음과 같이 평균 형태에 모수 ρ를 소개한다(참고: Cressie, 1993; Sun et al., 2000). 즉,

$$E(\phi_i|\phi_j, j\neq i, \tau_i^2) = \rho\sum_j b_{ij}\phi_j, i=1,\cdots,n. \tag{7.109}$$

이것의 결과로써

$$D^{-1}(I-\rho B) = \frac{1}{\sigma^2}(D_W - \rho W)$$

이며, 또한 만약 $\rho \in (\lambda_{\min}^{-1}, \lambda_{\max}^{-1})$이면 비특이 행렬이다. 여기서 $\lambda_{\min}$와 $\lambda_{\max}$은 각각이 행렬 $D_W^{-1/2} W D_W^{-1/2}$의 가장 작고, 가장 큰 고윳값이다. 더구나,

$$tr(D_w^{-\frac{1}{2}} W D_w^{-\frac{1}{2}}) = 0 = \sum_{i=1}^{n} \lambda_{(i)},\ 0 \in (\lambda_{(1)}^{-1}, \lambda_{(n)}^{-1})$$

이다. 이러한 분포를 일변량 $CAR(\rho, \sigma^2)$이라고 한다. 이때

$$Cov(\phi_i, \phi_j \mid \rho, \sigma^2, \phi_l, l \neq i, j) = \frac{\sigma^2 \rho w_{ij}}{w_{i+} w_{j+} + \rho^2 w_{ij}^2}$$

이므로 ρ는 이러한 관점에서 공간연관성을 측정하는 계수로 해석할 수 있다.

다음은 앞서 설명한 일변량 CAR 모형을 다변량 CAR으로 확장하고자 한다. $\phi = (\phi_1, \cdots, \phi_n)^t$라 정의하고 여기서 $\phi_i = (\phi_{i1}, \cdots, \phi_{ip})^t$이다. Mardia(1988)에 의하면,

$$\phi_i \mid \phi_{-i}, \Sigma_i \sim N\left(\sum B_{ij} \phi_j, \Sigma_i\right),\ i = 1, \cdots, n \tag{7.110}$$

이고, 여기서 B_{ij}는 각각의 Σ_i에 있는 것 같이 $p \times p$ 행렬이다. 또한 브룩스 보조정리에 의하면,

$$f(\phi \mid \{\Sigma_i\}) \propto \exp\left\{-\frac{1}{2}\phi' \Gamma^{-1}(I - \widetilde{B})\phi\right\} \tag{7.111}$$

이며, 여기서 Γ은 블록으로 Σ_i을 갖는 블록 대각행렬이고, $\widetilde{B}$는 (i, j)번째 블록 B_{ij}을 갖는 $np \times np$ 행렬이다. 역시 $\Gamma^{-1}(I - \widetilde{B})$의 대칭성이 요구된다. 특별한 경우로 $B_{ij} = b_{ij} I_{p \times p}$라 두면, 이때

$$b_{ij} \Sigma_j = b_{ji} \Sigma_i \tag{7.112}$$

은 대칭성의 조건을 만족한다. 실제적으로 만약

$$b_{ij} = w_{ij}/w_{i+} \text{과 } \Sigma_i = \frac{1}{w_{i+}} \Sigma \tag{7.113}$$

이라면, 대칭성이 만족된다.

크로네커 곱(kronecker product)의 표기를 사용하여,

$$\widetilde{B} = B \otimes I \text{ 와 } \Gamma = D_W^{-1} \otimes \Sigma$$

라 두면,

$$\Gamma^{-1}(I - \widetilde{B}) = \left(D_W \otimes \Sigma^{-1}\right)(I - B \otimes I) = (D_W - W) \otimes \Sigma^{-1}$$

이다. 다시, $D_W - W$의 특이성은 $\Gamma^{-1}(I - \widetilde{B})$이 특이임을 유도한다. 식 (7.112)와

(7.113)의 조건을 만족하는 식 (7.111)은 $MCAR(1, \Sigma)$ 분포라 정의한다. 이때 일변량 $CAR(1, \sigma^2)$ 분포에서와 동일한 대칭성 문제가 존재하여, Gelfand and Vounatsou(2003)가 일변량 때와 유사한 방법으로 다음과 같이 대칭성을 만족하는 $MCAR(\rho, \Sigma)$을 제안하였다.

부적절성에 대한 문제점을 해결하기 위해서, 일변량 경우와 유사하게 식 (7.110)을

$$E(\phi_i \mid \phi_j,\, j \neq i,\, \Gamma) = R_i \sum_j B_{ij}\, \phi_j\,, \quad i = 1, \cdots, n \tag{7.114}$$

으로 일반화한다. 여기서 $\Gamma^{-1}(I - \widetilde{B})$을 $\Gamma^{-1}(I - \widetilde{B}_R)$로 수정하고, 여기서, $\widetilde{B}_R$은 (i,j) 번째 원소 $R_i B_{ij}$을 갖는 $np \times np$ 행렬이다. 일반적으로 대칭성 조건은

$$(\Sigma_i^{-1} R_i B_{ij})^t = \Sigma_i^{-1} R_j B_{ji} \text{ 또는 } \Sigma_j B_{ij}^t R_i^t = R_j B_{ji} \Sigma_i \tag{7.115}$$

이다. 만약 $B_{ij} = b_{ij} I_{p \times p}$와 $b_{ij} = w_{ij}/w_{i+}$이면, 대칭성 조건은 간단하게

$$w_{j+}\, \Sigma_j R_i^t \;=\; w_{i+}\, R_j\, \Sigma_i \tag{7.116}$$

이다.

마지막으로 추가적으로 $\Sigma_i = w_{i+}^{-1}\Sigma$이면, $\Sigma R_i^t = R_j \Sigma$이므로, $R_i = R_j = R$이어야 한다. 그러므로

$$\Sigma R^t \;=\; R\Sigma \tag{7.117}$$

이다. 임의의 양정치 행렬에 대하여, 식 (7.117)의 일반적인 해는 $R = \rho \Sigma^l$이다. 일반성의 손실 없이 $l = 0$로 두면,

$$R = \rho I$$

이며, 따라서

$$\Sigma_\phi^{-1} = \Gamma^{-1}(I - \widetilde{B}_R) = (D_W - \rho W) \otimes \Sigma^{-1}$$

이다. 이는 일변량에서와 동일한 제약 아래에서 비특이 공분산행렬이 된다. 이때 이를 다변량 CAR 모형이라고 하고 $MCAR(\rho, \Sigma)$라 표현한다.

7.7.2.2 비가우스 경우

이때 다음과 같은 지수족을 고려한다. 즉,

$$p(\phi_i | \phi_j, j \neq i) \propto \exp\left[\xi\{\theta_i\phi_i - \chi(\theta_i)\}\right] \tag{7.118}$$

이며, $\theta_i = \sum_{j \neq i} b_{ij}\phi_j$, ξ은 비음인 산포모수이다. 따라서 식 (7.118)은

$$p(\phi_i | \phi_j, j \neq i) \propto \exp\left\{\xi \sum_{j \neq i} b_{ij}\phi_i\phi_j\right\} \tag{7.119}$$

로 간편하게 표현할 수 있다. 자료들이 직접적으로 모형화할 때 비자기회귀선형회귀모형을 소개하는 것이 적정할 때도 있다. 이때 연결함수는

$$\theta_i = \boldsymbol{X}_i^t \gamma + \sum_{j \neq i} b_{ij}\,\phi_j$$

로 모형화할 수 있으며, 여기서 $\boldsymbol{X}_i$은 적당한 설명변수들이다. 이때 식 (7.119)은

$$p(\phi_i | \phi_j, j \neq i) \propto \exp\left\{\boldsymbol{X}_i^t \gamma + \xi \sum_{j \neq i} b_{ij}\phi_i\phi_j\right\} \tag{7.120}$$

이다. ϕ_i가 이항확률변수이면, 식 (7.120)은 자기로지스틱모형이라고 하고, Hogmander and Moller(1995)와 Hoeting et al.(2000) 등이 제안하고 실 자료에 적용하였다. 여기서,

$$\log\frac{P(\phi_i = 1)}{P(\phi_i = 0)} = \boldsymbol{X}_i^t \gamma + \xi \sum_j w_{ij}\,\phi_j$$

이며, 만약 $i \sim j$이면 $w_{ij} = 1$이고, 그렇지 않으면 $w_{ij} = 0$이다. 브룩스 보조정리를 이용하면, $\phi_1, \cdots, \phi_n$의 결합분포는

$$p(\phi_1, \cdots, \phi_n) \propto \exp\left\{\gamma^t\left(\sum_i \phi_i \boldsymbol{X}_i\right) + \xi \sum_{i,j} w_{ij}\phi_i\phi_j\right\} \tag{7.121}$$

이다. 식 (7.121)의 $p(\phi_1, \cdots, \phi_n)$은 깁스분포함수임을 보일 수 있다. ϕ_i가 여러 개의 카테고리 중 하나를 취한다고 하면, 앞에 설명된 자기로지스틱모형의 자연스런 확장이 된다. 만약 L개의 가능한 카테고리가 있다고 하면, 이를 간단히 $l = 1, 2, \cdots, L$로 나타내면,

$$p(\phi_i = l | \phi_j, j \neq i) \propto \exp\left\{\psi \sum_{j \neq i} w_{ij} I(\phi_j = l)\right\} \tag{7.122}$$

로 정의할 수 있고, 식 (7.122)을 Potts model이라 한다. 보다 자세한 내용들은 Green and Richardson(2002)을 참고하여라. 예들 들면, 일반화 선형 지역 자료의 모형을 다음

과 같이 표현할 수 있다. 즉, 독립적으로,

$$Y_i \sim f(y_i \mid \beta, \phi_i, \gamma) = h(y_i, \gamma)\exp\{\gamma[y_i\eta_i - \psi(\eta_i)]\}$$

여기서, 적당한 연결함수 g에 대하여, $g(\eta_i) = X_i^t\beta + \phi_i$ 이고, γ은 산포모수이다. 이때

$$\phi = (\phi_1, \cdots, \phi_n) \sim CAR(\tau)$$

로 가정할 수 있다.

7.7.3 질병지도

생명 통계학적 또는 역학적(예방 의학적) 관심의 매우 공통적인 분야는 질병지도(disease mapping)이다. 여기서 전형적으로 다음과 같은 종류의 병의 집계 자료를 갖고 있다. $i = 1, \cdots, I$ 에 대하여, Y_i는 군 i에서 위험에 노출된 대상 수 n_i 중 실제 발생한 병의 관측된 수이고, E_i은 군 i에 발생한 병의 기대하는 수이다. 여기서 Y_i은 확률변수이고, E_i은 고정된 값, 즉 군 i에 발생한 병에 대한 위험에 있는 총 사람 n_i에 대한 알려진 함수형태이다. 따라서

$$E_i = n_i\bar{r} \equiv n_i\left(\frac{\sum_{j=1}^{I} y_j}{\sum_{j=1}^{I} n_j}\right) \tag{7.123}$$

이라 가정할 수 있다. 여기서 $\bar{r}$은 전체 조사 지역에서 총 발병 비율이다. 우선 간단한 다음과 같은 포아송–감마 모형을 고려한다. 즉, $i = 1, \cdots, I$에 대하여, 독립적으로

$$Y_i \mid \eta_i \sim P_0(E_i\eta_i) \tag{7.124}$$

이다. 여기서 η_i은 지역 i에 있는 병의 실제 상대위험도이다. 이때 η_i의 MLE는

$$\hat{\eta}_i \equiv SMR_i = \frac{Y_i}{E_i} \tag{7.125}$$

이가 쉽게 보일 수 있고, SMR은 표준화사망률(standardized mortality ratio)을 뜻한다. 이때 $Var(SMR_i) = Var(Y_i)/E_i^2$이므로 다음을 선택할 수 있다.

$$\widehat{Var}(SMR_i) = \hat{\eta}_i/E_i = Y_i/E_i^2 \tag{7.126}$$

예제 7.16

η_i의 신뢰구간을 구하기 위해서, $\log SMR_i$이 정규분포에 근사한다고 가정하자. 이때 정리 5.6의 델타방법을 이용하여,

$$Var(\log SMR_i) \approx \frac{1}{SMR_i^2} Var(SMR_i) = \frac{E_i^2}{Y_i^2} \times \frac{Y_i}{E_i^2} = \frac{1}{Y_i}$$

이다. 따라서 $\log \eta_i$의 근사적 95% 신뢰구간(CI)은

$$\log SMR_i \pm 1.96/\sqrt{Y_i}$$

이다. 그러므로 η_i의 근사적 95% 신뢰구간(CI)은 다음과 같다.

$$\left(SMR_i \exp(-1.96/\sqrt{Y_i}),\quad SMR_i \exp(1.96/\sqrt{Y_i})\right).$$

다음으로 식 (7.124)의 포아송 모형 아래에서 $\eta = (\eta_1, \cdots, \eta_I)^t$의 베이즈 추론을 수행한다. 이때 $i = 1, \cdots, I$에 대하여 η_i은 서로 독립이고 동일한 사전 감마 분포 $Gam(a, b)$을 가정한다. 주어진 자료 $y = (y_1, \cdots, y_I)$ 아래에서 $\eta = (\eta_1, \cdots, \eta_I)$의 사후분포는

$$\pi(\eta|y) \propto \prod_{i=1}^{I} \pi(\eta_i|y_i) \tag{7.127}$$

이고, 여기서 η_i의 사후분포 $\pi(\eta_i|y_i)$은 감마 분포 $Gam(y_i + a, E_i + b)$이다. 따라서 η_i의 사후평균은

$$E(\eta_i|y) = E(\eta_i|y_i) = \frac{y_i + a}{E_i + b} = w_i SMR_i + (1 - w_i)\mu \tag{7.128}$$

이며, 여기서 $w_i = E_i / [E_i + (\mu/\sigma^2)]$이고, $\mu = a/b$와 $\sigma^2 = a/b^2$는 각각이 사전평균과 사전분산이다. 따라서 식 (7.128)인 베이지안 추정값은 지역 i의 자료에 기반한 SMR과 사전평균과의 가중평균이다. 여기서의 감마 사전분포는 계산상으로 매우 편리하나, η_i들 간의 공간상관성을 설명하지 못하는 최대 단점을 갖고 있다. 이를 극복하기 위해서는 감마 분포의 다변량 형태가 필요하다. 그러나 다변량 형태의 구조는 존재하지만 개념적이고 계산적인 면에서 약점들을 갖고 있다. 따라서 η의 다변량 감마 분포 대신에 로그 상대위험도 $\psi_i = \log \eta_i$ 상에 다변량 정규분포를 접목하고자 한다. 따라서 기본적인 포아송 모형을 확장한 다음과 같은 모형을 고려한다. 즉,

$$Y_i \mid \psi_i \sim P_0\left(E_i e^{\psi_i}\right) \tag{7.129}$$

이며,

$$\psi_i = \boldsymbol{X}_i^t \beta + \theta_i + \phi_i \tag{7.130}$$

이다. 여기서 $\boldsymbol{X}_i$은 회귀계수 β을 갖는 설명 공간 공변량 변수이다. 다음으로, θ_i는 넓게 퍼진 지역의 이질성 확률효과를 나타낸다. 그러므로 모든 i에 대하여, 독립적으로

$$\theta_i \sim N(0, \frac{1}{\tau_h}) \tag{7.131}$$

이라 가정한다. 이 확률효과는 전 지역 연구에서 폭넓게 퍼져 있는 로그 상대위험도에 대한 극단-포아송 분산성(extra-Poisson variability)을 해결한다. 마지막으로, ϕ_i들은 지역적 군집을 나타냄으로써 이것을 공간적 모형으로 만들 수 있는 모수들이다. 즉, ϕ_i들은 국소적으로 움직이는 로그 상대위험도에서 극단-포아송 분산을 모형화함으로, 이웃하는 지역들은 더 유사한 위험도를 가질 것이다. 이때 $\phi = (\phi_1, \cdots, \phi_I)$은 공간군집확률효과(spatial clustering random effect)를 의미하며, 따라서

$$\phi \sim CAR(\tau_c) \tag{7.132}$$

을 가정한다.

예제 7.17

포아송-로그 정규모형을 설명하고자 Clayton and Kaldor(1987)가 연구한 1975 ~ 1980년도 사이에 영국 스코틀랜드 지방의 56개 군에서 발생한 구순암 자료(표 7.4)를 이용한다. 특히 군 단위의 설명변수 x_i은 농업, 수산업 또는 임업(AFF)에 종사하는 인구 비율이다. Banerjee et al.(2004)에 잘 설명되어 있다. 따라서 다음과 같은 공간병력지도 모형을 고려한다. 즉,

$$Y_i \mid \psi_i \sim P_0\left(E_i e^{\psi_i}\right) \tag{7.133}$$

이다. 여기서 Y_i는 군 단위의 관측된 발병 수이고, E_i은 군 단위의 알고 있는 기대수이다. 이때 로그 상대위험도는

$$\psi_i = \beta_0 + \beta_1 x_i + \theta_i + \phi_i \tag{7.134}$$

로 모형화한다. 또한 다음을 가정한다.

$$\theta_i \sim N(0, \frac{1}{\tau_h}) 와\ \phi \sim CAR(\tau_c) \tag{7.135}$$

표 7.4 Scottish Lip Cancer

군	Y_i	E_i	x_i	이웃(Adjacent)군
1	9	1.4	16	5, 9, 11, 19
2	39	8.7	16	7, 10
3	11	3.0	10	6, 12
4	9	2.5	24	18, 20, 28
5	15	4.3	10	1, 11, 12, 13, 19
6	8	2.4	24	3, 8
7	26	8.1	10	2, 10, 13, 16, 17
8	7	2.3	7	6
9	6	2.0	7	1, 11, 19, 19, 23, 29
10	20	6.6	16	2, 7, 16, 22
11	13	4.4	7	1, 5, 9, 12
12	5	1.8	16	3, 5, 11
13	3	1.1	10	5, 7, 17, 19
14	8	3.3	24	31, 32, 35
15	17	7.8	7	25, 29, 50
16	9	4.6	16	7, 10, 17, 21, 22, 29
17	2	1.1	10	7, 9, 13, 16, 19, 29
18	7	4.2	7	4, 20, 28, 33, 55, 56
19	9	5.5	7	1, 5, 9, 13, 17
20	7	4.4	10	4, 18, 55
21	16	10.5	7	16, 29, 50
22	31	22.7	16	10, 16
23	11	8.8	10	9, 29, 34, 36, 37, 39
24	7	5.6	7	27, 30, 31, 44, 47, 48, 55, 56
25	19	15.5	1	15, 26, 29
26	15	12.5	1	25, 29, 42, 43
27	7	6.0	7	24, 31, 32, 55
28	10	9.0	7	4, 18, 33, 45
29	16	14.4	10	9, 15, 16, 17, 21, 23, 25, 26, 34, 43, 50
30	11	10.2	10	24, 38, 42, 44, 45, 56
31	5	4.8	7	14, 24, 27, 32, 35, 46, 47
32	3	2.9	24	14, 27, 31, 35
33	7	7.0	10	18, 28, 45, 56
34	8	8.5	7	23, 29, 39, 40, 42, 43, 51, 52, 54
35	11	12.3	7	14, 31, 32, 37, 46
36	9	10.1	0	23, 37, 39, 41
37	11	12.7	10	23, 35, 36, 41, 46
38	8	9.4	1	30, 42, 44, 49, 51, 54
39	6	7.2	16	23, 34, 36, 40, 41
40	4	5.3	0	34, 39, 41, 49, 52

표 7.4 Scottish Lip Cancer(계속)

군	Y_i	E_i	x_i	이웃(Adjacent)군
41	10	18.8	1	36, 37, 39, 40, 46, 49, 53
42	8	15.8	16	26, 30, 34, 38, 43, 51
43	2	4.3	16	26, 29, 34, 42
44	6	14.6	0	24, 30, 38, 48, 49
45	19	50.7	1	28, 30, 33, 56
46	3	8.2	7	31, 35, 37, 41, 47, 53
47	2	5.6	1	24, 31, 46, 48, 49, 53
48	3	9.3	1	24, 44, 47, 49
49	28	88.7	0	38, 40, 41, 44, 47, 48, 52, 53, 54
50	6	19.6	1	15, 21, 29
51	1	3.4	1	34, 38, 42, 54
52	1	3.6	0	34, 40, 49, 54
53	1	5.7	1	41, 46, 47, 49
54	1	7.0	1	34, 38, 49, 51, 52
55	0	4.2	16	18, 20, 24, 27, 56
56	0	1.8	10	18, 24, 30, 33, 45, 55

즉,

$$\phi_i | \phi_{-i} \sim N\left(\overline{\phi}_i,\, 1/(\tau_c m_i)\right),\ i = 1, \cdots, n$$

이며, 여기서 m_i은 지역 i의 주위 지역들의 수이고 $\overline{\phi}_i = m_i^{-1} \sum_{j \in \partial_i} \phi_j$이다. 사전분포 함수들로써

$$\beta \sim N(\mu_0, \tau_0^2),\ \tau_h \sim Gam(a_h, b_h) \text{ 와 } \tau_c \sim Gam(a_c, b_c) \tag{7.136}$$

을 가정한다. 여기에 있는 초모수들은 모두 알려진 상수들이라 가정하고, 그 상황에 맞는 합리적인 값을 정할 수 있다. 예를 들어 β에 무정보를 가정한다면, τ_0^2의 값을 매우 크게 주면 된다. 보다 자세한 것은 Best et al.(1999)를 참고하여라. 따라서 β_1 (AFF 효과)의 사후분포와 기대 상대위험도 $E(\psi_i|y)$을 구할 수 있다. 깁스샘플러를 이용하고자 모든 모수들의 완전조건부분포들은 쉽게 구할 수 있다. 예를 들면, ϕ_i의 완전조건부분포는

$$\pi(\phi_i|\phi_{(-i)}, \theta, \beta, y) \propto P_0\left(y_i \,\middle|\, E_i e^{\beta_0 + \beta_1 x_i + \theta_i + \phi_i}\right) \times N\left(\phi_i \,\middle|\, \overline{\phi}_i,\, 1/(\tau_c m_i)\right)$$

로 표현된다(연습문제).

*7.8 변환점 문제

7.8.1 변환점을 갖는 지수족

다음과 같은 단모수 지수족(one parameter exponential family)을 고려한다. 즉,

$$f(x|\theta) = \exp\{\theta x - M(\theta)\}t(x) \tag{7.137}$$

이다. 여기서 $X_1,\cdots,X_n$는 식 (7.137)에서의 확률표본이라고 하자. 우리의 관심은 이 자료 중에 어느 한곳에서 변환점이 존재한다는 것이다. 즉, $1 \le r < n$인 r에서, $X_1,\cdots,X_r$은 $f(x|\theta_1)$을 따르고, $X_{r+1},\cdots,X_n$은 $f(x|\theta_2)$을 따른다고 가정한다. 여기서 $\theta_1 \neq \theta_2$이다. 만약 변환점이 존재하지 않는다면, $X_1,\cdots,X_n$은 $f(x|\theta_1)$을 따르는 것이다. 그러므로 이러한 상황에서 모수공간은

$$\{(\theta_1,\theta_2,r): 1 \le r \le r-1\} \bigcup \{(\theta_1,n)\} \tag{7.138}$$

이다. Diaconis and Ylvisaker(1979)에 의하면, 식 (7.137)에 공액사전분포의 형태는

$$\pi_{\alpha,\beta}(\theta) = C(\alpha,\beta)\exp\left[\frac{\beta\theta}{\alpha} - \frac{1-\alpha}{\alpha}M(\theta)\right]$$

이며, 여기서 $M(\theta)$는 알려진 함수이다. 역시 r의 사전분포는

$$f[r=j|\boldsymbol{P}] = \prod_{j=1}^{n} P_j^{I[r=j]}$$

이고, 여기서 $\boldsymbol{P} = (P_1,\cdots,P_n)$와 $P_i \ge 0$, $\Sigma_{i=1}^{n} P_i = 1$이다.

계층적 구조에 의하여, 세 번째 구조에서 P의 사전분포는 다음과 같은 디리슈레 분포를 가정한다. 즉,

$$f(\boldsymbol{P}) = m(l_1,\cdots,l_n)\prod_{i=1}^{n} P_i^{l_i - 1}$$

이며, 여기서 $m(l_1,\cdots,l_n)^{-1} = \int \Pi_{i=1}^{n} P_i^{l_i-1} d\boldsymbol{P}$ 이다.

역시 r은 θ_1과 θ_2에 독립이라 가정한다. 그러므로 우도함수와 결합사전분포는 각각

$$f(x_1,\cdots,x_n|\theta_1,\theta_2,r) = \exp\left\{\theta_1 \sum_{i=1}^{r} x_i - rM(\theta_1) + \theta_2 \sum_{i=r+1}^{n} x_i - (n-r)M(\theta_2)\right\}\prod_{i=1}^{n} t(x_i)$$

과

$$\pi(\theta_1,\theta_2,r)=\pi_{\alpha_1,\beta_1}(\theta_1)\pi_{\alpha_2,\beta_2}(\theta_2)\int P_r\cdot m(l_1,\cdots,l_n)\prod_{i=1}^{n}P_i^{l_i-1}d\boldsymbol{P}$$

$$=\frac{\pi_{\alpha_1,\beta_1}(\theta_1)\pi_{\alpha_2\beta_2}(\theta_2)m(l_1,\cdots,l_n)}{m(l_{1,\ldots,}l_{r-1,}l_r+1_{,}l_{r+1,\ldots,}l_n)}=\pi_{\alpha_1,\beta_1}(\theta_1)\pi_{\alpha_2,\beta_2}(\theta_2)m_r$$

이며, 여기서 $m_r=\dfrac{m(l_{1,\ldots,}l_n)}{m(l_{1,\ldots,}l_{r-1,}l_r+1_{,}l_{r+1,\ldots,}l_n)}$ 이다.

만약 $r=n$이면,

$$f(x_1,\cdots,x_n|\theta_1,r=n)=\exp\left[\theta_1\sum_{i=1}^{n}x_i-nM(\theta_1)\right]\prod_{i=1}^{n}t(x_i)$$

과

$$\pi(\theta_1,n)=\pi_{\alpha_1,\beta_1}(\theta_1)\cdot m_n$$

이다. Chung and Dey(1996)는 앞에서 설명된 조건 아래에서 변환점 문제에 대한 다음과 같은 검정을 고려하였다. 즉,

$$M_0: \text{변환점 존재한다}\,(change)\quad \text{대}\quad M_1: \text{변환점 없다}\,(no\ change) \tag{7.139}$$

이다. 계산상 편의를 위하여

$$S_r=\sum_{i=1}^{r}X_i \ \text{와}\ T_r=\sum_{i=r+1}^{n}X_i$$

라 정의한다. 당연히 $r=n$이면, $T_n=0$이다. 우선적으로

$$\begin{aligned}f(x|M_0)&=f(x_1,x_2,\cdots,x_n|change)\\&=\frac{f(x_1,x_2,\cdots,x_n,1\le r<n)}{f(1\le r<n)}\\&=\frac{\int\int f(x_1,x_2,\cdots,x_n|\theta_1,\theta_2,1\le r<n)\pi(\theta_1,\theta_2,1\le r<n)d\theta_1d\theta_2}{f(1\le r<n)}\\&=\frac{\sum_{r=1}^{n-1}\int\int f(x_1,x_2,\cdots,x_n|\theta_1,\theta_2,r)\pi(\theta_1,\theta_2,r)d\theta_1d\theta_2}{f(1\le r<n-1)}\end{aligned}$$

$$= \left(C(\alpha_1,\beta_1) C(\alpha_2,\beta_2) \sum_{r=1}^{n-1} m_r \int\int \left[\exp\left(S_r + \frac{\beta_1}{\alpha_1} \right)\theta_1 \right.\right.$$

$$- \left(\frac{1-\alpha_1}{\alpha_1} + r \right) M(\theta_1) + \left(T_r + \frac{\beta_2}{\alpha_2} \right)\theta_2$$

$$\left. - \left(\frac{1-\alpha_2}{\alpha_2} + (n-r) \right) M(\theta_2) \right]$$

$$\left. \times \prod_{i=1}^{n} t(x_i) d\theta_1 d\theta_2 \right) \left(\sum_{j=1}^{n-1} m_j \right)^{-1} \tag{7.140}$$

이다. 유사하게,

$$f(x|M_1) = f(x_1, \cdots, x_n | no\ \ change) \tag{7.141}$$

$$= C(\alpha_1,\beta_1) \int \exp\left\{ \left(S_n + \frac{\beta_1}{\alpha_1} \right)\theta_1 \right.$$

$$\left. - \left(\frac{1-\alpha_1}{\alpha_1} + n \right) M(\theta_1) \right\} \prod_{i=1}^{n} t(x_i) d\theta_1$$

으로 계산된다.

식 (7.140)과 (7.141)를 합하면, 식 (7.139)의 검정에 대한 베이즈 인자는

$$B_{01} = \sum_{r=1}^{n-1} \frac{m_r}{\sum_{i=1}^{n-1} m_i} BF(r) \tag{7.142}$$

여기서,

$$BF(r) = \left[\int\int \exp\left\{ (S_r + \frac{\beta_1}{\alpha_1})\theta_1 - (\frac{1-\alpha_1}{\alpha_1} + r) M(\theta_1) + \left(T_r + \frac{\beta_2}{\alpha_2} \right)\theta_2 \right.\right.$$

$$\left.\left. - \left(\frac{1-\alpha_2}{\alpha_2} + (n-r) \right) M(\theta_2) \right\} d\theta_1 d\theta_2 \right] \left[\int\int \exp\left\{ \left(S_n + \frac{\beta_1}{\alpha_1} \right)\theta_1 \right.\right.$$

$$\left.\left. - \left(\frac{1-\alpha_1}{\alpha_1} + n \right) M(\theta_1) + \frac{\beta_2}{\alpha_2}\theta_2 - \frac{1-\alpha_2}{\alpha_2} M(\theta_2) \right\} d\theta_1 d\theta_2 \right]^{-1}$$

와

$$C(\alpha_2,\beta_2)^{-1} = \int \exp\left(\frac{\beta_2}{\alpha_2}\theta_2 - \frac{1-\alpha_2}{\alpha_2}M(\theta_2)\right)d\theta_2$$

이다. 식 (7.142)에서, $BF(r)$은 r에서 변환점이 있다 또는 없다를 결정하는 독립된 문제의 베이즈 인자로 볼 수 있다. 역시 베이즈 인자는 그러한 개별적인 베이즈 인자들의 콘벡스 조합인 것이다.

예제 7.18 정규모형

$1 \le r < n$인 r에서 $X_1,\cdots,X_r$은 정규분포 $N(\theta_1,\sigma^2)$을 따르고, $X_{r+1},\cdots,X_n$은 $N(\theta_2,\sigma^2)$을 따른다고 가정한다. 여기서 σ^2은 알려진 상수라 하자. 편의상 $\sigma^2=1$이라 하자. 공액사전분포로 $i=1,2$에 대하여

$$\theta_i \sim N(\mu_i,\ \tau_i^2) \tag{7.143}$$

이라 가정하고, 여기서 모든 초모수들은 알려진 상수라고 하자. 이때 변환점의 존재 여부에 대한 베이즈 인자는

$$B_{01} = \sum_{r=1}^{n-1} \frac{m_r}{\sum_{i=1}^{n-1} m_i} A(r)B(r) \tag{7.144}$$

이며, 여기서,

$$A(r) = \left(\frac{\tau_1^2+n}{\tau_1^2+r}\right)^{\frac{1}{2}} \exp\left\{\frac{1}{2}\left(\frac{\left(S_r+\frac{\mu_1}{\tau_1^2}\right)^2}{\tau_1^2+r} - \frac{\left(S_n+\frac{\mu_1}{\tau_1^2}\right)^2}{\tau_1^2+n}\right)\right\}$$

과

$$B(r) = \left(\frac{\tau_2^2}{\tau_2^2+n-r}\right)^{\frac{1}{2}} \exp\left\{\frac{1}{2}\left(\frac{\left(T_r+\frac{\mu_2}{\tau_2^2}\right)^2}{\tau_2^2+n-r} - \frac{\mu_2^2}{\tau_2^2}\right)\right\}$$

이다(연습문제).

정규모형을 보다 일반적으로 확장하기 위하여, Jung et al.(2017)는 정규모형 대신에 왜도분포를 가정한 모형에서 계층적 사전분포 아래에서 베이지안 변환점 문제를 제안하였고, 이집트 나일강 자료(Jong and Penzer, 1988)에 식 (7.142)의 제안된 검정을 수행하였으며, 계산상의 어려움은 마르코프 연쇄 몬테카를로 방법을 이용하여 해결하였다.

예제 7.19 **포아송 모형**

$1 \le r < n$인 r에서, $X_1, \cdots, X_r$은 포아송 분포 $P_0(\lambda_1)$을 따르고, $X_{r+1}, \cdots, X_n$은 포아송 분포 $P_0(\lambda_2)$을 따른다고 가정한다. 또한 $i = 1,2$에 대하여, λ_i의 사전분포는 독립적으로 감마 분포 $Gam(a_i, b_i)$을 가정한다. 즉,

$$\pi(\lambda) = \frac{1}{\Gamma(a)b^a}\lambda^{a-1}\exp\left\{-\frac{\lambda}{b}\right\} \tag{7.145}$$

이다. 이때 변환점의 존재 여부에 대한 베이즈 인자는

$$B_{01} = \sum_{r=1}^{n-1}\frac{m_r}{\sum_{i=1}^{n-1}m_i}BF(r) \tag{7.146}$$

이며, 여기서,

$$BF(r) = \left(\frac{b_2}{b_1}\right)^{T_r}\frac{\Gamma(S_r+a_1)\Gamma(T_r+a_2)(nb_1+1)^{S_n+a_1}}{\Gamma(a_2)\Gamma(S_n+a_1)(rb_1+1)^{S_r+a_1}((n-r)b_2+1)^{T_r+a_2}}$$

이다(연습문제).

Maguire et al.(1952)가 1851 ~ 1962년까지 112년간 영국 석탄 탄광에서 발생한 심각한 대형 사고들을 수집하고, 이를 Jarrett(1979)가 수정하여 표 7.5에 정리하였다. Rudems(1982)는 변환점 모형이 적합함을 보였다. 또한 Carlin et al.(1992)는 깁스표집 방법을 이용한 계층적 베이지안 방법을 고려하였다.

표 7.5 British Coal mining Diasater Data by Year, 1851–1962.

Year	Count	Year	Count	Year	Count	Year	Count
1851	4	1881	2	1911	0	1941	4
1852	5	1882	5	1912	1	1942	2
1853	4	1883	2	1913	1	1943	0
1854	1	1884	2	1914	1	1944	0
1855	0	1885	3	1915	0	1945	0
1856	4	1886	4	1916	1	1946	1
1857	3	1887	2	1917	0	1947	4
1858	4	1888	1	1918	1	1948	0
1859	0	1889	3	1919	0	1949	0
1860	6	1890	2	1920	0	1950	0
1861	3	1891	2	1921	0	1951	1
1862	3	1892	1	1922	2	1952	0

Year	Count	Year	Count	Year	Count	Year	Count
1863	4	1893	1	1923	1	1953	0
1864	0	1894	1	1924	0	1954	0
1865	2	1895	1	1925	0	1955	0
1866	6	1896	3	1926	0	1956	0
1867	3	1897	0	1927	1	1957	1
1868	3	1898	0	1928	1	1958	0
1869	5	1899	1	1929	0	1959	0
1870	4	1900	0	1930	2	1960	1
1871	5	1901	1	1931	3	1961	0
1872	3	1902	1	1932	3	1962	1
1873	1	1903	0	1933	1		
1874	4	1904	0	1934	1		
1875	4	1905	3	1935	2		
1876	1	1906	1	1936	1		
1877	5	1907	0	1937	1		
1878	5	1908	3	1938	1		
1879	3	1909	2	1939	1		
1880	4	1910	2	1940	2		

7.8.2 변환점을 갖는 포아송 과정 모형

Carlin et al.(1992)는 다음과 같은 변화점이 있는 포아송 과정 모형을 고려하였다. 이때 첫 번째 단계에서,

$$Y_i \sim P_O(\theta t_i),\ i=1,...,k, \qquad Y_i \sim Po(\lambda t_i), i=k+1,...,n$$

라 두었다. 두 번째 단계에서, k, θ와 λ에 대한 독립인 사전분포를 다음과 같이 가정한다. k는 $\{1,...,n\}$에서 이산형 균등분포를 따르고,

$$\theta \sim Gam(a_1, b_1) \text{와 } \lambda \sim Gam(a_2, b_2) \tag{7.147}$$

이다. 세 번째 단계에서, b_1과 b_2는 서로 독립이며,

$$b_1 \sim IGam(c_1, d_1), \quad b_2 \sim IGam(c_2, d_2) \tag{7.148}$$

이라 가정한다. 여기서 a_1, a_2, c_1. c_2, d_1과 d_2는 알려진 상수이다. 이때 완전조건부분포

함수들은 다음과 같다(연습문제).

$$p(\theta|Y, \lambda, b_1, b_2, k) \sim Gam\left[a_1 + \sum_{i=1}^{k} Y_i, \left(\sum_{i=1}^{k} t_i + b_1^{-1}\right)\right]$$

$$p(\lambda|Y, \theta, b_1, b_2, k) \sim Gam\left[a_2 + \sum_{i=k+1}^{n} Y_i, \left(\sum_{i=k+1}^{n} t_i + b_2^{-1}\right)\right]$$

$$p(b_1|Y, \theta, \lambda, b_2, k) \sim IGam\left[a_1 + c_1, \left(\theta + d_1^{-1}\right)\right]$$

$$p(b_2|Y, \theta, \lambda, b_1, k) \sim IGam\left[a_2 + c_2, \left(\lambda + d_2^{-1}\right)\right]$$

과

$$p(k|Y, \theta, \lambda, b_1, b_2) = \frac{L(Y, k, \theta, \lambda)}{\sum_{k=1}^{n} L(Y, k, \theta, \lambda)}.$$

이며, 여기서

$$L(Y, k, \theta, \lambda) = \exp\left[(\lambda - \theta)\sum_{i=1}^{k} t_i\right](\theta/\lambda)\sum_{i=1}^{k} Y_i \tag{7.149}$$

이다.

$a_1 = a_2 = 0.5$, $c_1 = c_2 = 0$ 와 $d_1 = d_2 = 1$을 선택한다. 이때 $m = 100$을 갖고 15번 반복하여 수렴함을 확인하였다. 또한 그림 7.1은 표 7.5 자료를 이용한 $p(k|Y)$을 나타내며 최빈값은 $k = 41$에 일어남을 알 수 있다. $k = n$인 사건(즉, 변환점이 존재하지 않는 사건)의 사후확률은 0에 가깝다. 그러므로 변환점이 존재한다는 강한 증거가 있는 것이다.

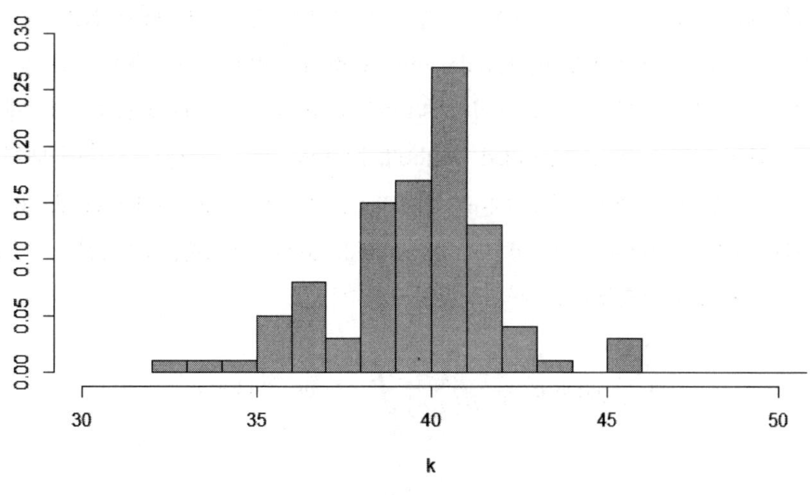

그림 7.1

*7.9 점진적 제2종 중도절단(Progressive type-II censoring)자료

많은 수명실험에서 실험대상의 수명시간 정보를 모두 정확히 기록하는 것은 현실에서 시간, 비용 등의 문제로 쉽지 않다. 따라서 시간과 비용을 효과적으로 이용하기 위해 미리 실패의 수를 고정시킨 후 실험을 시행하는 제2종 중도절단이 많이 사용되었다. 여기서 제2종 중도절단을 확장시킨 점진적 제2종 중도절단을 소개한다. 먼저, 독립이며 동일한 분포를 가진 n개의 단위들이 실험에 놓인다. 실험이 시행되기 전 m개의 실패를 미리 결정하고 실패시점은 $Y_{i:m:n}, i=1,\cdots,m$으로 표현되며 중도절단계획은 $(R_1, \cdots, R_m)$으로 각각은 $R_i \geq 0,\ i=1,\cdots,m$이다. 먼저 첫 번째 실패시점 $Y_{1:m:n}$에서 생존하는 $n-1$개의 단위들 중 무작위로 R_1개 단위들이 제거된다. 두 번째 실패시점 $Y_{2:m:n}$에서 남아있는 $n-2-R_1$개 단위들 중 무작위로 R_2개의 단위들이 제거된다. m번째 실패 $Y_{m:m:n}$까지 위와 같은 방법으로 계속 실험이 시행된다. 관측된 수명시간 $Y_{1:m:n}, \cdots, Y_{m:m:n}$은 점진적 제2종 중도절단 표본이며 $Y_{1:m:n} < \cdots < Y_{m:m:n}$이다. 위의 자료들의 결합밀도함수는

$$f_{Y_{1:m:n},\cdots,Y_{m:m:n}}(y_1,\cdots,y_m) = k\prod_{i=1}^{m}(y_i)[1-F(y_i)]^{R_i}, \tag{7.150}$$

여기서

$$k = n(n-R_1-1)(n-R_1-R_2-2)\cdots(n-R_1-\cdots-R_{m-1}-m+1)$$

이다. 그리고 만약 $(R_1,\cdots,R_m)=(0,\cdots,0)$이면 이것은 제2종 중도절단과 같다. 점진적 중도절단의 자세한 것은 Balakrishnan(2007), Balakrishnan and Cramer(2014)를 참고하여라. Ng et al.(2002)는 점진적 제2종 중도절단을 갖는 자료에서 NR 알고리즘 대신에 EM 알고리즘을 사용하였고, Kunda and Pradhan(2009)은 중도절단자료에서 NR 알고리즘이 항상 수렴하지 않음을 보였다. 다음으로 Hashimoto et al.(2015)가 제안한 맥도날 확장 와이블(Mcdonald extended Weibull, McEW) 분포를 갖는 자료에 대한 점진적 제2종 중도절단에 대한 베이즈 추론을 하고자 한다. 먼저, Alexander et al.(2012)가 소개한 일반화 베타-생성(generalized beta-generated, GBG) 분포족을 설명한다. 이것은 세 개의 모수를 가지며 누적분포함수와 확률밀도함수는

$$F_{gbg}(y|a,b,c) = \frac{1}{B(a,b)}\int_0^{G(y)^c} w^{a-1}(1-w)^{b-1}dw \tag{7.151}$$

와

$$f_{gbg}(y|a,b,c) = \frac{c}{B(a,b)} g(y) G(y)^{ac-1} [1 - G(y)^c]^{b-1} \tag{7.152}$$

이다. 여기서 a,b,c는 양의 형상모수들이다. Hashimoto et al.(2015)는 일반화 베타-생성 분포족과 확장 와이블 분포(extended Weibull, EW)를 이용한 맥도날 확장 와이블(McEW) 분포를 소개하였다. 확장 와이블 분포의 누적분포함수와 확률밀도함수는

$$G(y|\alpha,\beta,\varphi) = 1 - (1 + \varphi\alpha y^{\beta})^{-\frac{1}{\varphi}} \tag{7.153}$$

와

$$g(y|\alpha,\beta,\varphi) = \alpha\beta y^{\beta-1} (1 + \varphi\alpha y^{\beta})^{-\frac{1}{\varphi}-1} \tag{7.154}$$

이다. 여기서 α은 양의 척도모수이고 β와 φ은 양의 형상모수이다. McEW 분포는 위의 확장 와이블 분포의 누적분포함수와 확률밀도함수를 일반화 베타-생성 분포족에 대입함으로써 유도할 수 있다. 각각의 누적분포함수와 확률밀도함수는

$$F_{McEW}(y|a,b,c,\alpha,\beta,\varphi) = \frac{1}{B(a,b)} \int_0^{[1-(1+\varphi\alpha y^{\beta})^{-\frac{1}{\varphi}}]^c} w^{a-1}(1-w)^{b-1} dw \tag{7.155}$$

와

$$\begin{aligned} f_{McEW}(y|a,b,c,\alpha,\beta,\varphi) = \frac{c}{B(a,b)} \alpha\beta y^{\beta-1} (1+\varphi\alpha y^{\beta})^{-\frac{1}{\varphi}-1} \\ \times [1-(1+\varphi\alpha y^{\beta})^{-\frac{1}{\varphi}}]^{ac-1} (1-[1-(1+\varphi\alpha y^{\beta})^{-\frac{1}{\varphi}}]^c)^{b-1} \end{aligned} \tag{7.156}$$

이다.

최근에 Sel et al.(2017)은 McEW 분포와 점진적 제2종 중도절단을 기반으로 하여 깁스 샘플링과 메트로폴리스-하스팅스 알고리즘을 이용한 베이지안 추정을 하였다. 여기서 결합사전분포는

$$\pi(a,b,c,\alpha,\beta,\varphi) \propto \pi(a)\pi(b)\pi(c)\pi(\alpha)\pi(\beta)\pi(\varphi) \tag{7.157}$$

와 같이 주었고 여기서

$$a \sim \Gamma(p_1,q_1),\ b \sim \Gamma(p_2,q_2),\ c \sim \Gamma(p_3,q_3),\ \alpha \sim \Gamma(p_4,q_4), \beta \sim \Gamma(p_5,q_5)$$

와

$$\varphi \sim \Gamma(p_6,q_6) \tag{7.158}$$

이다.

앞에서 소개된 점진적 제2종 중도절단을 이용한 우도함수와 결합사전분포를 이용하여 결합사후분포를 구하였다. $a,b,c,\alpha,\beta,\varphi$의 결합사후분포는

$$\pi(a,b,c,\alpha,\beta,\varphi|y) \propto \left(\frac{c\alpha\beta}{B(a,b)}\right)^m \prod_{i=1}^{m} y_i^{\beta-1} \prod_{i=1}^{m} (1+\varphi\alpha y_i^{\beta})^{-\frac{1}{\varphi}-1}$$

$$\times \prod_{i=1}^{m} [G(y_i|\alpha,\beta,\varphi)]^{ac-1} \prod_{i=1}^{m} [1-G(y_i|\alpha,\beta,\varphi)^c]^{b-1}$$

$$\times \prod_{i=1}^{m} [1-F_{McEW}(y_i|a,b,c,\alpha,\beta,\varphi)]^{R_i} \times \pi(a,b,c,\alpha,\beta,\varphi) \quad (7.159)$$

이다.

$a,b,c,\alpha,\beta,\varphi$의 완전한 결합사후분포는 식 (7.159)으로부터 다중적분으로 해결하여야 하는데 이는 쉽지 않다. 그렇기 때문에 MCMC 방법을 이용하여 추정을 하고자 한다. 그러나 6개 모수들 각각의 완전조건부분포들을 구해보면 모두 우리가 잘 알고 있는 분포로 표현되지 않는다. 따라서 일반적인 방법으로 바로 적용할 수 없고 Chib and Greenberg (1995)가 소개한 하이브리드 MCMC 알고리즘을 이용한다. 이것은 깁스표집과 적절한 제안분포를 이용하는 메트로폴리스–하스팅스 알고리즘을 결합하여 사용한다. 이를 깁스 내 메트로폴리스(Metropolis within Gibbs)방법이라고도 한다. 먼저, 식 (7.159)의 결합사후분포 형태를 이용하여 완전조건부분포를 아래와 같이 구할 수 있다.

$$\pi(a|b,c,\alpha,\beta,\varphi,\underline{y}) \propto \frac{1}{B(a,b)^m} \prod_{i=1}^{m} [1-F(y_i|\theta)]^{R_i} \times a^{p_1-1} e^{-a(q_1 - c\sum_{i=1}^{m}\log G(y_i|\theta_1))}$$

$$\pi(b|a,c,\alpha,\beta,\varphi,\underline{y}) \propto \frac{1}{B(a,b)^m} \prod_{i=1}^{m} [1-F(y_i|\theta)]^{R_i} \times b^{p_2-1} e^{-b(q_2 - c\sum_{i=1}^{m}\log(1-G(y_i|\theta_1)^c)}$$

$$\pi(c|a,b,\alpha,\beta,\varphi,\underline{y}) \propto \frac{1}{B(a,b)^m} \prod_{i=1}^{m} [1-G(y_i|\theta_1)^c]^{b-1} [1-F(y_i|\theta)]^{R_i}$$
$$\times\ c^{p_3+m-1} e^{-c(q_3 - a\sum_{i=1}^{m}\log G(y_i|\theta_1)}$$

$$\pi(\alpha|a,b,c,\beta,\psi,\underline{y}) \propto \prod_{i=1}^{m} [1+\varphi\alpha x_i^{\beta}]^{-\frac{1}{\varphi}-1} [G(y_i|\theta_1)]^{ac-1} [1-G(y_i|\theta_1)^c]^{b-1}$$

$$\times \prod_{i=1}^{m} [1-F(y_i|\theta)]^{R_i} \times \alpha^{p_4+m-1} e^{-\alpha q_4}$$

$$\pi(\beta|a,b,c,\alpha,\varphi,\underline{y}) \propto \prod_{i=1}^{m}[1+\varphi\alpha y_i^{\beta}]^{-\frac{1}{\varphi}-1}[G(y_i|\theta_1)]^{ac-1}[1-G(y_i|\theta_1)^c]^{b-1}$$
$$\times \prod_{i=1}^{m}[1-F(y_i|\theta)]^{R_i} \times \beta^{p_5+m-1}e^{-\beta(q_5-\sum_{i=1}^{m}\log y_i)}$$

$$\pi(\varphi|a,b,c,\alpha,\beta,\underline{y}) \propto \prod_{i=1}^{m}[1+\varphi\alpha y_i^{\beta}]^{-\frac{1}{\varphi}-1}[G(y_i|\theta_1)]^{ac-1}[1-G(y_i|\theta_1)^c]^{b-1}$$
$$\times \prod_{i=1}^{m}[1-F(y_i|\theta)]^{R_i} \times \varphi^{p_6-1}e^{-\varphi q_6}.$$

여기서 $\theta_1=(\alpha,\beta,\varphi)$를 나타낸다. 위의 각 모수들에 대한 완전조건부분포가 잘 알려진 분포가 아니기 때문에 메트로폴리스-하스팅스 알고리즘의 제안분포를 이용하여 수행하고자 한다. 이때 a, b, c, α, β와 φ의 조건부분포에 대한 제안분포들은 다음과 같다.

$$a \sim \Gamma(p_1, q_1 - c\sum_{i=1}^{m}\log G(x_i|\theta_1)),\ b \sim \Gamma(p_2, q_2 - \sum_{i=1}^{m}\log(1-G(x_i|\theta_1)^c),$$

$$c \sim \Gamma(p_3, q_3 - a\sum_{i=1}^{m}\log G(x_i|\theta_1)),\ \alpha \sim \Gamma(p_4+m, q_4),$$

$$\beta \sim \Gamma(p_5+m, q_5 - \sum_{i=1}^{m}\log x_i),\ \varphi \sim \Gamma(p_6, q_6)$$

이다. 표 7.6에 있는 자료는 Nicholas and Padgett(2006)에서 얻은 100개의 탄소섬유의 장력강도 자료들이다. 여기서 제곱오차손실함수와 균형손실함수를 이용하여 최대우도, 붓스트랩 그리고 베이즈 추정값과 표준오차를 각 모수에 대하여 구하였다.

균형손실함수에서 가중치는 $w=0.3, 0.7$이며 점진적 제2종 중도절단을 시행하였다. 중도절단계획은 $(0*20, 3*3, 0*10, 3*4, 0*10, 3*3, 0*20)$이다. 표 7.7에 각 모수들에 대한 추정값과 표준오차가 나타나 있다. 결과를 살펴보면 베이즈 추정값이 다른 추정값보다 표준오차가 낮게 나타났으며 특히, 제곱오차손실함수를 이용한 추정값의 표준오차가

표 7.6 Nicholas and Padgett(2006)

3.70	3.11	4.42	3.28	3.75	2.96	3.39	3.31	3.15	2.81
1.41	2.76	3.19	1.59	2.17	3.51	1.84	1.61	1.57	1.89
2.74	3.27	2.41	3.09	2.43	2.53	2.81	3.31	2.35	2.77
2.68	4.91	1.57	2.00	1.17	2.17	0.39	2.79	1.08	2.88
2.73	2.87	3.19	1.87	2.95	2.67	4.20	2.85	2.55	2.17
2.97	3.68	0.81	1.22	5.08	1.69	3.68	4.70	2.03	2.82
2.50	1.47	3.22	3.15	2.97	2.93	3.33	2.56	2.59	2.83
1.36	1.84	5.56	1.12	2.48	1.25	2.48	2.03	1.61	2.05
3.60	3.11	1.69	4.90	3.39	3.22	2.55	3.56	2.38	1.92
0.98	1.59	1.73	1.71	1.18	4.38	0.85	1.80	2.12	3.65

표 7.7

	MLE	Boot	SEL($w=0$)	$w=0.3$	$w=0.7$
$\hat{\alpha}$	2.432	2.411	2.464	2.450	2.443
	(0.552)	(0.553)	(0.545)	(0.547)	(0.550)
$\hat{\beta}$	5.813	5.745	5.909	5.879	5.843
	(0.869)	(0.884)	(0.857)	(0.861)	(0.866)
$\hat{\varphi}$	0.431	0.429	0.438	0.435	0.433
	(0.313)	(0.332)	(0.309)	(0.310)	(0.311)
$\hat{a}$	0.745	0.744	0.748	0.747	0.747
	(0.247)	(0.248)	(0.245)	(0.246)	(0.246)
$\hat{b}$	0.358	0.351	0.362	0.360	0.359
	(0.190)	(0.192)	(0.188)	(0.189)	(0.189)
$\hat{c}$	110.135	110.032	110.315	110.267	110.211
	(89.265)	(89.914)	(88.413)	(88.763)	(89.111)

가장 낮게 나타났다. 균형손실함수를 보면 w이 0으로 다가갈수록 SEL으로, $w=1$이 다가갈수록 MLE로 가까워지는 것을 알 수 있다.

7.10 포아송 과정에 대한 베이지안 자료분석

지금부터 앞에 소개된 MCMC 알고리즘의 아이디어들을 실제 자료를 갖는 본 예제를 통하여 베이지안 방법론에 입각하여 단순한 모형에서부터 모든 가능한 모형들에 대하여 차례로 설명하고 복습하면서 이 책을 마무리하고자 한다.

여기서 사용되는 자료는 Green(2001)이 고려한 101년 동안 인도에 있는 벵갈만을 강타한 141번의 사이클론(cyclone)들로 구성되며 표 7.8에 있다(Mooley, 1981). 벵갈만의 자료집합을 분석하기 위해 자료에 대응되는 모형들, 이에 해당하는 알고리즘들 및 추론들을 설명한다. 이 자료에 대한 누적된 그림은 그림 7.2에 나와 있다.

표 7.8 101년 동안 벵갈만을 강타한 사이클론들의 자료(일시는 일/월/년 순서로 정리됨)

번호	일시	번호	일시	번호	일시	번호	일시
1	20.5.1879	37	15.4.10	72	4.10.36	107	1.5.66
2	21.11.80	38	3.7.10	73	29.4.37	108	1.10.66
3	17.5.84	39	17.4.11	74	28.9.37	109	3.11.66
4	17.12.84	40	23.9.11	75	10.10.38	110	21.11.66
5	19.10.86	41	23.10.11	76	26.11.38	111	28.11.66
6	9.11.86	42	31.10.12	77	16.11.39	112	18.5.67
7	23.11.86	43	19.11.12	78	20.5.40	113	10.10.67
8	25.5.87	44	24.7.13	79	1.7.40	114	23.10.67
9	23.9.87	45	30.7.13	80	26.5.41	115	8.12.67

번호	일시	번호	일시	번호	일시	번호	일시
10	15.9.88	46	15.5.14	81	10.7.41	116	10.5.68
11	31.10.88	47	3.6.14	82	2.12.41	117	20.10.68
12	17.8.89	48	5.5.16	83	16.10.42	118	28.10.68
13	5.11.91	49	21.9.16	84	18.5.43	119	7.11.69
14	23.11.91	50	22.11.16	85	4.3.44	120	7.5.70
15	9.6.92	51	3.5.17	86	31.7.44	121	23.10.70
16	25.5.93	52	24.9.19	87	18.10.45	122	12.11.70
17	22.10.93	53	8.10.21	88	23.10.47	123	5.6.71
18	5.11.93	54	24.4.22	89	28.10.49	124	29.9.71
19	26.4.95	55	10.11.22	90	30.11.52	125	6.11.71
20	5.9.95	56	22.11.22	91	11.10.55	126	10.9.72
21	1.10.95	57	28.11.22	92	1.12.55	127	22.9.72
22	12.12.95	58	6.5.23	93	31.5.56	128	22.11.72
23	27.6.96	59	18.11.23	94	30.9.59	129	5.12.72
24	26.7.96	60	16.5.25	95	11.10.60	130	9.11.73
25	26.10.97	61	22.5.26	96	31.10.60	131	9.12.73
26	7.5.98	62	4.6.27	97	9.5.61	132	15.8.74
27	6.11.1898	63	1.11.27	98	30.6.61	133	28.11.74
28	18.8.1900	64	29.11.30	99	30.10.62	134	7.5.75
29	26.11.01	65	24.5.32	100	28.5.63	135	2.5.76
30	6.5.02	66	18.11.33	101	21.10.63	136	11.9.76
31	29.10.06	67	15.12.33	102	23.12.64	137	4.11.76
32	10.3.07	68	8.7.35	103	11.5.65	138	16.11.76
33	11.11.08	69	15.11.35	104	1.6.65	139	13.5.77
34	17.10.09	70	26.4.36	105	15.12.65	140	12.11.77
35	27.10.09	71	27.5.36	106	3.1.66	141	19.11.1977
36	6.12.09						

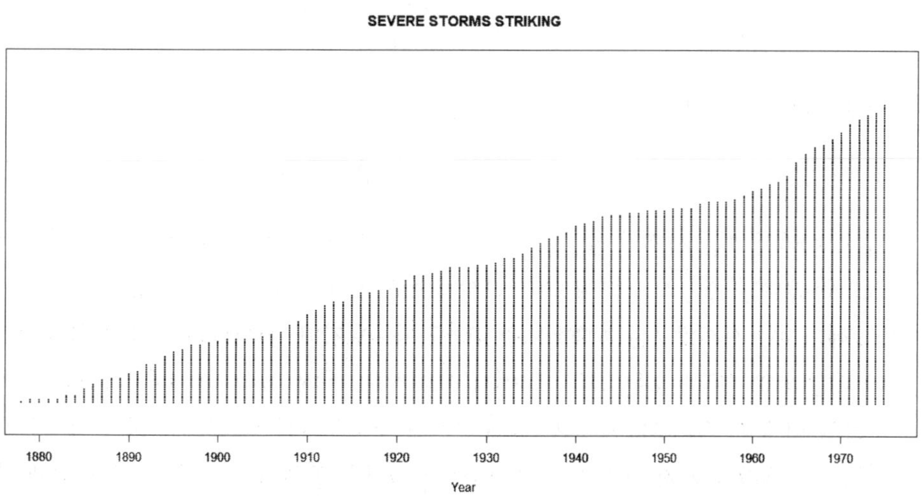

그림 7.2 사이클론들의 자료에 대한 누적 셈 과정

관측자료는 관측구간 $[0,L)$에 있는 시간들에서 사건들 $y_1,\ldots,y_N$의 점 과정이다. 간단히 말하면, 각 사건들은 무작위(확률적)로 발생하지만(즉, 포아송 과정) 이들은 가능한 균일 비로 발생하지 않는다. 시간 t에서, 기본 시간당 비 $\theta(t)$로 발생한다. 여기서 목표는 $\theta(t)$에 대한 추론을 하는 것이다. 다양한 종류의 모형들을 통하여, 작업을 할 것이며, 여기서 궁극적으로 변환점들의 미지의 개수, 미지의 모수들 및 모수적 주기적 성분을 허용한다.

모형–1: (상수 비)
모든 t에 대해, 상수 비 $\theta(t) \equiv \theta$을 가정한다. 이때 사건들의 시간들은 의미가 없다. 길이 L인 시간 구간에서 N개의 사건들을 관측한다. 따라서 θ의 분명한 추정값은

$$\hat{\theta} = \frac{N}{L}.$$

N은 평균 θL을 갖는 포아송 분포 $P_0(N|\theta)$을 따른다는 가정 아래에서, $\hat{\theta}$은 θ의 최대우도추정량이며, 따라서

$$P_0(N|\theta) = \frac{e^{-\theta L}(\theta L)^N}{N!}. \tag{7.160}$$

모형–2: (상수 비, 베이즈 추론)
이 자료에 베이지안 접근을 하고자, θ에 대한 사전정보로

$$\theta \sim Gam(\alpha, \beta) \equiv p(\theta) \tag{7.161}$$

을 가정하며, 여기서 α 및 β은 알려진 상수들이다. 이때,

$$p(\theta) = \frac{\beta^{\alpha}\theta^{\alpha-1}e^{-\beta\theta}}{\Gamma(\alpha)}$$

이다. 그러므로 θ의 사후분포는

$$\theta | N \sim Gam(\alpha + N, \beta + N)$$

이다. 따라서 θ의 사후평균은 $(\alpha + N)/(\beta + L)$이므로, 만약 N 및 L이 α및 β에 상대적으로 크다면, 이것의 사후평균은 근사적으로 N/L이다. 그러므로 많은 자료를 갖는다면, 베이지안 사후평균은 최대우도추정량에 가까워진다. 사이클론 자료에 적합한 모형–2에 대한 θ의 사후분포는 그림 7.3에서 보여진다. 이때, $\alpha = \beta = 1$을 가정했다.

모형–2에서는 MCMC에 대한 필요성이 요구되지 않는다. 사후분포는 표준분포로 인식되므로 정확하게 계산될 수 있다. 이러한 선택을 공액이라 한다. 다른 사전에 대해 이런 식으로 해결되지 않았을 것이다.

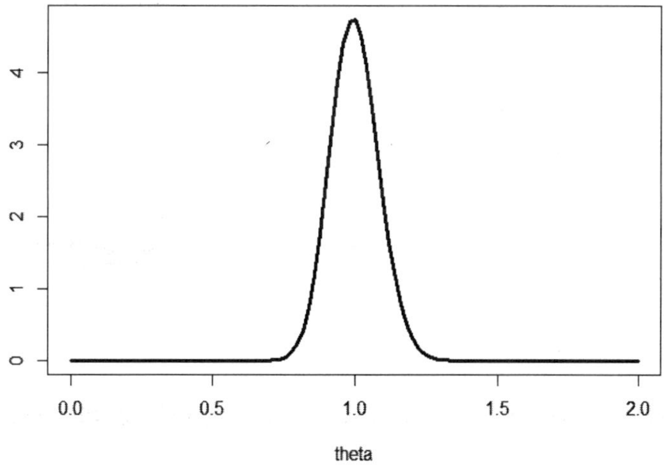

그림 7.3 사이클론 자료: 모형-2에 있는 θ의 사후분포

모형-3:

모형-2에서 사전분포로서 $\theta \sim Gam(\alpha,\beta)$을 사용하고, α 및 β은 알려진 상수라고 가정하였다. 본 모형에서는 α은 지정하지만, β은 미지로 가정한다. 따라서 β에 대한 사전으로, 고정된 e 및 f에 대해,

$$\beta \sim Gam(e,f) \tag{7.162}$$

을 가정한다. 그러나 이때 θ의 사후분포 $p(\theta|N,\alpha,e,f)$은 명시적 형태를 갖고 있지 않기 때문에 더 이상 유용할 수가 없다. 따라서 깁스샘플러를 이용하고자 다음과 같은 완전조건부분포들이 요구된다. 즉,

$$\theta|\beta,N,\alpha,e,f \sim Gam(\alpha+N,\beta+L)$$

및

$$\beta|\theta,N,\alpha,e,f \propto \beta^{\alpha+e-1}\exp(-(\theta+f)\beta) \equiv Gam(a+e,\theta+f)$$

으로 간단한 형태이다. 따라서 깁스샘플러를 이용할 수 있고, 차례로 위 두 개의 완전조건부분포들에서 θ 및 β을 번갈아 가면서 표본들을 생성한다.

그림 7.4는 사이클론 자료에 모형-3에 적용된 깁스샘플러의 첫 약간의 이동들을 보인다. 이때, $\alpha=1, e=1$ 및 $f=N/L=1.396$을 취하고,

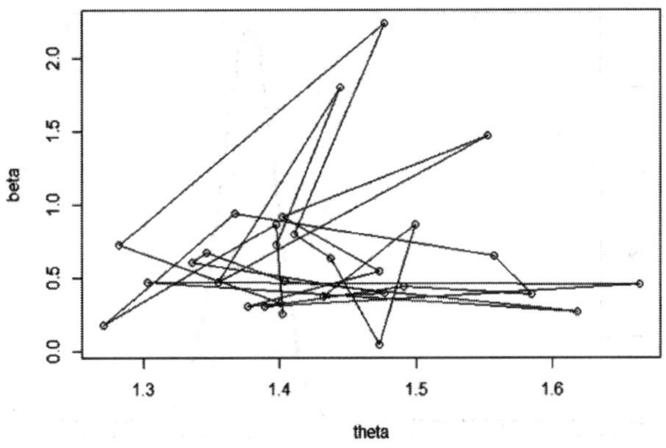

그림 7.4 사이클론 자료: 모형-3에 대한 깁스샘플러의 첫 여러 개의 이동들

깁스샘플러의 1,000개 출력들에 근거하여, θ 및 β은 사후주변분포들은 그림 7.5 및 7.6 에 그려진다.

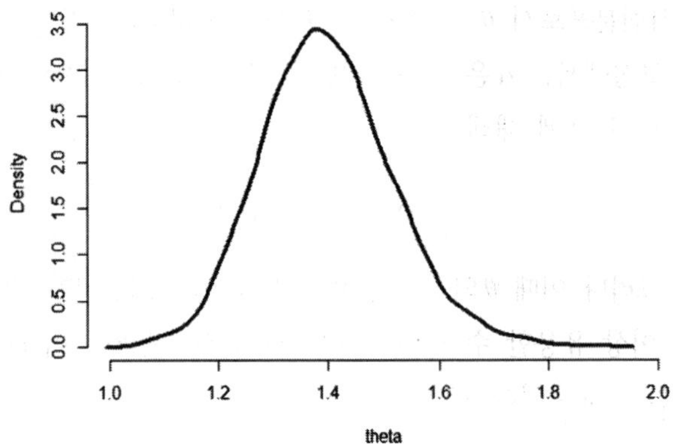

그림 7.5 사이클론 자료: 모형-3에 대한 θ의 사후주변분포

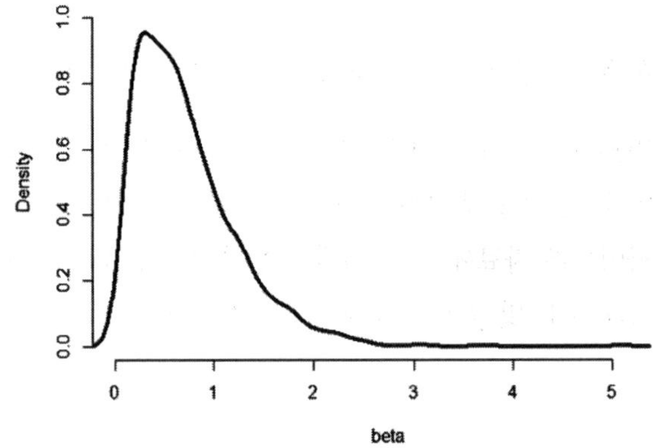

그림 7.6 사이클론 자료: 모형-3에 대한 β의 사후주변분포

모형-4: 변환점을 갖는 상수 비

이제, 비 $\theta(t)$가 변하도록 허용하지만, 특별한 방법으로 요구되며 즉, 계단함수이다. 하나 또는 그 이상의 변환점들을 가정한다면, 이는 하나의 적당한 모형일 것이다. 과정은 완전히 확률적이지만, 비는 수준들 사이에서 교환한다. 우선 알려진 시간 $T \in (0, L)$에서 하나의 변환점을 가정하면,

$$\theta(t) = \begin{cases} \theta_0 & \text{if } 0 \le t < T \\ \theta_1 & \text{if } T \le t < L. \end{cases} \tag{7.163}$$

θ_0 및 θ_1은 사전 감마 분포로부터 독립으로 분포되었다고 가정한다. 즉 $i = 0, 1$에 대해,

$$\theta_i \sim Gam(\alpha, \beta),$$

그러므로 만약 N_0 및 N_1은 시간 T의 전후의 사건들의 수이면, 위의 방법은 다음과 같은 완전조건부 분포들에서 표집되어 확장된다(다음 계산들은 모형-5에서 잘 설명된다).

$$\begin{aligned} \theta_0 | \theta_1, \beta &\sim Gam(\alpha + N_0, \beta + T) \\ \theta_1 | \theta_0, \beta &\sim Gam(\alpha + N_1, \beta + (L - T)) \end{aligned}$$

및

$$\beta | \theta_0, \theta_1 \sim Gam(e + 2\alpha, f + \theta_0 + \theta_1).$$

이는 3-차원 상태공간 $\{(\theta_0, \theta_1, \beta)\}$을 갖는 마르코프 연쇄를 형성한다.

확률변수 β을 이용한 계층모형은 지금 더 많은 의미를 갖는다. 그 효과는 자료의 양쪽 절반에서 함께 추정되어 "강도를 차용하는(borrow strength)" 것이다. θ_0 및 θ_1들은 주어진 β 아래에서 조건부로 독립이만, 무조건적으로는 종속적이다. 추론에서 그들의 가치는 함께 축소될 것이다.

모형-5: 다중 변환점

만약 다음과 같은 형태 $\theta(t)$을 갖는 k개의 변환점들 $T_1, \cdots, T_k$을 갖는다면, 여기서,

$$\theta(t) = \begin{cases} \theta_0 & \text{if } 0 \le t < T_1 \\ \theta_1 & \text{if } T_1 \le t < T_2 \\ \cdot & \\ \cdot & \\ \cdot & \\ \theta_k & \text{if } T_k \le t < L, \end{cases} \tag{7.164}$$

이고, 이때 모든 것들은 모형을 갖는 마르코프 연쇄를 제공하는 모형-4와 유사한 방법

으로 확장되어 진다. 이는 상태공간 $\{(\theta_0,\theta_1,...,\theta_k,\beta)\}$에 마르코프 연쇄를 둔다. 앞에서와 같이 모든 $i=0,1\,...,k$에 대해, 사전분포

$$\theta_i \sim Gam(\alpha,\beta),\ \beta \sim Gam(e,f)$$

을 가정한다. 이때, $N_0,N_1,\cdots,N_k$은 각 시점 $T_i\ (i=1,\cdots,k)$의 전후로 사건들의 개수라 하면, $\theta_0,\theta_1,\cdots,\theta_k,\beta$의 결합사후분포는

$$\begin{aligned}&[\theta_0,\theta_1,\cdots,\theta_k,\beta|N_0,\cdots,N_k,N_{k+1},\alpha,c,d,e,f]\\&\propto \frac{\exp(-\theta_0T_1)(\theta_0T_1)^{N_0}}{N_0!}\frac{\exp(-\theta_1(T_2-T_1))(\theta_1(T_2-T_1))^{N_1}}{N_1!}\times\\&\cdots\times\frac{\exp(-\theta_k(L-T_k))(\theta_k(L-T_k))^{N_k}}{N_k!}\end{aligned}$$

$$\times\frac{\beta^\alpha\theta_0^{\alpha-1}\exp(-\beta\theta_0)}{\Gamma(\alpha)}\cdots\times\frac{\beta^\alpha\theta_k^{\alpha-1}\exp(-\beta\theta_k)}{\Gamma(\alpha)}\times\frac{f^e\beta^{e-1}\exp(-f\beta)}{\Gamma(e)}.$$

이때, 완전조건부분포들은 다음과 같다.

$$[\theta_0|\theta_{-0},\cdots]\propto\frac{e^{-\theta_0T_1}(\theta_0T_1)^{N_0}}{N_0!}\times\theta_0^{\alpha-1}e^{-\beta\theta_0}\equiv Gam(\alpha+N_0,\beta+T_1)$$

$$[\theta_1|\theta_{-1},\cdots]\propto\frac{e^{-\theta_1(T_2-T_1)}(\theta_1(T_2-T_1))^{N_1}}{N_1!}\times\theta_1^{\alpha-1}e^{-\beta\theta_1}\equiv Gam(\alpha+N_1,\beta+(T_2-T_1))$$

$$\vdots$$

$$[\theta_k|\theta_{-k},\cdots]\equiv Gam(\alpha+N_k,\beta+(L-T_k))$$

및

$$[\beta|\theta,\alpha,\cdots]\propto\beta^{(k+1)\alpha}e^{-(\theta_0+\theta_1+\cdots+\theta_k)\beta}\beta^{e-1}\exp(-f\beta)\equiv Gam((k+1)\alpha+e,f+\sum_{i=0}^k\theta_i),$$

여기서 $[X|Y]$을 주어진 Y아래서 X의 조건부분포를 나타낸다. 모든 완전조건부분포들은 표준분포들이므로, 간단하게 깁스샘플러를 적용할 수 있다.

모형-6: 미지의 초모수 α

본 모형은 모형-5와 α의 상태를 제외하고는 모두가 동일하다. 본 모형에서 α을 미지라 가정하여,

$$\alpha \sim Gam(c,d) \tag{7.165}$$

라고 두고, 여기서 c 및 d은 고정된 상수들이라 하자. 실제로 사이클론 자료에서는 $c=d=2$로 둔다. 여기서 완전조건부분포들은 모형-5의 것들과 모두 동일하고 여기에 추가하여,

$$\alpha|\theta_0,\theta_1,\ldots,\theta_k,\beta \ \sim \ \left(\frac{1}{\Gamma(\alpha)}\right)^{k+1}\left(\prod_{i=0}^{k}\theta_i\right)^{\alpha-1}\alpha^{c-1}\exp(-d\alpha)\beta^{(k+1)\alpha}$$

이다. 이 마지막 분포는 표준분포가 아니기 때문에 깁스샘플러로는 충분하지 않다. 따라서 상태공간 $\{(\theta_0,\theta_1,\ldots,\theta_k,\alpha,\beta)\}$을 갖는 마르코프 연쇄에서, 로그-스케일 $\ln\alpha$로 확률보행 메트로폴리스-하스팅스 알고리즘을 이용하여 α을 최신화한다. 그러므로 채택확률은

$$min\left\{1,\frac{P(\ln\alpha'|\cdots)}{P(\ln\alpha|\cdots)}\right\}=min\left\{1,\left(\frac{\Gamma(\alpha)}{\Gamma(\alpha')}\right)^{k+1}\left(\frac{\alpha'}{\alpha}\right)^{c-1}\left(exp(-d)\beta^{k+1}\prod_{i=0}^{k}\theta_i\right)^{\alpha'-\alpha}\right\}$$

이다.

모형-7: 미지의 변환점들 위치

만약 $\theta_0,\theta_1,\cdots,\theta_k$들이 미지이면, 변환점들의 시간들 $T_1<T_2<\cdots<T_k$들도 미지라고 가정하는 것이 합리적이다. 이제부터 $x=(\theta_0,\theta_1,\cdots,\theta_k,T_1,\cdots,T_k,\alpha,\beta)$라고 하자. $T_1,\cdots,T_k$의 사전분포로서,

$$P(T_1,\cdots,T_k)\propto T_1(T_2-T_1)\cdots(T_k-T_{k-1})(L-T_k) \tag{7.166}$$

을 가정하여 추가하면, 이때 $x=(\theta_0,\theta_1,\cdots,\theta_k,T_1,\cdots,T_k,\alpha,\beta)$의 결합사후분포는

$$\begin{aligned}
&f(\theta_0,\theta_1,\cdots,\theta_k,\alpha,\beta,T_1,\cdots,T_k|N_0,\cdots,N_k,c,d,e,f)\\
&\quad\propto\frac{\exp(-\theta_0T_1)(\theta_0T_1)^{N_0}}{N_0!}\frac{\exp(-\theta_1(T_2-T_1))(\theta_1(T_2-T_1))^{N_1}}{N_1!}\cdots\\
&\quad\times\frac{\exp(-\theta_k(L-T_k))(\theta_k(L-T_k))^{N_k}}{N_k!}\frac{\beta^{\alpha}\theta_0^{\alpha-1}\exp(-\beta\theta_0)}{\Gamma(\alpha)}\cdots\\
&\quad\times\frac{\beta^{\alpha}\theta_k^{\alpha-1}\exp(-\beta\theta_k)}{\Gamma(\alpha)}\frac{d^c\alpha^{c-1}\exp(-d\alpha)}{\Gamma(c)}\frac{f^e\beta^{e-1}\exp(-f\beta)}{\Gamma(e)}\\
&\quad\times T_1(T_2-T_1)\cdots(T_k-T_{k-1})(L-T_k)
\end{aligned}$$

이다. 이 결합밀도는 연속적으로 너무 가깝게 발생하는 두 가지 변화들에 대해 부드러운 선호도를 제공한다. 이는 실제적으로 균등분포 $U_{(0,L)}$에서 크기 $2k+1$인 표본들에 대한 짝수 순서통계량의 결합 분포이다.

이때, 사후주변분포 또는 완전조건부분포들은 매우 복잡하다. 따라서 메트로폴리스-하스팅스 알고리즘이 요구된다. $[T_{j-1}, T_{j+1}]$에서 균등적으로 생성된 T_j의 제안을 위해 채택확률은

$$min\left\{1, (\text{우도 비})\frac{(T_j' - T_{j-1})(T_{j+1} - T_j')}{(T_j - T_{j-1})(T_{j+1} - T_j)}\right\}$$

이다.

모형-8: 변환점들의 미지의 개수

변환점들의 개수 k가 미지라고 가정한다. 이때, k에 대한 사전분포는 포아송 $Po(\lambda)$이라고 가정하면,

$$k \sim p(k) = \frac{e^{-\lambda \lambda^k}}{k!} \tag{7.167}$$

이다. 이때 모든 미지들 $x = (k, \alpha, \beta, T_1, \cdots, T_k, \theta_0, \cdots, \theta_k)$에 대한 베이즈 추론을 하고자 한다. 여기에는 $2k+4$개의 모수들이 있다. 주어진 k에 대해 계단 위치들 및 높이들의 밀도들은 각기

$$S_1 < S_2 < \cdots < S_k \sim U(0, L)$$

및

$$h_{0,}h_1, \cdots, h_k \sim indep\ f_H(h) = \frac{\beta^\alpha h^{\alpha-1} e^{-\beta h}}{\Gamma(\alpha)} \equiv Gam(\alpha, \beta).$$

이라고 가정하자.

MCMC 해결책에 대해 계단들의 변하는 수를 허용하기 위하여 모형-8에 필요한 유일한 추가 성분은 출생사망 이동이다. 이것은 계단함수가 강도를 나타내고, 음수가 아니기 때문에 가중 기하학적 평균

$$h_{j^-}^{w_-} h_{j^+}^{w_+} = h_{j^*}^{w_- + w_+}$$

을 보존하도록 배열되었다는 점을 제외하고는 앞 절의 설정들을 거의 가깝게 따른다. 역시 계단 위치의 결합밀도는 채택 비에 대응되는 변화를 갖고

$$\prod_{j=0}^{k}(s_j - s_{j-1})$$

에 비례한다. 이 샘플러의 이동은 Green(1995)에 자세히 설명되어 있지만 여기서는 이전과 같이 초모수변수들 α,β을 포함하도록 모형을 약간 확장했다. 이에 대한 보다 자세한 내용은 예제 5.123에 따른다.

연습문제-A

01 정리 7.1에서의 동일한 가정 아래에서 다음을 보여라.

(a) $Y_{(1)} \sim N_q(\mu^{(1)}, \Sigma_{11})$

(b) $Y_{(2)} \mid Y_{(1)} = y_{(1)} \sim N_{p-q}(\mu^{(2)} + \Sigma_{22}\Sigma_{11}^{-1}(y_{(1)} - \mu^{(1)}),\ \Sigma_{22} - \Sigma_{21}\Sigma_{11}^{-1}\Sigma_{12})$.

02 정리 7.2를 증명하여라.

03 다음과 같은 선형모형

$$y = X\beta + \epsilon$$

으로 표현할 수 있다. 여기서 y는 관측치들의 $n-$벡터, X은 적당한 설명변수들을 품고 있는 $n \times p$ 행렬, $\beta = (\beta_1, \cdots, \beta_p)^t$는 미지의 회귀계수를 품고 있는 $p-$벡터 그리고, ϵ은 평균 0과 상수분산 σ^2을 갖는 랜덤 오차들의 $n-$벡터이다. 편의상, X는 완전 열계수 $p < n$를 갖는다고 가정하고, 역시 X의 첫 번째 열은 모든 원소들이 1인 벡터이다. 또한 (β, σ^2)의 결합사전분포 $\pi(\beta, \sigma^2) \propto 1/\sigma^2$라 가정한다. 이때

(a) (β, σ^2)의 우도함수가

$$f(y|\beta, \sigma^2) = \left[\frac{1}{\sqrt{2\pi}\,\sigma}\right]^n \exp\left\{-\frac{1}{2\sigma^2}\left[(y-\hat{y})'(y-\hat{y}) + (\beta-\hat{\beta})'X'X(\beta-\hat{\beta})\right]\right\}$$

임을 보여라. 여기서,

$$\hat{\beta} = (X'X)^{-1}X'y \text{ 와 } \hat{y} = X\hat{\beta}$$

이다.

(b) $\hat{\beta}|\sigma^2 \sim N_p(\beta, \sigma^2(X'X)^{-1})$와 $(y-\hat{y})'(y-\hat{y})|\sigma^2 \sim \sigma^2\chi^2_\nu$ 보여라. 여기서 $\nu = n-p$ 이다.

(c) β와 σ^2의 조건부사후분포는

$$\beta \mid \hat{\beta}, \sigma^2 \sim N_p(\hat{\beta}, \sigma^2(X'X)^{-1}) \text{ 와 } \frac{1}{\sigma^2}| s^2 \sim \nu s^2 \chi^2_\nu$$

임을 보여라. 여기서 $s^2 = (y-\hat{y})'(y-\hat{y})/\nu$이다.

(d) 주어진 자료 y 아래에서 (β, σ^2)의 결합사후분포는

$$\pi(\beta, \sigma^2 | y) = \pi(\beta \,|\, \hat{\beta}, \sigma^2)\, \pi(\sigma^2 \,|\, s^2)$$

으로 표현됨을 설명하여라.

(e) β의 주변사후분포는 다변량 $t-$분포

$$\pi(\beta | y) = \frac{\Gamma(n/2)|X'X|^{1/2} s^{-p}}{(\Gamma(1/2))^p \Gamma(\nu/2)(\sqrt{\nu})^p} \left[1 + \frac{(\beta - \hat{\beta})' X' X (\beta - \hat{\beta})}{\nu s^2}\right]^{-\frac{n}{2}}$$

임을 보여라.

(f) $(\beta - \hat{\beta})' X' X (\beta - \hat{\beta}) / ps^2$의 사후분포는 자유도 p와 ν를 갖는 F 분포를 따름을 보여라.

04 (예제 7.6)

주어진 $y_1, \cdots, y_n$ 아래에서 μ의 주변사후분포함수는 다변량 $t-$분포임을 보여라. 즉,

$$\mu | y_1, \cdots, y_n \sim t_{\nu_n - d + 1}(\mu_n,\ \Lambda_n / (k_n(\nu_n - d + 1)))$$

에서 ν_n을 구하여라.

05 예제 7.9 (제한다중회귀모형)에서와 동일한 구조를 고려한다.

(a) $\beta_{10} | \beta_1, \cdots, \beta_9, y \sim N(\psi \theta_{10} + (1 - \psi)\mu_{10},\ (1 - \psi)\sigma_{10}^2)$

이며,

$$\psi = \frac{\sigma_{10}^2}{\sigma_{10}^2 + \delta_{10}^2},\ \ \theta_j = \left(\sum_{i=1}^{n} x_{ij}^2\right)^{-1} \left(\sum_{i=1}^{n} \left(y_i - \sum_{l \neq j} x_{il}\beta_l\right) x_{ij}\right)$$

와

$$\delta_j^2 = \left(\sum_{i=1}^{n} x_{ij}^2\right)^{-1} \sigma^2,\ j = 1, \cdots, 10.$$

임을 보여라.

(b) Chen과 Deely(1996)에 있는 New Zealand Apple 자료(표 7.1)를 갖고 MCMC 방법을 이용하여 베이즈 추론을 하여라.

06 보조정리 7.12를 증명하여라.

연습문제-B

07 (Gaver와 O'Muircheartaigh, 1987)
핵발전소에서 발생하는 펌프의 다중 고장에 대한 모형으로써, 자료는 표 7.8에 있다. 이때 고려된 모형은 다음과 같은 계층적 포아송 모형이다.

모든 $i=1,\cdots n(10)$에 대하여, i번째 펌프의 고장 횟수는 모수 λ_i을 갖는 포아송 과정을 따른다는 가정에 근거한다. 이때 관측된 시간 t_i에서 고장 횟수 Y_i는 포아송 $Po(\lambda_i t_i)$의 확률변수이다.

표 7.9

펌프(pump)	1	2	3	4	5	6	7	8	9	10
고장 횟수	5	1	5	14	3	19	1	1	4	22
시간	94.32	15.72	62.88	125.76	5.24	31.44	1.05	1.05	2.10	10.48

즉, $i=1,\cdots n$에 대하여, 독립적으로

$$Y_i \sim Po(\lambda_i t_i)$$

이며, 여기서 연관되는 사전분포는 서로 독립적으로

$$\lambda_i \sim Gam(\alpha,\beta)\text{와 } \beta \sim Gam(a,b)$$

이라 가정한다.

(a) 깁스샘플러를 수행하기 위한 완전조건부분포함수들을 구하여라.

(b) 알고리즘 5.50에 관한 β의 전이핵 $K(\beta,\beta')$이 다음을 만족함을 보여라.

$$K(\beta,\beta') \ge \frac{b^{a+10\alpha-1}(\beta')^{a+10\alpha-1}}{\Gamma(10\alpha+a)} e^{-b\beta'} \prod_{i=1}^{10}\left(\frac{t_i}{t_i+\beta'}\right)^{y_i+\alpha}.$$

(c) 연쇄 (β^t)이 균등적 에르고딕임을 보여라.

08 Schukken 외(1991)는 1년 동안 젖소들 무리에서 임상형 유방염 사례를 조사하였다. 각각의 무리 안에서 각 소의 유방염 발생은 베르누이 분포를 따른다고 가정하였다. 이때 $i=1,\cdots,m$에 대하여 무리 i에 있는 발병의 수 X_i가 포아송 분포 $Po(\lambda_i)$을 따른다고

가정하는 것이 합리적이다, 여기서 λ_i은 각 무리 i에서 감염률을 나타낸다. 또한 포아송 모수에 감마 분포 $Gam(\alpha, \beta_i)$을 가정하고, 여기서 α는 알려진 상수이고, 이때 β_i의 사전을 감마 분포 $Gam(a, b)$라 가정한다. 여기서 a, b은 알려진 상수이다. 따라서 $i = 1, \cdots, m$에 대하여

$$X_i \sim Po(\lambda_i) \ , \quad \lambda_i \sim Gam(\alpha, \beta_i), \ \beta_i \sim Gam(a, b)$$

이다.

표 7.10 Source, Schukken et al 1991.

0	0	0	0	0	0	0	1	1	1	1	1	1	1	1
1	1	1	1	2	2	2	2	2	2	2	2	3	3	3
3	3	3	3	3	3	4	4	4	4	4	4	4	4	5
5	5	5	5	5	5	5	6	6	6	6	6	6	6	6
6	7	7	7	7	7	7	8	8	8	8	8	9	9	9
10	10	10	10	11	11	11	11	11	11	11	12	12	12	12
13	13	13	13	13	14	14	15	16	16	16	16	17	17	17
18	18	18	19	19	19	19	20	20	21	21	22	22	22	22
23	25	25	25	25	25	25								

위에서 설명한 표 7.9의 임상 유방염 자료는 $m = 127$ 젖소 무리들에서 관측된 유방염 발병 수들이다.

(a) λ_i와 β_i의 완전조건부분포들을 유도하여라.

(b) 이 자료에 대하여, 깁스샘플러를 수행하고, λ_5, λ_{15}와 β_{15}의 히스토그램과 추적경로를 만들어라. 이때 $\alpha = 0.1$, $a = b = 1$을 사용하여 총 10000번 반복하고 번인은 4000으로 하여라.

09 7.3.2절의 성장곡선을 고려한다.

(a) 깁스샘플러를 이용하기 위해서 다음과 같은 완전조건부분포들을 유도하여라. 즉, $i = 1, \cdots, 30$에 대하여,

$$p(\theta_i | Y, \mu_c, \Sigma^{-1}, \sigma^2) = N\left[D_i(\sigma^{-2} X_i^T Y_i + \Sigma^{-1}\mu_c), D_i\right],$$

$$p(\mu_c | Y, \theta_1, \ldots, \theta_{30}, \Sigma^{-1}, \sigma^2) = N\left[V(30\sigma^{-1}\tilde{\theta} + C^{-1}\eta), V\right],$$

$$p(\Sigma^{-1} | Y, \theta_1, \ldots, \theta_{30}, \mu_c, \sigma^2) = W\left[\left[\sum_i (\theta_i - \mu_c)(\theta_i - \mu_c)^T + \rho R\right]^{-1}, 30 + \rho\right],$$

와

$$p(\sigma^2 | Y, \theta_1, \ldots, \theta_{30}, \mu_c, \Sigma^{-1})$$
$$= IGam\left\{\frac{n + v_0}{2}, \frac{1}{2}\left[\sum_i (Y_i - X_i\theta_i)^T (Y_i - X_i\theta_i) + v_0\tau_0^2\right]\right\}.$$

(b) 어린 쥐 자료에 대하여, Gelfand 외(1990)는 모호사전분포를 반영하고자

$$C^{-1}=0,\ v_0=0,\ \rho=2 \text{ 과 } R=\begin{pmatrix}100 & 0\\ 0 & 0.1\end{pmatrix}$$

인 값들을 선택하였다. 이를 이용하여 깁스샘플러의 수렴을 α_c와 β_c의 사후분포들의 그림으로 설명하여라.

10 (예제 7.10)

Finney(1971)에 의하면 표 7.3의 자료는 약 50여 개의 군집으로 이루어진 국화진딧물에 다른 농도들의 로테논을 뿌린 것에 대한 결과들이다. 농도는 리터당 밀리그램이며, 용량 x은 로그 척도로 측정된다. 대상물의 50%가 죽는 적정량인 중앙값 치명적 정량 $LD50$(50% lethal dose)에 대한 추론에 관심이 있다. 로짓 모형을 고려한다.

(a) 깁스샘플러 수행 시 MH 알고리즘의 제안분포와 함께 디자인하여 설명하여라.

(b) 깁스샘플러 수행 후 β_0와 β_1의 사후평균 및 사후분산을 구하고, MLE와 비교하여라.

(c) $LD50$의 베이즈 추정값과 사후표준편차를 구하여라.

11 표 7.10은 어떤 산(acid)의 독성에 대한 여러 자료들이 있는 Woodward 외(1941)에서 온 자료이다. 이 자료는 클로르아세트(chloracetic) 산에 노출과 쥐의 죽음과의 관계를 시험한다. 각각의 정량(Dose) 수준(몸무게의 킬로그램당 그램으로 측정한 수)에서, 10마리의 쥐가 노출되어 있다. 여기서 프로빗 모형을 고려한다.

표 7.11 Lethality of Chloracetic Acid

복용량	사망수	복용량	사망수
0.0794	1	0.1778	4
0.1000	2	0.1995	6
0.1259	1	0.2239	6
0.1413	0	0.2512	5
0.1500	1	0.2818	5
0.1558	2	0.3162	8

(a) 사후분포의 난수를 생성하기 위해서 7.4.2절에서 설명된 깁스샘플러를 사용하여 β_0와 β_1의 사후평균과 사후표준편차를 구하여라.

(b) $LD50=-\beta_0/\beta_1$의 베이즈 추정값을 구하여라.

12 Gelfand 외(1990)는 아래와 같은 일원분산성분모형을 고려하였다.

$$Y_{ij} = \beta + \mu_i + \varepsilon_{ij},\ i = 1, \ldots, k,\ j = 1, \ldots, n_i,$$

이며, 여기서 Y_{ij}은 i번째 그룹에 속하는 j번째 관측치이며, β은 총평균, μ_i은 i번째 그룹의 효과이고, 오차항 ε_{ij}는 독립이고 동일 정규분포 $N\left(0, \sigma_\varepsilon^2\right)$을 따르고, 또한 μ_i도 독립이고 동일 정규분포 $N\left(0, \sigma_\mu^2\right)$을 가정한다. 다음과 같은 사전분포함수

$$\pi\left(\sigma_\varepsilon^2, \sigma_\mu^2, \beta\right) = \pi\left(\sigma_\varepsilon^2\right)\pi\left(\sigma_\mu^2\right)\pi(\beta)$$

을 가정하고, 여기서

$$\pi\left(\sigma_\varepsilon^2\right) \propto \frac{1}{\sigma_\varepsilon^2},\ \pi\left(\sigma_\mu^2\right) \propto \frac{1}{\sigma_\mu^2},\ \pi(\beta) \propto 1$$

이라고 하자. 여기에 깁스샘플러를 적용하기 위해서 다음과 같은 완전조건부분포함수들을 유도하여라. 즉, $i = 1, \cdots, k$에 대하여,

$$\pi\left(\mu_i | \beta, \sigma_\varepsilon^2, \sigma_\mu^2, Y\right) = N\left(\hat{\mu}_i, c_i\sigma_\varepsilon^2\right), \quad \pi\left(\beta | \mu, \sigma_\varepsilon^2, \sigma_\mu^2, Y\right) = N\left(\hat{\beta}, \sigma_\varepsilon^2/N\right)$$
$$\sigma_\varepsilon^2 | \beta, \mu, \sigma_\mu^2, y \sim Ns_\varepsilon^2/\chi_N^2, \quad \sigma_\mu^2 | \beta, \mu, \sigma_\varepsilon^2, y \sim ks_\varepsilon^2/\chi_k^2$$

여기서 χ_a^2은 자유도 a을 갖는 카이제곱 확률분포를 의미하고,

$$\mu = (\mu_1, \ldots, \mu_k),\ N = \sum_{i=1}^k n_i,\ \hat{\beta} = \frac{1}{N}\left(\sum_{i=1}^k \sum_{j=1}^{n_i} Y_{ij} - \sum_{i=1}^k n_i\mu_i\right),$$
$$s_\varepsilon^2 = \sum_{i=1}^k \sum_{j=1}^{n_i} (Y_{ij} - \beta - \mu_i)^2/N,\quad s_\mu^2 = \sum_{i=1}^k \mu_i^2/k,\ \tau = \sigma_\varepsilon^2/\sigma_\mu^2,$$

$i = 1, \ldots, k$에 대하여, $\overline{y}_i$은 i번째 그룹의 관측치들 평균이고,

$$\hat{\mu}_i = \frac{n_i}{n_i + \tau}\left(\overline{y}_i - \beta\right),\quad c_i = \left(n_i + \tau\right)^{-1}$$

이다.

13 다음과 같은 일원분산성분모형을 고려한다.

$$Y_{ij} = \theta_i + \varepsilon_{ij},$$

여기서 $i=1, ..., K$ 와 $j=1, ..., J$에 대하여, Y_{ij}은 i번째 그룹에 속하는 j번째 관측치이며, θ_i은 i번째 그룹의 효과이고, 오차항 ε_{ij}은 독립이고 동일한 정규분포 $N\left(0, \sigma_\varepsilon^2\right)$을 따르고, 또한 θ_i도 독립이고 동일한 정규분포 $N\left(0, \sigma_\theta^2\right)$을 따른다. 이때 사전분포함수 $\pi\left(\sigma_\varepsilon^2, \sigma_\theta^2, \mu\right) = \pi\left(\sigma_\varepsilon^2\right)\pi\left(\sigma_\theta^2\right)\pi(\mu)$인 구조이다.

(a) 만약 사전분포가

$$\pi\left(\sigma_\theta^2\right) = IGam(a_1, b_1),\ \pi\left(\sigma_\varepsilon^2\right) = IGam(a_2, b_2)\text{와 } \pi(\mu) = N\left(\mu_0, \sigma_0^2\right)$$

이라고 하자. 이때 아래와 같은 완전조건부분포들을 구하여라.

$$\pi\left(\mu|\theta, \sigma_\varepsilon^2, \sigma_\theta^2, Y\right) = N\left(\frac{\sigma_\theta^2\mu_0 + \sigma_0^2\Sigma\theta_i}{\sigma_\theta^2 + K\sigma_0^2}, \frac{\sigma_\theta^2\sigma_0^2}{\sigma_\theta^2 + K\sigma_0^2}\right),$$

$$\pi\left(\theta_i|\mu, \sigma_\varepsilon^2, \sigma_\theta^2, Y\right) = N\left(\frac{J\sigma_\theta^2}{J\sigma_\theta^2 + \sigma_\varepsilon^2}\overline{Y}_{i.} + \frac{\sigma_\varepsilon^2}{J\sigma_\theta^2 + \sigma_\varepsilon^2}\mu, \frac{\sigma_\theta^2\sigma_\varepsilon^2}{J\sigma_\theta^2 + \sigma_\varepsilon^2}\right),$$

$$\pi\left(\sigma_\varepsilon^2|\mu, \theta, \sigma_\theta^2, Y\right) = IGam\left(a_2 + \frac{KJ}{2}, b_2 + \frac{1}{2}\sum_{i=1}^{K}\sum_{j=1}^{J}(Y_{ij} - \theta_i)^2\right),$$

와

$$\pi\left(\sigma_\theta^2|\mu, \theta, \sigma_\varepsilon^2, Y\right) = IGam\left(a_1 + \frac{K}{2}, b_1 + \frac{1}{2}\sum_{i=1}^{K}(\theta_i - \mu)^2\right)$$

이며, 여기서 $\overline{Y}_{i.} = \frac{1}{J}\sum_{j=1}^{J}Y_{ij}$와 $\theta = (\theta_1, ..., \theta_K)$이다.

(b) $\pi(\mu) = N(0, 10^{12})$, $\pi\left(\sigma_\varepsilon^2\right) = IGam(0, 0)$와 $\pi\left(\sigma_\theta^2\right) = IGam(1,1)$을 가정한다. 길이 75,000인 하나의 연쇄에 대하여 표 7.11의 자료를 갖고 깁스샘플러를 수행하여라. 각각의 θ_i, σ_ε와 σ_θ에 대하여, j에 대한 j번째 난수들을 그래화하여라. 각각의 사후주변분포함수들을 구하여라.

표 7.12 (Box and Tiao, 1973)

Batch	Observations				
1	7.298	3.846	2.434	9.566	7.990
2	5.220	6.556	0.608	11.788	–0.892
3	0.110	10.386	13.434	5.510	8.166
4	2.212	4.852	7.092	9.288	4.980
5	0.282	9.014	4.458	9.446	7.198
6	1.722	4.782	8.106	0.758	3.758

(c) $\pi(\mu) = N(0, 10^{12})$, $\pi(\sigma_\varepsilon^2) = IGam(0,0)$와 $\pi(\sigma_\theta^2) = IGam(0,0)$을 가정하자. (b)에서와 동일한 작업을 수행하여라. 이 사전분포들의 지정은 예제 5.47에 있는 Hobert-Casella 조건(1996)을 위반하는가? 이 경우에 깁스샘플러 연쇄에 무슨 일이 벌어질 것인지 조사하여라.

(d) $\pi(\sigma_\varepsilon^2) = 1$ 그리고 $\pi(\sigma_\mu^2) = 1$을 갖고 (b)와 동일한 작업을 하여라.

14 예제 7.17에서 설명된 포아송–로그 정규모형을 고려한다.

(a) 깁스샘플러를 이용하기 위한 완전조건부분포들을 구하여라.

(b) 표 7.4에 있는 1975 ~ 1980년도 사이에 스코틀랜드 지방의 56개 군에서 발생한 구순암 자료를 이용하여 각 모수들의 사후평균을 구하여라.

15 예제 7.18에서 식 (7.165)를 유도하여라.

16 (예제 7.18)

1851~1962년까지 112년간 영국 석탄 탄광에서 발생한 심각한 대형 사고의 자료를 이용하여라.

(a) $a_1 = 2$, $a_2 = 1$과 $b_1 = b_2 = 1$이라 하고 B_{01}을 계산하고 변환점이 존재 여부를 판정하여라.

(b) $BF(r)$을 그리고, 이를 바탕으로 변환점을 찾아라.

17 7.8.2절에 있는 변환점을 갖는 포아송 과정 문제를 고려한다.

(a) 이때 완전조건부분포함수들은 다음과 같음을 보여라.

$$p(\theta \mid Y, \lambda, b_1, b_2, k) \sim Gam\left[a_1 + \sum_{i=1}^{k} Y_i, \left(\sum_{i=1}^{k} t_i + b_1^{-1}\right)\right]$$
$$p(\lambda \mid Y, \theta, b_1, b_2, k) \sim Gam\left[a_2 + \sum_{i=k+1}^{n} Y_i, \left(\sum_{i=k+1}^{n} t_i + b_2^{-1}\right)\right]$$
$$p(b_1 \mid Y, \theta, \lambda, b_2, k) \sim IGam\left[a_1 + c_1, \left(\theta + d_1^{-1}\right)\right]$$
$$p(b_2 \mid Y, \theta, \lambda, b_1, k) \sim IGam\left[a_2 + c_2, \left(\lambda + d_2^{-1}\right)\right]$$

과

$$p(k \mid Y, \theta, \lambda, b_1, b_2) = \frac{L(Y, k, \theta, \lambda)}{\sum_{k=1}^{n} L(Y, k, \theta, \lambda)}.$$

이며, 여기서

$$L(Y, k, \theta, \lambda) = \exp\left[(\lambda - \theta)\sum_{i=1}^{k} t_i\right](\theta/\lambda)\sum_{i=1}^{k} Y_i$$

이다.

(b) 영국 석탄 탄광에서 발생한 심각한 대형 사고 자료에 제안된 변환점 모형을 적용한다. 여기서, $a_1 = a_2 = 0.5$, $c_1 = c_2 = 0$와 $d_1 = d_2 = 1$라 두자. 깁스샘플러를 이용하여 $p(\theta \mid Y)$와 $p(\lambda \mid Y)$을 그래프화 하여라.

18 (Breslow, 1984)

표 7.12에 있는 자료는 살모넬라 균(Salmonella)에 대한 돌연변이 유발 분석 결과로 퀴놀린(quinoline)의 각 투여량에서 세 개의 플레이트가 처리된 결과이다. x_i은 플레이트 $i1$, $i2$, $i3$에 투여량이고, y_{ij}은 포아송 분포 $P_0(\mu_{ij})$을 따른다고 하고, 여기서

$$\log(\mu_{ij}) = \alpha + \beta\log(x_i + 10) + \gamma x_i + \lambda_{ij}$$

이고, λ_{ij}은 정규분포 $N(0, \sigma^2)$를 따른다고 하고, 여기서 σ^2은 미지의 수이다.

(a) 사전분포

$$\pi(\alpha, \beta, \gamma, \sigma^2) \propto \pi(\alpha)\pi(\beta)\pi(\gamma)\pi(\sigma^2) = \pi(\sigma^2) = IGam(a, b)$$

아래에서, 여기서 a와 b는 알려진 상수이다. 이때 깁스샘플러를 이용할 완전조건부 분포들을 구하여라.

(b) $a=b=0.001$라 두고 깁스샘플러를 수행하여라. 수렴의 확인방법과 사슬의 수에 대하여 설명하여라. 이 사전분포 아래에서, 사후분포는 적절한가? Rao-Blackwell 추정방법으로 α, β, γ와 σ^2의 사후주변분포함수들을 구하여라. α, β, γ와 σ^2의 사후평균과 사후표준편차를 구하여라.

(c) $a=b=0$일 때, (b)와 동일한 작업을 하여라.

표 7.13

Dose of Quinoline (μg per plate)					
0	10	33	100	333	1000
15	16	16	27	33	20
21	18	26	41	38	27
29	21	33	60	41	42

19 표 7,6은 Nicholas와 Padgett(2006)가 100개의 탄소섬유의 장력강도를 조사한 것이다. 이 자료를 이용하여 7.9절에서 소개된 McEM 모형을 적합하고자 한다. 여기서 $(R_1,\cdots,R_m)=(0,\cdots,0)$인 제2종 중도절단만 고려한다.

(a) 7.9절에서 소개된 방법으로 베이즈 추론을 하여라.

(b) AIC, BIC, DIC 값을 구하여라.

참고문헌

김달호 (2013) R과 WinBUGS를 이용한 베이지안 통계학. 자유아카데미.

오만숙 (2012) R 몬테카를로와 함께하는 베이지안 통계추론. 자유아카데미.

이재용, 이경재, 이영선 (2014) – 베이지안 통계의 역사와 미래에 대한 조망. 응용통계연구, 27, 6, 855-863.

정윤식 (2023) 통계계산 이론 및 응용, 르네싸이, 서울

Aitkin, M. (1991). Posterior Bayes factors (with discussion). JRSS, B, 53, 111-142.

Akaike, H. (1973). Information theory and an extension of the maximum likelihood principle, *in Petrov*, B.N.; Csáki, F., 2nd International Symposium on Information Theory, Tsahkadsor, Armenia, USSR, September 2-8, 1971, Budapest: Akadémiai Kiadó, pp. 267–281.

Albert, J. H. and Chib, S. (1993). Bayesian analysis of binary and polytomous response data, Journal of American Statistical Association, 88, 669-679.

Albert, J.H., Delampady, M. and Polasek, W. (1991). A class of distributions for robustness studies. Journal of Statistical Planning and Inference, 28, 291-304.

Alexander, C., G. Cordeiro, E. Ortega, and J. M. Sarabia. (2012). Generalized beta generated distributions. Computational Statistics and Data Analysis 56 (6): 1880–97.

Anderson, T.W. (2003). An Introduction to Multivariate Statistical Analysis. 3rd ed. Wiley.

Arnold, S.F. (1993). Gibbs sampling. In: Rao, C.R. (ed). Handbook of Statistics 9, 599-625. Elsevier Science.

Bae, K., and Mallick, B. K. (2004), "Gene Selection Using a Two-Level Hierarchical Bayesian Model," Bioinformatics, 20, 3423 3430.

Balakrishnan, N. (2007). Progressive censoring methodology: An appraisal. Mathematics and Statistics 16 (2):211–59.

Balakrishnan, N., and E. Cramer. (2014). The art of progressive censoring: Applications to reliability and quality. New York: Birkhauser.

Banerjee, S.. Carlin, B.P. and Gelfand, A.E. (2004). Hierarchical Modeling and Analysis for Spatial Data, Chapman and Hall/CRS, New York.

Bayarri, M.J. and Berger, J.O. (1998). Quantifying surprise in the data and model verfication. In: Bernardo, J.M. et al. (eds) Bayesian Statistics 6, 53-82. Oxford University Press, Oxford.

Basu, D. (1988). Statistical Information and Likelihood: A Collection of Critical Essays by Dr. D. Basu (Ghosh, J.K. ed), Lecture notes in Statistics, Springer-Verlag, New York.

Bayes T. (1763) An essay towards solving a problem in the doctrine of chances. Philosophical Transactions of the Royal Society of London, 53, 370–418

Berger, J.O. (1985a). Statistical Decision Theory and Bayesian Analysis, 2nd Ed. Springer-Verlag, New York.

Berger, J.O. (1985b). The frequentist viewpoint and conditioning. In: Le Cam, L. and Olshen, R.A. (eds) Proc. Berkeley Conference in Honor of Jerzy Neyman and Jack Kiefer, I, 15-44. Wadsworth, Inc., Monterey, California.

Berger, J.O. and Bernardo, J.M. (1992a). On the development of the 참고 사전s. In: Bernardo, J.M. et al. (eds) Bayesian Statistics 4, 35-60. Oxford Univ. Press, Oxford.

Berger, J.O. and Bernardo, J.M. (1992b). Ordered group 참고 사전s with application to the multinomial problem. Biometika 79, 25-37.

Berger, J.O. and Delampady, M. (1987). Testing precise hypotheses (with discussion). Statist. Sci. 2, 317-352.

Berger, J.O. and Perrichi, L.R. (1996) The intrinsic Bayes factor for model selection and prediction. Journal of American Statistical Association, 91, 109-122.

Bernardo, J.M. (1979). Reference posterior distribution for Bayesian inference (with discussion). J. Roy. Statist Soc. (Ser. B) 41, 113-147.

Bernardo, J.M. (1980). A Bayesian analysis of classical hypothesis testing. In: Bernardo, J.M. et al. (eds) Bayesian Statistics, 605-618. University Press, Valencia.

Besag, J. (1974). Spatial interaction and the statistical analysis of lattice systems (with discussion). Journal of Royal Statisticak Society, B. 36. 192-236.

Besag, J, York, J.C. and Mollie, A. (1991). Bayesian image restoration with two applications in spatial statistics (with discussion). Annals of the Institute of Statistical Mathematics, 43, 1-59.

Berry, D. A. (2004). Statistics: A Bayesian Perspective, Duxbury Press, London.

Best, N.G., Waller, L.A., Thomas, A., Conlon, E.M. and Arnold, R.A. (1999). Bayesian models for spatially correlated diseases and exposure data,. In Bayesian Statistics 6, eds. Bernardo, J.M. et al. 131-156. Oxford University Press.

Bishop, Y.M.M., Fienberg, S.E. and Holland, P.W. (1975). Discrete Multivariate Analysis: Theory and Practice. The MIT Press, Cambridge.

Bliss, C. I. (1935). The calculation of the dosage-mortality curve, Annals of Applied Biology, 22, 134-167.

Blyth, C.R. (1951). On minimax statistical decision procedures and their admissibility. The Annals of Mathematical Statistics 22, 22–42.

Bohning, D. and Lindsay, B.G. (1988). Monotonicity of quadratic approximation algorithms. Ann. Institute Statist. Math., 40, 641-663.

Box, G.E.P. (1980). Sampling and Bayes inference in scientific modeling and robustness, Journal of Royal Statistical Society A, 143, 383-430.

Box, G.E.P. and Tiao, G. (1973). Bayesian Inference in Statistical Analysis. Addison- Wesley,

Reading.

Breslow, N.E. (1984). Extra-Poisson variation in log-linear models. Applied Statistics, 33, 38-44.

Brook, D. (1994). On the distinction between the conditional probability and the joint probability approaches in the specification of the nearenst-neibour systems. Biometrika, 51, 481-483.

Brooks, S. and Gelman, A. (1998). General methods for monitoring convergence of iterative simulations. *Journal of Computational and Graphical Statistics*, 7(4):434-455.

Brooks, S. and Roberts, G. (1998). Assessing convergence of Markov chain Monte Carlo algorithms. *Statistics and Computing,* 8:319-335.

Brown, L.D. (1986). Foundations of Exponential Families. IMS, Hayward.

Cappe, O. Robert, C. and Ryden, T (2004) Reversible jump, birth and death, and more general continuous time MCMC samplers, Journal of the Royal Statistical Society, B, 697-700

Carlin, B. and Chib, S. (1995). Bayesian model choice through Markov chain Monte Carlo. Journal of the Royal Statistical Society, B, 57(3):473-484.

Carlin, B.P., Gelfand, A.E. and Smith, A.F.M. (1992). Hierarchical Bayesian analysis of change point problems. Journal of Royal Statistical Society C, 41, 389-405.

Carlin, B. P. and Louis, T.A. (2001). Bayes and Empirical Bayes Methods for Data Analysis., 2nd ed. Boca Raton, FL. Chapman and Hall/ CRS Press.

Casella, G. and George, E. (1992). Explaining the Gibbs Sampler. Amer. Statistician 46, 167-174.

Chen. M.-H. (1994). Importance-weighted marginal Bayesian posterior density estimation. Journal of the American Statistical Association, 89, 818-824.

Chen. M.-H. and Deely, J.J. (1996). Bayesian analysis for a constrained linear multiple regression problems for predicting the new corp apples. Journal of Agrecultural, Biological and Environmental Statistics, 1, 467-489.

Chen, M.-H. and Dey, D.K. (1998). Bayesian modeling of correlated binary responses via scale mixture of multivariate normal link functions. Sankhya, 60, 322–343.

Chen, M.-H., Shao, Q. and Ibrahim, J.G. (2000). Monte Carlo methods in Bayesian Computation. Springer. New York.

Chib, S. (1995). Marginal likelihood from the Gibbs output. Journal of American Statistical Association, 90, 1313-1321.

Chib, S., and E. Greenberg. 1995. Understanding the Metropolis - Hastings algorithm. American Statistician 49 (4): 327–335.

Chung, Y. and Dey, D.K. (1996) Bayes factor for change-point problem with conjugate prior. Journal of Korean Statistical Society, 25, 4, 577-588.

Chung, Y. and Kim, C. (1997). Simultaneous estimation of the multivariate normal mean under BLF. Communications in Statistics – Theory and Method, 26, 1599-1611.

Chung, Y. and Dey, D.K. (1998). Bayesian approach to estimation of intraclass correlation using reference prior. Communications in Statistics – Theory and Method, 27, 2241- 2255.

Chung, Y. and Kang, Y. (2014). The exponentiated Weibull-geometric distribution: Properties and Estimations, Communications for Statistical Applications and Methods, 21, 2, 147-160.

Chung, Y., Kim, C. and Song, S. (1998). Linear estimations of Poisson mean under BLF. Statistics and Decision, 16, 245-257.

Chung, Y., Kim, C. and Dey, D.K. (1999). A new class of minimax estimators of multivariate normal mean vectors under balanced loss function. Statistics and Decisions, 17, 255-266.

Chung, Y., Dey, D.K. and Lee, S. (2001). Applying the Savage-Dickey density ratio to default Bayes factors, with an illustration to outlier detection in random effects models, Communications in Statistics – Theory and Methods, 30(12), 2563-2582.

Chung, Y, Dey, D.K. and Jang, J. (2002). Semiparametric hierarchical selection models for Bayesian meta analysis, Journal of Statistical Computation and Simulations, 72, 10, 825-839.

Chung, Y. and Dey, D.K. (2002). Model determination for the variance component model using reference priors. Journal of Statistical Planning and Inference, 100, 49-65.

Chung, Y. and Kim, C. (2004). Measuring robustness for weighted distributons: Bayesian perspective. Statistical Papers, 45, 15-31.

Chung, Y., Dey, D.K., Kim, M. and Kim, C. (2005). Bayesian model choice in exponential survival models. Communications in Statistics – Theory and Methods, 34, 2311-2330.

Chung, Y., Dey, D.K. and Jung, M. (2017) The exponentiated inverse Weibull geometric distribution. Pakistan Journal of Statistics, 33, 3, 161-178.

Chung, Y and Jung, J. (2016) Bayesian analysis of constrained multiple linear regression model with t error terms, manuscript.

Clayton, D.G. and Kaldor, J.M. (1987). Empirical and Bayes estimates of age-standardized relative risks in disease mapping. Biometrics, 43, 671-681.

Cowles, M.K. and Carlin B.P. (1996). Markov chain Monte Carlo convergence diagnostics: A comparative review. Journal of the American Statistical Association 91, 883-904.

Cox, D.R. (1958). Some problems connected with statistical inference. Ann. Math. Statist., 29, 357-372.

Cox, D.R. and Oakes, D. (1984). Analysis of Survival Data. Chapman and Hall, London.

Cox, D.R and Reid, N. (1987). Parameter orthogonality and approximate conditional inference (with discussion). Journal of Royal Statistical Society, B, 1-39.

Cressie, N.C.A. (1993). Statistics for Spatial Data, 2nd ed. New York: Wiley.

Darwin, C. (1876). The effects of cross and self fertilisation in the vegetable kingdom. London: John Murray.

Datta, G.S. (1996). On priors providing frequentist validity for Bayesian inference for multiple parametric functions. Biometrika 83, 287-298.

Datta, G.S. and Ghosh, M. 1996 On the invariance of noninformative priors. Annals of Statistics, 24, 141-159.

Datta, G.S. and Mukerjee, R. (2004). Probability matching priors: higher order asymptotics. Lecture Notes in Statistics. Springer, New York.

Davis, P., and Rabinowitz, P. (1984). Methods of Numerical Integration, 2nd ed. (Orlando, FL: Academic Press).

de Finetti, B. (1931). Sul significato soggettivo della probabilita. Fund. Math., 17, 298-329.

de Finetti, B. (1937). La prevision ses lois logiques, ses sources subjectives. Ann. Inst. H. Poincare, 7, 1-68.

Dellaportas, P. and Forster, J. (1999). Markov chain Monte Carlo model determination for hierarchical and graphical log-linear models. Biometrika, 86, 3, 615-633.

Dempster, A.P. (1974). The direct use of likelihood for significance testing. In O.E. Barndorff-Nielsen, P. Blaesid and G. Schou (Eds.) Proceedings of Conference on the Foundational Questions in Statistical Inference, 335-352. Department of Theoretical Statistics, University of Aarhus.

Dempster, A.P., Laird, N.M. and Rubin, D.B. (1977). Maximum likelihood from incomplete data via the EM algorithm (with discussion). J. Roy. Statist. Soc. (Ser. B) 39, 1-38.

Denison, D., Mallick, B. and Smith, A.F.M. (1998) "Automatic Bayesian curve fitting" Journal of the Royal Statistical Society, B, 60, 333-350.

Dey, D.K. and Birmiwal, L.R. (2004). Robust bayesian analysis using entropy and divergence measures. Statistics and Probability Letters, 20, 287-294.

Dey, D.K., Ghosh, M., and Strawderman, W.E.(1999). On Estimation with Balanced Loss Functions. Statistus & Probability Letters, 45, 97-101.

Diaconis, P. and Freedman, J. (1986). On the consistency of Bayes estimates. Ann. Statist. 14, 1-26.

Diaconis, P. and Ylvisaker, D. (1979). Conjugate priros for exponential families. Annals of Statistics, 7, 269-281.

Dias, R. and Gamerman, D. (2002). A Bayesian approach to hybrid splines nonparametric regression, Journal of Statistical Computation and Simulation. 72(4): 285 297.

Dicky, J.M. (1971). The weighted likelihood ratio, linear hypotheses on normal location parameters. Annals of Mathematical Statistics, 42, 204-223.

Efron, B. (1982). The Jackknife, the Bootstrap and Other Resampling Plans. SIAM, Philadelphia.

Fellner, W. (1973). Introduction to Probability theory and Its Applications. Vol 1, 3rd Ed. Wiley, New York.

Ferguson, T.S. (1967). Mathematical Statistics : Decision-Theoretic Approach. Academic Press, New York.

Finney, D.J. (1971). Probit Analysis, 3rd Ed. Cambridge University Press, Cambridge, UK.

Freedman, D.A. (1963). On the asymptotic behavior of Bayes estimates in the discrete case. Ann. Math. Statist. 34, 1386-1403.

Freedman, D.A. (1965). On the asymptotic behavior of Bayes estimates in the discrete case II. Ann. Math. Statist. 36, 454-456.

Garthwaite, P.H. and Dickey, J.M. (1988). Quantifying expert opinion in linear regression problems. J. Roy. Statist. Soc. (Ser. B) 50, 462-474.

Garthwaite, P.H. and Dickey, J.M. (1992). Elicit at ion of prior distributions for variable-selection problems in regression. Ann. Statist. 20, 1697-1719.

Garthwaite, P.H., Kadane, J.B., and O'Hagan, A. (2005). Statistical methods for eliciting probability distributions. J. Amer. Statist. Assoc. 100, 680-701.

Gaver, D. and O'Murircheartaigh, I. (1987). Robust empirical Bayes analysis of event rates. Thechnometrics, 29, 1-15.

Gelfand, A.E. and Dey, D.K (1994). Bayesian model choice: Asymptotic and exact calcula- tions. Journal of Royal Statistical Society-B, 56, 501-514.

Gelfand, A.E., Dey, D.K. and Chang, H. (1992). Model determinating using predictive distributions with implication via sampling-based methods (with discussion). in Bayesan statistics 4 (Eds. J.M. Bernado, J.O. Berger, A.P. Dawid and A.F.M. Smith). Oxford: Oxford unoversity Press, 147-167.

Gelfand, A.E. and Ghosh, S. (1998), Model Choice: A Minimum Posterior Predictive Loss Approach. Biometrika, 85, 1-13.

Gelfand, A.E., Hills,S.E., Racine-Poon, A. and Smith, A.F.M. (1990). Illustation of Bayesian inference in normal data models using Gibbs sampling, Journal of American Statistical Association, 85, 972-985.

Gelfand, A.E. and Smith, A.F.M. (1990). Sampling based approaches to calculating marginal densities. J. Amer. Statist. Assoc., 85, 398-409.

Gelfand, A.E., Smith, A.F.M. and Lee, T.M. (1992). Bayesian analysis of constrained parameters and truncated data problems, Journal of American Statistical Association, 87, 523-532.

Gelfand, A.E. and Vounatsou, P. (2003) Proper Multivariate conditional autoregressive models for spatial data analysis, Biostatistics, 4, 11-25.

Gelman, A. and Rubin, D.B. (1992). Inference from iterative simulation using multiple sequences (with discussion). Statistical Science, 7, 457–511.

Gelman, A. and Meng. X.-L. (1998). Simulating normalizing constants: From importnace sampling to bridge sampling to path sampling. Statistical Science, 13, 163-185.

Gelman, A., Carlin, J.B., Stern, H.S. and Rubin, D.S. (1995). Bayesian Data Analysis. London : Chapman and Hall.

Geman, S. and Geman, D. (1984). Stochastic relaxation, gibbs distributions and the Bayesian restoration of images. IEEE Trans. Pattern Anal. Mach. Intell. 6, 721–741.

Geweke, J. (1989). Bayesian inference in econometric models using Monte Carlo integration. Econometrica 57, 1317–39.

Geweke, J. (1999). Simulation methods for model criticism and robustness analysis. In: Bernardo, J.M. et al. (eds) Bayesian Statistics 6, 275-299. Oxford University Press, Oxford.

Geyer, C. and Moller, J. (1994). Simulation procedures and likelihood inference for spatial point processes. *Scandinavian Journal of Statistics*, 21:359-37

Ghosh, J.K. (1994). Higher Order Asymptotics. NSF-CBMS Regional Conference Series in Probability and Statistics. IMS, Hay ward.

Ghosh, J.K., Delampady, M. and Samanta, T. (2006). An introduction to Bayesian analysis: Theory and Methods, New York: Springer.

Ghosh, J.K., Ghosal, S. and Samanta, T. (1994). Stability and convergence of posterior in non-regular problems. In: Gupta, S.S. and Berger, J.O. (eds). Statistical Decision Theory and Related Topics, V, 183-199.

Ghosh, J.K. and Mukerjee, R. (1992). Non-informative 사전s (with discussion). In: Bernardo, J. M. et al. (eds). Bayesian Statistics 4, 195-210. Oxford Univ. Press, London.

Ghosh, J.K. and Mukerjee, R. (1993). On 사전s that match posterior and frequentist distribution functions. Can. J. Statist. 21, 89-96.

Ghosh, J.K. and Ramamoorthi, R.V. (2003). Bayesian Nonparametrics. Springer, New York.

Givens, G. and Hoeting, J. (2005), *Computational Statistics*, Wiley Series in Probability and Statistics, Wiely, Hoboken, NJ.

Green, P. (1995). Reversible jumpMCMC computation and Bayesian model determination. Biometrika 82 711 732.

Green, P. (2001) A primer on Markov chain Monte Carlo (Chapter 1). In Barndorff -Nielsen, Cox and Kluppelberg (Ed) Complex Stochastic Systems, Chapman and Hall/CRC Boca Raton.

Green, P.J. and Richardson, S. (2002). Hidden Markov models and disease mapping. Journal of American Statistical Association, 97, 1055-1070.

Guttman, I. (1967). The use of the concept of a future observation in goodness-of-fit pro- blems. Journal of Royal Statistical Society, B, 29, 104-109.

Hanman, E.J. (1997). Time Series Analysis. London: Chapman and Hall.

Hannan, E.J. and Quinn, B.G. (1979). The determination of the order of an autoregression. JRSS, B, 41, 190-195.

Hashimoto, E. M., E. M. M., Ortega, G. M. Cordeiro, and M. A. R. Pascoa. (2015). The McDonald extended Weibull distribution. Journal of Statistical Theory and Practice 9 (3): 608–32.

Hastings, W.K. (1970). Monte Carlo sampling methods using Markov chains and their applications. Biometrika 57, 97-109.

Holmes, C., Denison, D., Mallick, B., and Smith, A. (2002). Bayesian methods for nonlinear classification and regression. John Wiley, New York

Hewitt, E. and Savage, L.J. (1955). Symmetric measures on Cartesian products. Trans. Amer. Math. Soc., 80, 907-919.

Hobert and Casella (1996). The effect of improper on Gibbs sampling in Hierarchical linear mixed models. Journal of American Statistical Association, 1461-1473.

Hoel, P., Port, S. and Stone, C. (1972). Intro- duction to stochastic processes, Houghton Mifflin, Boston.

Hogmander, H. and Moller, J. (1995). Estimating distribution maps from atlas data using methods of statisitcal image analysis. Biometrics, 51, 393-404.

Hoeting, J.A., Leecaster, M. and Bowden, D. (2000). An Improved model for spatially correlated binary responses. Journal of Agricultural, Biological and Environmental Statistics, 5, 102-114.

Huerta, G. and Lopes, H. (2000) Bayesian forecasting and inference in latent structure for the Brazilian Industrial Production Index. Brazilian Review of Econometrics, 20, 1, 1-26.

Huerta and West (1999) "Priors and component structures inautoregressive time series models" Journal of the Royal Statistical Society, B, 881-899.

Hwang, J.T. (1982) Improving upon standard estimators in discrete exponential families with applications to Poisson and negative binomial cases. Ann. Statist. 10, 857-867.

Ibrahim, J.G. and Chen, M.-H. (2000). Power 사전 distributions for regression models. Statistical Science, 15, 46-60.

Ibrahim, J.G., Chen, M.-H., and Sinha, D. (2001). Criterion Based Methods for Bayesian Model Assessment. Statistical Sinica, 11, 419-443.

Ibrahim, J.G. and Laud, P.W. (1991). On Bayesian Analysis of Generalized Linear Models using Jeffreys's prior, Journal of American Statistical Association, 86, 981-986.

James, W. and Stein, C. (1960). Estimation with quadratic loss. Proc. Fourth Berkeley Symp. Math. Statist. Probab. 1, 361-380. Univ. California Press, Berkeley.

Jeffreys, H. (1937). Scientific Inference, 2nd ed. Cambridge Univ. Press.

Jeffreys, H. (1961). Theory of Probability, 3rd ed. Oxford Univ. Press, New York.

Jang, J., Chung, Y., Kim, C and Song, S. (2009). Bayesian meta-analysis using skewed elliptical distribution, Journal of Statistical Computation and Simulation, 79, 5, 691-704.

Janett, R.G. (1977). A note on the intervals between coal-mining disasters, Biometrika, 66, 191-193.

Jeong, J. and Chung, Y. (2020). Bayesian inference for an ordered multiple linear regression with skew normal errors. Communications for Statistical Applications and Methods, 27, 2. 189-199.

Jong, P.D. and Penzer, J. R. (1999). Diagnosing shocks in time series. *J. Am. Stat. Assoc.* 93: 796–806.

Jung, J. and Chung, Y. (2013). Bayesian prediction of exponentiated Weibull distribution based on progressive type-II censoring, Communications for Statistical Applications and Methods, 20, 6. 427-438.

Jung, M., Song, S. and Chung, Y. (2017) Bayesian change-point problem using Bayes factor with hierachical prior distribution. Communication in Statistics-Theory and Methods, 46, 3, 1352-1366.

Jung, M. and Chung, Y.(2017). Bayesian inference of three-parameter bathtub-shaped lifetime distribution. Communications in Statistics – Theory and Methods. DOI: 10.1080/03610926.2017.1371757

Kadane, J.B., Dickey, J.M., Winkler, R.L., Smith, W.S. and Peters, S.C. (1980). Interactive elicitation of opinion for a normal linear model. J. Amer. Statist. Assoc. 75, 845-854.

Kass, R.E. and Raftery, A.E. (1995). Bayes factor. Journal of American Statistical Association, 90, 773-795.

Kass, R.E., Tierney, L. and Kadane, J.B. (1988). Asymptotics in Bayesian computations. In: Bernardo, J.M. et al. (eds) Bayesian Statistics 3, 261-278. Oxford Univ. Press, Oxford.

Kim, S., Chen, M.-H. and Dey, D. K. (2008). Flexible generalized t-link models for binary response data. Biometrika, 95, 93–106.

Kim. C and Chung, Y. (2002) Nonparametric Bayesian multiple change point problem, Journal of Korean Statistical Society, 31, 1-16.

Kim, C. and Chung, Y. (2006). Bayesian estimation of $P(Y<X)$ from Burr-type X model containing spurious observations. Statistical Papers, 47, 643-651.

Kim, C., Jung, J. and Chung, Y. (2011). Bayesian estimation for the exponentiated Weibull model under Type II progressive censoring. Statistical Papers, 52, 53–70.

Kundu, D. and Pradhan, B. (2009). Estimating the parameters of the generalized exponential distribution in presence of hybrid censoring. Communications in Statistics - Theory and Methods , 38, 12, 2030 – 2041.

Laird, N.M. and Ware, J.H. (1982). Random- effects models for longitudinal data. Boi- metrics, 38, 963-974.

Lehmann, E. L. and Casella, G. (1998). Theory of Point Estimation, 2nd Edition, Springer- Verlag, New York.

Laplace, P.S. (1774). Mémoire sur la probabilité des causes par les événements.

Mémoires de l'Académie Royale des Sciences de Paris, 6, 621-656.

Mooley, D. A. (1981). Applicability of the Poisson probability model to the severe cyclonic storms striking the coast around the Bay of bengal. Sankhya, 43 B, 187-197.

Laplace, P.S. (1812). Théorie analytique des probabilités edn. Courcier, Paris.

Lee, C.B. (1989). Comparison of frequentist coverage probability and bayesian posterior coverage probability and applications. Ph.D. thesis, Purdue Univ., Indiana.

Lee, E.T. (1974) A computer program for linear logistic regression analysis. Computer Program in Biomedicine 4, 80-92.

Lee, S., Noh, Y. and Chung, Y. (2017). Inverted exponentiated Weibull distribution with apllication with applications to lifetime data. Communications for Statistical Applications and Methods, 23, 3, 1-14.

Lehmann, E.L. (1959). Testing Statistical Hypotheses, 1st edtion. Wiley, New York.

Lewis, S.M. and Raftery, A.E. (1997) Estimating Bayes factors via posterior simulation with the Laplace-Metropolis estimator. Journal of the American Statistical Assocation, 92, 648-655.

Lindley, D.V. (1956). On a measure of the information provided by an experiment. Ann. Math. Statist. 27, 986-1005.

Lindley, D.V. (1957). A statistical paradox. Biometrika 44, 187-192.

Lindley, D.V. (1961). The use of prior probability distributions in statistical inference and decisions. Proc. Fourth Berkeley Symp. Math. Statist. Probab. 1, 453-468. Univ. California Press, Berkeley.

Lindley, D.V. (1980). Approximate Bayes method. Trabajos de Estadistica 3, 281–288.

Lindley, D.V. and Smith, A.M.F. (1972). Bayes estimates for the linear model. Journal of Royal Statistical Society, B, 34, 1-41.

Liu, J. S. (2001). Monte Carlo Strategies in Scientific Computing. Springer, New York.

Liu, J. S. (1994). The collapsed Gibbs sampler in Bayesian computations with applications to a gene-regulation problem, Journal of the American Statistical Association, 89, 427, 958-966.

Liu, J. S., Wong, W.H. and Kong, A. (1995). Covariance structure and convergence rate of the Gibbs sampler with various scans. JRSS, B, 57, 157-169.

Lindley, D.V. and Phillips, L.D. (1976). Inference for a Bernoulli process (a Bayesian view). Amer. Statist., 30, 112-119.

Lopes, H., Muller, P. and Rosner, G. (2003). Bayesian meta-analysis for longitudinal data models using multivariate mixture priors. Biometrics, 59, 66-75.

MacEachern, S. and Berliner, L. (1994). Subsampling the Gibbs sampler. *The American Statistician*, 48:188-190.

Maguire, B., Pearson, E. and Wynn, A. (1951). The time interval between industrial accidents. Biometrika, 38, 168-180.

Mardia, K.V. (1988). Multi-dimemtional Multivariate Gaussian Markov Random Fields with Application to Inmage Processing, Journal of Multivariate Analysis, 24, 265-284.

McCullagh, P. and Nelder, J.A. (1989). Generalized Linear Models, 2nd Ed. Chapman & Hall, London.

McGrayne, S. B. (2012). The Theory That Would Not Die: How Bayes' Rule Cracked the Enigma

Code, Hunted Down Russian Submarines, and Emerged Triumphant from Two Centuries of Controversy, Yale Uno- versity Press.

Mendenhall, W.M., Parsons, J.K, Stringer, S.P., Cassissi, N.J. and Million, R.R. (1989). T2 oral tongue carcinoma treated with radiotherapy: Analysis of local contro; and complications. Radiotherapy and Oncology, 16, 275-282.

Meng, X.-L. (1994). Posterior predictive p-value. Annals of Statistics, 22, 1142-1160.

Meng, X.-L. and Wong, W.H. (1996). Simulating ratios of normalizing constants via a simple identity: A theoretical exploration. statistica Sinica, 6, 831-860.

Mengersin, K.L. and Tweedie, R.L. (1996). Rates of convergence of the Hastings and Metropolis algorithms. Ann. Statist. 24, 101–121.

Meyn, S.P. and Tweedie, R.L. (1993). Markov chains and stochastic stability. Springer- Verlag, New York.

Metropolis, N., Rosenbluth, A.W., Rosenbluth, M.N., Teller, A.H. and Teller, E. (1953). Equatons of state calculations by fast computing machines. Journal of Chemical Physics, 21, 1087-1092.

Newton, M. and Raftery, A. (1994). Approxi- mate Bayesian Inference by the weighted likelihood boostrap (with discussion). Journal of Royal Statistical Society, B, 56, 1-48.

Muller, P. (1993). A generic approach to posterior integration and Gibbs sampling, manu- script.

Mukerjee, R. and Dey, D. K. (1993). Frequentist validity of posterior quantiles in the presence of a nuisance parameter: Higher order asymptotics. Biometrika, 80, 499-505

Mukerjee, R. and Ghosh, M. (1997). Second-order probability matching priors, Biometrika, 84, 4, 970-975.

Naylor, J.C. and Smith, A.F.M. (1982). Applications of a method for the efficient computation of posterior distributions. J. Roy. Statist. Soc. Ser. C Appl. Statist. 31, 214–225.

Neldar, J.A. and Wedderburn, R.W.M. (1972). Generalized Linear Models. Journal of the Royal Statistical Society. Series A (General), 135, 3, 370-384.

Newton, M. and Hastie, D. (2006), "Assessing Poisson variation of intestinal tumour multiplicity in mice carrying a Robertsonian translocation," *Journal of the Royal Statistical Society Series C*, 55(1), 123-138

Ng, T., Chan, C.S. and Balakrishnan, N. (2002), Estimation of parameters from progressively censored data using EM algorithm, Computational Statistics and Data Analysis, 39, 371-386.

Nicholas, M. D., and W. J. Padgett. 2006. A bootstrap control chart for Weibull per- centiles. Quality and Reliability Engineering International 22 (2): 141–51.

Novick, M. R., Hall, W. J. (1965). A Bayesian indifference procedure. Journal of the American Statistical Association, 60, 1104–1117.

O'Hagan, A. (1994). Bayesian Inference. Kendall's Advanced Theory of Statistics, Vol 2B, Halsted Press, New York.

O'Hagan, A. (1995). Fractional Bayes factors for model comparisons. J. R. Statist. Soc. B, 57, 99-138.

Peers, H. W. (1965). On confidence sets and Bayesian probability points in the case of several parameters. J. R. Statist. Soc. B, 27, 9–16.

Peskun, P.H. (1973). Optimum Monte Carlo sampling using Markov chains. Biometrika, 60, 607-612.

Peskun, P.H. (1981). Guidelines for chosing the transition matrix in Monte Carlo methods using Markov chains. Journal of Computational Physics, 40, 327-344.

Pettit, L.I. and Young, K.D.S. (1990). Measuring the effect of observations on Bayes factors. Biometrika 77, 455-466.

Raiffa, H. and Schlaiffer, R. (1961). Applied Statistical Decision Theory. Division of Research, School of Business Administration, Harvard Univ.

Raftery, A.E. (1996). Hypothesis Testing and Model Selection, in *Monte Chain Monte Carlo in Practice*, eds. Gilks, W.R., Richarson, S. and Spiegelhalter, D. J., London: Chapman and Hall, 165-187.

Raftery, A. and Lewis, S. (1992). How many iterations in the Gibbs sampler? In Bernardo, J. et al. (eds) Bayesian Statistics 4, 763-773. Oxford University Press, Oxford.

Rao, C.R. (1973). Linear Statistical Inference and Its Applications, 2nd Ed. Wiley, New York.

Richardson, S. and Green, P. (1997). On Bayesian analysis of mixtures with an unknown number of components (with discussion). Journal of the Royal Statistical Society, B, 59:731-792

Ripley, B.D. (1987). *Stochastic Simulation*. New York: Wiley.

Robert, C.P. and Casella, G. (2004) Monte Carlo statistical methods. Springer, New York.

Roberts, G. (1992). Convergence diagnostics of the Gibbs sampler. In Bernardo, J., Berger, J., Dawid, A., and Smith, A., editors, *Bayesian Statistics 4*, pages 775-782. Oxford University Press, Oxford

Roberts, G. (1996), "Markov chain concepts related to sampling algorithms", in W. Gilks, S. Richardson, and D. Spiegelhalter, eds., *Markov chain Monte Carlo in Practice,* Chapman & Hall, Suffolk, UK, 45-58.

Rosenthal, J.S. (1995a). Minorization conditions and convergence rates for Markov chain Monte carlo. Journal of American Statistical Association, 90, 558-566.

Rosenthal, J.S. (1995b). Rates of convergence for Gibbs sampling for variance component models. Annals of Statistics, 23, 740-761.

Rubin, D. (1987). Multiple Imputation for Nonresponse in Surveys. John Wiley, New York.

Rudems, M. (1982). Empirical choice of histograms anf kernel density estimators. Scandinavian Journal of Statistics, 9, 65-78.

Satterwaite, M.J. (1946). An approximate distribution of estimates of variance components.

Biometrics, 2, 110-114.

Schervish, M.J. (1995). Theory of Statisitcs. Springer-Verag, New York.

Schervish, M.J. and Carlin, B.P. (1992), On the convergence of successive substitution sampling. J. Comp. Graph. Stat. 1, 111–127.

Schmee, J and Hahn, G.J. (1979). A simple method for regression analysis with censored data. Technometrics, 21, 417-432.

Schukken, Y.H., Grommers, F.J., Van de Geer, D. Erb, H.N. and Brand, A. (1991). Risk factors for clinical mastitis in herds with a low bulk milk somatic cell count. 2. Risk factors for Escherichia coli and Stophylococcus aureus, J. Dairy Sci., 74, 826-832.

Schwarz, G. (1978). Estimating the dimension of a model. Ann. Statist. 6, 461-464.

Sel, S., Jung, M. and Chung, Y. (2017) Bayesian and maximum likelihood estimations from parameters of McDonald Extended Weibullmodel based on progressive type-II censoring, Journal of Statistical Theory and Practice. DOI:10.1080/155986608.2017.134693.

Shannon, C.E. (1948). A mathematical theory of communication. Bell System Tech. J. 27, 379-423 and 623-656. Reprinted in The Mathematical Theory of Communication (Shannon, C.E. and Weaver, W., 1949). Univ. Illinois Press, Urbana, XL.

Shibata, R. (1980). Asymptotically efficient selection of the order of the model for estimating parameters of a linear process. Annals of Statistics, 8, 147-164.

Silliman, N.P. (1997). Hierarchical selection models with applications in meta-analysis. Journal of American Statistical Association, 92, 926-936.

Silverman, B. (1986). Density Estimation for Statistics and Data Analysis. Chapman and Hall, New York.

Smith, A.F.M., Skene, A.M., Shaw, J.E.H., Naylor, J.C. and Dransfield, M. (1985). The implementation of the Bayesian paradigm. Commun. Stat. Theory Methods 14, 1079–1102.

Smith, A.F.M., and Gelfand, A.E. (1992). Bayesian statistics without tears: A sampling-resampling perspective. American Sta- tistician 46, 84–88.

Smith, C.A.B. (1965). Personal probability and statistical analysis. J. Roy. Statist. Soc. (Ser. A) 128, 469-499.

Spiegelhalter, D.J., Best, N.G., Carlin, B.P. and van der Linde, A. (2002). Bayesian measures of model complexity and fit (with discussion). J.R.Statisitcal Society, B, 64, 583- 639.

Stein, C. M. (1985). On the coverage probability of confidence sets based on a 사전 distribution. In Sequential Methods in Sta- tistics, Banach Center Publications, 16, 485- 514. Polish Scientific Publishers, Warsaw.

Stephens, M. (2000). Bayesian analysis of mixture models with an unknown number of components an alternative to reversible jump methods. Ann. Statist. 28, 40-74.

Sun, D. (1997). A note on noninformative 사전s for Weibull distributions. J. Statistical Planning and Inference, 61, 319-338.

Sun, D. and Ye, K. (1995). reference prior Bayesian analysis for normal mean products, JASA, 90, 589-597.

Sun, D., Tsutakawa, R.K., Kim, H. and He, Z. (2000). Spatio-temporal interaction with disease mapping, Statistics in Medicine, 19, 2015-2035.

Tan, M.T, Tian, G.L. and Ng, K.W. (2010). Bayesian Missing Data Problems. Chapman and Hall, Londom.

Tanner (1996) Tools for Statistical Inference. (3rd edition) Springer. New York.

Tanner, M.A. and Wong, W.H. (1987). The calculation of posterior distributions by data augmentation (with discussion). J. Amer. Statist. Assoc. 82, 528–550.

Tierney, L. (1994). Markov chains for exploring posterior distributions (with discussion). Ann. Statist. 22, 1701-1762.

Tierney, L. (1998) "A note an Metropolis-Hasting kernel for general state spaces.", Annals of applied probability 8, 1-9.

Tierney, L. and Kadane, J.B. (1986). Accurate approximations for posterior moments. J. Amer. Statist. Assoc. 81, 82-86.

Tierney, L., Kass, R.E. and Kadane, J.B. (1989). Fully exponential Laplace approximations to expectations and variances of nonpositive functions. J. Amer. Statist. Assoc. 84, 710- 716.

Turnbull, B.W., Brown, B.W., Jr. and Hu, M. (1974). Survivorship analysis of heart transplant data. J. Amer. Statist. Assoc. 69, 74-80.

Verdinelli, I and Wasserman, L. (1995). Computing Bayes factors using a generalization of Savage-Dickey density ratio. Journal of American Statistical Association, 90, 614-618.

Vermaak, J., Andrieu, C., Doucet, A. and Godsill, S. (2004). Reversible Jump Markov Chain Monte Carlo Strategies for Bayesian Model Selection in Autoregressive Processes. J. Time series analysis, 25, 6, 785-809.

Uimari, P. and Hocschele, I. (1997) Mapping-linked quantitative trait loci using Bayesian analysis and Markov chain Monte Carlo algorithm. Genetic, 734-743

von Mises, R. (1957). Probability, Statistics and Truth, 2nd revised English Ed. (prepared by Hilda Geiringer). The Macmillan Company, New York.

Waagepeterson, R. and Sorensen, D. (2001). A Tutorial on Reversible Jump MCMC with a View toward Applications in QTL-Mapping. International Statistical Review, 69, 49-61.

Wald, A. (1950). Statistical Decision Functions. Wiley, New York and Chapman & Hall, London.

Wei, G.C.G. and Tanner, M.A. (1990a) A Monte Carlo implementation of the EM algorithm and the poor man's data augmentation algorithms. Journal of the American Statistical Association 85, 699–704.

Wei, G.C.G. and Tanner, M.A. (1990b). Posterior compiutation for censored regression data,

Journal of American Statistical Association, 85, 829-839.

Welch, B.L. (1939). On confidence limits and sufficiency with particular prior to parameters of location. Ann. Math. Statist., 10, 58-69.

Welch, B.L. and Peers, H.W. (1963). On formulae for confidence points based on integrals of weighed likelihoods. JRSS, B, 25, 318-329.

Welch, B. L. (1949). Further notes on Mrs. Aspin's tables. Biometrika, 36, 243-246.

Whittle, P. (1954). On stationary processes in the plane. Biometrika, 41, 434-449.

Woods, H., Steinour.H.H. and Starke, H.R. (1932). Effect of composition of Portland cement on heat evolved during hardening. Industrial and Engineering Chemistry, 24, 1207-1214.

Woodward, G., Lange, S.W., Nelson, K.W. and Calvert, H.O. (1941). The acte oral toxocity of acetic, chloracetic anf Trichloracetic acids. J. Industrial Hygiene and Toxicology, 23, 78-81.

Ye, K.(1994). Bayesian reference prior analysis on the ratio of variances for the balanced one-way random effect model. J. of Statist. Planning and Inference, 41, 267-280.

Zeger, S. and Karim, R. (1991). Generalized linear models with random effects. JASA, 86, 79-86.

Zellner. A. (1985) Bayesian econometrics, Econometrica. 53, 253-270.

Zellner. A. (1994) Bayesian and non-Bayesian Estimation Using Balanced Loss Functions. In Statistical Decision Theory and Related Topics, Eds. S.S,. Gupta and J.O. Berger. Springer-Verlag, 371-390.

Zellner, A, and Min, C. (1995). Gibbs sampler convergence criteria (GSC2). Journal of the American Statistical Association, 90, 921-927.

찾아보기

ㅅ

ㅇ

ㅊ

ㅋ

ㅌ

ㅍ

ㅎ

기타

저자 소개

정윤식
연세대학교 수학과
미국 코네티컷대학교 수학과 이학석사
미국 코네티컷대학교 통계학과 통계학박사
부산대학교 자연과학대학 통계학과 교수
현) 부산대학교 자연과학대학 통계학과 명예교수
한국 베이지안 통계·경제연구원 원장

베이지안 통계학의 이론 · 계산 및 응용 제2판

저 자 정윤식
발 행 인 김지영
발 행 처 자유아카데미
주 소 경기도 파주시 회동길 37-42
파주출판도시
전 화 031-955-1321
팩 스 031-955-1322
홈페이지 www.freeaca.com
전자우편 main@freeaca.com (대표)
editor@freeaca.com (편집)
crm@freeaca.com (영업)
등 록 제406-2003-017호, 1980. 7. 12
제1판1쇄 2025년 2월 28일 발행

저자와의 협의하에 인지생략

ISBN 979-11-5808-687-9 93310